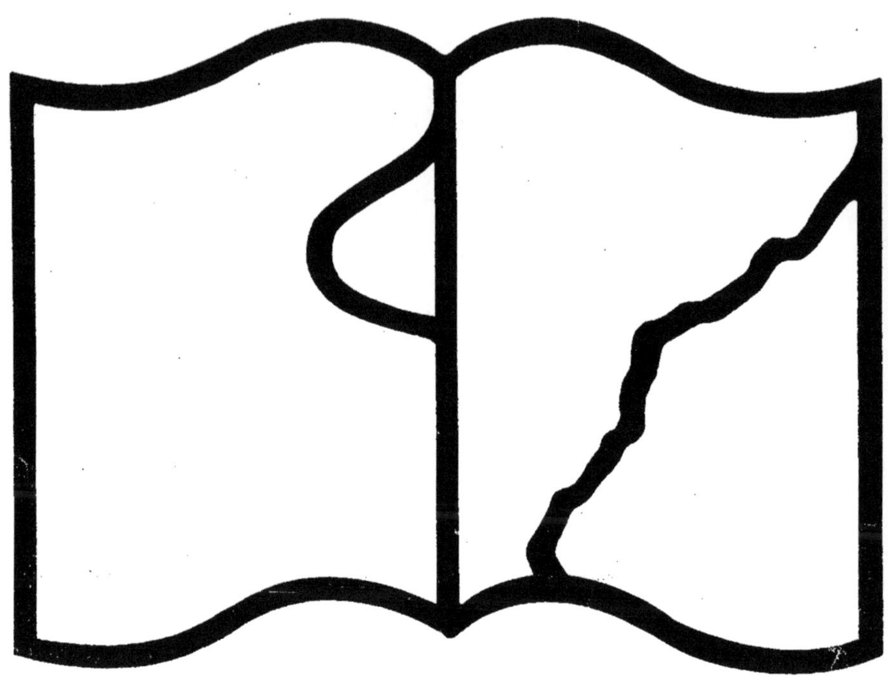

Texte détérioré — reliure défectueuse

NF Z 43-120-11

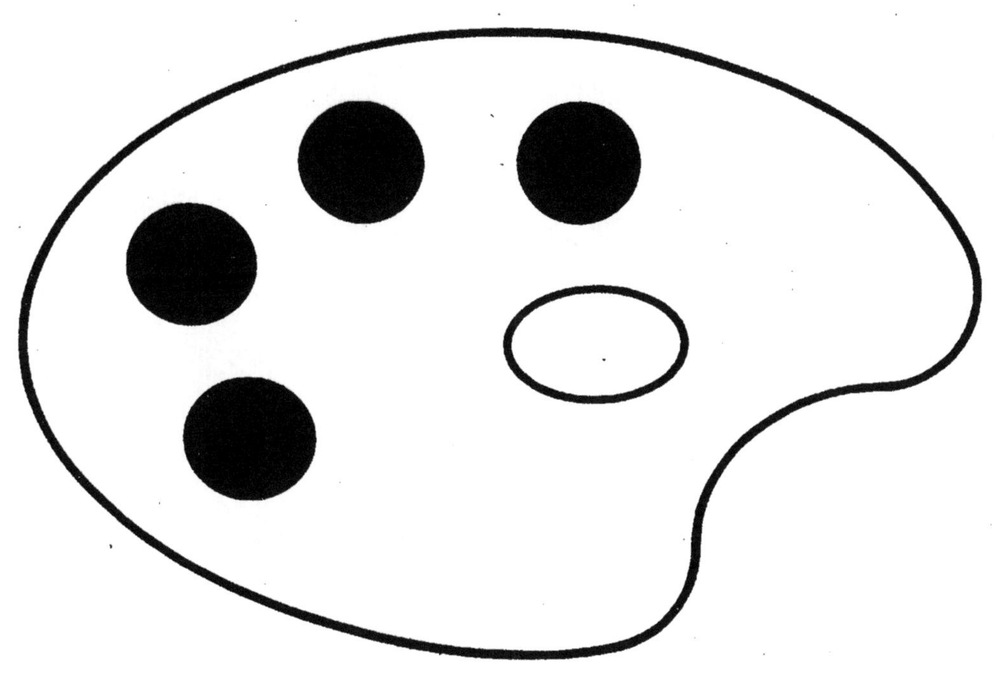

Original en couleur

NF Z 43-120-8

GUIDES DIAMANT
P. JOANNE
PYRÉNÉES
HACHETTE ET Cie

DE PARIS AUX PYRÉNÉES

ET LES

DÉPARTEMENTS DU SUD-OUEST

DE LA FRANCE

DIVISION DE CE CAHIER

I

De Paris à Bordeaux : Blois, Chenonceaux, Tours, Poitiers, Angoulême, Limoges, Périgueux, La Rochelle, Bordeaux, Royan, Soulac-les-Bains (pages 2 à 12).

II

Les Pyrénées : Établissements divers classés par ordre alphabétique de localités (pages 13 et suite).

I — De Paris à Bordeaux, Royan et Soulac-les-Bains

ÉTABLISSEMENTS DIVERS
CLASSÉS DANS L'ORDRE GÉOGRAPHIQUE SUIVANT

BLOIS

GRAND HOTEL DE BLOIS

Henri GIGNON, propriétaire

Etablissement de premier ordre, au centre de la ville, près du château. — Bains d'eau de Loire dans l'hôtel. — Appartements pour familles. — Table d'hôte. — Equipages et voitures pour Chambord, Chaumont, etc. — *English spoken.* — Omnibus de l'autel à la gare.

CHENONCEAUX, près de Tours (Indre-et-Loire)

HOTEL DU BON LABOUREUR

DESSERT-MECHIN — **Près du splendide Château de Chenonceaux.** — Recommandé à MM. les Visiteurs. — Voitures pour promenades. — Omnibus.

TOURS

GRAND HOTEL DE L'UNIVERS

Magnifiquement situé sur le Boulevard, près de la Gare.

De 1er ordre. — Réputation européenne. — E. GUILLAUME, propriétaire
Recommandation exceptionnelle de tous les guides français et étrangers.

GRAND HOTEL DE LA BOULE D'OR

29, RUE ROYALE, 29, *la plus belle rue de la ville*
De 1er ordre. Recommandé par son confortable et sa situation.
Omnibus à tous les trains. — **E. BONNIGAL, propriétaire**
VOUVRAY-MOUSSEUX, E. Bonnigal. - Méd.-Exp. en caisses 12 bout., 36 fr.
Il est reconnu par tous les gourmets que ces vins ont toutes les qualités des meilleurs crus de la Champagne.

GRAND HOTEL DE BORDEAUX

Sur le boulevard et près de la Gare

RENOMMÉE UNIVERSELLE

Appartements confortables pour familles. — Chambres depuis 2 fr. 50. — Déjeuner, table d'hôte, 3 fr.; Dîner, 4 fr., vin compris. — Service à la carte et dans les salons. — Prix réduit pour séjour. — Salle de bains. — Omnibus à tous les trains.

DELIGNOU, propriétaire

BORDEAUX

G^D HOTEL DE FRANCE ET DE NANTES

RÉUNIS

Seule maison de premier ordre située en plein midi, en face la Préfecture, le Grand-Théâtre, le Port, la Bourse, etc. — 90 chambres depuis 3 fr. — Salons de dames et de conversation, fumoir, restaurant, bains. — La plus belle table d'hôte de Bordeaux. — Demander à visiter, même après dîner, les caves situées sous l'hôtel, éclairées au gaz et contenant 60,000 bouteilles. — Les voyageurs qui séjournent, 12 fr. par jour.

L. PÉTER, propriétaire et négociant en vins, expédie en barriques et en bouteilles, en toute confiance.

GRAND HOTEL DE NICE

ANCIEN HOTEL DU COMMERCE

remis à neuf

HOTEL DE PREMIER ORDRE
RECOMMANDABLE SOUS TOUS LES RAPPORTS

HOTEL DU PÉRIGORD

Fondé en 1804

9 *et* 11, *en face du Grand-Théâtre et de l'église Notre-Dame.*

Hôtel de famille, 8 fr. par jour tout compris : déjeuner, dîner et chambre, ou à la carte. — Chambre, 2 fr. — Cave renommée. — Bains dans l'hôtel.

COUDY, propriétaire.

BORDEAUX (SUITE)

BORDEAUX (Suite)

RESTAURANT BONTOU

64 et 66, *rue Porte-Dijeaux (près de la rue Vital-Carles)*

A. BONTOU Fils aîné, propriétaire.

Cet établissement, fondé en 1840, se recommande par son grand confortable, malgré ses prix modérés. — Grands et petits salons de famille. — Service à la carte. — *English spoken.*

Cave renommée. — Vins de Bordeaux, gros et demi-gros. Expédition. — Exportation,

HOTEL-RESTAURANT DU PALAIS-ROYAL

Rue du Temple, 6, Bordeaux

SERVICE

à prix fixe

2 fr. le repas

Pain, 1/2 bouteille de Bordeaux

Hors d'œuvre,

2 plats aux choix,

Dessert.

SERVICE

à prix fixe

PRIX MARQUÉS

—

Salons réservés

Expéditions de vins, marques authentiques, en futs et en bouteilles.

HOTEL & RESTAURANT LANTA & D'ANGLETERRE

Maison de 1er ordre. — 6, *rue Montesquieu, et* 14, *rue Franklin*

B. AURADE, propriétaire

A proximité du Théâtre et du centre des affaires. — Jardin d'été. — Jardin d'hiver. — Établissement meublé à neuf, chambres depuis 2 fr. — Restaurant à la carte. — Cave renommée. — Salons. — *Expéditions de vins de Bordeaux.*

HOTEL DES QUATRE-SOEURS

Place de la Comédie

Situation splendide. — **Entièrement restauré et agrandi.** — Hôtel de famille.

Prix modérés.

BORDEAUX (Suite)

GRAND HOTEL MONTRÉ

4, rue Montesquieu, 4

Maison de premier ordre, recommandée aux familles. Bains à toute heure.

GRAND HOTEL DE CASTILLE

ET HOTEL MEUNIER REUNIS

Maison de premier ordre, recommandée aux Étrangers, aux familles et aux voyageurs. — Se habla español.

30, cours Tourny, et rue Condillac, 27

HOTEL DES AMBASSADEURS

HIRTZ, propriétaire

Restaurant à la carte. — Table d'hôte à 6 heures. — Grands et petits appartements à prix modérés. — Salons particuliers. *Cet hôtel est situé au centre de la ville*, **à proximité des Théâtres, des Promenades et des Gares.**

GRAND HOTEL FRANÇAIS

12, RUE DU TEMPLE, 12

AUPIN ET FILS, Directeurs et Propriétaires

Récente construction spéciale pour hôtel, réunissant tout le confort moderne et meublée entièrement à neuf. — **Chambre et nourriture de famille depuis 5 fr. 50 c. par jour.** — **Service** à la carte et à prix fixe. — **Bains** dans l'hôtel. — **Salons** réservés pour les dames. — A proximité des Théâtres et au centre de la ville et des affaires. — **Cave renommée.** — *English spoken.* — *Se habla espanol.*

HOTEL DE L'EUROPE

16, rue du Pont-de-la-Mousque, 16

Près la Bourse et le Grand Théâtre

Service à la carte. — Chambres confortables depuis 2 francs.

Type 4*

Voir plus loin **ARCACHON** *à son ordre alphabétique*

POUR LES HOTELS, RESTAURANTS,

AGENCES DE LOCATIONS, ETC.

II

LES PYRÉNÉES

ET LES

DÉPARTEMENTS DU SUD-OUEST

DE LA FRANCE

Établissements divers classés par ordre alphabétique de localités

AGEN (LOT-ET-GARONNE)

HOTEL JASMIN

G. FIEUX, Propriétaire.

Situé au centre des affaires, en face de la gare.
Table d'hôte.—Service à la carte. — Café. — Voitures à volonté.

ON PARLE ESPAGNOL ET ANGLAIS

Station hivernale d'AMÉLIE-LES-BAINS (Pyrénées-Orientales)

STATION THERMALE D'HIVER ET D'ÉTÉ

Climat plus doux que ceux de Nice et de Menton

Eaux sulfurées, sodiques, très renommées, très efficaces contre toutes les affections catarrhales, rhumatismales et dartreuses. — Bains, douches, inhalation, pulvérisation, etc.

Refuge d'hiver très abrité, moins humide que Pau, moins irritant que les bords de la Méditerranée.

Hôtels à des prix divers. — **Casino.** — Maisons meublées pour familles, bien installées et bien exposées au soleil. — Promenades, Marché, Poste, Télégraphe, etc.

THERMES ROMAINS

Hôtel et Maison de santé de premier ordre. — Appartements très confortables, chauffés par les eaux minérales. — Vaste jardin d'hiver. — Salons de lecture, de conversation et de musique. — Excellente table d'hôte. — Chevaux et voitures pour promenades aux environs, offrant de nombreux buts d'excursions. — *L'hôtel communique avec l'Établissement des Bains et facilite le traitement en toute saison.* — Un Docteur est spécialement attaché aux **Thermes Romains d'Amélie-les-Bains.**

BAGNÈRES-DE-LUCHON

HAUTE-GARONNE (PYRÉNÉES)

HOTEL DE LUCHON et du CASINO

LE SEUL AVEC ASCENSEUR

Annexes de l'Hôtel : VILLA RAPHAEL, avec ses jardins, et la LAITERIE et CHALETS DE LA PIQUE.

Situés dans un parc d'une étendue de six hectares.

Voitures, chevaux et guides pour la montagne.

Omnibus à tous les trains, avec interprète.

Ce nouvel établissement, magnifiquement situé dans le plus beau quartier du la ville, à l'entrée d'une des principales portes du Casino, en face le Théâtre, est construit à l'instar des plus beaux hôtels modèles, et offre tout le confort recherché par la haute société. L'emplacement de l'hôtel, au **centre** de la vallée de Luchon, est *exceptionnellement hygiénique* et a l'avantage de ne pas avoir de *moustiques*. **Un ascenseur perfectionné** (système HEURTEBISE) dessert tous les étages. Grands et petits appartements, Salons de lecture, de famille et de réception, Fumoir, Bar-room, Terrasse, Restaurant à la carte et à prix fixe, et une splendide Table d'hôte. Prix modérés. Arrangements pour long séjour.

Cuisine et Cave de tout premier ordre.

Adresse télégraphique : Hôtel Casino Luchon.

DIRECTEUR : **Pierre ARNATIVE**

Type 4***

CAUTERETS (Suite)

GRAND HOTEL D'ANGLETERRE

OMNIBUS et Landaus — *GUIDES et Chevaux*

Interprètes pour toutes les LANGUES

Vue du Grand Hôtel d'Angleterre, à Cauterets.

Alfred MEILLON, Propriétaire.

ÉTABLISSEMENT DE PREMIER ORDRE

La plus admirable situation de la Station. — Vue splendide. — A proximité des Etablissements, des Promenades, des Théâtres et Casinos. — 350 chambres. — Grand confortable. — 2 Salons de compagnie. — Jardins — Table d'hôte. — 3 Salons de restaurants. — Billard. — Fumoir.

Ascenseur EDOUX pour tous les étages.

GRAND HOTEL CONTINENTAL

HOTEL DE PREMIER ORDRE

Direction : L. SCHWITZING, propriétaire

Le plus beau et le plus confortable des Pyrénées.

APPARTEMENTS DE FAMILLE

200 chambres

Vaste et splendide salon de conversation. — Table d'hôte de 200 couverts.

SALONS.—RESTAURANT.—BILLARD

ASCENSEUR

Ecuries et remises.

Omnibus et voitures de l'hôtel à la gare de Pierrefitte-Nestalas.

CAUTERETS (Hautes-Pyrénées) (Suite)

GRAND HOTEL DU PARC

Cette vaste maison, qui vient d'être considérablement agrandie, est splendidement **entourée de jardins**; elle est située dans le site le plus pittoresque de la ville, à proximité du *Théâtre*, des *Établissements* et des *Casinos*. — **Table d'hôte, Restaurant à la carte et à prix fixe.** — Appartements de famille des plus confortables. — Excellente direction

HOTEL DE PARIS

P. BARTHÉ

MAISON REMISE ENTIÈREMENT A NEUF ET AGRANDIE

TABLE D'HOTE ET RESTAURANT

Service en ville.

English spoken. — Se habla español.

Desservi en toutes saisons par les omnibus de la station de Pierrefitte

HOTEL DE LA PAIX

PLACE SAINT-MARTIN

PLAUS

Très bien situé. — Appartements confortables. Vue magnifique.

TABLE D'HOTE ET RESTAURANT

HOTEL DES AMBASSADEURS

ÉTABLISSEMENT DE 1er ORDRE

Situation centrale. — Table d'hôte. — **Restaurant à la carte et à prix fixe.** — Vaste salle à manger. — **Dîners en ville.** — Cuisine et Caves recommandées. — Salons de compagnie et Salons particuliers, — **Prix modérés.** — *Nouvelle et excellente direction.*

EAUX-BONNES (Basses-Pyrénées) (Suite)
(Station thermale)

RAND HOTEL DES PRINCES
(MURRET-LABARTHE)

Le plus beau et le plus confortablement installé de la Station.
150 chambres. Salon de compagnie. Vaste salle à manger.
Situation exceptionnelle au **centre du Jardin Darralde**, en face le **Kiosque des Concerts. — Cave et cuisine renommées.** — Chemin de fer. — Trajet de Paris à Eaux-Bonnes en 16 heures.

HOTEL BERNIS
Place Sainte-Eugénie

Belle situation, à **proximité de l'Établissement thermal, de l'Église du Temple protestant, des Sources froides et des Promenades.** — Succursale attenant à l'hotel. — Grands et petits appartements pour familles. — *Restaurant et Table d'hôte.* — Déjeuners et dîners particuliers pour la ville. — **Prix modérés.**
« Chalet pour famille, indépendant, même situation, de six à dix pièces, cuisine et salon compris, écurie et remise. »

BERNIS-RAYMOND, *propriétaire.*

Station thermale de EAUX-CHAUDES (Basses-Pyrénées)

HOTEL BAUDOT

Maison de premier ordre, **située près de l'Établissement thermal,** dans une position pittoresque, près du pic du Midi. — **Vue splendide de toute la vallée.** — Mme BAUDOT, **propriétaire.**

Appartements pour familles, Salons de conversation, de lecture et de musique.

Guides, voitures et chevaux Pour promenades et excursions

VUE DE L'HOTEL BAUDOT, AUX EAUX-CHAUDES

L'hôtel Baudot possède un vivier peuplé des meilleures truites de la Montagne
NOTA. — L'hôtel est desservi par les omnibus stationnant à la gare de *Laruns.*

EAUX-CHAUDES (Basses-Pyrénées) (SUITE)

HOTEL DE FRANCE

OUVERT TOUTE L'ANNÉE, parfaitement situé, en face de l'établissement thermal. — Bonne maison très recommandable sous tous les rapports. — Table d'hôte. — Restaurant et service particulier. **Confortable et soins.** — Chevaux, voitures, guides pour excursions. — Omnibus de l'hôtel à la gare de LARUNS. — **PEYREVIDAL**, propriétaire.

HENDAYE (BASSES-PYRÉNÉES)

Véritable LIQUEUR d'Hendaye

(BLANCHE, JAUNE, VERTE)

Cette liqueur de table, aussi tonique et digestive que délicieuse et agréable au goût, se trouve partout chez les principaux négociants en spiritueux, pâtissiers, etc., et dans les bons cafés.

Se défier des contrefaçons. — Toujours exiger la signature P. BARBIER. — Envoi, *franco de port,* dans toute la France, pour 8 litres *au minimum.*

Fabrique à **Hendaye** (Basses-Pyrénées, frontière d'Espagne).

Distillerie PAULIN BARBIER.

G[D] HOTEL DE FRANCE ET D'ANGLETERRE

LÉGARRALDE, propriétaire.

Établissement de premier ordre, nouvellement agrandi, recommandé par son confort et sa bonne cuisine. — Appartements pour familles. — Belle situation. — Vue sur la mer, la Bidassoa, les montagnes et Fontarabie. — Omnibus à tous les trains. — Voiture pour excursions.

GRAND HOTEL DU COMMERCE

P. IMATZ, propriétaire

FONDÉ EN 1830, AU CENTRE DE LA VILLE.

Maison de 1er ordre, recommandée par son confort et son excellente cuisine. — **Vue splendide sur la mer, les Pyrénées et Fontarabie.** — Chambres et appartements confortables. — Voitures pour promenades. — Omnibus à tous les trains. — PRIX MODÉRÉS.

SAINT-SAUVEUR-LES-BAINS (H.-Pyr.)

HOTEL DE FRANCE

DE PREMIER ORDRE

BARRIO, PROPRIÉTAIRE

EXCELLENTE ET ANCIENNE RÉPUTATION

SPÉCIAL POUR FAMILLES

La plus près des thermes et des promenades, la plus belle vue de la localité. — La magnifique villa Beau-Site (ex-Hôtel du Parc) est annexée à l'hôtel.

(ESPAGNE) SAINT-SÉBASTIEN (ESPAGNE)

GRAND HOTEL DE LONDRES

ÉDOUARD DUPOUY, propriétaire

PALAIS FESSER. — JARDIN

AVENUE DE LA LIBERTÉ

HOTEL ANGLAIS ET D'ANGLETERRE

Maison de premier ordre.

Situé devant la Plage des Bains.

Vue de l'Hôtel Anglais et d'Angleterre, à Saint-Sébastien.

Vue splendide sur la mer et les Pyrénées. **Ancienne résidence** de S. M. la reine Isabelle II, — Omnibus de l'hôtel à la gare, à tous les trains.

Cuisine et service français. ON PARLE FRANÇAIS	*Reading-room with English News papers* ENGLISHS POKEN

TARBES

GRAND HOTEL DE LA PAIX

G BARTHÉ, nouveau Propriétaire

Maison de premier ordre, parfaitement située, place Maubourguet, au centre de la ville. — Jardin de l'hôtel sur la place. — **Table d'hôte et Restaurant.** — Salons de compagnie, de musique, de lecture. — Soins et confort réunis. — *Omnibus spécial de l'hôtel à tous les trains.*

English spoken.

GRAND HOTEL DES AMBASSADEURS

ET DE LONDRES

AU CENTRE DE LA VILLE

Place Maubourguet, rue Massey et boulevard de la Gare.

Maison de premier ordre. — Appartements pour familles, exposés en plein midi. — Restaurant à la carte; salons particuliers; table d'hôte. — Omnibus de l'hôtel à tous les trains. — Prix modérés.

P. DARMAU, propriétaire.

HOTEL DU COMMERCE

TENU PAR

DUPONT FILS

CONFORTABLE ET BIEN SITUÉ

TABLE D'HOTE. — RESTAURANT

Omnibus à tous les trains.

TOULOUSE

EN FACE LA GARE

HOTEL CHAUBARD ET DU BUFFET

L. ALTON, propriétaire.

Cet établissement, complètement remis à neuf, se recommande par sa tenue et son confortable. Prix modérés.

A PRIX FIXE — **RESTAURANT** — A LA CARTE

Salons particuliers.

Etablissement de bains. — Jardin. — Ecurie et remise.

Ouvert à tous les trains de nuit.

TOULOUSE (SUITE)

GRAND HOTEL CENTRAL

PLACE SAINT-PANTALÉON.

ÉTABLISSEMENT DE 1er ORDRE

ÉTABLISSEMENT DE 1er ORDRE

Sérieux et bien tenu, au centre de la ville, comme l'indique son nom. — Installation complètement neuve. — Rendez-vous de la bonne société. — Très jolie cour. — Vrai jardin d'été. — Interprètes. — Spécialité de Pâtés de foies de canards aux truffes du Périgord.

HOTEL BAICHÈRE

MARTIN, Successeur.

Rue des Arts, 7, au centre de la ville.

Bonne maison de famille,
Recommandable sous tous les rapports. — Restaurant à la carte et à prix fixe.

CONFORTABLE ET SOINS

HOTEL DE PARIS

Tenu par MEYRIEU, Successeur de ROUX Fils

66, rue des Balances, 66

Près de la place du Capitole, de la Poste aux lettres et au centre des affaires. — Chambres et appartements confortables pour familles. — Table d'hôte.

Salons particuliers. — Restaurant.

PYRÉNÉES

A LA MÊME LIBRAIRIE

I. — GUIDES-DIAMANT

FORMAT IN-32

Biarritz et autour de Biarritz, par *A. Germond de Lavigne* (2 gravures et 1 carte). 2 fr.

France, par *P. Joanne* (1 carte). . . . . 4 fr.

Espagne et Portugal, par *Germond de Lavigne* (1 carte et 4 plans) . . . . 5 fr.

II. — GUIDES

FORMAT IN-16

La Loire, par *P. Joanne* (2 cartes et 5 plans). . . 7 fr. 50

De la Loire à la Gironde, par *P. Joanne* (26 cartes et 10 plans). . . . . . 7 fr. 50

Les Cévennes, par *P. Joanne* (5 cartes et 3 plans). 7 fr. 50

Gascogne et Languedoc, par *P. Joanne* (1 carte et 2 plans). . . . . . . 7 fr. 50

Pyrénées, par *P. Joanne* (10 cartes, 9 panoramas et une projection de la chaîne des Pyrénées) . . . . 12 fr.

Provence, par *P. Joanne* (8 cartes et 14 plans). . . 7 fr. 50

Guide du Voyageur en France, par *Richard*, en préparation.

De Paris à Bordeaux, par *Ad. Joanne* (95 gravures, 1 carte, 4 plans). . . . . . 4 fr. 50

Espagne et Portugal, par *Germond de Lavigne* (15 cartes et 21 plans) . . . . . 18 fr.

Les Bains d'Europe, par *Ad. Joanne* et le docteur *A. Le Pileur* (1 carte). . . 12 fr.

III. — MONOGRAPHIES.

Blois. . . . . 50 c.

Tours. . . . . 50 c.

Bordeaux. . . . . 1 fr.

Arcachon. . . . . 1 fr.

16731. — Imprimerie A. Lahure, rue de Fleurus, 9, à Paris

COLLECTION DES GUIDES-JOANNE

— GUIDES-DIAMANT —

PYRÉNÉES

PAR

P. JOANNE

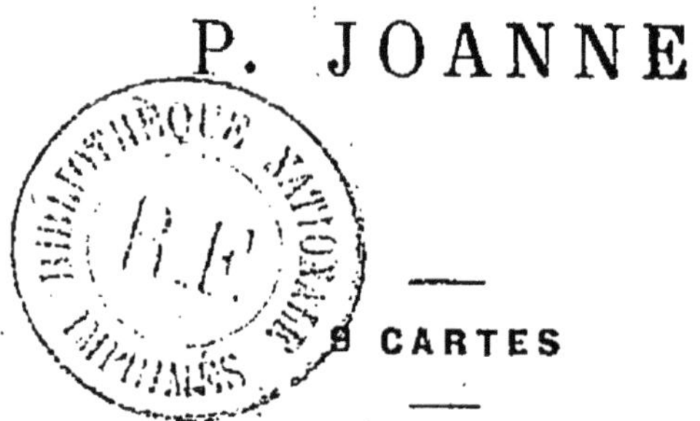

9 CARTES

PARIS

LIBRAIRIE HACHETTE ET Cie

79, BOULEVARD SAINT-GERMAIN, 79

1888

Toutes les mentions et recommandations contenues dans le texte des Guides-Joanne sont entièrement gratuites.

TABLE MÉTHODIQUE

CARTES

ABRÉVIATIONS

alt., altit. . . .	altitude.	ham.	hameau.
aub.	auberge.	h.	heure.
arr., arrond. .	arrondissement.	hect.	hectares.
		hôt.	hôtel.
b.	bourg.	j.	jour.
ch.-l. de c. .	chef-lieu de canton.	k.	kilomètres.
		l.	lieues.
c.	centimes.	mèt.	mètres.
cent.	centimètres.	m.	minutes.
com.	commune.	p.	poste.
dép., départ. .	département.	R.	route.
dil., dilig. . .	diligence.	s.	siècle.
dr	droite.	t. l. j.	tous les jours.
env.	environ.	V.	ville.
fr.	francs.	v.	village.
g.	gauche.	*V*.	voir.
h.	habitants.	voit.	voitures.

N. B. — A défaut d'indication contraire, les hauteurs sont toujours évaluées au-dessus du niveau de la mer.

AVIS

ET

CONSEILS AUX VOYAGEURS

Plan de voyage. — Modèles d'itinéraires.

Tracer son itinéraire, tel est le premier *devoir* du voyageur. Pour qu'un voyage soit en même temps utile et agréable, il faut qu'il ait été étudié avec intelligence et avec goût. Avant de l'entreprendre on doit, non seulement s'y préparer par de bonnes lectures, mais avoir bien déterminé l'emploi de son temps, de manière à en tirer le plus grand profit possible pour son plaisir et pour son instruction. Sans s'imposer sottement des étapes invariables, tout en laissant une large part à l'imprévu, à la fantaisie, il importe, quand on se met en route, de bien savoir où l'on veut aller, et pourquoi l'on se propose de visiter telle localité plutôt que telle autre. Ce travail préparatoire, chaque voyageur le fait pour soi, après avoir calculé le temps et l'argent dont il a la libre disposition, consulté ses habitudes et ses goûts, éprouvé ses forces, constaté l'état de sa santé, suivi, en un mot, son inspiration. *Quot homines, tot causæ*, disait avec raison Cicéron. Certaines indications générales peuvent toutefois être nécessaires aux touristes encore inexpérimentés qui désirent apprendre l'art, plus difficile qu'on ne le croit généralement, de bien voyager.

Un voyage dans les Pyrénées ne ressemble nullement à un voyage dans les Alpes. Cette différence tient surtout à la configuration de la chaîne. Au lieu d'aller chaque jour d'une station à une autre, comme en Suisse, on est obligé de faire des séjours plus ou moins longs dans diverses localités, pour en explorer les environs. Parmi ces points centraux, on doit surtout citer, en *France :* Cambo, Tardets, les Eaux-Bonnes ou les Eaux-Chaudes, Argelès, Cauterets, Luz, Gavarnie, Héas, Barèges, Bagnères-de-Bigorre, Arreau, Bagnères-de-Luchon, Aulus, Ax, Quillan, Bourg-Madame, Vernet, Amélie-les-Bains et les Bains de la Preste; en *Espagne :* Valcarlos ou Roncevaux, Isaba (Roncal), Canfranc, Sallent, les Bains de Panticosa, Jaca, Bielsa, l'hospice espagnol de Vénasque, les Bains de Vénasque, Salardu, Caldas de Bohi, Esterri, la Seu d'Urgel, Olot ou Ripoll, etc.

Les bords de l'Océan, de Biarritz à Saint-Sébastien, les forêts de Roncevaux et d'Iraty, la vallée d'Aspe, les Eaux-Chaudes et Gabas, Argelès, Luz et Saint-Sauveur, les cirques de Gavarnie, de Troumouse, de Bielsa et de Barrosa, les vallées de Boucharo, d'Arrasas, de Niscle, etc., Bagnères-de-Bigorre et ses environs, la vallée d'Aure, Bagnères-de-Luchon, la vallée de Larboust et le lac d'Oo, Vénasque, le pays d'Aran, les vallées de Biros et de Betmale, celles d'Aulus et d'Ustou, Vicdessos, la République d'Andorre, Urgel, la Cerdagne, les étangs de Carlitte, les vallées de la Tet et du Tech, les montagnes de Rosas et toutes les hautes vallées des Pyrénées-Orientales, trop peu connues, méritent surtout la visite des touristes.

Parmi les ascensions, on peut recommander principalement celles de la Haya, de la Rhune, du pic d'Anie, du Bisaurin, du pic de Ger, du pic de Gabizos, du Balaïtous, du Monné de Cauterets, du Vignemale, du pic de Néré, du Bergons, du Piméné, de l'Ardiden, du pic du Midi de Bigorre, de l'Arbizon, du pic de Lustou, du pic de la Munia, du pic de la Géla, du Mont-Perdu, du Cylindre, du pic du Marboré, de la Pène de Lhéris, du col d'Aspin, du Montné de Luchon, de l'Antenac, du Pales de Burat, de l'Entécade, du Cécire, du pic Pétard, du pic Posets, de la Maladetta, du pic de Malibierne, du pic Bécibéri, du Cotiella, du Pusilibro, du Cap de Bouirech, du Montbéas, du Montcalm, du pic Saint-Barthélemy, de la Montagne-Rase, du pic de Carlitte, du Costabonne, du Canigou, du Roc de France, etc.

Pendant la saison des bains, c'est-à-dire en moyenne du 1er juillet au 30 septembre, des services de correspondance sont organisés entre toutes les villes de bains et les stations les plus rapprochées des chemins de fer du Midi.

En outre, les compagnies d'Orléans et du Midi organisent chaque année des voyages circulaires. Pour tous les renseignements relatifs à ces derniers voyages, voir les Indicateurs spéciaux.

Des trains de luxe: *Sud-express*, desservant Bordeaux, Bayonne, Biarritz et l'Espagne; et: *Pyrénées-Pau-Express:* Dax, Salies de Béarn et Pau, ont été organisés en 1887. Ces trains, composés de Wagons-lits, Wagons-salons et Wagons-restaurants, font le service une fois par semaine, de Paris à destination et *vice versa*. Le prix des places est le prix des 1res classes augmenté de 50 p. % (consulter l'Indicateur Chaix de la semaine)

ITINÉRAIRES DE BAYONNE A PORT-VENDRES [1]

1° Voyage d'un mois pour les personnes qui vont à cheval ou en voiture.

De Bayonne à Saint-Sébastien (R. 4, 5). . . . . 1 j.
Excursion à Fontarabie (R. 5). 1
Retour à Bayonne. 1
De Bayonne à Saint-Jean Pied-de-Port (R. 14). 1
+ Excursion à Roncevaux, et retour (R. 15).
De Saint-Jean-Pied-de-Port à Mauléon, par Saint-Palais ou par Saint-Just (R. 18). 1
De Mauléon à Pau, par Tardets et Oloron (R. 18, 20). . . . 1
Pau et ses environs (R. 25). . 1
De Pau aux Eaux-Bonnes (R. 29). 1
Des Eaux-Bonnes aux Eaux-Chaudes, par le Gourzy (R. 29). — Gabas (R. 29). — Retour par la route. 1
+ Ascension du pic de Ger (R. 29).
+ Excursion aux Bains de Panticosa et à Cauterets, par le col d'Anéou et le port du Marcadau (R. 31, 33, 40).
Des Eaux-Bonnes à Argelès (R. 32). — Visites à Saint-Savin et à Beaucens (R. 35). 1
D'Argelès à Cauterets, au pont d'Espagne et au lac de Gaube (R. 38). 1
+ Ascension du Monné (R. 38).

A reporter. . . . 11

Report. 11
+ Ascension du Vignemale (R. 39).
De Cauterets à Luz ou à Saint-Sauveur (R. 38, 43). 1
+ Ascension du Bergons ou du pic de Néré (R. 43).
De Saint-Sauveur à Gavarnie (R. 44). 1
+ La Brèche de Roland et le col du Taillon (R. 45).
+ Ascension du Mont-Perdu (R. 46).
+ Vallée d'Arrasas (R. 47).
+ Le cirque de Troumouse (R. 50).
De Luz à Barèges (R. 55). . . . 1
+ Ascension du Néouvieille (R. 55).
Ascension du pic du Midi de Bigorre (R. 56). 1
De Barèges à Bagnères-de-Bigorre (R. 57). 1
+ La Pène de Lhéris (R. 59).
De Bagnères-de-Bigorre à Luchon, par le col d'Aspin (R. 60). 1
Port de Vénasque, et retour par le port de la Picade (R. 68).
Vallée du Lis (R. 68). . . . . .
Promenade au lac Séculéjo (R. 68). 1
De Luchon à Saint-Béat, par Bosost (R. 68, 74). 1

A reporter. 21

[1] Les excursions recommandées qui ne sont pas comprises dans l'itinéraire sont précédées du signe +.

Report. 21

+ Visite au Goueil de Jouéou (R. 74, *B*).

+ Ascension du Montné (R. 68).

+ Ascension de l'Antenac (R. 68).

+ Ascension du Pales de Burat (R. 68).

+ Ascension du pic de Néthou (R. 73).

+ Ascension du pic Posets (R. 72).

De Bagnères-de-Luchon à Montrejeau, par la vallée de Barousse et Saint-Bertrand-de-Comminges (R. 67, 69). 1

De Montrejeau à Saint-Girons (R. 67, 80). 1

Excursion à St-Lizier (R. 80). 1

De Saint-Girons à Aulus (R. 85). 1

+ Excursion à Ustou (R. 83) et à Couflens (R. 84).

+ Ascension du Tuc de Berrone et du Montbéas (R. 83).

+ Ascension du Mont-Vallier (R. 85).

D'Aulus à Vicdessos, par le col de Saleix (R. 90). 1

A reporter. 26

Report. . . . 26

+ Ascension du Montcalm (R. 91).

De Vicdessos à Ax, par Tarascon et Ussat (R. 90, 92). . . . 1

+ Ascension du pic Saint-Barthélemy (R. 92).

+ Excursion dans la République d'Andorre, par le col de Fontargente (R. 100).

+ Lac Lanoux, et ascension du pic de Carlitte (R. 99).

D'Ax à Bourg-Madame et à Puigcerda, par le col de Puymorens (R. 98). 1

+ Ascension du Canigou (R. 114) ; descente, par le Pla Guilhem, à Prats-de-Mollo (R. 115, 114, 117).

De Bourg-Madame à Vernet (R. 110, 113, 117) 1

De Vernet à Perpignan (R. 110, 113). 1

De Perpignan à Amélie-les-Bains et à Arles (R. 115). 1

+ Ascension du Pilon de Belmalx (R. 115).

D'Arles à Port-Vendres (R. 115, 119) 1

32 j.

2° Voyages à pied

A. Des Eaux-Bonnes à l'Océan.

1er j. — Des Eaux-Bonnes au pic de Ger, et descente aux Eaux-Chaudes (R. 29).

2e j. — Des Eaux-Chaudes à Urdos, par le col de Bious ou par le col des Moines (R. 27 et 28).

3e j. — D'Urdos à Lescun (R. 24).

4e j. — De Lescun au pic d'Anie, et descente à Bédous (R. 26).

5e j. — De Bédous au pic d'Escuret, par le col de Marie-Blanque, et descente à Saint-Christau (R. 24 et 27).

6e j. — De Saint-Christau à Lanne et de Lanne à Tardets, par la Madeleine (R. 18).

7e j. — De Tardets, à Isaba, par Urdaïté (R. 19, *A*).

8e j. — La vallée de Roncal et de Burgui à Ochagavia (R. 17 et 19).

9e j. — D'Ochagavia à Larrau, et visite des crevasses d'Holcarté (R. 18 et 19).

10e j. — De Larrau à Tardets, et de Tardets à Ahusquy (R. 18).

11e j. — D'Ahusquy à Saint-Jean-Pied-de-Port (R. 18).

12e j. — De Saint-Jean-Pied-de-Port

à Valcarlos et à Roncevaux (R. 15, et retour).

13° j. — De Saint-Jean-Pied-de-Port à Saint-Étienne-de-Baïgorry et à Cambo (R. 12).

14° j. — De Cambo à la Rhune, et descente à Saint-Jean-de-Luz (R. 5 et 14).

15° j. — De Saint-Jean-de-Luz à Fontarabie, à Pasages et à Saint-Sébastien (R. 5).

16° j. — Saint-Jean-de-Luz, le Socoa (R. 5).

17° j. — Biarritz (R. 5).

18° j. — Bayonne (R. 4).

B. De Cauterets, et retour.

1er j. — De Cauterets au lac de Gaube et au pont d'Espagne. Coucher à l'hôtel du pont d'Espagne ou à la cabane du Marcadau (R. 33).

2e j. — Ascension du pic d'Enfer et descente aux Bains de Panticosa (R. 38 et 40).

3e j. — Des Bains au pic de Brasato et à Gavarnie (R. 40).

4e j. — De Gavarnie au Gabiétou et au Taillon, et descente à la Cabane inférieure de Gaulis (R. 44 et 46).

5e j. — Descente à Torla, par la vallée d'Arrasas (R, 47).

6e j. — De Torla, par la muraille de Diazès, à la cabane de Gaulis (R. 47).

7e j. — Ascension du Mont-Perdu, et descente à Héas par la brèche de Tuquerouye (R. 46).

8e j. — Cirque de Troumouse, pic de la Munia, et descente par Serre-Mourenne (R. 50).

9e j. — D'Héas à Castets, par le col des Aiguillons (R. 52).

10e j. — De Castets au Néouvieille, par le val de Couplan, et descente à Barèges, par les lacs d'Escoubous ou par les lacs de la Glaire (R. 55 et 57, *A*).

11e j. — De Barèges au pic du Midi de Bigorre, et retour (R. 56)

12e j. — Ascension du pic de Néré, et descente à Luz (R. 45 et 55).

13e j. — Gorges de Saint-Sauveur et de Pierrefitte (R. 43 et 44).

14e j. — Ascension du pic d'Ardiden, et descente à Cauterets (R. 38 et 45).

15e j. — Cauterets (R. 38).

Variante : 13e j. — De Luz à Gavarnie, par la gorge de Saint-Sauveur (R. 44).

14e j. — De Gavarnie au Vignemale, et descente au lac de Gaube (R. 39).

15e j. — Cauterets (R. 38).

C. De Gavarnie, et retour.

1er j. — De Gavarnie au Piméné, et descente à Héas (R. 44 et 50).

2e j. — D'Héas au pic de la Munia, et descente à l'Estibette (R. 50 et 51).

3e j. — De l'Estibette à Bielsa (R. 48 et 51).

4e j. — Cirque de Barrosa, et retour (R. 48).

5e j. — De Bielsa au Cotiella, et descente au Plan-de-Gistaïn (R. 48 et 63).

6e j. — Du Plan-de-Gistaïn à Bielsa, par la Inclusa (R. 48).

7e j. — De Bielsa au col de Niscle et à la cabane inférieure de Gaulis (R. 48 et 51).

8e j. — De la cabane inférieure de Niscle au Mont-Perdu, et descente à Gavarnie par le col d'Astazou (R. 46).

9e j. — De Gavarnie à Torla, par le col de Diazès et les murailles d'Arrasas (R. 47).

10e j. — De Torla à Fiscal (R. 47).

11e j. — Les gargantas de Rodellar, le col de la Péonoria et Yaso (R. 49, *C*).

12e j. — De Yaso à Huesca (R. 26 et 49, *C*).

13e j. — De Huesca à la Venta de la Peña, en diligence (R. 26).

14e j. — Les Mallos de Riglos, et de la Venta de la Peña à Jaca (R. 26).

15° j. — De Jaca à Viescas, en diligence (R. 41), et de Viescas à Boucharo, par Gabin et Linas (R. 49), à mulet.
16° j. — De Boucharo à Gavarnie (R. 47).

E. De Gavarnie, et retour.

1er j. — De Gavarnie au Vignemale, et descente à Boucharo (R. 39).
2° j. — De Boucharo au Tendenera, et descente au village de Panticosa (R. 41 et 47).
3° j. — Du village de Panticosa à Viescas, à pied, et de Viescas à Jaca, en diligence (R. 41).
4° j. — Ascension de la Peña de Oroël (R. 26), et descente à la Venta de la Peña (R. 26).
5° j. — De la Venta de la Peña aux Mallos de Riglos et à Loarre (R. 26).
6° j. — Ascension du Pusilibro, et descente au Pantano de Arguis et à Meson Nuevo (R. 26).
7° j. — De Meson Nuevo au Tosal de Guara, et descente à Vara (R. 26).
8° j. — De Vara à Rodellar, par les gargantas de Rodellar (R. 26 et 49).
9° j. — De Rodellar à Aïnsa, par Morcate (R. 47 et 49).
10° j. — De Aïnsa à Boltaña (R. 47).
11° j. — De Boltaña à Bielsa, par le défilé de las Debotas (R. 48).
12° j. — De Bielsa à Fanlo, par la vallée de Niscle (R. 48).
13° j. — De Fanlo à Torla (R. 47).
14° j. — De Torla à la cabane de Gaulis, par la vallée d'Arrasas (R. 46 et 47).
15° j. — Le Mont-Perdu, le Cylindre, le pic du Marboré, et descente à Gavarnie par le col d'Astazou (R. 45 et 46).

F. De Bagnères-de-Luchon, et retour.

1er j. — De Bagnères-de-Luchon au lac d'Oo (R. 68).
2° j. — Du lac d'Oo au Perdighero, et descente, par Ramougn, à l'hospice espagnol de Vénasque (R. 68 et 71).
3° j. — De l'hospice au Néthou, par le lac Querigueña et le col d'Erihuell, et descente dans la vallée de Malibierne par Erihuell (R. 73).
4° j — Pic de Malibierne, et descente par les lacs de Rio Bueno à Senet (R. 71).
5° j. — De Senet au Signal de Montarto, et retour (R. 76).
6° j. — De Senet à Caldas de Bohi (R. 76).
7° j. — De Caldas de Bohi à Artias et à Salardu (R. 74 et 76).
8° j. — De Salardu à Notre-Dame de Montgarry (R. 77).
9° j. — De Notre-Dame de Montgarry au pic de los Armeros et aux lacs de Liat (R. 74).
10° j. — Des lacs de Liat à Lès (R. 74), et de Lès à Bosost (R. 74).
11° j. — De Bosost au Goueil de Jouéou et retour (R. 74, *B*).
12° j. — De Bosost à l'hospice de Viella (R. 75, *B*).
13° j. — De l'hospice de Viella, par le col des Moulières, au Trou du Toro (R. 75, *B*); du Trou du Toro au port de Vénasque.
14° j. — Du port de Vénasque à Luchon (R. 63).

G. De Bagnères-de-Luchon, et retour.

1er j. — De Luchon à Vénasque et à Castejon de Sos (R. 71. *A*).
2° j. — De Castejon de Sos à Campo, par la garganta de Benta Amillo, et retour (R. 71, *A*).
3° j. — De Castejon de Sos au Plan-de-Gistaïn, par le col de Sahun (R. 71).
4° j. — Ascension du Cotiella, et retour (R. 48 et 71).
5° j. — Du Plan au pic Posets, et descente à la cabane de Pahules (R. 72).
6° j. — De la cabane de Pahules au

pont de Gubère (R. 72). Du pont à la cabane de Ribereta (R. 75).

7e j. — Ascension du Néthou, par le glacier d'Erihuell, et descente, par la Rencluse, à l'hospice de Vénasque (R. 73).

8e j. — De l'hospice au pic Perdighero, par Ramougn (R. 71), et descente au lac d'Oo (R. 68).

9e j. — Du lac d'Oo à Luchon (R. 68).

H. De Vernet, et retour.

1er j. — De Vernet au Canigou, et retour (R. 114).

2e j. — De Vernet aux Bains de la Preste, par le col de Jou, Mantet, le col de la Madona, le Camp Magre et les sources du Tech (R. 110, 115 et 117).

3e j. — De la Preste au pic de Costabonne, et descente, par le col de Pal, à Camprodon (R. 117 et 118).

4e j. — De Camprodon à Ripoll (R. 112).

5e j. — De Ripoll à Ribas et à Notre-Dame de Nuria (R. 110 et 112).

6e j. — De Notre-Dame de Nuria au Puigmal, et descente à Saillagouse (R. 110).

7e j. — De Saillagouse à Bourg-Madame par Llivia, et de Bourg-Madame à Puigcerda (R. 98, 110 et 111).

8e j. — De Puigcerda à la Seu d'Urgel (R. 100).

9e j. — De la Seu d'Urgel à Andorra (R. 10), et d'Andorra à l'Hospitalet (R. 100).

10e j. — De l'Hospitalet à Ax (R. 98).

11e j. — D'Ax à Quillan, par le col de Pradel (R. 95, *C*).

12e j. — De Quillan aux Bains de Carcanières par la vallée de l'Aude (R. 105).

13e j. — Des Bains de Carcanières à Formiguères, et excursion aux sources de l'Aude (R. 106).

14e j. — De Formiguères au pic de Carlitte, et descente aux Escaldas (R. 99, *B*, et 106).

15e j. — Des Escaldas à Montlouis, par Font-Romeu (R. 110 et 111), et de Montlouis à Vernet, en voiture (R. 110 et 113).

Moyens de transport.

Voitures. — Des services de diligences, correspondant avec les trains de chemins de fer, font communiquer entre elles toutes les villes des Pyrénées. Les prix des places sont fixes dans ces voitures, quelle que soit l'affluence des voyageurs; mais, pendant la saison des eaux, on voit surgir de toutes parts des entreprises temporaires de messageries qui se font parfois une concurrence acharnée. Leurs heures de départ et leurs prix changent plusieurs fois dans une même saison. En général, toutes ces voitures laissent beaucoup à désirer comme propreté, comme exactitude et parfois comme célérité.

On trouve dans toutes les villes des Pyrénées françaises des voitures de louage pour faire des promenades, des excursions et des voyages. Ces voitures, généralement confortables et bien servies, sont très chères dans les stations balnéaires telles que Cauterets et Bagnères-de-Luchon.

Chevaux et ânes. — Les chevaux sont excellents; ils ont le pied très sûr et supportent très bien la fatigue. On s'en sert pour se promener sur les grandes routes qui rayonnent autour des bains, rarement pour faire un voyage proprement dit.

Le prix ordinaire d'un cheval varie de 6 à 10 fr. par jour suivant la longueur des courses. Du reste presque toutes les stations thermales ont leur tarif.

Les ânes, bien plus encore que les chevaux, ne sont utilisés que pour les parties de plaisir. On en trouve dans presque tous les établissements de bains.

Voyages à pied.

Les touristes, à l'exception de quelques Anglais, voyagent rarement à pied dans les Pyrénées, et cependant c'est incontestablement la manière la plus agréable et la moins fatigante de parcourir les montagnes.

« Quiconque, dit Ramond, n'a point pratiqué les montagnes de premier ordre, se formera difficilement une juste idée de ce qui dédommage des fatigues qu'on y éprouve et des dangers que l'on y court ; il se figurera encore moins que ces fatigues mêmes ne sont pas sans plaisirs, que ces dangers ont des charmes, et il ne pourra s'expliquer l'attrait qui y ramène sans cesse celui qui les connaît, s'il ne se rappelle que l'homme, par sa nature, aime à vaincre les obstacles ; que son caractère le porte à chercher des périls et surtout des aventures ; que c'est une propriété des montagnes de contenir dans le moindre espace et de présenter dans le moindre temps les aspects de régions diverses, les phénomènes de climats différents, de rapprocher des événements que séparaient de longs intervalles, d'alimenter avec profusion cette avidité de sentir et de connaître, passion primitive et inextinguible de l'homme, qui naît de sa perfectibilité et la développe, passion plus grande que lui, qui embrasse plus qu'il ne peut saisir, devine plus qu'il ne peut comprendre, pressent plus qu'il ne peut prévoir, franchit sans cesse les bornes de sa fragile et courte existence, l'égare souvent sur le but de sa vie, mais au moins l'endort sur ses misères et l'étourdit sur sa brièveté. »

« En voyage, dit Topffer, le plaisir n'appartient qu'à ceux qui savent le conquérir, et point à ceux qui ne savent que le payer Il est très bon.... d'emporter, outre son sac, provision d'entrain, de gaieté, de courage et de bonne humeur. Il est très bon aussi de compter pour l'amusement sur soi et ses camarades plus que sur les curiosités des villes et sur les merveilles des contrées. Il n'est pas mal non plus de se fatiguer assez pour que tous les grabats paraissent moelleux, ni de s'affamer jusqu'à ce point où l'appétit est un délicieux assaisonnement aux mets de leur nature les moins délicieux, de n'attendre rien du dehors et d'emporter tout avec soi : son sac, pour ne pas dépendre du roulage ; ses jambes, pour se passer du voiturier ; sa curiosité, pour trouver partout des spectacles ; sa bonne humeur, pour ne rencontrer que de bonnes gens.

Bagage et costume.

Diminuer son bagage de poids et de volume, tel est le plus important problème que puisse se poser un voyageur à pied

Le bagage du piéton, réduit à sa plus simple expression, devra peser 6 ou 8 kilogrammes au plus et tenir sans peine dans un léger havre-sac, semblable pour la forme au sac des militaires, du prix de 15 à 25 fr. [1].

Alors même que les piétons se débarrasseront de leur sac, soit qu'ils l'envoient par la diligence ou par des porteurs dans une autre localité peu éloignée, soit qu'après une excursion de quelques jours ils doivent venir le reprendre à l'auberge où ils l'auront laissé, ils feront bien d'emporter avec eux une chemise et un manteau; car il n'est pas de jour où l'on n'ait besoin, en arrivant, de changer de linge, et souvent le soir il fait très froid dans les montagnes.

Pour les vêtements de voyage, la *laine* est nécessaire. L'étoffe doit être assez épaisse pour ne pas se laisser traverser par une petite ondée; mais on doit éviter de se couvrir de vêtements imperméables qui mouillent les vêtements de dessous par la transpiration insensible dont ils empêchent l'évaporation. Chacun s'habille, du reste, à sa guise; mais de bons souliers à semelle épaisse et garnis de gros clous sont indispensables pour la marche. Avec des chaussettes de laine on n'a presque jamais d'ampoules. Un grand bâton d'environ 2 mètres, garni à son extrémité inférieure d'une pointe en fer et en général fabriqué avec une tige de noisetier, doit être aussi recommandé. Utile dans une foule de circonstances, le bâton ferré devient d'une nécessité presque absolue lorsqu'il s'agit de monter et surtout de descendre une montagne escarpée, de traverser un glacier, des flaques de neige ou des éboulements de montagnes.

Enfin, un *voile vert* et des *lunettes à verres de couleur* seront nécessaires aux personnes qui se proposent d'entreprendre de longues courses sur les glaciers ou sur les neiges, car la réverbération du soleil est parfois si éclatante et si forte, qu'elle fatigue les yeux et brûle la peau du visage.

Les conseils suivants pourront être médités avec fruit par les piétons :

— Ne pas faire de trop longues courses les deux ou trois premiers jours.

[1] Ceux qui s'ouvrent au milieu sont beaucoup plus commodes que ceux qui s'ouvrent par le haut.

— Partir de bonne heure et marcher d'abord lentement.

— Monter lentement; on arrive plus vite au sommet.

— Ne pas faire des haltes trop fréquentes.

— Ne partir jamais à jeun, mais faire, avant de se mettre en marche, un repas qui doit toujours être assez léger.

— Ne pas fumer en marchant, et ne pas trop parler, afin d'éviter le dessèchement du palais.

— Pendant les haltes, ne pas boire, si l'on a chaud, de l'eau ou du lait froid : avec du thé ou du café dont on aura rempli sa gourde (ne pas faire usage d'eau-de-vie), du sucre et de l'eau pas trop froide, on fait une boisson aussi agréable que saine.

— Se graisser les pieds avec du suif, ou mettre le soir ses pieds dans un mélange d'eau tiède et de vin ou d'eau-de-vie, lorsqu'on est fatigué.

— Percer ses ampoules avec un fil, au lieu de les couper; pour les prévenir, savonner l'intérieur de ses souliers avant de se remettre en route; pour les guérir, frotter la plante de ses pieds avec du suif et de l'eau-de-vie.

— Suivre toujours les avis des guides, des chasseurs ou des gens du pays.

— Se frotter la figure et les mains avec du blanc d'œuf, en cas de coup de soleil sur les neiges.

— Prendre des guides toutes les fois qu'il s'agira de traverser un glacier ou un col peu fréquenté.

— Se confier à sa monture, cheval ou mulet, sans essayer de la conduire.

Guides.

De bons guides peuvent être fort utiles, et même, lorsqu'il s'agit de s'aventurer sur un glacier, de franchir un mauvais pas, de passer sur des neiges fraîchement tombées, de traverser par le brouillard un col élevé dont le sentier est à peine tracé sur les pâturages, ils deviennent absolument nécessaires; le voyageur qui voudrait s'en passer courrait le risque de périr s'il s'engageait seul, imprudemment et comme au hasard, dans des montagnes difficiles ou peu fréquentées.

Malheureusement les bons guides sont rares dans les Pyrénées; la plupart des hommes qui prennent ce titre ne connaissent guère que leur vallée, et encore la connaissent-ils assez mal. En outre ils sont presque tous loueurs de chevaux, et pour ne pas se fatiguer refusent d'aller à pied; ils vous forcent à prendre un cheval, se font payer le cheval qu'ils prennent pour eux-mêmes et ne manquent jamais de choisir le meilleur. A peine s'ils daignent attacher votre bagage sur la croupe de leur monture; le plus souvent ils vous en incommodent.

Cependant ils se font payer d'autant plus cher qu'ils sont moins utiles. Un guide coûte 8 à 10 fr. par jour pour lui et autant pour le cheval qu'il monte; enfin sa nourriture et celle de ses chevaux sont à la charge des voyageurs. On paye en général 10 à 15 fr. par jour aux guides pour les ascensions difficiles.

On devra donc, autant que possible, se passer de guides, pour les simples promenades dans les environs des villes de bains. Quand il s'agit de faire une excursion un peu lointaine, sur des glaciers ou sur des cols dangereux, il ne faut pas choisir son guide au hasard, mais s'adresser à des hommes éprouvés, par exemple à ceux qui sont recommandés par la *Société Ramond* ou par le *Club Alpin Français*, et dont voici la liste:

Antonio, à Tardets (pour le pays basque français et espagnol).

Camy, à Gabas (pic du Midi d'Ossau, lac d'Artouste).

Bernard Larrouy, *Pouchan*, *Labarthe* et *son fils*, aux Eaux-Chaudes.

Lanusse, *Jean Soustrade*, *Pasqual* et surtout *Orteig*, aux Eaux-Bonnes.

Michel Gleyre, *Jean Lacoste*, à Arrens.

Sarrettes, *Clément Latour*, *Latapie*, *Bordenave* et *Barragut*, à Cauterets.

Henri Passet, *Célestin Passet*, *Pierre Pujot*, *Pierre Brioul*, *Haurine*, à Gavarnie.

Les deux *Fortanet*, *Noguez*, *Martin*, *Bernard aîné*, *Lons*, à Luz.

Bastien Teinturier, *Pontis*, à Barèges (Néouvieille).

Exupère Tardos, à Génost, dans la vallée de Louron.

Jean Brunet, au village d'Oo.

Pierre Barrau, *Haurillon*, *Barthélemy Courrège*, à Luchon.

Michel Nou, au Vernet (pour le Canigou).

On peut s'adresser presque partout aux chasseurs d'isards, qui sont très intelligents et qui connaissent parfaitement les montagnes qu'ils ont l'habitude d'explorer.

Les touristes qui voudront visiter le versant méridional des Pyrénées feront bien de s'adresser aux guides désignés ci-dessous:

Pour toute la chaîne, de Barcelone à Saint-Sébastien, *Henri Pasest*, à Gavarnie.

Pour la Navarre, *Camy*, à Gabas; *Antonio*, à Tardets.

Pour l'Aragon, *Sarrettes*, *Latapie*, *Bordenave*, *Latour*, à Cauterets; *Célestin Passet* et *Pierre Pujo*, à Gavarnie.

Pour la Catalogne, *Barthélemy Courrège*, à Bagnères-de-Luchon.

Hôtels.

Les hôtels des Pyrénées sont généralement très confortables ; mais leurs prix sont fort élevés dans les grandes stations thermales.

Cartes, panoramas et livres.

Les feuilles de la carte de la France, publiée par le Dépôt de la guerre, qui comprennent la chaîne des Pyrénées françaises, sont terminées et livrées au public au prix de 2 fr. la carte gravée sur cuivre (report sur pierre, la carte, 50 c.). Ces feuilles sont au nombre de vingt : 226, Bayonne ; 227, Orthez ; 228, Castelnau ; 229, Auch ; 238, Saint-Jean-Pied-de-Port ; 239, Mauléon ; 240, Tarbes ; 241, Saint-Gaudens ; 242, Pamiers ; 243, Carcassonne ; 244, Narbonne ; 250, Urdos ; 251, Luz ; 252, Bagnères-de-Luchon ; 253, Foix ; 254, Quillan ; 255, Perpignan ; 256, l'Hospitalet ; 257, Prades ; 260, Céret. Quant au versant méridional, les seules cartes espagnoles que l'on possède sont celles de la Navarre et celles de la province de Girone, par Francisco Coello.

Parmi les cartes spéciales qui méritent d'être recommandées aux touristes, on doit citer l'excellente carte de M. Packe pour la région des *Monts-Maudits*, la carte publiée par M. Bladé dans son *Étude géographique de la vallée d'Andorre*, ainsi que la carte publiée (1884) par M. Wallon pour l'O. du haut Aragon et l'E. de la haute Navarre, et les cartes de M. Franz Schrader, pour l'E. du haut Aragon, l'O. de la Catalogne et le val d'Aran (V. les *Annuaires du Club Alpin Français*, ainsi que les cartes jointes à cet itinéraire).

Aux touristes qui seraient désireux d'avoir sur les Pyrénées des ouvrages plus détaillés que le Guide-Diamant, nous recommanderons surtout : le volume de l'*Itinéraire général de la France*, par P. Joanne, qui a pour titre *les Pyrénées*. Ce volume, de 600 pages à 2 colonnes, contient 10 cartes, 9 panoramas et une projection de la chaîne des Pyrénées. On y trouvera, à la suite d'une remarquable introduction par M. Élisée Reclus, la bibliographie des ouvrages les plus importants dont les Pyrénées ont été le sujet depuis trente ans. Parmi ces ouvrages, les touristes qui savent marcher consulteront surtout avec avantage : les *Bulletins de la Société Ramond*, les *Annuaires du Club Alpin Français*, le *Handbook* de M. Packe, et les *Grandes ascensions des Pyrénées*, guide spécial du piéton, orné de 12 cartes, par M. le comte Henri Russell.

AVIS AUX TOURISTES

Les renseignements pratiques (hôtels, omnibus, guides, voitures, etc.) se trouvent réunis à la fin de chaque volume. Ces renseignements, qui varient quelquefois pendant une saison, seront réimprimés dès que la correction en sera devenue nécessaire. MM. les touristes devront donc les chercher, quand ils en auront besoin, non dans le texte même du Guide, mais à l'*Index alphabétique*, à la fin du volume.

Ce signe *, placé à la suite du nom d'une localité quelconque dans le corps du volume, indique qu'il se trouve, à l'Index alphabétique, des renseignements pratiques à consulter.

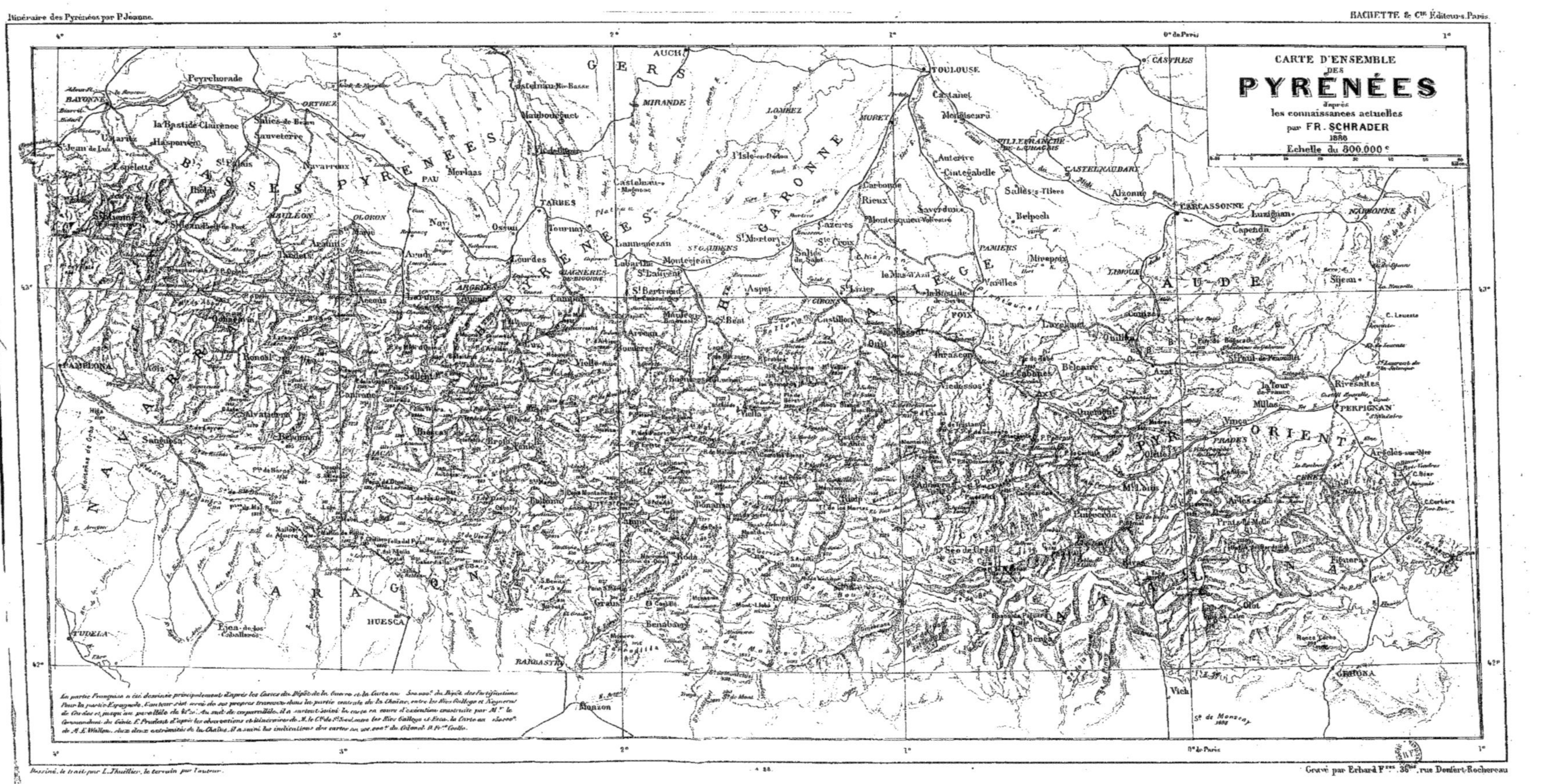
CARTE D'ENSEMBLE
DES
PYRÉNÉES
d'après
les connaissances actuelles
par FR. SCHRADER
1886
Echelle du 800.000e
BASSES PYRÉNÉES
HTES PYRÉNÉES
HTE GARONNE
GERS
ARIÈGE
AUDE
PYR. ORIENT.
NAVARRA
ARAGON
CATALUNA
BAYONNE
Peyrehorade
ORTHEZ
PAU
TARBES
AUCH
MIRANDE
LOMBEZ
MURET
TOULOUSE
CASTRES
CARCASSONNE
NARBONNE
PERPIGNAN
FOIX
PAMIERS
LIMOUX
CASTELNAUDARY
VILLEFRANCHE DE LAURAGAIS
OLORON
MAULÉON
BAGNÈRES DE BIGORRE
ARGELÈS
ST GAUDENS
ST GIRONS
PRADES
CÉRET
PAMPLONA
HUESCA
TUDELA
BARBASTRO
GERONA
Monzon
Vich
Sangüesa
Ejea-de-los-Caballeros
Lourdes
Luchon
Ax
Mt Louis
Puigcerda
Olot
Figueras
Rivesaltes
Argelès-sur-Mer
St Jean-de-Luz
Lannemezan
Montréjeau
St Bertrand
Aspet
Castillon
Tarascon
Quillan
Axat
Olette
Vinça
Millas
Sallent
Jaca
Benasque
Viella
Seo de Urgel

LES PYRÉNÉES

ROUTE 1.

DE PARIS A BORDEAUX

PAR ORLÉANS, TOURS, POITIERS, ANGOULÊME [1].

578 k. (gare de la Bastide), ou 585 k. (gare St-Jean). — Chemin de fer. — Gare, quai d'Austerlitz, près du Jardin des plantes. — En 9 h. 30, en 10 h. 55, en 12 h. 5, en 13 h. 25 et en 17 h. 40 (jusqu'à la gare Saint-Jean). — Prix (gare Saint-Jean) : 1re cl., 72 fr. 05; 2e cl., 54 fr. 05; 3e cl., 39 fr. 65. — Une voit. de la Cie des Wagons-lits fait partie de l'express du soir (24 fr. par pers.).

56 k. Étampes. — 118 k. Les Aubrais (Orléans). — 178 k. Blois. — 231 k. Saint-Pierre-des-Corps (Tours). — 332 k. Poitiers. — 445 k. Angoulême. — 527 k. Coutras. — 543 k. Libourne. — Ces stations ont des buffets.

578 k. ou 585 k. **Bordeaux** *, ch.-l. du départ. de la Gironde, V. de 240 582 h., rive g. de la Garonne, où elle présente un développement de 6 k. env. — Les voyageurs qui vont directement sur le réseau du Midi traversent la Garonne sur le pont-viaduc et s'arrêtent quelques instants à la gare Saint-Jean (buffet). Ceux qui restent à Bordeaux descendent à la gare de la Bastide.

[1] Pour la description détaillée de cette route et de Bordeaux, *V. Gascogne et Languedoc*, l'*Itinéraire illustré de Paris à Bordeaux*, et la monographie de *Bordeaux*.

De Bordeaux à Toulouse, R. 2; — à Arcachon, R. 3; — à Bayonne, R. 4; — à Pau, R. 23; — à Mont-de-Marsan et à Tarbes, R. 33.

ROUTE 2.

DE BORDEAUX A TOULOUSE

257 k. — Chemin de fer du Midi (gare Saint-Jean). — Trajet en 5 h. 30 à 9 h. — 1re cl., 31 fr. 65; 2e cl., 23 fr. 75; 3e cl., 17 fr. 40. — *N. B.* De Bordeaux à Langon, se placer à g.; de Langon à Toulouse, à dr.

A dr., ligne de Bayonne.

6 k. *Bègles*, 8919 h.

7 k. *Villenave*, 3075 h.

9 k. *Cadaujac.*
14 k. *St-Médard-d'Eyrans.*

[Corresp. pour (5 k. S.) **la Brède**, ch.-l. de c., 1752 hab. — Façade d'*église* romane. — *Château de Montesquieu*, des XIIIe et XIVe s.

A g., *château* (beau parc) de la famille de Sèze. A dr., région des landes et des bois de pins.

19 k. *Beautiran.* — A dr., *Castres* (*camp* romain).

21 k. *Portets* (beau *clocher* moderne; port sur la rive g. de la Garonne).

24 k. *Arbanats*, sur la Garonne (vins blancs estimés; ruines féodales de *Castelmoron*). — A g., *Virelade.*

28 k. *Podensac*, ch.-l. de c., 1792 h. — *Église* romane. — Vins blancs estimés.

30 k. *Cérons* (*église* romane). — Vins blancs estimés.

[A 2 k., **Cadillac** *, ch.-l. de c., 2872 h., rive dr. de la Garonne, à l'embouchure de l'Euille, bâti au XIVe s. — Enceinte fortifiée (2 belles *portes*). — Dans l'*église*, du XVe s., tribune sculptée. — *Château d'Épernon*, XVIe s., réparé en 1816, aujourd'hui maison centrale de détention pour les femmes.]

34 k. **Barsac**, 3009 h. (vins exquis). — Pont sur le Ciron.

37 k. *Preignac*, 2504 h. (vignobles estimés). — Ruines du *château de Lauvignac.*

[Une route conduit de Preignac à (16 k.) Villandraut (*V.* ci-dessous), à travers les communes produisant les meilleurs vins de Grave. — 2 k. à dr. de la route, **Sauternes** (*Château Yquem* et autres crus célèbres).]

42 k. **Langon** *, ch.-l. de c., 4726 h. — *Église* des XIVe et XVe s. (belle *tour* moderne). — *Pont suspendu* long de 200 mèt. — Manufacture de tabacs. — La marée remonte jusqu'à Langon.

[Chemin de fer **de Langon à Bazas** (20 k., en 35 m. : 2 fr. 45; 1 fr. 85; 1 fr. 35), par : — 12 k. *Nizan*; — à 3 ou 4 k. au N. de Nizan, *château de Roquetaillade* (XIVe s., belle cheminée). — De Nizan à Sore, *V.* ci-dessous.

20 k. **Bazas** *, ch.-l. d'arrond., 5034 h., près de la Beune. — **Cathédrale** (XIIIe s., remaniée aux XVe et XVIe s.; clocher avec flèche en pierre; portes sculptées de la façade). — *Notre-Dame du Mercadil* (XIIIe s.), convertie en boulangerie. — Deux *maisons* ogivales (XVIe s.). — Belles allées entourant les débris des *remparts*. — Nombreuses *tombelles* dans les environs.

Chemin de fer **de Nizan à Sore** (31 kil; deux trains par jour en 1 h. 5 et 1 h. 25; 3 fr. 80; 2 fr. 10).

7 k. **Villandraut**, ch.-l. de c., 1050 h., rive g. du Ciron. — **Château** du pape Clément V, saccagé par les Ligueurs. — A 8 k. S. de Villandraut, *Préchac* (*église* à quatre nefs, trois du XIIe s., une du XVe s.). — A 5 k. E. de Villandraut, *Uzeste*: *église* rebâtie au XIVe s. par Clément V et *tombeau* de ce pape; clocher, de 52 mèt.

18 k. *Saint-Symphorien*, ch.-l. de c., 2030 h. (*église* du XVIe s.).

31 k. **Sore**, ch.-l. de c., 1957 h., rive dr. de la Petite Leyre. — A 1 k. *la Ville*, ancienne enceinte et porte du XVe s.]

On traverse la Garonne (*pont* à treillis, 212 mèt. de portée, 3 travées). En amont, rive dr., *viaduc* courbe, 32 arches.

45 k. **Saint-Macaire**, ch.-l.

de c., 2170 h. — Restes d'**enceintes** des XIIIe, XIVe et XVe s. — **Église Saint-Sauveur**, des XIIe et XIIIe s., très curieuse (portail du XIIIe s.; trois absides; clocher hexagonal du XIIIe s.; peintures murales du XIIIe ou du XIVe s., maladroitement restaurées). — *Maisons* du XIVe s., rue du Rendesse, etc.

[Corresp. pour (4 k. au N.-O.) **Verdelais**, pèlerinage très fréquenté (chapelle fondée au XIIIe s.; Vierge célèbre).]

A Sainte-Foy et à Bergerac, *V. Gascogne et Languedoc.*

48 k. *Saint-Pierre-d'Aurillac.* — Au S., rive g. du fleuve, embouchure du canal latéral à la Garonne.

52 k. *Caudrot*, près de l'embouchure du Drot. — Pont sur le Drot.

56 k. *Gironde.* — Deux petits tunnels.

61 k. **La Réole** *, ch.-l. d'arr., 4343 h., sur un tertre dont la Garonne baigne la base. — **Église Saint-Pierre,** des XIIIe, XIVe, XVe et XIXe s. — *Château* ruiné du XIIe s., agrandi aux XIIIe et XIVe s.; tour haute de 26 mèt. — La *Grande-École*, maison des XIIe et XIVe s. — Ancien *hôtel de ville*, des XIIe et XIVe s. — Bâtiments (XVIIe s.) de l'ancienne *abbaye*. — *Pont suspendu* d'une seule travée, long de 16 mèt.

[Corresp. pour (15 k. N.) Sauveterre et (14 k. N.-E.) Monségur (*V. Gascogne et Languedoc*); — (11 k. S.-E.) *Meilhan*, ch.-l. de c., 1949 h. (château en ruines).]

A Sainte-Foy et à Bergerac, *V. Gascogne et Languedoc.*

67 k. *La Mothe-Landeron.*

72 k. *Sainte-Bazeille*, 2526 h., rive dr. de la Garonne. — *Clocher* à flèche de la Renaissance.

79 k. **Marmande** *, ch.-l. d'arr., 9891 h., au bord de la Garonne. — Beau pont. — **Église** du XIIe au XVe s. (belle rose; abside du XIIIe s. restaurée; retable sculpté du XVIIIe s.).

[**Casteljaloux et Cours.** — 38 k.; route de voitures.

Ponts sur la Garonne, sur le canal Latéral, puis sur l'Avance.

14 k. A dr., route de *Bouglon*, ch.-l. de c., 709 h. — Pont sur l'Avance; on suit la rive dr.

24 k. **Casteljaloux** *, ch.-l. de c., 3541 h., à 72 mèt., sur l'Avance. — Ruines du *château*. — *Maison* des Xaintrailles. — Deux *établissements de bains* (source ferrugineuse). — A 3 k., *forges de Neuffons* et *papeterie de Clarens*, mues par les magnifiques *sources de l'Avance*. Ces eaux sont la réunion de plusieurs ruisseaux, dont un porte aussi le nom d'Avance; en hiver, une partie de ses eaux coule à ciel ouvert par le sauvage ravin du *Riou-Rouge*.

Les **Bains de Cours** (eau ferrugineuse) sont situés à 14 k. O. de Casteljaloux.]

De Marmande à Eymet, à Castillonnès; à Sainte-Foy, à Bergerac, *V. Gascogne et Languedoc.*

89 k. *Faugueroiles.*

[Corresp. pour (4 k. N.-E.) *Gontaud* (*église* romane) et (6 k. S.-O.) **le Mas-d'Agenais**, ch.-l. de c., 1988 h.

rive g. de la Garonne. — **Église Saint-Vincent**, du XIIe s. (2 colonnes et chapiteau antiques; marbre antique supportant le bénitier; boiserie du XVIIe s.). — Ruines romaines.]

96 k. **Tonneins** *, ch.-l. de c., 7643 h., sur une terrasse dominant la rive dr. de la Garonne. — *Manufacture de tabacs.* — Magnifique *esplanade.*

[Corresp. pour (35 k.) Villeneuve-sur-Lot, par (6 kil.) Clairac et (25 k.) Sainte-Livrade (*V. Gascogne et Languedoc*).]

104 k. *Nicole*, près du confluent de la Garonne et du Lot. — *Pont* tubulaire sur le Lot.

108 k. **Aiguillon** *, 3160 h., rive g. du Lot et près de la Garonne. — Restes d'un magnifique **château** commencé par le duc d'Aiguillon au XVIIIe s.: les *communs* existent encore. — Belle *église* moderne du style ogival primitif. — *Arcades* antiques et souterrains voûtés, au pied de l'église, à g. — La *Tourraque*, pile romaine.

Le chemin de fer décrit une forte courbe au S.-E. et vient border la Garonne après avoir laissé à dr. un embranchement sur Condom (R. 34).

116 k. **Port-Sainte-Marie** *, ch.-l. de c., 2318 h., rive dr. de la Garonne. — *Maisons* des XVe et XVIe s. — Églises: *Notre-Dame* (belle rose) et *Saint-Étienne* (tableaux anciens), du XIVe s., ainsi que les ruines d'une église de Dominicains. — *Pont suspendu* (180 mèt. de portée).

De Port-Sainte-Marie à Riscle (Barbotan, Condom et Nérac), R. 34.

Pont sur la Masse.

122 k. *Fourtic.*

127 k. *Saint-Hilaire.*

130 k. *Colayrac.*

136 k. **Agen** * (buffet), 22 055 h., ch.-l. du départ. de Lot-et-Garonne, rive dr. de la Garonne, au pied d'une colline couverte de vignes, d'arbres fruitiers et de villas. — **Cathédrale Saint-Caprais**, bâtie du XIe au XVIe s. (magnifiques piliers formant le centre de la croix; peintures murales, par Bézard; belle mosaïque moderne). — *Chapelle* romane du cloître de l'ancienne collégiale, dite *des Innocents* (tombeaux antiques). — **Église des Jacobins**, du XIIIe s., restaurée (peintures du XIIIe s.). — **Saint-Hilaire**, du XVe s. (façade et beau *clocher* modernes; peintures décoratives et beaux vitraux). — *Sainte-Foy* et *Notre-Dame-du-Bourg*, des XIIe et XIVe s. — Restes de la *chapelle des Pénitents-Blancs* (abside du XIIe s.; clocher moderne). — *Hospice Saint-Jacques* (chapelle somptueuse; peintures murales, par Bézard; tombe de Mascaron). — *Maison de Montluc*, en partie convertie en *hôtel de ville* (*bibliothèque* de 18 000 vol., ouverte tous les jours non fériés, de midi à 4 h.; *musée départemental*). — *Maison* du poète Jasmin, sur le cours

Saint-Antoine. — Au nº 19 de la rue Saint-Antoine, belle grille de fer forgé (XIIIᵉ s.), provenant du prieuré de Moirax. — *Préfecture*, ancien palais épiscopal du XVIIIᵉ s. (portraits curieux). — Promenades de la *Plate-Forme* et du *Gravier* (*statue* en bronze de Jasmin). — Trois **ponts** sur la Garonne : pont de la route de terre, 11 arches en pierre; passerelle suspendue, d'une seule travée de 170 mèt.; pont du canal Latéral, 23 arches en pierre, 7 sur le fleuve, les autres sur une prairie souvent inondée. — Nouveaux *boulevards*, reliant Agen à la station du chemin de fer et au faubourg industriel du *Pin*.

On monte en 15 m. au *coteau de l'Ermitage* (belle vue; ermitage creusé dans le roc; chapelle moderne). Du chemin qui descend à la Garonne, on a une belle vue.

3 k. au N. d'Agen, dans le vallon de *Vérone*, *vigne* de Jasmin, *maison* et *fontaine de Scaliger*, défigurées par une restauration sans goût.

La préparation des pruneaux est une des principales industries d'Agen.

[8 k. au S. d'Agen, rive g. de la Garonne, b. de *Moirax* (restes d'enceinte fortifiée; belle **église** du XIᵉ s.).]

A Tarbes, R. 33, B; — à Paris, à Cahors, à Bergerac, *V. Gascogne et Languedoc.*

A g., ligne de Périgueux.

142 k. *Bon-Encontre*, lieu de pèlerinage (*église* ogivale moderne). — A dr., ligne d'Agen à Tarbes (les voyageurs venant de Toulouse ou de Tarbes, et qui sont obligés de changer de train, doivent descendre de préférence à Agen). — Ponts sur le Mondot et la Seune.

145 k. *Sauveterre*, rive g.

150 k. *Saint-Nicolas-de-la-Balerme.*

156 k. *La Magistère* (pont suspendu). — Pont sur la Barguelonne ; plus loin, pont sur le canal Latéral.

162 k. **Valence-d'Agen** *, ch.-l. de c., 3487 h.

A Cahors, *V. Gascogne et Languedoc.*

169 k. *Malauze.* — On passe sous un **pont suspendu**, l'un des plus considérables de la France.

178 k. **Moissac** *, ch.-l. d'arr., 9232 h., rive dr. du Tarn et sur le canal Latéral. — **Saint-Pierre**, du XVᵉ s., reste d'une abbaye célèbre (*portail* du XIIᵉ s., véritable musée de sculpture romane; narthex du XIᵉ s.; orgue richement sculpté, donné par Mazarin; derrière l'autel principal, sarcophage mérovingien de saint Raymond; belle clôture de la Renaissance, séparant le sanctuaire de l'abside; groupe en bois peint, du XVᵉ s.). — **Cloître** (s'adresser au sacristain) construit de 1100 à 1108, un des plus remarquables monuments de ce genre qui soient en France (statues de

huit Apôtres et de l'abbé Durand). — *Saint-Martin* (débris carlovingiens). — Des coteaux voisins, belle vue près de la statue de la Vierge. — Aux environs, magnifique *château* moderne *de Saint-Roch*.

Deux tunnels. — Pont en tôle de 308 mèt., sur le Tarn.

187 k. **Castelsarrasin** *, ch.-l. d'arr., 7590 h., entre le canal Latéral et la Garonne. — *Église Saint-Sauveur*, XIIe, XIVe et XVe s.; autel en marbre, stalles sculptées, grisailles). — Ruines de l'*église des Carmes* (clocher du XIIIe s.).

[A 5 kil. au N.-E., **camp de Gandalou** ou *camp des Vandales*, 300 à 320 mèt. de long.; *motte* haute de 12 mèt.]

195 k. *La Villedieu*.

206 k. **Montauban** * (buffet), 29 863 h., ch.-l. de Tarn-et-Garonne, sur une terrasse élevée, entre la rive dr. du Tarn et les ruisseaux du Tescou et de Lagarrigue. — Le faubourg de *Ville-Bourbon*, à l'extrémité duquel se trouve la gare principale (autre gare, appartenant à la Compagnie d'Orléans, au faubourg de *Villenouvelle*, que le ravin du Griffoul sépare de la ville), sur la rive g. du Tarn, est relié à la ville par un beau **pont** en briques, très élevé au-dessus du Tarn, et construit de 1303 à 1316. Sept grandes arches ogivales, dont les piles sont percées de petites arcades également en ogive. Longueur entre les culées, 205 mèt. 50. *Cathédrale* du XVIIIe s. (dans la sacristie, célèbre tableau d'Ingres, le **Vœu de Louis XIII**). — *Saint-Jacques*, du XIVe s. (curieuse tour en briques; chaire sculptée). — *Église de Sapiac* (tableau d'Ingres, *Sainte Germaine*). — Dans le faubourg du *Moustier*, à l'E. de la ville, *chapelle* ogivale moderne (beau clocher). — *Beffroi* (XVIIe s.).

Hôtel de ville (à l'extrémité orientale du pont), commencé par les comtes de Toulouse et le prince Noir, achevé au XVIIe s. et devenu palais épiscopal, transformé en maison commune en 1790. Il renferme le **musée** (Ingres, né à Montauban, a légué à la ville sa collection d'objets d'art), comprenant six pièces au premier étage. La première salle, ou *salle Mortarieu* (vases grecs ou étrusques, moulages, bronzes, objets antiques, etc.), communique avec la pièce principale par trois arcades (bustes d'Ingres et de Marie Capelle, sa première femme). — Au fond de la grande salle (tableaux), **Jésus parmi les Docteurs**, d'Ingres, dans un cadre architectural où sont enchâssés le dessin d'une statue de Phidias, une peinture d'après Raphaël et la reproduction d'une fresque d'Herculanum. — A dr., petit *salon de Breteuil*, pièce principale du **musée Ingres**, décoré de motifs sculptés par Ingres père. Main moulée, bureau, fauteuil, violon, chevalet, boîtes à couleurs d'Ingres, portraits de famille, etc., couronne d'or que lui offrit Montauban en 1863. — Dans les deux salles suivantes, environ 1000 dessins du maître et sa bibliothèque. — Dans la dernière salle, *musée de curiosités* diverses.

Tableaux principaux :

COLLECTION INGRES. — 1. *Hans Holbein*. Portrait d'un moine. — 4. *Velasquez*. Jeune femme. — 9. *Ph. de Champaigne*. Portrait d'un religieux du couvent de Saint-Jean-de-Dieu. — 10. P. *Porbus, le Jeune*. Portrait d'homme. — 16. *Chardin*. Une brioche, des cerises et un verre de vin. — 21. *H. Flandrin*. Portrait d'Ingres. — 22, 23. *Granet*. L'Entrée du cloître des Capucins, à Rome. Paysage. — 24-43. *Ingres*. Études, copies, tableaux inachevés. — 44. *Le même*. Jésus parmi les Docteurs, une des plus belles toiles du maître. — 48. *Lesueur*. Le Sacrifice de Manué (variante du tableau du musée de Toulouse). — 49. *Patel* (figures par *Lesueur*). Paysage. — 50. *N. Poussin*. Paysage. — 63. *Robert* (*Hubert*). Paysage. — 109. *Giottino* (XIVe s.). Triptyque. — 127. *Luini*. Sainte Catherine. — 135-141. *Guaspre-Poussin*. Paysages. — 142. *Le Josépin*. Léda. — 144-167. Copies d'après Raphaël. — 182. *Paul Véronèse*. Tête de femme.

COLLECTION DE LA VILLE. — 189-191. Tableaux russes. — 192. *Coello* (*Claude*). Couronnement de Charles-Quint. — 197. *Van Dyck*. Portrait d'un moine. — 198. *Huysmans*. Paysage. — 199, 200. *Jordaens*. Silène et les quatre Saisons. Tête de Faune. — 202. *Porbus* (*François, le Vieux*). Portrait de jeune femme. — 203, 204. *Porbus* (*François, le Jeune*). Saint Jérôme. Portrait d'un seigneur. — 205. *Rubens*. Le Penseur. — 224, 225. *Boucher*. Paysages. — 226. *Bon Boullongne*. Saint Nicolas. — 251. *Greuze*. La Savoyarde. — 259. *Jouvenet*. Descente de Croix, réduction originale du grand tableau du Louvre. — 267. *Lenain* (*les frères*). Des Gueux. — 272, 273. P. *Mignard*. Portraits. — 288, 289. *Restout*. La Femme adultère. Jésus guérissant le paralytique. — 331. *Berghem*. Paysage. — 332. *Ruysdaël*. Paysage. — 341. *Albani*. Allégorie. — 355. *Le Guerchin*. Personnage en extase. — 359, 360. *Panini*. Ruines. — 362. *Salvator Rosa*. Intérieur d'un corps de garde. — 363. *Le Bassan*. Scène rustique. — 364. *Bellini*. La Circoncision. — 367, 368. *Guardi*. Paysages. — 374, 375. P. *Véronèse* (?). Persée délivrant Andromède. La Vierge allaitant l'Enfant Jésus.

La collection des plâtres comprend environ 200 sujets. — Statue grecque originale, en marbre de Paros, l'*Amour bandant son arc*, reproduction supposée d'un ouvrage de Praxitèle.

Le *musée archéologique* (inscriptions romaines; fragments du moyen âge) occupe, à l'étage inférieur de l'hôtel de ville, la vaste *salle du Prince-Noir*, du XIVe s., et quelques autres petites pièces de la même époque. — L'hôtel de ville renferme aussi des *archives* et une *bibliothèque* de 25 000 vol. (ouverte les mardis, jeudis et samedis, de 9 h. à midi et de 2 h. à 5 h.). Cette bibliothèque, une des plus curieuses du Midi, est riche en éditions du XIVe s. et en livres rares.

Musée d'histoire naturelle, au 2e étage de la Bourse, vis-à-vis de l'hôtel de ville; ouvert le dimanche et le jeudi, de 2 h. à

5 h. (belle collection zoologique et minéralogique; objets des temps préhistoriques).

Place Royale (XVIIe s.), à doubles portiques. — Belles *promenades* d'où l'on découvre les Pyrénées. A l'extrémité des *allées des Carmes*, situées au-dessus de la rive dr. du Tescou (charmants points de vue), **monument d'Ingres** (1871), par Étex. La statue assise d'Ingres est tournée vers Apelles et Raphaël, représentés dans le grand bas-relief de bronze qui reproduit le célèbre tableau du maître, l'*Apothéose d'Homère*.

Collection céramique et bibliographique de M. E. Forestié.

De Montauban à Cahors, à Auch, à Albi et à Castres, *V. Gascogne et Languedoc*.

218 k. *Montbartier*.

[Corresp. pour Beaumont-de-Lomagne (1 fr. 75; 1 fr. 40, 1 fr. 10). — 6 k. **Montech**, ch.-l. de c., 2705 h., sur le canal latéral à la Garonne. — *Église* (XVIe s.; clocher de style ogival toulousain, avec flèche en briques du XVe s.). — Papeterie. — 12 k. *Bourret*, rive g. de la Tessonne. — Pont sur la Garonne. — 18 k. *Larrazet*. — 27 k. **Beaumont-de-Lomagne***, ch.-l. de c., 4199 h., sur une colline dominant la Gimone (*église* du XIVe s.; usines).]

225 k. *Dieupentale*.

[Corresp. pour le Mas-Grenier, par: — 4 k. **Verdun***, ch.-l. de c. 3344 h. (*église* du XIVe s., cuve baptismale en plomb; porte fortifiée). — 9 k. *Le Mas-Grenier*, où se trouvait jadis une abbaye bénédictine.]

230 k. **Grisolles**, ch.-l. de c., 2132 hab., entre le canal Latéral et la Garonne.

[Corresp. pour (9 à 10 k. à l'E.) *Fronton*, ch.-l. de c., 2247 h.]

A g., *Pompignan* (*château* où mourut, en 1784, J.-J. Lefranc, marquis de Pompignan).

235 k. *Castelnau-d'Estretefonds*.

[Corresp. (5 k., omnibus, 25 c.) pour **Grenade-sur-Garonne***, ch.-l. de c. 3998 h., rive dr. de la Save, à 1 k. de la rive g. de la Garonne, remarquable par son plan régulier. — *Église* (XIVe s.). — *Halle* (salle du XVIIe s.).]

Pont sur le Lhers.

241 k. *Saint-Jory*.

250 k. *Lacourtensourt*.

257 k. Toulouse (R. 67).

ROUTE 3.

DE BORDEAUX A ARCACHON

58 k. — Chemin de fer du Midi. — En 1 h., 1 h. 15 et 2 h. — 4 fr. 65 3 fr. 55; 2 fr. 35.

A g., ligne de Cette (R. 2). — A dr., *château de Haut-Brion* (vignoble célèbre de 44 hect.). — *Viaduc*, de 91 arches, construit pour l'ancien chemin de la Teste, aujourd'hui relié à la voie nouvelle.

7 k. **Pessac**, ch.-l. de c., 3759 hab. — A g., *vignes célèbres du Pape-Clément*, ayant appartenu au pape Clément V.

14 k. *Gazinet.* — Les pins ont remplacé la vigne et les terres cultivées. On est entré dans les **landes**. Le désert commence; il a plus de 130 k. de longueur. Cependant, depuis quelques années, la partie des landes que traverse le chemin de fer a changé d'aspect : des plantations de pins, de chênes, de châtaigniers, de chênes-lièges, de vignes, d'ailanthes, ont remplacé les bruyères et les marécages, et de nombreuses maisons se sont élevées au milieu des solitudes.

19 k. *Pierroton.* — 25 k. *La Croix-d'Hins.* — 29 k. *Marcheprime.* — 35 k. *Canauley.*

40 k. *Facture.* — La station dessert tous les villages situés sur la côte N. du bassin d'Arcachon, et ceux de la vallée supérieure de la Leyre. — Pont sur un affluent de la Leyre, puis sur la Leyre. — A g., embranch. de Saint-Symphorien; à dr., embranch. d'Arrès.

43 k. **La Mothe** (les voyageurs qui vont à Arcachon ou en reviennent doivent changer de voitures), où on quitte, à g., la ligne de Bayonne.

A Bayonne, R. 4.

45 k. *Le Teich.* — A dr., bassin d'Arcachon.

49 k. *Gujan-Mestras.* — A dr., *établissement de bains de mer.*

52 k. *La Hume.*

55 k. **La Teste-de-Buch** *, ch.-l. de c., 6200 hab., presque au pied des dunes. — Depuis le commencement du siècle, l'agriculture, le commerce et l'industrie ont pris dans ce pays de grands développements. La Teste doit aussi une grande partie de sa prospérité à la fixation des dunes et au chemin de fer. La ville était menacée de disparaître sous les sables lorsque, vers la fin du siècle dernier, Brémontier fixa ces dunes mobiles en les couvrant de forêts. La Teste, reconnaissante, a érigé en 1818 un *cippe* à sa mémoire, sur la dune la plus voisine, à l'O.

58 k. **Arcachon** * (population permanente, 8102 h.) est situé entre la pointe de l'Aiguillon et la pointe O., d'où l'on commence à voir la grande mer. Cette ville, qui n'existait pas en 1830, a aujourd'hui une longueur de 6 k. et s'agrandit chaque année. Dans la forêt qui domine la dune, nombreuses *villas d'hiver.* — L'*ostréiculture* est la véritable industrie du pays.

Les principaux hôtels, les plus belles maisons et le *château Deganne*, style Renaissance, sont près de la gare, au centre de la ville; mais les plus gracieux chalets s'élèvent près de la pointe O. et sur les dunes. Le **casino**, qui domine Arcachon, est un charmant palais mauresque; à côté est une tour en fer d'une grande légèreté, appelée l'*observatoire Sainte-Cécile* (10 c. pour y monter; belle vue d'Arcachon, du bassin et des dunes). Une passerelle relie l'observatoire au casino.

Église Notre-Dame, à l'O. de la ville (flèche gothique haute de 66 mèt.); à côté, *chapelle* du XVIe s. — *Saint-Ferdinand*, à l'E. — *Notre-Dame des Passes*, au *Moullo*, presque en face du cap Ferret; un village se forme sur ce point. — *Chapelle protestante*. — *Musée-aquarium* (entrée, 50 c.), près du château Deganne, boulevard de la Plage.

La plage d'Arcachon est commode et sûre; on y marche sur un sable parfaitement uni. La pente est si douce que les enfants eux-mêmes peuvent, à marée haute, s'y baigner sans crainte. Après la *villa Pereire*, au delà de la pointe, au Moullo, il est dangereux de se baigner à marée basse.

Le climat, supérieur à celui des contrées environnantes, rappelle à certains égards le climat des stations d'hiver les plus fréquentées de la Provence et de la Ligurie. La température moyenne de l'année est de 15°, c'est-à-dire à peine inférieure à celle de Nice. La moyenne de l'hiver est de 10° dans la forêt.

L'eau potable provient d'un *puits artésien* foré au centre d'Arcachon, à 126 mèt. de profondeur; elle est très pure.

Plus de 100 000 personnes visitent Arcachon chaque année. Le dimanche, les trains de plaisir y amènent de Bordeaux des milliers de voyageurs.

Le **bassin d'Arcachon** est une grande baie de 80 à 85 k. de tour et de 15 529 hect. de superficie; il figure un triangle dont l'entrée forme le sommet, tourné vers le S.-O., tandis que la base est au N.-E. et s'étend d'Arès à l'embouchure de la Leyre. La largeur de l'entrée est de 2960 mèt.; sur la barre, la passe est large de 520 mèt. et profonde de 7 à 8 mèt. à marée basse. Lors des basses mers d'équinoxe, le bassin assèche en grande partie, et il ne reste plus d'eau que dans une dizaine de chenaux, qui forment, autour des bancs ou *crassats*, deux fosses principales, l'une parallèle au rivage du N.-O., l'autre à celui du S.

Le bassin d'Arcachon et la petite rade qu'abrite à l'O. le cap Ferret offriraient aux navires un abri parfaitement sûr. Ces deux rades, dont la profondeur est de 8 à 20 mèt., ont ensemble une superficie d'env. 700 hect. On estime qu'elles pourraient contenir 17 à 21 navires de guerre de premier rang, isolés, et 7500 navires de 800 tonneaux. Mais la passe en est presque infranchissable, et cependant cette partie des côtes de l'Océan, sans ports de refuge, est des plus dangereuses. On a proposé, pour rendre le bassin d'Arcachon accessible aux navires, de fixer la passe par un système de digues, qui réduiraient l'entrée du bassin à 2 k. de largeur. Ce projet n'a pas encore pu être mis à exécution.

Pêche de la petite sardine appelée *royan*; grande pêche; récolte des coquillages de mer sur les crassats.

Ile aux Oiseaux, 225 hect. de superficie, au milieu du bassin (de 1 à 4 voyageurs : 5 fr. aller et retour avec séjour facultatif; 50 c. pour chaque voyageur en sus; il s'y trouve une buvette). Près de l'île, principale *ferme-école* de l'État pour l'élève des huîtres. En 1887, le nombre des parcs du bassin était de 4210, occupant 4000 hect. La production annuelle moyenne est d'env. 300 millions d'huîtres. — Chasse des lapins et des canards sauvages (50 c. par coup de fusil; 50 c. en plus si l'on abat une pièce).

Cap Ferret, formant le côté N. de l'entrée du bassin (1 à 4 pers., 3 fr.; chaque pers. en sus, 1 fr.; service public de bateau à vapeur plusieurs fois par j. : 2 fr. 25, aller et retour), ou *cap Hauret*, formé par l'extrémité des dunes qui séparent le bassin d'Arcachon de l'Océan. — Poste de douaniers; maison de garde (restaurant). — Tour haute de 51 mèt., avec *phare* de 1er ordre (portée, 18 milles; vue étendue). En 1 h. 30, on peut faire à pied le tour du cap Ferret, et revenir par le phare à l'endroit où l'on a laissé son embarcation.

Forêt d'Arcachon, 3600 hect., composée principalement de pins et de chênes, avec buissons de houx, d'arbousiers et d'aubépines. — *Semis de l'État*, entre la forêt d'Arcachon et celle de la Teste, datant surtout de la fin du siècle dernier (agréables promenades à cheval; la plus facile est celle d'Arcachon au Moulin : 30 m.). — *Forêt de la Teste*, 3980 hect.

Pointe du Sud, espèce de cap arrondi, formant le côté S. de l'entrée du bassin, à un k. de la ville. On s'y rend en suivant la plage à marée basse. — Belles dunes de *Pilat* et de *la Grave*. — *Poste du Sud*, et *sémaphore*. De là on voit, à l'O., le *banc du Matoc*, dernier vestige de l'île de *la Mate* ou de *la Pile*, autrefois vers l'entrée du bassin. En doublant la pointe du Sud, on découvre la haute mer.

Truc de la Truque (*truc*, escarpement), dune haute de 75 mèt., à distance à peu près égale d'Arcachon et de la Teste (1 h. 15 et 1 h. 20). — On peut monter à cheval jusqu'au sommet (vue étendue).

Cazau (3 h. de marche; 35 m. en chemin de fer). — On se rend au v. de Cazau, soit directement par la forêt (mais il faut prendre garde de s'égarer), soit par la Teste et les bords du canal qui réunit l'extrémité N. de l'étang de Cazau et le bassin d'Arcachon, soit par le chemin de fer (13 k.; 2 départs par j.; 1 fr. 55 c. et 95 c.). — **L'étang**, de forme triangulaire, qui borde le pied des dunes au S. du v., et qui est aussi nommé *étang de Sanguinet*, couvre une surface de 7000 hect.; alt., 25 mèt., profondeur en certains endroits, 50 mèt. — Du sommet des dunes, très belle vue sur l'étang.

ROUTE 4.

DE BORDEAUX A BAYONNE

198 k. — Chemin de fer du Midi. — En 4 h. 25 par les trains express, en 6 h. par les trains omnibus, et en 9 h. par les trains mixtes. — 24 fr. 40; 18 fr. 30; 13 fr. 40.

43 k. de Bordeaux à la Mothe (R. 3). — Laissant à dr. le chemin de fer d'Arcachon, l'embranchement de Bayonne passe du S.-O. au S. et traverse 45 k. de landes.

52 k. *Caudos.*

63 k. *Lugos.*

76 k. *Ychoux* (forges).

89 k. **Labouheyre.** — Ancienne *porte* de ville. — Hauts fourneaux. — Ateliers de la Compagnie du Midi.

97 k. *Solferino*, v. moderne, situé au point le plus élevé (85 mèt.) du chemin de Bordeaux à Bayonne; il y a été planté en pins 6200 hect., et plus de 400 hect. en essences variées.

109 k. **Morcenx** (buffet), 2045 h., bifurcation des lignes de Bayonne et de Tarbes.

A Tarbes, R. 33.

123 k. *Rion*, 2561 h. — On commence à distinguer la chaîne des Pyrénées.

[14 k. de Rion à **Tartas***, ch.-l. de c. de 5182 h. (belle *église* moderne; petit musée).]

134 k. *Laluque.*

141 k. *Buglose*, dépend. de la com. de *Saint-Vincent-de-Paul*, où naquit Vincent de Paul. — *Chapelle* (halte pour quelques trains), pèlerinage.

148 k. **Dax***, ch.-l. d'arr. et ville principale du départ. des Landes, 10858 hab., sur la rive g. de l'Adour. La gare est sur la rive dr., près de *Saint-Paul.* — Rive g. du fleuve, à l'extrémité du pont de pierre (1857), ancien *château* (aujourd'hui caserne), reconstruit au XIVe s.

La **fontaine Chaude**, ou *fontaine de Nèhe*, jaillit dans un bassin d'environ 400 mèt. de surface, entouré de grilles, et débite en 24 h. 20000 hectol. d'eau à 64°, limpide, à odeur et saveur fades, qui se déverse par de gros tuyaux et sert aux usages domestiques.

Établissements thermaux alimentés par la fontaine Chaude : 1° le *bain Hirigoyen* (9 baignoires); 2° le *bain Lavigne* (12 salles de bains avec douches); 3° le *bain Auguste-César*; 4° les *bains Romains*; 5° le *bain Sarrailh.*

De l'autre côté du château, au bord de l'Adour, **grand établissement des Thermes** (1872) : superficie de 1560 mèt.; trois corps de bâtiments; le rez-de-chaussée, les premier, deuxième et troisième étages du pavillon central sont destinés au logement du médecin et des malades pensionnaires. Le sous-sol est consacré à l'installation balnéaire (salles de bains, de douches, piscine, etc.). Cet établissement est alimenté par les sources du *Bastion* et *Sainte-Marguerite*. On utilise aussi les eaux mères des salines de Dax, l'eau chlorurée sodique de Pouillon et l'eau sulfureuse de Gamarde.

Bain des Baignots ou *Marion*, le plus ancien de Dax (12 salles de bains, 8 piscines à boue, 4 salles de douches, 3 étuves naturelles, salles d'inhalation et de vaporisation, etc.), situé au S. de la ville, non loin de l'Adour. — *Bain Lauquet* ou *Saint-Pierre* (9 cabinets de bains; une piscine), situé sur la route d'Orthez.

Les *thermes Séris*, de création récente, à l'O. de Dax, exploitent, en bains et en douches, une source sulfureuse froide et un bassin de boue.

Les eaux de Dax sont sulfatées-mixtes. — Les établissements sont ouverts toute l'année et Dax devient de plus en plus une station d'hiver pour le traitement des phthisiques.

Cathédrale, rebâtie dans un bon style de 1656 à 1755, avec des tribunes, conservant à la façade des restes presque informes d'une église du XIIIe s., et, dans la sacristie, une belle porte sculptée de la même époque.— Des *remparts romains*, encore très considérables en 1850, il un reste plus que des fragments de tours à l'E. et au N.-O. de la ville.

Sous la ville s'étend un banc de sel gemme exploité depuis 1863. — Belle vue de la *tour de Borda*, ancien observatoire de Borda, né à Dax (ermitage), située au S. de la ville, au milieu d'une belle promenade, au sommet d'un coteau. — Belles *forêts de l'Adour*. — A 1500 mèt. de Dax, rive dr. de l'Adour, *arbre des Sorcières*, chêne dont le tronc a 7 à 8 mèt. de circonférence.

A 1 k. à l'O. de Dax, *Saint-Paul-lès-Dax*, 3514 h. (*église*, ayant une magnifique abside romane à arcatures avec chapiteaux historiés et bas-reliefs).

[A 7 k. E.-N.-E., près de l'Adour, *établissement de bains de Préchecq* * (eau thermale chlorurée sodique).

A 6 k. env. à l'E. de Dax, *Gamarde* *, v. près duquel sont deux sources sulfureuses froides, exploitées dans deux petits *établissements*.

A 7 k. S.-O. de Dax, *Tercis* * (établissement thermal très fréquenté; eau chlorurée sodique; température 37°,5; bains, douches.

A 12 k. S. de Dax, et à 5 k. O. du chemin de fer de Dax à Puyôo, **Pouillon**, 3387 h., ch.-l. de c. (ruines d'un château fort; source minérale, chlorurée sodique, utilisée en boisson aux thermes de Dax).]

De Dax à Pau, R. 23.

Le chemin de fer descend la vallée de l'Adour.

158 k. *Rivière-Saas*. — Vastes prairies marécageuses.

163 k. *Saubusse*, rive dr. de l'Adour. — 2 kil. N. de l'Adour, *bains de Joannin*, fréquentés par les habitants des pays voisins; pas d'établissement.

167 k. *Saint-Géours*, 2 k. O. du chemin de fer, entrepôt des produits résineux et métallurgiques du *Marensin*, partie des

landes qui avoisine la mer. — On rentre dans la forêt de pins.

173 k. *Saint-Vincent-de-Tyrosse*, ch.-l. de c., 1455 h.

185 k. *Labenne.*

[**Cap-Breton et le Vieux-Boucau** (corresp.). — A g., *étang de la Pointe.* — Vallée du Boudigau, ruisseau dans l'ancien lit de l'Adour. A diverses reprises, l'embouchure de l'Adour a changé de place. Au XIIIe s., elle était à Cap-Breton; mais, en 1367, le fleuve se creusa un nouveau lit vers le Vieux-Boucau, à 18 k. au N. de Cap-Breton. Pendant deux siècles, il conserva cette direction; mais, en 1579, il changea de nouveau son cours, et depuis cette époque son embouchure est au Boucau-Neuf.

7 k. **Cap-Breton**, rive dr. du Boudigau; petit port où débouchait jadis l'Adour.

En traversant le Boudigau on atteint (15 min.) le bord de la mer, au S. de l'embouchure du ruisseau qui forme le havre de Cap-Breton. En face se trouve la *Fosse* ou *Gouf de Cap-Breton*, longue de 10 k., large de 4 k., et se rétrécissant vers la côte; son extrémité E. est à 400 mèt. environ de la laisse des basses mers. La profondeur de ce gouffre varie entre 35 mèt. et 380 mèt.

12 k. *Soorts.*

24 k. *Soustons*, ch.-l. de c., 3842 h., près de la rive S. de l'étang du même nom. — On se dirige à l'O. en longeant l'étang, puis on en traverse l'affluent.

33 k. **Le Vieux-Boucau**, sur le bord d'un estuaire à sec aux basses mers. — A 2 k. N., *étang de Moïsan.*]

Au delà de Labenne, au sortir de la forêt, on aperçoit la mer, l'Adour et son embouchure.

195 k. *Le Boucau*, petit port, rive g. de l'Adour, à 3 kil. de l'embouchure de ce fleuve dans le golfe de Gascogne. — On remonte la rive dr. de l'Adour.

198 kil. Gare de Bayonne, sur la rive dr. de l'Adour, dans le faubourg *Saint-Esprit.*

BAYONNE

Situation. — Aspect général.

Bayonne *, 27 289 h., ch.-l. d'arr. des Basses-Pyrénées, siége d'un évêché, est située sur la Nive et l'Adour, à la jonction de ces deux cours d'eau et à 6 kil. du golfe de Gascogne.

Au sortir de la gare, on traverse une place aboutissant au *pont de l'Adour* (long. 200 mèt., 8 arches; vue charmante). Rive g., à l'extrémité du pont, porte fortifiée, appelée le Réduit. Au delà, petite place, à g. de laquelle s'étend, entre l'Adour et la Nive, le quartier du *Petit-Bayonne*, qui contient l'hôpital militaire, le château Neuf, l'arsenal et l'église Saint-André. Les *allées de Boufflers*, où se trouve le *Jardin public*, conduisent, par la rive g. de l'Adour, aux vastes *chais de Mousseroles*, entrepôt d'une partie des vins du Béarn et d'Espagne. Le quai de la rive dr. de la Nive est bordé de galeries couvertes, les *arceaux de la Galuperie* (elles doivent leur nom aux *galupes*, grands bateaux plats de transport entre Mont-de-Marsan et Bayonne). Quatre ponts en pierre traversent la Nive : les ponts *Mayou*,

Paris, Hachette et Cie Éditeurs.

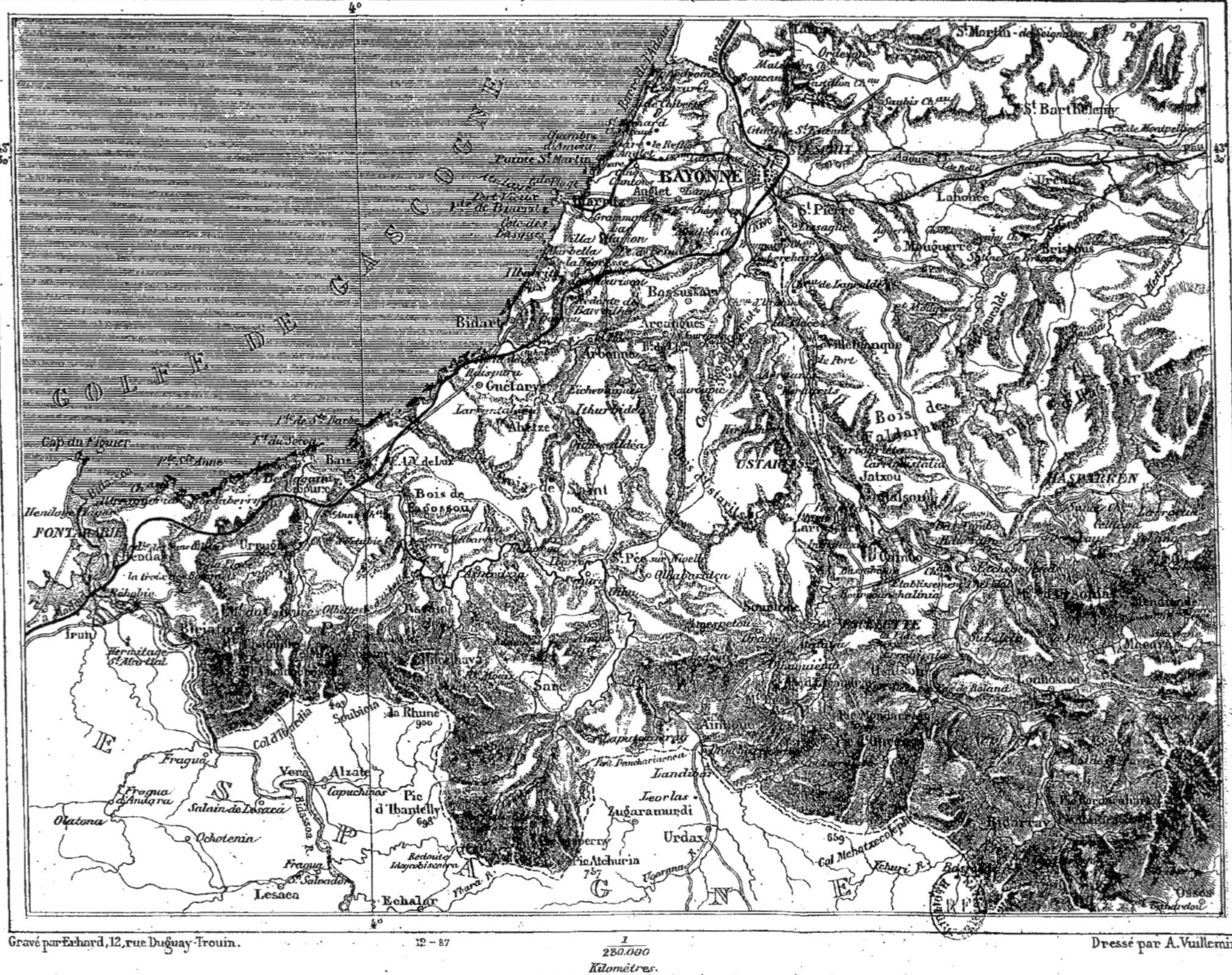

Gravé par Erhard, 12, rue Duguay-Trouin. 12 - 87 Dressé par A. Vuillemin

$\frac{1}{280.000}$

Kilomètres.

1 2 3 4 5 6 12

Marengo, Pannecau et *de l'Arsenal.*

La *rue Chegaray,* qui continue le pont Mayou dans le Grand-Bayonne, est la plus commerçante de la ville. Elle aboutit aux *Cinq-Cantons,* carrefour formé par cinq rues, la rue Chegaray, la rue Orbe à dr., la rue du Port-de-Castets à g., la rue Argenterie et la rue Salies, qui conduisent l'une à la cathédrale et l'autre à la porte d'Espagne.

A dr., au delà du pont Mayou, se trouve la *place de la Liberté,* que domine un édifice carré entouré d'arcades et renfermant le théâtre, la mairie, l'hôtel des Douanes, la bibliothèque et le musée.

A g. de cette place s'ouvre la *rue du Port-Neuf,* qui monte à la cathédrale. De l'autre côté du théâtre est la place d'armes, à l'extrémité inférieure de laquelle s'ouvre la *porte Marine* qui conduit aux allées Marines et à la gare de Biarritz ; enfin, à g. de la place d'armes, la *rue Thiers,* plantée d'arbres, monte au château Vieux. C'est là que sont les principaux hôtels, les bureaux des omnibus et des diligences et quelques consulats.

Bayonne, classée parmi les places fortes de 1re classe, a quatre portes : *porte de France* ou *du Réduit ; porte de Mousseroles,* à l'extrémité E. du Petit-Bayonne ; *porte d'Espagne,* à l'extrémité S. de la ville ; *porte Marine,* sur la rive g. de l'Adour, en aval.

Monuments et établissements publics.

Cathédrale, du XIIIe au XVe s., restaurée sous la direction de M. Bœswillwald (sculptures intéressantes aux portes du transept). A l'int. : beau triforium ; *verrières* du XVe au XVIIe s. ; beau *maître-autel ; dallage* en marbres d'Italie ; *orgues* de Merklin-Schutze ; beaux vitraux et peintures modernes dans les chapelles du rond-point. — *Cloître* (au S. de l'église) du XIIIe s. ; une de ses galeries a été transformée en chapelle, une autre a été démolie.

Saint-André, moderne (dans la chapelle de la Vierge, *Assomption* de Bonnat). — *Église Saint-Esprit,* du XVe s. (à l'int. : sculpture d'une seule pièce, la *Fuite en Égypte,* en grande vénération chez les Basques).

Débris de *murailles romaines* flanquées de tours. On peut en suivre tout un côté, au S. de la ville, dans les rues qui ont remplacé les anciens fossés.

Château Vieux (XIIe et XVe s.). — *Château Neuf* (XVe s.).

Sur la place de la Liberté, *bibliothèque* (10000 vol. ; archives précieuses), *théâtre* et *musée* (ouvert au public les dimanches et fêtes, et t. l. j., de midi à 4 h., pour les étrangers).

On y remarque l'Oublié, de *Besselière ;* un beau paysage de *Lapito ;* la Posada San Raphaël à Cordoue et une famille de Bohémiens, d'*Achille Zo ;* le Bon

Samaritain et le beau portrait de M. Darracq, par *Bonnat*.

Hôpital civil (344 lits), l'un des plus beaux de France, situé hors de la ville. — *Hôpital militaire* pouvant contenir 1000 à 1200 malades, construit près du confluent des deux rivières. — *Citadelle* bâtie par Vauban. — Au N. de la citadelle, vallon appelé *cimetière des Anglais*, où les Anglais perdirent un très grand nombre de soldats, en 1814, pendant le siège infructueux de Bayonne.

Industrie et commerce.

Bayonne est l'entrepôt principal des productions diverses de l'Espagne et des départ. des Landes et des Basses-Pyrénées : vins de Chalosse et d'Espagne, maïs ; laines communes d'Espagne et de Béarn ; résines, planches, bois de construction, kaolin de Louhossoa, sel de Briscous, etc. ; fabrique de chocolat ; les *jambons* dits de Bayonne proviennent des environs d'Orthez et de Salies. — Armements pour la pêche de la morue.

Promenades. — Environs.

Allées Paulmy, conduisant de la porte Marine à la porte d'Espagne. — **Allées Marines**, promenade la plus fréquentée, commençant au delà de la porte Marine, qui s'ouvre sur la place d'Armes, et s'étendant, sur la rive g. de l'Adour, à plus de 2 k. de la ville. A leur extrémité s'élève la dune du *Blanc-Pignon;* plus loin la *pignada* ou forêt de pins ; à 6 k., embouchure de l'Adour (poste-caserne de douaniers).

N. B. — En entrant dans la pignada, on trouve deux routes : l'une qui se dirige en ligne droite à travers bois, l'autre plus agréable et plus accidentée, longeant la rive g. de l'Adour : belle vue sur le Boucau (rive dr.).

Depuis que l'Adour débouche directement à l'O. (*V.* ci-dessus), d'importants travaux ont été exécutés pour empêcher l'accumulation des sables à l'extrémité de la passe ; mais le problème est loin d'être résolu, et l'entrée de l'Adour reste un passage presque toujours difficile, souvent impossible sans l'aide du remorqueur stationnant en face du Boucau. Par un temps calme, les étrangers peuvent obtenir du capitaine l'autorisation de l'accompagner quand il va chercher ou conduire un bateau marchand en pleine mer. C'est une promenade de 3 à 4 h. — *Feu fixe* blanc (6 milles de portée), sur la jetée méridionale. — Près de la barre, au bord de la mer, *hippodrome* autour d'un petit lac.

Au N. de Saint-Esprit, colline portant le v. et les châteaux de *Saint-Étienne* (*villa Caradoc*, vue admirable).

De Bayonne à Saint-Sébastien, R. 5; — à Biarritz, R. 6; — à Saint-Jean-de-Luz, R. 7; — à Pampelune, R. 8 et 10; — à Elizondo, R. 9; — à Cambo, R. 11; — à Mauléon, par Hasparren, R. 12; — à Saint-Jean-Pied-de-Port, R. 14; — à Oloron, R. 20; — à Toulouse, R. 21.

ROUTE 5.

DE BAYONNE A SAINT-SÉBASTIEN

53 k. — Chemin de fer. — En 2 h. 10 ou 2 h. 30. — 6 fr. 85; 5 fr. 15; 3 fr. 65.

Tunnel de 150 mèt., au-dessous du coteau de Saint-Esprit. — *Pont* métallique sur l'Adour, long de 270 mèt. (5 travées, offrant, parallèlement au chemin de fer, un passage pour les voitures et les piétons). — Tunnel de 218 mèt., dans le coteau de *Mousseroles*. — *Pont* en tôle, 150 mèt. d'ouverture, sur la Nive. — A g., embranch. en construction pour Cambo. — A dr., *lac Brindos*.

10 k. *Biarritz*. La station de ce nom, appelée aussi *la Négresse*, est à 3 k. de la ville de bains, située à l'O. (R. 6); on y trouve des omnibus.

A dr., lac de Mouriscot (R. 6). — Tunnel de *la Négresse*, long de 325 mèt. — A dr., *Bidart*, premier village basque (bains de mer). — Au point culminant de la falaise, vue magnifique.

17 k. **Guetary***. La station est dans le vallon de l'Ouhabia. Le village se montre au S., sur les coteaux. — Bains de mer. — Pêche du thon.

De Guetary et de Bidart à Biarritz, R. 6.

23 k. *Saint-Jean-de-Luz* (R. 7). La station est au bord de la Nivelle, au S.-E. de la ville.

Pont sur la Nivelle. — Au S., Urrugne (R. 7). — Tunnel sous le *mamelon des Redoutes*. — Vallée de la Bidassoa.

35 k. **Hendaye*** (buffet), dernier v. français. Grâce au chemin de fer qui en a fait un point important pour le transit des voyageurs et des marchandises, Hendaye a repris une grande prospérité. Il s'y fabrique une liqueur renommée, dite eau-de-vie d'Hendaye.

La voie ferrée étant plus large en Espagne qu'en France, les voyageurs à destination d'Espagne ne s'arrêtent qu'un instant à Hendaye et continuent jusqu'à Irun, où ils changent de voitures. A l'inverse, les trains venant d'Espagne ne s'arrêtent pas à Irun, et le changement de voitures se fait à Hendaye en même temps que la visite de la douane. La voie française et la voie large espagnole sont installées côte à côte entre les deux gares.

Les environs d'Hendaye offrent de très agréables promenades : 2 k. 1/2 env. au N., *établissement de bains de mer* (*casino;* belle vue), de style mauresque, sur une admirable *plage*, et entouré de constructions nouvelles dites *Hendaye-*

Plage. A g., de l'autre côté de l'estuaire où débouche la Bidassoa, la superbe montagne de Jaizquivel forme en s'abaissant la pointe du Figuier ; à dr., cap terminé par les deux rochers de *Sainte-Anne*. Sur le plateau qui se termine au cap de Sainte-Anne, château (bâti par Viollet-le-Duc; chambres de tous les styles) et parc d'*Arragory*. — *Maison mauresque* de M. de Polignac.

[Ascension facile (3 h. 1/2 aller et retour) du *Choldocogagna* (belle vue) ; on y monte d'Urrugne en 1 h. 1/2.

Une route de voitures, qui s'éloigne de la rivière, mène d'Hendaye à (1 k. 1/2 au S.-E.) **Béhobie***, joli v., rive dr. de la Bidassoa. — *N. B.* Les passeports n'y sont pas toujours demandés, mais il est bon d'être en règle pour éviter des désagréments.

La Bidassoa sert de limite à la France et à l'Espagne sur une quinzaine de k. Son lit est assez étroit dans toute sa partie supérieure; mais à Béhobie même il s'élargit brusquement, embrasse plusieurs îles, entre autres l'**île** célèbre **des Faisans ou de la Conférence**, et s'étale sur de vastes bancs vaseux que la mer couvre et découvre tour à tour. La pyramide élevée en 1861 sur l'île des Faisans rappelle les conférences du traité des Pyrénées en 1659 et le mariage de Louis XIV.

De Béhobie on se rend à Irun (*V.* ci-dessous) en 20 m. On traverse la Bidassoa, puis on descend sa rive g.

On peut aller en bateau (prix minime) d'Hendaye à Fontarabie, de l'autre côté de la Bidassoa. A marée haute, le batelier n'a qu'à ramer pour traverser le fleuve; mais, à marée basse, il doit porter les voyageurs sur les bancs de sable qui empêchent le passage de la barque.

Fontarabie, 3000 h., est, dans sa construction, la ville espagnole par excellence, avec ses toits qui se rejoignent presque au-dessus des rues, ses maisons noircies par le temps, ses portes chargées d'écussons gigantesques, ses balcons en fer ouvragé, ses fenêtres grillées, ses boutiques sombres. Ce qui lui donne un aspect tout particulier, c'est l'état de ruine, de solitude, de désolation dans lequel elle se trouve. La population, presque uniquement d'origine basque, est remarquable par sa beauté, par la finesse des traits chez les jeunes filles.

Église gothique et de la Renaissance (sculptures remarquables de l'autel). — *Château* du XIIe et du XVIe s. La première partie est nommée *palais de Jeanne la Folle*. De la plate-forme, belle vue (pourboire 20 c.). — Nombreux *palacios*, d'un style lourd.

Au N. de Fontarabie, petit faubourg moderne de *la Magdalena* (bains de mer), habité par des pêcheurs. — Plus loin, *cap* ou *pointe du Figuier*, qui porte un phare à feu fixe (100 mèt. d'altit., 7 milles de portée). Vue très belle; panorama bien plus beau des hauteurs qui dominent Fontarabie à l'O., soit que l'on monte au *couvent de N.-D. de Guadalupe*, soit, mieux encore, au (1 h. 30) *Jaizquivel* (680 mèt.).

Il faut près de 1 h. pour aller de Fontarabie à Irun, et env. 20 m. par la Bidassoa, en profitant des heures de la marée.]

A 300 mèt. de la gare d'Hendaye, pont sur la Bidassoa.

Sur le territoire espagnol, à g., ruines d'un château de défense, et, plus au S., *ermitage de Saint-Martial* (près de là, source ferrugineuse), élevé en l'honneur de la victoire remportée en 1522 par Bertrand de la Cueva sur les troupes françaises de Bonnivet.

37 k. **Irun** * (buffet ; visite des passeports et bagages), 5500 hab., à plus de 1 k. à l'E. de la station. — *Église Nuestra Señora del Juncal* (de la Jonchaie), fondée en 1508. — Sur la place de la Constitution, *hôtel de ville* du XIVe s.

N. B. — L'horloge d'Irun et celles de toute la ligne espagnole sont réglées sur l'heure de Madrid, qui retarde de 25 m. sur l'heure de Paris.

[**La Haya** (987 mèt.; très beau panorama; course facile; 3 h. de montée; 2 h. de descente). — On se dirige au S. en suivant le fond d'un ravin. — 40 min. S'élevant à g., on longe en biais le flanc de la montagne; puis on pénètre dans un étroit ravin et on monte à dr. — Sentier en lacets sur des pâturages. — 2 h. Rapide escalade vers le sommet. — 3 h. La Haya.— De la cime, on peut descendre soit par la même route, soit du côté de l'E. à Vera (R. 8), soit vers l'O. à *Oyarzun*.]

D'Irun à Pampelune, R. 8 ; — à Elizondo, R. 9.

Près d'Irun, pont sur la Jaïzubia. — Tunnel de 489 mèt., sous le *col de Gaïnchurisqueta*, qui relie la base de la Haya au Jaizquivel. — On descend sur les bords de l'Oyarzun.

46 k. **Renteria**, 2500 hab. — *Église* crénelée. — Ancienne *maison de ville* (XVe s.).

Pont de 40 mèt. sur l'Oyarzun. — A dr., *Leso* (Christ vénéré, sculpté, dit-on, par saint Léon). — Tunnel de 195 mèt. — On découvre tout à coup le grand *bassin de Pasages*, alternativement rempli et vidé par la marée.

48 k. **Pasages**. La station est au fond de la baie, sans communication directe avec la ville (on se rend le plus souvent à Pasages de Saint-Sébastien : 25 m. en voit.). Le port de Pasages est le plus sûr des côtes de la Biscaye, mais les atterrissements de l'Oyarzun et d'autres ruisseaux le comblent graduellement, et il est devenu à peu près inutile. Il communique avec la mer par un étroit goulet qui s'ouvre entre le Jaizquivel à l'E. et le Mont-Ulia à l'O., et que défend, sur la rive E., la petite tour ronde de *Santa Isabel*. — La ville se divise en deux parties : *San Juan*, sur la rive E., et *San Pedro*, sur la rive O. — Fabrique importante de porcelaine.

On longe la baie de Pasages. — Tranchées. — Vallée de l'Urumea.

53 k. Station de Saint-Sébastien, à 500 mèt. de la ville. — Un omnibus (2 réaux 25 c. par place, 2 réaux 1/2 pour 30 kilog. de bagages, 2 réaux pour une valise, etc.) et de nombreuses voitures attendent les voyageurs à tous les trains.

Saint-Sébastien *, 19 000 h., ancienne capitale du Guipuzcoa, est situé sur un isthme, au pied de la colline conique d'Orgullo ou d'Urgullo, qui le sépare de la mer ; à l'O. de l'isthme s'arrondit une baie, la

Concha, large de 2 k., entourée d'une plage de sable et protégée au N. par l'îlot rocheux de *Santa Clara*. Cette baie offre un mouillage peu sûr ; les navires doivent se réfugier à la base du mont Orgullo, dans un petit bassin entouré de môles, qui assèche à marée basse. La *baie de Zurriola*, à l'E. de la ville, est impraticable aux navires, à cause de la barre de l'Urumea.

Saint-Sébastien, l'antique cité des Basques, dont toutes les rues se coupent à angle droit, a été entièrement rebâti après l'incendie de 1813, commandé par le général anglais Graham.

Églises : Santa Maria, bel édifice de la Renaissance; *San Vicente*, du XIe s. — *Hôtel de l'ayuntamiento* (beaux vases de Sèvres; tableaux de batailles navales), sur une grande place à arcades. — *Arènes* pour les courses de taureaux, pouvant contenir 10 000 personnes (tous les 15 j., de juillet à septembre; billets de chemin de fer à prix réduit). — *Bains de mer* très fréquentés. — Magnifiques *promenades* autour de la baie.

[Ascension (45 min.) du *mont Orgullo* (130 mèt.; beau panorama). — A mi-côte, sur le versant tourné vers la mer, *tombeaux* des officiers anglais qui périrent en 1836, en défendant Saint-Sébastien contre les Carlistes.

Vue magnifique du *Monte Igueldo* (240 mèt.), appelé aussi *Monte Frio* (*phare* à feu fixe à éclats de 2 en 2 m.; portée de 15 milles).]

De Saint-Sébastien à Pampelune, à Tolosa et à Saint-Ignace-de-Loyola, *V. l'Itinéraire de l'Espagne*, par A. GERMOND DE LAVIGNE

ROUTE 6.

BIARRITZ ET SES ENVIRONS

8 k. de Bayonne à Biarritz par le chemin de fer spécial, dont la gare de départ est située sur les allées de Paulmy; des omnibus relient les deux gares : prix du chemin de fer, 75 et 45 c. — Un tramway à vapeur, inauguré en 1888, dessert la route de terre (7 kil.). — Les voyageurs venant des Pyrénées ou de l'Espagne peuvent descendre à la station de la Négresse (ligne d'Hendaye), où ils trouvent aussi des omnibus.

On va de Bayonne à Biarritz soit par le chemin de fer direct (8 k.), qui a une station intermédiaire, celle des *Cinq-Cantons*, desservant Anglet, que traverse la route de terre; soit par le chemin de fer du Midi (décrit R. 5), soit enfin par la route de terre. Si l'on choisit ce dernier itinéraire, on sort de Bayonne par la porte d'Espagne, et laissant à g. la route de Cambo, on suit la belle route d'Espagne ; on voit à g. une partie de la chaîne des Pyrénées. Au delà d'*Anglet*, 4839 hab., on quitte la route d'Espagne pour prendre un chemin qui se dirige à l'O. bientôt après on voit la mer. Laissant à dr.

un étang, on passe près de la villa Eugénie.

8 k. **Biarritz** *, 8444 h., situé sur une falaise, haute, en certains endroits, de plus de 40 mèt., présente l'intéressant spectacle de ses plages, de ses rochers et de la mer. Grâce à la douceur de son climat, Biarritz, outre sa saison d'été, qui commence en mai et finit en octobre a une saison d'hiver qui va de novembre à février ou mars.

Au N. s'avancent dans la mer les rochers du cap Saint-Martin, qui portent le phare (*V.* ci-dessous). Une falaise rocheuse, la *côte du Cout* ou *du Château*, se prolonge du cap Saint-Martin à la terrasse qu'occupe l'ancienne résidence impériale, la *villa Eugénie*, aujourd'hui **Palais-Biarritz** (casino). Dans la chapelle, peinture représentant N.-D. de Guadalupe, par Steinheil. Au S. de la villa commence la *côte du Moulin*, plage découverte, entourée de pentes gazonnées, près de laquelle s'élève l'*établissement de bains* en style mauresque, le plus fréquenté pendant la saison d'été (près de là, source ferrugineuse).

A l'extrémité S. de la côte du Moulin, le principal groupe des maisons de Biarritz est situé sur une falaise qui porte aussi l'*église* moderne de Biarritz, de style roman, avec flèche en pierre construite par M. Bœswillwald. Au pied de la falaise s'étend la *Chinaougue*, chaos de rochers au-dessus desquels s'élève un autre **Casino.** A la suite de la Chinaougue, se trouvent un *parc aux huîtres*, l'*aquarium* de M. le capitaine Silhouette, le bassin à flot du Port-aux-Pêcheurs et le *Port-aux-Pêcheurs*. Au-dessus du port s'élève l'*Atalaye*, promontoire (belle vue ; au delà, port de refuge en construction) couronné des ruines d'un château. A la base de l'Atalaye, *tunnel*, long de 75 mèt., ayant en perspective un rocher conique nommé le *Cucurlon*, également percé à jour et sur le sommet duquel est une statue de la Vierge.

De l'Atalaye, on descend en quelques m. au *Port-Vieux*, anse étroite entre des rochers à pic. — Grand *établissement de bains* (100 cabines); on y descend du côté de la ville par un escalier monumental.

Au large du Port-Vieux se dresse le rocher de *Boucalot*, où se rendent les plus hardis nageurs. — Le promontoire qui ferme au S. le Port-Vieux est coupé par une profonde tranchée où passe une route qui va du Port-Vieux à la côte des Basques. Un pont rustique, le *pont du Diable*, franchit une crevasse de rochers où la mer s'engouffre avec bruit. — La *côte des Basques*, que domine une belle ligne de falaises abruptes, a aussi un *établissement de bains*. La mer y est plus dure.

Une plus agréables promenades de Biarritz est le *tour des lacs* (2 h. 1/2 à pied). Laissant à g. la mairie, on gagne le haut Biarritz et le sommet de la falaise dominant la côte des Basques; puis on suit un chemin qui, au delà de Biarritz, conduit vers Bidart. A quelque distance, sur un plateau aride, mais dans une position magnifique, dominant les rochers de *la Goureppe*, on aperçoit la *villa Marbella*, construite pour lady Bruce. Prenant, à g., un chemin étroit, au-dessous de cette villa, on ne tarde pas à s'engager dans un bois taillis appelé le *bois de Boulogne*, que le chemin parcourt en serpentant et d'où l'on découvre, au fond d'un entonnoir, le *lac de Mouriscot* (ne pas s'y baigner; barques de louage).

Parvenu à la station et aux habitations de *la Négresse*, on suit sur 300 mèt. la route de Bayonne, puis à g. un chemin carrossable bordé de haies et de talus gazonnés, qui conduit au *lac Marion*, parfaitement ombragé, dans une jolie situation. Le chemin contourne la partie supérieure du lac et revient déboucher à mi-route sur la route de la Négresse à Biarritz.

La promenade de Biarritz à Bidart par la plage est aussi très intéressante. On passe près des rochers de la Goureppe et au pied de la villa Marbella (*V.* ci-dessus) avant de franchir le ruisseau de Chabiague. Au delà, à g., un sentier mène à *Bidart*.

La route de voit. de Biarritz à Bidart (jolies vues) sort de Biarritz au-dessus de la côte des Basques, traverse *Ilibaritz* et rejoint la route d'Espagne, à 500 mèt. en deçà de Bidart.

De Biarritz au phare (30 m.), suivre la plage au N. ou contourner l'enceinte de la villa Eugénie.

Cap Saint-Martin (env. 20 mèt. d'alt.). — **Phare**, haut de 47 mèt., du premier ordre (feu tournant à éclats de 30 en 30 secondes; portée 27 k.). Pour le visiter, s'adresser aux gardiens. — Admirable panorama.

Du phare, on peut aller à pied à (3 h.) Bayonne, par l'embouchure de l'Adour et les allées Marines; 15 m. suffisent pour descendre à la **Chambre d'Amour**, grotte insignifiante, située au pied d'une falaise escarpée. Pendant la saison, la plage de la Chambre d'Amour est fréquentée par de nombreux baigneurs. — Deux hôtels et maisons à louer dans le village.

[**De Biarritz à Cambo** (21 k.; route de voitures, 20 à 25 fr., et 10 fr. de Cambo au pas de Roland).

On sort de Biarritz à l'E.-S.-E. par la route de la gare de la Négresse. — 3 k. Traversant la voie ferrée et la route d'Espagne, on s'élève à l'E. — 6 k. 1/2. *Bassussary*, v. aux pittoresques chalets basques blancs et rouges. — Belles vues au S. sur la Rhune, le Jaizquivel, etc.; au N. sur la vallée de la Nive et Bayonne). — Descente vers le vallon d'Urdains. — 9 k. On rejoint (à 7 k. de Bayonne) la route de Bayonne à Cambo (R. 11), près du ham. d'Araunts.]

ROUTE 7.

SAINT-JEAN-DE-LUZ ET SES ENVIRONS

Saint-Jean-de-Luz *, ch.-l. de c. de 3960 h., au S. de la baie de ce nom, sur une langue de sable entre la Nivelle et la mer, est en grande partie protégé du vent de mer par les collines qui bordent la baie au N.-E. et au S.-O. — La rade, formée par une anse en arc de cercle, large de 1500 mèt. et profonde de 1000 mèt. env., est limitée au N. par les hauts rochers de Sainte-Barbe, au S. par la tour et les jetées du Socoa. Sur la plage (très belle), près du jeu de paume, *établissement de bains de mer* fréquenté, et *casino*.

Église du XIIIe s., remaniée. Le sol de l'église est réservé aux femmes ; comme dans toutes les églises basques, les hommes occupent les tribunes établies autour de la nef (toile de Restout, et tableau à légendes rappelant le XIVe s.).

Hôtel de ville (1657). — *Hôpital civil* (ancien hospice des pèlerins de Saint-Jacques). — *Maison Esquerenea* (rue Montante), échappée à l'incendie de 1568. — *Château de Louis XIV* ou *maison Lohobiague*, bâti sous Henri III ou Henri IV. — *Maison Joanoënia* ou *château de l'Infante* (XVIIe s.), ouverte aux visiteurs (deux tableaux de Gérôme; fresques modernes). — *Maison Betbeder*. — *Maison Saint-Martin* (tour au centre ; balcon de 1713). — *Maison Leremboure*. — *Maison des Pendelets*, du temps de Louis XIV. — Sur la place de l'Église, vaste édifice qui offre un type des constructions basques.

Au N. de Saint-Jean-de-Luz, plateau (39 mèt.) de *Sainte-Barbe* (ruines d'un fort ; jetée en construction) ; belle vue sur la mer, ainsi qu'à la *Croix de Harrechola* (50 mèt.), située à 1 k. plus au N., vers Guetary.

[**Ciboure, le Socoa.** — 2 k.; route de voitures.

En traversant la Nivelle, on entre dans *Ciboure*, peuplé presque uniquement de marins (dans la cour de l'ancien couvent des Récollets, fontaine de la Renaissance, mutilée).

Au delà de Ciboure, en suivant le pourtour de la rade (route de voitures en construction), on dépasse un petit *établissement de bains*, puis on longe la base de la colline de *Bordagain* (81 mèt.; vieille église ; joli crucifix de pierre ; belle vue).

On franchit le ruisseau d'Untzini et bientôt on atteint le petit port du **Socoa**. La *jetée* a 336 mèt. de longueur et deux digues (l'une de 225 mèt., sur le plateau de Sainte-Barbe, aujourd'hui terminée, et l'autre en construction sur le banc d'*Arta*) feront de cette dangereuse baie une bonne rade. — *Fort* armé de 8 canons. — Plusieurs phares : *fanal du Socoa, feu vert de la Jetée, feu vert de Ciboure*, et deux *feux de Sainte-Barbe*. — On obtient facilement, au bureau des travaux du port, la permission de visiter les digues. — Belles falaises intéressantes à visiter (prendre le premier sentier à g. de la route, avant d'entrer au Socoa).

Urrugne. — 4 k.; route de voit.

Pont sur la Nivelle. — A dr., Ciboure. — 1500 mèt. en deçà d'Urrugne, à dr., château d'*Urtubie*.

4 k. *Urrugne*, 3710 h., jolie situation. — Horloge avec cette inscription : *Vulnerant omnes, ultima necat* : « toutes blessent, la dernière tue. » — Au S., *col d'Ibardain*, conduisant à Vera (R. 8, *B*).

D'Urrugne à Béhobie (R. 5), par la route d'Espagne, 6 k.

La Rhune. — 6 k. de Saint-Jean-de-Luz à Ascain; route de voitures; d'Ascain au sommet; 2 h. 1/2 de marche; on pourrait aller à cheval jusqu'à la cime, mais il est bien préférable d'aller à pied.

On traverse le chemin de fer pour longer la rive dr. de la Nivelle.

2 k. Moulin de *Billitorte*. — On contourne la base des collines de *Fagossou*. — Pont sur la Nivelle.

6 k. *Ascain* *, v. (source ferrugineuse). — On monte à dr. par le premier chemin qui s'élève vers le profond ravin creusé sur le flanc N. de la montagne. — 30 m. On suit, à dr., un sentier d'argile rouge qui aboutit à un chemin pavé. — 1 h. 30. Bergerie d'où l'on monte vers un autre chalet situé dans la partie supérieuse du vallon qui sépare l'Hucelhaya de la Rhune. Là on tourne à g. et l'on monte en zigzag.

2 h. 30. Sommet (900 mèt.). Admirable panorama : à l'O., de Saint-Sébastien à l'embouchure de l'Adour et aux dunes de Cap-Breton ; à l'E., jusqu'au pic du Midi de Bigorre.

Pour descendre de la Rhune à Sare par le versant E., on laisse à dr. un premier col, et, contournant la pointe, haute de 548 mèt., que ce col relie à la Rhune, on vient passer entre cette pointe et la *redoute Mouiz*, à 542 mèt. On descend alors, par des pentes raides et déboisées, dans le vallon où se trouve Sare (R. 11), à 2 h. du sommet de la Rhune.

Pour revenir de la Rhune à Saint-Jean-de-Luz, on peut aussi descendre au N.-E., en suivant le flanc N. de l'Hucelhaya, à une grande hauteur au-dessus du ravin de la Rhune. — 2 h. *Olhette* *, v. à 7 k. de Saint-Jean-de-Luz.]

De Saint-Jean-de-Luz à Bayonne, à Hendaye et à Saint-Sébastien, R. 5 ; — à Cambo, R. 11.

ROUTE 8.

D'IRUN A PAMPELUNE

A. Par le chemin de fer.

155 k. — 105 k. d'Irun à Alsasua; 2 trains par jour; en 3 h. 20 et 4 h.; prix : 51 réaux 50, 38 r. 75, 23 r. 25. — 40 k. d'Alsasua à Pampelune; 1 train par jour en 3 h.; prix : 20 réaux, 19 r. 60, 11 r. 80.

17 k. d'Irun à Saint-Sébastien (R. 5).

On franchit l'Urumea.— Tunnel de 300 mèt. A g., b. d'*Astigarraga*.

21 k. *Hernani*. La V., 3500 h. (élégant *palacio* moderne), est à 4 k. de la station, sur le flanc de la colline de *Santa Barbara*. On se rend de préférence en voit. de Saint-Sébastien à Hernani (service de corresp.).

A dr., *Urnieta*, 2000 h. — *Tunnel* de 1000 mèt.

31 k. *Andoain*, 2600 hab. (église de la Renaissance), sur les flancs d'une colline que la voie traverse en tunnel. — On franchit l'Oria, à *Javora*.

45 k. **Tolosa**, 8250 h., capitale du Guipuzcoa, au confluent de l'Oria et de l'Azpiroz. — *Cathédrale* des XIIe et XVe s.

On traverse 4 tunnels et 15 ponts sur l'Oria.

59 k. *Beasaïn.* — Ponts et tunnels.

73 k. *Zumarraga* (beau portail de l'église) et *Villareal*, villes séparées par l'Urola.

On traverse le faîte de la chaîne Cantabrique; *tunnels*, dont le plus long a 2953 mèt.

103 k. *Alsasua* (buffet et changement de train). — 113 k. Echarri Aranaz. — 122 k. Huarte Araquil. — 129 k. Villanueva. — 134 k. Irursun. — 146 k. Zuasti.

153 k. Pampelune. — *V.* l'*Itinéraire de l'Espagne.*

B. **Par la route de terre.**

88 kil. — Bonne route de voitures. — Service de diligences.

3 k. d'Irun à Béhobie (R. 5). — On longe la rive g. de la Bidassoa. A g., *Biriatou*, v. français, puis escarpements du Choldocogagna (*V.* R. 5, p. 18), en partie couverts de chênes. — Casernes de douaniers espagnols sur le bord de la Bidassoa.

Le versant E. de la vallée appartient à la France jusqu'à 8 k. en amont de Béhobie; plus haut, ce versant fait partie de la Navarre. — Pont sur la Bidassoa. — On rejoint la route française de la rive dr. — Forge et entrepôts de houille et de minerai de fer pour les usines de la vallée.

15 k. *Vera.* — A dr., forge importante.

19 k. Sur l'autre rive, un chemin se détache de la grande route, traverse la Bidassoa en aval de la forge, et conduit à (2 k.) **Lesaca**, 2300 h., capitale de la confédération ou de l'*université* des *Cinco Villas* (Cinq-Villes) : Lesaca, Vera, Echalar, Yanzi et Aranaz. — *Donjon* (XIVe s.) au centre du village.

21 k. On franchit le ruisseau de Sari, que longe la route d'Echalar (R. 9, *B*), on continue de remonter la rive E. de la Bidassoa. — Au S.-O., vallée de *Lasa*, où se trouvent *Yanzi* et *Aranaz.*

31 k. *Sumbilla*, rive g. de la Bidassoa.

39 k. **San Esteban de Lerin**, ch.-l. d'une confédération de huit villages. — Grande *tour.*

Pont sur la Bidassoa, à *Narvarte.*

40 k. *Bertiz*, à la base de la montagne d'*Abarzan.* — A g., route d'Elizondo (R. 10). — On remonte au S. le long du ruisseau de Santa Marina.

42 k. Mugaïri (R. 10).

46 k. de Mugaïri à (88 k.) Pampelune (R. 10).

ROUTE 9.

D'IRUN A ELIZONDO

A. Par la route de voitures.

53 k. — Service de dilig. jusqu'au pont de Bertiz.

3 k. d'Irun à Béhobie (R. 5).

37 k. de Béhobie au (40 k.) pont de Bertiz (R. 8, *B*).

Au delà d'*Oronoz*, on passe sur la rive dr. de la Bidassoa, que l'on franchit de nouveau en deçà d'*Arreyoz*.— A g., *Lecaroz* (élégant campanile en briques).

On rejoint à (49 k.) Irurita la route de Bayonne à Pampelune (R. 10, *B*).

53 k. Elizondo (R. 10, *B*).

B. Par Echalar.

50 k. environ. — Route de voit. (27 k.) d'Irun à Echalar.—Au delà, sentier de mulets (4 h. 45).

21 k. d'Irun à la bifurcation de la route de San Esteban et Pampelune (R. 8, *B*).

On quitte la Bidassoa pour longer la rive dr. du Sari.

24 k. Tunnel de 60 mèt.

27 k. **Echalar,** sur le Sari.

Pont sur l'Ibara. — On s'élève sur le versant N. de la vallée.

1 h. 30. *Col* boisé (vue magnifique). — On contourne vers l'E. la montagne d'*Aszculezi*.

1 h. 50. On descend, à g., sur une croupe que l'on suit jusqu'au (2 h. 10) pied des roches qui couronnent le sommet du *Mont-Achuela* ou *Achiola* : il faut prendre à g. et monter obliquement vers (2 h. 45) le *col d'Adacan*, d'où l'on descend à (3 h. 45) Lecaroz (*V*. ci-dessus).

4 h. 45. Elizondo (R. 10, *B*).

ROUTE 10.

DE BAYONNE A PAMPELUNE

A. Par le chemin de fer.

53 k. de Bayonne à Saint-Sébastien (R. 7).

138 k. de Saint-Sébastien à Pampelune (R. 8, *A*).

191 k. Pampelune (*V*. l'*Itinéraire de l'Espagne*).

B. Par la route de terre.

101 k. : 27 k. en France, 74 k. en Espagne. — Voitures à volonté.

Laissant à dr. la route de Saint-Jean-de-Luz, on se dirige au S. pour remonter la rive g. de la Nive, éloignée de 1 à 2 k.

3 k. *Château Weymann*. — On franchit le chemin de fer de l'Espagne. — Pont sur l'Urdains. — 6 k. *Château d'Urdains*. — A l'O., colline de *Sainte-Barbe* (149 mèt.; beau panorama). — *Arraunts*, ham. (belle vue) ; à l'O., route de Biarritz.

14 k. **Ustaritz***, ch.-l. de c., 2590 hab., sur la rive g. de la Nive ; maisons curieuses. — Dans le cimetière, tombeau du conventionnel Garat.

La route, s'éloignant de la Nive, traverse le ruisseau de Laxa, puis laisse à g. la route de Cambo (R. 11), et s'élève à 140 mèt.—A g., un chemin conduit à Cambo. — Descente rapide.

19 k. **Espelette** *, ch.-l. de c., 1555 hab., à 12 mèt., dans une des parties les plus accidentées et les plus riantes du pays basque.

[Route carrossable d'Espelette au 7 k. 1/2) pont d'Itsatsou (R. 11).]

A 1200 mèt., on laisse à dr. le chemin de Souraïde (R. 11). — La route s'élève en lacets jusqu'à 176 mèt., entre des hauteurs qui la dominent de 100 à 150 mèt.

24 k. *Ainhoue*, dernier v. français.

27 k. On franchit la Nivelle sur le pont de *Dancharíaenea*, qui forme les limites de la France et de l'Espagne.

A Ainhoue, la douane française visite les bagages des voyageurs qui entrent en France; au ham. de *Landibar*, les autorités espagnoles examinent les passeports, ainsi que les voitures et les chevaux, si l'on voyage avec une voiture particulière qui doit rentrer en France.

La frontière franchie, on longe la rive g. de la Nivelle.

30 k. **Urdax** *, sur l'Ugarana. — *Église* du XVe s. (galeries de cloître du XVIIe s.).

Pont sur l'Ugarana. — La route s'élève sur les versants O. des monts *Aguerre* et *Urtamendi*, jusqu'au **port d'Otsondo** (vue magnifique), au delà duquel, après avoir franchi le *col de Maya*, on descend dans le beau vallon de Maya.

41 k. *Maya*, à la base du *Gorramendi*. — Pont sur l'Arana. — Pont sur le ruisseau d'Errazu. — On atteint le fond de la vallée où coule le Bastanzubi, qui, plus loin, prend le nom de Bidassoa. La route franchit plusieurs fois cette rivière.

44 k. *Elvetea*. — Pont sur le Bastanzubi. — A dr., *casa de Misericordia*, asile pour les pauvres de la vallée.

46 k. **Elizondo** *, dans une vallée large et fertile, capitale de la vallée ou *université* de Bastan. — *Église* renfermant un *Saint Jacques le Majeur*, qui se dresse à cheval sur le maître-autel. — *Palacio de los Gobernadores*, du XVIe s.; à côté de la galerie qui sert de jeu de paume, porte à arcade par laquelle on descend à la rivière; en avançant à dr., au pied des remparts, belle vue.

La vallée de Bastan (8000 h.), un des territoires les plus riches et les mieux cultivés de la Navarre, a 39 k. du N. au S., du pont de Danchariaenea au port de Velate, et 22 k. de l'E. à l'O. Plusieurs autres vallées des Pyrénées portent le même nom (R. 56).

D'Elizondo à Irun, R. 9.

50 k. *Irurita*.

D'Irurita à Irun, R. 9, A.

La route s'élève au-dessus de

la vallée de la Bidassoa par deux embranchements qui se rejoignent à Almandoz.

A. — 56 k. *Berrueta* (sources minérales).

61 k. Almandoz.

B. — 51 k. *Arreyoz*, rive g. du Bastan. — On traverse *Oronoz*, en vue du palais de *Reparazea*, près duquel s'embranchent la route de Vera et celle d'Irun (R. 8, *B*).

55 k. *Mugaïri.* — La route (beaux travaux d'art) remonte le cours du Marin, qu'elle traverse plusieurs fois (on découvre une belle vue en arrière). — On rejoint la route qui descend de Berrueta.

61 k. *Almandoz.* — Carrières de marbre. — Fontaines ferrugineuses. — Belles forêts de hêtres. — La route décrit des zigzags sur les flancs des montagnes de *Macanaz* et de *Gozara.* — *Venta de Velate.* — **Port de Velate** (828 mèt.), séparant la vallée de Bastan de celle d'Ulzama. Après avoir traversé un étroit défilé, la route franchit le *col de Matacola.* — *Venta de Arraiz*, sur un plateau.

79 k. *Olagüe*, à 491 mèt. (source ferrugineuse).

82 k. *Etulain.* — 85 k. *Burutain.* — 90 k. *Ostiz.* — 94 k. *Sorauren.*

97 k. *Arre* ou *Vinarrea.* — Pont sur l'Ulzama.

98 k. *Villava* (ruines d'un monastère roman ; maisons de la Renaissance).

Bientôt on entre dans la plaine ou *cuenca* de Pampelune,

101 k. **Pampelune***, V. de 22 500 h., capitale de la Navarre (*V. l'Itinéraire de l'Espagne*).

De Pampelune à Saint-Sébastien et à Irun, R. 8 ; — à Saint-Étienne-de-Baïgorry, R. 11 ; — à Saint-Jean-Pied-de-Port, R. 15.

ROUTE 11.

DE BAYONNE A CAMBO

19 k. — Chemin de fer en construction. — Dilig. t. l. j.; 2 fr. et 1 fr. 50. — De Cambo à Bayonne, on peut descendre la Nive dans des barques qui font ce trajet très rapidement ; prix variable, à débattre.

14 k. Ustaritz (R. 10).

A dr., route de Pampelune, par la vallée de Bastan. — On se rapproche de la Nive. — A dr., *Laressore* (séminaire et chapelle). — Pont sur le ruisseau Araga.

19 k. **Cambo***, 1879 h., sur la Nive, qui le divise en deux parties. Le *haut Cambo* (hôtels, maisons meublées) couronne, à 62 mèt. d'alt., une terrasse (belle vue) fort escarpée. A l'extrémité de la plaine, sur la rive dr. de la Nive, à 1 k. du haut Cambo, se trouve le *bas Cambo.* Du côté des montagnes on voit à g. l'Ursouia, à dr. le Mondarrain et la Rhune. Un chemin rapide descend du haut Cambo à la Nive, que l'on traverse sur un pont de bois dans la direction du bas Cambo.

Le nouvel **établissement** est situé à 1200 mèt. du haut Cambo, au bord de la Nive. Au sortir de la ville, est un carrefour d'où partent les routes d'Espelette et de Saint-Jean-Pied-de-Port (V. ci-dessous). Laissant ces deux routes à dr., on descend vers l'établissement par une belle avenue ombragée qui aboutit à un pont suspendu, de l'autre extrémité duquel une route va rejoindre, à 5 k. E., la route directe de Bayonne à Saint-Jean-Pied-de-Port.

Les *eaux* de Cambo étaient très fréquentées au XVIIe s. — Deux *sources* ; S. thermale sulfurée (22° à 23°) employée en bains et douches, et S. froide ferrugineuse (15° à 16°) employée en boisson. Une troisième *source*, celle *de la Tuile*, a été récemment découverte. L'eau de ces sources ne se transporte pas. — Le climat, délicieux et salubre au printemps et à l'automne, est chaud en été. — Deux saisons : avril et mai, septembre et octobre. — Cambo devient en outre une station hivernale assez importante, et de nombreuses constructions nouvelles s'y élèvent de tous les côtés.

Les environs de Cambo ressemblent à un parc anglais et offrent de charmants points de vue. La route qui monte sur les hauteurs de la rive g. de la Nive mène (50 min.) au joli village d'**Itsatsou** (usine pour l'exploitation du kaolin; bonnes cerises). — On traverse de belles châtaigneraies et on pénètre (1 h.) dans un défilé assez triste. On longe la rive g. de la Nive. — 1 h. 10 min. En contre-bas de la route se voit le **Pas de Roland**, ouverture taillée en arceau dans le rocher et qui donnait passage à l'ancien chemin. Le 16 juin 1856, les eaux de la Nive se sont élevées jusqu'à la naissance de l'ogive que forme cette ouverture attribuée au paladin Roland. — Si l'on continue de remonter la vallée, on arrive bientôt (1 h. 20 min.) au charmant vallon de *Laxia* et au (1 h. 25) pont et ham. du même nom. De là (3 h. 30 min. de Cambo) on peut, en remontant la Nive, faire une charmante promenade jusqu'à Bidarray et revenir par la route de Saint-Jean-Pied-de-Port.

Camp de César (20 m. de Cambo, à g. du chemin d'Espelette), vaste enceinte, entourée de travaux en terre.

[Le **Mondarrain** (750 mèt.; 5 h. aller et retour; guide très utile) s'élève au S.-O. de Cambo. La montée, qui commence au delà d'Itsatsou (1 h.), n'est pas pénible. Au sommet (ruines d'une forteresse), vue admirable. On peut redescendre à Itsatsou par le Pas de Roland, ou gagner la route de Pampelune (R. 10, *B*), en suivant le ruisseau qui se jette dans la Nivelle au pont de Dancharíaenea.

L'**Ursouia** (678 mèt.), au S.-E. de Cambo, offre une vue moins étendue.

De Cambo à Saint-Jean-de-Luz. — *A.* PAR SAINT-PÉE (30 k.; route de voitures). — En sortant de Cambo (O.-S.-O.), la route monte sur un plateau (belle vue), descend dans le vallon de l'Araya, puis remonte et laisse (5 k.) à dr. la route de Laressore.— 5 k. Espelette.— 7 k. *Souraïde*. — *Ordotx*. — La route contourne une colline (196 mèt.), passe à *Amespetlou*, et descend vers *Behola*. — 15 k. *Olha*. — On entre dans la vallée de la Nivelle.— A g., route de Sare (*V*. ci-dessous, *B*).

16 k. **Saint-Pée-sur-Nivelle**, 2508 hab. — Ruines d'un château où plus de 500 sorcières furent condamnées en 1600.— On longe la rive dr. de la Nivelle. — *Ibarron*. — La route quitte la vallée de la Nivelle et (21 k.) monte à l'O. sur un plateau, puis redescend.

30 k. Saint-Jean-de-Luz (R. 7).

B. Par Sare (30 k.; route de voitures).— 5 k. Espelette (*V*. ci-dessus, *A*).— 10 k. Ainhoue (R. 10, *B*).— 16 k. Pont sur la Nivelle; à g., route de Pampelune (R. 10). — On suit la vallée de la Nivelle.

21 k. **Sare**.— Source ferrugineuse. — Chasse aux palombes. — Mine d'anthracite d'*Ibantelly* (au S.), peu abondante. — Au pied du *pic Sayberry*, au S., *grotte de Lesia* ou *Trou d'Urion*, large arcade en pleine roche, de 50 mèt. d'ouverture. Au fond, trois ouvertures, et au-dessus deux larges baies éclairant un étage supérieur. On y pénètre jusqu'à près de 300 mèt.

Col à 170 mèt. — 24 k. Ascain (R. 7).

30 k. Saint-Jean-de-Luz (R. 7).

De Cambo à Saint-Étienne-de-Baïgorry (20 k.; route de voitures). — On laisse à dr. le chemin d'Itsatsou (*V*. ci-dessus).

5 k. Pont suspendu sur la Nive.

8 k. *Louhossoa*.

Une route de voit. mène de Louhossoa à (8 k.) Helettè (R. 13), par le *col d'Ospitale* (500 mèt.).

On descend vers la Nive, dont on remonte la rive dr.

16 k. *Bidarray* * (deux *grottes saintes*). — Pont de pierre sur la Nive (en 5 h., à pied, à Saint-Étienne, par un sentier qui monte droit au S.).

18 k. *Gahardou*. — Pont sur la Nive, vis-à-vis d'*Eyharcé*. — A g., route de (12 k.) Saint-Jean-Pied-de-Port (R. 14).

On remonte la rive g. de la Nive de Baïgorry. — Pont.

20 k. **Saint-Étienne-de-Baïgorry** *, ch.-l. de c., 2343 h., sur les deux rives de la Nive à laquelle il donne son nom (Baïgorry sur la rive g., Saint-Étienne sur la rive dr.). — Château d'*Etchaux*.

Une route relie Baïgorry à (10 k.) Saint-Jean-Pied-de-Port (R. 14), en passant par *Ascarat*. — On peut aussi se rendre à cheval dans la vallée de Bastan, à *Arizcun*, par le *port d'Ispégui*.

De Cambo à Pampelune par Saint-Étienne-de-Baïgorry (50 k. de Cambo à Urepel; 3 h. d'Urepel à Burguete; 55 k. de Burguete à Pampelune).— 20 k. Saint-Étienne-de-Baïgorry (*V*. ci-dessus).

On remonte la rive dr. de la Nive et on laisse à l'O. le *pic d'Arro* (860 mèt.).

37 k. *La Fonderie* ou *Banca* (mines de cuivre argentifère), à la base O. du *Mont-Adarca* (1253 mèt.). — 38 k. Pont sur le ruisseau du Hayra. — 39 k. Pont sur la Nive, dont on remonte la rive g. — A l'O., *pic d'Urisès* (900 mèt.); à l'E., *pic* de 698 mèt. — Pont sur la Nive

46 k. **Les Aldudes** *. — Commerce considérable avec l'Espagne.

3 h (1 h. à la montée, 2 h. à la descente; chemin de mulets) des Aldudes à Elizondo (R. 10, *B*), par le *col de Berdaritz* (700 mèt.).

50 k. *Urepel*, dernier v. français. — On monte à g. par des sentiers difficiles à choisir sans guide ou sans une bonne carte. — 1 h. 40. *Col de Burdincurüch* (1025 mèt.); on passe

la frontière. — De la *redoute de Lindux* (1207 mèt.; à 30 min. à g.), belle vue. — A l'E., *pic de Lindux*, qu'il faut escalader pour se rendre directement à Roncevaux (1 h. 40).

Du col de Burdincuruch, on peut descendre (3 h. d'Urepel) à Burguete (R. 14), à 3 k. S.-O. de Roncevaux.]

De Cambo à Biarritz, R. 6.

ROUTE 12.

DE BAYONNE A MAULÉON[1]

PAR HASPARREN.

77 k. — Route de voitures. — Dilig. de Saint-Palais à Mauléon (24 k.). — Tramway à vapeur en projet de Bayonne à Hasparren en passant par Briscous (R. 20).

On sort de Bayonne par la porte de Mousseroles et on suit (S.-E.) les coteaux de la rive dr. de la Nive.

2 k. *Saint-Pierre-d'Irube* (château du *Petit-Lissague*; *source du Dragon*). Au delà commence le pays basque. — A g., route d'Oloron (R. 20). — On s'élève jusqu'à 178 mèt. — A dr., *Villefranque* (mine de sel gemme), puis (20 k.) route de Saint-Jean-Pied-de-Port.

24 k. **Hasparren**, ch.-l. de c., 5822 h., dans une riche vallée entourée de hauteurs de 150 à 210 mèt. — Au-dessus de la porte de l'*église*, est encastrée une **inscription antique** célèbre.— Tous les 15 j. (le mardi), marché aux bestiaux très important. — Fabrication de grosses étoffes appelées *marrègues*; cordonnerie.

28 k. *Bonloc*, sur la Joyeuse. — A dr., chemin qui rejoint à Attissane celui de Saint-Jean-Pied-de-Port (R. 14, *A*).—On remonte pendant 3 k. la vallée de la Joyeuse, puis on gravit plusieurs collines.

35 k. *Saint-Esteben.* — Pont sur l'Arberoue. — A g., *Saint-Martin-d'Arberoue* (au N.-O., curieuse *grotte d'Isturitz*). — Pont sur le Laharane, à (44 k.) *Méharin.* — 48 k. *Luxe.* — On rejoint à (49 k.) *Garris* (ancien *château* des rois de Navarre, devenu la mairie) la route de Bidache à Saint-Palais.

53 k. Saint-Palais (*V.* R. 13).

On franchit la Bidouze. — A g., route de Sauveterre (R. 13).

60 k. *Domezain* (*église* gothique fortifiée). — Ponts sur deux petits affluents du Saison.

61 k. A dr., *Ilhorotz* (beau château).

63 k. *Etcharry.*

64 k. *Aroue.* — *Église* romane (porte sculptée). — Charmante vallée arrosée par le ruisseau Lafaure, affluent du Saison. — Vallée du Saison.

68 k. *Charitte-de-Bas.* — *Église* bizarre (peintures à la voûte). — On remonte la vallée du Saison.

71 k. *Espès.* — *Abense-de-Bas.*

74 k. *Viodos.* — *Église* analogue à celle de Charitte. — Fabrication de sandales.

77 k. Mauléon (R. 13).

1. On peut aller de Bayonne à à Saint-Palais et à Mauléon en chemin de fer, par Puyoô (*V.* R. 21 et 13).

ROUTE 13.

DE PUYOÔ A SAINT-PALAIS A SALIES DE BÉARN ET A MAULÉON

DE PUYOÔ A SAINT-PALAIS.

30 k. — Chemin de fer. — 1 h. 5. — 3 fr. 65 ; 2 fr. 75 ; 2 fr.

19 k. de Puyoô à Autevielle (*V.* ci-dessous). — A g., ligne de Sauveterre et Mauléon (*V.* ci-dessous). — On gravit un plateau boisé. — Tunnel.

24 k. *Arbouet.* — On remonte au S. la charmante vallée de la Bidouze. — A dr. *Camou-Mixe* (ancien *château*) et *Amendeuix.*

30 k. **Saint-Palais** *, ch.-l. de c. et siège du tribunal de l'arrond. de Mauléon, 1983 h., rive g. de la Bidouze. C'est là que s'arrête (1885) la voie ferrée.

De Saint-Palais à Bayonne et à Mauléon, R. 12.

DE PUYOÔ A MAULÉON PAR SALIES DE BÉARN

46 k. — Chemin de fer en 1 h. 30 à 1 h. 48. — 5 fr. 65 ; 4 fr. 20 ; 3 fr. 10.

On laisse à g. la ligne de Bayonne à Toulouse (R. 21) et, franchissant le Gave sur un pont, on se dirige au S. — A l'E. se montre *Bellocq* (ruines d'un **château**; église du XIIe s.; bon vin). — Tunnel.

8 k. **Salies-de-Béarn** *, ch.-l. de c., V. de 6147 hab., bâtie en pente sur la rive g. du Saleys et entouré de coteaux couverts de vignes et de bouquets d'arbres. — Source d'eau froide salée (le *Raillat* ou *Bayaa*), débitant 700 hectolitres d'eau par 24 h. (+ 15°) et source d'eau bicarbonatée chlorurée (le *Carsalade*), débitant 800 hectolitres d'eau par 24 h. (+ 14°). La source salée produit en outre 2500 tonnes env. de sel servant à la salaison des jambons de Bayonne. — *Établissement de bains* (bains, douches, boissons) situé au centre de la ville et qui doit être remplacé par un grand établissement balnéaire. — L'eau du Raillat, essentiellement reconstituante et qui n'est régulièrement exploitée, au point de vue médical, que depuis 1857, est beaucoup plus riche en chlorure de sodium que les eaux les plus célèbres de l'Allemagne, et sa réputation méritée s'accroît de jour en jour. — La saison dure du 1er mai au 1er novembre. — Aux environs, en montant sur les coteaux du N. ou du S. et qui portent souvent d'anciens camps romains ou *casteras*, on a d'admirables vues sur la chaîne des Pyrénées.

Au delà de Salies, la voie ferrée tourne à l'O., traverse le Saleys et descend vers le Gave d'Oloron qu'elle franchit.

13 k. *Castagnède-de-Béarn.*

15 k. *Escos* (*église* fortifiée). — Sur la rive dr. du Gave, *Castagnède* (belle vue) ; plus au S. *Oraas* (mines de sel). — On laisse à l'E. *Abitain.*

20 k. *Autevielle* (au S., sources salines).

D'Autevielle à Saint-Palais, *V.* ci-dessus.

A dr., embranch. de Saint-Palais. — On franchit le Saison. — A g., le Gave d'Oloron.

24 k. **Sauveterre**, ch.-l. de c., 1602 h., rive dr. du Gave d'Oloron, à 2 k. au-dessus du confluent de ce Gave et du Saison. — Débris du *château de Montréal* (XIIe s.) et de remparts. — Au milieu du Gave, *tour* et autres restes d'un pont détruit. — *Église,* du XIIIe s., romane et ogivale (bas-reliefs du portail); son style la rapproche des petites églises des environs de Paris. — De la place, à côté de l'église et des ruines du château, vue splendide sur la vallée.

A 1 k. de la station est *Guinarthe,* sur la rive dr. du Saison, en face d'*Osserain*, situé sur la rive g. (ancien château restauré).

On passe de la vallée du Gave d'Oloron dans celle du Saison. — A g., *Saint-Gladie;* à dr., entre la voie ferrée et le Saison, *Tabaille* et *Gestas.*

31 k. *Rivehaute.* — A dr., sur la rive g. du Saison, *Nabas.* — On traverse *Charre.* — Pont (40 mèt.) sur le Saison, dont on remonte la rive g. — A dr., *Lichos* et Charritte-de-Bas (R. 12).

39 k. *Undurein.*

Viodos, halte, à dr.

46 k. **Mauléon*** (la gare est à *Licharre,* faubourg réuni à Mauléon par un *pont* pittoresque sur le Saison), ch.-l. d'arr., 2251 h., ancienne capitale de la Soule. — *Château* qui menace ruine. — *Maisons* de la Renaissance. — *Église,* à plus de 300 mèt. de la ville (clocher à triple pignon). — *Église* nouvelle. — *Pont* pittoresque (jolie vue). — Couvent de Dominicains. — Jeu de paume (deux *ormes* gigantesques).

De Mauléon à Bayonne par Saint-Palais et Hasparren, R. 12; — à Saint-Jean-Pied-de-Port, à Tardets et à Oloron, R. 19.

ROUTE 14.

DE BAYONNE A SAINT-JEAN-PIED-DE-PORT

A. Par Helette.

60 kil. — Route de voitures. — Service de diligences.

20 k. de Bayonne à la bifurcation de la route de Saint-Palais (R. 12).

La route passe à la base N. de l'Ursouia (à dr.), s'élève jusqu'à 247 mèt., près de *Mendionde*, traverse le vallon de Garro et rejoint à *Attissane* la route de Bonloc (R. 12).

36 k. **Helette,** où aboutit la route de Cambo (R. 11). — A g., route conduisant à Saint-Palais (R. 12).

42 k. *Irissary.* — Maison *Ospitalia*, ancienne propriété des chevaliers de Malte.

46 k. *Suhescun*. — Pont sur l'Uhalde. — A dr., route directe (8 k.) de Suhescun à Saint-Jean-Pied-de-Port. — On franchit un petit col.

52 k. *Lacarre* (*tombe* du maréchal Harispe).

56 k. *Saint-Jean-le-Vieux*, rive dr. du Lauribar. — *Château* moderne. — *Église* à porche roman.

Pont sur le Lauribar.

60 k. **St-Jean-Pied-de-Port** *, en basque *Donajouna*, ch.-l. de c., 1545 h., place de guerre de 4e classe, au pied de collines, près du confluent des trois Nives d'Arnéguy, de Béhérobie, de Lauribar, et du ruisseau d'Arçuby. La Nive de Béhérobie le divise en ville basse et ville haute, réunies par 3 ponts. Saint-Jean doit son nom à sa position au débouché du port de Roncevaux et de plusieurs autres ports.

Citadelle bâtie par Vauban. — *Église* à tour crénelée, dont le porche est en même temps la porte de la ville.

Rive g. de la Nive de Béhérobie, v. d'*Uhart-Cize*, simple faubourg de la ville. — *Église* avec un beau chœur du XIIIe s.

Ascension (1 h. 1/2) du *pic d'Arradoy* (661 mèt.).

De Saint-Jean-Pied-de-Port à Pampelune, R. 15; — à Orbaïceta, R. 16; — à Ochagavia, R. 17; — à Ahusquy et à Oloron, R. 18.

—

B. **Par Cambo.**

69 k. — Route de voitures.

19 k. de Bayonne à Cambo (R. 11).

57 k. Eyharce (R. 11). — Laissant à dr. le chemin de Saint-Étienne-de-Baïgorry (R. 11) et franchissant la Nive de Saint-Étienne, on remonte la rive g. de la Nive d'Arnéguy.

67 k. Ascarat (*V*. R. 11). — Pont sur la Nive.

69 k. Saint-Jean-Pied-de-Port (*V*. ci-dessus, *A*).

ROUTE 15.

DE SAINT-JEAN-PIED-DE-PORT A PAMPELUNE

80 k. env. — Route de voit. (30 fr. par jour jusqu'à Pampelune). — A Saint-Jean-Pied-de-Port, on trouve des chevaux et des voitures pour Valcarlos (voit. 10 fr.) et pour Roncevaux (un cheval, 5 fr. sans guide, 15 fr. avec un guide). — La course de Roncevaux est très recommandée.

On remonte la vallée du ruisseau d'Arnéguy ou de la Petite Nive. Jusqu'à 6 k. 1/2 de Saint-Jean, les deux rives appartiennent à la France; mais à partir du ham. de *Bentalerria*, la rive g. de la Petite Nive devient espagnole.

8 k. *Arnéguy* *. — On passe sur la rive espagnole de la Nive.

12 k. *Luzaïde* *, plus connu sous le nom de **Valcarlos**, qui

est en même temps celui de la partie espagnole de la vallée. — Établissement hydrothérapique, nombreux hôtels. — Excellent centre d'excursions.

On franchit le rio Chapitel et le rio Gainecoleta.

Boaneco Horéca. — A g., un ravin marque la limite de la France et de l'Espagne.

La Nive ou rio de Valcarlos franchit plusieurs défilés séparés par des bassins; peu à peu la route s'élève en s'écartant de la rivière, à travers la lisière de la grande forêt de hêtres de Valcarlos.

1 h. 30 (de Valcarlos). 3e pont. — Le pays devient de plus en plus pittoresque.

1 h. 45. A l'E. se montre une vallée qui conduirait au port de Bentartea. —La route monte par de grands lacets à travers de magnifiques hêtraies.

2 h. 30. Ham. de *Grosgarai.*

3 h. 15. *Chapelle* et *port d'Ibañeta* (1057 mèt.) ou *de Roncevaux;* belle vue au S.

En descendant du port par une pente très facile, on voit à ses pieds l'abbaye et le village de Roncevaux.

3 h. 40. **Monastère de Roncevaux,** à 981 mèt., vaste bâtiment massif dominé par deux tours carrées. On pénètre dans la rue intérieure, qui est la continuation de la route, par des voûtes à double porte. — *Église* gothique (*madone* vénérée; tombeau du roi Sanche le Fort; *Mater Dolorosa,* de Valdès de Leal, sculpture polychrome). *Cloître* ogival relié au couvent par une belle porte du XIIIe s. Dans le trésor, très beau reliquaire en damier émaillé du XIIIe s. A la sacristie, tableau à volets (la Passion) du XVe s. — Au S. du couvent, douane espagnole et auberge.

Les environs de Roncevaux offrent de belles forêts; nous signalerons en outre la redoute de Lindux (R. 11) et le **pic d'Altabiscar** (1494 mèt.). Le ruisseau qui baigne le pied des murailles de Roncevaux descend de cette montagne par un vallon boisé. C'est là que l'arrière-garde de l'armée de Charlemagne subit une sanglante défaite et que périt le paladin Roland.

[De Roncevaux à Orbaïceta (R. 16), 4 h. de marche.]

4 h. 10. *Burguete,* sur un mamelon; à dr., un chemin muletier conduit aux Aldudes (R. 11). Les piétons et les cavaliers peuvent gagner Pampelune (45 k.) par l'ancien chemin de mulets, moins long et plus pittoresque que la route carrossable. Ce chemin franchit un petit col à *Espinal* et redescend dans la vallée de l'Erro pour remonter aussitôt à l'O. par *Viscarret* et *Linzoain,* et atteindre la vallée du Zilbeti, puis celle de l'Arga. — La route suit les bords de l'Urrobi (vallée d'*Arce*), qu'elle franchit, puis elle longe la rive dr. de l'Iraty jusqu'à

50 k. *Aoiz.* — On remonte la vallée de l'Erro, que l'on tra-

verse à *Urroz*, et on passe dans la vallée de l'Urbi, rivière que l'on franchit quatre fois.

78 k. Villava (R. 10).

80 k. Pampelune (R. 10).

ROUTE 16.

DE SAINT-JEAN-PIED-DE-PORT A ORBAÏCETA

A. Par Béhérobie.

5 h. 30. — Chemin très fréquenté par les muletiers espagnols.

On remonte, sur le versant O., la vallée de la Nive de Béhérobie.

3 k. *Saint-Michel*. — Pont. — On longe la rive dr. du torrent.

5 k. Confluent d'un torrent dont la rive dr. est bordée d'un chemin qui, par le pont de Bentartea, conduit à Roncevaux.

8 k. *Esterençuby** (source salée), au confluent de la Nive de Béhérobie et de l'Esteren-Guibel.

2 h. 30 (de Saint-Jean-Pied-de-Port). *Béhérobie*, au confluent de l'Orion et de la Nive. — A g., sentier du col d'Errocaté (R. 17, *B*).

3 h. 30. *Col* ou *port d'Orgambidea* (980 mèt.). — Pâturages et bois, dominés par le *mont Yeropil* (1330 mèt.).

4 h. 30. **Fonderie de canons** d'Orbaïceta, sur les bords du Legarza. — Pont sur le Legarza. — A g., chemin de la forêt d'Iraty (R. 17, *A*).

5 h. 30. **Orbaïceta*** (755-777 mèt.), gros bourg sur les deux rives de l'Iraty.

[On peut en 7 h. 30 se rendre d'Orbaïceta à Aoiz (R. 14), en suivant la vallée de l'Iraty, ou en 5 h. à Ochagavia par le b. de *Villanueva* et le *paso de las Bordas*.]

B. Par Roncevaux.

10 h. de marche. — Route de voit. jusqu'à Burguete ; au delà, chemin muletier. — Guide nécessaire.

5 h. de Saint-Jean-Pied-de-Port à Roncevaux (R. 15). — On suit la route de Pampelune.

6 h. 25. Poste de douaniers — On quitte la route en amont de Burguete (R. 15). — Chemin muletier se dirigeant à l'E. au milieu de taillis. — On franchit l'Urrobi, et au delà d'une grande lande on atteint la belle **forêt de Roncevaux**, dont on borde la lisière E.

7 h. 10. On sort de la forêt et on s'élève à l'E. — Champs.

7 h. 20. *Collada de Navala* (1040 mèt.), ouverte dans le massif qui sépare les vallées de Roncevaux et d'Ahescoa. — Au S., *Punta d'Atché*. — La route descend sur la rive g. du rio Navala, à travers une belle forêt de hêtres, exploitée en charbonnières pour la fonderie d'Orbaïceta. — 8 h. 50. Taillis, prairies. — On franchit le Legarza en amont du confluent du rio Navala.

9 h. Fonderie de canons (*V.* ci-dessus, *A*).

10 h. Orbaïceta (*V.* ci-dessus, *A*).

ROUTE 17.

DE SAINT-JEAN-PIED-DE-PORT A OCHAGAVIA

A. Par le col de Burdincurutcheta.

10 h. — Route de voitures, terminée jusqu'au delà de Mendive.

2 h. 20 ou 12 k. de Saint-Jean à la forge de Mendive (R. 18). On continue de suivre la route de voitures sur la rive dr. du Lauribar, que l'on traverse (3 h.). — 4 h. *Chapelle de Saint-Sauveur*, pèlerinage.

4 h. 45. *Col de Burdincurutcheta*, entre des cimes de 1200 à 1300 mèt. — Là commence la descente sur le versant S. des Pyrénées, qui, dans cette partie de la chaîne, appartient encore à la France. — 5 h. 10. Torrent d'Iraty; belle **forêt d'Iraty**, composée surtout de hêtres. C'est la seule forêt de la France où l'on rencontre des ifs en massif. Sapins hauts de 30 à 40 mèt.

5 h. 20. *Château d'Iraty*, près de la forêt.

En suivant tantôt l'une, tantôt l'autre rive du torrent d'Iraty, on atteint (6 h. 20) la frontière de la France et de l'Espagne, indiquée par un petit ruisseau. On suit la rive espagnole du torrent.

7 h. *Pont d'Aboreta* et maisons de la douane, au confluent de l'Iraty et de l'Urchuria. — Le chemin se bifurque. Celui de la vallée d'Iraty mène en 3 h. à Orbaïceta (R. 16); on remonte le ravin d'Urchuria, puis le sentier gravit en lacets, au S., les escarpements boisés des *monts de Abodi*.

8 h. *Puerto de Tapla*. — On descend sur des gazons glissants au *paso de las Bordas*, grande terrasse de pâturages dominant la vallée du Saloya.

8 h. 30. Laissant à l'O. un chemin conduisant à Orbaïceta (R. 16, *A*), on descend bientôt en lacets vers l'E., et, après avoir franchi successivement quatre ponts sur le rio Saloya, on atteint

10 h. **Ochagavia***, 1200 h., au pied du mont Musguilde, au confluent des rios Anduna (E.) et Saloya (O.), qui forment le rio Salazar. — *Église* (XIIIe s.?); deux *châteaux* du moyen âge; tour et *palacio Esperun*. — Sur le *Musguilde*, ermitage très vénéré (auberges). — Sources sulfureuses.

[D'Ochagavia, on peut se rendre par la vallée du rio Salazar à Navascués (5 h. 30) et à Roncal (10 h. 45).]

B. Par le col d'Erroçaté.

9 h. 15. — Guide nécessaire. — Chemin muletier peu fréquenté.

2 h. 30. de Saint-Jean à Béhérobie (R. 16, *A*). — On laisse à l'O.-S.-O. le chemin qui monte au port d'Orgambidea, et on continue à remonter la rive dr. de la Nive.

3 h. 30. *Col d'Erroçaté* (1075 mèt.), dominé au S. par un *pic* (1140 mèt.). — Descente rapide vers le rio Egurgoa, qui sert de limite entre la France et l'Espagne; puis on le suit jusqu'à son confluent avec l'Iraty, que l'on remonte ensuite.

6 h. 15. Pont d'Aboreta (*V.* ci-dessus, *A*).

9 h. 15. Ochagavia (*V.* ci-dessus, *A*).

ROUTE 18.

DE SAINT-JEAN-PIED-DE-PORT A OLORON

DE SAINT-JEAN-PIED-DE-PORT A MAULÉON

A. Par Larceveau.

58 k. — Route de voitures.

8 k. de Saint-Jean à Lacarre (R. 14, *A*). — On laisse à g. la route de Bayonne (R. 14, *A*). — 9 k. *Mongelos*, ham. de la com. d'*Ainhice* (maisons anciennes, dites *Fleur-de-Lys* et *la Tour*). — La route monte, franchit un petit col et passe du bassin des Nives dans le bassin de la Bidouze.

15 k. *Larceveau*. — A g., route de Saint-Palais (R. 12).

On prend à dr. une route qui se dirige au S.-E., et, au delà de *Gibits*, on remonte la rive g. de la Bidouze. — *Bunus*. — Pont sur la Bidouze, près de son confluent avec la Hosta.

21 k. *Saint-Just*. — On découvre au S.-E. les montagnes au milieu desquelles la source de la Bidouze, à 7 k., jaillit d'une grotte formée par les eaux qui se sont perdues dans les gouffres du plateau calcaire d'Elçarre (*V.* ci-dessous, *B*).

On suit un vallon latéral à la Bidouze. — Plateau couvert de bruyères (belle vue); à dr., *chapelle de Saint-Antonin* (786 mèt.), lieu de pèlerinage.

On descend à (31 k.) *Musculdy*, à l'extrémité supérieure de la vallée de l'Abaraquia, affluent du Saison.

33 k. *Ordiarp* (source sulfureuse). — A dr., on côtoie la rive g. du Saison, à 1 k. en deçà de *Garindein*.

38 k. Mauléon (R. 13).

B. Par Ahusquy.

10 h. 30. — Route de voitures jusqu'à Mendive. — Au delà, chemin muletier. — Il est utile de prendre un guide parlant le basque.

4 k. Saint-Jean-le-Vieux (R. 14, *A*). — On remonte le Lauribar.

7 k. *Ahaxe* (restes d'un château). — 9 k. Pont sur un affluent du Lauribar.

10 k. *Lecumberry*.

On se dirige, à g., vers une grande *usine* à fer qui tire son bois de la forêt d'Iraty (R. 17).

12 k. A g., *Mendive* (chapelle *Saint-Sauveur*, pèlerinage; *dolmen*). — Le chemin muletier franchit le torrent et s'élève rapidement sur le versant de la rive g. du Lauribar. — Belle

vue sur le massif du pic des Escaliers au S., sur la plaine à l'O.

3 h. 10 de Saint-Jean-Pied-de-Port. *Col d'Auneslepho.* — Le chemin traverse des pentes boisées, passe sur la rive dr. du torrent et monte raide.

5 h. *Col d'Aphanicé*, entre le *pic d'Aphanicé* (1268 mèt.; très beau panorama) et un mont de 1265 mèt. — Le col, étroit défilé rocheux, conduit (5 h. 15) à un 2e *col* (1055 mèt.; belle vue), puis traverse des pâturages mamelonnés (grands entonnoirs). — 5 h. 45. Au N., profonde coupure de la partie supérieure du val de la Bidouze.

6 h. 15. *Col d'Ibarburia* (966 mèt.).

6 h. 20. **Ahusquy** * ou *Ahunsquy*, ham. composé de 3 auberges et de cabanes (902-1000 mèt.), sur une terrasse en pente. — Très belle vue. — A 100 mèt. plus haut, petite *source* qui ne semble pas différer de l'eau commune, mais qui passe dans le pays pour une eau minérale très salutaire.

On peut soit monter (45 m.) au sommet de la montagne (1215 mèt.; vue très étendue), soit visiter les gouffres dans lesquels se perdent les eaux du plateau. — On peut aussi (4 h. aller et retour) faire l'ascension du *pic des Escaliers* (vue magnifique).

[**D'Ahusquy à Tardets** — 4 h. 50; chemin muletier.

50 m. Après avoir traversé le plateau d'Elçarre, on laisse à g. le chemin de Mauléon (*V.* ci-dessous), et, montant un peu vers un bouquet de hêtres énormes, on franchit le *col d'Urgay* ou *d'Elçarre* (820 mèt. env.).

1 h. 40. *Fontaine d'Engaych.* — La descente est d'abord fort douce (belle vue du pic d'Orrhy et de la chaîne frontière). — Fermes isolées (*cayolars*). — 2 h. 55. Le chemin traverse des pentes rocheuses dénudées et descend rapidement.

3 h. 40. *Alçay*, rive g. de l'Aphoura. — A 2 k. (S.-O.), dans un vallon latéral, est **Lacarie** *, qui possède un *établissement d'eaux sulfureuses* (6 baignoires). — 4 h. *Sunharette*, ham. — 4 h. 15. Pont sur l'Aphoura. — On laisse au N. la route de voitures qui passe à *Alos*, et, franchissant un croupe boisée, on va, au ham. d'*Abence*, traverser le Saison.

4 h. 50. Tardets (*V.* ci-dessous).]

D'Ahusquy, on descend (E.), par une pente douce, dans le large ravin d'*Elçarre*. — 7 h. 10. A dr., chemin de Tardets (*V.* ci-dessus). — Tournant au N., on descend à travers un bois de hêtres, en suivant la rive dr. du torrent, que l'on ne franchit qu'en arrivant à

8 h. 45. *Aussurucq.* — Vallée du Saison. — A dr. *Menditte.* — On traverse *Mendy* et *Idaux.* — On rejoint, à 2 k. S. de Garindein (*V.* ci-dessus, *A*), la route de Larceveau à

10 h. 30. Mauléon (R. 13).

DE MAULÉON A TARDETS

15 k. — Route de voitures desservie par un courrier.

On remonte la rive dr. du Saison, dont la charmante vallée est parsemée de nombreux villages.

2 k. 5. *Libarrenx*, et (4 k.) *Gotein*.

8 k. *Saint-Étienne*, et (8 k. 5) *Sauguis*.

11 k. *Troisvilles* (château et beau parc d'*Eliçabia*).

12 k. 5. *Sorholus*, faubourg de

13 k. **Tardets*** (224 mèt.), ch.-l. de c. de 989 h., composé d'une longue rue que suit la route. — Terrasse ombragée bordant le Saison.— Tardets est un des meilleurs centres d'excursions du pays basque (guide recommandé : Antonio).

[**De Tardets à la Madeleine** (1 h. 30 à la montée, 1 h. à la descente ; course facile, très recommandée). — On sort de Tardets au N. et on monte au N.-N.-E., à travers de belles châtaigneraies. — A dr. et à g., plusieurs *cayolars* (fermes isolées). — On s'élève ensuite rapidement au milieu de fougeraies.

1 h. 30. **La Madeleine** (795 mèt.; vue magnifique).— *Chapelle de la Madeleine*, pèlerinage renommé; sur un autel de marbre blanc, encastré dans le mur, est une inscription latine. — A l'E. et au-dessous du sommet est la *fontaine de la Madeleine*.

De Tardets à Larrau et à Ochagavia.— 7 h. 30; route de voitures jusqu'à Larrau; au delà, chemin muletier; guide nécessaire.

A g., route d'Oloron (*V.* ci-dessous). — On franchit le Gaslon et on se rapproche du Saison.

4 k. *Laguinge*. — Petit défilé.

On traverse la vallée des *Haux*.

6 k. *Licq*. — Dernier poste de la douane. — 8 k. A g., route de Sainte-Engrace (R. 19. *B*). — Pont sur le Saison, dont on remonte la rive g. — En face, pic de *Bimbalette*.

13 k. *Laugibar* (scierie), d'où l'on peut aller visiter (1 h.; chemin forestier) les **crevasses d'Holçarté,** fissures étroites, profondes de 150 à 200 mèt., à parois verticales, où coulent les Gaves d'Olhadu et de l'Arpune, dominés par la *forêt d'Holçarté* (beaux sapins).

On franchit l'Arpune.

5 h, (16 k.). **Larrau***, sur une haute terrasse au S. de l'Arpune, ou Uhaïtxa ; au N., montagne isolée (1035 mèt.; ascension en 2 h.).

On s'élève par un chemin étroit et difficile, qui devient très raide, près de (3 h. 45) la chapelle de *Saint-Joseph*. — 5 h. Passage de *Marinachtlona* ou *port de Larrau* (1550 mèt.; frontière), couvert de neige pendant une grande partie de l'année. Au N.-O., **Mont-Orrhy** (2016 mèt.; du col on peut y monter en 1 h. 30; magnifique panorama; lorsque le temps est clair, la vue s'étend à l'O. jusqu'à l'Atlantique).

Du port, on se dirige à l'O.-S.-O., en se maintenant d'abord à une assez grande élévation, sur la croupe qui relie le pic d'Orrhy aux monts d'Abodi; puis on descend vers le rio Anduna, à peu de distance du village d'*Izalzu*. — 7 h. On suit la rive dr. du torrent.

7 h. 30. Ochagavia (R. 17).]

De Tardets à Sainte-Engrace, à Bédous, à Roncal, à Jaca, R. 18.

DE TARDETS A OLORON

20 k. — Route de voit., desservie par un courrier.

Presque au sortir de Tardets, à dr., route de Larrau (*V.* ci-dessus : *De Tardets à Ochagavia*). — On monte dans un vallon arrosé par le Gaslon, affluent du Saison.

5 k. *Montory*, v. béarnais, à la base N. d'une montagne de 767 mèt.

On quitte la vallée du Gaslon, par le *col de Lapixe*, et on passe dans la vallée du Barlanès, qui descend du *pic d'Ayonce* (1390 mèt.).

11 k. *Lanne*. — Au S., le pic d'Anie (R. 26).

On longe la rive dr. du Barlanès. — Pont sur le Vert-d'Arette, qui vient de la vallée de Barétous (R. 25).

14 k. Aramits (R. 25).

29 k. Oloron (R. 20).

ROUTE 19.

DE TARDETS A JACA

3 journées : 1° de Tardets à Isaba; 2° d'Isaba à Berdun ou Verdun; 3° de Berdun à Jaca.

DE TARDETS A ISABA

A. Par le port d'Urdaïté.

10 h. 45. — Route de voit. jusqu'au pont de la route de Larrau; de là, route de chars et chemin muletier. — Guide nécessaire (Antonio, à Tardets, recommandé).

8 k. de Tardets au pont de la route de Larrau (R. 18).

On suit la rive dr. du Saison (chemin de chars). — Au confluent de l'Uhaytça ou Gave de Sainte-Engrace, on s'engage dans le défilé que parcourt ce dernier torrent.

3 h. 30. Ancienne caserne des douanes (auberge).

3 h. 35. A g., chemin de Ste-Engrace (*V.* ci-dessous, *B*). — Franchissant l'Uhaytça sur le pittoresque *pont d'Enfer*, on suit d'abord la rive g. du Gave, puis (3 h. 40 m.), on prend un chemin muletier qui s'élève rapidement au S., sur le versant O. du val d'Urdaïté, au fond duquel le Gave se précipite entre les murailles verticales de la **Cacueta**, profonde cassure aussi merveilleuse que les crevasses d'Holçarté (R. 18).

5 h. 30. *Collade de Bichinet* (1140 mèt.; vue très belle).—Le chemin descend en lacets vers le Gave, le franchit et traverse la *forêt de Serday* (hêtres et sapins magnifiques).

6 h. 10. Source ombragée.—Le chemin, bien entretenu, monte en rapides lacets.

7 h. 10. **Port d'Urdaïté** (1422 mèt.), dominé à l'O. par la *Peña de Arracagoïti* (1969 mèt.). — On traverse un plateau, puis de magnifiques hêtraies, un ravin et des pentes gazonnées.

8 h. *Venta de Arracoz* (1015 mèt.); près de la venta, chapelle de *Nuestra Señora de Arracoz* (1001 mèt.); nombreuses bordes ou granges d'été; belle vue sur le *Larra* (E.-N.-E.), vaste plateau de pâturages marécageux.

8 h. 30. Le chemin descend sur la rive dr. de l'Ezca. La vallée de Roncal se compose d'une suite de bassins, réunis

entre eux par d'étroits défilés. — 9 h. 15. *Pont d'Encibieta;* plus loin, à l'E., vallon de Macé conduisant par la belle *forêt de Macé* au port de Linzola et à la vallée aragonaise d'Anso.

10 h. *Pont de Semondoa;* au delà, trois autres ponts.

10 h. 45. **Isaba** * (815 mèt.), sur les pentes du piton de *San Julian*, entre le confluent de l'Ezca avec le rio Ustarroz (rive dr.) et l'arroyo Belabarre (rive g.).— *Église San Ciprian;* haute tour. — Une excellente *posada* permet de faire d'Isaba un excellent centre d'excursions dans les vallons secondaires et dans les vallées de Roncal, d'Anso et de Salazar.

[4 h. d'Isaba à Anso par la vallée du Belabarre et le *puerto d'Anso*. — 1 h. à la source thermale de *Minchaté* (sulfureuse), dans la vallée d'Ustarroz. — 2 h. à *Ustarroz*. — 9 h. aux Bains de Tiermas (*V* ci-dessous).]

B. Par Sainte-Engrace et le col d'Eraycé.

10 h. 45. — Route de voit., ouverte sur 8 k.— Au delà, route de chars jusqu'à Sainte-Engrace, d'où chemin muletier peu fréquenté. — Guide nécessaire.

3 h. 30. Ancienne caserne des douanes (*V.* ci-dessus, *A*).

3 h. 35. Pont d'Enfer ; à dr., chemin du port d'Urdaïté (*V.* ci-dessus, *A*). — Le chemin se maintient à une assez grande élévation sur la rive dr. de l'Uhaytça.

4 h. 30. **Sainte-Engrace** *. — *Église* du XIe s. (chapiteaux sculptés; beau retable décoré de peintures espagnoles ; légende de sainte Engrace).

[**De Sainte-Engrace à Bédous.** — 6 h.; chemin muletier; guide nécessaire.— On remonte la vallée à l'E. — 1 h. Confluent de deux ruisseaux qui forment l'Uhaytça; on monte dans le vallon d'*Achavar* (hêtres et sapins).

2 h. *Port de Sescous* ou *de Suscous* (belle vue). — On descend (5 m.) par un petit ravin pierreux; à g., vallée du Vert ; laissant cette vallée au N., on gravit obliquement, au S.-E., des pentes boisées (forêt de hêtres). — 2 h. 35. On sort des bois. et, au delà de pâturages, on arrive (2 h. 50) au *pas de Guliers*. — A dr. du col, s'ouvre une gorge rocheuse conduisant aux *cabanes d'Arlas* et à (1 h. 50) la **Pierre Saint-Martin**, où, le 13 juillet de chaque année, se réunissent les montagnards des vallées de Barétous et de Roncal. — Au delà du Pas de Guliers, petit plateau de pâturages, puis descente rapide. — 3 h. 5. Prairie de *Coucïloge*. — On rentre dans la forêt, en suivant le fond d'un ravin très pittoresque. — 3 h. 45. On arrive sur le flanc d'un vaste cirque où se trouve la belle **forêt d'Isseaux** ; à g., chemin d'exploitation; on prend alors une route de chars qui franchit le ravin d'*Aydi* et monte au (4 h. 30) *port de Bonézou* ou de *Serrelongué*. — Lacets dans la vallée du Malugar.

5 h. 30. Athas (R. 26).

6 h. Bédous (R. 26).]

On monte par une étroite gorge, au S. de Sainte-Engrace.

7 h. *Col d'Eraycé* ou d'*Erince* (1608 mèt.); à 2 k. N.-E. de ce col est la Pierre Saint-Martin (*V.* ci-dessus).

Du col, on descend à l'O.-S.-O., ayant en vue les pâturages de

Larra, dominés au S.-E. par la *Peña de Linza*.

8 h. Venta de Arracoz, où l'on rejoint la route du port d'Urdaïté (*V.* ci-dessus, *A*).

10 h. 45. Isaba (*V.* ci-dessus, *A*).

D'ISABA A BERDUN

15 h. — Chemin de mulets. — On pourrait coucher aux Bains de Tiermas (9 h.).

On sort d'Isaba au S. — Le chemin traverse le rio Ezca, en suit la rive dr. et pénètre dans (15 m.) la **Foz d'Urzainqui**, l'un des plus beaux défilés des Pyrénées espagnoles, ouvert entre les murailles de la *Peña Burtaingui* et de l'*Izcilucca*.

1 h. 45. *Urzainqui*, v. sur les deux rives de l'Ezca. — A l'E. s'ouvre le vallon du rio Urralegui. — On sort du défilé.

2 h. 15. **Roncal**. — *Église* (tour élevée). — Ce bourg a donné son nom à toute la partie basque de la vallée supérieure de l'Ezca. — La **vallée de Roncal**, composée de sept *villas* : Burgui, Garde, Isaba, Roncal, Urzainqui, Ustarroz et Vidangoz, formait une « université ». — Grand commerce de bois, de laines et de fromages.

Une route carrossable, en construction de Urzainqui à Roncal, est presque terminée de Roncal à Burgui. — La route passe sur la rive g. de l'Ezca. — 2 h. 50. Défilé.

3 h. 20. Pont. — On revient sur la rive dr., dans la **Foz de Burgui**, qui rappelle la célèbre clus de Saint-Georges, dans la vallée de l'Aude.

3 h. 25. A g., débouché du val de *Gardalar* ou de *Garde*; un peu plus loin, à dr., débouché du ravin de l'arroyo Burriès, qui conduirait à *Vidangoz*.

4 h. 45. *Burgui*, v. adossé à une falaise de roches grises, dernier contrefort de la *sierra de Ollati* ou *de Olate*. — *Église San Pedro*, grande et très ornée.

La route passe sur la rive g. — A l'O., chemin muletier de Navascuès et d'Ochagavia. — L'Ezca tourne à l'O., puis au S. — *Foz de Salvatierra*.

5 h. 15. Limite de la vallée de Roncal et de la Navarre; on entre en Aragon.

6 h. 30. *Salvatierra*, petite ville entourée de crêtes rocheuses d'aspect bizarre. — Le chemin continue sur la rive g. du rio Ezca et traverse (7 h.) la *Foz de Sigües*.

7 h. 45. *Sigües*.

[En traversant l'Ezca, on pourrait se rendre, par *Ezco*, aux (1 h. 15) *Bains de Tiermas* (52 chambres; eaux thermales sulfureuses).]

On franchit l'Ezca en amont de son confluent avec le rio Aragon.

8 h. 45. Pont sur l'Aragon. — On remonte la vallée de ce rio.

10 h. *Mianos*. — On s'écarte du torrent (belle vue).

12 h. *Martès*. — On se dirige au N.-E. et on rejoint (12 h. 25) le rio Aragon; pont (100 mèt. de long.).

13 h. **Berdun** * ou *Verdun*,

petite ville fortifiée, située sur un monticule au-dessus du confluent du rio Veral avec l'Aragon (belle vue).

De Berdun à Anso et à Lescun, V. l'*Itinéraire général : Pyrénées.*

DE BERDUN A JACA

7 h. 30. — Chemin muletier.

On sort de Berdun à l'E. — Le chemin, qui suit à une assez grande distance la rive dr. du rio Aragon, traverse (45 m.) un bois de chênes verts et franchit 3 ravins. — 1 h. 45. *Santa Engracia.*— On passe le rio Aragon-Subordan, qui descend du val d'Echo.

3 h. 30. *Javierregay.* — 4 h. 10. On laisse au N. *Somanes ;* sur la rive g. de l'Aragon se dressent les pics de la *sierra de San Juan* (1524 à 1545 mèt.).

5 h. On franchit le rio Estarron, descendu du val de Aisa, — puis (6 h.) le rio de Luvierne.

6 h. 30. *Abay,* v. au bord de l'Aragon, dont on suit la rive dr. jusqu'au pont de Jaca. — Au N., route de Canfranc (R. 26).

7 h. 30. Jaca (R. 26).

ROUTE 20.

DE BAYONNE A OLORON

95 k. — Route de voitures. — On peut aller aussi de Bayonne à Oloron par le chemin de fer (R. 20 et 24).

2 k. Saint-Pierre-d'Irube. — A dr., route de Saint-Jean-Pied-de-Port (R. 12 et 13).

8 k. Ag., *Mouguerre.* — Belle vue. — La route s'élève jusqu'à 82 mèt. — Pont sur l'Ourhandia. — A g., dans la vallée de l'Ardanabia, *salines de Briscous,* — Pont sur l'Ardanabia.

14 k. *Briscous.*— Ponts sur le Médialcou, puis sur la Joyeuse (le Laran ou Aran). — A dr., route de (4 k.) *la Bastide-Clairence,* ch.-l. de c., 1472 h. (*église :* beau portail roman). — 24 k. *Burgain.*

26 k. *Bardos.* — *Église* (portail du XIIIe s.). — Châteaux de *Salha* et de *Gramont.*

32 k. **Bidache**, ch.-l. de c. industriel, 2644 h., rives g. du Lihurry et de la Bidouze. — Belles *ruines* du château des Gramont. — *Église* du XVIe s. (tombeaux des ducs de Gramont). — A dr., route de (23 k.) Saint-Palais, par *Arraute* (église curieuse).

Ponts sur le Lihurry et sur la Bidouze.

35 k. 5. *Came,* rive dr. de la Bidouze (*château* ruiné).

44 k. *La Bastide-Villefranche* (**donjon** bâti par Gaston Phœ-

bus). — Dans les environs, quatre petits lacs.

46 k. 5. Escos (R. 13). — 49 k. 5. Abitain (R. 13). — 54 k. Autevielle (R. 13). — Pont sur le Saison, affluent du Gave d'Oloron. — 56 k. Près de *Guinarthe*, on croise la route d'Orthez à Saint-Jean-Pied-de-Port. — On remonte (rive g.) la vallée du Gave d'Oloron (nombreux villages; tumulus d'*Andrein*).

A g., deux routes conduisent à (1 k.) **Navarrenx**, ch.-l. de c., 1430 h., rive dr. du Gave d'Oloron (*tour Herrère*, du XVe s.; *pont* du XVIe s.; restes des anciennes fortifications).

75 k. *Sus* (château moderne).

78-87 k. *Gurs, Géus, Saint-Goin, Orin*. — Pont sur le Vert, qui descend de la vallée de Barétous.

95 k. Oloron-Sainte-Marie (R. 24).

ROUTE 21.

DE BAYONNE A TOULOUSE

324 k. — Chemin de fer. — Trajet en 11 h. à 12 h. 15. — 59 fr. 65; 29 fr. 75; 21 fr. 80.

Le chemin de fer se sépare de celui d'Espagne au S. du tunnel de Mousseroles.

4 k. *Le Gaz* (halte).

12 k. *Urcuit* (halte); source salée. — Pont sur l'Ardanabia.

17 k. *Urt*, au confluent de la Joyeuse et de l'Adour. — Pont sur l'Aran ou Joyeuse.

20 k. *Pont-de-l'Aran*, halte qui dessert la vallée du même nom. — Pont sur la Bidouze.

24 k. *Pont-de-la-Bidouze* (halte).

26 k. *Sames-Guiche*, station qui dessert *Guiche* (*château* ruiné), rive g. de la Bidouze, et *Sames*, au S.-E., sur une colline.

Au milieu de la plaine alluviale, à g., confluent de l'Adour et du Gave de Pau. — *Château de Laune*, sur le *Bec de Gave*, péninsule formée par la jonction des deux rivières. — A 3 k. du confluent, beau *pont* d'Hastingues sur le Gave (5 arches sur le Gave et 2 petites arches latérales). — A dr., *Hastingues*.

31 k. *Orthevielle* (halte).

34 k. **Peyrehorade** (*Pierre-Percée*), ch.-l. de c., 2824 h., à 1 k. en aval du confluent des Gaves de Pau et d'Oloron, au pied d'une colline que couronnent les ruines du *château d'Aspremont* (fin du XVe s.). — Sur les bords du Gave, *château* du XVIe s. — *Église* moderne, style du XIIIe s. (belles verrières). — Pont de bois, 12 travées.

[Une route relie Peyrehorade à (25 k.) Dax (R. 4), par le vallon de *Cagnotte* (*église* du XIIe s., reste d'une abbaye) et la vallée du Luy (sources minérales). — Excursion à (10 k. S.-O.) Bidache (R. 20).]

Le chemin de fer contourne la colline qui porte le v. et le château de *Cauneille*. — A moins de 2 k. au S., rive dr. du Gave d'Oloron, *Sorde* (restes d'une *abbaye* de 960, rebâtie aux XVIIe et XVIIIe s.; *église* des XIIe et XIIIe s.; grottes préhistoriques).

36 kil. *L'Église* (halte).

43 k. *Labatut*. — Pont sur le ruisseau de Lataillade.

51 k. **Puyoô** (buffet), où se réunissent les chemins de fer de Saint-Palais et de Dax.

De Puyoô à Salies, Saint-Palais et Mauléon, R. 13; — à Dax, R. 25.

En face, rive dr. du Gave, Bellocq (R. 13). — On côtoie le Gave. — Au S., cône boisé de *Saint-Pic* (château ruiné).

57 k. *Baigts*. — Rive g. du Gave, rochers à pic de *Baure* et *établissement de bains*.

66 k. **Orthez** *, 6743 h., ch.-l. d'arr., au pied d'une colline, rive dr. du Gave de Pau. — *Pont* moderne d'une seule arche. — Vieux **pont** des XIIIe et XIVe s.; au milieu, tour de défense (restaurée en 1873); à l'angle S.-O. de l'étage supérieur, ouverture appelée la *frinesto dous Caperans* (la fenêtre des prêtres), par laquelle les calvinistes jetèrent, dit-on, plusieurs prêtres dans le Gave, lors de la prise d'Orthez. — **Tour de Moncade**, débris du château d'Orthez, bâti au XIIIe s. par Gaston VII, sur un plateau, accessible seulement à l'E. — *Église* rebâtie au XVe s. (flèche moderne). — Restes de l'*Université calviniste* de Jeanne d'Albret. — *Maison* du XVe ou du XVIe s. — Usine sur le Gave (chute artificielle très pittoresque). — Au S. d'Orthez, collines couvertes d'ajoncs (vues magnifiques). — A (8 kil. N.-O.) *Saint-Boës*, restes d'un *château* (XIIIe s.) et *établissement de bains* (source froide sulfureuse et bitumineuse). — A (9 kil. N.-O.) *Saint-Girons*, petit *établissement de bains*.

D'Orthez à Navarrenx et à Oloron, R. 22.

74 k. *Argagnon* (beau château moderne).

80 k. *Lacq* (château).

85 k. *Artix*, dans une plaine fertile.

91 k. *Denguin* (halte).

94 k. *Poey* (halte).

99 k. Lescar (R. 23). — On se rapproche du Gave.

106 k. Pau (R. 23).

Le chemin de fer passe au-dessous de la colline de Bizanos et remonte la vallée du Gave.

114 k. *Assat* (château du XVe s.; pont suspendu sur le Gave). — A g., le canal d'irrigation, appelé *canal du Lagoin*, borde la voie sur une longueur de plusieurs k. — Nombreux villages dans la plaine.

117 k. 5. *Bezing* (halte).

120 k. *Baudreix* (halte).

123 k. *Coarraze-Nay*. — A 2 k. O. de la station, au delà du Gave, **Nay** * (prononcez *Naye*), ch.-l. de 2 c., 3440 h. — *Château* moderne *de l'Angladure*. — *Église* du XVe s. (intérieur restauré; porte de la sacristie, à panneaux sculptés); à côté de la façade, *clocher* carré haut de

40 mèt. — *Maison Carrée*, ou *de Jeanne de Navarre*, bel édifice de la Renaissance. — Manufactures.

[Les lundis et les jeudis, une voiture publique fait le trajet entre Nay et Pau en suivant la rive g. du Gave (R. 25).]

125 k. *Dufau*, halte près de **Coarraze.** — *Château* moderne, sur les ruines de celui où fut élevé Henri IV et dont il ne reste qu'une belle tour (près du chemin de fer). — *Église* crénelée. — Débris de murailles. — Fabriques de tissus de laine et de coton.

Aux Eaux-Bonnes, R. 32.

130 k. *Montaut-Bétharram*, station qui dessert *Montaut* à g., et *Lestelle*, de l'autre côté du Gave.

En amont de Lestelle, *séminaire de* **Bétharram** (pèlerinage). — *Église* du XVIIe s. (au portail, statues en marbre de la Vierge et des Évangélistes; nombreux ex-voto). — *Calvaire* (chapelles). — Joli *pont* (1687) d'une seule arche; un escalier, qui descend au bord du Gave, conduit à une fontaine vénérée (Vierge en marbre blanc).

A 3 k., au S. de Bétharram, belle *grotte* à laquelle on arrive par la rive g. du Gave en traversant (45 m. de Bétharram) la gorge du *Riocaude*.

La voie ferrée traverse la Mouscle.

134 k. **Saint-Pé**, ch.-l. de c., 2380 h., sur une terrasse, rive dr. du Gave. — Restes de la *basilique* du XIe s. (trois absides, tourelle d'escalier, fond du bas-côté du S.); clef en fer, dite de Saint-Pierre (on a prétendu qu'elle guérissait l'hydrophobie). — Fragments de l'ancien *cloître* (doubles chapiteaux avec sculptures refaites au XVe s.). — Usines.

Sur les hauteurs qui dominent la ville, se fait tous les ans la chasse aux palombes, en septembre et en octobre.

Le chemin de fer longe la rive dr. du Gave.

138 k. *Peyrouse* (halte), en face des pentes du *Soum d'Exh* (914 mèt.). — On voit à dr. l'église et la grotte de Lourdes.

145 k. **Lourdes***, ch.-l. de c. et siège du tribunal civil de l'arr. d'Argelès, 6517 h., situé sur la rive dr. du Gave, à la jonction des vallées du Gave de Pau et de la Geune.

A l'O., sur un rocher gris et escarpé, ancien **château** fort; il ne reste qu'un donjon carré et deux chemins couverts, dont l'un descend vers la ville et passe sous une porte du XVIe s., avec pont-levis; l'autre va au Gave. De la *prison*, au pied S. du rocher, il ne reste que l'arcade voûtée sous laquelle passait la route de Lavedan. — Des tours du château (s'adresser au gardien), très belle vue.

Belle *église* paroissiale (1877), inachevée. — Ancienne *église*, des XIe, XVIIe et XIXe s. — Charmantes *promenades*.

Une belle route (1500 mèt.),

bordée d'hôtels, de villas, etc., part de la gare, franchit le Gave de Pau et conduit directement à **la Grotte***, joli village qui s'est formé auprès de la grotte où la Vierge est, dit-on, apparue, en 1858, à une bergère appelée Bernadette Soubirous. En été, l'affluence des pèlerins est énorme.

L'ancienne *grotte de Massavielle*, entourée d'un parc, a été transformée en *chapelle* (statue de la Vierge, par Fabisch). Une grille ferme la grotte, dont la voûte est décorée d'une quantité de béquilles, devenues inutiles à la suite de guérisons miraculeuses. Devant la grotte, les fidèles trouvent pour prier plusieurs rangées de bancs. — A g., *fontaine miraculeuse*; à g. de la fontaine, *bâtiment* où sont vendues des gourdes et des bouteilles pour emporter de l'eau. — Au-dessus de la grotte, **église** monumentale, construite par M. Durand dans le style du XIIIe s. Elle comprend une église inférieure et une église supérieure (beau clocher); à la voûte et aux parois sont suspendues de nombreuses bannières. — *Église* monumentale *du Sacré-Cœur*, en construction, au-dessous de la précédente. — Dans le voisinage se trouvent plusieurs couvents, un vaste hôpital pour les vieillards et des abris pour les pèlerins.

Un calvaire avec chapelles a été construit sur la colline à côté de l'église.

A quelque distance de la grotte, *Panorama de Lourdes et ses environs* (1 fr.) et *Diorama* (Apparition de Notre-Dame de Lourdes).

Au delà du ham. de la Grotte, la route carrossable qui longe le Gave (beaux points de vue) conduit à (10 m.) la grotte dite *Spélugue* et (20 m.) à celle, plus considérable, du *Loup*, qui traverse une partie de la montagne (puits profond). MM. Lartet, Milne-Edwards, F. Garrigou et L. Martin ont découvert dans ces grottes un grand nombre d'ossements fossiles et d'objets travaillés par l'homme, se rapportant à l'âge du renne.

Après avoir dépassé la grotte, on atteint le petit ham. du *Loup*, site charmant, à l'issue d'un vallon. En remontant ce vallon (sentier facile), on gagne un col d'où l'on redescend dans le *Boustut* ou vallée de Batsouriguère (R. 35), et de là, sur la route de Lourdes à Argelès. On fait ainsi en 3 h. le tour de la montagne qui domine Lourdes à l'O.

En remontant jusqu'à l'origine de la vallée de Batsouriguère, on peut s'élever à g. (1 h.) sur le *Prat deou Rey*, pâturage (1895 mèt.; belle vue des Pyrénées secondaires).

A 1 k. au N.-O. de la ville, beau domaine de *Visens* (école d'agriculture et annexe du dépôt de remonte de Tarbes).

Au S. de Lourdes, petits étangs de *Vivier-Liou*, creusés, dit-on, par le pied et le genou de Roland désarçonné.

Carrières de marbre (600 ouvriers et 4000 mèt. cubes de marbre par an). — 40 *carrières d'ardoises*, au S. de la ville (260 ouvriers env.).

[**Lac de Lourdes** (1 h. 30, aller et retour). — On se dirige vers le N.-O.— 30 m. A dr., route de Poueyferré; on prend le chemin du château de *Mourle*. A une barrière, on prend à g. — 45 m. *Lac de Lourdes*, retenu par des moraines formant barrage (nombreux blocs erratiques; belle vue).

Pic d'Alian (2 h. 30 montée; 2 h. descente; excursion recommandée). — Route d'Argelès, que l'on quitte (45 m.) pour monter à (1 h.) *Viger*. — On monte au S.-O. en se maintenant le plus possible sur les crêtes qui descendent du pic. A sa base (2 h.), on le contourne en partie à l'O. et on monte, par le versant tourné vers la vallée de Batsouriguère, au (30 m.) sommet (1092 mèt.; vue magnifique).

Pic de Jer (2 h. montée; 1 h. 30 descente). — Route d'Argelès.— Bientôt on tourne à g. et l'on monte par des éboulis à un petit col, puis droit au S. vers le (2 h.) sommet (950 mèt.; belle vue).

De Lourdes à la vallée de Ferrières (7 h.). — 2 h. Prat deou Rey (*V.* ci-dessus). — On suit la crête vers l'O., en appuyant sur le versant N. — 1 h. *Col d'Andorre* (cabane et fontaine). — On gravit successivement le *pic d'Andorre* (1674 mèt.), le *Soum de Conques* (1774 mèt.), le *pic de las Escures* (1838 mèt.), et (5 h.) le *Soum de Granquet* (1874 mèt.; panorama le plus étendu). — On descend à l'E. dans un petit cirque, puis on gagne horizontalement le *col de Monbula*. — 1 h. (bon sentier). Vallée de l'Ouzon. — 7 h. de Lourdes. — Route de Ferrières à Nay (R. 32).]

De Lourdes à Gazost, à Cauterets, R. 35; — à Luz, R. 43; — à Bagnères-de-Bigorre, R. 59.

La voie ferrée laisse à dr. la ligne de Pierrefitte (R. 32) et remonte vers le N.-E., puis vers le N.

150 k. *Adé* (halte). — Vaste plaine de *Lanne-Mourine* (landes des Maures), théâtre d'une victoire légendaire des Bigourdans sur les Barbares au ve s. ou sur les Maures au VIIIe s. (restes de *moraines; tombelles*).

155 k. *Ossun*, ch.-l. de c., 2315 h. — Grand commerce de jambons.

[A 8 k. O., *Pontacq*, ch.-l. de c. de 2041 h. (*église* des XIIe et XVe s.). — A 6 k. N.-N.-E., *Ibos* (belle *église* du XIVe s.).]

160 k. *Juillan* (beau château moderne).

Pont sur l'Échez.

165 k. Tarbes (R. 33). — 150 k. de Tarbes à Toulouse (R. 68, *A* et *B*).

324 k. Toulouse (R. 67).

ROUTE 22.

D'ORTHEZ A OLORON

A. Par Navarrenx.

46 k. — Route de voit. — Dilig. t. l. j.

Pont sur le Gave. — A g., route d'Oloron par Lagor et Monein (*V.* ci-dessous, *B*). — A *Magreti*, on laisse à dr. celle de Sauveterre, par *l'Hôpital-d'Orion* (*église* du XIIIe s.).

3 k. *Laa-Mondrans* (ancien château), au delà du Lalaas.

6 k. *Loubieng*, au confluent du Laa et du Laas. Le Laa arrose *Sauvelade* (*église* romane à coupole ; *abbaye* du XVIIe s.). — On contourne (24 k.) Navarrenx (R. 20). — Pont sur le Gave.

26 k. Sus (R. 20).

46 k. Oloron (R. 20).

B, Par Monein.

47 k. — Route de voitures.

Pont sur le Gave.

4 k. *Biron.*

7 k. *Sarpourenx*, sur le bord du Gave.

9 k. *Maslacq* restes d'une abbaye; château moderne).

17 k. *Lagor*, ch.-l. de c., 1001 h., sur une colline très escarpée du côté du Gave. — Très belle vue.

22 k. *Lahourcade* (*église* ancienne; débris de fortifications). — Pont sur le Luzouet.

28 k. **Monein**, ch.-l. de c., 4362 hab., près de la rive g. de la Baylongue. — *Église* des XVe et XVIe s. (porte et tour de la Renaissance). — Restes d'un château. — Source minérale. — Fruits et primeurs renommés.

[A 7 k., sur la route de Mauléon à Pau, **Luc** ou *Lucq*, 1962 h., à dr., dans la vallée du Layon. — *Église* du Xe s., remaniée au XVIe s., reste d'une abbaye (3 absides romanes richement ornées ; sarcophage sculpté du VIe ou du VIIe s., en marbre blanc). — Tour en ruine.]

On remonte la vallée de la Baylongue. — 34 k. On tourne à dr. — 37 k. *Cardesse.* — A g., *maison* de la Renaissance. — Col (belle vue). — Pont sur l'Auronce.

44 k. *Ledeuix.* — 45 k. *Estos*.

47 k. Oloron (R. 18).

ROUTE 23.

DE PARIS A PAU

PAR BORDEAUX ET DAX.

816 k. — Chemin de fer. — Traj. en 17 h. à 25 h. 10; — 100 fr. 75; 75 fr. 55; 55 fr. 40.

585 k. de Paris à Bordeaux, gare Saint-Jean (R. 1).

733 k. (148 k. de Bordeaux). Dax (R. 4).

A dr., ligne de Bayonne (R. 4); *pont* de 6 arches sur l'Adour; pont sur le Luy.

746 k. *Mimbaste.* — 754 k. *Misson-Habas.* — On débouche dans la vallée du Gave de Pau

764 k. Puyoô, et 52 k. de Puyoô à Pau (R. 21).

816 k. Gare de Pau.

PAU ET SES ENVIRONS

Situation. — Aspect général. Climat.

Pau*, 30 624 h., ancienne capitale du Béarn, aujourd'hui ch.-l. des Basses-Pyrénées, s'étend de l'E. à l'O., à 190 mèt. d'alt. moyenne, sur le bord d'un plateau de 40 mèt. env. de hauteur qui, au N., se rattache aux landes du Pont-Long, et, au S., domine la rive dr. du Gave de Pau et de l'Ousse. Un ruisseau encaissé, appelé Hédas, sépare la ville en deux parties, reliées par cinq ponts. La plus grande et la plus ancienne est resserrée entre ce ravin, le Gave et l'Ousse. L'autre moitié est traversée dans toute sa longueur par une rue parallèle au Hédas.

Outre sa belle position, Pau a pour lui son délicieux climat, qui attire pendant l'hiver un grand nombre d'étrangers. Les loyers y sont alors très chers ainsi que la vie. — Maisons meublées avec luxe, existence confortable, fêtes brillantes et fréquentes.

Pau jouit d'un climat sédatif et remarquable par le calme de l'atmosphère ; la température moyenne de l'hiver est de 6°,5. C'est un excellent séjour d'hiver pour les malades facilement excitables.

Pau a donné naissance à Henri IV, au maréchal de Gassion et à Bernadotte, dont la maison est rue de Tran, n° 6.

Château de Pau.

On est admis à le visiter gratuitement tous les jours, excepté le lundi, de 10 h. à midi, et de 2 h. à 4 h. en hiver, à 5 h. en été.

Le **château d'Henri IV** s'élève au confluent du Gave et du Hédas sur un promontoire borné, au N. et à l'O., par le Hédas, au S., par le canal du Moulin, et, à l'E., par un fossé profond de 9 mèt., transformé en une belle allée d'arbres. Trois ponts le relient à la ville et au parc ; le premier, construit sous Louis XV, traverse le fossé et sert d'entrée principale au château ; le second date de 1838 : il passe au-dessus de la route de Jurançon ; le troisième, celui de la porte Corisande, franchit le fossé où coule le Hédas. On entre dans les jardins par le boulevard ouvert de la place Royale au château.

Le château a six tours carrées. — *Donjon* ou tour de *Gaston-Phœbus*, au S.-E., à g. de l'entrée, bâti en 1385 par Gaston Phœbus (hauteur, 35 mèt.; murailles épaisses de 2 mèt. 80). — Tour de *Montaüset* ou *Monte-Oiseau* (haut. 22 mèt. 50), au N.-E., vis-à-vis de la porte d'entrée; l'escalier était remplacé par des échelles que l'on retirait après être monté, ce qui lui a fait donner le nom de

Monte-Oiseau. — Tour *Neuve*, à l'E. — Tour de *Billères* (30 mèt.), au N.-O. — A l'O., tours de *Mazères* (30 mèt.), dont l'une a été bâtie sous Louis-Philippe. Au pied de ces deux tours, petite terrasse en hémicycle, où sont placés deux vases de porphyre envoyés par Bernadotte, et la *statue* de Gaston Phœbus, par Triquety. — Au S. du château, au bord de l'escarpe qui domine le Gave, tour de la *Monnaie*.

On entre dans le château par le pont de Louis XV. — A dr., bâtiment neuf sans intérêt. — *Cour d'honneur*. — A dr., *puits* profond de 68 mèt., fermé à l'extérieur. — En face, statue de Mars.

Rez-de-chaussée du Midi. — *Salle des gardes* et *salle à manger des officiers*, d'où un escalier monumental descend dans le jardin.

Grande salle à manger ou *salle des États* (26 mèt. sur 11 mèt.). — Magnifiques tapisseries de Flandre faites par ordre de François Ier ; statue en marbre blanc d'Henri IV, par Francheville.

Grand escalier, restauré en 1869, large de 2 mèt. 65 ; arcs des voûtes variant de forme à chaque palier. Dans les frises, des H et des M enlacés, initiales d'Henri II de Navarre et de Marguerite de Valois.

Premier étage du Midi. — *Antichambre*. — Trois tapisseries des Gobelin ; deux tapisseries de Flandre ; une de Bruxelles ; trois vases en porphyre oriental.

Grand salon de réception d'Henri II. — Tapisseries de Flandre commandées par François Ier ; cheminée de la Renaissance (restaurée) ; table en mosaïque de porphyre et agate envoyée par Bernadotte ; vases de Sèvres.

Salon de famille. — Statue en bronze d'Henri IV enfant, d'après la statue en marbre de Bosio ; au milieu, table en porphyre rose de Suède.

Chambre des souverains, ancienne chambre des rois de Navarre. — Tapisserie de Flandre ; cheminée en pierre richement sculptée ; bahut et deux fauteuils du XVIe s. ; coffre gothique provenant de Jérusalem.

Cabinet des souverains, dans l'une des tours Mazères. — Deux tapisseries de Bruxelles, deux des Gobelins ; glace de Venise.

Boudoir de la reine. — Tapisseries des Gobelins (scènes de la vie d'Henri IV) ; glace de Venise.

Chambre à coucher de la reine. — Armoire de la Renaissance ; quatre tapisseries des Gobelins (épisodes de l'histoire d'Henri IV) ; grande glace de Saint-Gobain (2 mèt. 93 sur 1 mèt. 50). — Cabinet de bains.

Deuxième étage du Midi. — *Chambre de la reine Jeanne*. — Cinq tentures très belles des Gobelins tapisserie de Flandre ; lit en bois richement sculpté et daté 1562 ; deux bahuts gothiques. — *Cabinet de la reine Jeanne* (tentures des Gobelins).

Chambre d'Henri IV. — C'est probablement dans cette pièce que naquit Henri IV, le 13 décembre 1553. — Deux bahuts ; quatre tapisseries de Bruxelles, dites les *Mois grotesques ; lit*, chef-d'œuvre de sculpture, provenant du château de Richelieu ; *berceau*, formé par une carapace de tortue.

Troisième pièce. — Belles tapisseries de Flandre.

Quatrième pièce. — Belles tapisseries (sujets flamands) ; bahut de la Renaissance.

Cinquième pièce, chambre d'Abd-el-Kader lors de sa captivité. — Tentures et tapisseries de Flandre du XVIe s.; plan en relief de l'ancien château.

APPARTEMENTS DU NORD. — Premier étage : 15 tapisseries des Gobelins (anciennes maisons royales). — Deuxième étage : 5 tapisseries de Flandre, rehaussées d'or et parfaitement conservées ; magnifique bahut du XVe s., avec bas-reliefs.

Tour de Gaston-Phœbus. — 1er étage, *bibliothèque* de 6000 vol., provenant en partie de la collection de livres et de pièces sur le règne d'Henri IV ou sur l'histoire du Béarn, de M. Manescau, ancien maire de Pau. — 2e étage, 3 tapisseries de Flandre. — 3e étage, 3 tapisseries des Gobelins. — *Terrasse* (admirable panorama, analogue à celui de la place Royale).

Chapelle moderne (1843).

Édifices publics et collections.

Église Saint-Martin, moderne (style du XIIIe s.), construite par M. Bœswillwald. — Tour élégante (de la galerie, à la base de la flèche, magnifique panorama). — A l'intérieur : maître-autel ; baldaquin ; spécimen de tous les marbres des Pyrénées beaux vitraux d'après les dessins de M. Steinheil ; tableau d'Eug. Devéria (la *Résurrection*).

Église Saint-Jacques, moderne (style ogival) ; 2 flèches.

Temple protestant. — *Chapelles des presbytériens*, des *puséystes*, *gréco-russe* et *du culte écossais.*

Palais de justice moderne (beau péristyle en marbre blanc. — *Halle*, massif quadrangulaire avec grandes arcades et une tour contenant la *bibliothèque* (25000 vol.). — *Cimetière*, derrière la caserne (belle vue).

Musée (ouvert le jeudi et le dimanche, de 1 h. à 5 h., et tous les jours moyennant pourboire). — *Bosio*, statue en marbre d'Henri IV enfant ; *Eugène Devéria*, belle copie de sa Naissance d'Henri IV (musée du Louvre) ; portrait du maréchal Bosquet ; *Merle*, Assassinat d'Henri IV ; etc. ; plan en relief des montagnes des Eaux-Bonnes, par *Baysselance* ; riche collection de marbres des Pyrénées ; spécimens d'ornithologie de géologie, fossiles, etc. — Curieuses *archives* du Béarn, à la préfecture.

Place Royale et Parc.

Place Royale. — Admirable et célèbre panorama de la chaîne occidentale des Pyrénées. — *Statue d'Henri IV*, en marbre blanc (1843), par Raggi (bas-reliefs par Étex). — Une rampe raide descend en 3 min. à la gare.

De la place, on va aux jardins du château par le *boulevard du Midi*. Sans entrer dans la ville, on peut gagner le pont jeté sur la route de Jurançon et la belle promenade de la *Basse-Plante*, qui précède le **Parc**, bois de hêtres (12 hect.) dominant le Gave. — A l'extrémité du Parc, *fontaine ferrugineuse de la Bigotière* (restaurant et gymnastique). — Promenade de la *Haute-Plante*. — Promenade du *Bois-Louis* (rive dr. de l'Ousse).

Les fontaines de Pau sont alimentées par les eaux du Néez, amenées de Rébenac (26 k.).

ENVIRONS DE PAU

Jurançon, Guindalos, Gélos.

Promenade de 2 ou 3 h. — Route de voitures.

Les collines de Jurançon produisent des vins renommés et sont parsemées de châteaux; belles vues.

On traverse le Gave sur un pont en pierre de 7 arches.

2 k. *Jurançon*, 2614 h. — Célèbre vigne de *Gaye* (2 k. env. sur la dr.), produisant le meilleur vin du Béarn.

En suivant la route des Eaux-Bonnes jusqu'au (3 k. de Pau) *Pont-d'Oly*, on trouve bientôt à g., rive dr. du Néez, sous un hangar, la *mosaïque de Jurançon*, découverte en 1850 et regardée comme provenant d'un établissement de bains.

En revenant du Pont-d'Oly, on peut obliquer à dr. pour monter sur la colline de *Guindalos* (*réservoir* des eaux destinées à la ville de Pau).

De Guindalos, on traverse la vallée du Soust.

2 k. de Pau. **Gélos** (beau château transformé en *haras;* nombreuses villas). — Quatre routes, tracées au S. de Gélos, permettent de varier les promenades. Une de ces routes se dirige vers Gan (R. 29).

Route de Nay.

Voiture publique tous les jours.

4 k. *Mazères-Lezons* (vieux château). — 5 k. *Uzos*.

7 k. *Rontignon* (débris d'un château; villas).

8 k. *Narcastet*. (On peut traverser le Gave sur un beau pont suspendu et revenir à Pau par Assat et le chemin de fer.)

11 k. *Baliros*.

13 k. *Pardies* (beau *château* moderne).

14 k. *Saint-Abit* (château du XVIe s.). — *Arros*.

18 k. Nay (R. 21).

Bizanos.

2 k., sur la route de Lourdes.

Descendant au S.-E. la route de Lourdes, ou suivant à l'E. de la gare la promenade du Bois-Louis, on atteint le pont de l'Ousse, qui conduit à **Bizanos**, le Longchamp de Pau, sur la rive dr. du Gave. — Beau château moderne; pin magnifique. — Vue admirable.

Hospice des aliénés.

A Saint-Luc (2 k., sur la route de Tarbes).—Les étrangers ne peuvent visiter l'asile qu'avec l'autorisation du directeur.

Asile fondé en 1855 (env. 200 malades), sur un plateau qui domine la vallée de l'Ousse. — Magnifique panorama.

Le Pont-Long.

Les **landes du Pont-Long**, au N. de Pau, occupaient au xe s. toute la longueur du Béarn, des confins du Bigorre à Dax. Elles ont env. 50 k. carrés. — On y voit quelques *tumuli* (notamment le *grand* et le *petit Puyoô*), où des fouilles ont fait découvrir des vases.

C'est aussi dans les landes du Pont-Long qu'a été établi l'**hippodrome**, 5 k. de Pau, à dr. de la route de Pau à Bordeaux. — Courses, en général dans la première quinzaine d'avril.

Lescar.

7 k. — On s'y rend soit par le chemin de fer, soit par la route d'Orthez.

1 k. **Billères** (maison où Henri IV fut mis en nourrice; château moderne). — Aux environs, *fontaine des Marnières*.

7 kil. **Lescar**, ch.-l. de c. de 1794 h., l'antique *Beneharnum*, rebâti en 980 sous le nom de *Lascurris*. — Ancienne **cathédrale**, bel édifice; extérieur remanié à la Renaissance (façade de 1635). A l'int. : chapiteaux historiés; stalles sculptées de la Renaissance; fragments de mosaïque sous le plancher du chœur; pierres tombales du xviie s. — Restes de fortifications. — Vieux château en briques (tour carrée du xive s., dite le *fort de l'Esquirette*). — A l'E., beau *château* moderne.

Morlaas.

10 k. — Route de voitures.

Route de Tarbes. — Avenue de chênes dite *Allées de Morlaas*. — 2 k. On laisse à dr. la route de Tarbes. — On traverse au N.-E. le Pont-Long.

10 k. **Morlaas**, ch.-l. de c., 1547 h., pendant un certain temps capitale du Béarn. — *Église* du xie s., réparée au xve et au xixe s. : pignon hardi surmonté des *vaches* du Béarn; grande *porte*, restaurée, de p style roman.

—

De Pau à Bayonne et à Toulouse, R. 21; — à Oloron et à Saint-Christau, R. 24; — à Huesca, R. 24 et 26; — aux Eaux-Bonnes et aux Eaux-Chaudes, R. 29.

ROUTE 24.

DE PAU A OLORON ET A SAINT-CHRISTAU

DE PAU A OLORON

A. Par le chemin de fer.

35 k. — Chemin de fer. — Trajet en 1 h. 15. — 4 fr. 25; 3 fr. 50; 2 fr. 35.

20 k. de Pau à Buzy (*V.* R. 29, *A*).

On laisse à l'E. la voie ferrée de Laruns (*V.* R. 29, *A*) et on tourne à l'O.-N.-O. — Vallon marécageux.

25 k. **Ogeu** (sources minérales; petit établissement de bains).

29 k. *Escou.* — Le chemin de fer traverse de grandes fougeraies et franchit le Gave d'Oloron.

35 k. **Oloron***, ch.-l. d'arr. de 8931 hab., se compose de 3 quartiers : Sainte-Marie, le plus rapproché de la gare, sur la rive g. du Gave d'Aspe, qui un peu en aval se réunit au Gave d'Ossau, pour former le Gave d'Oloron, dont Oloron, proprement dit, borde la rive dr.; enfin Sainte-Croix, la ville du moyen âge, assise sur un promontoire dominant la réunion des deux torrents.

La large rue qui relie la gare à **Sainte-Marie***, ch.-l. de c., franchit le Gave d'Aspe sur un pont à g. duquel est le nouveau *palais de justice* et qui fait communiquer le faubourg avec Oloron (service d'omnibus). — Ancienne **cathédrale** des XIe, XIIe, XIIIe, XIVe et XVe s.; *tour* formant porche et percée sur trois côtés d'arcades ogivales; chapiteaux historiés du XIIe et du XIIIe s.; *portail* roman aux curieuses sculptures habilement restaurées.

Oloron* a 3 kil. de longueur de la route de Pau à celle de Mauléon. Il renferme les deux principaux hôtels, la poste et le télégraphe.

Sainte-Croix (1080), dominant la ville (chapiteaux historiés; absides peintes; petite chapelle de la Sainte-Famille; autel dédié à Sainte-Croix, en bois sculpté et doré, dans le genre espagnol du XVIIe s.). — Débris de *remparts.* — Jolies *promenades* (beaux points de vue).

Oloron est une ville commerçante et industrielle (on y travaille surtout la laine). — Ses marchés sont très fréquentés.

D'Oloron à Bayonne, R. 20; — à Orthez, R. 22; — à Arette, R. 25; — à Huesca, R. 26; — aux Eaux-Bonnes et aux Eaux-Chaudes, R. 28.

B. Par Belair.

33 k. — Route de voitures. — Dilig. t. l. j. pour 3 fr. et 2 fr. — Chemin de fer en construction (35 k.).

8 k. de Pau à Gan (R. 29).

On laisse à g. la route des Eaux-Bonnes. — Pont sur le ruisseau de las Hies. — Château du *Haut-de-Gan.* — Au delà, la route décrit un long circuit au

S., sur le bord d'un plateau; vue splendide de la vallée du Gave d'Ossau, du pic du Midi d'Ossau et de la chaîne frontière.

19 k. *Belair*, ham. — Pont sur l'Escou, non loin des sources minérales d'Ogeu (*V.* ci-dessus, *A*). — A g., route d'Oloron aux Eaux-Bonnes (R. 28). — Pont sur l'Arrigaston. — A dr., Escou (*V.* ci-dessus, *A*), puis *Escoul* (château; dolmen).

33 k. Oloron (*V.* ci-dessus, *A*).

C. Par Lasseube.

32 k. — Route de voitures. — Dilig.

8 k. de Pau à Gan (R. 29).

Vallée de las Hies, puis chaîne de collines entre les bassins de la Bayse et du Gave.

20 k. **Lasseube**, ch.-l. de c., 2207 h., au confluent de ruisseaux qui forment la Bayse. — Château moderne. — Aux environs, sites charmants. — A dr., *Estialescq*. — On descend dans la plaine du Gave par *Goès*.

32 k. Oloron (*V.* ci-dessus, *A*).

D'OLORON A SAINT-CHRISTAU

8 k. — Route de voit. — Du 1er juin au 30 sept., omnibus à l'arrivée des trains de Paris et de Toulouse (1 fr. 60). — Voitures à volonté.

On suit la grande route de la vallée d'Aspe (R. 26). — 2 k. *Bidos* (manuf. de couvertures), v. en deçà duquel on traverse le Gave d'Aspe pour en longer la rive dr.

4 k. *Soeix* (forge). — Pont (sur l'Ourtau. — A g., *Eysus* château). — La route se bifurque : le bras qui continue de remonter la rive dr. du Gave conduit à Lurbe; le bras qui s'en éloigne traverse des bois, puis une véritable vallée de parc et mène à

8 k. **Saint-Christau** *, gracieuse station balnéaire, dans un beau parc séduisant par la beauté de ses pelouses et de ses ombrages, ham. dépendant de *Lurbe*, v. sur la rive dr. du Gave, à 2 k. S.-O. (très belle position), près de l'entrée de la vallée d'Aspe, dans un joli vallon arrosé par l'Ourtau et dominé, au S., par le Mont-Binet. — Climat doux. 4 sources (14 à 15°), appartenant au comte de Barraute. La source du Pêcheur, froide, sulfurée calcique, s'emploie en boisson. Trois autres, ferrugineuses et cuivreuses, sont divisées en deux groupes, alimentant chacun un établissement de bains, douches, etc. — L'établissement des *Bains-Vieux*, au pied du Mont-Binet, reçoit la source des Arceaux. Celui de *la Rotonde* (salon et cabinet de lecture) est moderne et bien aménagé.

L'eau de Saint-Christau est utilisée en boisson, bains, douches, lotions, fomentations, et douches d'eau pulvérisée.

Les environs de St-Christau sont un pays de pêche et de chasse; on peut faire de nombreuses excursions dans la vallée d'Aspe (R. 26), et dans la vallée d'Ossau (R. 28).

[**Mail Arrouy** (2 h. 45 à la montée, 1 h. 45 à la descente). — On sort du parc par la route d'Arudy (R. 28), que l'on quitte avant d'avoir atteint le pont sur l'Ourtau, pour s'élever rapidement au S., par le couloir rocheux de la *Fourche*, sur les escarpements boisés du *Mont-Binet*. — 1 h. 20. Terrasse de pâturages de *la Cure* (belle vue). On traverse ce plateau, puis, montant sur des gazons et escaladant des rochers, on atteint le

2 h. 45. Sommet (1250 mèt.; beau panorama). — On peut descendre soit par le chemin indiqué ci-dessus, soit par la terrasse de la Cure et les bois de *la Lie* en 1 h. 45.

Pic d'Escuret (4 h. 45 à la montée, 4 h. à la descente; un guide est très utile : Lanne, à Lurbe, recommandé). — On suit la route d'Arudy (R. 28), usqu'au point où elle pénètre dans es bois du Bager. — 40 m. On traverse à gué l'Ourtau, et, au delà de la *ferme de Mirande*, le sentier pénètre (55 m.) sous bois, puis se rapproche de l'Ourtau. — 2 h. 30. Pâturages de *Coigt de Ber*. — 3 h. 10. *Source de Coigt de Ber* (950 mèt.), dernière source jusqu'au sommet. — Belle vue. — Montée assez rapide à l'O., petit bois, puis muraille de la *Pène d'Elcès*. — Haute paroi de roche verticale du *Cap de la Pène* (là, en prenant à l'O., on atteindrait le *pic de Betgrand*, moins élevé). — On tourne à g. et on franchit un petit col.

4 h. 45. Sommet (1441 mèt.; vue magnifique au N. et à l'O.). — Du pic, on peut revenir par la même route ou descendre en 1 h. au col de Marie-Blanque (R. 48, *A*) et de là dans la vallée d'Aspe (R. 45 et 48).]

A Arudy et à la vallée d'Ossau, R. 28, B.

ROUTE 25.

D'OLORON A ARETTE

LA VALLÉE DE BARÉTOUS

18 k. — Route de voitures. — Dilig. t. l. j. d'Oloron à Aramits.

Pont sur la Mielle.

4 k. **Vallée de Barétous** (célèbre race bovine), première vallée béarnaise à l'E. du pays basque, arrosée par le Vert, que l'on traverse deux fois.

10 k. *Féas*. — 11 k. *Ance*.

15 k. **Aramits**, ch.-l. de c., 1031 h. (ancienne *maison de la Vallée*). — A dr., route menant à Lanne et à Tardets (R. 18).

18 k. **Arette**, 2050 h., com. principale de la vallée.

D'Arette, on rejoint en 4 h., entre le col de Sescous et le Pas de Guliers, le sentier de Sainte-Engrace à Bédous (R. 18).

ROUTE 26.

D'OLORON A HUESCA

LA VALLÉE D'ASPE

176 k. — Route de voitures. — Courrier français d'Oloron à Urdos. — Courrier espagnol d'Urdos à Jaca. — Diligence de Jaca à Huesca.

Le district de la **vallée d'Aspe** a pour limites : au N., le pays d'Oloron; à l'O., la forêt d'Isseaux, la vallée de Barétous et le val d'Aragon ; au S., la grande chaîne; à l'E., une ligne de pics qui s'étend du col des Moines au pic d'Escuret.

2 k. 5. *Bidos.* — A g., route de Saint-Christau (R. 24).

5 k. *Gurmençon.* — 6 k. *Arros.*

9 k. *Asasp.* — A dr., route d'Issor et vallée du Lourdios.

La com. d'*Issor* est composée de divers hameaux, sur le Lourdios et son affluent, le Laboo. Une route de voitures, sur les bords du Laboo, puis sur le versant d'un col facile, va d'Issor à (7 k.) Arette (R. 25).

On entre dans la vallée d'Aspe proprement dite.

16 k. *Escot*, rive dr. du Gave, à l'embouchure du Barescou.

D'Escot à Bielle, dans la vallée d'Ossau, par le col de Marie-Blanque, R. 7.

Pont sur le Gave. — A g., sur le rocher dit *Pène d'Escot*, inscription (romaine?) à demi effacée. — Petit *établissement* thermal. — Ponts sur le Gave.

19 k. *Sarrance* (madone, pèlerinage). — Ponts sur le Gave.

21 k. *Pont Suzon*, sur le Gave (en deçà, cascade à dr.). — La vallée se resserre, et on entre dans le joli bassin de

25 k. **Bédous** *, rive dr. du Gave d'Aspe, au débouché du vallon latéral arrosé par le Gabarret. — De l'autre côté du Gave, *Osse* et *Lées-Athas*.

[De Bédous, on peut faire en 7 h. env., aller et retour, l'ascension du *pic de Mousté* (belle vue).]

De Bédous à Sainte-Engrace, R. 10; — à Laruns, dans la vallée d'Ossau, par Aydius, R. 27.

On traverse le Gabarret.

26 k. 5. *Bains de Suberlaché* (eau sulfureuse); à 800 mèt., source ferrugineuse de *Bulasquet*.

29 k. **Accous**, à g., sur la Berthe, ancienne *Aspa Luca* des Romains. — Sur un monticule, *colonne* élevée au poète béarnais Despourrins.

Aux Eaux-Chaudes, R. 27.

La vallée se resserre de nouveau. — Rochers de la *Pène d'Esquit*. — Pont d'Esquit, sur le Gave. — *Côte de l'Estanquet.*

32 k. *Pont de Lescun.*

[**Du pont à Lescun**, chemin de mulets, 45 m. — On franchit le Gave et on monte à l'O. par un chemin rocailleux. — 30 m. *Cascade de Lescun* (50 c. d'entrée).

45 m. **Lescun** *, 1121 h., sur une terrasse (902 mèt.), rive g. du Gave de Lescun. — A l'O., *établissement thermal de Labérou* (10 baignoires; eau sulfureuse).

De Lescun au pic d'Anie (4 h. 15 à la montée, 3 h. à la descente; guide nécessaire). — On se dirige à l'O., rive g. du Gave. — Confluent du Gave d'Ansabe et du Lauga, qui réunis forment le Gave de Lescun. — On tourne au N.-O. pour remonter dans toute sa longueur le *val du Lauga.* — 1 h. A l'O., *vallon d'Anaye;* au N., établissement de Labérou (on ne le voit pas). — Bois de *Braca d'Azuns.* — 2 h. 15. *Cabane d'Azuns* (1800 mèt.), pâturages. — 3 h. 30. On laisse à dr. le petit *lac d'Anie* et de nombreux entonnoirs. — On monte sur des rocailles.

4 h. 15. **Pic d'Anie** (2504 mèt.; vue panoramique immense). — On pourrait aussi monter de Bédous ou de Sainte-Engrace au pic d'Anie, mais

ces routes, beaucoup plus longues, ne peuvent être tentées qu'avec un excellent guide.]

De Lescun à Anso, à Berdun (12 h.), à Echo (7 h.), *V.* l'*Itinéraire de la France : Pyrénées.*

33 k. *Cette-Eygun.*

36 k. *Etsaut* (tour en ruine et pont pittoresque), en face de *Borce* (galgal ou allée couverte). — A 1500 mèt. plus loin, on passe sur la rive g. du Gave, par le pont de *Sebers*. — Défilé très étroit. — A g., sur un rocher surplombant le torrent à 150 mèt. de hauteur, **fort d'Urdos** ou le **Portalet.** Un pont d'une arche (*pont d'Enfer*) unit la route à la base du rocher, que gravit un chemin de chars. La paroi du rocher est percée de casemates nombreuses. Ce fort, à 794 mèt., peut contenir 3000 hommes.

Au delà du défilé, on passe sur la rive E. du Gave.

41 k. **Urdos***, dernier v. français, à 760 mèt., dans une plaine.

[D'Urdos au lac d'Estaëns, 6 h. 30 aller et retour; — au pic Bisaurin, 12 h. ou 8 h. 30 aller et retour; — à la Peña del Boso et à Aisa, 9 h. 30; — à Anso par Aragues et Echo, 2 jours. — *V.* l'*Itinéraire général de la France : Pyrénées.*]

Pont sur le ruisseau de Lorry. — Ruines d'un lazaret.

46 k. *Auberge de Peillou.*

48 k. *La Fonderie*, usine abandonnée, au confluent de l'Espugna et du Gave d'Aspe. — Gorge sauvage du Gave d'Aspe, que l'on franchit deux fois. — A dr., sentier qui conduit au *col* ou *pas d'Aspe* (1670 mèt.). — Auberge de *Peyrenère.* — On gravit obliquement la montagne. — A dr., *auberge de Paillette.*

53 k. **Le Somport,** *Summus Portus*, à 1640 mèt., où passait une ancienne voie romaine qui, de *Cæsarea Augusta* (Saragosse), conduisait à *Beneharnum*, par *Forum Ligneum*, *Aspa Luca* et *Iluro.* C'est par ce port et ceux de la Navarre qu'Abd-er-Rhaman fit passer son armée.

Du col, on tourne à dr. pour descendre obliquement à travers des pâturages, puis on passe à côté des ruines de l'hôpital de *Santa Cristina* (XIIe s.).

La route, bien ombragée, suit la rive dr. du rio Aragon. — O.-S.-O., crête de la *Punta de Licerin* (2615 mèt.). — On laisse à l'E. le ravin de la *Canau Roya*, puis le ravin d'Yp et le ravin d'Izas.

65 k. **Canfranc** (bonne *posada*), à 1040 mèt., rive dr. de l'Aragon. — *Château* (XVIe s.).

[**Peña Collarada** (montée, 5 h.; par Villanua, on allonge la course d'une heure, mais on peut monter à cheval jusqu'à 30 m. du sommet; bon guide : Jean Labarthe). — 1 h. 15. *Grotte*, à g. — 1 h. 30. Brèche étroite. — 2 h. Cabane de bergers (2000 mèt.). — 4 h. Petite fontaine. — Ravins d'éboulis qui conduisent jusqu'à la cime. — 4 h. 45. Cheminée étroite qu'il faut escalader en se servant des mains. — 5 h. Sommet (2883 mèt.; vue immense).

On pourrait descendre, soit à Sallent en 8 h., soit par la *brèche d'Acumuer* au v. de *Tramacastilla* et à Viescas dans la vallée de la Thena, soit par Villanua à Jaca, soit enfin à (5 h. 1/2) Canfranc par le *lac* et le *cirque d'Yp*.]

De Canfranc à Sallent, R. 31.

On traverse un défilé sauvage (cascades). — 69 k. *Villanua*, v. — A l'E., la Peña Collarada (*V.* ci-dessus). — 76 k. *Castiello* (château ruiné). — Défilé.

84 k. **Jaca** *, 4000 h., sur une colline, rive g. de l'Aragon, à 819 mèt. — *Enceinte* fortifiée percée de six portes gothiques et entourée de belles promenades. — *Cathédrale* reconstruite aux XIVe et XVe s. (beau portail gothique, bon tableau, sculptures en albâtre, stalles sculptées). — *Maison de ville* du XVIe s. — *Maison de ville* du comte de Belveder, du XVIe s. (magnifique cheminée). — *Citadelle* commencée par Philippe II, achevée par Philippe III (vue magnifique). — Chapelle de *Notre-Dame de la Victoire*.

[**Peña de Oroël** (aller et retour, 5 h. 30 ; chemin muletier). — En sortant de Jaca, on traverse le rio Gas ; à dr., route de Huesca. — On monte E.-S.-E. sur la rive g. du Baros. — 35 m. Village de *Baros*.

2 h. 25. *Collada de la Cruz de la Cueva*. — On suit le dos de la crête.

3 h. Sommet (1760 mèt.; magnifique panorama). — A la descente, on peut suivre le versant S. de la muraille et aboutir au puerto de Oroël, où l'on trouve la route de voitures de Jaca à Huesca.

Monastère de San Juan de la Peña (une journée, aller et retour ; route de mulets). — On s'y rend par le v. de *Santa Cruz* (belle cascade). Le nouveau *couvent de San Juan de la Peña* (1144 mèt.) a été bâti au XVIe s. — A 100 mèt. plus bas (25 m.), ancien *couvent* (XIe s.), élevé au-dessus d'une grotte (dans l'église, *capilla real*, petite pièce admirablement ornée ; restes de 27 princes et princesses de la maison d'Aragon).]

De Jaca à Tardets, R. 19 ; — aux Eaux-Bonnes, R. 31 ; — aux Bains de Panticosa et à Cauterets, R. 41 ; — à Gavarnie, R. 49.

La route sort de Jaca au S., franchit le rio Gas, affluent du rio Aragon ; puis, au delà du rio Ballatas, monte vers l'arête qui réunit la sierra de Oroël aux sierras de San Salvador et de San Juan. — *Venta de Barranco Fundo*.

93 k. **Puerto de Oroël** ou *de Fundaciones* (1070 mèt. ; belle vue). — On descend dans la tortueuse et sauvage vallée du rio Moro. — Vue au S. des Petites Pyrénées espagnoles. — Le pays est complètement désert.

102 k. *Bernuès* (917 mèt.) : sur le bord de la route, *venta*. — Plus loin, à dr., s'ouvre le débouché du *barranco de la Carrosa*, dont le ruisseau, joint au rio Moro, forme le rio Isabe. — *Cascade* ou *Salto de Bernuès* (magnifique lors des grandes eaux). — La route passe de défilé en défilé.

111 k. Débouché du grand *barranco d'Osia*.

112 k. *Venta Sabo*. — La vallée s'élargit.

116 k. A l'E. s'ouvre la vallée du rio Gallego, qui reçoit le rio Isabe et tourne E.-O. — On entre dans la vallée du rio Gallego.

— Sur la rive g., **Anzanigo** * (594 mèt.), relié à la route par un *pont* de 6 arches; sur la rive dr., *venta de Anzanigo.* — Bassin bien cultivé, puis défilé.

120 k. *Venta de la Garoneta*, rive g. du Gallego, reliée à la route par un pont. Cette maison isolée, excellente hôtellerie, sert de poste aux gendarmes de service sur la route de Huesca.

123 k. *Triste*, sur une terrasse de la rive dr. — Sur la rive g. grandes murailles de la sierra de la *Peña*, longée par le Gallego. — Pont très pittoresque. — La rivière, qui reçoit le rio Asabon, tourne à angle droit, au S., dans une étroite fissure de la Peña.

126 k. La route traverse, sur quatre ponts, le rio Asabon et plusieurs petits ruisseaux. — A dr., *Santa Maria de la Peña.* — Ham. ou **ventas de la Peña** *, groupe d'auberges, où est un poste de soldats.

[**Des ventas de la Peña aux Mallos de Riglos** (6 h. env. aller et retour). — On laisse à dr. un tunnel (*V.* ci-dessous), et, traversant le rio Gallego sur un vieux pont très élevé (*V.* ci-dessus), on monte en lacets au S. par un chemin muletier sur la rive g. du rio (vue de l'étroite et sinueuse fissure où coule le Gallego). — Haut des murailles. — Le chemin descend un peu. — Vue de la Peña et du *Tosal de Murillo.* — 2 h. Source : on commence à voir les murailles rouges du Mallos. — 2 h. 15. **Mallos de Riglos**, immenses colonnes de poudingue rouge, accolées et soudées à la base. Au milieu du front de la muraille. s'ouvre, entre deux gigantesques piliers, un peti amphithéâtre, tapissé de verdure. Les Mallos sont une des merveilles des Petites Pyrénées espagnoles. — Il faut 55 m. pour aller du commencement des roches rouges au grand portail des Mallos. — 3 h. *Riglos* (710 mèt.), petit village adossé à la falaise.

Des ventas de la Peña à Rodellar (4 petites journées).

1° *Des ventas à Loarre* (à pied, 6 h.; excursion très recommandée).

3 h. Riglos (*V.* ci-dessus). — On suit au S. la crête des Mallos, qui s'abaisse bientôt; çà et là, belles aiguilles rouges, etc. — 4 h. Vue d'ensemble des Mallos de Riglos, du Tosal de Murillo et de la sierra de Aguerro. — On franchit les contreforts qui vont au Gallego, puis un plateau de landes en tournant à l'E. — 4 h. 35. *Linas de Marcuello* (760 mèt.). — 5 h. 5. *Sarsa Marcuello* (760 mèt.), v. aux maisons bâties en poudingue rouge. — Le chemin traverse de petits ravins, des cultures et monte à

6 h. **Loarre** * (810 mèt.), petite ville fort ancienne.

2° *De Loarre au Pusilibro, au Pantano de Arguis et à Meson Nuevo* (8 h.; guide recommandé, Jaco. Mallen, à Loarre). — On sort de Loarre et on se dirige au N.-N.-E., vers (55 m.) le **castillo de Moros**, une des plus belles ruines féodales qu'on puisse voir. Bâti, dit-on, par les Maures, ce fut un des derniers points du N. de l'Aragon qu'ils occupèrent avant la prise de Huesca (1096). Le château, auquel on a ajouté une chapelle, a encore son donjon et sept tours de son enceinte. — La route monte en faciles lacets. — 1 h. 35. *Paso d'Echara* (1480 mèt.). On passe sur le versant N. du Pusilibro et on descend un peu à travers bois. — 1 h. 45. Source dans une clairière (1430 mèt.; belle vue). — 2 h. Le **Pusilibro** (1595 mèt.), signal géodésique de 1er ordre. C'est un des plus merveilleux observatoires des Pyrénées, égal comme beauté au pic du Midi de Bigorre (R. 57) ou au Cotiella (R. 48). — Du pic, on pourrait descendre, en 5 h., à Anzanigo (*V.* ci-dessus), ou, en 1 h. 30, à Loarre.

On descend à l'E. vers des terrasses de pâturages. — Belle source du *Puso* (1470 mèt.). — On coupe les contreforts de la sierra de *Aniès*. — 3 h. 10 (de Loarre). *Casa Maria Duran* (1405 mèt.), grange d'été. — On monte de nouveau (belle vue). — 4 h. *Montagne de Nuestra Señora de la Peña* (1600 mèt. env.; vue magnifique). — Au delà de ce sommet à peine marqué, s'ouvre au S., en précipice, le *barranco de San Cristobal*. — 4 h. 25. Descente au N.-E., puis montée et descente. — 5 h. 30. *Casetta Gabardiella* (1400 mèt. env.), au pied du *Tosal de Gratal* (35 m. jusqu'au sommet; très belle vue). — Source. — Laissant le Gratal à dr., on va descendre dans le *barranco de Techié*, on franchit le ruisseau, puis on traverse de beaux pâturages. — 6 h. 10. *Collada de Santa Cruz* (?), à 1400 mèt. env. — Descente dans le *barranco Barsa;* on suit la rive dr. du rio Isuela, à travers un épais bois de pins. — 6 h. 30. Source; les versants se dénudent. — Bassin argileux tailladé dans tous les sens par les eaux. — 7 h. 15. **Pantano de Arguis**, vaste réservoir qui retient les eaux d'hiver et de printemps de l'Isuela et de ses affluents supérieurs, et qui sert à l'arrosage d'été de la plaine de Huesca. (En suivant l'Isuela, on descendrait en 5 h. à Huesca.) — A g., *Arguis*, sur un mamelon. — On monte au N., sur la rive g., puis sur la rive dr. du *barranco Sequia*.

8 h. **Meson Nuevo** * (1250 mèt.); à l'E. se dresse le *Tosal de Aquila*.

3° *De Meson Nuevo à Vara* (8 h.; chemin muletier). — On suit la rive g. du rio de las Baderas, affluent du Flumen. — 45 m. *Belsué*. — Le chemin descend, franchit le rio Flumen et se maintient à une grande hauteur au-dessus de sa rive dr., descend de nouveau, passe sur la rive g., puis laisse à dr. le profond défilé où se trouve le Salto de Roldan (*V.* R. 49, *C*). — 2 h. *Fontaine de Lusera*. — Montée rapide. — 2 h. 15. *Lusera*. — On longe le village, puis on descend dans la gorge du rio Carruagua. — A partir de là, on franchit successivement une série de *barrancos* boisés, montant et descendant tour à tour. — 4 h. 15. *Source* magnifique du rio Guatizalema. — On dépasse la *casa Orlato*, maison isolée. — 5 h. 15. *Nocito* *, rive dr. du rio. — On se dirige à l'E.; le chemin monte sur une ride de roches blanches entre la *Pardina de San Norbès* et la sierra de Guara (*V.* ci-dessous). — 5 h. 55. *Ventué* ou *Bentué*. — 6 h. 30. *Used*. — On franchit une *collada* (1080 mèt.; belle vue), d'où l'on descend vers la vallée de l'Alcanadre. — On traverse ce rio et on atteint (8 h.) le gros bourg de **Vara** ou *Bara*, rive g. de l'Alcanadre.

De Vara au Tosal de Guara (5 h. à la montée, descente 3 h. 30), on monte au S. sur le flanc N. de la sierra, à travers de grandes terrasses de pâturages, les *Planos de Guara*. Longeant (2 h. 45) la crête vers l'O., on franchit un petit *col*, ouvert entre le Tosal et la partie O. de la sierra. Col E. (4 h.) à la base du pic; facile ascension. — 5 h. **Tosal de Guara** ou *Cabeza de Guara* (2079 mèt., vue immense), point culminant de la *sierra de Guara*.

4° *De Vara à la source Mascun et à Rodellar* (8 à 9 h., y compris la visite d'une partie des gorges). — Chemin muletier s'élevant sur des pentes dénudées. — 30 m. *Collada* (1100 mèt. env., belle vue). — On suit la crête, laissant à dr. le v. de *Nasarre*. — 1 h. 30. Défilé, origine de l'une des **gargantas de Rodellar**, gi-

gantesques crevasses qui à leur centre, à la source de Mascun, ont 350 mèt. de profondeur. — On descend dans un premier défilé sans eau, aux murailles jaunes et grises drapées de lierre, percées de cavernes, puis, après avoir traversé un petit bassin de prairies, on pénètre dans l'une des gargantas, entre deux falaises hautes de 200 à 250 mèt., découpées au faîte en aiguilles, etc. Le chemin descend en lacets dans le gouffre et atteint la fissure principale où viennent aboutir toutes les autres crevasses. — 2 h. 30. Fontaine de Mascun (*V.* R. 49, *C*).
3 h. Rodellar (R. 49, *C*).]

Au delà des ventas de la Peña, un *tunnel*, ouvert dans la falaise de la Peña, permet de franchir la *garganta de la Peña*, où s'engouffre le Gallego. La route tourne au S. et sur la rive dr. du Gallego, dont la vallée s'élargit un peu. Bientôt, sur les hauteurs de la rive g., se montrent les Mallos de Riglos (*V.* ci-dessus).

134 k. **Murillo de Gallego** (543 mèt.), petite ville pittoresquement groupée sur les pentes d'une terrasse. Ce serait un excellent centre d'excursions.

136 k. Pont. — On quitte la vallée du Gallego. — La route monte et descend tour à tour à l'E.-S.-E. — 147 k. *Ayerbe* * 576 mèt.). — *Maison commune* ogives et fenêtres à meneaux). — Au N., chemin conduisant à Loarre (*V.* ci-dessus). — Belle vue au N. — La route passe à *los Corrales*, à *Plasencia*, où elle laisse au N. le chemin de *Bolea*, à *Esquedas* et à *Alerre*, où vient aboutir le chemin du Pantano de Arguis (*V.* ci-dessus).

176 k. **Huesca** * (466 mèt.), V. de 10 000 h. env., ch.-l. de l'*Alto Aragon*. — Rues étroites mais propres. — Au *Coso* sont les *fondas*, les cafés, etc. — Au N. de la ville s'élève la *cathédrale* (belle façade gothique; clocher octogonal, maître-autel en albâtre sculpté par Damian Florent). — *Hôtel de ville* du XVIe s. — Ancien *palais des rois d'Aragon*, souvent remanié, devenu l'*Université*.

[On peut, de Huesca, se rendre en chemin de fer à Tardiente et de là, par Saragosse à l'O. ou par Lérida à l'E., dans toute l'Espagne (*V.* le Guide : *Espagne et Portugal*).

A 5 k. N., ruines du célèbre monastère de *Monte Aragon*, lieu de sépulture de plusieurs rois.]

De Huesca aux Eaux-Chaudes, R. 31; — à Cauterets, R. 41; — à Gavarnie, R. 49, *A-D*.

ROUTE 27.

DU VAL D'ASPE AU VAL D'OSSAU

Les vallées d'Aspe et d'Ossau, qui descendent parallèlement de la crête des Pyrénées, sont séparées l'une de l'autre par une chaîne élevée de 2000 à 2500 mèt., que traversent des cols nombreux dont les principaux sont indiqués ci-dessous.

A. D'Escot aux Eaux-Bonnes, par le col de Marie-Blanque.

6 à 7 h. — Route de voit. légères

On remonte la *vallée de Mail-*

lerouge, arrosée par le Barès cou (jolies cascades). — *Col de Marie-Blanque* (992 mèt.); sur le versant E., dans un bassin de 2 k., *pâturages du Benou*.— On descend par la vallée du Rieutort à *Bilhères*. — A 20 m. plus loin, Bielle.

15 k. de Bielle aux Eaux-Bonnes (R. 29).

B. **De Bédous à Laruns, par le col de las Arques.**

7 h. — Route de voit. jusqu'à Aydius.

On traverse le ham. d'*Orcun*.

5 k. *Aydius*, au pied d'une montagne percée de grottes. — Un sentier pénible dans un vallon latéral, dominé par le *pic Lorry* (1868 mèt.), monte au *col de las Arques* (1700 mèt.), d'où l'on descend à Laruns par un vallon qui domine au N. le rocher abrupt de *Saint-Mont* (1877 mèt.), dominé par un pic de 1902 mèt.

7 h. Laruns (R. 29).

C. **D'Urdos à Gabas, par le col d'Aas de Bielle.**

6 h. — Chemin de mulets.

On suit la route de Jaca sur 1 k.; puis le sentier, fort raide, monte à la (2 h. 50) *Hourquette de Lorry*. — On contourne à son origine la vallée de *Baigts-Saint-Cours*.

3 h. 50. *Col d'Aas de Bielle* (2162 mèt.). — En descendant, par des assises de rochers, on découvre le pic du Midi, dans la vallée de Bious. — Forêt de Gabas. — 4 h 50. Scierie de Bious-Artigues, d'où l'on descend à (5 h. 50) Gabas et (8 h. 15) aux Eaux-Chaudes (R. 29).

D. **D'Urdos à Gabas, par le col des Moines.**

6 h. 30. — Sentiers de montagnes.

2 h. 30 d'Urdos au Somport (R. 26). — On laisse au S. la route de Huesca et on tourne à g. sur les pentes du versant espagnol, dominées par le *pic d'Arnousse* (2140 mèt.).

4 h. **Col des Moines** (2204 mèt.). — On descend en France sur un plateau pierreux et l'on n'a plus qu'à suivre le Gave.

6 h. 30. Gabas (R. 29).

[On pourrait aussi se rendre d'Accous aux Eaux-Chaudes par le col d'Iseye (R. 29), ou d'Urdos à Gabas par le col de Bious, etc. (*V. l'Itinéraire général de la France : Pyrénées*).]

ROUTE 28.

D'OLORON AUX EAUX-BONNES ET AUX EAUX-CHAUDES

A. **Par le chemin de fer.**

40 k. — Chemin de fer jusqu'à Laruns : 34 k.; 4 fr. 15, 3 fr. 10, 2 fr. 25. — Route de voit. au delà de Laruns : 6 k.; omnibus à tous les trains (1 fr. 50).

15 k. d'Oloron à Buzy (*V.* R. 22, A).

34 k. Laruns (19 k. de Buzy, *V.* R. 29, *A*).

40 k. Les Eaux-Bonnes ou les Eaux-Chaudes (*V.* R. 29, *B*).

B. **Par la route de voitures.**

58 k. Route de voitures.

6 k. d'Oloron à la bifurcation des routes de Pau et des Eaux-Bonnes (R. 29, *B*). — On suit la rive dr. de l'Arrigaston.

10 k. Ogeu (R. 24, *A*).

13 k. *Buziet*. — 15 k. Buzy (R. 29, *A*). — Côte (à 200 pas à g., *dolmen*, voisin d'un énorme bloc erratique de granit).

Pont sur le Gave d'Ossau.

18 k. *Arudy*, ch.-l. de c., 1843 h. — Dans l'*église* (XVe s.), tombeau d'évêque et retable sculpté.

A dr., sur le flanc de la montagne, **grotte d'Izeste**, dite aussi *grotte d'Arudy, de Louvie* ou *d'Espalungue*, souvent visitée. Le guide, propriétaire, que l'on trouve à Izeste, en a seul la clef. Le Dr F. Garrigou, feu Louis Martin et M. Piette ont trouvé dans cette grotte des foyers de l'âge du renne.

20 k. **Izeste**, rive g. du Gave d'Ossau. Une partie du Gave s'engouffre près d'Izeste, pour aller reparaître, près de Rébenac, sous le nom de Houndernas (R. 29).

21 k. On rejoint, en face de Louvie-Juzon, la route de Pau aux Eaux-Bonnes.

17 k. de Louvie aux (58 k.) Eaux-Bonnes (R. 29).

De Louvie aux Eaux-Chaudes, *V.* R. 29.

B. **Par Saint-Christau.**

46 k. — Route de voitures. — Charmante excursion, très recommandée.

8 k. d'Oloron à Saint-Christau (R. 24).

On traverse le parc de l'établissement et on longe la lisière. — Pont sur l'Ourtau; on remonte la rive dr. au milieu des bois. — Belles vues au S. — 11 k. A dr. de la route, source sulfureuse froide inexploitée. — *Bois du Bager*. — Le chemin franchit un petit *col* (400 mèt.) et descend vers la vallée d'Ossau. — 17 k. Landes et cultures. — 22 k. A un détour, site des plus pittoresques. — 23 k. Blocs erratiques.

26 k. Arudy, et 20 k. d'Arudy aux Eaux-Bonnes (*V.* ci-dessus, *A*).

46 k. Les Eaux-Bonnes (*V.* ci-dessus, *A*, et R. 29).

ROUTE 29.

DE PARIS AUX EAUX-BONNES ET AUX EAUX-CHAUDES.

816 k. de Paris à Pau (R. 25).

DE PAU AUX EAUX-BONNES

A. Par le chemin de fer.

45 k. — Chemin de fer jusqu'à Laruns : 39 k.; 1 h. 14 à 1 h. 36 ; 4 fr. 80, 3 fr. 60, 2 fr. 60. — Route de voit. au delà de Laruns : 6 k.; omnibus, 1 fr. 50.

La voie ferrée se détache du chemin de fer de Bayonne à Toulouse à la sortie de la gare de Pau. — Pont métallique. — On se dirige au S. — Tranchées. — Pont sur le Néez, vis-à-vis du ham. d'*Astous*.

8 k. **Gan**, 2700 h., jadis une des trois places fortes du Béarn. — *Maisons* de la Renaissance, dont une est celle de Pierre Marca, l'historien du Béarn (1594-1662). — *Porte* en ogive, seul débris des remparts. — Scierie de marbre. — Source ferrugineuse.

De Gan à Oloron, R. 24, *B*.

On laisse au S. la route de voitures (*V*. ci-dessous, *B*) et on tourne à l'O.-S.-O. — Beau *pont-viaduc* sur le vallon *de las Hies*, puis *tunnel* (500 mèt.) *de Belair*. — Pays sauvage et désert.

20 k. **Buzy**, 1268 hab. (près du village, beau *dolmen*, à côté d'un énorme bloc erratique). — A dr., embranch. d'Oloron (*V*. R. 24, *A*). — La voie traverse des landes (belles vues), tourne à l'E.-S.-E., franchit le Gave d'Ossau (à g., vieux pont en pierre à arches superposées) et en remonte la rive g.

26 k. Arudy (R. 28, *B*).

28 k. Izeste (R. 28, *B*).

32 k. Bielle (*V*. ci-dessous, *B*).

39 k. Laruns (*V*. ci-dessous, *B*). La gare se trouve en contre-bas du bourg, que traverse la route des Eaux-Bonnes.

45 k. Les Eaux-Bonnes (*V*. ci-dessous, *B*).

B. Par la route de voitures.

44 k. — Route de voitures. — Voit. particulières, 25 à 35 fr. — La route de voitures, surtout à l'aller, est beaucoup plus intéressante que la voie ferrée.

5 k. Pont d'Oly (R. 23).

On longe la rive g. du Néez jusqu'à Rébenac.

8 k. Gan (*V*. ci-dessus, *A*).

12 k. Filature de lin, sur le Néez.

15 k. **Rébenac** *, où l'on traverse le Néez. — A dr., *château de Bitaubé*. — Petit *établissement* de bains *du Pic*. — Une source thermale a été découverte dans le lit du Néez. — Scierie de marbre.

[De Rébenac à Nay (R. 21), 16 k. (belles vues).]

La vallée du Néez se resserre. — Près du 18e k. jaillit à dr., non loin d'une grotte, l'**Oueil du Néez** (l'œil du Néez), source qui alimente les fontaines de Pau (*aqueduc* de 22 k., dans une tranchée profonde de 10 mèt., suivant le flanc des coteaux jusqu'au réservoir de Guindalos). — Près de là, en amont, sources dites *Houndernas*, formées par un bras souterrain du Gave d'Ossau, qui s'engouffre près de Juzon, à 7 k. au S.

21 k. *Sévignac* (550 mèt.). — *Sources*, l'une sulfureuse, l'autre ferrugineuse. — *Château* moderne. — Vue étendue sur la vallée d'Ossau jusqu'au pic du Midi.

On entre dans la **vallée d'Ossau** proprement dite. Parcourue par le Gave d'Ossau, cette vallée a une superficie de 61 468 hect. et compte 17 communes; elle s'étend de Sévignac au N. à la frontière d'Espagne au S.; elle est séparée, à l'O., de la vallée d'Azun par le massif du Balaïtous; à l'E., de la vallée d'Aspe par un chaînon transversal.

22 k. *Meyrac*. — On atteint le Gave d'Ossau, au pied du *rocher de Sainte-Colomme*, qui porte le v. du même nom (*église* du xve s.; *donjon* du xiiie).

26 k. *Louvie-Juzon* * (*église* ogivale, clocher avec ancienne flèche en pierre, la seule du Béarn; petite *tour* tronquée; *maisons* du xvie et du xviie s.). — Pont sur le Gave d'Ossau; sur la rive g., la route de Pau se relie à celle d'Oloron (R. 28).

[Un chemin carrossable relie Louvie-Juzon à (21 k.) Nay et à (25 k.) Lestelle (R. 21).]

27 k. *Castet*. — A g., ruine de château de *Castet-Gélos*; un peu plus loin, *chapelle*, but de pèlerinage. — A dr., *Bilhères*.

29 k. **Bielle***, ancienne capitale de l'Ossau. — *Église* gothique, construite des débris d'un édifice romain (portails et clefs de voûtes sculptés; piliers antiques en marbre d'Italie). — *Coffre* à trois serrures différentes, avec les vieilles archives d'Ossau. — Restes d'une *abbaye* romane. — *Maisons* des xve et xvie s. — Débris d'une *tour* et d'une *maison fortifiée*. — Curieuses *mosaïques* romaines du iie ou du iiie s., découvertes en 1842 et provenant de thermes. — Au-dessus de Bielle et de Bilhères, *cromlechs*.

A g., de l'autre côté du Gave, *Béon* (château et forge); superbes rochers dits *Pène de Béon* (1368 mèt.).

32 kil. A dr., *Bélesten-Gère* (vieux castel); à g. de la route, petit bois de hêtres dit l'*Oasis*. — De *Monplaisir* (hippodrome des Eaux-Bonnes), on commence à voir sur la g. le pic de Ger.

A dr., de l'autre côté du Gave, *Louvie-Soubiron* (anciennes carrières d'ardoises et de marbres divers).

[Chemin de montagnes (26 k. env.) de Louvie-Soubiron à la vallée de l'Ouzon, par le *col de Louvie* (1440 mèt.), au S. du *pic Moullé de Jaout* (2051 mèt.).]

A 1 k. S. de Louvie-Soubiron, *Béost* (*église* du xiie s.; maisons anciennes).

38 k. **Laruns***, ch.-l. de c., 2412 h. — Fêtes intéressantes

(15 août), où l'on voit les anciens costumes des Ossalois (curieuses danses au fifre et au tambourin). — Scieries de marbre et de bois. — Jolie *église* neuve, en marbre.

A Bédous, par las Arques, R. 28, *B*.

Pont sur l'Arrieuzé. — Pont sur le Gave d'Ossau. — A dr., route des Eaux-Chaudes (*V*. ci-dessous, *B*); à g., la route des Eaux-Bonnes, bordée de beaux arbres et de plantations d'arbustes et de fleurs, monte par des lacets sur le versant S. de la vallée du Valentin. — Rive dr., *château d'Espalungue*.

44 k. Les Eaux-Bonnes.

DE PAU AUX EAUX-CHAUDES

A. Par chemin de fer et route de voitures. — 45 k. : 39 k. chemin de fer (*V*. ci-dessus) et 6 k. route de voitures de Laruns aux Eaux-Chaudes (omnibus, 1 fr. 50).

B. Par route de voitures. — 44 k. — Voitures particulières pour 35 fr.

38 k. de Pau à Laruns (*V*. ci-dessus). — Au sortir de Laruns, au S., haute paroi de rochers où, de près, on voit le **Hourat**, ou *trou*, au fond duquel mugit le Gave. L'ancienne route, que l'on peut suivre à pied, abrège le trajet de 1500 mèt. env.; creusée dans le roc et très raide, elle suit la rive g. du Gave à la hauteur de 60 mèt. A dr., petit *oratoire* (curieuse inscription de 1811). Descendant au *pont Crabé* (pont des Chèvres), elle y rejoint la nouvelle route; celle-ci, construite en 1849, suit la rive dr. du torrent à 40 ou 50 mèt. de hauteur. — Pont de 2 arches. Là, un sentier descend au bord du torrent.

44 k. Les Eaux-Chaudes (*V* ci-dessous).

LES EAUX-BONNES ET LEURS ENVIRONS

Situation et aspect général

Le v. des **Eaux-Bonnes***, ch.-l. d'une com. de 874 h., est à 748 mèt. d'altit., à l'entrée de la gorge de la Sourde ou Soude, au-dessus de son confluent avec le Valentin. Une grande rue monte, par une pente assez raide, à l'établissement thermal, et quelques rues nouvelles forment, au S. et au N.-E. de la Grande-Rue, les quartiers neufs de l'Église, de la rue des Guides, des rues de la Cascade et d'Orteig. A l'entrée des Eaux-Bonnes, on a sur la g. une ligne de maisons et d'hôtels, sur la dr., un espace assez vaste planté d'arbres, appelé le *jardin Anglais* ou *Darralde*, au-dessous duquel passe la Sourde canalisée. Au S. et au N. sont de beaux hôtels; à l'E., *casino* provisoire.

Au delà du jardin Darralde, la rue est bordée d'hôtels, jusqu'à l'établissement et à l'église. Plus loin, un nouveau quartier s'est élevé dans la vallée de la Sourde.

Les Eaux-Bonnes sont visitées chaque année par 8 à 10000 malades ou touristes. Le climat est doux, assez constant en été.

Monuments.

Établissement principal (20 baignoires, salles de pulvérisation, de gargarisme, etc., buvette; petit théâtre; promenoir couvert autour de la *butte du Trésor*). — *Établissement d'Ortech* ou *Orteig*, bâti au bord du Valentin, immédiatement en aval du pont (1 buvette, 8 baignoires, douches d'eau pulvérisée). — *Casino* (non encore inauguré par suite de procès; 1884), à l'entrée de la promenade Horizontale. — *Église* moderne. — *Chapelle protestante*. — *Hôtel de ville* (1857), orné de colonnes. — Petit *kiosque* au-dessus d'une source froide.

En face, au S. du Gave, *établissement de bains ordinaires* hydrothérapie). — *Tournerie* de marbre au delà du pont. — Les maisons des Eaux-Bonnes sont alimentées d'eau commune par un aqueduc long de 1400 mèt., qui capte une fontaine abondante près de la cascade de Discoo (*V.* ci-dessous).

Les eaux.

Les Eaux-Bonnes, sulfurées sodiques (4 sources thermales, de 22° à 32°; une source froide, 12°), débitent env. 900 hectol. par 24 h.; elles s'emploient en boisson et en douches d'eau pulvérisée.

Appelées autrefois *eaux d'arquebusades*, et surtout appliquées aujourd'hui au traitement des affections des voies respiratoires, elles doivent être employées avec prudence.

Une nouvelle source, alcaline et légèrement ferrugineuse, a été récemment découverte en contre-bas de la promenade de l'Impératrice.

Les Eaux-Bonnes se transportent en quantité considérable.

Promenades.

Jardin Darralde, ombragé de grands arbres, rendez-vous principal des promeneurs et des guides. — *Promenade Gramont*, partant du casino, montant sur les rochers qui dominent les Eaux-Bonnes et descendant à la source froide, en face de l'hôtel de ville. Au point le plus élevé se détache la *Promenade Jacqueminot*, qui monte à travers une forêt par de grands zigzags au plateau du Gourzy (vue étendue au N.; bancs commodes). — *Butte du Trésor* (au sommet, kiosque), dominant la gorge de la Sourde; les sources thermales sortent de la base de ce rocher, où monte un sentier qui part des Thermes. — La *promenade Eynard* part du grand établissement et monte sur les pentes boisées qui dominent la rive g. du Valentin vis-à-vis de la Montagne-Verte.

La *promenade de l'Impératrice* ou *du Gros-Hêtre*, accessible aux voitures, part de l'hôtel de ville, passe dans la gorge du pic de Ger, dans la vallée du Valentin, au-dessus de la

Pyrénées par AD. JOANNE — **EAUX-CHAUDES _ EAUX-BONNES _ CAUTERETS** — Paris. Hachette et Cie. Editeurs

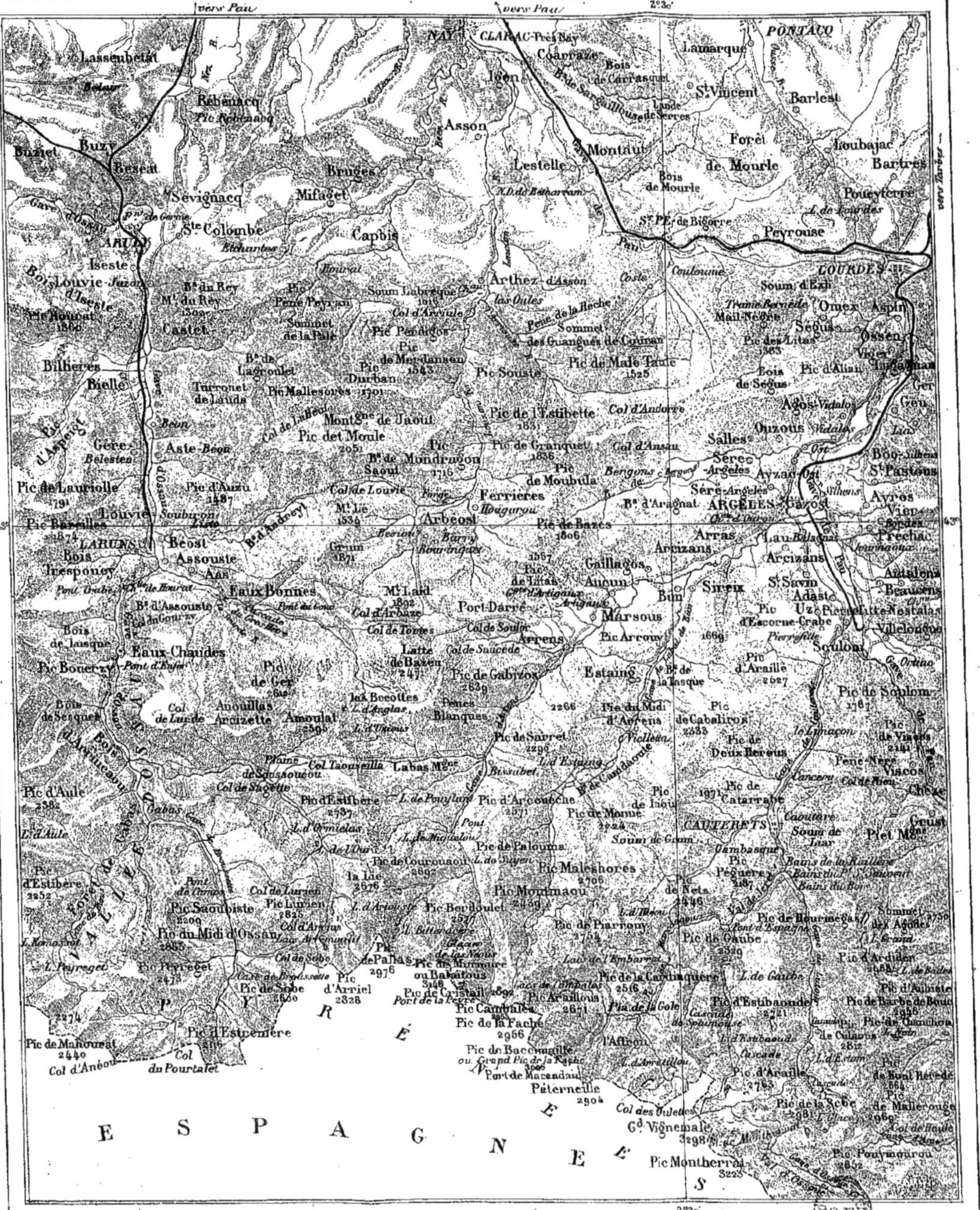

Gravé par Erhard. 12, R. Duguay-Trouin. Paris — 12-87. — Dressé par A. Vuillemin, d'après la Carte de l'Etat-Major.

1/250.000
Kilomètres
1 2 3 4 5 6 Kil.

cascade de Discoo (*V.* ci-dessous), traverse le Valentin sur un pont de 25 mèt. de hauteur, et rejoint la route d'Argelès.

Promenade Horizontale, belle allée réservée aux piétons; elle commence à l'hôtel des Princes et contourne le flanc du Gourzy; elle doit rejoindre la route des Eaux Chaudes.

Une autre promenade traverse le Valentin et serpente sur les flancs de la *Montagne-Verte* (1106 mèt.), qui porte les deux nam. d'*Aas* et d'*Assouste* (vestiges du château). — 1 h. des Eaux-Bonnes au plateau. — On peut redescendre dans la vallée de Laruns, soit par Assouste, soit par Béost.

Les cascades.

Toutes sont dans la vallée qui, des Eaux-Bonnes, remonte vers le col de Tortes en longeant les flancs N. et E. du pic de Ger; elles sont formées par le Gave du Valentin. — *Cascade des Eaux-Bonnes*, au-dessous de l'escarpement que domine à l'E. la grande rue des Eaux-Bonnes. — *Cascade de Discoo* (20 m., par la nouvelle route d'Argelès). — *Cascade du Gros-Hêtre* (40 m. à 1 h., par la promenade de l'Impératrice et la route d'Argelès), haute de 25 mèt. On peut voir, au retour, la *cascade du Serpent*. — *Cascade de Laressec* (2 h. de marche).

On peut, avec l'aide d'un guide, revenir par la Coume de Ger aux (3 h.) Eaux-Bonnes.

Lacs d'Anglas et d'Uzious, col d'Uzious.

Une journée entière — Très belle course. — Magnifique panorama. — Guide et provisions nécessaires.

A cheval, on suit la route d'Argelès jusqu'au point où elle s'éloigne du Valentin, dont on remonte la gorge. — Plaine de *Debatch*, où il faut quitter les chevaux. A l'O., la *Pène Sarrière* (1936 mèt.). — A g. (S.-E.), ruisseau du petit lac de Louesque. — Cirque où se réunissent les torrents venus des lacs d'Uzious et d'Anglas. — Pont sur le Gave d'Anglas. — On tourne à dr. — *Plateau d'Anglas* (2069 mèt.); au S.-O., le *Sourins* (2618 mèt.); vue magnifique. — On est sur la rive E. du *lac d'Anglas*. — On monte à g. (S.-E.), sur une croupe d'où l'on voit le *lac d'Uzious* (2120 mèt.).

A pied, on prend le chemin de la Coume d'Aas. On monte derrière l'hôpital, dans la gorge de la Sourde. — A dr., ravin de *Balour*. — *Coume d'Aas*. — Le sentier devient moins raide. Il faut suivre toujours le sentier de la Coume; ceux qui se dirigent à dr. montent aux pâturages et au *col de Pambassibé* (2290 mèt.). — 2 h. *Cirque de Gesque*. — Muraille de rochers (à g.), qu'il faut escalader. — *Plateau de Bouy* (1583 mèt.). — Le sentier qui monte du cirque au pic de Ger est en face, à dr. — Arrivé au pied du *pic*, très difficile à gravir, *de Penemedaa*

(2489 mèt.), on tourne à dr. — Gorge de *Plassegouné*. — Une escalade assez pénible conduit au *col d'Anglas* (2500 mèt. ; vue intéressante).

Du col, on peut descendre au lac d'Anglas ; mais il vaut mieux chercher à dr. une corniche qui permet d'atteindre la rive O. du lac d'Uzious. On traverse un petit torrent (cascade) et l'on contourne la rive E. du lac. — *Lac de Lavedan*, d'où l'on atteint en quelques m. le **col d'Uzious** ou *de Lavedan* (2232 mèt. ; vue admirable, encore plus belle de la crête de *las Bécottes*, à g.).

Du col d'Uzious, on peut revenir par trois routes :

A. — De la crête de las Bécottes, on descend au N. sur le plateau de Louesque. — Rive E. du *lac de Louesque* (2272 mèt.). — On monte à dr., au N.-E., sur une crête d'où l'on descend, en suivant le ruisseau, jusqu'à la plaine de Debatch. De là on peut, par le sentier *du Valentin* et la route thermale, rentrer à cheval aux Eaux-Bonnes.

B. — Du plateau d'Anglas (entre les deux lacs), il faut remonter, par la corniche difficile et dangereuse dont il a été question ci-dessus, au col d'Anglas. — On se dirige à l'O.-S.-O. sur le versant N. de la crête de Sourins, qu'on franchit au pied des murailles du *pic Amoulat* (2595 mèt. ; très belle vue). On descend à g. au pied de l'Amoulat, pour remonter au *col d'Ar*, sur la crête qui relie l'Amoulat au *pic d'Arcizette* (2590 mèt.), plus à l'O. De ce col on descend au *plateau de Cardoua*, au *plateau d'Anouillas* et aux Eaux-Bonnes, par le Gourzy (*V.* ci-dessous).

C. — Course longue et variée ; sentiers difficiles à trouver sans guide. — Du col d'Uzious on gagne le *col de Taousailla* (2200 mèt.), passage entre les vallées d'Azun et de Sousouéou, en suivant les flancs de la crête située entre les lacs de Lavedan et d'Uzious. Il faut se tenir aussi près que possible de la crête. — Du col de Taousailla, on descend aux *mines* de plomb argentifère *d'Ar*, où l'on trouve un chemin de schlitte qui se prolonge par le col de Lurdé (*V.* ci-dessous) jusqu'au plateau de Cezy ou du Goupey. Du col on descend aux Eaux-Bonnes par le plateau d'Anouillas et le Gourzy (*V.* ci-dessous).

Pic de Goupey.

3 h. 45 à la montée, 3 h. à la descente
Guide nécessaire.

Des Eaux-Bonnes, on monte, par le Gourzy (*V.* ci-dessous) et les *passes de Breca*, au (3 h.) col de Lurdé (*V.* ci-dessous : *Lac d'Artouste*). — Du col de Lurdé, on voit à dr. l'arête qui se relie au pic de Goupey. Une corniche large de 3 à 4 mèt. (ne pas s'y aventurer si l'on craint le vertige) conduit au sommet du **Goupey** ou *Cézy* (2209 mèt. ; belle vue). — On peut revenir aux Eaux-Chaudes par le sentier de la Grotte.

Pic de Saint-Mont.

5 h. à la montée ; 3 h. 1/2 à 4 h. à la descente. — Course facile. — On peut se passer de guide.

6 k. des Eaux-Bonnes à Laruns par la route (*V.* R. 29, *B*).

A Laruns, on remonte à g. la rive g. du torrent qui prend sa source au-dessous du col de Sieste. On traverse de magnifiques pâturages d'où, en quelques m., on peut atteindre le *col de Sieste* (belle vue sur la vallée d'Aspe), entre le *pic de Bareilles* (1874 mèt.), au N., et le *pic Lorry* (1868 mèt.), au S. Du plateau de Sieste, il faut se diriger en droite ligne au N. pour monter au faîte des *Courets*, non loin du pied du *pic de Saint-Mont* (1902 mèt.) ; de là on escalade facilement la cime. — Belle vue sur le bassin de Laruns, encore plus belle du haut de la seconde cime (1877 mèt.), à l'E. — On peut revenir par le ruisseau qui descend droit à l'E.

Pic de Ger.

A. PAR LA COUME D'AAS.

8 à 10 h. aller et retour. — Guide (20 fr. et provisions nécessaires.

On remonte la rive g. de la Sourde ; on laisse à dr. la gorge de Balour (*V.* ci-dessous, *C*), et l'on passe à côté d'un énorme rocher. — 1 h. 20. *Fontaine de Gesque*, à l'origine de la Coume d'Aas. — Forêt de sapins.

1 h. 50. On longe la base de cinq aiguilles (*las Quintettas*). — 2 h. 30. *Cabane du Ger*, où, en été, on trouve toujours des bergers. — La partie du chemin qui reste à faire est la plus fatigante. — 3 h. On contourne la base du *pic du Caperan* (pic du Curé), d'où jaillit une source (la dernière).

3 h. 30. Arête de rochers qu'il faut escalader et qui relie le pic de Ger (à g.) au *pic de Pambassibé* (à dr.). — 4 h. 20. Première cime, très facile.

4 h. 30. Plate-forme du sommet, appelée le *Salon* (2613 mèt. — Vaste et magnifique panorama.

B. PAR LE GOURZY.

10 h. env., aller et retour (on peut aller à cheval pendant 3 h. env.). — Guide nécessaire.

Sentier qui mène aux Eaux-Chaudes par le Gourzy (*V.* ci-dessous). — 1 h. 30. On le quitte près de la fontaine de *Lagas*, et on se dirige à g. par les passes de Breca.

3 h. Plateau d'*Anouillas*, source et cabanes où on laisse les chevaux. — Plateau de *Cardoua* (cabane). — 3 h. 45. Montée difficile. — 4 h. 15. Crête de Pambassibé.

6 h. Pic de Ger.

C. PAR LA COMBE DE BALOUR.

10 h., aller et retour.

Gorge de la Sourde. — Laissant à g. le vallon de la Coume, on prend à dr. un chemin en zigzag dans la *combe* très escarpée *de Balour*. — On traverse en 1 h. une grande forêt de sapins. — 2 h. 45. Plateau d'Anouillas, d'où l'on monte (6 h.) au pic de Ger (*V.* ci-dessus, *B*).

Lac d'Artouste.

7 h. — On peut aller à cheval jusque dans le vallon de Soussouéou. — Guide nécessaire. — Se méfier des vipères.

Promenade Jacqueminot. — Plateau du Gourzy. — Passes de Breca. — Plateau d'Anouillas. — 3 h. *Col de Lurdé* (1931 mèt.).

[On peut aussi monter au col de Lurdé par la combe de Balour.]

Du col on descend (3 h. 20 m.) dans le vallon de Soussouéou; on y rejoint le sentier direct venant des Eaux-Chaudes.

7 h. Lac d'Artouste (*V.* ci-dessous, p. 79).

Des Eaux-Bonnes aux Eaux-Chaudes.

A. PAR LA ROUTE.

9 k. — Omnibus plusieurs fois par jour (1 fr. 10). — Voit. à volonté.

Route des Eaux-Bonnes à la vallé d'Ossau (*V.* ci-dessus). — On descend au point de jonction des deux routes, et l'on prend la route de Pau aux Eaux-Chaudes pour traverser la gorge du Hourat (*V.* ci-dessus).

B. PAR LE GOURZY.

3 h. 25. — Une des plus agréables promenades que l'on puisse faire dans les environs des Eaux-Bonnes. — Un guide (4 à 5 fr.) n'est pas absolument nécessaire; cependant on risque de s'égarer. — Cette course peut se faire entièrement à cheval.

On suit la promenade Jacqueminot (à g. de l'église) ou sentier du Gourzy. — 50 m. Plateau. — 1 h. 30. Fontaine; on laisse à g. le sentier du col de Lurdé et du pic de Ger. — Contournant (1 h. 45) un vallon, on entre (1 h. 50) dans un bois de hêtres; on traverse un fourré de buis. — 2 h. 20. Plateau du **Gourzy** (1839 mèt.; panorama presque aussi beau que celui du pic du Midi d'Ossau).

Pour descendre dans la gorge des Eaux-Chaudes, on se dirige vers l'O. — Forêt de hêtres et de sapins. — Sentier escarpé qui descend à travers les pâturages. — 3 h. 10. A g., chemin de la grotte des Eaux-Chaudes.

3 h. 25. Les Eaux-Chaudes.

Des Eaux-Bonnes à Coarraze, par la vallée de Ferrières.

39 kil. — Route de voitures, terminée en 1877 et accessible aux petits véhicules appelés dans le Midi « jardinières ».

13 k. Col d'Aubisque (R. 32).

—Du col, un sentier très rapide descend directement en 1 h. à 17 k. *Arbéost*, sur l'Ouzon.

La route contourne un promontoire au-dessus du torrent qui passe dans un défilé.

20 k. *Ferrières*, à l'issue du vallon du Haugaron.

[En 2 h. 30 à Aucun (R. 32), par le *col de Bazès.*]

A Lourdes. R. 21.

On longe la rive dr. de l'Ouzon. — 22 k. Fontaine pétrifiante. — Défilé étroit et pittoresque. — A l'O., haut rocher de *Montdragon*, d'où jaillit en cascades une fontaine. Ce site est un des plus beaux des Pyrénées. La vallée s'élargit.

31 k. *Arthez-d'Asson*. — A l'E., *Pène de la Hèche* (1366 mèt.).

35 k. *Asson*, 2406 h. — Ruines d'un *château* du XIIIe s.

Une route qui descend dans la vallée du Bécz conduit à (40 k.) Nay (R. 20). — Pour gagner le chemin de fer à la station la plus voisine, il faut traverser l'Ouzon et passer (3 k.) à Igon, situé en face de (1 k.) Coarraze (R. 21).

Des Eaux-Bonnes à la vallée d'Aspe, R. 27, *B*; — à Saint-Christau, R. 28, *B*; — au lac d'Aule, au pic du Midi d'Ossau, etc., *V.* ci-dessous : *Les Eaux-Chaudes*; — au Balaïtous, R. 30; — à Sallent, Panticosa, Huesca, à Argelès, etc., R. 32; — au Gabizos, etc. *V.* l'*Itinéraire général de la France : Pyrénées.*

LES EAUX-CHAUDES ET LEURS ENVIRONS

Situation. — Aspect général. Établissement.

Le v. des **Eaux-Chaudes** * (com. de Laruns) est sur le Gave d'Ossau ou de Gabas, à 675 mèt. d'altit., dans une gorge qui s'étend du N. au S., si étroite qu'elle suffit à peine aux maisons des deux côtés de la route. La nature y est âpre et grande. La saison thermale est plus longue aux Eaux-Chaudes que dans les stations voisines, et le froid y est moins sensible que sur d'autres points moins élevés. Les maisons sont groupées autour des bains, et les malades n'ont que quelques pas à faire pour y arriver.

L'*établissement thermal*, rive dr. du Gave, restauré en 1870, est un des mieux aménagés des Pyrénées. Il forme un carré de 52 mèt. de côté et tourne sa principale façade vers le S. (salle des Pas-Perdus, salon de réunion, galeries couvertes, appartement du médecin inspecteur). L'édifice principal est flanqué de trois bâtiments semi-circulaires qui contiennent les réservoirs, les buvettes, les cabinets de bains, la piscine et les douches des trois sources l'Esquirette (O.), le Clot (N.) et le Rey (E). Les garçons et les filles de service portent le beau costume de la vallée d'Ossau.

La *buvette Minvielle*, abritée par un pavillon, est située immédiatement au S. des Eaux-Chaudes, sur une petite terrasse.

Chapelle catholique et *chapelle* protestante.

Les eaux.

Eaux thermales, sulfurées sodiques. — Sept sources différant comme température et comme proportions de leurs éléments : Clot, 36°,25; Esquirette Chaude, 35°; Esquirette Tempérée, 31°,5; Rey, 33°,5; Baudot, 25°,5; Larrescq, 24°,35; Minvielle, 10°,6.

On les emploie en boisson, bains et douches.

Elles sont excitantes, mais à un degré moindre que plusieurs de leurs congénères des Pyrénées. Elles réussissent dans le catarrhe, le rhumatisme, les affections de la peau, la métrite chronique, etc.

Promenades.

Promenade Henri IV, Bussy ou *du Château* (bancs commodes), à l'extrémité S. du village. — *Promenade d'Argout*, sur le flanc de la montagne, de l'autre côté du Gave, sur lequel sont jetés le pont de l'établissement, trois *ponts* rustiques situés en aval et le *pont d'Enfer* (10 m.), où l'on rejoint la route de Gabas. — 5 m. au-dessus du pont d'Enfer, jolie cascade et *promenade Horizontale*. — Une autre promenade Horizontale, tracée sur le versant E. de la vallée, rejoint la promenade Minvielle.

Goust.

30 m. — Sentier de mulets.

Du pont d'Enfer, un sentier monte en zigzag sur le versant O. de la vallée à *Goust*, ham. dans un cirque de pâturages, à 520 mèt. au-dessus des Eaux-Chaudes.

Grotte des Eaux-Chaudes.

45 m. à 1 h. de montée. — Chemin de mulets. — Pour droit de visite, éclairage et conduite dans l'intérieur : par personne, 1 fr. 50. — Guide, 2 fr.

On monte à g. de la route de Gabas. — Au-dessus de la vallée (30 m.), on laisse à g. le chemin du Gourzy (*V.* ci-dessus). — A l'entrée de la grotte, *auberge*. — La *grotte des Eaux-Chaudes* (1000 mèt. d'alt.) s'ouvre dans une roche très haute; un petit torrent la traverse (ponts de bois); à 450 mèt. de profondeur, on est arrêté par une cascade jaillissant d'une fissure qui paraît communiquer avec le plateau d'Anouillas, où s'engouffrent les eaux du pic de Ger.

Gabas, Bious-Artigues.

15 k. — Route de voitures jusqu'à Gabas. — Promenade très recommandée.

Pont d'Enfer. — On remonte la rive g. du Gave d'Ossau. — 2 k. et 2 k. 1/2. Ponts sur le Gée et sur la Gaziès.

8 k. **Gabas** * (1125 mèt.), à la jonction des Gaves de Broussette et de Bious. — *Église* du XVe s. — A l'entrée du vallon de

Broussette (2 k. de Gabas), carrière de marbre blanc.

Ascension du pic du Midi d'Ossau, *V.* ci-dessous.

On remonte la vallée du Gave de Bious. — Beaux paysages. — 1 h. 1/2 (de Gabas). Plateau et scierie de **Bious-Artigues** (très belle vue sur le pic du Midi).

Col d'Iseye, lacs de Montagnon et pic de la Gentiane.

Une journée entière. — Course peu fatigante pour un bon marcheur (une partie peut se faire à cheval) et sans aucun danger.

On suit la route de Gabas pendant 30 m., jusqu'au débouché du *val de Bitet*, dans lequel on prend à dr. le sentier de mulets qui monte au col d'Iseye pour descendre à Accous (R. 26).

On remonte le bord du torrent du Gée (*grotte de Mailly*). — Jolies cascades. — On traverse le ravin qui descend du lac d'Isabe.

3 h. **Col d'Iseye** (2000 mèt.), *de Gée* ou *de Sesques* (belle vue).

Si l'on ne veut pas redescendre par le val de Bitet, il faut, non loin du col, obliquer à g. vers le N.-E., et, passant au S. et à la base du *pic de Mardos* (2157 mèt.), gagner le *plateau de Montagnon* (petits lacs; très belle vue). On descend à l'E. par une muraille presque verticale (escaliers assez faciles), sur le *plateau du Rioutort*. Là, on peut monter à cheval, et choisir entre plusieurs voies pour revenir aux Eaux-Chaudes.

On peut descendre très facilement à Laruns en suivant, au milieu des bois, la rive dr. du Rioutort, et, de Laruns, monter aux Eaux-Chaudes ou aux Eaux-Bonnes par la route. — Mais il vaut mieux, du plateau du Rioutort, se diriger à l'E.-S.-E. vers (40 m.) le sommet de la *Gentiane* (1759 mèt.; vue magnifique).

De la Gentiane, on se dirige vers le S.-O., par un sentier facile qui conduit au plateau de *Besse*. Contournant le plateau, on gagne, vers le S.-E., le *col de la Sagette* (1600 mèt. env.), d'où un sentier assez raide descend, par le plateau de *Lusques*, à Goust (*V.* ci-dessus).

De la Gentiane aux Eaux-Bonnes, on peut suivre, mais à pied seulement, l'arête qui se dirige vers le N.-E. entre Laruns et les Eaux-Chaudes et qui forme la crête du Hourat. Quand on est arrêté par un rocher à pic, il faut obliquer vers la g., et, dans le bois, un sentier assez difficile descend directement à Laruns.

Pic Scarput.

5 h. à la montée. — 4 h. à la descente. — Ascension très belle et très facile.

Avant d'arriver au col d'Iseye (*V.* ci-dessus), on s'élève au S., d'abord sur l'herbe, ensuite sur le rocher, puis sur la neige.

4 h. Crête ronde et très large (belle vue à l'O.). — On suit la crête au S., en redescendant un

peu à dr., pour attaquer le pic par le S.-O.

5 h. Sommet du **Scarput** (2605 mèt.; vue panoramique ressemblant à celles du pic de Ger et du pic de Sesques). — On peut descendre facilement, au N.-N.-E., au lac d'Isabe (*V.* ci-dessous).

En 4 h., descente.

Lac d'Isabe et pic de Sesques.

6 h. à la montée. — 3 h. 30 à la descente. — Beau panorama.

On descend, par la route de Gabas (30 m.), au val de Bitet. — On remonte le Gée jusqu'au ravin d'Isabe (*V.* ci-dessus). — Au delà de la belle *cascade de Sesques*, on tourne à g. pour remonter (S.-O.) la rive dr. du torrent qui descend du lac d'Isabe.

4 h. **Lac d'Isabe**, encadré par les crêtes d'Isabe à l'O. et de Sesques au S. (à l'extrémité, belle *cascade d'Isabe*, haute de 200 mèt.). — De la rive N., on se dirige obliquement vers un escarpement que l'on gravit; la cime atteinte, on se trouve entre la vallée d'Ossau et la vallée d'Aspe. Il faut suivre avec précaution la crête au S.-O., pour gagner (9 h.) la cime du **pic de Sesques** (2605 mèt.; très belle vue).

On descend au (30 m.) *col de Saillent de Sesques*, puis sur le plateau de Sesques. — 1 h. 50. Cabane de bergers. — On traverse le ruisseau de Sesques, dont on suit la rive dr. — 2 h. 15. Plaine de Sesques. — 2 h. 45. On descend sur les bords du torrent jusqu'au sentier du val de Bitet. — 3 h. 30. Les Eaux-Chaudes.

Lacs d'Ayous, de Bersou et d'Aule.

Une journée. — Une grande partie de cette excursion peut se faire à cheval et même en voiture.

13 k. des Eaux-Chaudes à Gabas et à Bious-Artigues (*V.* ci-dessus).

On monte à dr. au N.-O., puis au S.-O. jusqu'au *lac Romassot* (1812 mèt.), le premier du groupe d'Ayous. On en suit la rive N.; le torrent qui s'y jette vient d'un petit lac supérieur (le second). On suit ce torrent et l'on atteint le *lac d'Ayous*, que l'on contourne sur la rive O., au pied des escarpements des pics d'Ayous et de Lorry. — En 1 h. de marche, vers le S., on atteint le *lac de Bersou*. — Pour abréger la course, on peut, en franchissant la crête qui domine le lac, au S., descendre dans le vallon où passe le sentier du col des Moines à Bious.

Pour visiter le lac d'Aule, il faut revenir sur ses pas, et, en deçà du lac d'Ayous, monter à g. vers le N.-O., au *col de Lorry* (2200 mèt.; très belle vue sur le bassin des lacs et le pic du Midi d'Ossau à l'E., la vallée d'Aspe à l'O., les pics d'Aule, de Gaziès, de Scarput, etc., au N.). On contourne à l'O. les pics de Lorry et d'Ayous jusqu'au sommet du vallon d'Aas au d'Ens de Bielle. Il faut se tenir horizontalement sur la partie supérieure de la vallée en marchant vers le N.-E. On laisse à dr. le col d'Aas de Bielle (R. 27, *C*), on franchit la crête qui sépare les deux vallées et on descend au *lac d'Aule* (2000 mèt. ; excellentes truites).

En suivant le torrent (belle forêt), on atteint en peu de temps Bious-Artigues.

Un piéton peut abréger beaucoup en restant à une assez grande hauteur au-dessus du lac, et en gagnant vers le N.-E. le *col de Heous* (2300 mèt.), sur l crête (2561 mèt.) qui sépare le val d'Aule du vallon de Gaziès au N.-O. — Suivant le torrent de la Gaziès, on arrive à 3 k. en amont des Eaux-Chaudes.

Lac d'Artouste.

A. PAR HERRANA.

6 h. à la montée. — A la rigueur, on pourrait y aller à cheval. — Se méfier des vipères.

On suit d'abord la route de Gabas, et, à 4 k. des Eaux-Chaudes, on descend à g. pour traverser le Gave à côté de la scierie d'*Arrioucaou*. Au plateau de Cezy, un cable en fer de 1100 mèt. de longueur descend, près de la scierie, les minerais des mines d'Ar. — On remonte à l'E. la gorge de Soussouéou. — A dr., montagne d'*Herrana* (2065 mèt.); au N., l'*Arcizette* (2390 mèt.).

2 h. des Eaux-Chaudes. *Plateau de Soussouéou*, où l'on rejoint le sentier des Eaux-Bonnes (*V*. ci-dessus). — On gagne la rive dr. du torrent près de la scierie de Soussouéou et à l'issue d'un vallon qui remonte à g. vers l'Amoulat (mine de plomb) et vers le col de Taousseilla, d'où l'on peut descendre dans la vallée du Gave d'Arrens (R. 31). — En face, le pic de Palas (R. 30).

5 h. Petit *lac de l'Ours* (1606 mèt.). — 5 h. 30. Cabanes où l'on peut passer la nuit. — Il ne reste plus qu'à gravir une rampe escarpée.

6 h. **Lac d'Artouste** (50 hect.)

B. PAR LE VAL D'ARRIUS.

6 h. — On peut se rendre à cheva jusqu'au col d'Arrius.

1 h. 30. Gabas (p. 74).

2 h. On suit la route de voitures en amont de Gabas.

2 h. 45. *Pont de Camps*. — On continue à remonter la vallée jusqu'au débouché du val d'Arrius. Là, on quitte la route pour (3 h. 15) s'élever à travers une forêt jusqu'au *vallon d'Arrius*, que l'on remonte sur des pâturages.

4 h. 45. On atteint un premier col, puis deux autres, portant le nom général de *col d'Arrius*.

5 h. 15. Le plus élevé (2254 mèt.) est couvert de neige jusqu'à la fin d'août. Vue admirable du lac d'Artouste, N.-E.; à l'E. est le *pic Palas* ou *Cuje de Palas* (2976 mèt.)

On descend sur la rive O. du

6 h. Lac d'Artouste.

Pic d'Arriel.

7 h. 30 à la montée. — Facile ascension, très recommandée. — On fera bien de coucher à Gabas.

5 h. 15. Col d'Arrius (*V.* ci-dessus : *Lac d'Artouste*).

Après avoir monté au S. pendant 10 m. vers le *lac d'Arrius*, on suit la rive g., puis on tourne à l'O. et l'on descend un peu pour remonter ensuite au S. par un sentier mal frayé.

6 h. 30. *Col de Sobe* (2445 mèt.). — Montée rapide à l'E. — 7 h. Large col, à l'O. de l'Arriel. — On escalade des rochers escarpés.

7 h. 30. Sommet de l'**Arriel** (2828 mèt. ; très belle vue).

On descend au col d'Arrius (*V.* ci-dessus, *B*).

Tour du pic du Midi d'Ossau.

Une journée. — Excursion très intéressante dont une partie peut se faire à cheval ou en voiture. — Très beau panorama.

Des Eaux-Chaudes à (1 h. 30) Gabas, *V.* ci-dessus. — Route de Bious-Artigues. — Plus loin, à g., vallon de Magnebaïgt ; on laisse les chevaux, qu'on envoie à la plaine de Bious (*V.* lacs d'Ayous), où on les retrouve au retour. — On remonte le ruisseau de Magnebaïgt. — 3 h. *Plateau de Magnebaïgt*. — 4 h. Col de Pombie ou de Suzon (*V.* ci-dessous : *Pic du Midi*). — De ce col on incline à dr. et l'on contourne la base E. du pic du Midi. — 5 h. On se dirige plus à l'O.

5 h. 15. *Col de Peyreget*, sur l'arête qui relie le *pic de Peyreget* (2473 mèt.), à g., au pic du Midi, à dr. Au S., petite cime (magnifique panorama).

Du col, on descend (5 h. 35) à un petit plateau, puis en quelques min. au *lac de Peyreget*, au-dessus duquel (au N.-E.) les murailles du pic se dressent à une hauteur de 1000 mèt. — Du lac, on suit le vallon qui descend vers le N.-O. — 6 h. 35. Plaine de Bious, où l'on retrouve ses chevaux. — De Bious à Gabas et de Gabas aux Eaux-Chaudes, *V.* ci-dessus.

Pic du Midi d'Ossau.

A. PAR LA VALLÉE DE BROUSSETTE.

Une forte journée. — Un bon guide est indispensable. — Il vaut mieux monter par la vallée de Broussette et descendre par Bious-Artigues. — Cette ascension ne mérite pas d'être recommandée.

2 h. 45 des Eaux-Chaudes au pont de Camps (R. 30).

On passe devant le sentier du col d'Arrius et vis-à-vis des ruines de (3 h. 30) la *case de Broussette*, située à 1382 mèt.

De la case au col d'Anéou, R. 31.

Forêt. — 5 h. 30. *Col de Pombie* ou *col de Suzon* (2100 mèt.), qui relie le pic du Midi au *pic Saoubiste* (2209 mèt.). — On monte à g. jusqu'au pied du pic (5 h. 45), où commençaient les difficultés de l'ascension avant que des barreaux de fer eussent été enfoncés dans les cheminées des escarpements. On s'élève successivement par trois couloirs très inclinés, puis par une pente très longue. — Du sommet (7 h.) du **pic du Midi d'Ossau** (2885 mèt.), on découvre un panorama plus étendu que beau. — Le *petit pic du Midi*, qu'une large échancrure sépare du grand pic, est d'un accès très difficile. C'est par le col de Peyreget qu'il faut l'aborder.

B. PAR BIOUS-ARTIGUES.

5 h. des Eaux-Chaudes à Bious-Artigues (*V.* ci-dessus).

On monte à l'E. par un sentier raide à travers la forêt, puis on s'élève au S. par des pâturages faciles. — 5 h. Col de Pombie (*V.* ci-dessus, *A*).

6 h. 30. Sommet.

Des Eaux-Chaudes à la vallée d'Aspe, R. 27; — à Oloron, R. 28; — au Balaïtous, R. 30; — à Sallent, aux Bains de Panticosa, R. 31; — à Argelès, R. 32.

ROUTE 30.

LE BALAÏTOUS

Course difficile vers la fin, *dangereuse* même par le glacier de las Néous. — En partant soit des Eaux-Bonnes ou des Eaux-Chaudes, soit d'Arrens, soit de Cauterets, il faut passer une nuit dans la montagne. — Un abri du C. A. F. a été construit en 1887 près du col d'Arremoulit. — Un excellent guide est indispensable. — Guides recommandés : aux Eaux-Bonnes et Gabas, Camy et surtout Orteig ; à Arrens, Lacoste et Michel Gleyre ; à Cauterets, Clément Latour, Sarrettes, Latapie, Bordenave et Casse ; à Gavarnie, Henri Passet et Célestin Passet.

A. **Des Eaux-Chaudes, par le lac d'Artouste.**

6 h. des Eaux-Chaudes au lac d'Artouste, par Herrana (*V.* p. 77). C'est dans une des cabanes qui se trouvent en deçà du lac qu'il faut passer la nuit.

Le lendemain, on longe la rive E. du lac à une assez grande hauteur. — A dr., *lac d'Arremoulit*. — 2 h. *Col d'Arremoulit* (2455 mèt. ; frontière), entre le Pallas, bien difficile à gravir, et l'Arriel (R. 29), à dr. — On entre en Espagne.

3 h. 50. On atteint une arête, à la base du pic. — *Rocher du Déjeuner* (2700 mèt.). — A dr., grand glacier qui descend vers le S. — On grimpe au N.-N.-E. dans un couloir. — 4 h. 50. Croupe d'où l'on se dirige à l'E. (4 h. 45) vers une étroite crête de rochers dominant d'effroyables abîmes. — 5 h. Sommet du **Balaïtous** (3146 mèt.). — Vue des plus grandioses sur le pic du Midi d'Ossau, le Vignemale, le pic d'Enfer, etc. Au N.-E., on voit le grand glacier de las Néous.

B. **De Gabas, par le val d'Arrius.**

Par cette voie, en se faisant conduire en voiture jusqu'au débouché du val d'Arrius, et reprenant le soir la voiture au même point, on pourrait, en partant de grand matin, même des Eaux-Bonnes, rentrer coucher, soit aux Eaux-Chaudes, soit aux Eaux-Bonnes.

4 h. de Gabas au lac d Arrius (V. p. 78). — On peut suivre une ou l'autre rive du lac. On monte ensuite à l'E. vers un col conduisant dans le bassin des lacs d'Arremoulit; on contourne le plus grand de ces lacs, puis (4 h. 40) on s'élève au S.-E.

5 h. 20. Col d'Arremoulit, où l'on rejoint la route *A*.

8 h. 20. Sommet du pic.

C. D'Argelès ou d'Arrens, par l'Arribit.

10 h. 30 d'Argelès, 9 h. d'Arrens.

5 h. d'Argelès à l'étang de Doumblas (R. 36). — On s'élève à l'O. dans la gorge de l'Arribit.

6 h. *Tour d'Arribit* (1850 mèt.?), bloc de rocher sous lequel il faut passer la nuit (on y trouve l'eau et le bois nécessaires).

Le lendemain, on franchit l'Arribit et l'on s'élève au S.-O. par le *plan de l'Arribit*.

1 h. (de la Tour d'Arribit). Cabane où l'on pourrait passer la nuit (pas de bois). — On escalade la *brèche de Bacrabère*. — A dr., petits *lacs de la Barane*. — 2 h. 15. *Port de la Barane*, triple échancrure de roches (2584 mèt.), ouverte sur une crête (frontière) que l'on suit (15 m.) jusqu'au rocher du Déjeuner (*V.* ci-dessus, *A*).

4 h. 30 (10 h. 30 d'Argelès). Sommet.

D. D'Arrens, par le glacier de las Néous.

Cette voie est la plus *dangereuse:* il faut un excellent guide ayant déjà fait l'ascension.

3 h. 45 d'Arrens aux cabanes de Labassa (R. 36), où l'on peut coucher.

On monte au S.-O., sur les flancs de la crête de Fachon, puis on suit la rive g. du torrent du Balaïtous. — A g., étang et glacier. — On grimpe sur le rocher à l'O.-S.-O., pour longer ensuite la crête de Fachon.

4 h. 15. *Lac glacé de Fachon.* — Si le glacier n'est pas trop crevassé et si l'on est muni de cordes et de haches, on peut le remonter facilement de l'E. à l'O.; mais si la glace est à découvert ou si les crevasses sont à moitié découvertes, il faut escalader à dr. d'assez mauvais rochers qui forment la rive g. du glacier de *las Néous* ou de *Néouvieille*. Lorsqu'on a franchi cette crête de rochers et traversé quelques pentes faciles, couvertes de neiges, on atteint la base du Petit Balaïtous (7 h. 15). C'est là que se trouve le passage réellement périlleux. Souvent la rimaye est infranchissable. Si l'on peut la dépasser, on longe avec précaution une crête de glace très dangereuse. — Au delà, mur vertical, dont l'escalade est plus effrayante que difficile.

7 h. 45. Cime du Balaïtous (*V.* ci-dessus, *A*).

E. De Cauterets, par Piedra Fitta.

2 jours. — Voie la moins difficile. — Magnifique course de lacs et de glaciers.

5 h. de Cauterets au col de la Fache (R. 38 : *Pic de la Fache*).

On descend sur la neige à l'origine du *val de Piedra Fitta.* — Pont de neige sur le ruisseau. — A dr. (N.), 1er lac de *Piedra Fitta.* — On reste sur la rive dr. du torrent. — 2e grand lac, et 3e lac, le plus grand de tous.

Cabane Darré Spumous, peu confortable, où il faut passer la nuit. Cette cabane est située au pied des murailles S. du Balaïtous.

Le lendemain, départ au point du jour. On monte au N. par la rive dr. du torrent de Cristail ou de Costerillou. — Éboulis; grandes plaques de neige; magnifique *glacier*, que l'on gravit assez facilement (aucun danger) malgré sa forte inclinaison.

3 h. de la cabane. *Brèche de Latour.* — Corniches assez difficiles.

5 h. 40. Cime du Balaïtous.

Retour par la même voie jusqu'au bas du glacier. — Obliquer à g. (S.-E.). — 1 h. Ruisseau de Costerillou, que l'on traverse sur les glaces en amont du lac de Cristail. — A g., cirque de *Costerillou*, tapissé de neige.

On longe les flancs du Cristail jusqu'au port de la Pierre-St-Martin ou d'Azun, à l'E. (2 h.). Là, on rentre en France. — Montée pénible sur des neiges et des éboulis. — 5 h. 15. *Brèche de Cambalès* (belle vue sur le grand glacier N. du Balaïtous), entre le pic de Cambalès (R. 36), au S., et le *Bernat-Berraou* (2819 mèt.), au N.

On se laisse glisser sur d'immenses tapis de neige jusqu'au fond du val de Cambalès. — 1 h. 15 env. Pla de la Gole du Marcadau. — 8 h. 15. Cauterets.

En descendant du Balaïtous, si l'on passe au rocher du Déjeuner (1 h.), on peut prendre le chemin de Sallent par la vallée d'Arriel. Il faut descendre d'abord à l'O. jusqu'à l'extrémité d'un glacier recouvert de débris, puis (1 h. 30) longer à dr. trois petits lacs, suivis d'un quatrième qu'on laisse à g. en remontant un peu; de là on arrive par une pente extrêmement raide au fond de la vallée, où l'on suit la rive dr. du torrent. — 2 h. 45. On rejoint le sentier venant du col de la Pierre-Saint-Martin (R. 36); de là, on suit la vallée de l'Arriel.

5 h. 40 à 6 h. Sallent (R. 31).

F. De Cauterets, par la Frondella.

De Cauterets à la cabane Darré Spumous, *V.* ci-dessus, *E*.

On remonte le ruisseau de Cristail, qui descend du glacier S. du Balaïtous. — 2 h. de la cabane. Glacier. — On attaque (sans danger) les rochers de la *Frondella* ou *Montagne Fermée*, pour parvenir à la *brèche Cassou-Latour*, dans laquelle est encastré un énorme bloc de granit. Ce bloc franchi, on atteint la paroi du Balaïtous; 15 à 20 mèt. sont difficiles à escalader; ensuite on arrive facilement au sommet (3 h. 40 de la cabane).

ROUTE 31.

DES EAUX-CHAUDES AUX BAINS DE PANTICOSA

11 h 40. — Route praticable aux chevaux.

3 h. 30 des Eaux-Chaudes à la case de Broussette (R. 29).

On longe le Gave de Broussette sur la rive g., puis (3 h. 40) sur la rive dr. — On laisse à g. (3 h. 45) un sentier pénible qui remonte au S., par le vallon de Peyrelue, au *col de Sallent*, *de Peyrelue* ou *des Pierres-de-Claude* (1847 mèt.).

Pont sur le ruisseau de Peyrelue. — *Défilé de Turmon.* — On continue de suivre le Gave de Broussette.

6 h. 15. **ol d'Anéou**[1], ou *de Pourtalet* (1795 mèt.), entre la montagne de ce nom (2179 mèt.), à l'O., et le *pic d'Estremère* (2116 mèt.), à l'E. — Frontière (débris de redoutes).

On descend dans la vallée du Gallego. — Beaux pâturages de *Roumigas* (gisements d'anthracite et de fluorine), un des centres de la flore pyrénéenne. — On longe la rive g. du Gallego.

6 h. 45. Caserne de douaniers; à g., *pic de Peyrelue*, couvert de pâturages.

7 h. 45. **Sallent***, gros bourg très ancien de 1000 h., bâti en amphithéâtre, à 1252 mèt., sur le ruisseau d'Agua Limpia, à la base de la pyramide blanche appelée par les Espagnols *Peña Foradada*. — *Église* assez bien décorée (riche trésor offrant des objets remarquables).

De Sallent, on peut en 8 h., aller et retour, faire la difficile ascension du *pic d'Anayet* (*V. l'Itinéraire général de la France : Pyrénées*).

[**De Sallent à Canfranc.** — *A.* PAR LA CANAU ROYA. — 6 h. 20; chemin de mulets.

On suit pendant 1 h. 1/2 le chemin des Eaux-Chaudes (*V.* ci-dessus), qu'on laisse ensuite à dr. pour parcourir les pelouses (fleurs rares) du *val de Roumigas*.

2 h. 20. A g., chemin du col d'Izas (*V.* ci-dessous, *B*). — On continue à remonter la vallée, puis on s'élève à l'O. après avoir traversé le Gallego.

2 h. 50. *Col de la Canau Roya* (1976 mèt : belle vue). — On descend d'abord à l'O., puis au S.-S.-O., tantôt sur la rive dr., tantôt sur la rive g. du torrent.

3 h. 20. Fond du ravin (cabane sur

[1] La carte de l'État-Major donne le nom de col d'Anéou à un autre passage plus élevé, situé à 3 kil. O.

la rive dr.), dont on suit les sinuosités.

4 h. 20. On traverse le rio Aragon, et l'on atteint la grande route d'Oloron à Jaca, Huesca et Saragosse, à 1 h. 50 en aval du Somport (R. 26).

6 h. 20. Canfranc (R. 26).

B. Par le col d'Izas. — 6 h. 45 de marche.

2 h. 20 de Sallent au chemin du col d'Izas (*V.* ci-dessus, *A*).

On traverse le Gallego et l'on monte au S.-O. (rive dr.), sur les pelouses du vallon de *Bazaruela.*

2 h. 50. *Cabane de Cantal.* — On passe sur la rive g. A l'O., escarpements rayés de strates rouges du *pic de Pasouso* (2474 mèt.).

3 h. 45. *Col d'Izas* (2350 mèt.), dominé au S. par le *pic de las Tres Bornas* (2467 mèt.; ascension en 15 m.; vue admirable).

Descente, sur des pâturages, vers (5 h. 15) la rive g. du rio Aragon, près de la chapelle de *San Antonio,* située sur une hauteur. Là on prend la route de voitures.

6 h. 45. Canfranc (R. 26).]

De Sallent à Argelès, R. 36.

En sortant de Sallent, on traverse le Gallego, dont on suit la rive g. — Au S., *vallée de Tena.*

8 h. *Lanuza.*

9 h. *El Pueyo.* — La route de voitures, qui descend la vallée de Tena, se dirige vers Huesca, par Sagues et Viescas (R. 26 et 41).

On tourne à g. pour longer le versant N. du vallon du Colomperdre.

9 h. 20. Village de Panticosa (R. 41).

On remonte la gorge de l'Escalar.

11 h. 40. Bains de Panticosa (R. 40).

ROUTE 32.

DES EAUX-BONNES A ARGELÈS

42 k. — Route de voit. — Prix à débattre. — *N. B.* La route, large de 5 mèt., est, dans ous les endroits dangereux, bordée du côté du précipice par un mur ou une banquette haute de 60 cent. à 1 mèt. Deux maisons cantonnières, établies à *Arbaze* et à *Lhey*, sont les seuls abris que l'on rencontre des Eaux-Bonnes à Arrens.

6 k. Cascade de Laressec (R. 29).

[Les piétons peuvent abréger de 11 k. en quittant la route de voitures et en montant à l'E. au (8 k.) **col de Tortes** (1799 mèt.). — On descend dans un petit vallon (20 m.) et on va rejoindre la route près de la roche Bazin (*V.* ci-dessous). — 22 k. Jonction des deux routes. — 31 k. Argelès.]

A la sortie de la *plaine de Gourette*, maisons de cantonniers, pourvues de salles pour les voyageurs et d'écuries.

15 k. **Col d'Aubisque** (1710 mèt.).

Descente assez raide. — On contourne le *Mont-Laid* (1892 mèt.) et on se dirige au S.

19 k. A dr., sentier du col de Tortes (*V.* ci-dessus).

20 k. Petit tunnel à travers la *roche Bazin.* — La route se développe autour de la *gorge de Litor.* — A dr., rocher isolé (2148 mèt.). — On monte au *col du Couret* (1450 mèt.), à 1 k.

env. au N. du *col de Saucède* (1528 mèt.). — Au S.-O., le *Petit Gabizos* ou *pic du Midi de Ferrières* (2639 mèt.; en y montant par le col de Saucède, il faut s'élever d'abord à l'E., puis l'attaquer par le versant S.). — On descend par de longues rampes et on aperçoit la belle **vallée d'Azun.**

25 k. Prairies d'*Artigaux*. — On descend par de longs lacets (les piétons peuvent abréger).

30 k. **Arrens** *, v. à 900 mèt. — *Église* entourée d'un mur crénelé. — Aux environs, source chaude. — A 500 mèt. au S., rocher haut de 20 mèt., couronné par la *chapelle* romane *de Poey-la-Houn* (montagne de la Fontaine), au milieu de laquelle jaillit une source (pèlerinage; couvent et maison d'éducation). — Au S., *pic du Midi d'Arrens* (2268 mèt.).

[**Pic de Cambalès** (8 h. d'Arrens; course facile par la vallée d'Azun; le meilleur point de départ est la cabane de Labassa). — 3 h. 45. Cabanes de Labassa (R. 36). — 6 h. 15. Col de la Pierre-Saint-Martin (R. 36). — Avant le col, on tourne à l'E. et on monte par des neiges au (7 h.) *port d'Azun* (2700 mèt.). — Au N.-E., pentes de neiges faciles.

8 h. Sommet (2965 mèt.).]

Au Balaïtous, R. 30, *D*; — à Sallent, R. 36; — à Cauterets, R. 37; — au lac Miguelou, au pic d'Arrouy, *V. l'Itinéraire général.*

32 k. *Marsous*.

33 k. *Aucun*, ch.-l. de c., 466 h., à 862 mèt. — Au N., *gouffre d'Aubès*, puits naturel.

35 k. *Gaillagos*.

37 k. *Arcizans-Dessus*, sur un beau plateau. Au S.-O., vallon du Gave de Labat de Bun.

La vallée se rétrécit. — Belle gorge boisée.

39 k. *Arras*. — Ruines du *Castelnau-d'Azun* (XIVe s.; deux donjons) et de deux autres châteaux de la même époque.

Belle vallée d'Argelès. — A dr., *Saut du Procureur*, rocher d'où les Azunois précipitèrent jadis un collecteur d'impôts.

42 k. Argelès (R. 35).

ROUTE 35.

DE PARIS A TARBES

A. Par Bordeaux.

832 k. — Chemin de fer. — Traj. en 14 h. 55 à 22 h. 30. — 102 fr. 55; 73 fr. 75; 56 fr. 30.

585 k. de Paris à Bordeaux, gare Saint-Jean (R. 1).

694 k. Morcenx (R. 4).

703 k. *Arengosse* (beau château).

710 k. *Ygos*.

719 k. *Saint-Martin-d'Oney*. — Pont sur la Midouze.

753 k. **Mont-de-Marsan** *, ch.-l. du dép. des Landes, 11 760 h., au confluent du Midou et de la Douze, dont la réunion forme la Midouze, navigable depuis le confluent jusqu'à son embouchure dans l'Adour; ville en général bien bâtie et bien arrosée. — Restes du donjon de

Noulibos (tu ne l'y veux pas), bâti par Gaston Phœbus. — *Bibliothèque* (précieuses archives). — La *Pépinière*, jardin public hors de la ville, sur le bord de la Douze. — Petit *établissement de bains* (source ferrugineuse froide), au faubourg de *Saint-Jean-d'Août*.

[**De Mont-de-Marsan à Saint-Sever** (16 kil.; route desservie par des dilig.). — Plaine de la Midouze. — Forêt de pins. — 8 kil. *Saint-Perdon*. — 13 kil. *Campagne*. — 15 kil. A dr., route de Tartas; à g., route de Grenade. — *Pont* de 12 travées en fer, sur l'Adour. — 16 k. **Saint-Sever***, ch.-l. d'arr., 4869 hab., dans une belle situation, sur un promontoire. — **Église**, jadis abbatiale, du XIe s., édifice très endommagé en 1569, lors de la prise de la ville par Montgommery, et restauré aux XVIIe et XIXe s. — Petit *musée* d'art et d'histoire naturelle. — *Cénotaphe*, élevé au général Lamarque sur la place triangulaire des Platanes. — Beaux points de vue, de la promenade de *Morlane*.]

De Mont-de-Marsan à Bazas, Marmande, Agen, Condom, Eauze, Dax, Pau et Orthez, *V. Gascogne et Languedoc*.

Au delà de Mont-de-Marsan, le chemin de fer traverse le plateau qui sépare la Midouze de l'Adour.

748 k. *Grenade*, ch.-l. de c., 1474 hab., à 500 mèt., rive dr. de l'Adour.

[A 6 k. de Grenade (voit. de corresp. pendant la saison), *établissement* thermal *d'Eugénie-les-Bains** ou *de Saint-Loubouër*: eau sulfureuse ou ferrugineuse; bains, douches, hydrothérapie).]

757 k. *Cazères-sur-l'Adour*.

766 k. **Aire***, ch.-l. de c., 4684 h., rive g. de l'Adour. — *Cathédrale*, XIe, XIVe, XVe et XVIIe s. — *Église du Mas-d'Aire*, rebâtie au XIIe et au XIVe s.; magnifique portail du XIIIe s.; chœur roman; anciens *cachots* du chapitre; *sarcophage* du IVe s. et *tombeau de sainte Quitterie*. — *Pont* sur l'Adour.

A Agen, à Auch, *V. Gascogne et Languedoc*.

On traverse *Barcelonne*. — A dr., ruines du *château de Corneillan*. — Pont sur l'Adour.

781 k. **Riscle***, ch.-l. de c., 1867 h., à 110 mèt., dans un bassin très fertile.

A Condom, *V. Gascogne et Languedoc*.

790 k. *Castelnau-Rivière-Basse*, ch.-l. de c., 1184 h., sur une colline escarpée (200 mèt.). — *Tour* ruinée de l'ancien château (vue magnifique sur les Pyrénées). — Grand commerce de vins, de cuisses d'oie et de jambons. — A 2 ou 3 k. E., dans la vallée, belle *église* romane *de Mazères* (du XIIIe s.). — A 6 k. S.-O., *Madiran* (excellent vin rouge dit de *Vic-Bilh*).

799 k. *Caussade*. — Jolies îles boisées formées par l'Adour. — Pont sur l'Échez.

806 k. **Maubourguet***, ch.-l. de c., 2521 h., au confluent de

l'Adour et de l'Échez. — Curieuse *église* du XIIe et du XIVe s.

815 k. **Vic-Bigorre***, ch.-l. de c., 3703 h., rive dr. de l'Échez, à 2 k. de l'Adour. — Jolies promenades. — Dépôt d'étalons. — A 11 k. S.-S.-O., *Montaner*, ch.-l. de c., 786 h. (ruines d'un **château**, construit par Gaston Phœbus; donjon haut de 34 mèt.).

A Auch, *V.* ci-dessous, *B.*

A g., ligne d Auch et d'Agen.

821 k. *Andrest*, sur un canal d'irrigation appelé l'*Ag...-Andrest.* — A dr., *Bordères*

832 k. **Tarbes***, ch.-l. du départ. des Hautes-Pyrénées, siège d'un évêché, V. de 25 146 h., à 309 mèt. d'altit., au milieu de l'une des plus belles plaines de la France, rive g. de Adour, dont les eaux desservent tous les quartiers. Elle occupe une grande superficie; presque toutes les maisons ont de grandes cours et des jardins.

Cathédrale (coupole du transsept, XIVe s.; maître-autel richement décoré; abside du XIIe s.). — *Saint-Jean* (XIVe s.). — *Église des Carmes* ou *de Sainte-Thérèse*, fondée en 1282 (clocher à flèche dentelée).

Ancien *palais épiscopal*, du XVIIIe s., auj. préfecture (dans le jardin, ruines, inscriptions, deux statues romanes). — *Mairie* (bibliothèque de 22 000 volumes, ouverte t. l. j., dimanches exceptés). — *Dépôt d'étalons* (1852), le plus important du Midi (on peut obtenir la permission de le visiter). — Grandes *casernes*. — Grand *arsenal d'artillerie*. — *Statue* du chirurgien Larrey.

Au milieu du beau **jardin Massey**, édifice couronné d'une tour semi-mauresque et renfermant un **musée** où l'on remarque, parmi les tableaux :

1. *Albertinelli.* Sainte Famille. — 6 *Baroccio.* Même sujet, sur cuivre. — 9. *Boulanger* (*Louis*). La Paix, allégorie. — 12, 13. *Carrache* (*Annibal*). Apollon. Ronde d'enfants. — 14, 15. *Cuyp.* Portraits d'homme et de femme. — 19. *Caravage.* Saint Sébastien. — *Alonzo Cano.* Sainte Famille. — 25. *Dauzats.* Cathédrale de Tolède. — 26, 27. *Le Dominiquin.* Fragment d'une étude originale pour la fresque de l'église des Saints-Anges, à Rome, représentant le Martyre de saint Sébastien. Paysage. — 28. *Dietrich.* Portrait. — 31. *Doré* (*Gustave*). Une forêt de sapins dans les montagnes. — 32. *Drouais.* Portrait de Mlle Guimard. — 33. *Everdingen.* Marine. — 35, 36. *Goyet* (*Eugène*). Le Triomphe de Cimabué. Épisode d'un incendie. — 38. *Baron Gérard.* Achille retrouvant le corps de Patrocle. — 39. *Le Guerchin* (?). Loth et ses filles. — 50. *Largillière.* Portrait de M. de Pontchartrain. — 53. *Lazerges.* Moissonneurs kabyles. — 54. *Cl. le Lorrain.* La Cucagna (fête villageoise). — 58. *Montero* (école espagnole). L'Ivresse de Noé. — 60. *Lepoittevin.* L'Hiver en Hollande. — 61. *Poëlemburg.* Paysage. — 62. *Pérugin.* La Vierge et l'Enfant Jésus (sur bois de cèdre). — 63. *Pater.* Portrait de Mlle Guimard. — 64. *Le Parmesan.* Jugement de Pâris. — 65. *Panini.* Personnages sur des ruines. — 66. *Pordenone.* Adoration des Mages. — 67. *Sébastien del Piombo.* Portrait de l'historien Cavalcanti (sur bois). — 69, 70. *Rigaud.* Portrait d'une actrice.

Dame, en Diane chasseresse. — 75. *Andrea del Sarto.* Le Christ. — 76. *Solimena.* Parabole tirée de l'Écriture. — 79. *Sassoferrato.* Sainte Marguerite. — 82, 85. *Saus* (*Eug.*). Portraits de Placide Massey, donateur du jardin public, et d'Achille Jubinal, fondateur du musée. — 84, 85. *Topino-Lebrun.* Portraits d'homme et de femme, costumes de 1795. — 86. *Terwesten.* Le Printemps. — 88. *Van Balen.* Le Triomphe de Neptune. — 72. *Watelet.* Paysage tyrolien. — 97. *Volterre* (*Daniel de*). La Vieillesse dominée par la Folie. — 100, 101. *Van Bloemen.* Le Retour du marché. Le Maréchal ferrant. — 102. *Zurbaran.* Saint Jacques de Compostelle. — 151. *Gosselin.* Paysage. — 161. *J. André.* Forêt. — 180. *J. Laurens.* Ispahan.

Statues. — *Jouffroy.* Ariadne. — *Coulan.* Saint Christophe. — *Desca.* L'Ouragan (plâtre).

Place Maubourguet, au centre de la ville. — *Place du Marcadieu*, servant de champ de foire. — *Allées Nationales* et le *Prado*, le long du canal de l'Adour. — Belle *villa Fould.*

[A 3 kil. S., *hippodrome de Laloubère ;* à 1 kil. S.-O. de Laloubère, *château d'Odos*, où mourut, en 1549, Marguerite de Navarre.]

De Tarbes à Pau, R. 20 ; — à Agen, *V.* ci-dessous ; — à Cauterets, R. 35 ; — à Luz, R. 35 et 45 ; — à Barèges, R. 35, 45 et 56 ; — à Bagnères-de-Bigorre, R. 60 ; — à Bagnères-de-Luchon, R. 67, *B.*

B. Par Agen et Auch.

804 k. — Chemin de fer. — Traj. en 20 h. 55 à 26 h. — 98 fr. 40 ; 73 fr. 80 ; 54 fr. 10.

651 k. de Paris à Agen (*V. La Loire, De la Loire à la Gironde* et *Gascogne et Languedoc*).

Le chemin de fer d'Auch suit la ligne de Toulouse jusqu'à

659 k. Bon-Encontre (R. 2). — Magnifique *viaduc de St-Pey-de-Gaubert*, sur la Garonne, long de 450 mèt. (17 arches). — *Viaduc* de 10 arches sur l'Estressol. — Pont sur le Gers.

662 k. **Layrac**, 2673 h., au confluent de la Garonne et du Gers. — *Église* du XIe s. (nef reconstruite ; voûte de l'abside peinte par Franceschini ; beau chœur). — Belle vue.

666 k. *Goulens* (halte). — Pont sur le Gers.

670 k. *Astaffort*, ch.-l. de c., 2536 h. — *Église* paroissiale (bassin en cuivre repoussé). — Restes de l'ancien *château.*

Pont sur le Frayminet.

679 k. *Castex* (halte).

687 k. Gare de Lectoure, située au ham. de *Pradoulin*, au pied de la colline escarpée qui porte la ville, et sur l'emplacement de la cité romaine.

Lectoure *, ch.-l. d'arr. de 5272 h., à 215 mèt. d'alt., est bâtie sur un plateau élevé de près de 150 mèt. au-dessus du Gers. — *Ancienne cathédrale* des XVe et XVIe s. ; belle *Assomption* en marbre du XVIe s. — *Ancien évêché* (*chambre des Généraux*, renfermant les portraits d'hommes de guerre nés dans le pays ; au rez-de-chaussée, *inscriptions* tauroboliques du IIIe s. et autres antiquités ; beaux jardins). — *château* (*hôpital* et *couvent*). — Ancien *hôtel* des ducs de Roquelaure. — *Porte* ogivale. — *Église des*

Carmes (XVIe s.; vieux tableaux; belle *Assomption*). — *Statue* en marbre *de Lannes*, duc de Montebello (né à Lectoure en 1769). — **Fontaine de Houndélie**, monument du XIIIe s., au pied S. de la colline qui porte la ville. — *Promenades* agréables (jolis points de vue).

[A 8 kil. O.-S.-O., *Terraube* (beau *château* du XVIe s.; vieux remparts.]

A Condom, *V. Gascogne et Languedoc.*

Pont sur le Gers.

697 k. **Fleurance***, ch.-l. de c., 4457 h., bastide régulière du XIIIe s., rive g. du Gers. — *Église* du XIVe s. (trois vitraux d'Arnaud de Moles). — Marché pour les vins et les blés de l'Armagnac.

De Fleurance à Condom, à Moissac, à l'Isle-Jourdain, *V. Gascogne et Languedoc.*

Pont sur l'Ousse.

703 k. *Montestruc* (halte).

Pont sur le Gers.

708 k. *Sainte-Christie.*

A dr., *Roquefort* (vieux château). A g. (rive g. du Gers), *tour d'Arcamont;* plus loin, château moderne de *Rieutort.*

713 k. *Rambert - Preignan* (halte). — A 5 k. O., *château de Roquelaure.*

Pont sur l'Arçon.

721 k. **Auch***. — La gare est au pied de la colline qui porte la ville. — Auch, ch.-l. du dép. du Gers, V. de 15 090 h., est bâti en amphithéâtre sur le penchant d'une colline tellement rapide que la haute et la basse ville sont réunies par des escaliers dont le plus beau, dit *escalier Monumental* (1864), conduit, par 232 marches, à la place Salinis. Au bas de la ville, le Gers la sépare d'un faubourg.

Sainte-Marie (fermée de midi à 3 h.; s'adresser au gardien; pourboire), une des plus belles cathédrales du S. de la France, construite au XVIe s. dans le style ogival; la façade, du XVIIe s., et ses tours sont gréco-romaines; façades latérales gothiques, inachevées. Longueur, 106 mèt.; hauteur de la voûte principale, 27 mèt. **Stalles** admirables en chêne sculpté (1520-1529); retable du XVIIe s.; belle *mosaïque* (1861). **Vitraux** célèbres d'Arnaud de Moles ou Demoles (1515). *Saint-Sépulcre* du XVIe s. *Buffet d'orgues*, de Poyerle (2751 tuyaux). — Restes des *bâtiments capitulaires.*

Église Saint-Orens (*olifant* en ivoire, du XIe s.).

Préfecture, ancien palais des intendants. — *Hôtel de ville*, avec salle de spectacle; il contient les éléments de divers *musées*, des produits des fouilles géologiques de M. Lartet, des inscriptions curieuses. Tableaux: marines de *Vernet;* portrait, par *Mignard;* etc. — *Grand séminaire* (archives; médailles; cabinet d'histoire naturelle; riche bibliothèque où le public est admis). — *Bibliothèque* de 20 000 vol., dans l'ancienne *chapelle des Carmélites* (XVIIIe s.); statuette d'Ausone (?). — *Statue* de l'intendant *d'Étigny*, à l'entrée du *cours d'Étigny*.

A Toulouse, *V.* ci-dessous, *D*; — à Aire, Condom, Montauban, Lombez et Lannemezan, *V. Gascogne et Languedoc*.

On remonte la rive dr. du Gers. — Pont métallique sur le Gers. — Vallée du Sousson. — A g., château de *Besmeau*.

730 k. *Saint-Jean-le-Comtal*. — Vallée de la Petite-Bayse.

739 k. *Ortholas* (halte); à dr., *pile romaine*. — Pont sur la Petite-Bayse.

742 k. *L'Isle-de-Noé**, au confluent des Bayses. — Château. — Source minérale.

On remonte la vallée de la Bayse; à dr., *donjon* polygonal du xve s.

745 k. *Mouchès* (halte). — Pont sur la Bayse. — Longue rampe menant au plateau.

749 k. **Mirande***, ch.-l. d'arr., 3016 h., bastide régulière du XIIIe s., rive g. de la Bayse-Devant. — *Notre-Dame*, du xve s. — Ruines du *château*. — Restes de l'*enceinte*. — *Musée*. — *Monument* érigé par la ville « à ses enfants morts pour la patrie, 1870-71 ».

A Pau, à Condom, *V. Gascogne et Languedoc*.

Tranchées. — Remblais. — Rampe qui monte sur l'arête dominant à l'E. la vallée de l'Osse. — Tranchée profonde de 17 mèt. — On redescend; *viaduc* métallique sur l'Osse, long de 250 mèt., haut de 20 mèt.

758 k. *Laas*; le v. est à 3 k. O. — On gagne le faîte (254 mèt.) des collines qui séparent l'Osse du Bouès.

762 k. *Rouget* (halte). — Pont sur le Bouès. — Au loin, les Pyrénées.

765 k. *Miélan* (station à 3 k. de la ville), ch.-l. de c., 1963 h., sur la petite chaîne du *Mont-d'Astarac*, la plus haute du Gers (391 mèt.). — Vue magnifique.

La voie ferrée s'élève, par des rampes de 21 à 25 millim., à 299 mèt. — On redescend dans la vallée de l'Arros. — Belle vue.

774 k. *Villecomtal*, rive dr. de l'Arros. — Pont sur l'Arros. — On descend dans la plaine de l'Adour.

779 k. **Rabastens***, ch.-l. de c., 1241 h., au confluent de l'Estreux et du canal d'Alaric. — *Église* du xive s.; chaire formée de panneaux du xve s. — Marchés très importants. — *Canal d'Alaric*, creusé, dit la tradition, par ordre d'Alaric, roi des Visigoths. — Le territoire produit de bons vins.

Pont sur l'Adour. — A dr., ligne de Mont-de-Marsan.

786 k. Vic-Bigorre.

804 k. Tarbes (*V.* ci-dessus, *A*).

C. Par Toulouse et Montrejeau.

910 k. — Chemin de fer. — Traj. en 20 h. à 24 h. 25. — 108 fr. 45. — 81 fr. 60 et 59 fr.

751 k. de Paris à Toulouse par Limoges et Brive (*V. La Loire, De la Loire à la Gironde* et *Gascogne et Languedoc*).

104 k. de Toulouse à (855 k.) Montrejeau (R. 67, *A*).— 55 k. de Montrejeau à Tarbes (R. 67, *B*).
910 k. Tarbes (*V*. ci-dessus, *A*).

D. **Par Toulouse et Auch.**

922 k. — Chemin de fer. — Traj. en 20 h. 25 à 31 h. 40. — 109 fr. 60; 82 fr. 55; 59 fr. 70.

751 k. de Paris à Toulouse (*V*. *Loire et Centre* et *Gascogne et Languedoc*).
761 k. *Saint-Cyprien*, principal faubourg de Toulouse. — Pont sur le Touch.
769 k. *Colomiers*. — Pont sur l'Aussonnelle.
774 k. **Pibrac***. — Pèlerinage au tombeau et à la maison de sainte Germaine. — *Château* du XVIe s. — On passe deux fois le Courbet.
779 k. *Brax* (*château* du XVIe s.).

[A 2 k. S., *Léguevin*, ch.-l. de c., 984 h.]

On traverse la *forêt de Bouconne*. — 788 k. *Mérenvielle*.
795 k. **L'Isle-Jourdain***, ch.-l. de c., 4572 h., rive g. de la Save. Pont sur la Save.
804 k. *Montferran*.

A 8 k., *Montbrun* (beau *château* moderne).]

On franchit un des affluents de la Marcoue, puis la Marcoue et la Gimone.
807 k. *Escornebœuf* (halte).
813 k. **Gimont***, ch.-l. de c., 2944 h. — Restes de l'*abbaye de Planseure*, XIIe s. — *Église* gothique; deux édicules de la Renaissance. — *Halle* en bois du XVIe s. — *Notre-Dame de Cahusac* (1515), pèlerinage, près de la station.

[Corresp. pour Lombez, par la vallée de la Save.
16 k. **Samatan***, ch.-l. de c., 2365 h., ville commerçante, près de la rive dr. de la Save.
19 k. **Lombez***, ch.-l. d'arr. de 1684 h., ancien évêché, rive g. de la Save. — **Cathédrale** (XIVe s.; beau clocher octogonal; beaux vitraux du XVe s.; fonts baptismaux, stalles et bénitiers anciens).]

820 k. *Aubiet*. — Pont sur l'Arrats. — 827 k. *Marsan* (halte). — 832 k. *Leboulin*. — A g., *château de Saint-Cricq*, et plus loin *Montégut*; pont sur l'Arçon
859 k. Auch (*V*. ci-dessus, *B*).
922 k. Tarbes (*V*. ci-dessus, *A*).

ROUTE 34.

DE PORT-SAINTE-MARIE A CONDOM

40 k. — Chemin de fer. — Traj. en 1 h. 20.— 4 fr. 90; 3 fr. 70; 2 fr. 70.

On franchit la Garonne, puis le canal Latéral.
6 k. *Feugarolles*. — On croise puis on remonte la Bayse.
10 k. *Vianne* (*remparts* bien conservés du XIIIe s.; *église* romane). — A 6 k. O., *Xaintrailles* (manoir ayant appartenu au célèbre Poton de Xaintrailles).

Pont sur la Bayse.

13 k. *Lavardac*, ch.-l. de c., 2553 hab. (le *Ténarèse*, voie romaine); à 1500 mèt. S.-O., *Barbaste* (beau *moulin* du XIVe s., flanqué de quatre tours, sur la Gélise). — On franchit la Bayse.

19 k. **Nérac***, ch.-l. d'arr., 7826 h., sur la rive g. de la Bayse. Deux *ponts*, l'un ancien, relient le *Grand-Nérac* (rive g.) au *Petit-Nérac* (rive dr.). — *Église* moderne (belles verrières). — *Église du Petit-Nérac* 1872), style du XIIIe s. — Ruines du **château** royal (XVe-XVIe s.). — Jolis *boulevards*. — *Statue* en bronze *d'Henri IV*, par Raggi. — *Promenade de la Garenne*, 2 k., sur les bords de la Bayse (restes du temple et des thermes romains; fontaines; ormes plantés par Henri IV et par Marguerite de Valois; bains du roi de Navarre; *palais de Marianne*). — Ruines du *château de Nazareth* (anciens jardins du roi). — Aux environs de Nérac, vieux *châteaux*.

[**Bains de Barbotan**. — 47 k.: serv. de dilig. à tous les trains.

Plateau de Bellevue. — Pont sur l'Osse.

8 k. *Andi*

14 k. *Mézin**, ch.-l. de c., 2808 h., sur une colline au confluent de la Gélise et de l'Auzoue (vue étendue). — *Église* romane et gothique.

Pont sur la Gélise.

18 k. *Poudenas*, sur la Gélise.

25 k. *Sos*, sur une colline (60 mèt.) au-dessus du confluent d la Gélise et de la Gueyze.

Pont sur la Gueyze. — Plateau de landes.

39 k. *Gabarret*, ch.-l. de c., 1254 h., à 150 mèt. — Restes d'une *maison* de Jeanne d'Albret. — *Église* romane (beau porche).

A dr., route de Mont-de-Marsan.

47 k. **Barbotan***, ham. de la com. de Cazaubon. — Ruines d'un vieux *château* (donjon).

Eaux thermales ferrugineuses, très fréquentées. — *Établissement* refait à neuf (buvette; piscine ou bain des pauvres, pouvant contenir 8 à 10 personnes; 12 cabinets de bains chauds; 5 de bains tempérés; bassin de boues pouvant recevoir 20 personnes). — 6 sources principales : la *buvette* (32°,5), la *piscine* (35°,7), les *bains chauds* (35°); les *bains tempérés* (31°,2), la *source des douches* (38°,7), le *bassin des boues* (36° au fond, 26° à la surface).]

On suit la rive g. de la Bayse jusqu'à Condom.

23 k. *Labarthe*, halte.

27 k. *Lasserre*, sur une route qui dessert (5 k. E.) *Francescas*, ch.-l. de c. de 1016 h. (ruines d'un *château* qu'habita La Hire), par (2 k.) le v. de *Lasserre* (beau *château* de 1595). — Près de la station, au delà de la Bayse, ruines de la villa romaine de *Bapteste*. — A dr., vieux château de *Lescout*.

31 k. *Moncrabeau*.

35 k. *Larrouze*, halte.

40 k. **Condom***, ch.-l. d'arr., 7902 h., à 80 mèt., sur une colline au confluent de la Bayse et de la Gèle. Sur la rive g., petit faubourg réuni à la ville par deux ponts. — Ancienne **cathédrale** du XVIe s. — Restes du *cloître* (musée) et *chapelle de l'évêché*. — *Maisons* des XIVe, XVe

et XVIe s. — Agréables promenades. — Entrepôt des eaux-de-vie d'Armagnac. — A 8 k. O., *Montréal-du-Gers*, ch.-l. de c., 2687 h. (église ogivale).

[**Bains de Castéra-Verduzan.** — 20 k.; serv. de voit. — Pont sur l'Auloue.

9 k. *Valence*, ch.-l. de c., 1590 h., rive g. de la Bayse. — Au N., **abbaye de Flaran** (église du XIIe s. et cloître du XIVe s.). — Au N.-E., belles ruines du *château du Tauzia*.

On passe de la vallée de la Bayse dans celle de l'Auloue.

16 k. *Ayguetinte*.

20 k. **Castéra-Verduzan***, ou *Castéra-les-Bains*, dans le vallon de l'Auloue, à 120 mèt. — *Établissement de bains* fréquenté (30 baignoires; douches). — Trois sources thermales (23°,25); eaux sulfureuses ou ferrugineuses, efficaces dans les affections de la peau, l'anémie, etc.]

ROUTE 35.

DE PARIS A CAUTERETS

889 k. — 879 k. de Paris à Pierrefitte par Bordeaux, Dax, Pau et Lourdes; traj. en 20 à 25 h.; 109 fr. 15, 81 fr. 10 et 59 fr. 45.

858 k. de Paris à Lourdes (R. 20).

DE LOURDES A PIERREFITTE

A. Par le chemin de fer.

21 k. — Traj. en 35 à 45 m. — 2 fr. 55, 1 fr. 90 et 1 fr. 40.

On décrit une grande courbe. — A g., ligne de Tarbes. — Pont sur la Geune. — On contourne la base O. du pic de Jer (R. 20). — On longe la rive dr. du Gave, et l'on entre dans la célèbre **vallée de Lavedan**, où viennent déboucher sept autres vallées, dites *rivières* de : Surguère, Castelloubon, Estrem de Salles, Azun, Davantaïgue, Saint-Savin et Barèges.

La première, à l'O., de l'autre côté du Gave, est celle de *Surguère* ou *Batsouriguère*, renfermant les v. d'*Aspin*, *Ossen*, *Ségus* et *Omex* (carrières d'ardoises et de marbre; moraines d'anciens glaciers, blocs erratiques très nombreux).

La voie ferrée passe sous la route qui traverse le [G]ave. — Pont sur le Nez, à l'issue de la vallée de Castelloubon.

6 k. *Lugagnan*.

[**Gazost.** — De Lugagnan on entre dans la vallée du Néez.

7 k. A g., chemin de Castelloubon (R. 50) et pont sur l'Aucère. — A dr., *Ousté* et *Ourdon*.

10 k. *Gazost-Village*, à 800 mèt. — Le Nez coule dans la gorge des *Inhers* (Enfers). — 13 k. Pont sur le Nez. — 14 k. *Gazost-Hameau*. — Au confluent des deux torrents qui forment le Nez, scierie, chapelle et chalet. — Fin de la route de voitures; le chemin des anciens bains remonte au S. le vallon de la Penne.

15 k. Ancien établissement de bains (les eaux sont maintenant descendues, par des conduites, à Argelès, *V.* ci-dessous).

Pour gravir le Mont-Aigu (3 h. 30), on remonte la gorge de *Honteyde*. — 1 h. Belle *cascade du Mont-Aigu;* à dr., cirque du *lac d'Ousse* et *sapin Henri IV*, où commence l'ascension (R. 59).

De Gazost-Hameau à la vallée de Lavedan, le chemin préférable remonte toute la vallée de Penne et descend par celle d'Isaby. — Sentier facile au S. — 40 m. Pont sur le torrent. — On gravit à dr. une montagne assez escarpée. — 1 h. Pâturages (montée plus facile). — 1 h. 20. Fontaine des *Trois-Seigneurs* ; à g., pics de *Moulata* (1719 mèt.) et de *Naouil* ou *Nabit* (1807 mèt.). — 1 h. 45. *Col de Tramassel* (vue magnifique).

En contournant au N. les pics de Moulata et de Naouil, on atteindrait (2 h. 25) le *Clot du Serpent*, énorme effondrement du sol.

Du col de Tramassel, on peut descendre à Beaucens, que l'on voit ; il vaut mieux contourner à g. le pic de Moulata. — 1 h. 55. Autre *col* d'où l'on voit à g. une partie du lac d'Isaby. — Descente oblique au (2 h. 25) sentier principal de la vallée d'Isaby (R. 59). — 4 h. 30. Pierrefitte (*V.* ci-dessous).]

Vue sur toute la vallée d'Argelès. — A g., *Ger*, *Geu* ou *Hiéou*, dominé au N. par les débris du *château Gélos* (xve s.). — A dr., *Agos*, *Vidalos* et *donjon* carré (1175).

12 k. *Bôo-Silhen*. — Pont sur le Gave, près de sa jonction avec le Bergons, qui vient de la vallée d'*Estrem de Salles*, contenant les villages d'*Ouzous*, de *Salles* et de *Sère-Argelès* (*donjons;* à Sère, *église* romane). — On traverse le bassin d'Argelès, riche plaine de 8 k. — A dr., donjon de *Vieuzac* (xive s.), restauré.

15 k. **Argelès***, ch.-l. d'arr. des Hautes-Pyrénées, 1894 h., adossé aux pentes boisées du *Gez* (1097 mèt.), sur la rive g. du Gave d'Azun, près de son confluent avec le Gave de Pau. — Au S., v. d'*Arcizans-Avant* et *château* dit *du Prince-Noir* (fin du xve s.). — Les eaux sulfureuses iodo-bromurées de Gazost ont été descendues à Argelès. Un établissement thermal, un hôtel, des villas et des chalets ont été construits dans un joli parc.

[**Le Balandrau** (1 h. aller et retour). — 1 k. N. Sommet (527 mèt. ; très belle vue).

Pic de Pibeste (ascension facile). — Route de Lourdes. — 3 k. Croix du v. d'*Ost*. — Sentier en lacets montant à *Lascari*. — Montée assez raide à la cabane d'*Els Lacs* (blocs erratiques). — Sommet (1386 mèt., vue immense).]

D'Argelès aux Eaux-Bonnes, R. 32 ; — à Sallent, R. 56 ; — à Bagnères-de-Bigorre, R. 59.

Pont sur le Gave. — A dr., *Lau-Balagnas*.

[A l'E., rive dr. du Gave, ruines du **château de Beaucens**, ancienne résidence des vicomtes de Lavedan. — Près du v. de *Beaucens*, petit établissement de bains. — A env. 1 k. E., *Artalens-Souin* (grottes).]

21 k. **Pierrefitte*** (gare, dite *Pierrefitte-Nestalas*, à 1 k. env. du v., rive g. du Gave de Cauterets). — Au S., beau *pic de Soulom*.

[**Saint-Savin** (1 h., aller et retour). — 20 m. A dr., manoir de *Miramont*. — 25 m. *Chapelle de Piétat* (xvie s.).

35 m. *Saint-Savin*. — Restes d'une **abbaye** : *église* romane (clocher du

XIVe s.; buffet d'orgues du XVIe s.; stalles du XVe s.; tombeau de Saint-Savin, antérieur au XIe s., avec pyramide du XIVe s.; tableaux du XVe s.; salle du *chapitre* (XIIe s.).]

De Pierrefitte à Luz, R. 45; — à Gavarnie, R. 45 et 44; — à Barèges, R. 55.

B. **Par la route de voitures.**

20 k. — On peut suivre la vallée d'Argelès sur l'une ou l'autre rive. Il vaut mieux monter par Argelès (plus belle vue de la vallée) et revenir par Villelongue et Beaucens (visite du château).

Vallée de Lavedan. — On remonte la rive dr. du Gave, que l'on traverse (5 k.) pour suivre le versant O. de la vallée. — 8 k. Agos. — 9 k. Vidalos (belle vue au S.). —10 kil. Ost. — 15 k. Argelès. — 17 k. Adast. — 20 k. Pierrefitte (*V.* ci-dessus, *A*).

DE PIERREFITTE A CAUTERETS

10 k. — Omnibus pour Cauterets à tous les trains, en 2 h. — 2 fr. 75. — Voit. particulières à 4 places, 15 fr.

A g., route de Luz (R. 45). On entre dans la pittoresque vallée du Gave de Cauterets. — 2 k. Pont (1871) sur le Gave; la route remonte la rive dr.

5 k. *Pont de Médiabat.* — Mines de plomb argentifère exploitées par une compagnie anglaise. — Du haut de la petite terrasse où est déposé le minerai, belle vue du bassin d'Argelès; *butte du Limaçon*, route en lacets.

10 k. Cauterets (R. 38).

ROUTE 36.

D'ARGELÈS A SALLENT

11 h. 30. — Course fatigante. — Guide nécessaire.

12 k. (2 h. 15). Arrens (R. 32).

On suit la rive g. du Gave; au delà du ravin de *Labardaous* (3 h. 30), on franchit successivement (4 h.) le ruisseau de Labas, que longe le sentier qui monte au col de Taouseilla (R. 29), le ruisseau de Lalie, descendu du *lac de Pouylunt*, et (5 h.) l'Arriougrand, alimenté par des lacs, dont le *lac Miguelou* est le plus important.

5 h. 30. On traverse le Gave d'Arrens, on escalade un ressaut de la vallée, et on contourne à l'E. le *lac Suyen* (1520 mèt.; cabane de pêcheurs). On dépasse le petit étang de *Doumblas*, au débouché du ravin de Larrivet ou l'Arribit, par lequel on monte au Balaïtous (R. 30).

6 h. 15. *Cabanes de Labassa.* — 7 h. A dr., les deux *lacs de Remoulis* (2044 mèt.). — 8 h 30. *Col de la Pierre-Saint-Martin* ou *d'Azun* (2295 mèt.), à l'E. du *pic de Cristail* (2892 mèt.).

On descend, par un sentier difficile (impraticable quand il y a des neiges nouvelles), dans une vallée désolée (petits lacs).

9 h. 30. Sentier qui descend du Balaïtous (R. 30, *E*).

11 h. 30. Sallent (R. 31).

ROUTE 37.

D'ARRENS A CAUTERETS

A. D'Arrens à Cauterets, par le lac d'Estaing.

h. 30. — Guide utile : 10 fr. par jour.

On remonte le ruisseau de Baou, afin de franchir la crête qui sépare le val d'Azun du val de Labat de Bun, entre le pic du Midi d'Arrens au S. et le *pic de Habourrat* au N.

1 h. *Col de Bordère* (1100 mèt.). — On tourne à l'E. et on descend en pentes très douces (excellent chemin muletier) dans la *vallée de Labat de Bun*. — Sur la rive dr., ham. de *Vielleta*. — On suit la rive g., puis la rive dr.

3 h. *Lac d'Estaing* (1264 mèt.; 12 hect.), jolie nappe d'eau (truites renommées). — On contourne la rive E.; bon sentier montant à travers un bois et des pâturages. — *Cabanes d'Ariousec*. — Pâturages mamelonnés sur la rive dr. du Garremblanc.

5 h. 30. *Col de Grun* (?), long couloir gazonné, entre le *Som de Grun* (2638 mèt.), au N., et un mamelon rocheux. — On descend rapidement par les pâturages du *Lis* ou du *Lys*. — Vue du lac d'Illéou et du lac Noir (R. 38).

Après avoir franchi le torrent du Lys, on suit les contreforts du Monné, et, par le val de Cambasque et la promenade des Lacets (R. 38), on arrive à

7 h. 30. Cauterets (R. 38).

B. Retour par le col de Cancestre.

5 h. 30. — Guide utile.

Partant de Cauterets par la gorge de Catarabe (R. 38), on monte à la *cabane de Saüs* (beau cirque de pâturages). — Sentier s'élevant à l'O.-N.-O., au *col de Cancestre*, entre le *Som de Picarre* et le *Clot de Contente*. — On laisse sur la dr. l'arête qui monte au Cabaliros (R. 38) et on descend vers la vallée de Labat de Bun, en suivant la rive dr. du torrent de Laur. — Ham. de Vielleta. — On traverse le Gave et on va rejoindre le chemin du col de Bordère (*V.* ci-dessus, *A*).

5 h. 30. Arrens (R. 32).

ROUTE 38.

CAUTERETS ET SES ENVIRONS

Situation. — Aspect général.

Cauterets, 1941 h., est situé à 925 mèt., dans un étroit bassin, entre de hautes montagnes : à l'E., *Peyraute* (forêts de sapins) ; au S.-O., *Péguère* (hêtres et sapins) ; au N.-O., *Peyrenère* (maisons et cultures). Entre Péguère et Peyrenère, à l'O., cime du Monné; au N.-O., le Cabaliros; au N.-E., le pic de Viscos.

Une *église* nouvelle (1886), un *casino-club*, un *théâtre*, de beaux hôtels et les thermes sont les seuls édifices remarquables du bourg.

Cauterets est plus riche en eaux thermales qu'aucune autre station des Pyrénées : 24 sources sont utilisées, ayant un débit journalier de plus d'un million et demi de litres. Elles alimentent 9 établissements.

Établissements.

Thermes des Œufs. — Établissement monumental, un des mieux installés de l'Europe, sur la rive g. du Gave, à la base du Péguère, à l'O. de la vallée.

Rez-de-chaussée : 26 baignoires, la plupart avec douches ; plusieurs systèmes complets de grandes douches, avec tout l'appareil hydrothérapique ; bains de siège, etc.; piscines chaudes ; vaste piscine de natation à eau sulfureuse courante (20 mèt. sur 8). — 1er étage : casino, salles de bal, de concert, de spectacle, restaurant, café, etc. — Les thermes sont alimentés par les 7 sources des Œufs, réunies en une seule fontaine (température, 53° à 56°).

De charmantes allées en pente très douce montent à la promenade de Cambasque.—Une route de voitures, sur la rive g. du Gave, va de l'établissement des Œufs au pont et à la route de la Raillère. — Bureau de l'administrateur des eaux, aux thermes des Œufs.

Thermes de César et des Espagnols, ou *Grand-Établissement* (1844), à 1002 mèt., au pied de Peyraute. — Sources de César et des Espagnols (24 baignoires, 12 petites douches et 4 grandes, 2 salles de pulvérisation, 2 salles d'inhalation, 2 salles de bains de pieds, 2 buvettes, etc.).

Thermes du Rocher-Rieumiset et César-Nouveau, bâtis en 1863 et augmentés en 1879, précédés d'un jardin anglais. Ils se trouvent à l'entrée de la promenade du Parc (23 cabinets de bains, 2 douches jumelles, 2 bains de siège avec douche ascendante, 3 buvettes, salles de pulvérisation, de humage, etc.).

Pause-Vieux, construit en 1853 (10 cabinets de bains, 14 baignoires, 3 douches ; buvette). — De la terrasse, belle vue.

Pause-Nouveau, bâti en 1843 (10 cabinets de bains, douche).

La Raillère (1 k. en ligne dr., 1800 mèt. par la route ; omnibus). — *Établissement* (1817), à 1045 mèt. d'alt., rive g. du Gave (34 cabinets de bains, 36 baignoires, 6 douches ; 2 buvettes).

Petit-Saint-Sauveur, rebâti en 1870 (16 cabinets de bains, douches), à 1215 mèt., et à 200 mèt. en amont de la Raillère (2 k. de Cauterets), près du confluent des deux Gaves de Géret et du Lutour.

Le Pré, un peu plus loin que le précédent, à 1135 mèt. (17 baignoires, 2 douches, buvette).

Le Bois, bain le plus éloigné de tous, à 1210 mèt. (2 piscines,

4 douches et 4 baignoires). On y monte de Mauhourat par une pente assez raide.

Mauhourat, les Yeux, sources qui jaillissent toutes deux dans la vallée de Géret (1160 mèt.). — Le *pavillon des Buvettes*, situé à 300 mèt. au S. de la Raillère, permet de boire l'eau de Mauhourat sans monter jusqu'à la *grotte* située à 50 mèt. au delà des thermes du Pré. — *Source des Yeux*, filet d'eau coulant derrière la grotte. — Près de là, sur les bords du Gave, sources qui alimentent les thermes des Œufs.

Les eaux.

Eaux thermales, sulfurées sodiques.

Eaux thermales salines.

Connues dès l'époque romaine.

24 *sources*. — Température variant de 61° (sources des Œufs) à 24° (source des Yeux).

Emploi : Boisson, bains, douches, inhalation, pulvérisation.

Effets physiologiques : Ces eaux diffèrent dans leurs effets comme dans leurs éléments chimiques et dans leur température. Elles sont employées surtout contre les maladies de la peau et des voies respiratoires, les engorgements de l'utérus et ceux qui résultent de la fièvre intermittente, le rhumatisme et la scrofule. La Raillère agit comme les Eaux-Bonnes, mais elle excite moins et dispose moins à la congestion pulmonaire; l'eau de Mauhourat, utile contre la dyspepsie, est souvent associée, dans le traitement, à celle de la Raillère.

L'eau des sources César, de la Raillère et de Mauhourat se transporte.

Promenades.

Parc, à l'entrée S. du bourg (*casino*, théâtre, salons, kiosque pour la musique, jeux); en face du parc, chalet où chaque matin arrive le lait de la fruitière du Lutour (*V.* ci-dessous).

Devant l'établissement des Œufs s'étend **l'espladade des Œufs**, très fréquentée, surtout le soir. — Au S. du même établissement a été ouverte **l'allée de l'Harmonie**, continuée par la **promenade des Lacets**, qui s'élève en pente très douce, à travers un bouquet de bois, jusqu'à l'entrée des pâturages de la vallée de Cambasque.

Le Mamelon-Vert et Catarabe.—On passe le pont du Gave (vis-à-vis de la mairie); la route à dr. du nouvel établissement forme la *promenade du Mamelon-Vert* (vue agréable; restaurants). Longue de 1 k., elle traverse le Gave de Cambasque et longe à g. le versant de la montagne et à dr. le mamelon qui lui a donné son nom. Une route fait suite à la promenade du Mamelon-Vert et descend au Gave, qu'elle franchit près de la route de Pierrefitte (1 k. de Cauterets). — Petit sentier à g., à l'extrémité du Mamelon-Vert, conduisant au ham. de *Catarabe* (belle vue sur la vallée de Cauterets, des gorges du Limaçon aux vals du Lutour et de Géret).

Hameau et plateau de Cancéru (2 k.; 1 h. 1/2 aller et retour). — On part des Thermes de César ou de la rue qui se détache au milieu de la rue de Richelieu. — Chemin horizontal qui longe le parc et traverse les prairies de la passe de Peyraute et du Lisey. — 2 k. Ham. de *Cancéru*. — On peut regagner la route de Pierrefitte, qui longe la base de ce plateau, par d'étroits sentiers sur un talus fort raide; mais il vaut mieux continuer au S. jusqu'à un ravin boisé qui descend à la route de Pierrefitte, à 2 k. 1/2 de Cauterets.

Grange de la Reine-Hortense (30 m.). — En partant soit de l'établissement de Pause-Vieux, soit de l'entrée du Parc, on suit un sentier en pente douce, à travers les prés et les petits bois du *Lisey*, jusqu'à une maisonnette dite *grange de la Reine-Hortense* (inscription). De ce point on découvre une très belle vue sur Cauterets et son riant bassin, Cambasque, le Monné, la vallée d'Argelès jusqu'au château de Lourdes, et la plaine de Tarbes.

EXCURSIONS ET ASCENSIONS

Cascade de Cérisey, pont d'Espagne, plateau de Cayan.

Excursion recommandée. — Pour le pont d'Espagne (3 h. 30 aller et retour) : guide, 6 fr. (inutile); cheval, 6 fr.; âne, 5 fr.; — pour le plateau de Cayan (5 h. aller et retour) : guide, 8 fr.; cheval, 8 fr.; âne, 6 fr. — On peut aller en voiture jusqu'au delà de la cascade de Cerisey.

On suit la route de la Raillère et de Mauhourat, et, laissant à g. au S. la vallée du Lutour, on entre dans la vallée de *Géret* ou de *Jéret*, qui s'ouvre au S.-O. et dont on remonte la rive dr. Grande forêt de sapins; paysage grandiose.

1 h. **Cascade de Cérisey** (buvette), une des plus belles de ces vallées (descendre au travers des sapins). — Plusieurs autres cascades, celle du *Pas de l'Ours* et surtout celle de *Beausset* (30 mèt.), sont belles. — A g., pyramide de *Peyrelance* et pic de Labassa.

1 h. 50. **Pont d'Espagne** *, à 1488 mèt., composé de sapins jetés sur le Gave du Marcadau, qui tombe dans un gouffre. — On passe sur la rive g. du Gave, on tourne à g. et on s'élève sur le promontoire qui domine le pont et le confluent du Gave de Gaube et du Gave du Marcadau. — Petit *hôtel* (déjeuner, 3 fr. 50; on paye pour pouvoir attacher les chevaux). — En face, le Gave de Gaube, versant du lac du même nom, descend d'une gorge noire de sapins, glisse en une grande nappe haute de 10 mèt.; puis, bondissant de nouveau, forme une seconde nappe de même hauteur dans une étroite faille où il se réunit avec le Gave du Marcadau.

Au delà de l'hôtellerie, *vallée du Marcadau;* un bon sentier franchit les derniers rochers de Péguère. Entre le *col d'Hom* à g. et le pic de Nets à dr., *plateau de Cayan* (1602 mèt.), site remarquable.

3 h. Pont. — Sur la rive dr. du Marcadau, Escalier de la Pourterre (*V.* ci-dessous).

Lac de Gaube.

4 h., aller et retour. — Guide, 8 fr. (inutile); cheval, 6 fr.; âne, 5 fr.

1 h. 50. Pont d'Espagne (*V.* ci-dessus). — On prend à g. le sentier qui remonte la rive dr. du Gave de Gaube; sapins et pins rouges. A mi-chemin se trouve à dr., près du Gave et hors de la vue, le petit *lac de Hahuts*.

2 h. 15. **Lac de Gaube** (1788 mèt.; longueur, 720 mèt., largeur, 320 mèt.). — A l'E., monts *Labassa* et *Meya* (2494 mèt.); à l'O., pic de *Gaube* (2329 mèt.) et autres pics de 2300 à 2500 mèt.; au fond, le Vignemale (R. 39). — L'eau du lac, venant du glacier N. du Vignemale, est toujours très froide et d'une belle couleur bleue (bonnes truites). — Auberge (chère) avec écurie. — Monument de marbre blanc élevé à deux jeunes mariés qui périrent dans le lac.

Lac d'Estom, lacs et col d'Estom-Soubiran.

10 h. 30, aller et retour. — On peut aller à cheval jusqu'au lac d'Estom : guide, 8 fr.; cheval, 6 fr.; âne, 5 fr.; jusqu'au lac et au col d'Estom Soubiran : guide (nécessaire), 12 fr.

En amont des bains de la Raillère, les deux Gaves réunis du Marcadau et du Lutour forment le Gave de Cauterets. — *Pont de Benquès*, sur le Marcadau; au delà, à g., chemin qui remonte la **vallée du Lutour,** rive dr. du Gave. — Pont de bois au pied de la cascade de *Pisse-Arros*. — A g., un sentier raide et en lacets monte au niveau de la vallée supérieure du Lutour.

1 h. Pâturages.

[Un peu en deçà du *ravin de Lanusse*, qui conduit au *col de Culaoûs*, à 2 h. de Cauterets, a été créé un périmètre de gazonnement avec *fruitière* d'association, dans le genre de celles du Jura et de la Suisse.]

2 h. 30. Le Gave du Lutour forme trois belles *cascades*. —

3 h. **Lac d'Estom,** à 1782 mèt. (point de poissons). — A pied, on contourne le lac à l'O. — A dr., ravin d'Araillé.

[Pour voir en une même journée le lac d'Estom, la haute vallée du Vignemale, le Petit Vignemale et le lac de Gaube, on peut monter à la *Hourquette de l'Araillé* (4 h. du lac d'Estom), et descendre aux Oulettes de Vignemale (R. 39), où l'on rejoint le sentier de la vallée de Gaube.

3 h. de la Hourquette au lac de Gaube; guide (15 fr.) nécessaire.]

On gravit le *Tuc dous Monges* (rocher des Moines); sentier difficile à trouver sans guide.

4 h. Plateau supérieur des quatre *lacs d'Estom-Soubiran*, se déversant l'un dans l'autre par des cascades. — Traces d'anciens glaciers.

5 h. Troisième lac. — On dépasse le *lac Glacé*, ainsi nommé des débris de névé qui descendent du pic de *Pouy-Mourou* au S., et du *Soum d'Aspé* à l'E. (ascension en 1 h.; bon guide nécessaire ; très belle vue).

6 h. 30. *Col d'Estom-Soubiran* (très belle vue). — On peut descendre (7 h.) au pont de neige d'Ossoue, d'où en 10 h. à Gavarnie (R. 44).

Le Monné.

6 h. 30, aller et retour. — Abri et buvette, au lieu où s'arrêtent les chevaux. — Guide, 10 fr. le jour, 12 fr. la nuit; cheval, 10 et 12 fr.; âne, 8 et 10 fr.

Le Monné s'élève à l'O. de Cauterets.

Pont sur le Gave. — A dr., promenade du Mamelon-Vert, à g., celle de Péguère ; on suit un sentier qui contourne la montagne de Péguère. — *Vallée de Cambasque*, ou *de Paladère*.

40 m. Pont sur le Gave de Cambasque. — Lacets montant sur le flanc de la montagne de *Guidante*. — Genévriers et rhododendrons. — 2 h. 30. *Plateau* herbeux *des Cinquets*. — Source. — Abri et buvette (2370 mèt.). — La montée devient plus raide. — Plate-forme, distante de 150 mèt. du sommet et où on laisse les chevaux ; la cime est assez difficile à atteindre pour les ascensionnistes peu expérimentés.

4 h. **Monné** (2724 mèt.; très beau panorama[1]).

On peut descendre à l'O. par la gorge du *Lion*.

Le Cabaliros.

6 h., aller et retour: — Guide, 10 fr.; cheval, 10 fr.; âne, 8 fr. — On peut monter à cheval jusqu'au col de Contente.

Ce sommet s'élève au N.-N.-O. de Cauterets, au-dessus des prairies et des bois de Catarabe, à la dr. des crêtes de Peyrenère.

Pont sur le Gave, vis-à-vis de la mairie. — On suit la promenade du Mamelon-Vert, puis le sentier sur les flancs de Peyrenère. — 1 h. *Plateau* supérieur *d'Esponne* (lait chez Barrère). — On traverse un ruisseau qui descend de la gorge du Lion (beau cirque de pâturages au S.-O.). — 1 h. 30. Pâturages des premiers contreforts E. du Monné. — Pont sur la branche principale du torrent de Catarabe. — 2 h. Promontoire (belle vue). — Ne pas boire aux petites sources ferrugineuses que l'on rencontre.

3 h. *Col de Contente* (vue magnifique; auberge chère), entre la vallée de Cauterets et celles de Labat de Bun et d'Azun. — Pentes herbeuses et faciles.

4 h. **Cabaliros** (2333 mèt.; admirable panorama[2]).

[1] V. le panorama de M. E. Wallon.

[2] *Ascension du Cabaliros et panorama de la chaîne du sommet de ce pic*, 1 vol. in-16, par M. E. Wallon

On descend à Cauterets (2 h.) par la même voie, ou (1 h. 30) par le petit *lac d'Anapeou*, au S. du Cabaliros (excellente source), et par Catarabe (*V.* ci-dessus).

Pic d'Ardiden.

Une journée. — Bon guide, 20 fr. (nécessaire); cheval, 10 fr.—Course fatigante, mais très intéressante

A. DE CAUTERETS, PAR LE COL DU LISEY.

6 h., montée; 3 h. 30, descente. — Route préférable à la route *B;* on peut monter à cheval jusqu'à la cabane de Peyraute.

30 m. Grange de la Reine-Hortense. — On laisse à g. le chemin du col de Riou (*V.* ci-dessous).

On monte à dr. au *plateau du Lisey*, d'où on se dirige à l'E.

1 h. 30. *Col du Lisey* (très belle vue). — On incline à g. sur le flanc E. du *pic Peyraute* (2093 mèt.), et on tourne au S. pour suivre la crête d'*Aulian*, puis celle des *Agudes*. — 4 h. 1/2. *Lacs d'Ardiden* (2375 mèt. env.), au nombre de huit. — Pied du versant N. du pic. — On traverse une plaque de neige (très rude escalade sur des blocs).

6 h. **Ardiden** (2988 mèt.; magnifique panorama sur le Balaïtous, le Vignemale, le cirque de Gavarnie, Luz, etc.), cime formée de blocs entassés.

On descend par la même voie (3 h.), ou par la route *B* (3 h. 30).

B. DE CAUTERETS, PAR LA VALLÉE DU LUTOUR.

6 h. 30, montée.

2 h. Ravin de Lanusse (*V.* ci-dessus : *Lac d'Estom*), dans la vallée du Lutour. — On monte à l'E. (bois de pins, taillis, pâturages inclinés). — 3 h. *Cabane de Culaous*. — On monte (N.-O.) au *plateau d'Agudes*, à la base d'une crête qui va au N.-E. vers la cime (invisible d'ici). — Escalade pénible de 3 h. sur de blocs vacillants.

6 h. 30. Sommet.

C. DE SAINT-SAUVEUR.

4 h. 45, montée; 3 h., descente. — Course, jusqu'au 4e lac d'Ardiden (3 h. 30), très recommandée.

Plateau de *la Hontalade*. — On contourne par le N., puis l'O. (pâturages escarpés et glissants) la *montagne de Laze*.

1 h. 30. *Col d'Astrets* (crête accidentée, fantastique). — On tourne au S.; torrent de Bernazaou, près du *lac de Gaye* ou *de Laguès* (2037 mèt.). — Au delà, cheminée très facile. *Lac de Pène* (2366 mèt.). — Seconde cheminée. — *Lac Lahazère*. — 3 h. 20. *Lac Grand* ou *d'Ardiden*. On rejoint la route *A*.

4 h. 45. Pic d'Ardiden.

Descente par la même voie, 3 h. — Voie meilleure : du lac de Gaye, rive dr. du torrent de Bernazaou jusqu'à Sazos (R. 45), puis route de Saint-Sauveur.

On peut aussi revenir par le

versant S. (chemin difficile), puis par les escarpements de l'E., sur les bords du petit *lac Badet* (2600 mèt.), entouré de pics désagrégés. On descend sur les bords du torrent de Badet (rive g. et assez haut) pour aboutir, un peu en aval du pont de Siia, à la route de Saint-Sauveur (4 h. du sommet). — En prenant la voie du Badet, pour abréger, il faut quitter le ruisseau de Badet avant son confluent avec celui de Lassariou, et remonter à g. (N.-E.) pour contourner les flancs de l'*Agnouède* à la lisière du bois. Par ce sentier, on aboutit à l'établissement de bains de la Hontalade (R. 43).

Lac Bleu ou d'Illéou.

5 h., aller et retour. — Guide, 8 fr., cheval, 6 fr.; âne, 5 fr. — Pour l'excursion au lac, avec retour par le pont d'Espagne, guide, 10 fr.

Plateau de Cambasque. — On suit l'une des rives du torrent de la Paladère ou d'Illéou. — La gorge de Cambasque se rétrécit et l'on remarque au S.-O. le promontoire de la crête du Lys, qui semble barrer le passage; on monte sur la rive dr. du torrent à travers des éboulis.

1 h. 30. Jolie *cascade d'Illéou* — Pied des parois gazonnées et d'accès facile qu'il faut gravir. — *Lac Noir* (cabanes). — On escalade une digue.

3 h. **Lac Bleu ou d'Illéou,** long de 800 mèt., large de 250, à 1986 mèt., dans un site des plus sauvages. A g. (S.-E.), *pic de Nets* (2446 mèt.); dans le fond (S.-O.), crête de *Herrats* (2754 mèt.).

On peut revenir soit par le pont d'Espagne, soit par les pâturages du Lys.

Pour aboutir au pont d'Espagne, il faut monter de la rive E. du lac sur les crêtes du S.-E. (pénible), que l'on franchit au *col de Hiego* ou au *col de la Haougade*, plus au S.-O. — On descend (pentes très raides) dans la vallée du Marcadau, en amont du pont d'Espagne (*V.* ci-dessus).

Pour revenir par les pâturages du Lys, il faut monter au *col d'Illéou*, — d'où l'on pourrait faire en 2 h. 30 l'ascension du *Grand Barbat* (2812 mèt.), — ouvert à 2303 mèt., au N.-O., et descendre, sur les bords du ruisseau de Garremblanc, au lac d'Estaing, dans la vallée de Labat, d'où l'on pourrait revenir à Cauterets par le col de Contente (*V.* ci-dessus : *le Cabaliros*, et R. 37). — Course très jolie, mais longue et fatigante.

Col de Riou, Pène-Nère, pic de Viscos.

Guide de Cauterets au col de Riou (5 h. ou 4 h. aller et retour), 6 fr.; cheval, 6 fr.; âne, 5 fr. — Au pic de Viscos : guide, 10 fr.; cheval, 10 fr.; âne, 8 fr. — De l'auberge du col à Pène-Nère : guide, 1 fr., cheval, 1 fr.

30 m. Grange de la Reine-Hortense. — On traverse une belle forêt de sapins et le plateau

de Lisey, laissant à dr. le chemin du pic d'Ardiden.

1 h. 45. **Col de Riou**, à 1945 mèt. (cantine très propre et à prix modérés; belle vue sur le bassin de Luz). — En montant à g. de la cantine, on atteint (2 h. 15) *Pène-Nère*. — On peut du col descendre à Luz (R. 42, *A*), ou monter au pic de Viscos (R. 43).

Pic de la Fache ou Som de Baccimaille.

6 h. 45 montée; 6 h. descente. — Guide, nécessaire, 40 fr.

3 h. Extrémité du plateau de Cayan (*V.* ci-dessus). — Pont sur le Gave. — Sur la rive dr., *Escalier de la Pourterre*, ressaut de granit que l'on franchit facilement à pied. — 3 h. 15. Pont sur le Gave.—On monte au S. par les pâturages pierreux du *plateau de Loubassou*. —3 h. 30. *Cabane du Marcadau*, au milieu du *Pla de la Gole* (1800 mèt.).

Traversant le ruisseau, on monte sur les pâturages. — 4 h. Laissant à dr. la gorge de Cambalès, on tourne à l'O. — A g., *cascade* et *cabane de la Fache* (2000 mèt.). — 4 h. 45. *Lac de la Fache*. — Pente de neige.

5 h. 30. *Col de la Fache* (2738 mèt.; belle vue). — On monte au S.; longue arête, facile.

6 h. 45. **Grande Fache** (3020 mèt., ou 3006 d'après M. Schrader; beau panorama). — On peut, par le col de la Fache et le vallon de Piedra Fitta, descendre à (5 h. 30) Sallent (R. 51).

Pic d'Enfer.

Montée : 8 h. 15 et 11 h. 30. — Excellent guide nécessaire (20 fr. par j., en 1 ou 2 jours). — On peut coucher la cabane du Marcadau ou descendre soit aux Bains de Panticosa, soit à Sallent. — 7 h. 30, descente à Cauterets.

A. PAR LE GLACIER DU NORD.

3 h. 30. Cabane du Marcadau (*V.* ci-dessus : *Pic de la Fache*). — On remonte la vallée, laissant bientôt à dr. les vallons de Cambalès et de la Fache, à g. celui d'Aratille. — 3 h. 50. Base des escarpements.

4 h. 40. Source de *Hount Frie*.

5 h. 15. **Port du Marcadau** (2556 mèt.), dominé à l'E. par le *pic Péterneille* (2901 mèt.). — Descente assez rapide au 1er lac de Bachimaña (R. 40). — Là, on tourne au N.-O. sur des éboulis; puis, laissant à dr. le chemin du col d'Enfer (*V.* ci-dessous, *B*), on atteint le 1er *lac d'Enfer*, dont on traverse (6 h. 30) le déversoir, pour atteindre le glacier, très redressé dans sa partie supérieure. — On se dirige vers une bande de rochers, séparés de la glace, à la fin de l'été, par une rimaye.

8 h. 15. **Pic d'Enfer** ou *Quijada de Pundillos* (3082 mèt.; panorama immense).

Si l'on veut se rendre aux Bains de Panticosa (2 h. 30), on descend au *lac glacé d'Enfer*, situé à la base N. du glacier, puis, tournant au S., on franchit un contrefort du pic, et, traversant à gué le rio Calderas, on atteint le sentier des Bains de Panticosa (R. 40).

B. PAR LE COL D'ENFER.

11 h. 30, montée. — Route plus facile.

6 h. 30. Arrivé au 1er lac d'Enfer (*V.* ci-dessus, *A*), on le laisse à g. et on monte par de longues pentes de neige vers le

7 h. 15. *Col de Sallent* ou *d'Enfer* (2763 mèt.; belle vue). — Là, il faut descendre d'env. 200 mèt. jusqu'à un petit lac, afin d'éviter l'arête très dangereuse qui conduit droit au pic. — On contourne ensuite une bande de rochers et on gravit le versant S.

11 h. 30. Pic d'Enfer.

Si l'on veut aller à Sallent, on descend d'abord au lac, en suivant le même chemin qu'à la montée. — 2 h. 45. On suit la rive S. du lac après en avoir franchi le déversoir. — On descend (belle vue) au (3 h.) ravin de *Bondellos*, que l'on traverse. — 3 h. 15. Mine de plomb argentifère abandonnée. — 3 h. 30. Chemin de la Pierre-Saint-Martin (R. 36). — 5 h. Sallent (R. 31).

—

De Cauterets au Grand Barbat, au pic de Chabarrou, au pic de la Sèbe, au pic de Cestrède, etc., *V.* l'*Itinéraire général : Pyrénées.*

De Cauterets au Balaïtous, R. 30, *C* et *D*; — aux Eaux-Bonnes, R. 32 et 33; — à Saint-Savin et à Beaucens, R. 35; — à Arrens, R. 37; — au Vignemale, R. 39; — aux Bains de Panticosa, R. 40; — à Huesca, R. 41; — à la vallée supérieure du Gave de Pau, R. 42.

ROUTE 39.

LE VIGNEMALE

Aller et retour : 14 et 18 h. env. de Cauterets; — 10 et 12 h. de Gavarnie. — Si l'on part de Cauterets, on fera bien de coucher dans l'*abri Russell.* — Si l'on veut effectuer l'ascension et le retour dans une seule journée, il faut partir de Gavarnie. — Guide, corde et hache nécessaires. — Guides (30 fr.) : Henri, Célestin Passet, Brioul, P. Pujo et Haurine, de Gavarnie; Sarrettes, Latour, P. Bordenave et Latapie, de Cauterets.

Le **Vignemale** est la cime la plus haute des Pyrénées françaises, car le Mont-Perdu, le Posets et la Maladetta sont en Espagne. A l'E., il s'appuie sur le haut contrefort du Montferrat; à l'O., il se dresse au-dessus du précipice au fond duquel s'ouvre le col des Oulettes. Il est couronné par quatre pointes. La plus difficile d'accès, la *Pique Longue*, haute de 3298 mèt., a été gravie pour la première fois en 1834 par le chasseur Cantouz. Depuis 1881, M. le comte Russell a fait creuser à ses frais trois *abris* dans la roche (il y en a un pour les guides), à 3200 mèt. d'alt., et à 20 mèt. à peine du *col de Cerbillona*.

A. **De Cauterets, par Ossoue.**

On peut aller à cheval jusqu'à la cabane de Spumouse.

2 h. 15. Lac de Gaube (R. 38).

Deux sentiers contournent (10 m.) le lac, l'un à dr., l'autre à g.; mais ils passent sur des éboulis : il est plus agréable de traverser le lac en bateau.

Au S. du lac, le Gave forme 5 cascades, en tombant de ressaut en ressaut. La première (5 h.), celle de *Splumouse* ou *Spumouse*, est la plus remarquable.

4 h. Les *Oulettes de Vignemale*, dernier ressaut. Au S., les escarpements du Vignemale se dressent à une hauteur de 1000 mèt. A g., *pic de l'Araillé;* à dr., au S., col des Oulettes ou des Mulets (*V.* ci-dessous). — Deux routes mènent à la Hourquette d'Ossoue : il faut ou passer au S.-E. à la base du glacier septentrional, ou monter à g. au S. sans prendre le glacier.

5 h. *Hourquette d'Ossoue* (2758 mèt.; parois escarpées et glaciers du Vignemale, présentant un aspect grandiose). Au N., *pic de Labassa;* au S., le *Petit Vignemale*, facile (1 h.).

On descend du col par de longs éboulis. — A dr., grand **glacier d'Ossoue**, appelé aussi *glacier de Montferrat* ou *glacier oriental du Vignemale*, long de 3 k. et large de 1 k. — On peut tenter l'escalade par ce glacier, mais il vaut mieux descendre à l'E. dans le cirque où se réunissent, sous des ponts de neige, les eaux qui forment le Gave d'Ossoue. A l'origine de la *vallée d'Ossoue*, on tourne au S., et on suit la rive dr. du torrent jusqu'à la moraine terminale.

5 h. 45. On monte vers l'arête du Montferrat. Au-dessous, à dr., glacier d'Ossoue, qu'il faut aborder à l'endroit favorable (6 h. 30). On a évité la partie la plus crevassée, mais la corde est encore nécessaire. Sur le névé, plus de danger. — 7 h. Base du pic. — Escalade de 20 m.; rochers schisteux.

7 h. 20. *Pique Longue* du Vignemale (3298 mèt.), pyramide noire qui se dresse au milieu des neiges (vue très étendue).

B. De Cauterets, par le col des Oulettes ou des Mulets.

9 h. montée. — Voie la plus facile, en évitant le Clot de la Hount.

4 h. Oulettes du Vignemale (*V.* ci-dessus, *A*). — Il faut se diriger au S. vers le glacier septentrional, qu'on laisse à g.; on monte à dr.

4 h. 30. *Col des Oulettes* ou *des Mulets* (2573 mèt.).

5 h. 50. *Clot de la Hount*, large ravin exposé aux chutes de pierres, qui monte à g. au sommet du Vignemale. En 1879, MM. Brulle et Bazillac, avec les guides Sarrettes et Bordenave, ont fait l'ascension par cette voie dangereuse. Pour l'éviter, on descend un peu à g. vers l'escarpement du *Cerbillona*. — 8 h. Petite terrasse; étroite cheminée; montée rude. — 8 h. 20. Névé d'Ossoue. — 8 h. 35. Base de la Pique Longue.

9 h. Sommet.

C. De Gavarnie, par Ossoue et le Montferrat.

6 h., montée. — 4 h., descente. Guide, corde et hache nécessaires.

2 h. 15 de Gavarnie au pas des Oulettes (*V.* R. 42, *B*). — Muraille de rochers que l'on escalade. — On remonte la rive dr. du Gave d'Ossoue (la rive g. est impraticable). — On traverse un plateau de neige qui fait pont sur le torrent. — 3 h. 15. Cascade venant du glacier. — Crête du *Montferrat*, qui se perd sous le glacier (3 h. 30). — Traversée du glacier (nombreuses crevasses; corde nécessaire), du S.-E. au N.-O. — 5 h. 15. Base de la Pique Longue; montée assez rude.

6 h. Sommet.

D. De Gavarnie, par le Plan d'Aube.

8 h., montée. — On peut aller à cheval au delà du Plan d'Aube. — C'est par là que Cantouz, le premier, gravit le Vignemale, en 1854.

2 h. 30 de Gavarnie au Plan de Millas (R. 42, *B*).

A dr., vallée d'Ossoue. — On remonte au S.-O. pour longer le ruisseau de la Canaou. —3 h. Bifurcation de la vallée (l'embranchement de g. renferme le *lac Bernatoire*). — On monte à dr. (O.) dans le vallon du Lécadé.

4 h. *Port de Plalaube* ou *de Cardal* (2500 mèt.). — On descend à l'O. sur le versant espagnol; gazons faciles.

5 h *Plan d'Aube*, long plateau. Au N., le Montferrat ou Cerbillona. — On rejoint la route du col des Mulets (*V.* ci-dessus, *B*).

8 h. Sommet.

ROUTE 40.

DE CAUTERETS AUX BAINS DE PANTICOSA

A. Par le port du Marcadau.

8 h. — On peut aller à cheval jusqu'à la cabane du Marcadau. — Guide nécessaire, 15 fr. par jour.

5 h. 30 de Cauterets aux *lacs de Bachimaña*, d'où sort le rio Caldarès, qui descend dans une gorge profonde. — A dr., chemin du pic d'Enfer (R. 38).

Le sentier s'éloigne du rio. — Plus bas à g. s'ouvre le vallon de Bramatuero. — Au delà des *lacs inférieurs de Bachimaña*, on longe la rive dr. du rio Caldarès, en se tenant assez haut, afin d'éviter les escarpements du fond de la gorge. — Après avoir contourné quatre terrasses granitiques et dépassé (7 h. 45) le *gouffre* et la magnifique **cascade de la Lavaza**, on atteint l'*établissement* thermal *del Estomago* (1744 mèt.; vue subite du bassin triangulaire des Bains de Panticosa, de son lac et de la gorge sauvage del Escalar). — Descente rapide.

8 h. Bains de Panticosa (*V.* ci-dessous, *B*).

B. **Par le col de la Badette et le Bramatuero.**

Route un peu plus longue que celle du col du Marcadau, mais qui mérite d'être parcourue. — Il faut prendre un bon guide.

3 h. 30. Pla de la Gole. — Il faut monter à g. (S.-E.), sur la rive dr. du Gave d'Aratille.

4 h. Confluent de la Badette. dont on suit la rive dr., après avoir traversé l'Aratille.

4 h. 30. Premier *lac de la Badette*, dont on longe la rive O. — Second lac. — On traverse un glacier et l'on monte sur les parois S.-O. du cirque.

6 h. 30. *Col de la Badette* (2600 mèt.; belle vue). — On domine le vallon lacustre de *Bramatuero*. — On descend au milieu de blocs éboulés et de neiges, sur le bord du ruisseau qui sort des lacs. — 8 h. Sentier de Panticosa, au-dessus du vallon où sont les six lacs de Bachimaña.

Bains de Panticosa* (1675 mèt.), ham. de quelques maisons groupées çà et là sur les bords d'un petit lac bleu où tombent de belles cascades. — *Établissement de la Pradera*, composé de plusieurs bâtiments (installation médicale et logements, casino).

[**Des Bains de Panticosa à Gavarnie, par le Plan d'Aube.** — 7 h. 30; un guide espagnol se contente de 5 ou 6 fr.; course facile et très intéressante.

1 h. 30. Lac de Brasato (*V*. ci-dessus), dont on suit la rive S. — 1 h. 45. *Col de Brasato* (2515 mèt.; vue magnifique). — On descend à l'E., à l'origine de la vallée de Broto, dominée au N. par le Vignemale, et l'on arrive (3 h.) sur les pelouses du Plan d'Aube, d'où l'on pourrait soit monter au Vignemale (R. 39), soit aller à Cauterets par le col d'Aratille (*V*. ci-dessus) ou celui des Oulettes (R. 39), soit descendre à Boucharo en suivant la vallée du rio Ara.

7 h. 30. Gavarnie (R. 44).

Pic de Brasato (montée, 3 h.; col des Mulets, 6 h. 30; Cauterets, 11 h. course belle et facile; partir de Panticosa plutôt que de Cauterets). — A l'E. des Bains, sentier rude. — 1 h. Petit lac qu'on laisse à dr. — 1 h. 30 *Lac de Brasato;* à dr., sentier allant au col de Brasato; on monte à g au N.-E. du lac. — Col.

3 h. Sommet (2745 mèt.: magnifique panorama).

On peut, par le col de Brasato gagner la route de Gavarnie, en descendant un peu, puis marchant au N.-E. Arrivé à l'origine de la vallée d'Ara ou de Broto, on peut, en marchant au N.-E. (pâturages), monter au col des Mulets (6 h. 30 des Bains). — 4 h. (11 h. des Bains). Cauterets (R. 38).

Pic de las Arualas (3061 mèt.). — *Pic* ou *Dent des Batans* (2908 mèt.). — *Peña Telera* (2744 mèt.). — *Peña Collarada* (2883 mèt.). — *V*. l'*Itinéraire général : Pyrénées*.]

ROUTE 41.

DE CAUTERETS A HUESCA

DE CAUTERETS AUX BAINS DE PANTICOSA.

Pour la description de cette route, *V*. R. 40, *A*.

DES BAINS DE PANTICOSA A HUESCA

145 k. — Service quotidien de dilig. pendant la saison des bains.

En sortant du ham. des Bains, on passe au bord du lac et on descend la gorge de l'*Escalar*. — Route en partie taillée dans le roc, sur la rive dr. du rio Caldarès (cascades).

8 k. **Panticosa***, v. entouré de châtaigniers et de noyers magnifiques.

[Du v. de Panticosa, on peut faire de nombreuses ascensions dans le massif de la *Buquesa*, ou gravir en 15 h. la Peña Collarada (R. 26). — *V.* les *Pyrénées* de l'*Itinéraire général*.

Pic de Tendenera (montée, 6 h. env.; descente, 3 h.; ascension facile, très recommandée). — On prend un bon chemin muletier et on traverse les torrents de Caldarès et de Bollatica. — 1 h. Laissant à g. le *pic de las Escuelas*, on tourne à dr. (E.-S.-E.). — 1 h. 35. Source; vue des murailles du Tendenera. — 2 h. 20. Seconde source. — On commence à monter raide à g., vers une belle cascade près de laquelle on a une très belle vue (N.-O.) du pic du Midi d'Ossau. — Neige. — 3 h. 50. *Col de Tendenera* (2450 mèt.; belle vue). — Du col, 1 h. 15 à Boucharo (R. 47).

5 h. 50. Pic de Tendenera (R. 47).]

10 k. El Pueyo (R. 31). — A dr., route de Sallent (R. 31). — On pénètre dans la *vallée de Thena* ou *Tena*.

11 k. 1/2. *Pont d'Escarilla* (1156 mèt.); le v. d'*Escarilla* est un peu plus à l'O. — Plus loin, chemin montant au S.-S.-O. à (35 m. du pont) *Sandiniès* ou *San Dionisio* (1245 mèt.) et à (1 h.) *Tramascastilla* (1270 mèt.).

Au delà du pont, la route suit la rive dr. du rio Gallego. — La vallée est resserrée entre le massif de la *Buquesa*, à l'O., et le massif d'*Hoz*, à l'E. — Ermitages, rive g.

16 k. *Sagues* (1090 mèt.). — 18 k. *Bubal* (500 mèt. à dr., sur une terrasse). — Sur la rive g., près d'une belle cascade, *ermitage de Santa Helena* (célèbre pèlerinage; fontaine intermittente).

25 k. **Viescas*** ou *Biescas* (892 mèt.), sur les deux rives du rio Gallego, dans un vaste bassin bien cultivé. — Excellent centre d'excursions.

De Viescas à Torla et à Gavarnie, R. 47, *A* et *B*.

La vallée s'élargit; au S.-S.-E., *sierra de Santa Orosia*, où se trouve l'*ermitage de San Cornello*, lieu de pèlerinage célèbre sur les deux versants des Pyrénées. — La route tourne à l'O.-S.-O., puis brusquement à l'O., franchit le rio Aurin et monte pour contourner le plateau de *Sunegué* (920 mèt.).

39 k. A g., *Cartirana*. — 41 k. *Pardinilla*. — 49 k. 5. *Guasa*.

53 k. Jaca (R. 26).

143 k. Huesca (R. 26).

ROUTE 42.

DE CAUTERETS A LA VALLÉE SUPÉRIEURE DU GAVE DE PAU.

A. A Saint-Sauveur et à Luz, par le col de Riou.

A pied, 3 h. 30 ; à cheval, 2 h. 30. — Guide jusqu'à Luz, 10 fr. ; cheval avec ou sans guide, 10 fr.

1 h. 45 de Cauterets au col de Riou (R. 38). — Du col, on descend à l'E.

2 h. 30. *Granges de Cureille* (1269 mèt.). — On tourne au S.-S.-E. ; belle vue. — On traverse Grust et Sazos (R. 43), et on descend soit à Saint-Sauveur, soit directement à

3 h. 30. Luz (R. 43).

B. A Gavarnie, par le val d'Ossoue.

8 h. 30. — Bon guide (10 fr.) nécessaire. — Excursion très intéressante.

5 h. Hourquette d'Ossoue (R. 39, *B*). — On descend à l'E. ; à dr., Petit Vignemale et glacier d'Ossoue. On dévale au fond de la gorge si le Gave est encore couvert de neige, sinon on tourne au S. et on descend vers le Gave. — 5 h. 30. Sentier sur la rive dr. — On franchit le *pas des Oulettes* (belle *cascade des Oulettes*). — 6 h. *Bassin des Oulettes* (1860 mèt.). — 6 h. 30. *Plan de Millas* (1740 mèt. ; belle vue) ; à g., *cascade de Tapou*. — A dr., sentier du col de Plalaube ; à g., pont sur le Gave ; on suit la rive dr.

7 h. 30. *Cabanes de Saussé* (1670 mèt.). — Plus loin, de l'autre côté de la vallée, haute muraille du *Soum Blanc de Sécugnac*. Au-dessous des escarpements du *Pouy Aubry*, on arrive au bord du plateau qui domine la vallée de Gavarnie et l'on descend par la côte appelée *Haousso de Megnine*.

8 h. 30. Gavarnie (R. 44).

C. A Gavarnie, par le val du Lutour.

9 h. 30. — Guide nécessaire (10 fr par jour). — Belle course.

4 h. 30 m. Premier lac d'Estom-Soubiran (R. 38).

Laissant à dr. (S.) les deux lacs supérieurs et le col d'Estom, on peut monter à l'O. au

5 h. 30. **Col de Mallerouge** (2840 mèt. ; très belle vue), entre le pic de ce nom (2969 mèt.), au S., et celui de *Hount-Hérède* (2854 mèt.), au N. — Descendant au S.-E., on contourne le haut du vallon de Cestrède.

6 h. *Col de Houle* (2700 mèt. ; belle vue), entre le pic de Mallerouge, à l'O., et le *Som de Male* (2793 mèt.), à l'E. — Du col, on pourrait descendre, en 2 h. 30, à Trimbareille et à Gèdre (R. 44).

6 h. 30. *Cabane de Salent* (1985 mèt.). — Pont sur le Gave d'Aspé, dont on suit quelque temps la rive dr. — 7 h. 30. On traverse un affreux chaos. — On monte au S.-E. et on con-

tourne les flancs E. du *pic de Sécugnac* (2573 mèt.). — 9 h. Faîte entre le vallon d'Aspé et la vallée d'Ossoue.

— 9 h. 30. Gavarnie (R. 44).

[De Cauterets à Gèdre par le col de Culaous, *V. l'Itinéraire général de la France : Pyrénées*.]

ROUTE 43.

DE PARIS A LUZ ET A SAINT-SAUVEUR

879 k. de Paris à Pierrefitte (*V.* R. 55). — 15 k. et route de voitures de Pierrefitte à Luz; omnibus ou diligence, 5 fr. ; calèches (2 chev., 4 places), de 15 à 20 fr.

879 k. Pierrefitte (R. 55).

En sortant de la gare de Pierrefitte, on suit une belle avenue qui conduit à l'ancien Pierrefitte. On traverse le village en laissant à dr. la route de Cauterets, et l'on passe à *Soulom* (*église* romane, fortifiée). — Sur la rive dr. du Gave de Pau, *Villelongue* (maisons gothiques).

De Villelongue à Bagnères-de-Bigorre, R. 59.

2 k. de Pierrefitte. Pont de Villelongue, sur le Gave de Pau. — Magnifique défilé de 8 k.

4 k. A dr., *ponts de l'Échelle* et *d'Arsimpé*. — 47 k. Pont sur le ruisseau du Pla. — 8 k. Au-dessous de *Chèze*, qu'on ne voit pas, *pont de la Hiladère*, sur le Gave (obélisque avec inscription). Au-dessous de *Sazos*, à dr. (*église* romane intéressante), on passe sur la rive dr. du Gave. — Charmant bassin de Luz. — A g., *Saligos*, *Visos* (belle situation sur le versant S. du Som de Néré, à 3 k. N. de Luz source sulfureuse froide, 11°) et *Sère* (*église* romane, beau porche) et *Esquièze*.

Pont de marbre sur le Bastan. — A dr., route de St-Sauveur.

15 k. (892 k. de Paris). **Luz***, 1514 h., ch.-l. de c. des Hautes-Pyrénées, situé à 739 mèt., au débouché de la vallée du Bastan dans le bassin d'un ancien lac.

Église crénelée, bâtie au XIIe s. par les Templiers (chemin de ronde du XVIe s.; chapelle du XVIe s.; petit tombeau servant de bénitier ; porte basse par laquelle passaient les cagots). Dans une des tours, petit *musée* pyrénéen (50 c. d'entrée) : objets anciens et tombeau d'enfant du XIIIe s. (1256).

Les **sources de Barzun** ont été descendues de Barèges à Luz, en 1881. Un **établissement thermal**, très bien aménagé, a été construit à g. de la route de Luz à Saint-Sauveur. L'eau de Barzun, moins chaude (52°) que celles de Barèges, est sédative du système nerveux ; elle diffère peu à tout autre égard des eaux de Barèges.

Promenades. — Sur l'autre rive du Bastan, au sommet d'une colline, ruines du *château de Sainte-Marie* (XIVe s. ; deux donjons). — Au S., sur un promontoire, *chapelle Solférino*, moderne, de style roman,

S.T SAUVEUR_BARÈGES_BAGNÈRES DE BIGORRE

Paris. Hachette et Cie Editeurs.

2° 15'

2° 15'

Gravé par Erhard

12–87.

Dressé par A. Vuillemin, d'après la Carte de l'État-Major

1/250.000

Kilomètres

1 2 3 4 5 6 Kil.

ıvec un clocher très élégant 'ancien ermitage de Saint-Pierre; pyramide funéraire; vue charmante). — Sur la rive g. du Gave, en deçà de Saint-Sauveur, *fontaine pétrifiante.*

DE LUZ A SAINT-SAUVEUR

De Luz à Saint-Sauveur, une belle route, plantée d'arbres, passe devant l'établissement de Barzun, contourne le mamelon qui porte la chapelle de Solférino, franchit le Gave sur un beau pont de marbre (à g., un chemin abrège en côtoyant le Gave) et remonte la rive g. du Gave jusqu'aux bains de Saint-Sauveur.

On peut aussi prendre, à g., avant le pont, la route de Gèdre, la remonter jusqu'au pont Napoléon, le traverser et descendre ensuite la rive g. du Gave (jolie vue).

1 k. 1/2. **Saint-Sauveur** *, rue en pente, aux maisons propres et de bon goût, sur le flanc d'une montagne, au-dessus de la rive g. du Gave. Deux colonnes en marbre rappellent le séjour des duchesses de Berry et d'Angoulême. — *Église Saint-Joseph*, moderne, gothique.

Pont Napoléon (1860), conduisant à la route de Gavarnie (67 mèt. de long.); arche de 47 mèt.; la clef est à 65 mèt. au-dessus du torrent. Du côté de Saint-Sauveur, le flanc des rochers a été taillé en allées qui descendent au Gave. — A l'extrémité du pont, *colonne* surmontée d'un aigle colossal.

Établissement des Dames, au centre de la ville, édifice gracieux à double rang de colonnes, récemment augmenté d'une annexe importante pour les douches et l'hydrothérapie; vaste salon; cour couverte d'un vitrage, servant de promenoir et quelquefois de salle de bal.

Etablissement de la Hontalade (1858), près de la source du même nom, qui jaillit à 600 mèt. de Saint-Sauveur et à 50 mèt. de la source des Thermes.

Les eaux. — Eau thermale sulfurée sodique. — Deux *sources :* source des Dames (34°,2 à la douche et 34° à 32° à la baignoire); source de la Hontalade (20°,9).

Les eaux de Saint-Sauveur sont diurétiques, sédatives et toniques à la fois. Elles réussissent dans les affections des voies génito-urinaires, dans le rhumatisme et les névralgies, dans certaines névroses, etc.

Promenades. — *Jardin anglais*, dont les allées descendent jusqu'au Gave. — *Plateau de la Hontalade*, dominant Saint-Sauveur au N. (belle vue). — *Chemin de Sassis* (vue encore plus belle). — Au village de *Sassis*, petite église romane.

Au lieu de descendre à Sassis, on peut suivre le versant de la montagne jusqu'à Sazos, traverser le Bernazaou, qui vient du vallon d'Ardiden, passer au-dessous de *Grust* et rejoindre la route de Luz à Pierrefitte au pont de la Hiladère.

On peut aussi laisser ce pont à dr. pour contourner la base du pic de Viscos, et monter à *Viscos*.

En amont de l'église de Saint-Sauveur, un sentier de piétons, difficile, conduit au pont de Sia.

Pour la route de Gavarnie, le Pas de l'Échelle, le pont de Sia, Pragnères, Gèdre, etc., *V.* R. 44.

Pic de Bergons.

A. DE LUZ, PAR VILLENAVE.

3 h. montée, 2 h. descente. — Guide, 6 fr.; chaises à porteurs, 20 fr. — On va à cheval jusqu'au sommet.

On traverse *Villenave* (798 mèt.), on monte par les prairies de l'*Estibe de Luz* (flore très riche), on tourne ensuite à dr.; sentier raide, mais très praticable pour les chevaux, jusqu'au sommet.

B. DE SAINT-SAUVEUR.

3 h. montée, 2 h. descente.— Sentier de piétons.

Vis-à-vis du village, les flancs du pic sont escarpés; l'ascension n'offre cependant pas de difficultés. Plus au S., près du Pas de l'Échelle, le Bergons est inaccessible.

On traverse le Gave et l'on gagne le plateau de *Bué*, sur le versant N.-O. du Bergons. On gravit un mamelon et l'on atteint la cime (2070 mèt.).

Le **pic de Bergons** est presque isolé des autres montagnes: à l'O. par le Gave de Pau, au S. par le Gave de Pragnères, au N.-O. par la Lise; sa masse forme une pyramide triangulaire et se rattache au Néouvieille par l'isthme étroit du *Maucapera* (2710 mèt., au *Maraout*).

Le Bergons est, après le Piméné et le pic de Néré, un des meilleurs belvédères pour observer la grande chaîne calcaire.

Pic de Viscos[1].

3 h. 30, montée. — Guide, 10 fr., cheval, 8 fr. — Course très facile et très belle.

45 m. Grust. — On monte, au N.-E., aux granges de Cureille. — Laissant à g. le sentier qui mène à Cauterets par le col de Riou, on s'élève (pâturages faciles) à la base du pic (2 h. 45), et en montant toujours dans la direction du N.-O., on atteint (3 h. 30) la cime (2141 mèt.), d'où l'on découvre une vue admirable sur la haute chaîne au S. et sur la plaine au N.

Pour descendre à Cauterets, il faut éviter le versant O. de la montagne, qui est presque à pic, et gagner d'abord les pâturages situés au S. du cône.

Pic ou Som de Néré.

7 h. aller et retour. — Course très facile et très recommandée. — Vue plus étendue et plus belle que du pic de Bergons. — Guide, 12 fr.; cheval, 10 fr. — On peut aller à cheval jusqu'au delà des cabanes d'Arbéousse.

On suit pendant 40 m. la

[1] *V.* le panorama de M. E. Wallon.

route de Barèges. — Pont sur le Bastan. — On monte à l'E. par un chemin muletier. — 1 h. Sers (R. 55). — On passe devant l'église; on escalade une banquette de rochers. — Pâturages de Sers. — Plateau d'Arbéousse.

2 h. 30. *Cabanes d'Arbéousse* (1735 mèt.; lait excellent).

3 h. 30. *Col d'Arbéousse.* — On suit l'arête à l'O. et l'on monte par le versant S. au

4 h. **Pic de Néré** (2401 mèt.; merveilleux panorama).

—

De Luz et de Saint-Sauveur au pic d'Ardiden, R. 58; — à Cauterets, R. 59; — à Gavarnie, au Piméné, R. 44; — à la Brèche de Roland, R. 45; — au Mont-Perdu, R. 46; — à la vallée d'Héas et au cirque de Troumouse, R. 44 et 50; — à la vallée d'Aure, R. 54; — à Barèges, R. 55.

ROUTE 44.

DE LUZ ET DE SAINT-SAUVEUR A GAVARNIE

19 k. — Route carrossable. — Voitures, 20 à 30 fr. — Guide, 8 fr.; cheval, 8 fr.

DE SAINT-SAUVEUR A GÈDRE

Les deux routes de Luz et de Saint-Sauveur à Gèdre se rejoignent sur la rive dr. du Gave, au pont Napoléon (R. 43), à plus de 1 k. de Luz.

On suit d'abord le pied du Bergons. — A g., plaque de marbre avec inscription (1788).

La vallée se resserre; le Gave, très encaissé, coule profondément. — Chaos de pierres roulées du Rioumaou. — Carrière de marbre.

De l'autre côté du Rioumaou, gorg ou tranchée, au fond de laquelle coule le Gave. Nouvelle route, au-dessus de l'ancien chemin, ouverte dans le roc vif (vestiges du *fort de l'Escalette* ou *porte d'Espagne*). — A dr., au pied du pic d'Aubiste, *cascades de Lassariou* et *de Sia*.

5 k. Nouveau *pont de Sia.* — Cascade du Gave. — On remonte la rive g.; on passe le long des rochers appelés *Spélungues* (*speluncæ*, cavernes).

7 k. Nouveau *pont Desdouroucat.* — Bassin de *Pragnères*, où le Gave reçoit le torrent de Bugaret. — Pont sur le Gave de Pragnères. — A dr. (9 k.), vallon du Bué ou de *Cestrède.* — Une petite montée aboutit à deux vastes courbes que décrit la route au-dessus du Gave. On voit un moment le Marboré.

12 k. **Gèdre** *, à 995 mèt., au point de jonction des vallées d'Héas et de Gavarnie. — Chez M. Bordères, botaniste distingué, on trouve des herbiers pyrénéens. — *Grotte de Gèdre* (25 c.), débouché d'une longue tranchée d'où s'échappe le Gave d'Héas.

[**Le Piméné.** — 4 h. 30 montée; on peut faire une partie du chemin à cheval; guide, 15 fr.; course très recommandée.

On gravit les flancs de Coumélie (1 h 15). — A dr., escarpements d'où sont tombés les rochers du Chaos. — *Étang de Hosse* (1965 mèt.). — On gravit les pentes du Piméné, qui se dresse en face, du côté du S.

4 h. 30. Sommet (*V.* ci-dessous).]

De Gèdre à Héas et au cirque de Troumouse, R. 50; — à Aragnouet, R. 55.

DE GÈDRE A GAVARNIE

Au delà de Gèdre, la route de voitures s'élève, par des lacets qu'abrègent les piétons, vers la base du Coumélie (belle vue du Pic Long). Du côté opposé, entre le *pic de Soumaoute* (2293 mèt.) au N. et le *pic Saugué* au S., on voit les pentes de *Saussa*. — *Cascade d'Arroudet*, formée par le Gave d'Aspé (3 chutes; hauteur totale, 200 mèt.).

On entre dans le **Chaos** ou la *Peyrada de Gavarnie*, débris d'un contrefort du Coumélie, qui s'est écroulé. Sur un des rochers qu'a fait disparaître la route, les guides montraient l'empreinte des pieds de Bayard, le cheval de Roland, qui, lancé du haut du Marboré, avait bondi jusque-là d'un saut de 4 lieues.

La vallée, plus ouverte, offre un aspect triste et monotone. — Au débouché de la haute vallée d'Ossoue (R. 42, *B*), on découvre la crête du Vignemale. — Pont sur le Gave de Pau.

19 k. **Gavarnie** *, à 130 mèt., qui doit sa réputation plus qu'européenne au cirque dont il porte le nom, devient de plus en plus le Chamonix des Pyrénées. Un excellent hôtel, agrandi et amélioré en 1881, permet d'y séjourner, même l'hiver. En outre ses guides à pied ont une réputation méritée [1], et il est facile de s'y procurer des porteurs. En dehors des grandes ascensions, on peut faire à Gavarnie de charmantes et nombreuses promenades.

[**Cascade de Lapaca** (10 m. aller et retour, très recommandée). — Au pont de Gavarnie, on tourne à dr. et, passant devant l'hôtel des Voyageurs, on prend l'ancien chemin qui traverse le Gave sur un pont, et l'on arrive en moins de 5 m. en vue de la belle *chute de Lapaca*. — Le Gave tombe d'un seul bond au fond d'un gouffre entre de hautes murailles verticales de rocher couronnées de beaux arbres. — Si l'on veut avoir une vue complète de la cascade et du défilé, il faut, au lieu de suivre l'ancienne route, rester sur la rive g. du Gave, traverser une prairie et, près d'un petit moulin, s'approcher du Gave (vue très pittoresque). — En continuant à suivre le sentier de la rive g., on arriverait (15 *m.*) au confluent du Gave d'Ossoue et au pont d'*Artéouli* (vue pittoresque), et on reviendrait par la rive dr.

Vue du Cirque (45 m. aller et retour). — On suit la route qui monte vers le Cirque, jusqu'au pont du Gave, et, continuant sur la rive g. à travers des champs et des prairies, on monte sur l'éperon qui semble fermer la vallée (25 m.). — Vue magnifique du Cirque.

Le Piméné; à pied, montée, 2 h. 30; descente, 1 h. 30; guide, 10 fr.

On traverse le Gave à l'entrée du village et on monte en lacets à travers le bosquet d'*Allanz*. — 40 m.

[1] Guides recommandés : Henri Passet, Célestin Passet, Brioul, Pierre Pujo, Haurine, Poc.

Terrasses de pâturages. — 1 h. 10. Source; à dr., *cabane d'Allanz*. — On incline un peu au S. — 2 h. *Col du Piméné* (2516 mèt.). — On gravit au N. une arête qui, près du sommet, devient vertigineuse. — 2 h. 30. **Piméné** (2803 mèt.). — Vue admirable sur la crête et le fond du Cirque au S., à l'O. sur le Vignemale, à l'E. sur les cirques d'Estaubé et de Troumouse.]

De Gavarnie à Cauterets, R. 42, *B* et *C*; — à Broto, à Fanlo, R. 47; — à Héas, R. 50.

ROUTE 45.

LE CIRQUE DE GAVARNIE.

A. De Gavarnie au Cirque.

2 h., aller et retour, jusqu'à l'hôtellerie, où s'arrêtent les chevaux. — Un cheval, 5 fr.; un âne, 2 fr.

Laissant à dr., au delà de l'église, le chemin du port de Gavarnie (R. 47, *A*), on remonte la rive g. — 10 m. Pont sur le Gave, dont on remonte la rive dr., en gravissant les ressauts qui séparent les petits bassins échelonnés les uns au-dessus des autres. Un dernier escarpement masque l'ouverture du Cirque; on le gravit par un sentier en zigzag. Arrivé (1 h.) au sommet de cette dernière barrière (auberge pas chère : 4 lits; service de table; écurie), on découvre presque en entier l'admirable enceinte semi-circulaire ouverte au centre même du Marboré.

Le **cirque de Gavarnie** a une hauteur absolue qui varie de 1400 à 1700 mèt. (dans la partie E.), un développement de 3600 mèt., trois étages inégaux de murs verticaux, et, sur chaque étage, de nombreux gradins, les uns larges et bien visibles d'en bas, les autres à peine marqués. Les neiges persistantes des sommets sont dominées : à l'E., par l'Astazou (3080 mèt.); au S.-E., par le pic du Marboré (3253 mèt.); au S., par les Tours du Marboré (3118 mèt.), et à l'O. par le Casque, la Brèche, la Fausse-Brèche. — Mais ce qui attire surtout les regards, ce sont les **cascades** : leur nombre varie suivant les saisons et la quantité des neiges; il en est deux qui ne tarissent jamais; l'une d'elles, la troisième à g., est haute de 422 mèt. En été, la cascade est rompue aux deux tiers par une saillie du rocher, et, quand on arrive au bas de la chute, on n'en voit plus que la partie inférieure, haute de 130 mèt. env.; mais, au printemps, la cascade n'est qu'une nappe large, unie, continue, et tous les filets qui drapent le pourtour du cirque sont d'imposantes chutes. En hiver, les eaux qui tombent des corniches se congèlent et forment de longues stries blanchâtres pareilles à des colonnes de marbre.

La neige ne disparaît presque jamais du fond du Cirque, et le Gave, formé par les cascades, passe sous des ponts de neige dont les dimensions varient suivant les saisons.

La source de la cascade de Gavarnie, qui naît du glacier du Marboré, est à 2331 mèt. d'alt. Le niveau moyen du Cirque est à 1640 mèt.

Du pic de Gabiétou à l'O. au pic d'Astazou à l'E., trois passages seulement permettent de franchir la crête du Cirque : la brèche de Roland (2804 mèt.), le col de la Cascade (2938 mèt.) et le col d'Astazou (2970 mèt.).

B. La Brèche de Roland et le col du Taillon.

6 ou 7 h. aller et retour. — Guide nécessaire (à la Brèche, 10 fr.). — Course intéressante et sans danger avec un bon guide. — Le Club alpin français a fait creuser un *abri* près de la Brèche de Roland.

1 h. Auberge du Cirque. — Pont sur le torrent. — Obliquant sur la dr., on traverse le fond du Cirque ; puis, arrivé devant la muraille, on voit s'ouvrir une étroite fissure (la seule), et on escalade des assises calcaires dont les aspérités sont suffisantes pour un pied exercé.

1 h. 45. Premier gradin, au bas de la longue pente herbeuse des *Sarradets* (belle vue sur le Cirque et les cascades). — 2 h. 15. *Fontaine des Sarradets* (très belle vue). — On entre dans le désert de pierre, de neige et de glace de la partie supérieure du Cirque. — Tournant au S., on laisse à l'O. un grand col neigeux qui conduirait au glacier du Taillon, et l'on escalade des bancs de calcaire coquillier sur lesquels coule l'eau des glaciers.

2 h. 45. Afin d'éviter une moraine où la marche est pénible, on passe à dr. sur une grande pente de neige.

3 h. Arrivé au glacier, très escarpé, il est souvent nécessaire de tailler des pas pour atteindre la

3 h. 30. **Brèche de Roland** (2804 mèt.), que, selon la tradition, le paladin Roland tailla un jour dans le roc vif d'un coup de sa Durandal ; ouverture dont l'écartement a env. 40 mèt. à la base et 60 mèt. au tiers de sa hauteur. La muraille, épaisse de 25 mèt. env. à la base, se prolonge des deux côtés de la Brèche en hémicycle se courbant au N., dans la muraille N.-O. qui se prolonge de plus d'un k. jusqu'à la Fausse Brèche. — Un abri, pouvant contenir dix personnes, a été creusé sous la direction du comte Russel et aux frais du Club alpin français.

De la Brèche au Taillon, *V.* ci-dessous, *C* ; — au pic du Marboré. *V.* ci-dessous, *G* ; — au Cylindre, au Mont-Perdu, R. 46.

On descend à l'O.-S.-O. par des éboulis; puis on franchit quelques rochers.

4 h. *Col du Taillon* (2796 mèt.), entre le Taillon et le Som Rouge. — Vue admirable.

C. Le Taillon ou Daillon.

3 h. 30, montée ; 4 h., descente. —

Guide nécessaire (15 fr. par les Sarradets, 25 fr. par le glacier).

3 h. 30. Brèche de Roland (*V.* ci-dessus, *B*).

On passe sur le versant espagnol. Tournant à l'O., on longe la muraille du Cirque sur une corniche assez large, couverte de débris.

4 h. 30. *Fausse-Brèche* (2948 mèt.), que de la plaine on peut confondre avec la véritable.

On monte à l'O. sur une large crête à pentes douces.

5 h. 30. Cime du **Taillon** (3146 mèt.; vue admirable).

Lorsque la neige est abondante, on peut, avec un bon guide, descendre par le beau *glacier du Taillon* ou *de la Fausse-Brèche*, jusqu'au col O. des Sarradets, entre les murailles de la montagne de *Saint-Bertrand* et les terrasses du Cirque. — 2 h. de descente de la cime à la fontaine des Sarradets. — 4 h. Gavarnie.

D. Le Gabiétou et le Taillon.

Montée : Gabiétou, 4 h.; Taillon, 5 h.; descente, 3 h. à 3 h. 30. — Admirable course. — Guide, 15 fr. et 20 fr. avec le Taillon; avec descente par le glacier du Taillon, 25 fr.

On prend, à dr. de l'église, le chemin du port de Boucharo, puis la *montée des Entortes*. — 30 m. Terrasse gazonnée (très belle vue du Cirque). — On tourne à l'O.; vallon des *Tourettes* ou de *Pouey-Espée*. On suit la rive g. du Gave des Tourettes. — 1 h. 15. On passe sur la rive dr.; on monte par des gazons, puis par un chaos de blocs calcaires. — 2 h. Premières neiges; on gagne la base des escarpements du Gabiétou, qu'on escalade par des corniches.

2 h. 30. Superbe *cascade de glace du Gabiétou*. — On tourne à g., en passant aussi vite que possible au pied des aiguilles de glace. — Bassin supérieur du glacier (2600 mèt.); au N., le pic Blanc et le Vignemale. — On traverse le glacier du N. au S. — Rimaye, qu'on franchit. — Cheminée par où on atteint des pentes moins raides, puis le (3 h. 45) *col de Gabiétou*, entre le Taillon et le Gabiétou (belle vue).

4 h. **Pic de Gabiétou** (3033 mèt.; vue admirable). — On descend au col, d'où l'on peut monter facilement au

5 h. Taillon (*V.* ci-dessus).

E. Source du Gave de Pau et col de la Cascade.

Course dangereuse. — Guide (25 fr.), hache et corde nécessaires. — Montée à la source, 3 h. 40; au col, 5 h.; retour par la brèche de Roland, 3 h. 30.

Pour la description de cette course, *V.* les *Pyrénées*, in-16.

F. Pic de l'Escuzana.

5 h. 20, montée : 3 h. 30, descente. — Course facile, recommandée. — Guide, 15 fr.

2 h. de Gavarnie. Port de

Boucharo (R. 47, A). — Le port franchi, on laisse à dr. le chemin muletier; on descend un peu, on longe la muraille du Gabiétou. Au point où elle se recourbe en hémicycle, on quitte le rocher; on traverse, en montant un peu, des éboulis, des gazons, un chaos de blocs.

2 h. 40. A l'E., *passage de la Fourca*, couloir encombré de blocs; montée facile. — 2 h. 50. *Brèche de la Fourca* (2560 mèt.; belle vue). — On se dirige à l'E., en contournant par des corniches l'arête qui va du pic de la Fourca au Gabiétou; on traverse, à l'E.-S.-E., un chaos de gros blocs, puis on monte au S. par des éboulis à la base de grands escarpements. — Trois corniches montent en spirale sur le flanc de la montagne : on prend la seconde, et sans grande difficulté on atteint un mur d'env. 2 mèt. de haut qu'on escalade.

3 h. 50. Croupe gazonnée conduisant à l'arête du pic; au S., *pic de l'Escuzanette*. L'arête est longue et facile.

5 h. 20. Sommet (2840 mèt.), roches blanchâtres. — Admirable vue du Vignemale.

G. Pic du Marboré.

6 h. — Guide, 25 fr. — Grande et belle ascension, peut-être la plus belle des Pyrénées, et l'une des plus faciles.

3 h. 30. Brèche de Roland (*V.* ci-dessus, *B*).

On descend pendant 15 m. au S.-E., puis on remonte (15 m.) vers un col neigeux, d'où l'on voit le Mont-Perdu. — Au N., *Tour du Marboré* (3018 mèt.). — Par des pentes raides et neigeuses, mais sans danger, on atteint la base de la Tour, facile à gravir en 30 m., ainsi que la cime voisine, le *Casque*.

Arrivé au S.-O. de la Tour, on en contourne la base S. par une corniche facile.

4 h. 30. *Col de la Cascade* (belle vue sur le Cirque). — En suivant la crête à l'E., on atteint (4 h. 50) le haut du glacier, d'où tombe la cascade de Gavarnie.

On s'éloigne un peu du rebord du Cirque, que l'on cesse de voir, puis on traverse sans danger un glacier très uni. Là, on est sur le versant S. du **pic du Marboré** (3253 mèt.), dont on atteint facilement la cime (6 h.). C'est un plateau horizontal aussi grand que le Champ de Mars et dominant Gavarnie de plus de 1900 mèt. (pyramide élevée par M. Russell).

On peut suivre le même itinéraire jusqu'au pied du Marboré pour aller visiter soit le Cylindre, soit le Mont-Perdu (R. 46).

ROUTE 46.

LE MASSIF DU MONT-PERDU

Guide nécessaire (30 fr.). — Guides recommandés à Gavarnie : Henri et Célestin Passet, Pierre Pujo, Brioul, Haurine, Poc.

Le **Mont-Perdu**, la plus haute

Pyrénées par Ad. Joanne

LE MONT-PERDU ET LE MASSIF CALCAIRE

Paris. Hachette et Cie Editeurs

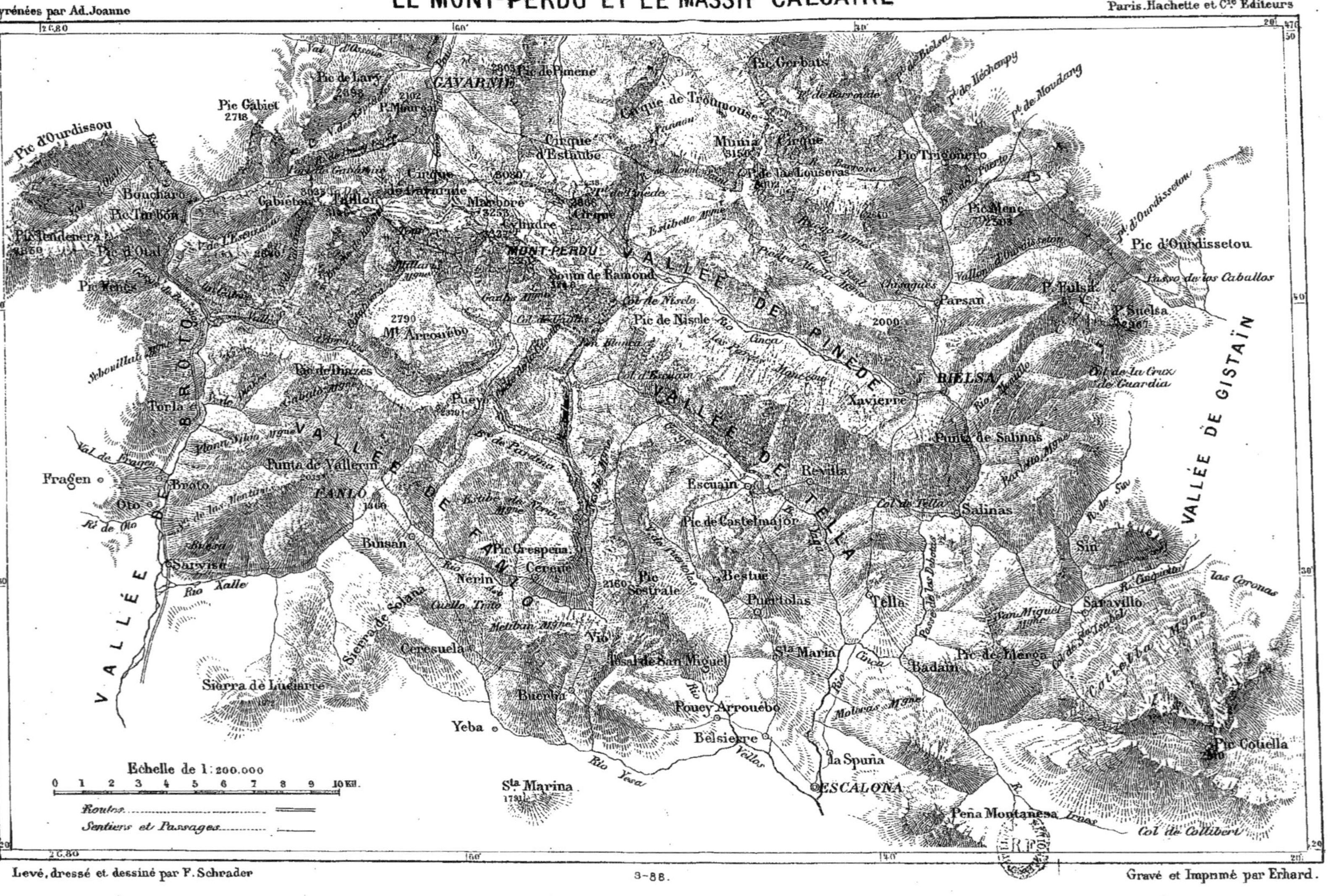

Levé, dressé et dessiné par F. Schrader

3-88.

Gravé et Imprimé par Erhard.

cime des Pyrénées après le Néthou et le pic Poséts, a 3352 mèt. d'élévation; il est situé en Espagne, au S. de l'axe de la chaîne et de la ligne de séparation des eaux, et fait partie, avec le Cylindre et le Soum de Ramond, du groupe nommé par les montagnards espagnols *las Tres Hermanas* (les Trois Sœurs). Ramond l'a gravi, le premier, en août 1802.

A. Le Cylindre.

5 h. 40, montée; 5 h., descente. — Guide (30 fr.) et hache nécessaires.

4 h. 30. Col de la Cascade (R. 45, *G*).

On se dirige à l'E. — Partie inférieure du glacier du Marboré. — Au delà, glacier S. du Cylindre. — 5 h. 15. Si le glacier est à découvert, on escalade la moraine, sinon on traverse sur la neige. — Rive dr. du glacier; muraille du pic; cheminée difficile à gravir; au delà, la montée est très facile.

5 h. 40. **Cylindre du Marboré** (3327 mèt.). — Magnifique panorama, bien supérieur à celui du Mont-Perdu, qui se dresse au S.-O.; au N.-O., pic du Marboré; à l'E., vallée de Bielsa; à l'O., toute la crête du cirque de Gavarnie, etc. On peut revenir par la même voie

10 h. 40. Gavarnie.

B. Le Mont-Perdu.

1° PAR GAULIS

2 jours. — 1er jour, de Gavarnie par la brèche de Roland à la cabane de Gaulis (5 h.). — 2e jour, ascension (5 h. 30) et retour (5 h.). — Guide 30 fr.

3 h. 30. Brèche de Roland (R. 45, *B*).

On descend au S.-E., dans une sorte de désert calcaire. — 2 h. Pâturages de *Millaris*.

5 h. *Cabane inférieure de Gaulis* (2300 mèt. env.), occupée du 20 juillet au 8 septembre. — Éviter avec soin la cabane supérieure.

De Gaulis à Fanlo, à Torla ou à Boucharo, R. 47.

Le lendemain, on laisse à dr. la Tour de Gaulis, pour éviter en partie les *Échelles* ou parois très abruptes. — Escalier au N.-N.-E., assez rude. — 2 h. 30. Petit *étang du Mont-Perdu*. — On va à l'E., en laissant à g. une arête difficile, on monte droit à la cime sur des graviers boueux à pentes raides mais faciles.

3 h. 30. **Mont-Perdu** (3352 mèt.; vue immense).

2° PAR LES TERRASSES DU MARBORÉ

6 h. 30, montée; 5 h., descente. — Voie à suivre quand on couche à l'abri du Cylindre.

De Gavarnie à la cheminée du Cylindre, *V.* ci-dessus, *A*.

On laisse à g. la cheminée, et l'on gagne facilement une petite brèche par où l'on descend au S.-E., en glissant sur la neige et les graviers, à un étroit couloir qui aboutit à la route de

Gaulis. — 5 h. 25. Étang du Mont-Perdu.

6 h. 30. Mont-Perdu.

3° PAR L'ASTAZOU.

6 h. 30, montée; 5 h., descente. — Course difficile et dangereuse. — Prendre pour guide un des Passet, Pierre Brioul ou Pierre Pujo.

Si l'on ne couche pas à l'aub. du Cirque (R. 44), on quitte le chemin du Cirque à 400 mèt. en aval de l'auberge (45 m.). — On monte à l'E. dans un ravin, en traversant le *bois de Caousillet*. — Pâturages inclinés, mais faciles. — Fontaine de l'*Astazou Barrade*, où aboutissent tous les chemins du col d'Astazou. — 2 h. Talus calcaire très incliné des *Rochers-Blancs* (pierres glissantes dangereuses).

2 h. 30. Cascade. — On gravit un escarpement très raide. — 3 h. Extrémité inférieure du *glacier de l'Astazou* (crevasses larges et profondes). — On le traverse dans la direction de l'E., et du N.-E. et l'on gravit la paroi du rocher qui le domine de ce côté. — 3 h. 30. On franchit la rimaye entre le glacier et le rocher. — On escalade le rocher et l'on remonte par des pentes neigeuses.

4 h. *Brèche d'Astazou* (3000 mèt.; vue magnifique), entre l'Astazou au N. et le Cylindre au S. — On descend sur le glacier, que l'on traverse dans la direction du col ouvert à l'E. du Cylindre. Trajet long et difficile, larges crevasses, dangereuses quand la neige est molle. — 5 h. 30. Col du Mont-Perdu, d'où l'on descend en 15 m. à l'étang où aboutissent les deux itinéraires précédents.

6 h. 30 de Gavarnie. Cime.

4° PAR L'ÉCHELLE DE GLACE DE TUQUEROUYE.

6 h. 15, montée; 5 h., descente. — Guide, corde et hache nécessaires. — Très belle course, recommandée.

1 h. de Gavarnie. Terrasse d'Espugnette (R. 44). — On tourne à l'E.-S.-E. et l'on monte à la *cabane d'Espugnette*. — 1 h. 45. *Brèche d'Allanz* (2516 mèt.), que l'on franchit pour entrer dans le cirque d'Estaubé, dont on contourne les murailles vers l'E. — *Borne de Tuquerouye*. — A dr., couloir de glace impraticable. — 2 h. 30. *Échelle de glace de Tuquerouye*, couloir incliné de 50° à 60°; escalade rude; il faut souvent tailler des pas.

3 h. 15. *Brèche de Tuquerouye* (2675 mèt.; vue subite du Mont-Perdu). — On tourne à l'O., sans descendre au lac; corniches faciles le long des parois S. du cirque d'Estaubé. — On descend sur le glacier, qu'on traverse du N. au S. Il faut passer le plus près possible de l'extrémité O. du *lac glacé du Mont-Perdu*.

4 h. 15. On franchit la rimaye devant une cheminée qu'on escalade. — 4 h. 30. Terrasse neigeuse où l'on rejoint la route

du Mont-Perdu par l'Astazou (*V.* ci-dessus, 3°).

6 h. 15. Mont-Perdu.

5° PAR LE PORT DE PINÈDE ET LES PARÊTS DE PINÈDE.

2 jours.— 1er jour, de Gavarnie à la cabane de Fourcarral, 7 h.; — 2e jour, ascension et retour, 7 h. 45. — Guide, corde et hache nécessaires.

2 h. 30. Pied du couloir de Tuquerouye (*V.* ci-dessus, 4°), qu'on laisse à dr.— On longe les parois du cirque d'Estaubé. — Montée facile au (3 h. 45) *port Neuf* ou *de Pinède* (2524 mèt.), dominant de 1200 mèt. la vallée de Bielsa. — Pentes rapides, descente facile; appuyer à dr. vers la paroi du cirque de Béousse ou de Bielsa, pour éviter des escarpements (très belle vue).

5 h. En vue du *cirque de Bielsa*, au S., chute du rio Cinca; au N., pic de Pinède; au N.-E., cascade de la Ilount-Sainte; au S.-E., Parêts de Pinède. — On traverse le rio Cinca; on gravit les **Parêts de Pinède**, d'abord à l'O., puis à l'E. (corniches praticables).

5 h. 30. On monte par une série de terrasses à de grands pâturages.

6 h. 25. *Cabane de Fourcarral* (2000 mèt. env.); on peut, en laissant la cabane à g. et en montant vers le col de Niscle, gagner, à 100 mèt. au-dessous du col (7 h. de Gavarnie), l'*abri des Parêts*, sous un rocher.

De là, on monte d'abord vers le col, puis, traversant un chaos de gros blocs fossilifères, on tourne à dr. — Au S., col de Niscle (R. 48); on va presque droit à l'O. — 25 m. Pentes raides et scabreuses. — 1 h. 10. Terrasse supérieure, étroite bande de rochers, qui peu à peu devient plus large. — Vallon, où l'on aborde le glacier; marche facile, crevasses nombreuses, corde nécessaire. — A g., le Soum de Ramond et son glacier; on continue à monter à l'O.-S.-O., par un couloir de neige sinueux.

2 h. 45. Mont-Perdu, d'où, en 5 h., on atteint Gavarnie par l'Astazou ou par les terrasses du Marboré.

C. Soum de Ramond.

7 h. 15, montée; 2 h. de l'abri du Cylindre. — Guide, 30 fr.

5 h. 30. Étang du Mont-Perdu (*V.* ci-dessus, *A*). — Contournant, de l'O. à l'E., le versant S. du Mont-Perdu, à plus de 3000 mèt., et passant entre les deux Échelles du Mont-Perdu, on descend à l'E. sur un petit glacier; puis, attaquant à l'E.-S.-E. un couloir très raide (pierres roulantes, fossiles), on arrive presque au sommet en obliquant au N.-E.

7 h. 15. **Soum de Ramond** (3280 mèt.; très belle vue).— On peut, avec quelques précautions, descendre au N.-N.-E. vers les vallons de neige qui de l'E. à l'O. montent au Mont-Perdu.

En passant une nuit à l'*abri du Cylindre* (2900 mèt.), on peut gravir en un jour le Soum de Ramond, le Mont-Perdu et le Cylindre, et rentrer à Gavarnie par le pic du Marboré et l'Astazou.

ROUTE 47.

DE GAVARNIE A LA VALLÉE DU RIO ARA

A De Gavarnie à Torla.

1° PAR BOUCHARO.

5 h. 15. — Chemin muletier. — Guide, 10 fr. par jour.

Près de l'église, on prend le chemin muletier allant à la vallée de Poucy-Espée. — 1 h. 15. Gave des Tourettes.

2 h. **Port de Gavarnie** ou de **Boucharo** (2282 mèt.). — On descend, sur le versant espagnol, à la vallée de l'Ara.

3 h. 15. Pont et *auberge de* **Boucharo** ou *Bujaruelo* (1344 mèt.).

On peut aussi se rendre de Gavarnie à Boucharo en 3 h. 30, par le *vallon des Especières*, le *lac de Luhos*, le *Port-Vieux*, le *lac de Louhassou* et le chemin du port de Gavarnie.

[**Pic de Tendenera** (montée, 5 h. 30, descente, 2 h. 15; guide, 10 fr. par jour). — Au sortir de Boucharo, on remonte la rive dr. du rio Ara, puis on monte à g., vers le *val d'Otal*, dont on suit l'un ou l'autre versant. — 1 h. 20. Cabanes de bergers. — On monte sur la rive g. du rio. — Cheminée qu'il faut escalader. — 3 h. 30. Col de Tendenera, où l'on rejoint la route de Panticosa au pic (R. 41).

5 h. 30. Sommet (2850 mèt.; très belle vue). — On peut descendre soit à Panticosa (R. 41), soit (2 h. 15) à Boucharo.]

De Boucharo, on descend la rive dr. de l'Ara; presque en face du ham., belle *cascade de l'Escuzana*. — La **gorge de Boucharo**, étroite et sauvage, aux versants couverts de forêts, est l'une des plus pittoresques des Pyrénées. — *Cascade de l'Échelle*. — Pont de bois sur l'Ara; sur la rive g., excellent chemin de chevaux. — La gorge s'élargit au débouché de la vallée d'Arrasas (*V.* ci-dessous, 2°), et devient la vallée de Broto. — *Pont des Navarrais* (1072 mèt.).

5 h. 15 à pied (4 h. à cheval). **Torla** (1036 mèt.), v. tout noir, aux rues en escaliers. On peut dîner et coucher (prix pas trop exorbitant) au *manoir de la Marquesa Vio*, ancienne maison seigneuriale assez curieuse (plafonds et caissons peints à fresque; meubles sculptés). — *Église* (jolie coupole). — Belle vue.

2° PAR LA VALLÉE D'ARRASAS.

9 h. 30 à Torla; 10 h. à Boucharo. — Admirable excursion. — Guide nécessaire : 10 fr. par jour.

5 h. de Gavarnie, par la brèche de Roland, à la cabane inférieure de Gaulis (*V.* R. 46,

B, 1°). — Il faut se diriger à l'E. — 5 h. 15. On descend par d'étroites corniches un petit escarpement, en contournant un cirque à l'origine de la **vallée d'Ordesa** ou **d'Arrasas.** — Une cheminée assez difficile descend à des pâturages (1880 mèt.) traversés par le rio Ordesa. — 5 h. 50. On traverse le rio pour en suivre la rive dr.; la rive g., très escarpée, est bordée dans sa partie supérieure par la muraille du plateau de Fanlo. — La vallée se resserre de plus en plus.

6 h. 30. *Cueva d'Arrasas*, à 1684 mèt., rocher en surplomb formant abri. — Au delà de la Cueva, on traverse une forêt magnifique de hêtres et de frênes gigantesques. — 7 h. 30. Vue grandiose des murailles rouges du cirque de Cotatuero; admirable vallée d'Arrasas (on y trouve des bouquetins). — Belle pelouse (1350 mèt.), conduisant au rio Ordesa.

8 h. *Grange d'Ordesa* (1307 mèt.). — De là, on peut aller par la rive g. à (9 h. 30) Torla, ou se rendre par la rive dr. à (10 h.) Boucharo.

3° PAR LE COL DE DIAZÈS.

10 h. — Course très belle et très facile.

5 h. de Gavarnie à la cabane inférieure de Gaulis (R. 46, *B*). — On marche presque horizontalement à l'E.-S.-E., laissant à g. (E.) la crête de la Casotte. — Petit sentier de Gaulis à Fanlo, qu'on suit jusqu'à la base du *Pueyo* ou *Punta del Mondicieto* (2379 mèt.). — Là, on quitte le sentier, qui tourne à l'E. (belle vue). — 5 h. 55. On contourne le pic de Mondicieto; précipice de 700 mèt. à dr.

6 h. 35. A g., abri d'un rocher. — On longe une large coupure où se trouve la *brèche d'Arrasas;* on suit la crête. — A mesure que l'on chemine sur le bord de la muraille, on a une vue merveilleuse de la vallée d'Arrasas, qui s'approfondit d'une manière continue par une suite de grands enfoncements en forme de fer à cheval où le rio Ordesa descend en cascades au milieu des forêts; la profondeur du gouffre est d'env. 1000 mèt.

En avançant vers l'O., on voit peu à peu, sur la rive dr. de l'Ordesa, les cirques de Cotatuero et de Salarous; la brèche de Roland se montre bientôt au fond du **cirque de Cotatuero,** dont la régularité et la majesté sont extraordinaires. C'est le *seul point* d'où l'on puisse distinguer ce magnifique cirque.

6 h. 50. On laisse à dr. la crête de la muraille. — 7 h. 10. On remonte un peu pour éviter des rochers difficiles; on contourne à l'O. le *pic de Diazès*.

7 h. 50. *Col de Diazès;* éboulements, pentes glissantes. — — 8 h. 20. On suit le lit ou (8 h. 35) la rive dr. d'un torrent. — Belle source; sentier conduisant à (8 h. 50) *Diazès*, ham. de 3 ou 4 maisons.

Chemin muletier ; vallée du rio Ara. — Pont sur l'Ara.

10 h. Torla (*V.* ci-dessus).

B. De Gavarnie à Broto.

1° PAR TORLA.

6 h. — Guide, 10 fr. par jour.

5 h. 15 de Gavarnie à Torla (*V.* ci-dessus). — En sortant de Torla, on suit la rive dr. de l'Ara. — A dr. (S.), route muletière de Viescas (R. 49, *B*). — On descend vers la rivière entre des haies de buis.

6 h. **Broto** (905 mèt.), sur les deux rives du rio Ara. — *Pont* pittoresque. — *Église* intéressante. — On pourrait dîner et coucher à la *casa Buisan* (prix modérés).

2° PAR FANLO.

13 h. 25. — On fera bien de coucher Fanlo (10 h 15).

5 h. de Gavarnie à la cabane inférieure de Gaulis (R. 46, *B*). — On monte vers le col de Gaulis. — A la base du col, au bord du gouffre qui s'ouvre à l'origine de la vallée d'Arrasas, on tourne au S. pour suivre le bord de la *crête de la Casotte.*

6 h. 45. *Col de Fanlo* ou *col inférieur de Gaulis* (2175 mèt.). — Descente vers l'origine du profond *barranco de Pardina* (belle vue). — Le sentier traverse des pâturages et contourne par la rive dr. le haut du barranco. — Cavernes dans les murailles de la rive g.

7 h. 20. *La Casotte* ou *Casetta*, poste de douaniers. — Au delà, au S.-O., *plan de Tripals.*

7 h. 45. On descend au S., puis au S.-O., et bientôt on aperçoit Fanlo. — Les pentes qui tombent vers le bourg, formées de grès fissurés et encombrées de buis, sont presque impraticables : aussi le sentier fait-il un grand détour à l'O. avant de se diriger vers le mamelon qui porte Fanlo.

9 h. 45. Base du mamelon ; montée.

10 h.15. **Fanlo** (1418 mèt.; belle vue), dominant le rio Aso à l'E. et le rio Xalle à l'O. — Hospitalité chez le Señor de Fanlo (prix très modérés).

De Fanlo à Bielsa, R. 48.

Excellent chemin muletier ; petit col faisant passer du bassin du rio Cinca dans le bassin du rio Ara. — On longe à une grande élévation la rive g. du rio Xalle, dont on suit toute la vallée ; belles forêts.

10 h. 50. On passe sur la rive dr. du rio Xalle. — La route monte assez haut pour contourner près de leur origine de nombreux ravins. — Versants boisés.

11 h. 50. Pont sur le *barranco de la Canal* (1125 mèt.). — 12 h. 10. Pont sur le *barranco del Funde.* — Vue du bassin de Sarvisé. — Confluent du rio Xalle avec le rio Ara.

13 h. *Sarvisé* (871 mèt.). — Après avoir traversé le village,

on suit la rive g. de l'Ara. — A dr., sur une terrasse, *Buesa*. — *Chapelle de San Blas*.

15 h. 25. Broto (*V.* ci-dessus).

De Broto à Aïnsa, par Fiscal et Boltaña.

8 h. 30 à pied. — Chemin muletier. Route de voit. en construction.

25 m. de Broto à Sarvisé (*V.* ci-dessus, *B.*). — Laissant Sarvisé à g., on franchit le rio Xalle, puis on continue à suivre, au S.-S.-E., la rive g. du rio Ara.

2 h. 15. **Fiscal** (780 mèt.), sur les deux rives de l'Ara. — Ce bourg est un bon centre d'excursions pour visiter la sierra de Cancias, Santa Marina et les sierras qui se trouvent entre la vallée de l'Ara et la plaine de Huesca. (*V.* l'*Itinéraire général de la France : Pyrénées.*)

De Fiscal à Rodellar et à Huesca, R. 49, *D.*

On continue à suivre la rive g. du rio Ara, à travers des chenevières et des olivaies (750 mèt.). — *Arresa; Javierre; Santa Olaria*.

4 h. 15. On franchit le rio de la Guarga. — Deux *tours* sur un mamelon dominé par la *montagne de Santa Marina* (4 h., aller et retour).

4 h. 45. *La Vililla* ou *Velilla* (714 mèt.), v. relié à *Janovas* par un pont. — **Défilé de Janovas**, étroite fissure où se précipite l'Ara, entre les sierras de Cancias au S. et de Santa Marina au N. — 5 h. On pénètre dans ce défilé. — 5 h. 45. La vallée s'élargit.

6 h. 15. *Casa Santa Maria*.

6 h. 45. **Boltaña*** (649 mèt.), ch.-l. de district de 2000 h. env. — *Église* romane à voûte très élevée.

De Boltaña à Bielsa, R. 48, *F.*

7 h. 15. A dr., église et grand *couvent de Santa Teresa*. — Sur un mamelon (vue fort belle), *ermitage de Santa Madalena*; puis à l'O., sur un autre mamelon de la rive dr., haute *tour* carrée *de Guaso*.

7 h. 30. La Aïnsa se montre pittoresquement placée sur le bord d'un mamelon forment coin entre l'Ara et la Cinca. Derrière la ville et par delà la Cinca se dressent les grands escarpements de la Peña Montañesa.

8 h. 30. **La Aïnsa** (585 mèt.), 440 h. env., V. très ancienne (enceinte de murailles; deux églises; ancien *palais* des seigneurs aragonais qui prenaient, dit-on, le titre de *rois de Sobrarbe*).

A 2 k. 1/2 de la ville, se trouve *la Croix de Sobrarbe* (pèlerinage le 14 septembre). — Au pied de la ville, confluent du rio Ara avec le rio Cinca.

ROUTE 48.

VALLÉE DU RIO CINCA

DE GAVARNIE A BIELSA

8 h. 30. — Guide (10 fr. par jour) et provisions nécessaires.

5 h. Fond du cirque de Bielsa (R. 46, *B*). — On traverse la Cinca; à dr., route du col de Niscle; on suit un sentier qui, retraversant la Cinca, descend la **vallée de Pinède** ou de *Bielsa*; belle vue sur le cirque de Bielsa ou Béousse, où tombe la superbe *cataracte de Béousse*. A dr., les Parêts de Pinède. — Un peu avant le v. d'Espierbe, beaux rochers. — Au delà de *las Cortes*, on s'écarte de la Cinca (1125 mèt.), qui traverse la large plaine de *Campolino* (belles sources). — *Javierre*, ham.

8 h. 30. **Bielsa***, excellent centre d'excursions, à 1054 mèt., au confluent du rio Cinca, arrivant du N.-O. à travers des montagnes calcaires, et du rio Cinca Barrosa, qui descend du N.-E. par une vallée granitique. — *Église* (curieux ornements d'autel, chasubles anciennes, etc.). — Importantes mines de fer, mine d'argent; forge, scieries.

[**De Bielsa au cirque de Barrosa** (5 h. aller, 2 h. 30 retour). — On prend le chemin de Javierre; en deçà du ham., on prend à dr. un autre chemin, rive dr. du rio Barrosa. — 40 m. Confluent des rios Chisaguès et Barrosa (1140 mèt.); au N., *Parsan*, v. (1160 mèt.). — 50 m. On traverse un ruisseau en laissant à g. Parsan. — On tourne à l'E.-N.-E.; *gorge d'Ordisseto*. — La gorge de la Barrosa devient plus étroite; chaos de gros blocs. — 1 h. 30. On traverse un ruisseau; la vallée tourne au N. — 1 h. 50. Belle cascade, torrent du port de Moudang. — Ruines de l'ancien *hôpital de Bielsa*; belle *cascade*. — 2 h. 25. Bifurcation du chemin (1420 mèt.); pont; on suit la rive dr. — 2 h. 40. Belle vallée supérieure de Barrosa — 2 h. 50. Le sentier se perd dans des pâturages (1500-1560 mèt.).

5 h. **Cirque de Barrosa** (ensemble et détails admirables; **cascade** de 300 mèt.).

Retour à Bielsa, 2 h. 30.

Punta Suelsa de los Ibones. — 5 h., montée; 2 h. 15, descente à Bielsa; 4 h., au Plan-de-Gistaïn; guide nécessaire; belle et facile ascension. — On prend le chemin du port d'Ourdisseto (R. 61, *D*), jusqu'aux cabanes à l'O. du port. — 2 h. 30. *Cabanes de Pardina* (2150 mèt.; belle vue). — 3 h. 15. *Paso de los Caballos* (2505 mèt.). — On tourne à dr. et l'on monte au S.-O.; à g., port et pic d'Ordisseto; à l'E., le Posets. — Trois *lacs* se succèdent; près du 3e, mine de plomb d'*Ourdisseto* (habitations à 2390 mèt.). — 3 h. 30. Au S., brèche entre la Punta Suelsa à g. et la *Punta Fulsa* à dr.; chaos de rochers à franchir. — 4 h. De la brèche (2610 mèt.; vue très belle), on gravit, au S.-E., une arête étroite, puis une autre plus facile.

5 h. Sommet (2907 mèt.). On voit à ses pieds 5 lacs qui ont valu à ce massif son nom de *Puntas de los Ibones* (pics des lacs); on découvre un immense panorama de montagnes.

De la Punta Suelsa, on peut descendre :

1° A Bielsa par le val de Montillo (2 h. 15; 5 h. pour monter). — On laisse à l'O. l'arête suivie à la montée (*V.* ci-dessus); pentes d'éboulis de gazons. — 30 m. (2255 mèt.). Chemin muletier de Bielsa à la vallée de Gistaïn; on coupe les lacets; bergerie; torrent. — 40 m. On suit la rive dr., puis la g.; forêt; chemin pierreux à suivre exactement. — 1 h. 10. Confluent (1430 mèt.) des rios Montillo E. (qu'on a suivi) et O. — 1 h. 20. *Granges de Cisco* (1570 mèt.). — On traverse le torrent; bon chemin muletier sur la rive dr. — 1 h. 45. On tourne à l'O., puis à l'O.-N.-O., et l'on quitte le val de Montillo. La route, d'abord de niveau, descend vers Bielsa; au fond, à l'O., le Mont-Perdu. — 2 h. 5. On dépasse un ravin de la Peña de Lesin. — Pont (1015 mèt.) sur le rio Cinca Barrosa, qui vient de la vallée d'Ordisseto. — 2 h. 15. Bielsa.

2° Au Plan-de-Gistaïn (4 h.). — On descend au S.-E. de la cime, d'abord sur des pentes très inclinées, puis dans un vallon herbeux. — 45 m. Ruisseau; rive dr.; on prend aussi un sentier qui se dirige vers le S. Longeant alors le versant E. de la sierra del Marquès, et contournant ensuite vers l'E. une crête qui s'avance à g. sur la vallée de la Cinquetta, on descend sur le Plan en suivant une ligne générale S.-S.-E.

4 h. Le Plan-de-Gistaïn. — On peut aussi descendre au Plan par le Paso de los Caballos.

Punta de Salinas (3 h. 45, montée; 2 h. 30, descente; course belle et facile). — On prend le chemin de Javierre. — Pont sur le rio Cinca; sentier montant au S.-O. — 1 h. Lisière de la belle forêt des Parêts de Pinède. — 1 h. 55. On sort de la forêt; au S.-O. s'ouvre le col de Portillo. — 2 h. Bonne source sur la rive g. du ruisseau; pentes rapides. — 2 h. 50. *Col de Portillo* (2200 mèt.), entre la Punta de Salinas à l'E. et les Parêts de Pinède à l'O. Belle vue au S. — On passe au S. du col, on marche à l'E.; montée facile.

3 h. 40. *Punta de Salinas* ou *Peña del Mediodia* (2518 mèt., superbe panorama). — Retour à Bielsa en 2 h. 30.

Cotiella. — Montée, 7 h; descente au Plan-de-Gistaïn, 4 h. 30; guide et provisions nécessaires; en partant de bonne heure, il est facile de faire l'ascension et de revenir coucher à Bielsa, ou plutôt au Plan-de-Gistaïn. — On remonte le cours de la Cinca, que l'on traverse trois fois sur des ponts de bois. — 1 h. 30. 4° pont (en pierre). — Laissant à dr. le chemin qui longe la Cinca, on tourne à l'E.; gorge de la Cinquetta. — 2 h. 15. On monte le long du torrent.

2 h. 45. *Sarravillo;* à l'E., défilé de l'Inclusa. — On monte à l'E.-S.-E.; plateau; on gagne un col à l'E.-S.-E.

4 h. *Col de Santa Isabel* (1527 mèt.). — Montée facile dans une région aride. — 5 h. 30. *Col supérieur* ou *goulet du Cotiella;* long couloir. — Montée facile au pic; près de la cime, flaque de neige où l'on peut boire.

7 h. Sommet (2910 mèt.; admirable panorama). — On descend au S.-S.-E. vers un petit col, puis par une cheminée à l'E. — 7 h. 45. *Cirque d'Armeña*, rochers ravinés, *lapiaz*. — 9 h. Source; abri de bergers (2000 mèt.?); bon chemin muletier. — 10 h. *Col de las Coronas* (1754 mèt.). — On descend, O.-N.-O. — Au N.-E., belle forêt et route du col de Sahun (R. 71); tuilerie, pont sur la Cinquetta.

11 h. 30. Le Plan-de-Gistaïn (R. 65).

DE BIELSA AU PLAN-DE-GISTAÏN.

Chemin muletier. — 4 h. 30, à pied.

2 h. 15. Sarravillo (*V.* ci-dessus : *Cotiella*). — On se dirige à l'E. — **Défilé de l'Inclusa,** long de 7 k. — Le chemin suit la rive g. de la Cinquetta, entre les hautes murailles verticales du défilé, dominé par la *Peña de*

Arties, N., et la *Peña Labasar*, S. — 4 h. 13. Près de la sortie du défilé, on franchit la Cinquetta.

4 h. 30. Le Plan-de-Gistaïn (R. 63).

DE BIELSA A BOLTANA

8 h. 45, à pied. — Guide nécessaire.

1 h. 30. *Salinas*. — Au 4e pont, on laisse à g. le chemin de Sarravillo et on pénètre au S. dans le beau **défilé de las Debottas.** Le rio Cinca, grossi de la Cinquetta, tourne au S., dans cette fissure, seule issue vers le S. de la vallée de Bielsa. Le chemin suit la rive dr. — A g., les rochers de *Matadayre*, dominés par le *pic de Lerga* (2273 mèt.), s'élèvent de plusieurs centaines de mètres. — 1 h. 55. Débouché du pittoresque *barranco de Tella*. — La gorge se resserre; murailles verticales; le chemin monte, descend, traverse le rio, puis passe sur l'autre rive. — La vallée s'élargit et tourne à l'O. — Au-dessus du confluent du rio Irves, se montre le clocher de *Notre-Dame de Badaïn*.

[En remontant la vallée du rio Irvès on atteindrait, par le *col de Colibert* (1450 mèt.) et le *vallon de Viu* ou de *Biu*, la vallée de l'Esera, en amont de Campo.]

3 h. 30. *La Fortunada* (et non *Infortunada*). — Source et magnifiques ombrages.

4 h. 10. *Hôpital de Tella* (où l'on peut déjeuner). — Au N. paraît en haut du ravin *Tella* (1384 mèt.). — La vallée tourne au S. — Confluent du rio Llaga. — 5 h. 15. Montée assez rapide.

5 h. 30. *Laspuña* ou *la Spuña* (725 mèt.).

[*Peña Montañesa* (8 h. aller et retour) : *V. l'Itinéraire général : Pyrénées.*]

On descend vers le rio Cinca, que l'on franchit bientôt; à dr., chemin de *Puey Arruebo*.

5 h. 55. **Escalona** (615 mèt.), près du confluent du rio Vellos (*V.* ci-dessus) et du rio Cinca. — Commerce de bois.

On franchit le rio Vellos et on continue à suivre la rive dr. de la Cinca. — Débouché de l'Arroyo de San Vicente.

7 h. *Las Buerdas* ou *Labuerda* (581 mèt.). — On pourrait se rendre à Aïnsa en continuant à suivre la rive dr. du rio Cinca. — Le chemin suit d'abord la Cinca, puis (7 h. 35) tourne à l'O., vers la vallée de l'Ara, dont on remonte la rive g. — On franchit le *barranco Forcal* et on rejoint la route de Boltaña à Aïnsa (R. 47, *C*).

8 h. 45. Boltaña (R. 47, *C*).

DE BIELSA A TORLA

A. Par le col et la vallée de Niscle.

A pied : 12 h. jusqu'à Fanlo; 16 h. jusqu'à Torla. — On pourrait coucher à Nerin (10 h. 50) ou à Fanlo. — Excellent guide nécessaire.

On prend un chemin muletier, rive g. du rio Cinca; on

dépasse plusieurs v.; belle vue du cirque de Béousse et des Parêts. — 2 h. *Casa Inglatas* (1250 mèt.). — On traverse la rivière; on gravit les Parêts de Pinède à l'O.-S.-O. — 2 h. 35. Clairière (1480 mèt.); quelques difficultés, corniches, cheminées. — 3 h. Pâturages et rochers (1810 mèt.). — 3 h. 45. Bonne source (1990 mèt.; belle vue). On a le choix entre deux routes : l'une, très facile, mène à la cabane de Fourcarral (*V.* ci-dessous); l'autre, difficile, nécessite un bon guide et une grande habitude du rocher. Si l'on suit cette dernière voie, on gravit d'abord des pentes gazonnées très redressées, puis d'étroites corniches.

4 h. 15 (2300 mèt.). Très belle vue). — Talus rocheux, pentes de 65°, roche non solide, corniches couvertes de graviers, cheminées remplies d'éboulis.

5 h. **Col de Niscle** (2470 mèt.; vue admirable). Au S., vallée de Niscle ou *val de Ripareta*. — On descend de l'arête sur le versant O.; immenses éboulis; en deçà du chemin de la brèche Passet-Pujo (*V.* ci-dessous), on descend au fond de la gorge, en amont du *barranco de Fon Blanca*.

6 h. *Cabane de Fon Blanca* (1670 mèt.), sous un énorme bloc. — On traverse le ruisseau de Fon Blanca; on suit le fond de la gorge, rive dr. du rio Vellos. — 6 h. 35. Bassin (1550 mèt.) formé par la rencontre de deux barrancos. — 6 h. 45. On s'éloigne du rio; forêt vierge, terrain accidenté, quelquefois difficile. — 7 h. 20. A dr. (O.), grand *barranco de Pardina*, coupant la muraille de la rive dr., infranchissable; il faut descendre en obliquant au N. à travers la forêt jusqu'au rio Vellos, accessible sur un seul point; pentes de 40° à 45°, sans danger. — 7 h. 30. Fond de la vallée (1420 mèt.); clairière, chemin de traînage. En aval du barranco, forêt magnifique, arbres énormes.

8 h. 20. A un tournant de la vallée, on voit au N.-N.-E. les Échelles du Mont-Perdu. La vallée change plusieurs fois d'orientation. — Ravin qu'on traverse trois fois.

8 h. 40. Pont; on sort du ravin (1175 mèt.); sur la rive g., hémicycle admirable dans les flancs du pic de Sistral; rive dr., buis et ifs énormes, arbres colossaux. — 9 h. 25. Si l'on ne veut pas descendre à Escalona, on laisse à g. le chemin de traînage; on prend un chemin muletier montant en lacets le long des escarpements du *pic de Crespeña* (1977 mèt.).

9 h. 50. *Col inférieur de Niscle* ou *collada de Nerin* (1215 mèt.; vue magnifique). — Le col franchi, on découvre le *barranco de Guampe*, où coule le rio Aso, et la vallée inférieure de Niscle; à l'O., pays de Fanlo. — Le chemin tourne à l'O., vallée du rio Aso; aspect dénudé, monotone. — 10 h. *Cercüé*, v. (1205 mèt.; belle vue).

— 10 h. 20. Pont (1175 mèt.); on monte à

10 h. 50. *Nérin* (1280 mèt.). On peut dîner et coucher à la *casa Buesa.* — On suit pendant 15 m. la route de Fanlo, puis on descend au rio Aso, dont on remonte le cours jusqu'au *barranco de Caldaruela.* — On gravit les pentes de la rive dr. du rio Aso, vers le mamelon qui porte le v. de Buisan. — 11 h. 40. A g., *Buisan* (1400 mèt.). On descend dans un ravin qu'on traverse, puis on remonte.

12 h. Fanlo (R. 47, *B*).

16 h. Torla (R. 47, *A* et *B*).

B. Par Escuaïn, le val de Niscle et Diazès.

2 jours. — Porteur : Antonio Suarez, à Bielsa.

1er JOUR. — DE BIELSA AUX CABANES DE NISCLE, PAR LA GARGANTA D'ESCUAÏN.

8 h. 30.

Le chemin descend la rive dr. du rio Cinca. — 15 m. Rive g., ravin de Montillo (*V.* ci-dessus : *Punta Suelsa*).

35 m. Bifurcation : prendre le sentier de g.; pont; on suit la rive g. — 1 h. 15. Pont; on passe sur la rive dr. — 1 h. 30. Sentier pierreux montant à l'O. vers le col de Tella; belle vue au S. — 2 h. 30. Petit pont (1175 mèt.), que l'on traverse. — — 3 h. 10. *Col de Tella* (1280 mèt.), entre la Punta de Salinas (p. 127) au N. et la *montagne de las Debottas* au S. — Le chemin tourne au N.-O.

4 h. 40. *Bassin de Revilla;* à dr., *Revilla,* ham. (1200 mèt.). — On descend au torrent : à dr., paroi de rochers; à g., *montagne de Castel Mayor* (2010 mèt.). — **Garganta d'Escuaïn** (970 mèt.); on traverse le torrent; sur la rive dr., sentier montant, bois, chaos de blocs. — 5 h. 40. On tourne au N. vers une terrasse de rochers.

6 h. 10. **Escuaïn** (1200 mèt.), v. sur une terrasse qui domine la garganta, une des merveilles des Pyrénées.

[*Pic de Sistral* (4 h. à la montée, 5 h. à la descente). — *Pic O. de Niscle* (5 h. à la montée, 2 h. 30 à la descente). — *V.* les *Pyrénées.*]

On remonte la rive dr. de la garganta. — 8 h. 10. *Col d'Escuaïn* (1850 mèt.; très belle vue). — 8 h. 30. *Cabanes de Niscle.*

2e JOUR. — DES CABANES DE NISCLE A TORLA, PAR LES PLATEAUX DE LA CASOTTE.

6 h. — Prendre pour guide un berger des cabanes.

On se dirige vers le point où le val de Niscle paraît le plus étroit, à 1 k. en aval du barranco de Fon Blanca, qui débouche sur la rive dr. — On descend par des corniches glissantes vers le N. — 35 m. Fond du précipice (belle vue). — On traverse le rio Vellos en sautant de pierre en pierre, puis on monte le long des rochers qui bordent la rive dr.; ces rochers, couverts d'éboulis, ne présentent pas de difficulté et supportent les pâturages et la crête de la Casotte. — 50 m. Belle grotte, cascade; un peu plus loin, à l'O., barranco pittoresque. On gravit la muraille de l'O. — 1 h. 5. Pâturages de la Casotte (1700 mèt.). — Sentier menant à (1 h.) Fanlo, par le plan de Tripals; mais il faut aller visiter (10 m. au S.) le barranco de Pardina (*V.* ci-dessus, *A*).

On peut descendre à Torla: 1° (8 h. des cabanes de Niscle) par le plan de Tripals et Fanlo; 2° (6 h.) par le val d'Ordesa; corniches difficiles descendant à l'angle du plateau de Gaulis); 3° par le mur d'Arrasas: on monte par le col inférieur de Gaulis au faîte des murailles, puis on suit la route de Gavarnie à Fanlo (*V.* R. 47, *B*).

6 h. Torla (R. 47, *A*).

ROUTE 49.

DE GAVARNIE A HUESCA

A. Par Panticosa.

Par cette voie, on peut, en allant le 1er jour soit aux Bains de Panticosa par Brasato (R. 40), soit au v. de Panticosa par le Tendenera (R. 40 et 47, *A*), prendre la diligence qui fait le service des Bains à Jaca (R. 41) et de Jaca à Huesca (R. 26).

B. Par Torla, Linas, Viescas et Jaca.

Chemin muletier jusqu'à Viescas (11 h. à pied). — Au delà, route de voitures.

5 h. 15 de Gavarnie à Torla (R. 47, *A*). — Suivant d'abord la route de Broto (R. 47, *B*), puis (5 h. 30) la laissant à g., on monte assez rapidement sur les terrasses du *Sébouilla* (belle vue). — 6 h. *Frajen* (1128 mèt.). — On suit à une très grande élévation au-dessus de son lit la rive g. du rio de Linas; au S.-O., le Puey de Buey (*V.* ci-dessous). — 6 h. 25. *Viu*. — Au N.-N.-E., un ravin permet de voir la *sierra* et la *cascade de Fenès* et le massif du Tendenera. — A g. de la route, ruines drapées de lierre d'une *église* romane. — Le chemin descend rapidement vers le rio de Linas, franchit un torrent secondaire et monte à

7 h. **Linas de Broto** * (1262 mèt.), gros bourg.

Belle plaine, puis (7 h. 35) montée à l'O.

8 h. *Col de Cotefablo* ou *de Fablo* (1633 mèt.). — D'ici une facile escalade au S., en suivant l'arête du pic, conduirait en 1 h. 10 (2 h. 10 de Linas) au **Puey de Buey** (1988 mèt.; vue très belle au S. et au N.).

Du col (belle vue), descente dans la profonde vallée du rio Sia ou *vallée de Gabin*, sur le versant de la rive dr. — 9 h. 5. On franchit le rio Sia, et le chemin monte raide sur la rive g.

9 h. 10. *Yesero* (1081 mèt.). — La vallée s'élargit. — 9 h. 50. *Source.* — La descente devient assez rapide. — Sur une terrasse de la rive dr., *Gabin.* — On traverse à gué le rio Sia, et laissant à g. son confluent avec le Gallego, on entre dans le bassin de Viescas.

11 h. Viescas (R. 41).

28 k. de Viescas à Jaca (R. 41).

90 k. de Jaca à Huesca (R. 26).

C. Par le Salto de Roldan.

Trois jours à pied ou à mulet. — Retour à Gavarnie par les routes *A*, *B* ou *D*. — Excursion recommandée. — Guide nécessaire. — Il est utile d'avoir avec soi un porteur ou un arriero aragonais.

1er JOUR : DE GAVARNIE A BERGUA (9 h. 15 ; route muletière).

6 h. de Gavarnie au pont de Broto (R. 47, *A* et *B*). — On ne traverse pas le rio Ara, et laissant sur la rive g. le chemin de Boltaña (R. 47, *C*), on suit la rive dr. — *Cascade de Sorrosal ;* sur la hauteur à dr., *Oto.* — Sur la rive dr., *Ayerbe.* — Arrivé en face d'*Asin*, on quitte la vallée de l'Ara, près du confluent du rio Forcos, et tournant à l'O., on remonte la *vallée de Sobrepuerto* ou du rio Forcos, sur la rive dr. du torrent ; grandes assises de grès.

9 h. 15. **Bergua** * (1035 mèt.). — Deux *tours* dominent le bourg.

2e JOUR : DE BERGUA A AINETO (6 h. 45, à pied ou à mulet).

On monte droit au S. par le *val de Fenès.* — A dr., *Sasa,* sur un mamelon. — Épais bois de pins.

3 h. **Puerto de Fenès** (1498 mèt.; belle vue). Plusieurs *cols* ouverts dans la montagne de Fenès (2520 mèt.) portent ce nom ; ils conduisent à des points très différents des vallées de l'Ara et du Gallego. On oblique à l'E. — Descente rapide.

5 h. *Fablo* (1050 mèt.). — Le chemin suit le ruisseau, puis le franchit.

6 h. *Gillué* (927 mèt.). — Nombreux barrancos.

6 h. 40. **Aineto** * (905 mèt.).

3e JOUR : D'AINETO A HUESCA (9 h. 15, à pied ou à mulet).

Le chemin monte un peu au S.-O. — 45 m. *Solanilla.* — La montée s'accentue ; on traverse la *sierra de Un*, et on suit la crête peu élevée qui sépare le rio Guarga du rio Guatizalema. Belle vue de la chaîne frontière au N., de la sierra de Guara (R. 41) au S., etc. — 2 h. 45. *Ebirque* (1270 mèt.). — Grande terrasse mamelonnée.

3 h. 45. Lusera (R. 41). — On descend vers le rio Flumen, que l'on franchit. Bientôt au S. se dresse une grande muraille, coupée par la profonde *garganta de Santa Maria, de Lusera* ou *de San Miguel.* — Grandes parois rouges découpées au faîte en châteaux forts, en obélisques, etc. — Le sentier longe la rive dr., puis monte à l'O.-S.-O. pour franchir l'arête de la *Peña de San Miguel ;* sur la rive g., *Peña de Aman.* — Petit col. — On descend en lacets vers

l'extrémité S. de la garganta; là est le **Salto de Roldan** ou *Saut de Roland:* de chaque côté du Flumen se dressent deux roches isolées, hautes chacune de 250 mèt. au-dessus du rio et formant le *portail de San Miguel*. — Au delà de cette magnifique coupure trop peu connue, terrasses ondulées, couvertes de pins. — On laisse sur la dr. *Santa Olaria de la Peña* et *Liénas*. — 7 h. 30. *Apiès* (peu de ressources). — Route de voitures. — Pont sur l'Isuela, un peu en deçà de

9 h. 15. Huesca (R. 26).

D. **Par Fiscal et Rodellar.**

3 jours. — Route muletière. — Course très intéressante.

1er JOUR : DE GAVARNIE A FISCAL (R. 47, *B* et *C*).

2e JOUR : DE FISCAL A RODELLAR (8 h. 30).

Le chemin borde la rive dr. de l'Ara. On dépasse *Liguerre*, puis *Artella*, et on commence à s'éloigner du rio Ara. — Montée dans un petit barranco.

2 h. 30. *San Felices*. — Grandes terrasses (belle vue au N.). — 3 h. 15. *Collada*, dépression à peine indiquée entre les sierras de Janovas et de San Juan. — 4 h. *Meson de Fuebola*, ancienne hôtellerie. — On franchit (4 h. 5) un petit col. — 4 h. 25. *Meson de Barranco Fondo*, hôtellerie où l'on pourrait coucher. — La route descend un peu. On laisse à g. le rio Isuara et un chemin conduisant par *Morcate* (belle vue) à Aïnsa (R. 47, *C*).

5 h. 40. *Monte Alvano;* à l'E., *sierra de Buil*. — Landes.

6 h. 30. *Letosa*, à 1060 mèt., (José Sanpietro connaît admirablement toute cette région).

7 h. *Orin*. — Le rocher calcaire gris rougeâtre à grains très fins commence à paraître; c'est dans cette roche que s'est produit l'étoilement des *gargantas de Rodellar*. — 7 h. 30. On voit s'ouvrir dans le plateau une crevasse, commencement d'une des gargantas. — On monte légèrement pour prendre le faîte du plateau et la levée du précipice (350 mèt. de profondeur); on aperçoit alors des forteresses, des arcades, des aiguilles de 20, 30 et jusqu'à 100 mèt. de hauteur, complètement détachées des murailles : c'est ce que les Espagnols aplent la **Ciudadella de Barranco Mascun.**

Au premier tournant du chemin qui descend en lacet dans le gouffre, les accidents du rocher se multiplient encore.

8 h. **Fontaine de Mascun**, sortant d'une profonde cavité et formant aussitôt le rio Mascun, affluent de l'Alcanadre. — D'autres branches de gargantas conduisent à Nasarre (R. 26), à Pedruel, etc. — Au delà de la fontaine, le chemin monte en lacets le long de la muraille.

8 h. 30. **Rodellar** *, entouré de vergers, d'oliviers et de cultures.

Aux ventas de la Peña, R. 26, p. 61

3e JOUR : DE RODELLAR A HUESCA (9 h. 15). — On longe la rive dr. du rio Alcanadre en montant au S. — 30 m. *Pedruel.* — Pâturages. — *Col de la Peonoria,* ouvert dans la *sierra de Conchos.* — Une vaste caverne servant d'abri aux troupeaux est ouverte dans l'arête S. du col. — On descend dans un ravin boisé, puis on remonte à travers un bois de chênes verts. — Plateaux, oliviers et cultures.

5 h. *Yaso.* — *Coscullano* (vin cuit renommé). — Grande lande sablonneuse.

7 h. 15. *Vandaliès.* — Cultures. — Bientôt on a en vue le Monte Aragon (R. 26), qui forme l'*étroit de Quinto,* petit défilé. Là on joint la route de voitures de Barbastro à Huesca.

9 h. 15. Huesca (R. 26).

ROUTE 50.

LA VALLÉE D'HÉAS ET LE CIRQUE DE TROUMOUSE

6 à 8 h. aller et retour (de Gèdre à la chapelle d'Héas, 2 h.; de la chapelle au cirque, 1 h. 30). — Chemin praticable pour les chevaux. — Guides à Héas : Victor Paget dit Chapelle, Jacques Cantou, François Lavignolle.

DE GÈDRE A LA CHAPELLE D'HÉAS

2 h. — Chemin de mulets.

Un sentier pierreux et rapide qui commence, à Gèdre, en amont de l'*hôtel des Voyageurs,* permet de gagner le chemin muletier d'Héas, en coupant les longs lacets de la route. On remonte la rive g. du Gave d'Héas, en longeant les escarpements du Coumélie. — **Chaos d'Héas**; blocs énormes. — 1 h. 10. *Pont de la Gardette.* — On passe sur la rive dr. — Bientôt sur la rive g. se montre le débouché du val d'Estaubé. — On traverse la *Peyrade,* rocs éboulés. — En 1650, un éboulement barra les eaux et un lac se forma. En 1788, la digue céda et le lac, en s'écoulant, fit de grands ravages. — A g., *Caillou de l'Arrayé* ou *de la Raillère,* vénéré des paysans comme une roche sainte. — 1 h. 30. On longe le ham. d'*Héas* (1480 mèt.). — Pont sur l'Aguila.

2 h. **Chapelle de Notre-Dame d'Héas** * (1547 mèt.), entourée de quelques maisons; c'est un but de pèlerinage.

[**Pic de la Munia.** — Bon guide nécessaire : 20 fr.; Henri et Célestin Passet, Pierre Pujo, Victor Paget, Chapelle, recommandés.

A. PAR SERRE-MOURÈNE. — 5 h. 15 montée, 3 h. 15 descente; course difficile; pour la tenter, il ne faut pas être sujet au vertige.

De la chapelle d'Héas, il faut se diriger au S.-E. vers la Tour de Lieusaoube. — *Cheminée de Betoude;* première terrasse herbeuse. — Seconde montée assez raide à la terrasse principale.

1 h. 30. *Cabane de Lieusaoube.* — On découvre le cirque de Troumouse. — Pâturages. — Pied d'un escarpement de calcaire gris; c'est

un escalier haut de 800 mèt. qu'il faut gravir pour atteindre la crête de la Cèdre et la brèche de Serre-Mourène.

5 h. 30. Arête du *col de la Cèdre* (2648 mèt.; vue déjà très belle; course facile très recommandée aux touristes que décourageraient les difficultés de la Munia; on peut éviter la montée de la Tour de Bétoude en passant par *Touyères*).

On a devant soi la *Tour du pic Gerbats* (2920 mèt.; montée facile en 30 m.).

On monte env. 100 mèt. sur une arête large; on passe à l'O.; on rentre dans l'intérieur du cirque, et là commencent les difficultés. Il faut monter par les saillies de la roche, très solide. Ces saillies ont 10 à 15 cent. de largeur. A g., rocher presque vertical; à dr., abîme de 900 à 1200 mèt. Au delà d'un passage où il faut ne pas avoir le vertige, on atteint une crête large de 3 ou 4 mèt., puis, contournant sur d'étroites corniches le *pic de Troumouse* (3086 mèt.), on atteint la crête et bientôt (5 h. 15) le sommet du pic de la Munia (3150 mèt., un des plus beaux panoramas des Pyrénées).

3 h. 15 de descente à Héas.

B. Par le col de la Munia.— Guide nécessaire; 4 h. montée, 3 h. 30 descente.

2 h. de la chapelle d'Héas au pied des Sœurs de Troumouse (*V.* ci-dessous); on les laisse à g.— En face, couloir du N. au S. montant vers le col de la Munia, qui réunit le *Mont-Arrouy* (3039 mèt.) au pic de la Munia. — Cheminée étroite et difficile; — 2 h. 40. Petit ravin en escalier, pente de névé. — 3 h. *Col de la Munia* (2600 mèt.; belle vue). — Arête difficile de schistes peu solides, entre deux abîmes.

4 h. Cime de la Munia (*V.* ci-dessus). — On peut également monter au sommet en traversant le glacier.

Pic de la Géla. — Course belle et facile; 4 h. 15 montée, 3 h descente.

3 h. 30. Col de la Cèdre (*V.* ci-dessus, *A*). — Descente facile à l'E. au fond du val des Aiguillous; on remonte un chaos.

4 h. 15. Cime (2849 mèt.; admirable panorama).

Pic des Aiguillous ou Som de Salettes. — 4 h. 30 montée, 2 h. 45 descente à Héas; 2 h. 30 à Gèdre ou à Aragnouet.

3 h. 30. Col des Aiguillous (R. 52). — Suivre au N.-O. le côté O. de la crête. — 4 h. 30. Sommet (2960 mèt.; vue admirable). — Descente à Héas, 2 h. 45; ou (30 m. au N.) au port de Campbieil, d'où 2 h. à Gèdre ou à Aragnouet.]

D'Héas à Bielsa, R. 51; — à la vallée d'Aure, R. 52.

D'HÉAS AU FOND DU CIRQUE DE TROUMOUSE

1 h. 30 aller; 1 h. retour. — Chemin en partie praticable à cheval.

On remonte la vallée vers l'*Aiguille* ou *Tour de Lieusaoube*, rocher isolé. — Petit cirque de verdure (*oule* ou *oulette*) de la *combe du Four*, dominé au fond par le *Troumouse* (3086 mèt.), les pics de *Serre-Mourenne* (3144 mèt.) et de la Munia (*V.* ci-dessous).

30 m. La vallée d'Héas se bifurque: du bras de l'O. descend le Gave de Maillet; le bras de Touyères, beaucoup plus large, suit la direction de la vallée principale. — *Cascade de Mataras* et plusieurs autres belles chutes. — Mines abandonnées.

En face, un ressaut de granit

forme au N. le mur du **cirque de Troumouse.** On gravit ces escarpements et l'on découvre le cirque et ses gradins gigantesques. Ce cirque (1800 mèt. d'alt.) a de 800 à 900 mèt. de hauteur, et plus de 8 k. de développement. Entre autres détails magnifiques, on remarque les deux obélisques dits les *Sœurs de Troumouse.*

D'HÉAS A GAVARNIE

1° PAR LE COUMÉLIE.

5 h. — Guide, 8 fr. — Excursion facile, très recommandée.

Quittant la chapelle d'Héas, on suit la route de Gèdre jusqu'à la Peyrade. — Descente vers le Gave. — Pont (deux poutres) près du confluent du Gave d'Estaubé. — 50 m. *Passet des Glouriettes;* lacet pour atteindre le ressaut de la vallée d'Estaubé. — Vue des cirques de Troumouse (S.-E.) et d'Estaubé (S.-O.). — A g., *grotte de Churugues.* — On franchit le Gave d'Estaubé en amont d'une jolie cascade. — A g., chemin du val et du cirque d'Estaubé (45 m.); on tourne à dr. et on monte sur les terrasses du **Coumélie.** — Sentier facile, à travers de magnifiques pâturages. — Arrivé au-dessus de la vallée du Gave de Pau, on tourne au S.-S.-O. — Très belle vue du cirque de Gavarnie au S., du Vignemale à l'O.-S.-O. — On traverse toute la grande terrasse, puis on descend en lacets à (3 h.) Gavarnie. — Si l'on veut faire cette facile promenade à cheval, il est utile d'être accompagné, pour faire franchir le Gave d'Héas au cheval.

2° PAR ESTAUBÉ, TUQUEROUYE ET LE COL D'ASTAZOU.

8 h. — Bon guide et hache nécessaires. — Très belle course.

45 m. Entrée du val d'Estaubé (*V.* ci-dessus). — 50 m. *Granges de Gargantan.* — 1 h. 50. Pâturages et chalets (1768 mèt.). — 2 h. Chalet de Labassa; on tourne à dr. — Beau **cirque d'Estaubé.** — 3 h. 10. Échelle de glace de Tuquerouye (R. 46, *B*). — 3 h. 50. Brèche de Tuquerouye.

Du faîte de l'Échelle de glace, sans descendre jusqu'au lac, on longe la muraille S. d'Estaubé, horizontalement, jusqu'au glacier, que l'on atteint par une facile glissade. En gardant la dr., on évite les crevasses du milieu du glacier. Montée d'abord douce, puis raide jusqu'au (5 h.) col d'Astazou (R. 46, *B*).

3 h. du col à Gavarnie (R. 46).

8 h. Gavarnie (R. 45).

ROUTE 51.

D'HÉAS A BIELSA

A. Par Estaubé et le port Neuf ou port de Pinède.

9 h. 15. — Guide nécessaire.

3 h. 10 d'Héas au fond du cirque d'Estaubé (R. 50, *C*). —

5 h. 40. Fond de la vallée de Pinède (R. 46, *B*).

9 h. 15. Bielsa (R. 49).

B. Par le col de la Munia, l'Estibette et le col d'Espierbe.

14 h., arrêts non compris; 2 jours si l'on couche à la montagne. — Guide et provisions nécessaires. — Henri et Célestin Passet, Pierre Pujo, recommandés.

1er JOUR : PIC DE LA MUNIA, ET DESCENTE A L'ESTIBETTE.

9 h. de marche.

4 h. d'Héas à la Munia (R. 50). — On descend d'abord vers le col de la Munia, sur le versant S. de l'arête qui va au Mont-Arrouy; corniches étroites, schistes peu solides. Avant le col, brèche; on se dirige au S. vers les lacs de la Munia. — 4 h. 45. On traverse un plateau du N. au S.; on tourne à l'O.; couloir neigeux; *lac supérieur de la Munia* (2500 mèt.). — On suit la rive g.; à l'O., chemin de la Hount Sainte et du plan de Lary (*V.* ci-dessous); au delà du *lac inférieur* (2495 mèt.), on monte sur la neige.

6 h. *Col de las Portes* (2525 mèt.); au S.-O., *pic de Lary.* — On suit la rive g. du vallon qui descend N.-S. vers les pâturages de l'Estibette. — 7 h. Angle S.-E. du pic de Lary; on en contourne à l'O. la base; ravin, on y descend, puis on monte au S. vers les pâturages de l'Estibette.

8 h. 45. Cabane de l'Estibette.

2e JOUR : DE L'ESTIBETTE A BIELSA.

5 h. de marche.

On se dirige à l'E. vers le col d'Espierbe. — 1 h. 15. *Col d'Espierbe* (2205 mèt.), entre le *pic de Piedra Muela* (2369 mèt.) et le sommet herbeux de l'*Estibette* (2413 mèt.; belle vue du Mont-Perdu et vue complète du cirque de Bielsa). — Descente; à dr. les Parêts, à g. contreforts des pics de las Luseras et de la Munia; à l'E., la Punta Suelsa et le Cotiella. — 1 h. 45 (1800 m. env.). On domine le v. d'Espierbe. — 3 h. *Espierbe* (1300-1350 mèt.). — 3 h. 25. *Église d'Espierbe.*

3 h. 35. *Las Cortes*, hameau.

5 h. Bielsa (R. 49).

C. Par le port de la Canaou de Troumouse.

8 h. env. — Course difficile.

Pour les détails, *V.* l'*Itinéraire général de la France : Pyrénées.*

D. Tour du versant méridional du massif calcaire.

2 ou 3 jours. — Guide et provisions nécessaires. — Henri Passet et Pierre Pujo recommandés.

1er JOUR : ASCENSION DE LA MUNIA ET DESCENTE AU PLAN DE LARY ET AUX CABANES DE NISCLE.

7 h. 30 à la cabane du plan de Lary; 12 h. aux cabanes du col de Niscle.

4 h. d'Héas à la Munia (R. 50). — 4 h. 45. Plateau (*V.* ci-des-

sus). — Lac supérieur de la Munia. A l'E.-S.-E., col de las Portes; on tourne à l'O. et l'on entre dans le vallon de *Hount Sainte* ou de *Lary*. On suit la rive g. du torrent sorti des lacs de la Munia et bordé de rochers à teintes rouges très escarpés, jusqu'à la terrasse du plan de Lary. — Belles cascades dans les défilés du vallon. — La gorge tourne au S.-E.; il faut rester sur la rive g., la dr. est impraticable.

6 h. Les deux versants s'écartent : à g., E., *barranco Prégoun* et l'Estibette; à dr., O., *pic de Port-Viel* (2827 mèt.) et *pic Blanc* (2856 mèt.); au S., Parêts de Pinède. — 7 h. *Plan de Lary*. — On traverse à gué la rivière.

7 h. 30. *Cabane du plan de Lary* (1650 mèt.), où l'on peut coucher (5 à 6 pers.). — On laisse à g. le chemin de la Canaou de Troumouse à Bielsa pour contourner à l'O.-S.-O. le ressaut de la vallée. — 8 h. 30. Traversée quelquefois dangereuse du rio Cinca; on monte vers le col de Niscle. — 9 h. 30. *Cabanes de Fourcarral* (à g.), où l'on peut coucher.

11 h. 30. Col de Niscle; au S.-S.-E., vallée de Niscle (R. 48).

11 h. 45. Cabane de Niscle (abri pour la nuit).

2e JOUR : BRÈCHE PASSET-PUJO, COL DE GAULIS ET VALLÉE D'ARRASAS, BOUCHARO ET GAVARNIE.

8 h. à Boucharo, 11 h. 30 à Gavarnie. — On peut prendre un mulet à Torla ou à Boucharo jusqu'au port de Gavarnie.

On suit, sur une terrasse dominant la vallée, la rive dr. du torrent, au pied des murailles. — 1 h. Talus de 60° d'inclinaison; en haut, petite brèche; on y monte. — *Brèche Passet-Pujo* (2350 mèt.); à 300 mèt. au-dessous, barranco de Fon Blanca. — De la brèche on gagne une corniche située un peu plus haut, mais difficile à reconnaître et, se dirigeant vers l'O. en gardant toujours la dr., on gagne sans grandes difficultés les pâturages et le col de Gaulis.

2 h. 30. *Col de Gaulis* (2339 mèt.; vue admirable). — 3 h. Avant la cabane inférieure de Gaulis, on tourne au S. Descente dans la vallée d'Arrasas (R. 47, *A*).

8 h. Boucharo (R. 47, *A*).

10 h. Port de Gavarnie (R. 47, *A*, n° 1).

11 h. 30. Gavarnie (R. 44).

ROUTE 52.

D'HÉAS A LA VALLÉE D'AURE

6 h. à pied jusqu'à Aragnouet. — Guide nécessaire (10 fr. par jour).

On gravit la montagne qui domine la chapelle d'Héas au N.-E. — 45 m. *Val* supérieur *d'Aguila*; cabanes. — A g., petite cascade.

2 h. 30. Premier *col*. — Montée rapide.

3 h. 30. **Col des Aiguillous** (2590 mèt.; vue magnifique), ouvert entre le pic des Aiguillous et la Géla (R. 50). — Descente raide sur des neiges, des éboulis et des gazons.

4 h. 30. *Vallon du Badet.* — Il faut traverser le torrent et monter sur les terrasses de la rive dr.

5 h. 20. Pont: on passe sur la rive g. du Badet.

5 h. 30. *Le Plan*, hameau.

6 h. Aragnouet (R. 62, *A*).

ROUTE 53.

DE GÈDRE A LA VALLÉE D'AURE

PAR LE COL DE CAMPBIEIL.

6 h. 30 (4 h. montée, 2 h. 30 descente). — Guide nécessaire.

On suit (10 m.) le chemin d'Héas. — Pont sur le Gave de Campbieil. — On remonte la vallée aride d'où descend le Gave.— 1 h. 30. *Granges de Campbieil.* — 2 h. 30. Chalets de *Saoucet.*

Port ou col de Campbieil (2595 mèt.), ouvert entre le Campbieil à g. et le pic des Aiguillous à dr.

[**Pic de Campbieil.** — 5 h. 15 montée, 4 h. descente ; belle et facile ascension recommandée de préférence à celle du pic Long (*V.* ci-dessous).

2 h. 20 de Gèdre au fond de la vallée de Campbieil (*V.* ci-dessus); un peu en deçà de la cabane de Saoucet on tourne au N.-E.— Montée raide et longue sur des gazons, des éboulis et des neiges. — 3 h. 40. On arrive devant deux ravins, on prend celui de dr.

5 h 15. Sommet (3175 mèt.; vue magnifique).

Pic Long. — 5 h. à la montée, 4 h. à la descente ; bon guide et hache nécessaires.

3 h. 40 de Gèdre au ravin du pic Campbieil (*V.* ci-dessus).— On escalade le ravin g., qui de là monte au N.

4 h. **Hourquette de Badet** (3000 mèt. env.), ouverte dans la crête qui unit le *Badet* au Campbieil. — D'ici on pourrait descendre en 3 h. 15 par le lac de Cap-de-Long (R. 54, *B*) au lac d'Orredon (R. 57, *B*), et de là en 2 h. à Castets (R. 61, *A*).

Du col, on se dirige au N.-O., vers le glacier. — 4 h. 15. *Glacier oriental du Pic-Long* (omis sur la carte de l'État-Major). — Montée à l'O. vers une brèche ouverte à g. du pic. — Le glacier est très crevassé et la rimaye difficile à franchir. — 4 h. 40. *Hourquette du Pic-Long.* — On repasse sur le versant O., où les dangers de l'ascension deviennent réels.

5 h. Sommet (3194 mèt.; vue magnifique, analogue à celle du facile pic Campbieil).]

Descente très raide dans le val de Badet, où le sentier rejoint celui des Aiguillous (R. 52).

6 h. 30. Aragnouet (R. 62). — Il vaut mieux descendre à Castets (vallée d'Aure).

ROUTE 54.

DE LUZ A LA VALLÉE D'AURE

A. Par le val de la Lise.

9 h. à pied. — Guide, nécessaire, 10 fr. par jour.

On prend le chemin de Villenave et du Bergons; dans le *val de Lise*, on laisse à dr. la route du Bergons, et l'on remonte la vallée. — 2 h. 30. Cabanes de *Peyrehitte* ou *Pierrefitte*. A dr., pic de *Létioux* et montagne de *Bacheviron* (belle vue). — A dr., *lac* et *pic de Maucapera;* à g., brèche du Montarrouye; on remonte la vallée à l'E.-S.-E.

4 h. *Col de Pierrefitte* (2458 mèt.; belle vue). — Descente à l'E.-S.-E.; cabane près du lac de Rabiet. — On monte sur la rive g. des lacs de Bugaret; rive dr., chemin du col de Rabiet.— 4 h. 30. Extrémité du troisième lac; on monte à l'E.

5 h. 30. Hourquette de Bugaret (*V.* ci-dessous, *B*).

6 h. Lac de Cap-de-Long (*V.* ci-dessous, *B*).

7 h. Lac d'Orredon (R. 57, *B*).

9 h. Castets (R. 62, *A*).

B. Par la vallée de Pragnères.

9 h. 15 de Luz à Castets. — Guide, nécessaire, 10 fr. par jour.

7 k. 5 de Luz à Pragnères (R. 44). — On remonte à l'E. le *val de Pragnères*, rive g., puis, rive dr., les flancs des montagnes de *Brada*, au N., et de *Lita*, au S.

2 h. On suit la vallée principale vers le N.-E. et le N. — 3 h. Cabane à l'extrémité O. du *lac Rabiet* (2428 mèt.), premier lac du groupe de Bugaret, séparé par une petite digue de rochers du *lac Coueyla det Mey* (2430 mèt.), au delà duquel est le petit *lac de Bugaret*.

3 h. 30. Pont sur le torrent sorti du petit *lac de Tourra* ou *d'Ardiden*, au milieu de glaciers venant du pic Long (R. 53).

4 h. 20. **Hourquette de Bugaret** ou *Hourquette de Cap-de-Long* (2711 mèt.), sur une crête reliant le Néouvieille, au N., au pic Long, au S. — On descend par des pentes raides au (4 h. 50) **lac de Cap-de-Long** (2230 mèt.), l'un des plus grands lacs des Pyrénées (long. 1600 mèt., larg. 600 mèt.), en forme de croissant. — Il faut suivre la rive N. au-dessous des escarpements du Néouvieille, puis laisser au S. le *lac Loustallat* (2182 mèt.) et suivre (assez haut) le torrent de décharge du lac de Cap-de-Long. — *Sapinière de la Baranette.* — Prade et (7 h. 15) lac d'Orredon (R. 57, *A*), — et 2 h. du lac à (9 h. 15) Castets (R. 61).

ROUTE 55.

DE PARIS A BARÈGES

898 k. — Chemin de fer (879 k.) de Paris à Pierrefitte (R. 35). — Route de voitures (19 k.) de Pierrefitte à Barèges. — Service public : 4 fr. 50. — Calèche à 4 places, 25 fr.

879 k. de Paris à Pierrefitte, par Bordeaux (R. 35).

15 k. de Pierrefitte à Luz (R. 43). — Pénétrant dans la *vallée du Bastan*, on remonte la rive g. du torrent. La différence de niveau entre Luz et Barèges est de 500 mèt., sur une distance de 6 k. env.

14 k. *Esterre.*

15 k. *Viella.* — Sur l'autre rive du Bastan, *Viey.* — La route décrit un grand lacet.

16 k. 5. **Betpouey** (962 mèt.). — En face, de l'autre côté du Gave, Sers (*V.* ci-dessous). — A dr., vallon de la Justé. — Sources thermales de Pontis, abandonnées. Deux ponts ont été construits sur le Bastan, pour éviter le dangereux débouché du ravin de Pontis (*V.* ci-dessous). — On dépasse l'ancien établissement Barzun, dont les sources ont été conduites à Luz (R. 45), et un grand lacet conduit à

19 k. de Pierrefitte (898 k. de Paris). Barèges.

BARÈGES ET SES ENVIRONS

Situation. — Aspect général.

Barèges*, v. dépendant de la commune de Betpouey, est une longue rue bâtie sur la rive g. du gave de Bastan, composée d'une centaine de maisons et d'une longue file de baraques. Autrefois les avalanches glissaient par quatre ravins dans la vallée du Bastan, franchissaient le torrent et remontaient à travers le village jusque sur les flancs du pic d'Ayré. Les habitants du pays laissaient dans la direction qu'elles suivent ordinairement de larges espaces pour leur passage. Des travaux d'art ont rendu leur chute moins dangereuse.

Barèges est situé à 1232 mèt. d'alt., à 800 mèt. seulement plus bas que la limite de la végétation des arbres. Les hivers y sont très rigoureux. Le sol est enseveli sous 5 mèt. de neige; tous les habitants émigrent; une quarantaine de personnes, avec des provisions, y restent comme gardiens. Au commencement de mai, le village est remis à neuf. Les étrangers arrivent en foule des premiers jours de juin à la fin de septembre. Souvent même, bien que le village puisse loger 1200 personnes à la fois, des baigneurs attendent à Luz qu'une chambre soit devenue vacante. Cette affluence s'explique facilement par l'efficacité toute spéciale des eaux de Barèges dans le traitement des rhumatismes, des maladies des articulations, des blessures, des maladies de la peau et de beaucoup d'autres affections.

La découverte des eaux de

Barèges remonte à plusieurs siècles; mais les habitants du pays en usèrent seuls pendant longtemps. Les eaux ne commencèrent à jouir d'une réputation étendue qu'après l'année 1677, époque à laquelle Mme de Maintenon y conduisit le jeune duc du Maine. En 1745, fut construite la route qui conduit de Tarbes à Barèges, par Pierrefitte. En 1760, l'hôpital militaire fut fondé et reçut les blessés de la guerre de Sept Ans.

Le climat de Barèges est très variable. Il est nécessaire de porter des vêtements de laine.

Trois ponts traversent le Bastan, en amont, en aval et au centre du village; celui du milieu n'est pas public : il appartient à l'hôpital militaire et communique avec un préau où se promènent les soldats convalescents.

Établissements.

Les **Thermes**, situés aux deux tiers à peu près de la hauteur de la rue, et récemment reconstruits en entier, renferment 30 cabinets de bains, 3 salles de douches, une salle de pulvérisation, une salle de bains de pieds, des piscines et tous les appareils balnéaires les plus modernes.

Les *sources de Barzun* ont été descendues à Luz, en 1881, au moyen de conduites souterraines dont le coût a été de 130 000 fr. (*V.* R. 43). L'ancien établiss. Barzun est abandonné.

L'*hôpital militaire*, situé sur le bord du gave de Bastan et vis-à-vis de l'établissement thermal, avec lequel il communique par un tunnel, se compose de deux vastes bâtiments, pouvant recevoir 70 officiers et 300 sous-officiers ou soldats.

L'*hospice Sainte-Eugénie*, situé sur le flanc de la montagne d'Ayré, ne reçoit, du 15 juin au 1er septembre, que des ecclésiastiques et des religieuses. Les pauvres y sont admis du 15 mai au 15 juin et du 1er septembre au 15 octobre.

Vaste **casino** (1883).

Les eaux.

Eaux thermales, sulfurées sodiques.

Douze sources : Le Tambour, l'Entrée, la Chapelle, Polard, Bain-Neuf, le Fond, Dassieu, Gency, Bordeu, Saint-Roch, Ramond, Louvois.

Température : De 44°,25 (Tambour) à 32° (Chapelle).

Caractères particuliers : Eau limpide, onctueuse au toucher ; odeur d'acide sulfhydrique, saveur hépatique avec arrière-goût fade et nauséabond; elle contient en abondance cette substance azotée connue sous le nom de barégine.

Emploi : Boisson, bains, douches, pulvérisation. L'eau du Tambour se transporte.

Effets physiologiques : Eaux excitantes du système nerveux, sédatives de la circulation. Action locale et générale énergique.

Promenades.

Promenade Horizontale. — Contournant la base du pic d'Ayré, elle va de l'hospice Sainte-Eugénie au ravin du Rioulet.

Au-dessus de la promenade Horizontale, belle forêt de hêtres, avec des allées à pente assez douce qui vont à la clairière de l'*Allée-Verte*.

Héritage à Colas (1 h. env. aller et retour). — A la hauteur de la promenade Horizontale, après avoir traversé le Rioulet, on prend un large sentier bien ombragé qui se dirige à l'O., contourne un ravin dénudé et conduit à une grande pelouse où sont épars des bouquets de grands arbres ; des roches forment des sièges. — Vue intéressante de la vallée du Bastan et des montagnes de Saint-Sauveur.

Ermitage de Saint-Justin. — On gagne Barzun ; pont ; on prend à g. ; sentier qui traverse un éboulis, un bois et gravit la colline en zigzag. On peut longer horizontalement le versant ou continuer à monter, puis tourner à g. et suivre la crête.

45 m. *Saint-Justin* (vestiges d'un ermitage ; vue charmante). — On peut revenir par le village de Sers.

Sers (1 h. 15 aller et retour). — Laissant à dr. Barzun, on suit la route de Luz. — Rive dr. ; on contourne la butte de Saint-Justin ; on tourne à dr. ; belle vallée de *Sers* (1130 mèt.).

Ravin de Midaou, ou de Capè (montée, 2 h. à pied, à âne ou à cheval ; descente, 1 h. 15). — En amont de Barèges, pont ; rive dr. du Bastan ; chemin muletier montant aux terrasses supérieures à travers le reboisement. — A env. 1900 mèt., on franchit le Midaou ; — pâturages de *Capè ;* on marche à l'O. — 2 h. Terrasse ; vue admirable sur toute la crête du cirque de Gavarnie, sur l'Ayré, une partie du Néouvieille, chargé de neiges, sur l'Ardiden, le Som de Néré, le beau cirque de pâturages de Sers, etc. Cette facile promenade offre beaucoup plus d'intérêt que les courses plus longues des pics d'Ayré ou de Lienz.

Ravins de Pontis et du Rioulet (à pied, aller et retour, 4 h. 30 ; guide nécessaire ; course à faire seulement par un temps sec). — 2 h. Origine du *ravin de Pontis.* — *Courtaou d'Ayré,* plantations de pins. — 2 h. 30 m. Haut du *ravin du Rioulet ;* semis et travaux intéressants ; suivre le sentier des ouvriers.

4 h. 30. Barèges.

Pic ou Som de Néré.

A pied : montée, 3 h. 45 ; descente, 2 h. 45.

40 m. de Barèges à Saint-Justin (*V.* ci-dessus). — On laisse à g. le chemin de Sers et l'on se dirige au N. dans la *vallée de Sers.* — Petit pont : le chemin passe sur la rive dr. du

gave, puis (1 h. 15) sur la rive g. — On tourne à l'O. — Arrivé à la base des escarpements, on laisse à dr. un chemin qui, par *Coume de Port*, le *Labat d'Enfer*, conduirait à Chèze (R. 45). Montée rapide. — 2 h. 15. Terrasse de pâturages. — On se dirige vers le col d'Arbéousse (R. 43).

3 h. 15. Col d'Arbéousse.

5 h. 45. Cime du pic ou Som de Néré (R. 45).

Lac Bleu ou lac Lhéou.

A pied ou à cheval. — A pied par le col d'Aoube : aller, 3 h. 30 ; retour, 2 h. 15. — Guide, 7 fr. — Cheval, 7 fr. — Course facile et intéressante.

1 h. de Barèges au chemin du col d'Aoube (R. 56). — On tourne au N.; pâturages.

1 h. 15. *Cabanes d'Aoube* (1819 mèt.; on y trouve de bon lait). — On incline à l'O. — Arrivé au vallon supérieur, on se dirige au N.; large col d'Aoube en vue; à sa base, très belle vue du Néouvieille.

2 h. 45. *Col d'Aoube* (2500 mèt.; belle vue). — Du col, on descend le long des contreforts du Som de Pène-Blanque, puis on se dirige à l'O.-N.-O. sur des pelouses mamelonnées. — Le chemin passe au-dessus d'un laquet aux eaux très bleues, tourne à l'O., et dépasse des cabanes de bergers où, en cas de brouillard, il serait *nécessaire*, si l'on n'avait pas un bon guide, d'avoir recours à un des bergers. — Il faut ensuite descendre un peu dans la vallée de Lesponne (belle vue), puis remonter.

5 h. 30. Lac Bleu (R. 59). — Retour à Barèges, soit (2 h. 15) par le col d'Aoube, soit (4 h. et à pied) par Pène-Blanque ou par Pène-Taillade (guide très utile).

Lac d'Escoubous.

2 h. à pied ou à cheval au lac d'Escoubous. — 2 h. 30 jusqu'au lac Blanc. — 1 h. 30 à 1 h. 45 pour le retour. — Guide, 4 fr.; cheval, 4 fr.

On suit sur 3 k. la route du Tourmalet et on la quitte au lacet qui monte pour rentrer dans la vallée du Bastan. On franchit alors le torrent d'Escoubous, on en remonte la rive dr. par un chemin muletier, à travers des pâturages et des chaos de granit. — A dr. et à g., cabanes de bergers où se vend d'excellent lait.

1 h. 25. Confluent de l'Aygues-Cluses et de l'Escoubous; ponts; à l'E., route d'Aygues-Cluses (*V.* ci-dessous); on gravit un escarpement; à g., cascades. — On tourne à g.

2 h. **Lac d'Escoubous** (1949 mèt.); à l'entour, rochers et éboulis; monticule dominant le lac (belle vue). — A dr., cabane de bergers (lait). — Sentier dans le chaos. — 2 h. 30. *Lac Blanc* (vue d'ensemble de ce district lacustre).

Lacs de Coueyla-Grande et d'Aygues-Cluses.

3 h. aller, 2 h. retour. — Guide, 7 fr.; cheval, 7 fr.

1 h. 25. Confluent de l'Aygues-Cluses et de l'Escoubous. — A dr., route du lac d'Escoubous; on prend, rive g. de l'Aygues-Cluses, un chemin muletier. On monte à l'E. le long du Gave; gros bloc; on gravit un éboulis; de la crête, on voit à l'E.-S.-E. le val d'*Aygues-Cluses;* au N., montagne d'*Agalops;* au S., pic de Madamette. — Petit lac; on remonte la rive g. — On passe à la rive dr.; à g., *cabane de Pègue;* on gravit un escarpement. — Petit défilé; bassin herbeux.

2 h. 40. *Cabane* et *lac de Coueyla-Grande* (2161 mèt.). — A 50 m. E., *lac d'Aygues-Cluses.* En 2 h. retour à Barèges.

Pic de Madamette.

4 h. 30, montée; 3 h. 30, descente. — On peut aller à cheval au lac Tracens. — Guide, 8 fr.

2 h. Lac d'Escoubous (*V.* ci-dessus). — A dr., chemin du lac Blanc et du col d'Aure; on passe sur la digue du lac d'Escoubous, dont on longe la rive dr. — 2 h. 45. *Lac Tracens* (2180 mèt.); à g., cabanes de bergers; à l'E.-N.-E., pic de Madamette. — On monte par le ravin qui descend du sommet.

4 h. 30. Sommet (2539 mèt.; vue remarquable). — Retour en 3 h. 30 par Escoubous.

Le Néouvieille.

Par Escoubous, on peut monter au Néouvieille dès le mois de juin; par les lacs de la Glaire, il faut attendre jusqu'à la fin de juillet. Lorsque l'état des neiges le permet, il est très intéressant de monter (6 h.) par Escoubous et de descendre (5 h.) par les lacs de la Glaire. — Guide, 10 fr.

A. PAR ESCOUBOUS.

Montée, 6 h.; descente, 4 h. — Guide, nécessaire, 10 fr.

2 h. 30. Lac Blanc (*V.* ci-dessus). — On laisse à dr. le lac Blanc; on marche à l'E.-S.-E. vers un monticule (pin isolé). — A g., lac Tracens (*V.* ci-dessus: *Pic de Madamette*).

3 h. 15. On longe la rive g. du *lac Noir* (2195 mèt.). — On monte au

3 h. 40. **Col d'Aure,** *d'Aubert* ou *du Pêcheur* (2500 mèt.; très belle vue).

On descend un peu à dr.; chaos facile à franchir. — Remontant une arête, on aborde assez haut un immense névé que l'on traverse dans la direction du S.-O.; à dr., brèche de Chausenque (*V.* ci-dessous, *B*). — Montée facile (rochers découverts) en août; dangereuse quand il y a beaucoup de neige.

6 h. de Barèges. Sommet.

B. PAR LES LACS DE LA GLAIRE.

7 h. de montée, 5 h. de descente.

Il est préférable de monter par Escoubous (*V.* ci-dessus, *A*)

et de descendre par les lacs de la Glaire.

4 h. 30 de Barèges au lac Glacé (*V.* ci-dessous : *Lac de la Glaire*).

A g., derrière un vaste éboulement, *brèche de Chausenque*. — Grand champ de neige qui descend au S., sur la haute vallée de Couplan (R. 57, *A*). — On se dirige au S.-E. (pentes excessivement raides). — 6 h. Immense pente de neige à traverser.

7 h. Sommet du **Néouvieille** ou *pic d'Aubert* (3092 mèt.; très beau panorama des Hautes-Pyrénées). — Au S., le *Turon de Néouvieille* (3056 mèt.); au S.-E., lac de Cap-de-Long (R. 54, *B*).

Descente : 4 h. par la vallée d'Escoubous ; 5 h. par les lacs de la Glaire. — On descend la grande pente, en glissant sur la neige; en un quart d'heure on arrive au bas du talus sans danger.

C. DU NÉOUVIEILLE AU LAC D'ORREDON.

3 h. 45 au lac; 5 h. à Castets.

On peut descendre directement dans la vallée de Couplan. — Au bas du cône terminal, laissant au N. le chemin du col d'Aure et la brèche de Chausenque, on se dirige à l'E. en glissant sur la neige. Au-dessus du lac d'Aubert, on tourne à l'E.-S.-E. — *Un seul passage* facile mène à une cabane de bergers; tous les autres passages sont périlleux; il faut un guide connaissant la route. — 2 h. 15. Extrémité S. du *lac d'Aubert*; on franchit le déversoir. — Sentier de la vallée d'Aure.

3 h. 45. Lac d'Orredon (R. 57).

Pic de Lienz.

2 h. 30, montée, 1 h. 30, descente.

Pas de chemin tracé; mais il est presque impossible de se tromper. A l'entrée du vallon du Lienz, on prend la rive dr. du torrent et l'on monte. Au delà du mamelon inférieur, il faut éviter la pente gazonnée et glissante qui mène au sommet et gravir à dr. ou à g. des escarpements plus sûrs.

2 h. 30. **Pic de Lienz**, *d'Éreslids* ou *de la Piquette* (2286 mèt.); flore très riche; beaux échantillons minéralogiques.

Vallée de la Glaire et ses lacs.

2 h. 15 jusqu'au lac de la Glaire 1 h. 1/2 de retour; 4 h. 30 au lac Glacé. — Guide nécessaire au delà du premier lac.

On passe devant l'hospice Sainte-Eugénie et on suit la lisière de la forêt de Barèges. — A dr., sentier de la *Pépinière*. — Quelques maisons isolées. — On atteint la vallée du Lienz et on tourne au S. — 30 m. Grands pâturages. — Rive g. du torrent. — A dr., les pentes de l'Ayré, à g. les murailles du Lienz. — Au delà d'une cabane de bergers, le sentier monte à travers des gazons, des éboulis et s'élève ensuite en lacets.

2 h. 15. Premier **lac de la Glaire** (2185 mèt.), le plus grand, au milieu d'un chaos.

En escaladant (rive g. du lac) les blocs écroulés, on atteindrait (2 h. 40) les bords du *lac Supérieur*. Si l'on veut visiter les autres lacs, il faut continuer à monter à l'E.-S.-E. — Le plus élevé des treize lacs de la vallée (4 h. 30) est glacé jusqu'à la fin d'août. Là on est à la base du Néouvieille, en face de la brèche de Chausenque, le seul passage qui, de ce côté, permette d'atteindre le sommet (7 h.).

Pic d'Ayré.

3 h. 30, montée; 2 h. 30, descente. — Chemin de chevaux jusqu'à 30 m. du sommet. — Guide, 5 fr.; cheval, 5 fr.

De l'Allée-Verte (*V.* ci-dessus), on monte au haut du ravin du Rioulet. Au commencement des lacets, à l'O., terrasse du *Point de Vue*. — 3 h. *Col d'Ayré;* vue sur les vallées de la Glaire et de la Justé, sur le Néouvieille, au N. sur le pic de Néré, le cirque de Sers, le Labas-Blanc, etc. — Crête dangereuse sans guide.

3 h. 30. **Pic d'Ayré** (2418 mèt.); vue étendue; flore très riche.

On peut revenir (à pied) par le vallon du Lienz à l'E. (gazons à pentes escarpées), ou par le vallon de la Justé à l'O. (pentes raides, 3 h. retour). Le plus court est de prendre le sentier du Rioulet (2 h.) ou le chemin muletier (2 h. 20).

De Barèges à Pragnères, par le col de Rabiet.

8 h. 15 à Pragnères; 2 h. 15, retour par la route de Luz. — Guide, nécessaire, 10 fr.

45 m. Betpouey (*V.* ci-dessus, p. 141). — On remonte la vallée de la Justé, rive dr. — 1 h. 30. On passe sur la rive g. du torrent, qu'on suit à travers des éboulis sous lesquels la Justé disparaît. — 3 h. *Cabanes de Salients.* — On gravit, à dr., un ressaut. — Plateau; à l'E., *pic de Bugaret* (2700 mèt.); chaos; neiges qu'on traverse; on gravit un 2e ressaut. — Plateau marécageux. — 4 h. 30. Cabanes de bergers; désert de pierres et de neige. — On gravit une digue en appuyant à l'E. — 5 h. 30. *Lac de Pourtet* ou *de Penarrouye.* — Montée facile.

5 h. 45. *Col de Rabiet* (2418 mèt.), entre le Maucapera et le Turon de Néouvieille (très belle vue).

Un sentier descend entre les lacs de Rabiet et de Coueyla det Mey; à dr., lac du Bugaret et chemin de la Hourquette du Cap-de-Long (R. 54, *B*).

6 h. On monte; pâturages qu'on traverse du N. à l'O.; muraille escarpée de schiste rouge; descente assez difficile; le passage est au N. de la terrasse, près du déversoir du lac Rabiet (R. 54, *B*).

6 h. 15. Fond de la vallée (1577 mèt.); on suit la rive dr. du Gave de Pragnères (défilé), puis la rive g.

8 h. 15. Pragnères, où l'on rejoint la route de Luz à Gavarnie (R. 44).

9 h. 15. Luz (R. 43).

10 h. 30. Barèges.

Som de Montarrouye.

6 h. à la montée; 4 h. retour par la Lise, le Som de Montégut et Betpouey. — Guide, nécessaire, 10 fr.

5 h. 30. Digue du lac de Pourtet (*V.* ci-dessus). — On gravit la digue; à g., lac et chemin du col; on monte à l'O. (schistes en escalier).

6 h. Cime du *Montarrouye* (2650 mèt.?; vue admirable).

Pour descendre dans la vallée de la Lise par la voie la plus courte, il faut l'habitude des neiges, des clous neufs aux souliers et n'avoir point le vertige; le couloir est incliné de 60° à 70°, puis de 45° à 50°. — 7 h. 20. *Cabanes de Peyrehitte* (1557 mèt.). — De là, on pourrait gagner en 2 h. Luz.

Pour revenir à Barèges, on prend, sur la rive dr. de la Lise, un chemin muletier qui mène au col du Som de Montégut.

8 h. *Som de Montégut* (1900 mèt.; très belle vue). — Descente au N.; cabanes de Montégut. — On suit le sentier; pâturages; source de *Lacrabasse;* à g., *granges de Soubroulets.* — 9 h. 30. Betpouey.

10 h. 15. Barèges.

—

De Barèges au pic du Midi de Bigorre, R. 56; — à la vallée d'Aure, R. 57; — à Bagnères-de-Bigorre, R. 58; — à Bagnères-de-Luchon, R. 58 et 65.

ROUTE 56.

PIC DU MIDI DE BIGORRE

3 h. 30 de Barèges. — On peut monter à cheval jusqu'au sommet. — Guide, 5 fr.; cheval, 5 fr. — Course célèbre, très recommandée; l'hôtellerie est excellente; prix fixés par un tarif.

En sortant de Barèges, on prend la route du Tourmalet, que l'on quitte (30 m.) au *pont de Tourneboup*, pour traverser le Bastan et prendre le chemin muletier qui remonte la rive dr. du torrent.

1 h. On laisse à g. le chemin du col d'Aoube. — 1 h. 30. *Cabanes de Toue* (lait); *colonne* érigée (1829) au duc de Nemours par les habitants de la vallée de Barèges. — La route de chevaux fait un grand lacet pour gravir un ressaut; les piétons peuvent escalader ce ressaut gazonné et rejoindre le chemin, en haut de l'escarpement. La route suit la rive dr. du *Couret d'Oncet.*

2 h. On traverse le ruisseau. — Lacets pierreux; vue du *lac d'Oncet* (2238 mèt.).

2 h. 30. **Hourque des Cinq-Cours** (2372 mèt.), où aboutit le chemin de Bagnères. — *Hôtellerie* (ouverte du 1er juillet au 1er octobre; lits; provisions; prix modérés, réglés par un tarif). La Société Ramond y a

placé un buste, par Triquety, du savant dont elle a pris le nom.

On monte en lacets les escarpements du pic.

3 h. *Col du Laquet* (2600 mèt.), immense horizon des plaines. — On tourne à dr., et l'on monte par des lacets conduisant à l'étroite plate-forme qui couronne le (3 h. 30) **pic du Midi de Bigorre** ou *pic d'Arize* (2877 mèt.; une des plus belles vues des Pyrénées[1]).

L'**Observatoire météorologique**, créé en 1873 par la Société Ramond, et acheté en 1882 par l'État, s'élève sur une plate-forme, à 7 mèt. en contre-bas du sommet du pic, avec une façade de 16 mèt. en plein S., et 2 étages avec 9 fenêtres. La maison est surmontée de 4 paratonnerres; les meubles sont, en vue de la foudre, isolés avec du verre ou de la porcelaine. — L'Observatoire est relié à Bagnères-de-Bigorre par des fils télégraphiques. — *N. B.* Il est défendu d'entrer dans l'Observatoire sans une permission du Directeur.

[Pour revenir par un autre chemin, on peut descendre dans la vallée de Campan. — On retourne à la Hourque des Cinq-Cours; on prend à g. un sentier qui descend en lacets dans le *ravin de l'Arize*. De là on gagne (pâturages) la vallée de Tramesaigues, où l'on rejoint, à 3 h. du pic, la route de Barèges à Bagnères-de-Bigorre (R. 58).

Les piétons peuvent descendre du pic à Bagnères par la vallée de Lesponne. — On descend à l'O. du pic, au *col du Laquet* (15 m.). — Couloir très incliné s'ouvrant au N.; il faut se laisser dévaler sur les pentes glissantes, en laissant à g. le lac de Peyralade. — A 1 h. 30 du pic, on se trouve à l'origine du petit vallon de *Brouille*. — On descend (escarpements très raides) au (2 h.) *val d'Ardalos*, d'où l'on rejoint, par un bon sentier (2 h. 30), la vallée de Lesponne, à 15 k. de Bagnères-de-Bigorre.

Un chemin encore plus court passe par le ravin de Binaros. — De l'hôtellerie du Pic, on dévale à l'E.; on remonte au N. à l'*étang d'Arize*, à l'origine du vallon de ce nom; on franchit la crête à l'O. du *col d'Aouët* (2228 mèt.) et du plateau de Houn Blanquo. — On descend (pentes faciles) dans le ravin de *Binaros* ou d'*Entagenté*. — 2 h. 30. Lesponne, à 8 k. de Bagnères.]

1 *V.* le panorama de M. E. Frossard et celui de M. Schrader (Itinéraire général de la France : *Pyrénées*).

ROUTE 57.

DE BARÈGES A LA VALLÉE D'AURE

A. Par la vallée de Couplan.

7 h. 15, à pied, jusqu'à Castets.
Guide, nécessaire, 10 fr.

3 h. 40. Col d'Aure (R. 55 : *Néouvieille*).

On laisse à dr. le chemin du pic de Néouvieille (R. 55, p. 145). Un sentier, d'abord bien tracé, puis assez difficile à distinguer à travers les éboulis et les chaos, descend obliquement à

g. vers l'extrémité O. du (4 h. 15) *lac d'Aumar* (2202 mèt.); au-dessous, *lac d'Aubert* (2160 mèt.). — On suit à travers bois la rive g. du ruisseau. — Deux laquets.

5 h. 15. **Lac d'Orredon,** *d'Orredom* ou *Doredom* (1870 mèt.; travaux destinés à en faire le grand réservoir de la Neste). — Il y a à côté une *cantine*, où l'on ne peut se procurer ni provisions, ni gîte.

[**Du lac d'Orredon au pic Long** (4 h. 30 montée, 3 h. 30 descente; guide et hache nécessaires). — On traverse la Prade d'Orredon (*V.* R. 54, *B*). — 2 h. 30. Cirque; on monte au S. vers le glacier oriental du pic Long. — 3 h. 30. Moraine; on rejoint la route de Gèdre au pic Long. — 4 h. 30. Sommet (*V.* R. 55).]

Au Néouvieille, R. 55.

Au delà de la cantine, route de chars; on descend par deux ressauts dans le (5 h. 45) bassin *d'Artigusse*, où commence la *forêt de Couplan* (cabanes). — Jolies cascades. — De l'autre côté de la vallée, **cascade de Couplan** ou *de la Pisse-Vernaud*, tombant, de la crête d'*Estoudou*, de plus de 100 mèt. — 6 h. 15. Au delà, on traverse la Neste. — A g., chemin du Port-Viel (*V.* ci-dessous, *B*); on entre dans une forêt de hêtres. — A dr., chutes de la Neste dans un défilé. On suit la rive g., puis, au delà du *pont de Badet*, la rive dr. jusqu'à (7 h.) Castets (R. 61, *A*).

B. **Par les cols de Barèges et de Pourtet.**

8 h. 30. — Guide nécessaire.

3 h. Lac d'Aygues-Cluses (R. 55, p. 145).

4 h. **Port-Viel** ou **col de Barèges** (2470 mèt.), d'un accès très facile. — On descend à travers des blocs de granit. — 5 h. Pont sur l'Oule, qui forme plus bas la cascade de Couplan (*V.* ci-dessus, *A*). — On remonte obliquement le flanc de la montagne de *Bastanet*.

7 h. **Col de Pourtet** (2215 mèt.; petite cabane). — Au S., *pic de Pène-Male* (2580 mèt.).

On descend à (8 h.) *Soulan*. — Pente raide.

8 h. 30. Vielle-Aure (R. 61, *A*).

[Du col de Pourtet, on pourrait, en 2 h. env., descendre à Guchen (R. 61, *A*).]

C. **Par le col d'Aspin.**

Course belle et facile, à pied ou à cheval. — A pied, 6 h. 45 à Arreau, 12 h. 15 à Bagnères-de-Luchon.

3 h. 15. Cascade de Garet (R. 58). — On prend une route de chevaux, rive dr. de l'Adour du Tourmalet. — On passe près du *bois de la Libère*. — En vue de Gripp (belle vue), on tourne à l'E. — Granges de *Courtalet*. — Au bord de l'Adour de Séoube, on rejoint la route de Bagnères-de-Bigorre à la vallée d'Aure et à Luchon.

4 h. 30. Auberge de Paillole,

et 2 h. 15 de Paillole à Arreau (R. 60).

6 h. 45. Arreau (R. 61, *A*).

[En 5 h. 30, par le col de Pierrefitte, on irait à pied à (12 h. 15) Luchon; à cheval, de Barèges à Luchon, 10 h.]

ROUTE 58.

DE BARÈGES A BAGNÈRES-DE-BIGORRE

40 k. — Route de voit. — Trajet en 4 h.; 5 h. pour le retour. — Voiture, 40 à 60 fr.

On remonte, 5 k., la rive g. du Bastan. — Au ham. de Tourneboup, on pénètre dans le vallon d'Escoubous (R. 55); revenu au-dessus du Gave de Bastan, on s'engage à dr. dans le vallon du Tourmalet. — On franchit le Gave naissant; en contre-bas se montrent les cabanes de Toue (R. 56). — Nouveau lacet. — tranchée de 15 mèt.

13 k. **Col du Tourmalet** (2122 mèt.; vue assez étendue à l'O.; à l'E., plateau désolé où prend naissance l'un des Adours), entre le *pic du Tourmalet* (2467 mèt.) au N. et les crêtes du *pic d'Espade* (2461 mèt.) au S.

Au delà du *pas de l'Escalette*, on atteint (20 k.) le bassin et les cabanes de *Tramesaïgues*. — Vue magnifique. — Descente rapide par les forêts du versant N. de la vallée. L'Adour (on suit la rive g.) forme les *chutes d'Artigues*. Dans le vallon de Jéret ou Garet, autre branche de l'Adour, deux *cascades* dites *de Garet*.

Près des chutes d'Artigues, source sulfureuse froide de *Baguet* (petit *établissement*).

24 k. **Gripp** *, hameau (1066 mèt.).

De Gripp à Paillole, R. 60.

16 k. de Gripp à (40 k.) Bagnères-de-Bigorre (R. 59).

[On peut aller, à cheval, de Barèges à Bagnères, soit par le lac Bleu, soit par la Hourquette des Cinq-Cours, ou à pied, par Pène-Taillade et le lac Bleu.]

ROUTE 59.

DE PARIS A BAGNÈRES-DE-BIGORRE

854 k. par Bordeaux et Tarbes. — Chemin de fer. — Trajet en 25 h. 20. — 105 fr. 05; 78 fr. 80; 57 fr. 80. — Pas de trains express par Agen (826 k.).

832 k. Tarbes (R. 55).

Pont sur l'Adour.

834 k. *Marcadieu* (halte) est un faubourg de Tarbes, d'où partent les voyageurs qui habitent le quartier E. de la ville. — A g., ligne de Toulouse (R. 67, *B*).

839 k. *Salles-Adour* (halte).

841 k. *Bernac-Debat*, à l'E. — Un peu plus loin, *Bernac-Dessus* (église, toiture étrange). — A l'E., sur la colline, *Barbazan-Dessus* (vieille tour). — Les

villages se succèdent presque sans interruption.

843 k. *Vielle-Adour* (halte).

846 k. *Montgaillard*, rive g. de l'Adour. — Belle vue des Pyrénées.

848 k. *Ordizan* (halte).—Poteries importantes. — On longe le *canal d'Alaric*, qui part de l'Adour, vis-à-vis de Pouzac.

851 k. *Pouzac* (halte).—*Église* du XVe s., avec enceinte fortifiée (voûte en bois du XVIe s.; retable du XVIIIe s.). — Pont sur l'Adour.

854 k. Bagnères-de-Bigorre.

BAGNÈRES-DE-BIGORRE

Situation et aspect général.

Bagnères-de-Bigorre *, ch.-l. d'arr. de 9248 h., à 551 mèt. d'alt. moyenne, sur la rive g. de l'Adour, au débouché du vallon de Salut, ferme la riche plaine de Tarbes, et donne accès, au S., dans la vallée de Campan.

Bagnères est le siège de la *Société Ramond*, fondée en 1861 pour l'exploration des Pyrénées.

Monuments. — Curiosités.

Église Saint-Vincent (nef et abside des XIVe et XVe s.; au S., porche élégant daté de 1557).

Tour des Jacobins (XVe s.), seul reste de l'église de ce nom (grand *retable* transporté dans le parc de la villa Théas).

Église des Carmes, moderne (portail avec bas-relief par Bonnassieux).

Temple protestant (roman), hors de la ville, à l'entrée de l'avenue de Salut. — *Temple anglican*, rue des Pyrénées.

Chapelle St-Jean, ancienne église des Templiers, aujourd'hui salle de spectacle (portail élégant du XIIIe s.).

Musée Jubinal, fondé en 1854, installé dans une des salles des Thermes (ouvert tous les jours, du 1er juin au 1er octobre, de 9 h. à midi et de 1 h. à 5 h.); il contient: des *tableaux* anciens et modernes; un curieux *plat* d'Avisseau; un *manuscrit* enluminé du XIIIe s.; des *collections de fossiles quaternaires* et la belle série de *roches* pyrénéennes du naturaliste Davezac.

Bibliothèque publique, ouverte tous les jours, du 1er mai au 31 octobre; le jeudi et le dimanche, du 1er novembre au 30 avril. — Occupe le premier étage des Thermes. — 25 000 volumes, manuscrits, cartes, plans, etc. — *Archives* très intéressantes.

Cabinet d'histoire naturelle, de Philippe (minéraux et oiseaux du pays). — Collections particulières.

Plusieurs pierres votives remontent à l'époque romaine. La plus ancienne est dans le musée.

Thermes. — Casino.

Les **Thermes** (50 cabinets de bains, 10 de douches, 5 cabinets de bains de pieds, vaporarium) ont été bâtis de 1823 à 1827, sur l'emplacement des bains romains. — Un second établissement a été construit de 1880 à 1883. Plusieurs sources, exploitées naguère dans de petits établissements, sont aujourd'hui réunies à celles des deux établissements principaux.

Établissement de Salut, vaste bâtiment à cabinets voûtés du xve ou du xvie s.

Casino, à côté des Thermes (salons de restaurant, de café, de lecture, de conversation, de bal et de jeu; grande piscine de natation), avec jardin dont les allées serpentent sur le flanc de la colline. A l'entrée du jardin est un kiosque où des concerts ont lieu tous les jours, de 4 h. à 6 h. Le casino est ouvert du 15 juin au 15 octobre (prix d'entrée, 1 fr.).

Les eaux.

A. Eau thermale, sulfatée calcique.

B. Eau thermale, ferrugineuse.

C. Eau froide ferrugineuse.

D. Eau froide, sulfureuse.

On compte près de 50 *sources*, dont les principales sont : les sources de la Reine, du Dauphin, Roc-de-Lannes, du Foulon, Saint-Roch, Salies, des Yeux, des Platanes, la Tour, la Montagne, l'Intérieur, la Pompe, Bellevue, Théas. Dans une *buvette* spéciale sont transportées les eaux sulfureuses de Labassère.

Température : de 15°,7 à 50°,8.

Caractères particuliers: Eaux limpides, la plupart ne s'altérant pas à l'air.

Emploi : Boisson, bains, douches, inhalation.

Climat : Doux; saison du 1er juin au 15 octobre.

Effets physiologiques : Eaux laxatives et diurétiques, notamment les sources la Reine, Salut; ces effets ne se montrent qu'après quelques jours de traitement. Les sources peu chaudes agissent comme sédatives et hyposthénisantes; les plus chaudes sont excitantes et produisent au début du bain un effet astringent sur la peau. C'est un fait précieux pour le traitement que la réunion dans un même lieu de sources dont les unes sont purement sulfatées ou ferrugineuses, d'autres sulfatées et ferrugineuses à la fois, ou sulfureuses, avec une thermalité très variée. Le rhumatisme, en général, les névroses, certaines affections de la peau et l'anémie sont les indications principales des eaux de Bagnères.

Industrie.

Les trois *marbreries* de Bagnères occupent ensemble environ 800 ouvriers, sans compter 200 ouvriers en carrière, et utilisent une force motrice de plus de 450 chevaux. Plus de 60 carrières des marbres les plus variés, dans les pays environnants, alimentent les marbreries de Bagnères.

La Grande Marbrerie de Ba-

gnères-de-Bigorre, la plus importante, s'étend, à l'extrémité N.-E. de Bagnères, sur une superficie de plus de 2 hectares (450 ouvriers; force motrice de 300 chevaux). — *N. B.* L'entrée des magasins et des usines est libre. Les pourboires sont versés dans la caisse de secours des ouvriers malades et infirmes.

Bagnères possède aussi des teintureries, des usines où l'on travaille le bois et des fabriques de tricots remarquables par la finesse et l'élégance du travail.

Promenades.

Promenade des Coustous, au centre de la ville (beaux arbres). — *Promenade des Vigneaux*, place carrée, beaux arbres. Une avenue va de cette promenade à la gare.

Allées Maintenon, à la sortie de Bagnères, du côté de Campan. Cette promenade, longue de 2 k., s'ouvre à dr. et longe le sommet du *Pouey,* colline plantée d'arbres. Des sentiers conduisent à l'avenue de Salut, d'un côté, et, de l'autre, à la route de Campan.

Avenue et bains de Salut (1 k.; omnibus toutes les heures). — Une allée de peupliers longe le ruisseau de Salut jusqu'au pont de *la Moulette*, puis s'élève sur le versant E. du vallon. Au dernier repli du chemin, on aperçoit l'établissement de Salut (*V* ci-dessus).

On revient directement à Bagnères par l'allée de hêtres sur le versant O. du vallon. On rejoint la grande allée au pont de la Moulette (*V.* ci-dessus), après avoir dépassé la *fontaine de Rieunel.*

Allées de la Fontaine-Ferrugineuse. — Elles montent sur le flanc E. du Mont-Olivet, qui domine Bagnères au N.-O., et vont de l'hôpital jusque bien au delà de la *ferme de Menciol* et de la *fontaine ferrugineuse.* Ombrages épais, sentiers bien entretenus et pentes douces. — Belle vue sur les campagnes de l'Adour. — On atteint sans fatigue la cime (814 mèt.) du **Mont-Olivet.**

Le Bédat et ses grottes. — Le *Bédat* (881 mèt.; vue assez étendue; 30 à 40 m. d'ascension) est cette pyramide obtuse qui domine Bagnères au S. du Mont-Olivet.—Près du sommet, statue en bronze de la Vierge.

Les *grottes* du Bédat, à mi-côte, forment 4 séries de galeries, communiquant par d'étroites ouvertures; elles ont 2300 mèt. de longueur totale, dont 1600 mèt. sont assez faciles à parcourir.

Promenades des Allées-Dramatiques (par le Bédat et retour par les allées de Maintenon: à cheval, 2 h.; à pied, 3 h.). —Les *Allées-Dramatiques*, ouvertes en 1849 aux frais d'une société de comédiens amateurs, partent du col qui sépare le Mont-Olivet et le Bédat, laissent à dr. l'origine du vallon de Cot de Ger, et, tournant autour de l'établissement de Salut, reviennent à l'E. sur le plateau du Poucy. C'est à peu près vers le milieu de ces allées qu'est le plus beau point de vue. Au S., rocher de *Castel-Mouly* (1142 mèt.; source incrustante; grottes à stalactites). A ses pieds on découvre le vallon de *Col de Ger* ou l'*Élysée Cottin*.

Camp de César (1 h., aller et retour). — Plusieurs chemins conduisent à ce plateau (731 mèt.), qui domine à l'O. le village de Pouzac (*V.* ci-dessus).

En face du camp de César, de l'autre côté de l'Adour, que traverse un pont, sont plusieurs collines intéressantes pour les géologues et où conduisent des chemins bien tracés. De la *Serre d'Ordizan* (557 mèt.), qui domine le v. du même nom, on a une vue très étendue. On revient à Bagnères par la route de Capvern.

Palomières de Gerde et d'Asté (2 h. à cheval; 3 h. à pied). — Les *Palomières* sont les collines qui s'élèvent à l'E. de Bagnères, au-dessus des villages de Gerde et d'Asté. On y monte par un chemin qui s'ouvre à dr. sur la route de Capvern, immédiatement au delà du *Pont-de-Pierre*, qui suit celui de l'Adour. — Le plateau des Palomières (arbres magnifiques, beau panorama) est un but de parties de plaisir. La chasse aux palombes s'y fait en septembre et octobre. — Blocs erratiques.

On peut revenir par le sentier qui descend à Asté.

Asté, rive dr. de l'Adour, à l'entrée de la gorge de Lhéris. — *Église* du XVIe s. (beau tableau représentant Bernard d'Aspe, intendant de Bretagne, et sa famille). — Ruines (XVe s.) du *château* de Corisande d'Andoins, maîtresse d'Henri IV.

On peut revenir par *Gerde*, au-dessous des Palomières, ou par Médous.

Médous (2 k. 1/2 de Bagnères, route de Campan et rive g. de l'Adour). — *Chapelle*. — Beaux ombrages. — Magnifique châtaignier. — *Source* abondante: c'est un bras souterrain de l'Adour, qui vient reparaître ici à 5 ou 6 k. de Campan, son point de départ.

EXCURSIONS

De Bagnères-de-Bigorre à Lourdes.

A. PAR LOUCRUP.

22 k. — Route de voit.; très belles vues. — Excursion recommandée.

On suit la route de Tarbes, puis (7 k.), à côté du *gouffre de la Salie*, on tourne à g. et l'on monte vers un *col* (600 mèt., très belle vue), ouvert entre les vallées de l'Adour et de l'Échez.

14 k. *Loucrup* (vue merveilleuse sur les montagnes et les plaines). — Descente rapide dans la vallée de l'Échez. — On franchit l'Échez et on remonte le cours de son affluent le Magnas. — A dr. (15 k.), *Escoubès* et *Pouts*; — à g. (17 k.), *Arcizac-ès-Angles* (ruines du *château*

des Angles). — Plus loin, *camp retranché* antique. — 18 k. *Lésignan*. — 22 k. Lourdes (R. 20).

B. PAR LA VALLÉE DE CASTELLOUBON.

10 à 11 h., avec retour par Loucrup. — Routes de voit. de Bagnères à la vallée de l'Oussouet et de Juncalas à Lourdes. — Guide, 10 fr.; cheval, 10 fr.

On prend le chemin qui conduit à la fontaine de Labassère (*V.* ci-dessous). — 2 h. 25. *Vallée de l'Oussouet*. — Tournant à dr. dans un petit vallon (ardoisières), on monte en zigzag à travers des prairies.

3 h. 10. *Germs*, sur les pentes du **pic de Cotdoussan** ou *Clique de Germs* (1049 mèt.; magnifique panorama; 25 m. du village de Germs au sommet). — 3 h. 25. Col, gazons. — On descend (4 h.) au Louey, dont on prend la rive g.

4 h. 20. *Ourdis*, en face de *Cotdoussan* (ruines du château de *Castelloubon*). — A g., chemin de chars qui par un petit col descend à Gazost (R. 35).

4 h. 30. *Cheust*, au confluent du Louey et de l'Aucère.

4 h. 40. Juncalas (R. 35).

6 h. Lourdes (R. 20).

Les ardoisières et la fontaine sulfureuse de Labassère.

6 h., aller et retour. — Guide, 6 fr.; cheval, 5 fr.

On peut aller en voiture à peu de distance de la fontaine, par Pouzac et la vallée de l'Oussouet, dont on suit d'abord la rive dr., puis la rive g. jusqu'au hameau de Soulagnets. Cette route carrossable, bien entretenue, est longue d'environ 12 k., de Pouzac à la fontaine sulfureuse.

Les piétons et les cavaliers prennent le chemin direct, qui contourne au N. la base du Mont-Olivet, longe le ruisseau de Gailleste, puis gravit des pentes un peu raides.

1 h. 20. **Labassère**; de la colline (restes d'un donjon), magnifique panorama vers l'E.; on distingue notamment les ruines du château de Mauvezin (R. 67, *A*).

On franchit un petit vallon de prairies (ardoisière), puis on gravit le versant opposé, couvert de fougères. — 2 h. Grande *ardoisière* de Labassère (180 ouvriers env., 50 000 ardoises par jour). — On descend de l'ardoisière au bord de l'Oussouet (2 h. 25); usine pour la préparation des ardoises. — Pont sur l'Oussouet. — On dépasse plusieurs autres ardoisières. — 2 h. 30. Première source sulfureuse, non utilisée. — On longe le ruisseau, d'abord sur la rive g., puis, au delà du ham. de *Soulagnets*, sur la rive dr.

3 h. *Fontaine sulfureuse*, à 990 mèt. env., au fond de la vallée. — Site sauvage.

Ici, on ne fait qu'embouteiller l'eau et préparer la buvette pour Bagnères.

1 k. env. à l'E., source ferrugineuse de *Hount Arrouye* (Fontaine-Rouge).

Le Monné ou Mont-Né.

2 h. 30, montée ; 2 h., descente. Guide, 6 fr.; cheval, 10 fr.

Le **Monné** (1258 mèt.) est la plus haute des montagnes qui s'élèvent à l'O. du vallon de Salut. Plusieurs sentiers mènent à la cime, mais il est impossible de s'égarer. Le meilleur chemin s'élève sur le versant S. du Bédat, suit en partie les Allées-Dramatiques, se détourne vers un grand rocher à dr., et, après avoir passé sur des crêtes escarpées, contourne le versant E., puis le revers O. de la montagne. — Vue assez étendue.

On peut revenir à Bagnères en 2 h. 30 par le versant S. du Monné et le vallon de *Serris*, qui débouche à Baudéan (*V.* ci-dessous), où l'on rejoint la route de Campan.

Le Mont-Aigu.

10 h. aller et retour. — Guide sans cheval, 10 fr.; guide à cheval, par la Hourquette de Baran, 15 fr.

On suit (1 h. 30) le chemin du Monné, qu'on laisse à g.; on monte sur les hauts pâturages d'*Esquiou*, pour se diriger au S.-O. — On dépasse (3 h.) la montagne de *Couret* (1307 mèt.), puis on gravit une pente escarpée par un sentier appelé les *Échelles de Pilate*, et l'on contourne la *Peyre* (1740 mèt.), à g. On laisse à l'E. les bois de *Transloubats*. — 5 h. Crête rocheuse qui va jusqu'au pied du (6 h.) **Mont-Aigu** (2341 mèt.), dont il faut contourner la base du N.-E. au S.-O., le pic étant inaccessible au N. — Vue très étendue.

Pour revenir à Bagnères, on peut descendre à l'E. par un petit vallon sans arbres, qui débouche au fond de la vallée de Lesponne (*V.* ci-dessous). En se dirigeant vers le S.-O., le long de la crête, on atteindrait la Hourquette de Baran (*V.* ci-dessous), d'où l'on gagnerait Bagnères par la vallée de Lesponne ou Argelès par celle d'Isaby : c'est le chemin le plus facile.

De Bagnères-de-Bigorre à Argelès.

A. PAR LA VALLÉE DE CASTELLOUBON.

6 h. 30.

4 h. 40 de Bagnères à Juncalas (*V.* ci-dessus : *De Bagnères à Lourdes, B*).

6 h. 30. Argelès (R. 55).

B. PAR LES VALLÉES DE LESPONNE ET D'ISABY.

10 h. — Sentiers de montagnes. — Guide très utile (15 fr.). — La vallée très pittoresque d'Isaby mérite une visite.

3 h. 35. Fond de la vallée de Lesponne (*V.* ci-dessous : *Lac Bleu*).

A g., chemin du lac Bleu et pont de l'Adour ; on prend à l'O. un étroit vallon. — 5 h. 10. *Cascade de l'Ouscouaou*, haute de 25 à 30 mèt., alimentée par le *lac de l'Ouscouaou*, dit aussi *lac Vert*, ou *lac Ourrec*, au S.

6 h. **Hourquette de Baran** (1900 mèt.). — On redescend, pentes assez raides (6 h. 20), sur le versant N. du cirque qui renferme le **lac d'Isaby** ou *Isabit*, long de 800 mèt., à 1572 mèt. d'alt.

[Du lac d'Isaby on peut gagner Argelès par les flancs S. du *pic Moulata* (1719 mèt.), la crête qui sépare le vallon d'Isaby de la vallée de Gazost et le col de Tramassel.]

On prend un des sentiers de brebis qui sillonnent la montagne. — 7 h. Bon sentier qui descend rapidement au torrent d'Isaby.

7 h. 20. Petit bassin gazonné.

7 h. 35. A g., **cascade de Paspiche.** Elle jaillit du flanc de la montagne comme d'un tunnel, et tombe de 60 mèt. env. sur un talus de débris.

7 h. 40. *Vallon du Pradel*, ancien lac. — D'un promontoire voisin, on découvre une vue admirable.

7 h. 55. Ruines de l'*abbaye de Saint-Orens*, sur un promontoire; porche et absides assez bien conservés; M. A. Saint-Paul y signale une curieuse coupole pyramidale.

On descend par un sentier très raide au torrent d'Isaby, que l'on traverse; on remonte sur un plateau. — 8 h. 15. *Ortiac*, ham. (vue sur la vallée d'Argelès). — Sentier très raide.

8 h. 30. Villelongue (R. 43). — 9 h. Pierrefitte (R. 35).

10 h. Argelès (R. 35).

Vallée de Lesponne, lac Bleu.

5 h. montée, 4 h. descente. — Route de voit. jusqu'au fond de la vallée de Lesponne; au delà, chemin de mulets. — Guide, 8 fr.; cheval, 10 fr. — Emporter des provisions.

Entre les contre-forts du pic du Midi et du Mont-Aigu, la **vallée de Lesponne** va du N.-E. au S.-O., au pied de mamelons boisés. Elle débouche dans la vallée de Campan, entre Baudéan et le prieuré de Saint-Paul (*V.* ci-dessous).

A l'entrée, la vallée de Lesponne est très étroite. Le versant N., muraille de rochers, la *Coste d'Arrou*, offre à peine quelques taillis. Le versant S. est occupé par les étages gazonnés d'*Artigue-Darré* et la forêt de *Mourgueil*. — 1 h. 45. Pont sur le Lardezen. Dans le vallon de ce nom, marbres précieux. — Pont sur la Claire. — *La Vialette*, ham.

2 h. **Lesponne,** ch.-l. de la vallée, dépendant de Baudéan.

[Presque en face du v. s'ouvre le vallon de Binaros, par lequel on peut monter au pic du Midi (R. 56).]

La vallée se resserre. — 2 h. 45. *L'Hospital*. — A dr., petite gorge, jolie *cascade d'Aspi* ou *de la Truite; pont Magenta;* au fond le Mont-Aigu. — 3 h. 15. A g., gorge d'*Ardalos;* on aperçoit presqu'en entier le pic du Midi. En 3 h., on peut se rendre de là au *lac de Peyralade* (1952 mèt.).

3 h. 45. *Cabanes de Chiroulet* (on y trouve du vin et des

vivres), où cesse la route de voitures. — A 200 mèt. plus loin, à dr., chemin de la Hourquette de Baran (*V.* ci-dessus); on traverse l'Adour sur le *pont d'Enfer*, on monte à travers bois (cascades du torrent). On gravit par des lacets un escarpement de 800 mèt., en passant à dr. ou à g. du ruisseau (cascades). — 4 h. 45. Déversoir du lac. — Ancienne cantine abandonnée.

5 h. **Lac Bleu** ou *Lhéou* (49 hect. de superficie et 116 mèt. de profondeur au milieu), à 1968 mèt. d'alt. Grâce au tunnel de déversement, le lac est devenu un réservoir d'alimentation très important pendant les sécheresses, pour l'industrie et l'agriculture.

[Pour ne pas revenir par le même chemin, on peut contourner le lac Bleu et gagner (50 m.) la *Hourquette d'Ouscouaou*, ou *col de Bizourtère*, qui le domine du côté du N.-O. Un petit ravin, très raide et gazonné, descend de ce col vers le lac Vert (*V.* ci-dessus).]

Du lac Bleu à Barèges, par le col d'Aoube et par Pène Pourry, R. 55.

Gripp.

16 k. — Route de voitures. — Guide, 7 fr.; cheval, 10 fr.

1 k. On laisse à g. le pont de Gerde (*V.* ci-dessus). — 3 k. A dr., Médous.

5 k. **Baudéan**, patrie du chirurgien Larrey (inscription sur la maison où il naquit, aujourd'hui salle d'asile). — *Tour* féodale transformée en maison de plaisance. — *Église* (porte datée de 1577; voûte en bois; couronnement remarquable du clocher).

Le pays change d'aspect : le côté droit de la vallée se couvre de pâturages et offre les longues et belles pentes vertes de la **vallée de Campan**; à g., muraille calcaire jusqu'à Ste-Marie.

Pont sur l'Adour de Baudéan. — A dr., charmante habitation appelée *prieuré de Saint-Paul*.

6 k. **Campan**, ch.-l. de c., contenant avec les ham. 2974 hab. — *Église* de 1567 (clocher en pierre, de 1548-1555; curieuse voûte en bois; riches boiseries). — *Halles* du XVIe s. — Belle *fontaine* du XVIIIe s.

On longe la rive g. de l'Adour, en laissant à dr. des vallons, entre autres celui de Rimoula (*V.* ci-dessous). — La vallée se bifurque : l'un de ses bras (Adour de Gripp) va au S.-O. vers le Tourmalet; l'autre (Adour de Séoube) remonte au S.-E.

12 k. *Sainte-Marie*. — On entre dans la vallée de Gripp, toujours sur la rive g. de l'Adour.

14 k. Granges de *Capadour* (tête de l'Adour).

16 k. Auberge de Gripp (R. 58).

Rimoula. — Hount Blanquo.

9 h., aller et retour. — Guide, 8 fr cheval, 10 fr.

2 h. de Bagnères au débouché du vallon de Rimoula (*V.* ci-

dessus : *Gripp*). — On quitte la route du Tourmalet pour remonter au S. la rive dr. du torrent de Rimoula. — Chemin facile. — Prairies de *Rimoula*, cabanes. — A dr., le *Peyras* (1068 mèt.), nombreuses maisons; au S., le *pic Ballongue* ou *Montagnette* (2500 mèt.).

3 h. Point où le vallon se bifurque ; le bras de g. finit aux rochers de *Pena Pich* (sources qui glissent le long des parois), l'autre monte au S.-O. vers un cirque où se trouve (4 h. 30) le petit étang d'*Aygos Rouyos* (Eaux-Rouges). — On monte à dr.

5 h. **Hount Blanquo** (195 mèt.; vue bien plus belle que celle du Lhéris).

De la crête de Hount Blanquo on descend au petit lac et aux sources du même nom ; on traverse la *forêt de Niclade*. — 6 h. Chemin creux ; parc du prieuré de Saint-Paul, à l'entrée de la vallée de Lesponne.

Pic du Midi de Bigorre.

6 h. 45, montée. — Guide, 8 fr.; cheval, 10 fr.

Pour la description de cette excursion, *V.* R. 56.

Pène de Lhéris.

2 h. 45. — Guide, 6 fr.; cheval, 10 fr. — Par Ordincède : guide, 8 fr.; cheval, 10 fr.

Pont de Gerde. — 3 k. Asté. — On remonte une gorge au S.-E.; au fond de la gorge, chemin à dr. (1 h.) ; on gravit les premiers escarpements. — 1 h. 30. Petit bois que l'on traverse. — Pâturages du *Tillet*. — A dr., au milieu du bois, *gouffre de Haboura*.

2 h. Vallon étroit à la base de la Pène. Là, à côté de la petite hôtellerie *Tournefort*, les cavaliers doivent mettre pied à terre. A g., le *Casque* (écho).

Deux routes montent au sommet : l'une, le *Pas du Chat*, plus courte mais plus fatigante; l'autre longue et peu pénible. Suivant celle-ci, on prend un sentier à g. et l'on gagne obliquement une pelouse qui s'élève doucement vers la cime ; on passe près du *puits d'Arris* ou *des Corneilles*.

2 h. 45. **Pène de Lhéris** (1595 mèt.). Vue de toute la plaine, de Montrejeau à Lourdes.

On pourrait descendre dans la vallée de l'Arros et revenir à Bagnères par Mauvezin et l'Escaledieu (R. 67, *A*); en général on descend par les *cabanes d'Ordincède*, ham. d'été, situé au S. de la Pène, à 1345 mèt., sur le rebord du plateau qui domine à l'E. la vallée de Campan. On revient d'abord (30 m.) dans l'espèce d'entonnoir qui s'ouvre à l'O. de la Pène; puis, longeant les montagnes boisées de dr., on monte au *col* très facile *de Lhéris* (1380 mèt.). De là on gagne, par une belle forêt, le bord du plateau. Panorama saisissant.

Le sentier qui descend des cabanes d'Ordincède est très raide. Il faut plus d'une heure pour atteindre Campan (*V.* ci-dessus).

La Pène est dominée au S.-E. par l'*Ascle de Mail Arrouy* (1700 mèt. ; vue magnifique).

Au S. de l'Ascle, *grotte* curieuse, ou *puits de la Pindorle* (1512 mèt.), ainsi nommée des *pindorles* ou stalactites de glace qui s'y trouvent en toute saison. On l'atteint facilement du col de Lhéris en 2 h. env., par le sentier des cabanes d'Ordincède. — On peut se rendre aussi au puits de la Pindorle par la vallée de Campan et le *col de la Téoulère* (1764 mèt.), d'où l'on peut monter au (40 m. env.) *pic de Bassia* (1900 mèt.; très belle vue).

Gourg de l'Arros.

10 h., aller et retour. — Guide, 10 fr.; cheval, 10 fr.

1 h. de Bagnères au plateau des Palomières (*V.* ci-dessus). Le chemin traverse le plateau, puis descend à dr., en longeant la lisière E. du bois de *Humas*. — A g., *Lies ;* — plus loin, *Marsas*. — Montée facile. — 2 h. 45. *Col d'Asque*. — Descente vers *Asque*, que l'on traverse; puis, montée sur la crête qui sépare le vallon d'Asque de la *vallée de l'Arros*. — *Col* (belle vue); le chemin se dirige à dr. vers la partie supérieure de la vallée, et atteint le niveau de l'Arros. — Grand hémicycle revêtu de forêts; cascades.

4 h. 30. **Gourg de l'Arros** : d'énormes roches calcaires (grottes) se dressent sur les rives. — En continuant à remonter la rivière,

5 h. *Oueil de l'Arros*, belle source sortant du rocher.

—

De Bagnères-de-Bigorre à Barèges, R. 58; — à la vallée d'Aure, R. 60; — à Bagnères-de-Luchon, R. 65.

ROUTE 60.

DE BAGNÈRES-DE-BIGORRE A LA VALLÉE D'AURE,

PAR LE COL D'ASPIN.

36 k. — Route de voit. — Guide jusqu'à Paillole, 6 fr.; cheval, 10 fr. — Au col d'Aspin : guide, 8 fr.; cheval, 10 fr.

12 k. Sainte-Marie (R. 59 : *Gripp*). — On descend vers l'Adour de Gripp, qu'on franchit ; on tourne à g., et on longe la Séoube.

[A 300 pas env. au delà du pont de l'Adour, sentier montant au S. sur le coteau de *Sarrat de Mortis* (très belle vue). En face du torrent de Laurence (2 k. env. de Sainte-Marie), un sentier monte à dr. sur le coteau de *Sarrat de Bou*. — 400 mèt. plus loin, au delà du pont du ruisseau de Rioudille, un sentier gagne la crête du *Sarrat de Pradille*.]

18 k. Auberge de **Paillole** (1110 mèt.), dans un petit bassin ; pâturages de *Saint-Jean* champ de courses); à l'E., forêt de *Houeillassat*. La plaine (ravissant paysage) porte aussi le nom de *Camp Bataillé*, parce que, l'an

27 av. J.-C., le proconsul Messala y battit, dit-on, les Bigorrais.

[**Pic d'Arbizon.** — Une journée; guide nécessaire. — En quittant l'aub. de Paillole, on se dirige vers le S. et l'on traverse la forêt d'*Arrieou Tort* en longeant le ruisseau de Camoudiet. — On laisse à dr. les cabanes de *Camoudiet*.

3 h. Petit *lac d'Arrec* ou d'*Arbizon* (2121 mèt.). — Du lac, on peut monter directement par des éboulis très raides (pénible) et atteindre la crête par une brèche étroite qui débouche entre le *Montfaucon* et l'Arbizon. Mais il vaut mieux prendre un peu plus à dr.; on atteindra le Montfaucon plus facilement, et par la crête on arrivera au

6 h. env. Grand Arbizon (R. 61, *A*).

Pour descendre, au lieu de revenir au Montfaucon, on pourra passer par la Brèche étroite et descendre jusqu'au petit lac par une suite d'éboulis, sur lesquels on peut se laisser glisser comme sur une pente de neige.]

A Barèges, R. 57, *C*.

20 k. *Espiadet*. — La vallée se termine par une gorge étroite où, sur la rive dr. de l'Adour, est située la fameuse *carrière de marbre* de Campan. On s'élève en zigzag à travers des forêts de sapins : à dr. celle de *Terrays*, à g. celle de *Coumelade*. — On sort de la forêt.

25 k. **Col d'Aspin** (1197 mèt.). — Vue admirable sur la vallée d'Aure, et, au loin, sur la Pez, Clarabide et le Posets. — Monter sur le sommet rouge à g., le *Monné* (1755 mèt.), si l'on veut jouir du panorama dans toute sa beauté.

On descend du col par un détour qu'abrègent les piétons. — A dr., *Aspin*. — Vallée d'Aure, dont on rejoint la route à plus de 1 k. en aval d'Arreau.

36 k. Arreau (R. 61, *A*).

[Les piétons qui vont de la vallée de Campan dans la vallée d'Aure n'ont pas besoin de passer par Aspin. La Hourquette d'Arreau, au S. du col d'Aspin, conduit à Arreau par une voie plus courte, mais avec des pentes raides. — Pour y monter, on quitte la route d'Espiadet, et l'on se dirige presque droit au S., en suivant le ruisseau d'Artigousse; on laisse à g. les forêts de *Sarraoute* et de *Cularot*. — 2 h. *Hourquette d'Arreau* (1527 mèt.). — On tourne à l'E.; forêt de sapins; on laisse à g., sur le bord d'un ravin, *Barrancouaou*. — 3 h. (de Paillole). Arreau.

Un troisième col, la *Hourquette de Beyrède* (1424 mèt.), conduit d'Espiadet à Sarrancolin (R. 61, *A*).]

ROUTE 61.

VALLÉES D'AURE ET DE NESTE.

La **vallée d'Aure** forme au S. une demi-circonférence d'env. 45 k. de développement : du pic de Troumouse à l'O. au pic des Gours-Blancs à l'E. — On admet généralement que la maîtresse branche de la belle rivière qui l'arrose est la Neste de Couplan, qui, réunie près d'Aragnouet aux *Nestes* du S., prend le nom de *Neste d'Aure*. Près d'Arreau, la *Neste de Louron* double son volume d'eau.

La vallée d'Aure est une des plus riches des Pyrénées en eaux minérales; presque toutes sont à peine utilisées, mais elles sont destinées à attirer un jour un grand nombre de baigneurs.

La vallée d'Aure compte de nombreux villages dont plusieurs renferment des fabriques de drap à l'usage des montagnards; l'exploitation des forêts et surtout celle des marbrières et des carrières ont beaucoup d'importance.

A. De Lannemezan à Aragnouet.

51 k. — Route de voit. — Service de dilig. de Lannemezan à Arreau (28 k. en 2 h. 35 : 2 fr. 75 et 2 fr. 20). — A Arreau, voitures à volonté. — Chemin de fer en construction de Lannemezan à Arreau (28 k.), à l'étude d'Arreau à Vielle-Aure (9 k.).

On se dirige au S. à travers un plateau de landes, où se trouve le point de partage entre l'Adour et la Garonne. On traverse deux fois le *canal* qui porte les eaux de la Neste dans la Save et dans le Gers, et l'on commence à descendre.

A dr., *établissement de Labarthe* (eau froide, limpide, inodore, remarquable surtout par la présence de la barégine; elle est sédative des maladies nerveuses). — De la terrasse de l'établissement, belle vue.

5 k. *Cazalères* (magnifiques chênaies), dépendant de *Labarthe-de-Neste* ou *Labarthe-Mour*, ch.-l. de c., 799 hab., ancienne capitale des Quatre-Vallées.

A Saint-Bertrand-de-Comminges, *V.* ci-dessous, *B.*

On entre dans la vallée d'Aure et on en suit le versant O.

Izaux. — *Lortet*. — Vis-à-vis de Lortet, vastes *grottes* dont plusieurs sont fortifiées et percées de meurtrières.

La gorge de la Neste se resserre. — On traverse le canal; à dr., *Labastide* et ses belles *grottes*.

12 k. A dr., chemin carrossable (51 k.) qui, par le pauvre pays des *Baronnies* et la haute vallée de l'Arros (R. 59, p. 161), met en communication la vallée de la Neste avec Bagnères-de-Bigorre.

13 k. **Hèches***. — Carrières de marbre noir. — Vis-à-vis de Hèches, près du ham. de *Héchettes*, tour du XIIe s. (près de là, deux *pierres* dites celtiques).

[Une route conduit de Hèches à Bizous (*V.* ci-dessous, *B*).]

A dr., aqueduc de 20 arches qui porte le canal. — *Rebouc*.

21 k. **Sarrancolin**. — *Église* du XIIe s. — *Porte* féodale. — Débris du *castel* prieural. — Fabriques de papier à cigarettes.

Vis-à-vis de Sarrancolin, sur la rive dr. du torrent, *Ilhet*, au débouché d'un vallon où s'ouvrent les cinq plus vastes *grottes* de la vallée de Neste (il en est une que l'on ne peut explorer en moins de 3 h.). — Aux environs, carrières de beaux marbres.

Pont sur le canal de la Neste. — On laisse à g. la prise d'eau de ce canal d'irrigation, qui va de la Neste sur le plateau de Lannemezan. A dr., gorge où sont les immenses *carrières* de marbre *de Beyrède*.

22 k. *Beyrède*. — On parcourt un défilé entre deux terrasses, dont *Jumet* à dr., et à g. *Camous*, *Fréchet* et *Pailhac* occupent les rebords, et où vient aboutir le ravin d'*Ardengost*. — On rejoint la route du col d'Aspin (R. 60) et l'on entre dans le bassin d'Arreau.

28 k. **Arreau***, ch.-l. de c., 1194 hab., à 698 mèt., au confluent de la Neste d'Aure, de la Neste de Louron et de la Lastie, dans un des plus vastes bassins des Pyrénées. — *Notre-Dame* (XVe et XVIe s.), sur les ruines d'une église romane du XIIe s. (jolie porte latérale). — *Chapelle de Saint-Exupère* (IXe ou Xe s.), restaurée (sculptures curieuses de la porte). — Usine où se traite le minerai de manganèse; grand commerce de bois.

D'Arreau à Bagnères-de-Bigorre, R. 60; — à la vallée de Bielsa, R. 62; — à la vallée de Gistaïn, R. 63; — à la vallée de l'Esera, R. 64; — à Bagnères-de-Luchon, R. 65.

On longe la rive g. de la Neste et la vallée se rétrécit. A g., chemin de la Hourquette d'Arreau (R. 60).

30 k. **Cadéac** ou *Cadiac**, surmonté d'une *tour* (XIe s.). — *Église* moderne; il ne reste de l'édifice du XIe s. que la porte du N. et ses ferrures.

On sort de Cadéac par une ancienne *porte* qui est en même temps une chapelle : d'un côté est l'autel, de l'autre, des bancs de pierre pour les fidèles. C'est la chapelle de *Pène-Taillade* ou Porte-Coupée. Là devait exister la digue qui retenait les eaux de la Neste et en formait un grand lac : on voit le point où la roche a été coupée de main d'homme, suivant la tradition, sur une longueur d'une trentaine de mèt.

A 800 mèt. au delà, s'élèvent les deux établissements, l'un sur la rive dr., l'autre sur la rive g. de la Neste.

Établissement Fisse, le principal, rive g. — Au rez-de-chaussée, 12 cabinets de bains (40 c. le bain, ou 60 c. avec linge), douches, hydrothérapie, buvette. L'eau de Moudang (R. 62, C) s'emploie dans l'établissement. — Au 1er étage, restaurant et hôtel (bons).

Établissement de la rive dr. (10 baignoires), en face de l'établissement Fisse.

Eaux froides, sulfurées sodiques. — Quatre sources : *Principale, de la Buvette, de l'Ouest* et *Petite Extérieure*. — Température : sources Principale et Petite Extérieure, 13°,5; Buvette, 15°,65. — Elles s'emploient en boisson et en bains, contre les maladies de la peau et des voies aériennes.

De Cadéac, on jouit d'une admirable vue.

32 k. *Ancizan*, à 777 mèt. — A l'O., pic d'Arbizon (*V.* ci-dessous). — De l'autre côté de la rivière, *Grézian* (beaux marbres) et *Gouaux* (mines de manganèse).

33 k. *Guchen.* — Pont sur le Lavedan.

[**Pic d'Arbizon.** — 5 h. montée, 4 h. descente; guide nécessaire.

En sortant de Guchen, on monte à l'O.-S.-O. dans le *vallon de Lavedan*, sur la rive dr. du torrent, que l'on franchit trois fois (50 m., 40 m. et 1 h.); à g., *forêt de Calamu*. — 1 h. 15. *Aulon* (1215 mèt.); au N.-O. se montre le pic. — On tourne à l'O. sur la rive g. du torrent. — 1 h. 45. *Granges de Lurgues* (1517 mèt.). — 2 h. 15. Quittant le vallon de Lavedan, on monte droit au N.-N.-O. vers le pic, qu'il faut attaquer par l'O. — 2 h. 45. *Source.* — 3 h. On remonte un ravin qui descend du *col de la Paloume* (2510 mèt.), ouvert entre l'Arbizon à l'E. et le *pic d'Aulon* (2736 mèt.) à l'O. — Escalade au N.-O. — 3 h. 45. On tourne à l'E., crête très disloquée. — 4 h. 45. Sommet (2831 mèt.; vue immense). — De Paillole à l'Arbizon, *V*. R. 60.

Près de Guchen, au milieu de la vallée, collines isolées des *Pouys*, qui jadis furent des îles au milieu du grand lac fermé par le barrage naturel de Cadéac.

Vis-à-vis de *Guchan*, rive dr. de la Neste, jolie *chapelle* ruinée *d'Agos* (XIIe s.).

37 k. **Vielle-Aure***, ch.-l. de c., 328 hab., à 810 mèt., dans un beau bassin où débouchent, à l'O. le ruisseau de Soulan ou d'Espiaube, au S.-E. celui de la Mousquère, au S. la Neste d'Aure. — *Source* bicarbonatée sodique. — Dans les environs, mines de cuivre et de manganèse.

[A l'entrée de la vallée d'Azet ou de *la Mousquère*, qui s'ouvre au S., *Bourisp*. — *Église* du XVe s. (tour du XIe s.), célèbre dans le pays pour ses peintures : celles de la nef, qui datent du XVIe s., sont presque détruites; celles du porche représentent les sept péchés capitaux sous la figure de sept dames en costume du règne d'Henri III. « En 1592 fut achevée la peinture; étaient ouvriers Jean Berneil et Jean Boé, » dit une inscription.

Pic de Lustou. — 7 h. 15 à la montée; descente à la cabane de Bassia, 2 h. 15. — Il faudrait compter env. 15 h. aller et retour, si l'on rentrait à Vielle-Aure.

Au delà de Bourisp (*V*. ci-dessus), on monte au S.-E., dans l'étroite vallée de la Mousquère ou d'Azet. — 1 h. 15. *Azet* (1172 mèt.). — A 1 k. S. confluent des torrents du Pla d'Arsoué et de Sarrouyes. — On descend dans le profond ravin d'Arsoué, puis on monte sur la rive dr. du torrent. — 1 h. 45. *Pla d'Arsoué*, grand bassin de pâturages que l'on traverse du N. au S. — 2 h. 15. La gorge devient très étroite. On monte en lacets très raides sur la rive dr., au S.-S.-E., vers le pic, que l'on aperçoit.

3 h. 30. Sur la rive g., *cabane de Beyregallia*. — On continue à suivre très haut la rive dr. — 4 h. 15 A g. et plus haut, *cabane de Lescale*. — On descend vers le torrent.

4 h. 30. *Cabane de Lustou* (2000 mèt.), rive g. On pourrait y passer la nuit. — On monte au S. dans un cirque pierreux qui s'ouvre à la base du pic. — 5 h. 45. *Lac de Lustou* (2368 mèt.). — Montée au S.-S.-E., puis escalade le versant N.-E. du pic.

7 h. 15. Sommet (3023 mèt.), étroite arête, isolée, « qui ne voit, autour d'elle, sur un rayon de 8 k., d'autre rivale que le pic de Batoa (3035 mèt.) au S.-O. » — Magnifique panorama.

Si l'on descend dans l'après-midi du pic de Lustou par le chemin suivi à la montée, il est sage d'aller coucher à (2 h. 15) la cabane de *Bassia*

Sailla, située à 300 mèt. plus haut que celle de Lustou.

Si l'on a couché à la cabane de Bassia-Sailla, au lieu de prendre le sentier du Pla d'Arsoué, on peut descendre dans la vallée de Louron (course très intéressante).

On franchit le ruisseau de Lustou et l'on monte directement à l'E.-S.-E. dans des ravins. — On passe à côté de la cabane de Bassiouante.

1 h. 30. **Col de Bassiouante** (2551 mèt.; vue admirable). — Un peu à dr. (S.-S.-E.), *lacs de Miaros*.

On descend, par des zigzags, aux cabanes et aux (2 h.) *lacs de Sarrouyes*. — On suit le ruisseau de Hourdrigué. — 3 h. Cabanes. — On laisse à g. le ruisseau, on monte au N.-N.-E., sur les pâturages, entre le vallon de Hourdrigué et la vallée de Louron.

3 h. 45. *Col d'Arredounes* (2000 mèt.; très beau panorama), au N. et non loin du *pic d'Arredounes* (2145 mèt.).

On descend (N.-N.-E.) dans le vallon de *Tourtère*.

5 h. 30. Génost, d'où l'on peut descendre à (2 h.) Arreau ou monter au col de Peyresourde, si l'on veut se diriger du côté de Luchon.

Pic de Batoa, pic d'Aret, V. l'*Itinéraire général : Pyrénées*.]

Au sortir de Vielle-Aure, on peut suivre la rive g. ou la rive dr. La première route, moins fréquentée, passe à *Vignec*, à *Cadeilhan*, à *Trancherre*, et franchit la rivière vis-à-vis de Tramesaïgues. La seconde franchit la rivière à Vielle.

39 k. *Saint-Lary* *. — *Église* romane souvent réparée (*crypte* à six arcades; *chapelle* gothique du XIVe s.).

La vallée devient une gorge étroite. — *Fontaine de Cancille*. — Poste de douaniers. — Gorge aride. — Petit col d'où l'on redescend à l'entrée de la vallée de Rioumayou, qu'on laisse à g. (R. 62, *D*).

42 k. *Tramesaïgues* (*château* ruiné), à 969 mèt., au pied du *pic de Tramesaïgues* (2458 mèt.).

A 5 m. du v., au-dessus d'un pont sur la Neste, porte en pierres appelée la *Garetvielle*, construite lors de la guerre de la Succession pour défendre la basse vallée contre les Espagnols. — La gorge devient très étroite et le torrent roule à travers des rocs éboulés; c'est ce qu'on appelle le *Ruadet* (le Pas-Rude). — A g., source minérale non utilisée. — Sur l'autre rive, petit *établissement thermal de la Garet* (4 baignoires; eau sulfureuse avec barégine, 17°), dominé par l'église du hameau d'*Éget*.

Pont sur la Sasse, qui vient du *pic d'Aret* (2940 mèt.). — Pont de pierre de *la Hosse*; on passe sur la rive g. de la Neste. — A g., montagne de *Bert* (2520 mèt.; belle forêt de sapins), contrefort du pic d'Aret.

Chapelle de *Médiabat*. — A g., gorge étroite d'où jaillit le torrent de Moudang (R. 62, *C*).

La vallée se rétrécit.

49 k. **Castets**, excellent centre d'excursions. On peut loger chez l'instituteur. — Pont sur le torrent de la vallée de Couplan (R. 57, *A*); on contourne le bord des précipices.

On laisse à g. le tracé de la route de Moudang (R. 62, *C*).

51 k. **Aragnouet** *, ch.-l. de la haute vallée (1210 mèt.). — Source sulfureuse froide de *la Quéau*.

D'Aragnouet à Héas, R. 52; — à Gèdre, R. 53; — à Barèges, R. 57, *A*.

B. De Labarthe-de-Neste à Saint-Bertrand-de-Comminges.

22 k. — Route de voitures.

En sortant de Cazalères (*V.* ci-dessus, *A*), on suit le bord des escarpements qui dominent la vallée de la Neste.

Escala. — On longe le flanc du plateau. — En face, rive dr., *Montoussé*, dominé par un piton de 671 mèt. (**château** ruiné d'où la vue s'étend sur la vallée de la Neste et celle de la Garonne jusqu'à Roquefort).

5 k. *Tuzaguet*. — En face, rive dr. de la Neste, *Bizous*.

[Une route de 11 k. conduit à Hèches (*V.* ci-dessus, *A*) par: (3 k.) *Monsérié* (à g.), où ont été trouvées de nombreuses inscriptions relatives à une divinité locale : *Erge*; — (6 k.) *Mazouau*; — (10 k.) Hèchettes (*V.* ci-dessus, *A*).]

8 k. *Anères*. — Pont sur la Neste; rive dr.

9 k. *Nestier*.

[Un chemin de chars franchit au S. une arête de collines; à dr., *Bize-Nistos*, dominé au S.-O. par le pic de *Teillède* (805 mèt.). — Le chemin descend dans la *vallée de Nistos*, où se trouvent *Seich* et *Nistos*, com. industrielle, divisée en *Bas-Nistos* et (6 k.) *Haut-Nistos*.]

12 k. *Montégut* (ancien *château*, auj. presbytère).

13 k. *Aventignan*.

[D'Aventignan à Montrejeau, 5 k. (route de voit.). — *Pont d'Aventignan*, où l'on franchit la Neste. Le chemin suit la rive g. — 2 k. *Mazères*. — A dr., confluent de la Garonne et de la Neste (beau paysage). — On croise le chemin de fer de Tarbes et l'on monte à (5 k.) Montrejeau (R. 67, *A*).]

La **grotte de Gargas** est à 3 k. S.-E. d'Aventignan (où réside le gardien; 1 fr. 50 d'entrée par personne, plus le pourboire). — Au delà d'une carrière de pierre bleue, il n'y a plus qu'à suivre un petit sentier qui serpente sur un tertre boisé, au sommet duquel se trouve l'ouverture de la grotte. — Cette caverne, explorée sur 200 mèt. env., est une des plus belles des Pyrénées, et une des plus riches en stalagmites et en stalactites. — Deux gisements paléontologiques y ont été découverts par MM. Garrigou et de Chasteignier.

18 k. Après avoir laissé à dr. la colline de Gargas, on passe entre *Jaunac* à g. et *Tibiran* à dr. (*château* où M. d'Agos a réuni une belle collection d'autels votifs, d'inscriptions, etc., trouvés dans le pays). — On franchit le Rivarès. — 20 k. *Saint-Martin*. — On laisse à g. un chemin conduisant à Valcabrère, puis on monte à

22 k. Saint-Bertrand (R. 69).

ROUTE 62.

E LA VALLÉE D'AURE A LA VALLÉE DE BIELSA

A. Par le port de Barroude.

h. à pied, de Castets, par la vallée de la Gela. — Chemin peu fréquenté.

Pour les détails, *V.* l'*Itinéraire général : les Pyrénées.*

B. Par le port de Bielsa.

7 h. 50 de Castets (3 h. 15 montée, 4 h. 15 descente). — Chemin muletier assez fréquenté.

25 m. de Castets à Aragnouet (*V.* R. 60, *A*). — On suit la rive dr. de la Neste jusqu'à son confluent avec le Saux, dont on remonte la gorge au S. — A l'entrée, *maison de Chaubère* (1326 mèt.), servant d'hospice aux voyageurs. — 1 h. 45. *Pont de Chaubère.* — On suit la rive dr. du torrent. — 2 h. 15. Confluent des deux torrents qui forment la Neste de Saux. — On prend au S. la gorge E. — A dr., cascade de *Riouner*.

3 h. 15. **Port de Bielsa** (2465 mèt.), entre le *pic de la Guillette*, à l'O. (2566 mèt.), et celui de Bataillence, à l'E.

Descente par des pentes assez rudes vers le rio Pinara (?), dont on suit le cours.

4 h. 30. Confluent de l'arroyo Solorzano ou Salcorz, qui descend du port peu fréquenté de *Héchempy* ou de *Salcorz*, et qui bientôt se jette dans le rio Cinca Barrosa.

5 h. On franchit le rio Cinca Barrosa, et près du débouché de l'arroyo Trigoñero, on trouve le chemin du port de Moudang (*V.* ci-dessous, *C*). — On continue de suivre le cours du rio Cinca Barrosa ; belles forêts.

7 h. 30. Bielsa (R. 51).

C. Par le port de Moudang.

De Castets, 8 h. à pied. — Chemin muletier (assez mauvais sur le versant espagnol). — Guide nécessaire.

On descend d'abord la vallée d'Aure, puis, au débouché du *val de Moudang*, on franchit la Neste et on remonte la rive g. de la Neste de Moudang, à travers le *bois de Pio*, en se maintenant à une assez grande élévation au-dessus du torrent, qui tombe de cascade en cascade.

1 h. On atteint le torrent; on suit la rive g. jusqu'au confluent des ruisseaux d'Héchempy et de Moudang ou de Chourrious.

1 h. 15. *Granges de Moudang* (1560 mèt.), où doivent habiter les personnes qui veulent faire usage sur place des eaux de Moudang (*V.* R. 60 : *Cadéac*).

1 h. 30. Les cinq *sources de Moudang* (1655 mèt.), à la fois ferrugineuses et sulfureuses, forment à elles seules un véritable ruisseau qui s'écoule dans le torrent de Chourrious (le chemin direct ne passe pas près des sources, mais c'est un dé-

tour de 15 à 20 mèt. à peine). Là un sentier en zigzag monte sur les *pâturages de Bédoura.*

2 h. 15. *Cabane*, à dr. (2060 mèt.), et un peu plus loin, dernière *fontaine* (2105 mèt.). — On tourne à l'E., montée raide (belle vue).

3 h. **Port de Moudang** (2487 mèt.), entre le *pic de Lia* à l'E. et le *Marty-Caberrou* à l'O.

[**Punta Suelsa** (4 h. du port de Moudang à la montée, 2 h. 15 à la descente sur Bielsa par le val de Montillo; guide nécessaire). — Laissant à dr. le chemin de Bielsa, on longe au S. les crêtes du pic de Lia et de la frontière. — 10 m. Sources; à la 3e (2470 mèt.), vue très belle. — On traverse des éboulis sans descendre, puis on descend de 100 mèt. sur des gazons. — 40 m. *Lac de l'Espade* ou *Liboun* (2380 mèt.) : les lacs sont nombreux dans cette région; on en trouve sur toutes les terrasses des montagnes. Le lac de l'Espade, assez grand, d'une belle couleur bleue, bordé au N. par des escarpements de schistes rouge sombre, est partout ailleurs entouré de verdure. — 1 h. 45. Au-dessus des *cabanes de Pardina* (2130 mèt.), où l'on ne descend pas, on s'avance de niveau vers le Paso de los Caballos, à l'E.; au N., chemin du port d'Ourdisseto. — Chemin muletier de la mine d'Ourdisseto. — 2 h. 15. Paso de los Caballos, où l'on rejoint la route de Bielsa au pic (R. 48).

4 h. Punta Suelsa (R. 48).]

Descente sur des éboulis, puis à travers les pentes boisées de la gorge de l'arroyo Trigoñero, ouverte entre le *pic Méné* et la *montagne de Trigoñero.*

5 h. 30. Confluent de l'arroyo Trigoñero avec le rio Cinca Barrosa.

8 h. Bielsa (R. 48).

D. Par le port d'Ourdisseto.

De Vielle-Aure, 9 h. 15. — Route de voitures jusqu'à l'hospice de Rioumajou; au delà, excellent chemin muletier.

A la sortie de Vielle-Aure, on remonte la rive dr. de la Neste. — 4 k. 5. Avant d'arriver à Tramesaïgues (R. 61, *A*), on prend à g. (50 m.) la route qui remonte le *val de Rioumajou*. — Lacets sur la rive g. du torrent (cascades). — 1 h. 30. On descend au bord du torrent, que l'on franchit deux fois. — 2 h. On traverse le ruisseau des Graviers, puis on monte à dr., vers une terrasse de rochers; à g., le torrent franchit une étroite fissure. — 2 h. 20. Pont pittoresque. — 2 h. 30. On traverse une 4e fois le Rioumajou.

3 h. Bassin de *Frécancou* (1388 mèt.), confluent du Rioumajou et du ruisseau de Péguère.

[La combe de Péguère monte au S.-E., dominée par le pic de Lustou (R. 61, *A*), au *port de Péguère* (2764 mèt.), entre les pics de Guerreys et de Batoa. — Descente en Espagne par la gorge au S. du port de la Pez (R. 63, *B*).]

Défilé; à dr. et à g., forêts.

3 h. 45. On traverse le Thou; à dr., cascade. — Petit bassin de pâturages.

4 h. *Hospice de Rioumajou*

(1560 mèt.), gîte affreux. Là s'arrête la route de voitures.

On traverse le ruisseau d'Estats, puis le Rioumajou; on tourne à g. à l'E. vers la gorge de *Caouarère*, et laissant à l'E. le sentier du *port de Madera* ou *de Caouarère* (peu fréquenté), qui conduirait dans la vallée de Gistaïn, on gravit à dr., par des lacets très rapides, le flanc de la montagne.

5 h. 10. Le chemin se bifurque, l'un monte au S.-S.-E. au port du Plan (R. 63, *A*), l'autre, que l'on doit suivre, tourne à l'O.-S.-O. et s'élève sur les pentes gazonnées de la montagne de *Pla-Long*.

[En se dirigeant droit au S.-O. de l'hospice par la gorge de Pouey-le-Bon, on pourrait également se rendre à Bielsa par le *port de Pouey-le-Bon* ou *Liboun*, entre le *pic de l'Espade* (2800 mèt.) au N.-O. et un sommet de 2702 mèt. au S.-E., et dont le sentier va, plus bas, rejoindre celui du port de Moudang.]

6 h. **Port d'Ourdisseto** (2400 mèt.; vue magnifique). — Large et facile passage, très fréquenté. — Du port, le chemin descend au S.-O., par de longs lacets, laisse à l'E. le Paso de los Caballos (R. 48) et arrive dans un cirque où sont les *cabanes de Pardina* (2130 mèt.). — 7 h. 30. A g., belle cascade.

8 h. 30. *Parsan* (1170 mèt.).

9 h. 15. Bielsa (R. 48).

ROUTE 63.

DE LA VALLÉE D'AURE A LA VALLÉE DE GISTAÏN.

A. Par le port du Plan.

De Vielle-Aure, 9 h. 45. — Route de voitures jusqu'à Rioumajou. — Au delà, chemin muletier très fréquenté. — Guide nécessaire : il est très facile de se perdre, même par le beau temps, à la traversée des gazons du port.

4 h. de Vielle-Aure à l'hospice de Rioumajou (R. 62, *D*).

5 h. 10. Bifurcation du chemin de Bielsa par le port d'Ourdisseto (*V.* R. 62, *D*). — On laisse à dr. le chemin du port d'Ourdisseto (R. 62, *D*) et à g. celui du port de Caouarère ou de Madera. — On quitte les forêts pour les pâturages; on monte par des croupes et des plateaux au sommet de la montagne frontière.

6 h. 10. **Port du Plan**, à 2457 mèt. (vue étendue).

[A dr., sentier menant à (4 h.) Bielsa, par le Paso de los Caballos (R. 48).]

On descend au S.-E. (pentes moins raides) en Espagne; il faut suivre le chemin avec soin; si l'on inclinait à g., on trouverait des précipices.

8 h. 30. *Poste de douaniers*, sur une petite terrasse qui domine le confluent de plusieurs ruisseaux avec le rio Cinquetta. — On n'a plus qu'à suivre le

rio Cinquetta. — A dr., *Gistaïn*, sur un mamelon. — On traverse *San Juan de Gistaïn.*

9 h. 45. **Le Plan-de-Gistaïn** *, excellent centre d'excursions, ch.-l. de la *vallée de Gistaïn* ou *de Chistau.*

[**Pic d'Eristé.** — 7 h. 15 montée ; 5 h. 30 descente ; guide nécessaire.

Du Plan, on remonte la vallée de la Cinquetta. — 10 m. San Juan. — 25 m. Pont : on prend, rive g., un chemin muletier qui gravit un contrefort et en suit l'arête. — 1 h. 25. Vallon de *Séïn.* — 1 h. 50. *Mine de cobalt et de nickel de Gistaïn.* — Montée assez raide. — 3 h. Cabane (2100 mèt.). — Belle vue, montée facile.

4 h. Petit *lac* (2300 mèt.); on franchit un chaos de blocs. — 4 h. 10. *Lac de Séïn* (2325 mèt.), dans un cirque de granit. — On monte à l'E. vers (4 h. 45) une brèche (2540 mèt.). — A l'origine d'un vallon qui descend à Sahun, sont trois lacs qu'on laisse à dr. On suit les murailles qui montent, au N.-E., vers un piton peu apparent : pentes escarpées, roche peu solide.

7 h. 15. **Pic d'Eristé** ou **de Bagueñola** (3075 mèt. env.); des trois pointes, celle du milieu est la plus haute. — 17 lacs autour du sommet ; vue très étendue.

On peut descendre au Plan, en 5 h. 30, par le lac de Millar.

On traverse les glaciers peu crevassés du versant N.-O.; puis on descend au N. sur des chaos de granit.

1 h. 30. **Lac de Millar,** fort beau. — On contourne la partie inférieure du lac, laissant à g. le déversoir ; on descend à l'E.-N.-E., rive dr. de la gorge, au pied du Posets. En suivant le torrent du lac, on aboutirait à des escarpements infranchissables, où l'eau forme une admirable cascade de 150 mèt. Il faut longer la base du Posets, à une certaine hauteur au-dessus du fond de la gorge, descendre prudemment le long des corniches, et contourner un ravin latéral dans le Posets.

2 h. 30. On monte par un ressaut aux pâturages à l'O. du Posets ; on oblique au N.

3 h. *Cabane del Clot* (2040 mèt.); au N. le pic Pétard, à l'E. le Posets, appelé dans le pays de Gistaïn *Punta de Lardana.* — On descend au N., vers la Cinquetta, qu'on traverse sur des pierres (1800 mèt.).

3 h. 20. On descend dans la vallée (*V.* ci-dessus).

5 h. 30. Le Plan.

Pic Pétard. — 5 h. 30 de montée ; descente au Plan, 4 h.; belle course, très facile.

Du Plan, on suit la route de France jusqu'à la caserne, puis le chemin du port de la Pez jusqu'au confluent du ruisseau de la Pez avec la Cinquetta (*V.* ci-dessous, *B*).

3 h. 45. On traverse le ruisseau de la Pez, et, s'élevant sur les pâturages, on pénètre dans un vallon qui monte au N.-E.

4 h. 30. De là, on peut, par les pentes O., monter à une arête qui va au sommet, ou, par les pentes très raides de l'E., monter droit à la cime ; la dernière partie de la crête est étroite et assez difficile.

5 h. 30. Sommet (3178 mèt.; merveilleux panorama).]

Du Plan à Bagnères-de-Luchon, R. 70 ; — à Vénasque, R. 61, *A* ; — au pic Posets, R. 72, *C*.

B. Par le port de la Pez.

10 h. 15 de Génost, ou 12 h. 30 d'Arreau. — Guide nécessaire : Exupère Tardos, à Génost.

2 h. 15 (12 k.) d'Arreau à Génost (R. 65, *A*).

On longe la rive g. de la

Neste. — A g., *Aranvielle* et *Loudenvielle*. — Pont sur le torrent de Tourtère. — A g., *Germ* (mines de manganèse).

3 h. A dr., *établissement de bains*, peu fréquenté. 5 sources y jaillissent, à 1123 mèt. Les deux principales, dont l'une est chaude et l'autre froide, sont mêlées (26°) ; elles contiennent beaucoup de glairine. La troisième source (20°) est sulfureuse ; la quatrième est sulfureuse froide ; enfin une source ferrugineuse coule près de l'établissement. — Au S.-E., *vallée d'Aube*, remontant vers les pics de Nère et de Belle-Sayette. — On traverse le ham. de *Cambajou*.

3 h. 30. A g., monastère en ruines d'*Artigalongue*, ayant appartenu aux Templiers. — Pont sur le torrent ; on longe la rive dr. jusqu'au pied du *pic du Midi de Génost* (2479 mèt.).

4 h. 15. *Pont de Tramesaïgues* (1375 mèt.), sur la Neste de Clarabide. — On pénètre, à dr., dans la vallée de la Neste de la Pez, qui remonte au S.-O. — A g., sentier des ports de Clarabide et d'Aygues-Tortes (*V.* ci-dessous, *C*). — On traverse deux fois le torrent, et l'on s'engage dans l'étroite gorge que dominent, à l'O. le pic de Lustou (R. 61, *A*), au S.-O. le *pic de Guerreys* (2980 mèt.), au S.-E. le *pic de Batchimale* (2980 mèt.). — La pente est très raide, et le sentier qui la gravit, encore praticable aux chevaux, décrit de grands lacets.

7 h. 45. **Port de la Pez** (2482 mèt.), ouvert entre le pic de Guerreys et celui de Batchimale. — Les pentes sont assez raides, et il faut suivre avec soin le sentier.

8 h. 30. Près d'une cabane, vue à l'E. de la grande *cascade de Batchimale* qui glisse de plusieurs centaines de mètres, le long d'un formidable précipice. — A l'O., autre *cascade* fort belle. On suit la rive dr. du torrent, par un sentier de chèvres qui traverse une terrasse herbeuse, puis descend dans l'étroite gorge de la Pez.

9 h. 45. *Cabanes*, près du confluent des torrents des ports de la Pez et d'Aygues-Tortes. On passe sur la rive g. (cascade). Là on commence à trouver de magnifiques sapins. On passe sur la rive dr. ; à l'E., vue magnifique des Posets, que l'on voit de la base au sommet. — Deux maisons. — Bassin où se réunissent les eaux du port de Clarabide et du col de Gistaïn.

11 h. 15. Confluent du torrent de la Pez et du torrent du port du Plan avec le rio Cinquetta. — Près de la caserne des douaniers, on rejoint le chemin du port du Plan (*V.* ci-dessus, *A*).

12 h. 30. Le Plan-de-Gistaïn (*V.* ci-dessus, *A*).

C. Par le port d'Aygues-Tortes.

De Génost : 11 h. à pied par la gorge de Clarabide ; course difficile ; excellent guide nécessaire. — 13 h. à pied par la gorge de la Pez et la Hourque; course facile.

1° PAR LA GORGE DE CLARABIDE.

2 h. de Génost au pont de Tramesaïgues (*V.* ci-dessus, *B*). — 2 h. 10. A g., sentier contournant le flanc E. du *pic du Midi de Génost.* — Montée rapide sur le ressaut du *val de Clarabide.* — A dr., chemin du port de la Pez (*V.* ci-dessus, *B*). — On contourne la muraille de la rive g. d'une gorge profonde; sentier taillé dans le granit, à pic et glissant; ce passage doit toujours être effectué *en plein jour*; il serait *périlleux* la nuit ou par le mauvais temps.

4 h. 30. Confluent du torrent de Caillaouas et de la Neste de Clarabide. Ici, le danger cesse. — On laisse à l'E. la gorge de Caillaouas (*V.* R. 64, *C*). — A g. s'élève le pic des Gours-Blancs; plus loin, à l'E., *cascade de Pouchergues.*

5 h. *Cabane de Courtaou.* — 5 h. 25. On tourne au S.-S.-O., sur des gazons. — A l'O., jolie *cascade;* beau cirque de montagnes. — 5 h. 45. On a pour la première fois la vue, à l'O.-S.-O., du port d'Aygues-Tortes.

6 h. 15. *Cabane d'Aygues-Tortes* (excellente), sur la rive g. du torrent (2250 mèt.?). — On monte à l'O. vers un petit col, derrière lequel sont deux autres cols; belle vue à l'E.

7 h. 15. **Port d'Aygues-Tortes** (2619 mèt.; vue superbe). — On descend au S., en suivant le cours du torrent qui plus bas va se joindre au torrent de la Pez (8 h. 15), où l'on rejoint le chemin du port de la Pez (*V.* ci-dessus, *B*).

11 h. Le Plan (*V.* ci-dessus, *A*).

2° PAR LA HOURQUE.

Si l'on désire éviter la dangereuse gorge de Clarabide, on suit au delà du pont de Tramesaïgues la route *B*; puis, montant à l'E., on franchit un petit col : la *Hourque* (2600 mèt. env.), ouvert entre le *pic de la Hourque* (2712 mèt.), au N., et le *Petit Batchimale* (2980 mèt.), au S. — Descente sur le versant O. du val de Clarabide; on remonte en laissant à g. le petit *lac d'Aygues-Tortes,* où l'on rejoint la route précédente. — On allonge la course de 2 h.; mais on évite tout danger.

ROUTE 64.

DE LA VALLÉE D'AURE A LA VALLÉE DE L'ESERA

A. Par le port de Clarabide.

15 h. env. de Génost. — Guide nécessaire.

4 h. 30 de Génost au confluent du torrent de Caillaouas avec la Neste de Clarabide (R. 63, *C*). — Le chemin continue à remonter la rive g., toujours très escarpée. — A dr. s'étend la région d'Aygues-Tortes (R. 63, *C*); au S., on voit

la gorge sauvage de *Pouchergues* et les neiges du port de Clarabide. — Au confluent des torrents d'Aygues-Tortes et de Pouchergues, on traverse le premier, puis on monte droit au S.-E.

6 h. 30. **Port de Clarabide** (2629 mèt.; belle vue du Posets au S.). — On n'a plus qu'à descendre à travers les rochers et les gazons vers les pâturages de Pahules, au pied du Posets.

8 h. Cabane de Pahules, et 4 h. de là au pont de Cubère (*V.* R. 72, *A*).

12 h. Pont de Cubère.

12 h. 45. Vénasque (R. 71, *A*).

B. **Par le port d'Oo.**

13 h. 30 de Génost. — Très belle course. — Guide nécessaire.

4 h. 30 de Génost au confluent du torrent de Caillaouas avec la Neste de Clarabide (R. 65, *C*). — On passe à gué la Neste, très rapide et assez profonde, et on tourne à l'E. dans la *gorge de Caillaouas*, dont on remonte la rive dr. — 5 h. 30. *Cabane de Caillaouas* (2165 mèt.), très froide; place pour trois.

A Bagnères-de-Luchon, R. 68, *F*.

On contourne à une assez grande hauteur la rive g. du lac Caillaouas (R. 68), puis on s'élève à l'E.-S.-E., en suivant (7 h.) la rive g. des deux *lacs glacés des Gours-Blancs*. — Grand vallon de neige. — A dr., pic des Gours-Blancs (R. 68, *F*). — On gravit la pente raide du glacier.

8 h. 30. *Col des Gours-Blancs* (3042 mèt.). — On descend un peu sur la neige et on atteint le

9 h. 10. Port d'Oo (R. 68), d'où 4 h. 15 à

13 h. 30. Vénasque (R. 71).

ROUTE 65.

DE BAGNÈRES-DE-BIGORRE A BAGNÈRES-DE-LUCHON

A. **Par le port de Peyresourde.**

69 k. — Route de voit. — Pendant la belle saison, service de calèches (départ à 6 h. du mat.; traj. en 10 h.; 25 fr. par personne; on a droit à 15 kilog. de bagages).

36 k. de Bagnères-de-Bigorre à Arreau (*V.* R. 57).

Au delà d'Arreau, on entre dans la belle **vallée de Louron**, arrosée par la Neste de Louron, dont on remonte la rive g.

39 k. A dr., petit *établissement thermal de* **Couret**; trois sources froides, sulfureuse, iodoferrée et ferrugineuse. — Près de là, à g., *Cazaux-Debat* (eaux sulfureuses froides).

42 k. *Bordères*, ch.-l. de c., 381 h. — *Église* ogivale moderne.

Au delà d'un petit défilé, la vallée s'élargit; magnifique bassin parsemé de villages et dominé par de hautes et belles montagnes.

45 k. *Avajan*. — On laisse à

dr. l'ancienne route, qui passe par **Génost** (*château* ruiné du XIVe s.; nombreuses carrières d'ardoises).

De Génost au Plan-de-Gistaïn, R. 65 ; — à Vénasque, R. 64.

La nouvelle route franchit la Neste de Louron, laisse à g. *Cazaux-Dessus*, puis à dr. (46 k.) *Anéran*, à g. *Fréchet-Cazaux*. — 47 k. *Camors*. — 48 k. *Estarvielle* et *Armenteule*. — 49 k. A g. *Mont*. — 50 k. *Loudervielle*: à dr., *tour* ruinée *de Moulor* (XIVe s.). — La route décrit un grand lacet au N.-E., revient (51 k. 5) vers le ruisseau de Bayet, puis, inclinant à g., pénètre dans une gorge étroite où l'on perd de vue la vallée de Louron.

55 k. **Port de Peyresourde** (1545 mèt.). — La route descend par de nombreux lacets dans la vallée de Larboust.

57 k. Relais de poste, dit de *Portet-de-Luchon*. — La route passe au pied de la *montagne d'Estibère* (monuments mégalithiques).

60 k. 5. Garin (R. 68).

69 k. Luchon (R. 68).

B. Par le col de Pierrefitte.

69 k. — Une route carrossable, projetée entre Arreau et Bagnères-de-Luchon, n'a reçu qu'un commencement d'exécution.

36 k. Arreau (R. 61). — On suit le sentier qui pénètre à l'E. dans la gorge du ruisseau de Lastie.

38 k. *Jezeau*. — On traverse cinq fois le torrent jusqu'au col.

42 k. *Bareilles*. — La vallée, qui n'est plus habitée, tourne au S.-E. — Au S., *pic de Coume Lasserre* (2175 mèt.). — A dr., *lac de Bordères*, d'où descend le torrent. — On monte à l'E.

51 k. **Col de Pierrefitte** (1855 mèt.), sur le flanc S. du Montné. — Belle vue, plus étendue encore du sommet du Montné, que l'on peut gravir en 45 m. (*V*. R. 68, *C*).

On descend au fond de la *vallée d'Oueil*, puis, traversant la Neste d'Oueil, on prend la route de la rive g.

54 k. **Bourg-d'Oueil** (1554 mèt.): l'auberge, ancien *château*, conserve des bas-reliefs; *église* (XIIe s.). — Sur la rive dr., les pentes boisées de la montagne de *Bilourtède* portent de nombreux blocs erratiques provenant de l'ancien glacier de Larboust. — Les piétons peuvent abréger en suivant les sentiers des prairies qui bordent la rivière.

55 k. *Cirès*. — 56 k. *Caubous*. — 58 k. *Mayrègne* (auberge).

60 k. *St-Paul-d'Oueil* (*église* romane). — La route franchit la Neste d'Oueil.

61 kil. *Maylin* (*puits* à galeries, ossements). — Descente assez rapide à *Benqué-Dessus* (*église* ogivale, peintures du XVe s.).

63 k. *Benqué-Dessous*. — Sur la rive g., v. de *Sacourvielle*. — Bientôt on voit à l'E. la tour de Castelblancat (R. 68) et on laisse

à l'O. la route du port de Peyresourde (*V.* ci-dessus, *A*).

64 k. 5. Chapelle de Saint-Aventin.

69 k. Luchon (R. 68).

ROUTE 66.

DE PARIS A TOULOUSE

La voie de Bordeaux, pour se rendre de Paris à Toulouse, est la plus coûteuse : 842 k.; prix : 103 fr. 70, 77 fr. 80 et 57 fr. 05. — La voie la plus courte et la moins chère va directement à Toulouse par Limoges et Brive : 751 k.; prix : 89 fr. 10, 67 fr. 10 et 48 fr. 40.

V. pour la description de ces routes : *De la Loire à la Gironde* et *Gascogne et Languedoc.*

TOULOUSE ET SES ENVIRONS

Situation, aspect général.

Toulouse*, V. de 147 617 h., ancienne capitale du Languedoc, aujourd'hui ch.-l. du dép. de la Haute-Garonne, est située à 140 mèt. d'alt., sur la rive dr. de la Garonne, qui la sépare du faubourg Saint-Cyprien, et au point de jonction du canal Latéral avec celui du Midi. La plaine qui l'entoure n'a rien de pittoresque; mais, quand le temps est clair, on découvre, au S., la chaîne des Pyrénées.

Direction.

De la gare, située près du canal du Midi, on peut gagner la place du Capitole, soit à dr. par la *rue Bayard* et la *rue Rémusat*, soit à g. en passant devant l'École vétérinaire, la statue de Riquet, par les *allées Lafayette*, la *place* et la *rue Lafayette*. De la *place du Capitole*, centre principal du commerce toulousain, et sur laquelle ou aux environs de laquelle sont les principaux hôtels, cafés et restaurants, partent : au N., la *rue du Taur*, qui conduit à la basilique Saint-Sernin par N.-D. du Taur ; au N.-O., la *rue Pargaminières*, qui aboutit au *pont Saint-Pierre*, sur la Garonne, et par ce pont à l'hospice de la Grave ; au S.-O., la *rue des Balances*, qui conduit aux Jacobins (lycée), à N.-D. de la Daurade, à l'hôtel d'Assezat et au *Pont-Neuf*, principale voie de communication entre Toulouse et son important *faubourg Saint-Cyprien* ; au S., la *rue Saint-Rome*, continuée par les *rues des Changes* et *des Filatiers*, et conduisant à la *place des Carmes* ou *de la République* (à l'O., église de la Dalbade) ; au S.-E., la *rue de la Pomme* et son prolongement la *rue Boulbonne*, qui, laissant à dr. l musée, une des principales curiosité de Toulouse, aboutissent à la *plac Saint-Étienne* et à la cathédrale.

Outre ces rues, toutes ancienne et la plupart beaucoup trop étroites deux grandes voies de communi cation, qui se coupent au milieu d la ville, ont été percées de 186 à 1882 : la *rue de Metz*, qui aboutit a Pont-Neuf, et la *rue d'Alsace-Lor raine*, qui commence entre la r Bayard et la rue Rémusat, et pas devant le musée.

Édifices religieux.

Cathédrale Saint Étienn composée de plusieurs parti distinctes qui ne se relient p entre elles. Rose du XIIIe s., portail O. (XVe s.). A g., cloch du XVIe s. Nef du commencement du XIIIe s. (tableaux par Frotté et par Despax). Chœur (XIIIe s., réparé au XVIIe s.) entouré de 17 chapelles; grille, chef-d'œuvre de serrurerie; stalles; vitraux des XVe-XVIIe s.; groupe de l'autel, sculpté par Gervais Drouet en 1670; statue d'Antoine de Lestang (1617); tableaux.

Saint-Saturnin ou **Saint-Sernin**, la plus belle église romane de France. A l'extérieur, long de 115 mèt. : abside flanquée de 5 chapelles et formant le soubassement du chevet, percé de belles fenêtres; avant-portail (XVIe s.) de la porte du S., construit par N. Bachelier; clocher (XIIIe s.), haut de 65 mèt. 17; de la galerie, immense panorama. — A l'intérieur : nef centrale haute de 21 mèt.; quatre bas-côtés dont deux font le tour de l'édifice entier; transsept d'une ampleur inusitée (64 mèt. de long); *Christ* byzantin dans une chapelle du croisillon N.; *stalles* (XVIe s.); *bas-reliefs* du XIIe s., sur le mur qui supporte les colonnes du rond-point; devant la chapelle Saint-Georges, *ex-voto* (la basilique de Saint-Sernin en 1520); *autel* gallo-romain sur lequel saint Saturnin aurait célébré la messe; *Sainte Famille* attribuée au Corrège, vis-à-vis de la chapelle du Saint-Esprit; **cryptes** (reliques célèbres); belles *orgues;* deux *chapes* anciennes, l'une du XIIe s.

Près de Saint-Sernin, *collège de Saint-Raymond* (aujourd'hui presbytère), du XVe s.

Église de la Daurade (dorée), bâtie en 1764 (statue de *Notre-Dame la Noire;* monument du poète Godolin, 1649; tombe de Clémence Isaure). — *La Dalbade* (XVe s.); belle nef; deux statues et charmant *portail* de la Renaissance, par Bachelier, avec bas-relief en terre cuite par Falguière (le Couronnement de la Vierge, d'après Frà Angelico); flèche moderne en briques, haute de 81 mèt. — *Église du Taur* (XVe s.; clocher bizarre). — Dans l'Arsenal, *église Saint-Pierre-des-Cuisines* (XIIe s.; beau tombeau roman). — *Saint-Pierre* (XVIIIe s.; autel richement décoré), rue Valade. — *Saint-Nicolas* (XVe s.; tableaux par Despax), dans le faubourg Saint-Cyprien. — *Église des Jésuites*, très richement décorée. — *Chapelle du Grand-Séminaire* (XVIIe s.; belles peintures de Despax).

Édifices civils.

Capitole ou *hôtel de ville* (XVIe et XVIIe s.) : façade de style ionique, construite par Cammas, de 1750 à 1760. Au fond de la première cour, où Montmorency fut décapité en 1632, belle porte par N. Bachelier. *Salle des Pas-Perdus* (tableaux par Rivalz; bannière de la ville). *Salle des Illustres* (bustes des 44 plus illustres Languedociens). *Salle Clémence-Isaure* (Académie des Jeux Floraux; statue de Clémence Isaure.

Salle des Archives (buste du poète Goudelin; coutelas qui trancha la tête de Montmorency). *Salle du Trône*. Bel *escalier* descendant de la salle des Archives dans la deuxième cour (tour carrée). Troisième cour (1520), bâtiments les plus anciens du Capitole (ancien *beffroi* du XVe s., restauré). Le *Grand-Théâtre*, reconstruit en 1881, occupe l'angle S. de la façade du Capitole.

Du *lycée*, en partie installé dans l'hôtel Bernuy (XVe s.), dépendent les vastes constructions désignées sous le nom de **Jacobins** (église du XIVe s., clocher de 1294; charmante salle capitulaire; chapelle; réfectoire; restes du cloître ogival). — *Bibliothèque*, dans le lycée (60 000 vol.), ouverte t. l. j., excepté le dimanche, de 10 h. à 3 h.; séances de nuit.

Académie des Jeux Floraux, la plus célèbre des Sociétés littéraires de Toulouse (1323).

Université, fondée en 1215. — *Faculté de droit* (très riche bibliothèque spéciale). — *Faculté de médecine* (musée et bibliothèque). — *École des beaux-arts et des sciences industrielles*. — *École normale* (1875). — *École de musique*. — *École vétérinaire* (1834). — *Observatoire*, au N.-E. de la ville (1841-1847). — *Institut catholique*.

Palais de justice, ancien palais du Parlement (trois salles curieuses); devant la façade, *statue de Cujas* (1850), par Valois. — *Colonne triomphale* élevée au général Dupuy, sur la place du même nom. — *Arsenal* (pour visiter les collections, s'adresser au colonel directeur).

Hôtel d'Assezat (XVIe s.), près du Pont-Neuf. — Rue de la Dalbade : *Maison de Pierre*, bâtie (XVIIe s.) avec les débris d'un temple de Pallas; *hôtel Saint-Jean* (Institut catholique), par Rivalz; *hôtel Felzins*, attribué à Bachelier (très belle cheminée attribuée à Jean Goujon). — *Hôtel Gay*, chef-d'œuvre de Bachelier (cour ornée d'admirables sculptures). — *Hôtel Bernuy* (XVe et XVIe s.), formant le vestibule du lycée. — *Hôtel Duranti* (XVIe s.), dans la rue du même nom. — *Maison des Calas*, n° 50, rue des Filatiers.

Musée. — Collections.

Musée (ouvert au public le dimanche, de midi à 4 h., et tous les jours pour les étrangers; pourboire), situé au centre de la ville, rue du Musée; il a été installé dans le couvent des Augustins (XIVe et XVe s.), légèrement agrandi en 1883. Ce musée, fondé en 1792, ouvert en 1795, l'un des plus variés et des plus intéressants de la France, se compose de deux collections principales : le musée des antiques et celui des tableaux et des plâtres.

Musée des antiques, fondé en 1817 par A. du Mège; la collection se compose de 10 000 objets rangés dans deux cloîtres. — Fontaine dans le petit cloître; monument en marbre élevé au peintre Gros. — Galeries du grand cloître à colonnes jumelles et ogives tréflées (XIVe s.). — Autels votifs dédiés aux divinités locales des Pyrénées; série des quarante têtes impériales, en marbre, découvertes à Martres (R. 67, *B*); Ariane, à deux couleurs; tête de Vénus, trouvée à Martres; statues couchées de princes, de dames, d'évêques et de chevaliers; mosaïques romaines à personnages; sculptures de Bachelier. — A l'étage supérieur : nombreux vases peints; séries de bustes, figurines, statuettes; armes: styles; scarabées; papyrus et peintures; timon et roues d'un char antique; châsses byzantines et limousines; triptyques; émaux, etc. — *Médaillier* de l'Académie des sciences (5000 pièces).

La *porte* qui conduit à la salle des plâtres provient du chapitre de Saint-Étienne (XIe s.).

Salle des plâtres, ancienne chapelle de Notre-Dame de Pitié, belle construction à deux nefs (XVe s.); tombeau de 1311 et autres débris du moyen âge.

Musée des tableaux. — La salle principale date de 1885.

ÉCOLES ITALIENNES. — 1. *Barocci*. Sainte Famille. — 2. *Bellotto*. Le Pont du Rialto. — 5. *Caravage* (Michel-Ange). Martyre de saint André. — 9. *Castiglione*. Paysage. — 22. *Guardi*. Cérémonie du Bucentaure. — 23 et 24. *Le Guerchin*. Martyre des saints Jean et Paul. — Saints protecteurs de la ville de Modène. — 25 et 26. *Guido Reni*. Apollon écorchant Marsyas. Le Christ tenant sa croix. — 36. *Le Pérugin*. Saint Jean l'Évangéliste et saint Augustin. — 37. *Procaccini*. Mariage mystique de sainte Catherine. — 38. *Raphaël* ou *J. Romain* (?). Tête colossale de femme. — 43. *Rosselli* (Matteo). Triomphe de Judith. — 44. *Salvator Rosa* (?). Neptune menaçant les vents. — 45. *Solimena*. Portrait de femme. — 46. *Tempesta*. Ébauche d'une bataille. — 48. *Vanni* (Francesco). La Vierge, l'Enfant Jésus et deux Anges. — 52. La Vierge (XVe s.). — 53. Le Christ en croix (XVe s.). — 55. Sainte Famille (XVe s.).

ÉCOLE ESPAGNOLE. — 65. *Murillo*. Saint Diego en prières.

ÉCOLES FLAMANDE, ALLEMANDE ET HOLLANDAISE. — 71, 74. *Bloemen*. Un manège. Circé et les compagnons d'Ulysse. Trompette à cheval et enfant. Un maréchal ferrant. — 75 et 76. *Breughel* (dit de Velours). Paysage remarquable par sa finesse. Paysage. — 81. *Corndlis*. Tableau remarquable, peu compréhensible. — 82. *Crayer*. Job. — 83. *Van Dyck*. Miracle de saint Antoine de Padoue. — 85. *Van Dyck* (École de). Achille reconnu par Ulysse. — 95. *Lucas* (François). Un chrétien devant la statue de Jupiter. — 96. *Janssens* (Abraham). Couronnement d'épines. — 97. *Jordaëns*. Naïade et Fleuve. — 101. *Kaberger*. Ecce Homo. — 105. *Van der Meulen*. Louis XIV devant Cambrai. — 106. *Mirevelt*. Portrait d'homme. — 109. *Poorter*. Lucrèce et ses femmes. — 112. *Rubens*. Le Christ entre les deux larrons. — 121. *Verelst*. Tête de vieillard. — 122. *Inconnu* (XVe s.). Saint Jean-Baptiste, triptyque. — 125. *Inconnu* (XVIe s.). Descente de croix. — 132. Paysage.

ÉCOLE FRANÇAISE. — 142. *Bon Boullongne*. Les Tectosages. — 143. *Sébastien Bourdon*. Saint André. — 145-149. *Philippe de Champaigne*. La Vierge et les âmes du purgatoire. Jésus descendu de la croix. Crucifiement. Annonciation. Louis XIII conférant l'ordre du Saint-Esprit. —

152 et 153. *Jouvenet*. Fondation d'une ville par les Tectosages. Descente de croix. — 157. *Lafosse*. Présentation de la Vierge. — 159. *Lagrenée*. Coriolan. — 161-163. *Largillière*. Portraits. — 164. *Le Moyne*. Apothéose d'Hercule. — 165. *Lesueur*. Sacrifice de Manué. — 166. *Mignard* (Pierre). Ecce Homo. — 174, 175. *Monnoyer*. Fleurs. — 176. *Oudry*. Chasse au cerf. — 184. *Poussin* (Nicolas). Saint Jean-Baptiste. — 185. *Poussin* (d'après Nicolas). Sainte Famille. — 186-187. *Restout*. Diogène. Philémon et Baucis. — 188-190. *Rigaud*. Portraits. — 193. *Stella* (Jacques). Mariage de la Vierge. — 196. *Valentin*. Judith. — 203. *Vignon* (Claude). Sainte Cécile. — 207 et 208. *Vouet* (Simon). Invention de la sainte Croix. Le Serpent d'airain. — 209. *Vouet* (Aubin). Saint Pierre délivré. — 215. *Inconnu*. Portrait de Cinq-Mars. — 224. *Vignon* (École de). Allégorie. — 232. *Chalette*. Les huit Capitouls de Toulouse, devant Jésus-Christ. — 235 et 236. *Tournier*. Jésus descendu de la croix. Jésus au tombeau. — 240. *Pader*. Flagellation. — 247-250. Tableaux de *Lèbre* (André), peintre toulousain (1620-1700). — 252, 253. *Fayet*. Adoration des Bergers. Repos en Égypte. — 255, 256. *De Troy*. Madeleine. Songe de saint Joseph. — 261 et 275. *Rivalz* (Antoine). Fondation d'Ancyre par les Tectosages. Son portrait. — 270. *Subleyras*. Sacre de Louis XV. — 287-289. *Despax*. Jésus chez Simon le Pharisien. Le Sibylle de Cumes. David. — 297. *Bertrand*. Portrait. — 300 et 301. *Roques*. Bergers de la vallée de Campan. Portrait de sa mère. — 305. *Bisson*. Gibier. — 311. *Boulanger* (Clément). Procession de la Gargouille. — 312. *Boulanger* (Louis). Béatrix, Laure, Orsolina. — 313. *Brascassat*. La Sorcière. — 315. *Coignet*. Ruines de Baalbeck. — 316. *Couture*. L'Amour de l'or. — 317. *Delacroix* (Eugène). Muley-Abd-err-Rahmann. — 320. *Duveau*. Abdication du doge Foscari. — 324. *Garipuy* (Jules). Défaite des Teutons par Marius. — 326. *Gérard*. Portrait de Louis XVIII. — 327. *Gérôme*. Anacréon, Bacchus et l'Amour. — 328. *Giroux* (André). Les Grottes de Cervara. — 329. *Glaize*. La Mort du Précurseur. — 330-333. *Gros*. Hercule et Diomède. L'Amour piqué par une abeille. Portrait de Mme Gros. Son portrait. — 337. *Hédouin*. Ossaloises. — 339. *Isabey* (Eugène). Port de Boulogne. — 340. *Joyant*. Palais des Papes, à Avignon. — 365. *Tournemine*. Paysage. — 366. *Verlat*. Buffle et tigre — *Parrocel*. Chasse à l'éléphant. — *Brenet*. Caïus Furius accusé de sortilège. — *Boucher* (?). Berger et bergère. — *École d'Italie* (xve s.). La Vierge, triptyque. — *De Troy*. Jason (deux tableaux). — Deux toiles de *Protais* et de *Corot*. — *Benjamin Constant*. Entrée de Mahomet II à Constantinople (salon de 1876).

Sculptures. — *Pradier*. Chloris. — *Collection ethnographique*.

Musée d'histoire naturelle, au Jardin des Plantes, ouvert au public le dimanche, de midi à 5 h. (galerie paléontologique et anthropologique, objets de l'époque anté-historique; galerie anatomique; collection d'animaux).

Ponts. — Château d'eau.

Pont-Neuf (1543-1626). — Les ponts *Saint-Michel* et *Saint-Pierre* ont été emportés par l'inondation de 1875.

Château d'eau (1821-1825), haut de 28 mèt., à l'extrémité du Pont-Neuf, donnant 5 millions de lit. d'eau filtrée par j. — *Nouveau château d'eau* (1867), dans la *prairie des Filtres*.

Industrie. — Commerce.

Toulouse est le principal entrepôt du Midi. — Belles *minoteries* (env. 160 meules). — A l'extrémité supérieure de l'île de Tounis, *moulin du Château-Narbonnais*, — Au-dessous du pont Saint-Pierre, sur la rive dr. de la Garonne, **moulin du Bazacle** (visible t. l. j. avec permission, excepté les dim. et fêtes): 34 meules, en moyenne 60 à 70 hectolit. de farine par heure. Le Bazacle renferme aussi les usines de la *manufacture des tabacs* (1250 ouvriers).

Promenades.

Jardin des Plantes (sur l'allée Saint-Michel, à l'extrémité S. de la ville), établi par Picot de Lapeyrouse (collection de plantes des Pyrénées; école de vignes); il est ouvert au public les dimanches, jeudis et fêtes, de midi à la nuit, et les autres jours de 3 h. à la nuit. — *Jardin Royal*, au N. de l'allée Saint-Michel. — Le *Boulingrin* ou *Grand-Rond* (à l'E. du Jardin Royal), autour duquel rayonnent les principales allées de Toulouse. — *Allées Lafayette* (*statue de Riquet*, par M. Griffoul-Duval), reliant la gare au centre de la ville. — *Cours Dillon* (jolies vues).

Bassin de l'Embouchure (à l'O. du Bazacle et à 20 m. du Capitole), où se réunissent les trois canaux du Midi, Latéral et de Brienne (deux ponts appelés *ponts Jumeaux*, avec un grand bas-relief allégorique par Lucas; mausolée du lieutenant-colonel Forbes, tué en 1814). Le bassin de l'Embouchure a 240 mèt. sur 40 à 50 mèt. — *Canal de Brienne* ou *de Saint-Pierre* (1778).

—

De Toulouse à Bordeaux, R. 2; — à Auch et à Tarbes, R. 44, *D*; — à Bagnères-de-Luchon, R. 67, *A*; — à Saint-Girons, R. 80; — à Foix, Tarascon et Ax, R. 92; — à Cette, R. 101.

ROUTE 67.

DE PARIS A BAGNÈRES-DE-LUCHON

891 k. par Toulouse : 106 fr. 45; 80 fr. 10; 57 fr. 95. — 924 k. par Bordeaux.

DE PARIS A MONTRÉJEAU

A. Par Toulouse.

855 k. — Traj. en 18 h. (en été) à 22 h. 25. — 102 fr. 90; 76 fr. 70; 55 fr. 40.

751 k. de Paris à Toulouse (*V. De la Loire à la Gironde* et *Gascogne et Languedoc*).

On suit (3 k.) la ligne de Cette (R. 101), puis on la laisse à g. — Pont sur le canal du Midi. — *Ponts d'Empalot*, sur la Garonne, séparés par un îlot ou *ramier*. — A dr., ligne de raccordement de la gare Saint-Cyprien; à g., *asile de Braqueville* (1850-1858), pouvant contenir 400 aliénés.

764 k. *Portet-Saint-Simon ;* à g., ligne de Foix (R. 92). — A dr., *église de Seysses* (XVIIIe s.).

772 k. **Muret** *, 4145 h., ch.-l. d'arr., au confluent de la Garonne et de la Louge. — *Église* du XIVe s.; clocher du XVe s.; croix grecque prise à Bomarsund en 1854. — *Statue du maréchal Niel.* — A 2 k. N., plaine de *Joffrery*, où, en 1215, furent défaits les Albigeois et les Aragonais, par Simon de Montfort.

De Muret à Foix, R. 86.

Pont sur la Louge. — A g., *château de Montégut-Ségla* (source minérale froide).

780 k. *Fauga* (halte), rive g. de la Garonne.

786 k. *Longages-Noé.*

793 k. **Carbonne**, ch.-l. de c., 2548 h., sur une terrasse en promontoire, bordée de trois côtés par la Garonne.

De Carbonne à Saint-Girons, par Montesquieu, R. 86, *B*.

A g., *château de la Terrasse.*

800 k. *Saint-Julien-Saint-Élix.* — A 4 k. N.-E., beau *château de Saint-Élix*, du temps de François Ier (parc dessiné par Le Nôtre).

807 k. **Cazères** *, ch.-l. de c., 2690 h., rive g. de la Garonne. — *Église* bizarre du XIVe s. (piscine de 1320). — Pêches et fruits renommés.

[Une route dessert (15 k.) Sainte-Croix (R. 86). — Une autre route mène au (9 k.) *Fousseret*, ch.-l. de c. de 2284 h.]

A g., *Palaminy* (*château* réparé à la Renaissance). — Sur les hauteurs, à g., *château* ruiné *de Saint-Michel* et *tour d'Ausseing*, à 628 mèt. (vue admirable).

813 k. **Martres-Tolosane** *, antique *Angonia.* — *Église* du XIVe s. (sarcophage du VIe s., servant de fonts baptismaux; colonnes antiques; chapelle du XIIIe s.).

817 k. **Boussens.** — Là commence la navigation de la Garonne. — Au S., ruines du *château de Roquefort* (fin du XIIe s.); au v. de ce nom, belle *église* moderne. — A 2 k. S. de Roquefort, ruines du *château de Balesta* (XVe s.).

De Boussens à Saint-Girons, R. 80.

Pont sur la Garonne (vue pittoresque, à g.). — A g., ligne de Saint-Girons (R. 80).

Près du ham. du *Fourc* (fourche), au-dessus du confluent de la Garonne et du Salat, on aperçoit la vallée du Salat. — On longe la rive dr. du fleuve. Près de là commence le grand **canal** d'irrigation **de Saint-Martory**, qui arrose les plaines de la rive g. de la Garonne. — Rive g., *château* ruiné *de Montpezat.* — Au S., pyramide de Cagire (R. 79).

823 k. **Saint-Martory** *, ch.-l. de c., 1087 h., traversé par la Garonne. — *Arcs de triomphe* et *pont* du XVIIIe s. — *Croix*

sculptée du xve s. — *Église* (clocher du xvie s.; jolie porte romane provenant de l'abbaye de Bonnefont; bénitier du xie s.). — *Gendarmerie*, bâtie avec les débris de l'abbaye de Bonnefont. — A 3 k. S.-O., ruines de l'*abbaye de Bonnefont*.

[**De Saint-Martory à Ganties.** — 15 k.; route de voitures.

On prend la route de Saint-Girons (R. 81), qui traverse la plaine de Saint-Martory, puis monte à

3 k. *Montsaunès*. — **Église** romane du xiiie s. (portail O. très orné; dans le jardin du presbytère, au N., portail semblable; abside à onze pans coupés; boiseries de la chaire et des fonts baptismaux du xive s.). — On quitte devant l'église la route de Saint-Girons et l'on se dirige au S.-O. sur le plateau.

8 k. *Figarol*. — A dr., sur un mamelon boisé, ruines du **château de Montespan** et v. de *Montespan* (dans l'*église*, banc seigneurial avec dais du xvie s.; aux environs, sources thermales fréquentées par les habitants du pays).

14 k. *Ganties*. — A 1 k. O., sur la route de Soueich (R. 79), **Bains de Ganties** *. — Maisons meublées, hôtel, chapelle. — *Nouvel établissement* (12 baignoires, 1 douche). — *Ancien établissement* (9 baignoires); tête de naïade trouvée dans les fondations. — *Buvette* entre les deux établissements.

Eaux minérales, très fréquentées, ferrugineuses crénatées, utilisées en bains, douches et boisson; elles passent pour sédatives du système nerveux et pour hâter la cicatrisation des plaies.

Charmantes excursions : au S., dans le vallon boisé de *Couret* et sur les hauteurs de *Pujos*; au N., dans un vallon qui descend vers *Pointis-Inard*.]

A dr., *château de Saint-Martory* (xvie s.). — Pont sur la Garonne (tout près, débris d'un *pont* romain), dont on longe la rive g. — A dr., *Lestelle*, sur le Jo (dans l'église, retable du xvie s.). — Pont sur le Soumès, au-dessous de *Beauchalot* (clocher du xive s.). — Rive dr. de la Garonne, ruines de Montespan (*V.* ci-dessus).

831 k. *Labarthe-Inard*.

842 k. **Saint-Gaudens** *, ch.-l. d'arr., 6602 h., sur une éminence, rive g. de la Garonne. — **Église** des xie et xiie s., sauf le portail principal (N.), du style ogival flamboyant (chapiteaux curieux; belles tapisseries; jolie tourelle romane de l'escalier). — Dans un établissement de bains abandonné, *galerie* bâtie avec les colonnes du couvent de Bonnefont, *baignoires* faites avec les tombeaux des comtes de Comminges; dans une autre maison, arcades provenant du *cloître* de la même abbaye. — *Collège* (beau panorama). — Des *promenades*, vue admirable sur les Pyrénées.

De Saint-Gaudens à Encausse et à Castillon, R. 79.

Pont sur la Garonne. — A dr., *Valentine*, b. industriel, dominé par le *Bout du Puy* (pèlerinage; admirable panorama). — Belle et fertile *plaine de Rivière*, autrefois un des grands lacs des Pyrénées. — A g., *Labarthe-de-Rivière* (*établissement* d'eaux minérales; petite tour carrée, ancienne *pile* romaine).

849 k. *Martres-de-Rivière* (halte). — Au S., *Cap de Houcheton* (tour en ruine).

855 k. **Montréjeau** * (buffet), ch.-l. de c., 2992 h., à l'extrémité d'un plateau dominant la Garonne. La vue dont on jouit sur les Pyrénées, du haut du plateau, est justement célèbre. — *Halle* sur des piliers du XVIe s., surmontée de l'hôtel de ville. — *Statue* en bronze de saint Jean-Baptiste, sur un faisceau de colonnes de marbre du XIIIe s. — Belle habitation de M. de Lassus (précieuse bibliothèque pyrénéenne; parc renfermant des restes du couvent des Augustins, XIVe-XVIIIe s.; de la terrasse, vue admirable). — *Petit séminaire de Polignan*, près de la gare (*chapelle*, belle porte à vantaux du XVIe s., retable de la Renaissance).

En 15 m., on peut se rendre de la gare au confluent de la Garonne et de la Neste (site délicieux), dominé par les ruines d'un château du XIIe s. — Au-dessous des ruines, s'ouvre la **grotte de Gourdan**, où l'on a découvert de nombreux objets des temps préhistoriques (demander la clef au maire de Gourdan). — Des deux collines voisines, le *Bouchet* et le *Picon*, la vue est admirable.

[**De Montréjeau à Saint-Bertrand.** — *A.* Par Labroquère (8 k.; chemin de fer jusqu'à Labroquère, route de voit. de là à Saint-Bertrand; cette voie, la plus commode, est la moins intéressante). — 5 k. de Montréjeau à la halte de Labroquère, et 3 k. de là à Saint-Bertrand (R. 69).

B. Par Aventignan et la grotte de Gargas (13 k.; belle excursion; voit. particulières). — 5 k. de Montréjeau à Aventignan, et 8 k. d'Aventignan à Saint-Bertrand (R. 64, *B*). 13 k. Saint-Bertrand (R. 69).

C. Par la rive dr. de la Garonne (fort belle promenade de 2 h. env.). — Parti de la gare, on passe au confluent de la Garonne et de là au pied des ruines du Bouchet et de la grotte de Gourdan (*V.* ci-dessus); on suit les tunnels d'un canal inachevé, percés dans le roc vif; à dr., dans le lit du fleuve, se dresse un rocher isolé semblable à un obélisque. On franchit la Garonne en bateau, en face du château de Valcabrère.]

B. Par Bordeaux et Tarbes.

888 k. — Chemin de fer. — Traj. en 17 h. 55 (pendant la saison des bains) et 23 h. 45. — 108 fr. 80; 81 fr. 65; 59 fr. 90.

833 k. de Paris à Tarbes (R. 53, *A*).

Au delà de Marcadieu, on laisse au S. le chemin de fer de Bagnères-de-Bigorre (R. 59). — Pont sur le canal d'Alaric. — La voie ferrée court dans la plaine de Tarbes. — Tunnel de *Sarrouilles* (154 mèt.).

847 k. Station de *Lespouey-Laslades*. — 9 arches sur l'Arrêt-Darré. — Tunnel de *Lhez* (634 mèt.). — 852 k. *Bordes-Lhez* (halte).

854 k. *Tournay* *, ch.-l. de c., 1324 h., situé sur la rive dr. de l'Arros.

857 k. *Ozon-Lanespède* (halte). — *Viaduc* courbe (30 arches), qui passe au-dessus de Lanespède; autre viaduc (7 arches).

866 k. *Capvern.*

A 4 k. 1/2 de la station (omnibus), **Bains de Capvern** *, dans un étroit ravin.

Établissement de Fontaine-Chaude, bâti de 1880 à 1883, sur la rive dr. d'un petit ruisseau (30 baignoires, 2 douches). — *Établissement du Bouridé*, à 2500 mèt. du précédent (1 douche, 18 baignoires).

Eau (24°,2 et 19°,5) sulfatée calcique, employée en bains, boisson, douches; indiquée dans le catarrhe des voies urinaires et dans certaines maladies du foie.

Le ham. des Bains n'a pour *promenades* qu'un petit parc, quelques sentiers tracés dans un bois taillis sur le versant O. du ravin, et le chemin du Bouridé; mais, un peu plus loin, on peut faire de charmantes promenades à pied, à cheval ou en voiture.

[A 1 k. O. du Bouridé, ruines du **château de Mauvezin** (XIV° s.), entouré d'un large fossé. Au milieu de la façade principale, grosse tour carrée, haute de 36 mèt., dans laquelle on ne pouvait entrer qu'à l'aide d'une échelle. Grande porte, à l'intérieur, sur le côté S. de la tour; on y voit les armes de Béarn, et la devise du fils de Gaston Phœbus : *I'ay belle dame.* — En continuant à suivre la route de Capvern à Bagnères-de-Bigorre, on atteint (4 k.), au confluent du Luz et de l'Arros, les restes peu remarquables de la célèbre **abbaye de l'Escaledieu.**]

872 k. **Lannemezan**, ch.-l. de c., 1859 h., à 400 mèt. au N. de la gare, à la source de la Baysole et tout près de la source du Gers. — *Église* (portail de transition; guichet à cagots).

Belle vue au S. — **Plateau de Lannemezan**, un des points principaux de l'hydrographie française; *camp de manœuvres.*

877 k. *Cantals* (halte), ham. de la com. industrielle de *Tuzaguet.* — A g., ruines du château de Montoussé (R. 61, *B*).

882 k. *Saint-Laurent-Saint-Paul.* — *Saint-Laurent-de-Neste*, ch.-l. de c., 1474 h. — A *Saint-Paul*, *donjon* roman servant de clocher. — 885 k. *Aventignan* (halte). — Pont sur la Garonne, près de

888 k. Montréjeau (*V.* ci-dessus, *A*).

DE MONTRÉJEAU A LUCHON

36 k. — Traj. en 50 m. à 1 h. 30. — 4 fr. 45; 3 fr. 30; 2 fr. 40. — En se plaçant à dr. dans le wagon, on verra bien Saint-Bertrand; à partir de Loures, il vaut mieux se mettre à g.

A g., ligne de Toulouse; à dr., vue de Saint-Bertrand.

5 k. *Labroquère* (halte). — Pont sur la Garonne.

8 k. *Loures* *, dans une situation charmante.

[De l'autre côté de la Garonne, à 2 k. N.-E., **Barbazan** *. — *Établissement de bains*; trois sources (19°,6) sulfatées calciques et légèrement ferrugineuses, employées en boisson et en bains contre l'anémie, le rhumatisme, les maladies de la peau et des voies aériennes.

Sur le rocher qui domine le v. à l'E., *manoir de Barbazan* (XVIe-XVIIe s.; de la terrasse, très belle vue). — Petit *lac* au N. du village.]

12 k. *Galié* (halte). — La vallée se resserre. — En face, les Pales ou pic de Burat. — A g., pics du Gar et de Cagire.

15 k. *Saléchan* (dans le cimetière, *chapelle* romane avec curieux débris romains).

[L'avenue de l'établissement de Sainte-Marie s'embranche sur la route de terre à 500 mèt. N. de la station.

Les **Bains de Sainte-Marie** * sont à 400 mèt. de la route. Les *eaux*, sulfatées calciques (17°,5), sont exploitées, depuis 1811, en boisson, toniques, purgatives, diurétiques, et sédatives en bains tempérés. — Deux *sources ferrugineuses*, à 1 k. au S.-O. des Bains.

Siradan *, à 483 mèt. d'alt., à 1 k. O. de Sainte-Marie, possède un *établissement thermal* mieux installé. Les eaux, analogues à celles de Sainte-Marie, mais plus excitantes, sont employées en boisson, bains et douches.]

Pont sur la Garonne. — A g., *Fronsac* (ruines d'un *château* des comtes de Comminges). — On commence à apercevoir les glaciers. — Pont sur la Garonne près de son confluent avec la Pique. — Jolie vue. — Vallée de la Pique.

21 k. *Marignac*. — *Église*, *donjon* et *chapelle Saint-Martin* (servant de grange), du XIIe s.

De Marignac à Saint-Béat, R. 68; — à Lès et à Bososi, R. 74.

A g., *Gaud* (carrière de marbre griotte); à dr., **Cierp** * (*château* moderne). — Forte rampe. — Tunnel de 65 mèt. — Pont sur la route de voitures et la rivière. — A g., *chapelle de Saint-André* (Xe s.); à dr., *Guran* (beau *château* de la Renaissance; dans la chapelle, double stèle romaine). — On traverse deux fois la Pique. — 26 k. *Lège* (halte). — La vallée se rétrécit.

29 k. *Cier-de-Luchon* (halte), à l'entrée du bassin de Luchon, jadis un des grands lacs des Pyrénées. — Près de *Salles*, on entre dans le bassin de Luchon proprement dit; vue des montagnes, depuis le Tuc de Maupas (à l'O.) jusqu'au pic de la Mine (à l'E.).

A dr., *Antignac* (inscription romaine sur la porte de l'église) et *Moustajou* (vieille tour), à g., Juzet (R. 68).

36 k. Bagnères-de-Luchon. La gare est à *Barcugnas*, faubourg relié à Luchon par une belle allée de platanes (500 mèt.).

ROUTE 68.

BAGNÈRES-DE-LUCHON ET SES ENVIRONS

Situation. — Aspect général.

Bagnères-de-Luchon *, ch.-l. de c., est une jolie ville de 3729 h., à 629 mèt. d'alt., près du confluent de la Pique et de l'One, au débouché du val de l'Arboust ou Larboust. Les montagnes l'abritent des vents du

DE MONTREJEAU À BAGNÈRES DE LUCHON

Pyrénées, par AD. JOANNE — Paris. Hachette et Cie Editeurs.

Gravé par Erhard, 12, R. Duguay-Trouin. Paris 12-87. — Dressé par A. Vuillemin d'après l'Etat-Major.

1/250000

Kilomètres

1 2 3 4 5 6 Kil.

N. et de l'O. Le climat y est très doux en été et au commencement de l'automne.

La ville proprement dite forme un triangle, de chaque extrémité duquel part une avenue bordée de maisons : au S.-E., l'*allée d'Étigny*, qui mène à l'établissement thermal ; au N.-E., l'*allée de Barcugnas ;* à l'O., l'*allée des Soupirs*, qui remonte le cours de l'One. Deux autres avenues, l'*allée de Piqué* (au N.) et l'*allée des Bains* (au S.) partent des deux extrémités de l'allée d'Étigny.

Les sources de Luchon, consacrées au dieu celtibère *Ilixo*, étaient fréquentées du temps des Romains.

Monuments et curiosités.

L'établissement thermal s'élève à l'extrémité S. de l'allée d'Étigny, au pied de la montagne de Superbagnères. La façade, longue de 97 mèt., est précédée d'un péristyle (28 colonnes monolithes de marbre blanc). Le pavillon du milieu, tout en marbre de Saint-Béat, forme un vestibule, et donne accès dans une grande galerie ou *salle des Pas-Perdus*, qui se termine par un grand escalier conduisant au promenoir des buvettes. Cette salle est décorée de *fresques*, peintes de 1854 à 1858 par Romain Cazes.

Deux galeries transversales, appelées *galerie antérieure* ou *des salles de bain* et *galerie du fond* ou *des douches*, coupent la salle des Pas-Perdus à angle droit, de sorte que l'établissement est partagé en six compartiments. Entre les deux compartiments du fond, le grand escalier conduit au réservoir d'eau sulfureuse et au palier des buvettes, situé sur la face postérieure de l'édifice.

L'inscription romaine encastrée au-dessus de la porte principale est apocryphe.

Arrivé au sommet de l'escalier de la galerie des Pas-Perdue, on se trouve en face d'une large ouverture creusée dans le rocher : c'est l'entrée de l'*étuve sèche*, où l'on peut à volonté faire la chaleur de 33 à 40 degrés. Cette étuve sèche communique avec les *galeries souterraines* creusées dans le rocher, sous la direction de M. François, en 1848-1849, pour le captage des sources. L'ensemble de ces galeries offre un développement de plus d'un k.; deux personnes peuvent y circuler de front.

A chaque ronde de bains, c'est-à-dire tous les cinq quarts d'heure, il est mis à la disposition des malades : 120 baignoires pourvues chacune d'une douche locale; 10 à 20 places, dans les deux petites piscines, et 30 dans la piscine de natation ; 11 grandes douches; 23 douches descendantes; des étuves et des bains de vapeur pour 40 personnes, etc., etc.

Des emplacements sont disposés pour 22 buvettes : 3 dans l'établissement même, 15 en dehors de l'édifice, et 4 à une centaine de mètres des Thermes, sous le petit *pavillon du Pré.*

A l'extrémité N. du promenoir qui donne accès dans les galeries souterraines, se trouve le petit *établissement Soulérat.*

Le **casino** est un somptueux édifice bâti en 1880 et renfermant des salles de spectacle, de concert, de bal, de jeux, etc.

Dans une des salles du casino est exposé le beau **plan en relief des Pyrénées centrales,** construit par l'ingénieur Lézat. Ce plan comprend le pays d'Aran, ainsi qu'une partie du versant espagnol, Vénasque et la Maladetta. On remarque encore dans la même salle un *plan général du versant français* de la chaîne des Pyrénées, à l'échelle de 1/40 000, les plans de l'isthme de Suez, de Sébastopol, des Alpes Maritimes, et celui des galeries souterraines des sources de Bagnères-de-Luchon. Les touristes peuvent également s'y procurer des albums de botanique, des minéraux, etc.

L'église, reconstruite dans le style roman, sauf le clocher, renferme des fresques de Romain Cazes.

Les eaux.

A. Eau thermale, sulfurée sodique.

B. Eau froide, ferrugineuse.

77 *griffons* d'eau sulfureuse, groupés en 9 sources principales, et formant la série d'eaux de ce genre la plus belle et la plus complète qui soit connue. Les sources ferrugineuses sont relativement moins importantes. — Les sources principales pour bains et douches sont : Ferras, Étigny, Bosquet, Bordeu, Bayen, Richard, Blanche, la Reine, Grotte Inférieure. Les buvettes sont alimentées par trois groupes de sources.

Débit, en 24 h., des sources sulfureuses, 6050 hectol. On peut donner chaque jour 1200 bains et 450 douches.

Température : sources sulfureuses, de 39°96 à 66°, source ferrugineuse, 17°1.

Caractères particuliers: Eaux limpides, incolores, odeur prononcée d'œufs couvés, saveur hépatique; dégageant au griffon une quantité notable d'azote; quelques-unes déposent de la glairine colorée en noir par le sulfure de fer, ou grisâtre et translucide; d'autres, des filaments blancs de sulfuraire. Elles *blanchissent* au contact de l'air.

Emploi : Boisson, bains d'eau, d'étuves, de vapeur; douches; piscines; inhalation.

Saison : Du 1er juin à la fin d'octobre.

Effets physiologiques : Ces eaux sont excitantes de la peau et des muqueuses; en boisson, elles sont généralement bien supportées. Le grand nombre de sources à différents degrés de température et de minéralisation est un précieux avantage pour cette station thermale.

Les eaux de Luchon sont employées avec succès pour le traitement de quelques maladies de la peau, dans le rhumatisme, les manifestations superficielles du lymphatisme, l'intoxication métallique, les affections catarrhales, les suites d'anciennes blessures, etc.

Promenades.

Allées d'Étigny, formées de quatre allées de tilleuls magnifiques, rendez-vous des baigneurs, des guides, des marchands.

Devant les Thermes, *quinconce* où, pendant la saison, un orchestre joue tous les après-midi et tous les soirs; à dr., petit lac entouré d'arbustes, de plantes exotiques et de gazon. L'*allée des Bains* va du Quinconce à la Pique, puis se détourne à g., et, sous le nom d'*allée des Veuves*, suit la rive du torrent; à g., plusieurs villas. Au pont de Montauban, l'allée des Veuves rencontre l'*allée de Piqué*. Celle-ci part de l'extrémité N. de l'allée d'Étigny, traverse le torrent et aboutit au v. de Montauban.

Les *allées des Platanes* ou *de Barcugnas* mènent du centre de Luchon au faubourg de Barcugnas, sur la route de Toulouse, de l'autre côté de l'One. A l'O. de Barcugnas jaillit une *source ferrugineuse*.

Le *chemin de la Casseyde* traverse l'One sur le *pont des Saules*, en amont de Barcugnas, et suit la rive g. du torrent jusqu'au *pont de Mousquères*. — On peut revenir par l'*allée des Soupirs*, et le chemin de Superbagnères, qui longe la rive dr. de l'One jusqu'à *Rioucaout*; à g., torrent et *cascades des Soupirs*; un sentier conduit (10 m. à pied) à la *cascade* et à la *source* (ferrugineuse arsenicale iodurée) *de Sourrouille*, débitée en boisson dans un kiosque.

Le *bois* ou bosquet qui domine l'établissement thermal, à la base de Superbagnères, forme un jardin anglais dont les allées vont à la *fontaine d'Amour* (restaurant; belle vue). Un sentier, à g. avant la fontaine, mène à la *chaumière-restaurant de Bellevue*. En suivant le chemin de la fontaine d'Amour, on arrive au (2700 mèt. des Thermes) *Mail de Soulan*, rocher qui domine un beau panorama.

Cascade de Juzet (3 k. 1/2 de Luchon). — Pour faire le tour de la vallée en voiture par Salles, Juzet, Montauban et Saint-Mamet, on paye de 8 à 10 fr. — On suit l'allée de Barcugnas, puis on tourne à dr. et l'on traverse la Pique. — Sur la rive dr., *Juzet*. — On remonte le cours d'eau qui arrose ce v. (*cascade* haute de 40 mèt.; 50 c. d'entrée). — A moitié chemin de Juzet à Salles, *sources ferrugineuses*. — On peut revenir par Montauban.

Cascade de Montauban (2 k. jusqu'au village; aller jusqu'à la cascade et retour, 1 h.). — On se rend à **Montauban** (*église* moderne en style fleuri du XIIIe s.; colonnes monolithes en marbre blanc et crypte du style roman) par l'allée qui fait suite à l'allée de Piqué. — Pour visiter la *cascade*, on entre dans le jardin du curé (50 c.). — Un petit sentier conduit aussi à l'antre sauvage au fond duquel tombe le ruisseau.

Saint-Mamet (1 k. des Thermes), au S.-E. de Luchon, sur la rive dr. de la Pique. — *Église*, fresques de Romain Cazes.

Tour de Castelvieil (5 k. 1/2; route de voitures), à 772 mèt. d'alt., au S. de Luchon, à l'extrémité de la vallée; la grande route y mène directement. C'est une ancienne tour à signaux (XIVe s.). — Belle vue.

A 500 mèt. au S. de Castelvieil, au bord de la Pique, *source ferrugineuse*. — On peut revenir à Luchon par le pont de *Péquerin*, sur la Pique, et Saint-Mamet.

EXCURSIONS

Vallée de Larboust.

8 k. 1/2 (Garin); route de voit.

L'allée des Soupirs conduit à la route du port de Peyresourde. — Pont sur l'One. — Lacets.

5 k. Au-dessous de *Trébons*, on franchit deux fois l'One, puis la Neste d'Oueil. — Lacets sur le promontoire qui sépare les vallées d'Oueil et de Larboust.

4 k. 1/2. *Chapelle de Saint-Aventin* (empreinte légendaire du pied du saint dans le granit, près de la chapelle, à g.).

6 k. **Saint-Aventin.** — **Église** du XIe s. ou du XIIe s. (deux tours; fonts baptismaux; peinture du XIVe s.; grille du XIIe s.; bénitier roman très curieux; tombeau de saint Aventin; retable de l'autel orné de sculptures; chapiteaux historiés). Près de l'abside, à l'extérieur, trois autels votifs.

On dépasse *Castillon*, ancien « castel » des comtes de Comminges.

7 k. *Cazaux-de-Larboust.* — **Église** du XIIe s. (*peintures murales* du XVe s., restaurées).

En suivant pendant 15 m. la route du port de Peyresourde, on atteint

8 k. 1/2. *Garin* (*église* romane). — Près du v., à g., chapelle romane de *Saint-Pé*, ou de *Saint-Tritous* (murs décorés d'une foule de petites figures romaines sculptées sur marbre blanc; autel votif). La chapelle, le v. de Garin et les cultures environnantes reposent sur la moraine d'un ancien glacier qui remplissait autrefois toute la vallée d'Oo. Cette moraine a 4 k. de long. sur 1500 mèt. de larg. moyenne et 1240 mèt. d'alt.

Lac d'Oo.

16 k. — Route de voit. jusqu'aux granges d'Astau (13 k.), assez bonne,

excepté à la descente de Cazaux. — Voiture, 25 fr.; guide, recommandé, Jean Brunet, à Oo.

7 k. Cazaux (*V.* ci-dessus). — On longe la moraine de Garin. — Pont sur l'Arriousat. — A dr., *tour* du xve s. — On atteint le torrent appelé Astau ou Neste d'Oo.

9 k. **Oo** (983 mèt.). — *Église* du xie s. (jolie abside). — Dans le cimetière, magnifique arbre de la liberté, planté sous la première République. — *Tour* du xve s.

Au delà d'Oo s'ouvre, au S., le bassin supérieur de la vallée de Larboust ou val de l'Astau. — On traverse le torrent, dont on longe la rive dr.

13 k. *Granges d'Astau*, où cesse la route de voitures (chevaux et provisions). — A g., beau vallon de *Médassoles*. — A dr., le torrent d'Esquierry (*V.* ci-dessous) forme une cascade appelée *Chevelure de Madeleine*.

Le sentier du lac d'Oo, en longs zigzags au pied des escarpements boisés de *Serra Cremat*, gravit un promontoire. — On aperçoit les rapides et les cascades de *Badech*, formées par le torrent à son issue du lac d'Oo.

45 m. (16 k. de Luchon). On contourne la dernière pointe de rochers; pont qui conduit, rive g., à la maison du fermier, sur un petit rocher; panorama du lac.

Lac d'Oo ou *Séculéjo* (39 hectares de superficie; 69 mèt. de profondeur); magnifique **cascade** d'une hauteur de 273 mèt. Le lac est entouré de rochers escarpés; au loin, par-dessus la cascade, on voit les pyramides neigeuses du Quaïrat, du Montarqué et de Spijoles.

Une barque transporte en 15 m. à la rive S. du lac, au pied de la cascade (traversée simple pour une personne, 1 fr. 25 c.; tour du lac, 1 fr. 50 c.).

N. B. — Les promeneurs qui n'entrent pas dans l'auberge ont à payer une taxe, comme ceux qui entrent.

Vallée du Lis, cascades d'Enfer et du Cœur, Gouffre Infernal.

13 k. — Route de voit. jusqu'à la cabane du Lis (10 k.); cheval et guide, 4 fr. chacun, par la cascade du Cœur, 5 fr.; voit. particulière, 25 fr.

Au delà de Castelvieil (*V.* ci-dessus), on traverse la Pique sur le *pont Lapadé*; puis, laissant à g. la route du Portillon et de l'hospice de France (*V.* ci-dessous), on franchit de nouveau la Pique, au

5 k. *Pont de Ravi*; près du pont, dans une prairie, *source* sulfureuse alcaline (17°5), employée avec succès au traitement de certaines affections des voies urinaires.

Vallée du Lis ou *du Lids*, une des plus charmantes des Pyrénées : ses prairies, ses forêts, ses pâturages parsemés de granges, ses cascades et son amphithéâtre de glaces offrent une succession de vues admirables.

6 k. *Combe de Bounéou.* — On dépasse la *cascade Viguerie*, dite aussi *Trou de Bounéou*, ou l'*Estrangouillé*, et la *cascade Richard*. — A dr., sur les pentes, granges du *Plan-de-Cazaux*.

La vallée s'ouvre, les montagnes s'écartent et le cirque apparaît (charmant paysage). — Au fond, cascades; au-dessus des forêts, glacier dominé à l'E. par le pic de Crabioules, à l'O. par le pic Quaïrat.

10 k. *Auberge du Lis* (1101 mèt.). — La route se bifurque: le bras de dr. passe devant une deuxième aub.; il vaut mieux monter le sentier de g., qui franchit le torrent, borde une troisième aub. (bonne), et arrive au pied de la *cascade d'Enfer*, d'où l'on monte en 15 m. au *pont d'Enfer* ou *Arrougé*, au-dessus de la chute. En continuant de monter, on dépasse un deuxième pont.

15 m. Saillie de roc garnie de murs d'appui d'où l'on voit la *cascade du Gouffre Infernal*. — *Pont Nadié*, au-dessus de la chute.

Plus haut se trouvent d'autres cascades; un bon sentier permet de les visiter. — Au-dessus du pont Nadié, forêt. — Laissant à g. la *cascade de Montigny*, on atteint en 2 h. le parc d'Enfer (*V.* ci-dessous, *L*).

On peut redescendre à la cabane du Lis par la *cascade du Cœur*, qui en est éloignée de 10 m.

Route de l'Hospice, cascades des Demoiselles et du Parisien.

10 k. — Route de voit. jusqu'à l'Hospice; voit. particulière, 25 fr.; voiture de l'Hospice, 4 fr. la place, aller et retour; cheval et guide, 4 fr. chacun, en passant par les cascades.

5 k. Pont de Ravi (*V.* ci-dessus). — On laisse à dr. la route de la vallée du Lis. — A g., granges de *Labach*, d'où l'on peut aller à la cascade des Demoiselles: on quitte, au delà de ces granges, la route d'Espagne, on oblique à dr.; au delà d'un pont, on gagne par la forêt la *pelouse de Jouéou*, que l'on traverse. On monte (7 k.) à la *cascade des Demoiselles*, formée par le torrent qui descend du port de la Glère.

Pour aller à l'Hospice, on remonte la rive dr. de la Pique par le bois de *Charuga*.

10 k. **Hospice de France**, auberge à 1360 mèt., à la jonction des trois sentiers du port de la Glère, à dr., du port de Vénasque, au milieu, des ports de Mounjoyo et de la Picade, à g. Il est dominé à dr. par le *pic de la Pique* (2393 mèt.), qu'une arête relie au S. à la pyramide de la Mine.

Une *fruitière* a été fondée en 1874 à l'hospice de France par la ville de Luchon, avec l'aide de l'administration des forêts. Le petit-lait est transporté chaque matin, depuis le 18 juin, au chalet du lac des Quinconces, à Luchon.

Pyrénées par AD. JOANNE.

MONTAGNES DE BAGNÈRES-DE-LUCHON.

Paris. L. Hachette et Cie Editeurs.

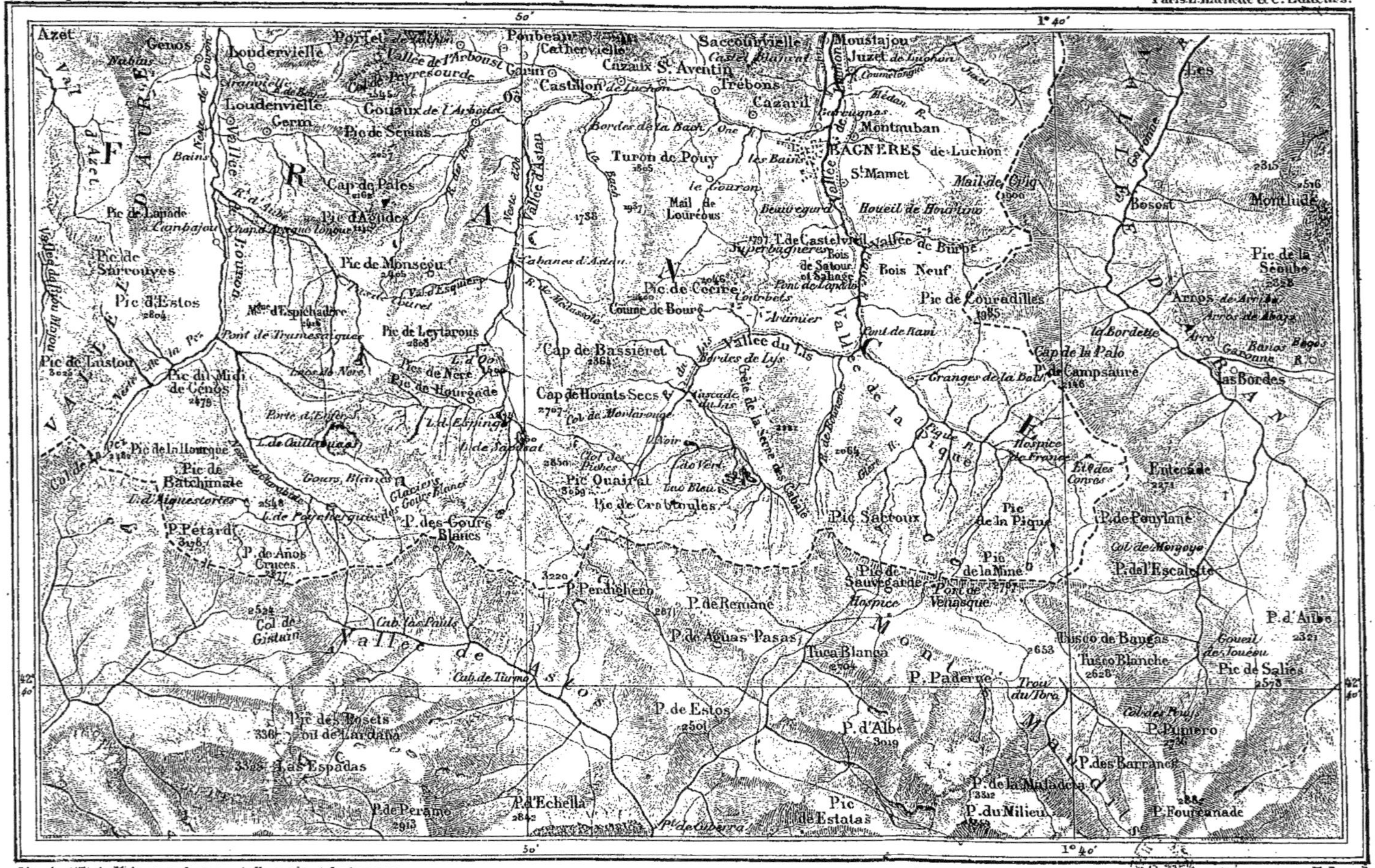

D'après l'État-Major pour le versant Français, et les travaux de F. Schrader pour le versant Espagnol.

$\frac{1}{170,000}$

Kilomètres

1 2 3 4 5

12–87

Impr.mé & Gravé par Erhard

A 800 mèt. S. de l'Hospice, *fontaine de la Pique,* entre les torrents de Vénasque et de la Frèche.

A 10 m. en aval de l'Hospice, dans la *forêt de Sajust, cascade du Parisien,* rive g. de la Pique.

Saint-Béat.

20 k. — Chemin de fer de Luchon à Marignac (16 k.; 1 fr. 95, 1 fr. 45 et 1 fr. 10); serv. de corresp. de Marignac à Viella, par Saint-Béat.

16 k. de Luchon à Marignac (R. 67, en sens inverse). — Traversant le v. de Marignac, on longe le petit *lac d'Estagnaou* (à côté, *bains sulfureux*).

20 k. **Saint-Béat** *, ch.-l. de c., 965 h., à l'entrée d'une gorge (*Passus Lupi* des Romains), creusée par la Garonne entre le *Cap det Mount* (1250 mèt.), au N.-E., et le *Cap d'Aric* (1140 mèt.), au S.-O. (belles carrières de marbre).

Église romane à trois nefs (porte sculptée; cloche du XVIe s.). — *Château* ruiné à deux enceintes : dans la première, grande statue en bronze de la Vierge; dans la seconde, chapelle romane (1859) et *donjon* du XIe s. (le couronnement est moderne). — *Tour Saint-Louis* (XVe s.), reste des remparts. — *Maisons* des XVIe et XVIIe s.

Un sentier (à g., au delà du faubourg *Taripé*) monte (10 m.) au *donjon de Lez* (Xe s.).

[**Pic de Gar**. — A 5 k. (à vol d'oiseau) N. de Saint-Béat s'élève le **pic de Gar** (1786 mèt.), aux sept pointes, en partie composé de marbre blanc exploité. Ce pic, jadis divinisé (*deo Carre*, sur un autel votif), est facilement accessible, surtout par le vallon qui débouche au v. d'*Eup*, à 1 k. — Flore très intéressante; vue magnifique.]

De Saint-Béat au val d'Aran, R. 74.

De Luchon au Portillon et à Bosost.

13 k. jusqu'à Bosost, dans le val d'Aran; route de voit.; par cette voie, on peut se rendre en voit. à Bosost et revenir par le Pont-du-Roi et Saint-Béat (prix, 40 à 45 fr.), voit. publique, 8 fr. aller et retour; cheval et guide, 8 fr. chacun.

On passe à (1 k.) Saint Mamet (*V.* ci-dessus), et, laissant à dr. (2 k.) une usine, on pénètre dans le **vallon de Burbe**. — 4 k. *Cascade Sidonie.* — Terrasses de pâturages.

10 k. **Portillon** (1308 mèt.). — Près du col, *casino*, souvent fermé et souvent rouvert. — Douane. — La route descend par la *chapelle Sant' Antonio* (belle vue).

13 k. Bosost (R. 74).

COURSES DE MONTAGNES

A. Cazaril, Castelblancat, Tuc de l'Abécède.

4 ou 5 h., aller et retour. — Sentier.

1700 mèt. des Thermes au pont de Mousquères, par l'allée des Soupirs (p. 191). — Après les deux premiers lacets de la route, on prend à dr. un petit chemin qui monte en zigzag.

4 k. *Cazaril*, ou *Cadeil* (940

mèt.). — *Église* du XIe s. (inscriptions romaines, sarcophages). — On prend à l'O. le chemin de Trébons, on monte à dr.

2 h. **Tour de Castelblancat** (1481 mèt.), sur une montagne très escarpée à l'O. — Vue très étendue, encore plus belle du

2 h. 30. **Tuc de l'Abécède**, qui s'élève au N.-E. de la tour. — De l'Abécède, on peut redescendre soit vers Cazaril, soit vers (20 m.) *Trébons*, dominant à l'E. le confluent de l'Oueil et de l'Arboust.

B. L'Antenac.

On peut monter à cheval jusqu'au sommet. — 3 ou 4 h. montée, 2 h. ou 2 h. 30 descente. — 6 fr. par cheval et par guide. — Course très recommandée.

9 k. Saint-Paul (R. 65, *B*).

On gravit des pentes assez raides dans un vallon dont on traverse deux fois le ruisseau. — *Fontaine d'Antenac*. — *Col de la Serre*.

3 h. 40 env. **L'Antenac** (2000 mèt.). — Panorama analogue à celui du Pales de Burat (*V.* ci-dessous), mais supérieur pour la vue du bassin de Luchon, de la vallée de l'Hospice et du groupe des Monts-Maudits.

On peut revenir à Luchon en suivant au S. la crête de *Bassias* et de *Laragouère*, et en descendant soit par Sacourvielle, soit par Trébons ou Cazaril. On peut aussi se rendre à Mauléon par la vallée de Sost R. 69, *B*).

C. Le Montné.

19 k. (4 h. 30) des Thermes au sommet : 4 h. 30 montée ; 3 h. descente. — Route de voitures jusqu'au Bourg-d'Oueil ; ensuite chemin muletier. — Cheval et guide, 6 fr. chacun ; pendant la nuit, 8 fr.

15 k. (3 h. env.). Bourg-d'Oueil (R. 65, *B*). — On peut continuer de suivre la route du col de Pierrefitte; mais d'ordinaire on gravit à dr. des pentes escarpées, puis on traverse des pelouses pour atteindre une cabane de pasteurs et gagner directement (4 h. 30) le sommet du pic.

Le **Montné** (2147 mèt.) est un excellent belvédère d'où l'on découvre presque toutes les Pyrénées centrales. Ordinairement, on monte la nuit sur le Montné, pour voir le lever du soleil.

On peut revenir du Montné à Luchon par le val de Larboust, en 3 h. 30. — On descend au col de Pierrefitte, puis on longe la crête de la chaîne en se tenant toujours un peu sur le versant E. — 2 k. On passe au-dessous du *pic du Lion* (2106 mèt.), et, à 1 k. plus loin, au-dessous du *pic de Pouylouby* (2098 mèt.). — Franchissant, au *col de Sahiestre* (2016 mèt.), l'arête entre la vallée d'Oueil et la vallée de Larboust, on descend dans le *vallon de Saoudedo*, et l'on traverse le ruisseau au-dessus de *Jurvielle*, à 1354 mèt. On descend sur la rive dr. du Larboust, on dépasse

Poubeau et *Cathervielle*, et l'on rejoint à Garin la route du port de Peyresourde.

Au lieu de revenir par le vallon de Saoudedo, on peut longer constamment le sommet de la crête de pâturages entre la vallée d'Oueil et la vallée de Larboust, et descendre à Saint-Aventin.

Un troisième sentier descend dans la Barousse (R. 69, *B* et *C*).

Enfin, du col de Sahiestre, en obliquant à dr., vers l'O., on franchit facilement la crête entre le pic de Pouylouby au N. et le *pic de Lagle* (2090 mèt.) au S., et on descend dans la vallée de Louron, soit à Bordères par le ruisseau de Saint-Christau, soit à Armenteule et Génost par le ruisseau de Mont.

D. Montagne de l'Espiaup.

6 h. env., aller et retour. — Guide et cheval, 6 fr. chacun.

La **montagne de l'Espiaup**, célèbre dans le pays de Luchon pour ses pierres sacrées, est la longue arête qui sépare les vallées de Larboust et d'Oueil. En 1875, M. Julien Sacaze y a fait des découvertes d'archéologie préhistorique fort curieuses : alignements, cromlechs, etc.

Si l'on veut visiter ces antiques monuments et jouir d'une très belle vue, il faut, à (6 k.) Saint-Aventin, suivre sur 500 mèt. un sentier conduisant à Benqué-Dessus (R. 65, *B*), et monter ensuite sur la croupe gazonnée de la montagne. — Près de la *Hount-Bieoua* commence, au *Caillaou dès Pourics* (pierre des poussins), bloc troué de 62 fossettes ou *écuelles*, l'*alignement de Peyralade* (427 mèt. de long.). — Plus haut, *cromlechs*, autres *alignements*, et le *Caillaou d'Arriba Pardin*, surmonté d'une croix (très belle vue).

E. Pic de Monségu.

Aller, 4 h. 30; retour par le val d'Esquierry, 5 h. — Cheval et guide, 6 fr. chacun; retour par Esquierry, 7 fr. — Il faut quitter sa monture près de la cime si l'on veut descendre par Esquierry.

8 k. 1/2. Garin (*V.* ci-dessus, p. 192). — On suit (9 k. 5) la route du port de Peyresourde, puis on prend un chemin à g.

10 k. *Gouaux-de-Larboust*, réunion de deux ham. (vieille *tour ; église* romane). — Petit *lac de Soubirou*.

4 h. 30. **Monségu** ou *Cap de las Hittes* (2405 mèt. ; très belle vue).

En suivant la crête vers le S., on arrive (1 h.) au pas de Couret, d'où on descend dans le val d'Esquierry (*V.* la course *F*).

5 h. Luchon.

F. Lac Caillaouas.

2 journées. — Excellent guide nécessaire. — 8 h. env. jusqu'au lac Caillaouas. — 5 h. 30 du lac à l'auberge du lac d'Oo.

13 k. Granges d'Astau (*V.* ci-dessus : *Lac d'Oo*). — On fran-

chit le torrent d'Oo au *pont Sainte-Catherine*. — A g., cascade. — On s'élève par des lacets faciles sur les belles pelouses du *val d'Esquierry* (flore très riche).

2 h. (des Granges d'Astau). *Col* ou *pas de Couret* (2131 mèt.), entre le Monségu, au N., et les trois pointes du *pic de Néré* (2750 mèt.), au S. — Au pied du pic de Néré, petit *lac de Salagouaux*. — On descend à l'O. — 2 h. 20. Cabanes du *vallon de Lourtiga*. — Montée au S., en suivant la rive g. du torrent. — 4 h. 20. Près d'un *étang* gelé une partie de l'année, on voit s'ouvrir, dans la crête, deux brèches : l'une, au S.-O., mène à des abîmes du val de Louron (R. 65) ; l'autre, au S., est dite porte d'Enfer.

Si l'on était pris par le brouillard dans le vallon de Lourtiga, il faudrait se hâter de descendre, sans chercher à franchir la porte d'Enfer, sinon, même avec un excellent guide, on risquerait fort de passer la nuit en plein air.

4 h. 40. *Porte d'Enfer* (2700 mèt. ?) ; au S.-E., *pic de Hourgadé* (2966 mèt.). — On suit un sentier qui contourne cette montagne au S. et l'on franchit (5 h. 10) un second *col*, d'où l'on aperçoit tout à coup les glaciers et la crête des Gours-Blancs. — On appuie un peu à l'O. et on descend facilement.

5 h. 40 (des granges d'Astau ; 8 h. env. de Luchon). **Lac Caillaouas** ou *Caillavas* (2165 mèt.), long de 800 mèt., large de 700. — Excellentes truites. — Cabane (froide et beaucoup trop petite) au N. du lac.

Du lac Caillaouas à la vallée d'Aure par Clarabide, ou à la vallée de l'Esera par le port d'Oo, R. 64.

De la cabane de Caillaouas, on pourrait monter en 3 h. au **pic des Gours-Blancs** (3114 mèt. ; vue magnifique).

On peut revenir à Luchon par la même voie ou par le lac d'Oo (très belle course) ; dans ce dernier cas, de la cabane, on longe la rive N. du lac Caillaouas et, s'élevant au N.-E., on gravit des pentes escarpées. — 1 h. 30. *Col d'Arougé* (2800 mèt. ?), dominé au S. par de hautes aiguilles de rochers. — On descend à l'E dans un vallon granitique où l'on suit le torrent. — Arrivé à la base du Spijoles, on tourne à g., et passant au-dessous des lacs d'Espingo et Saousat (*V.* ci-dessous, *G*), on descend vers la cascade de Séculéjo. — On contourne ensuite à l'O. le cirque profond du lac d'Oo.

5 h. 30. Lac d'Oo, d'où 3 h. 30 à Luchon.

G. Port d'Oo.

8 h. à pied. — Course recommandée. — Bon guide nécessaire (Jean Brunet, au v. d'Oo).

16 k. (3 h. 30). Lac d'Oo (*V.* ci-dessus, p. 191). — On traverse le déversoir, on contourne à l'E. la rive du lac. — Vis-à-vis de

la cascade, on gravit l'*Escala*, sentier escarpé en zigzag. On domine de 350 mèt. le lac d'Oo. — Petits ravins souvent remplis de neige. — Couloir. — Éminence qui forme digue entre le lac Séculéjo et les lacs supérieurs.

4 h. 35. **Lac d'Espingo** (1875 mèt.), près de la tranchée profonde où le ruisseau tombe en cascade.

5 h. *Lac Saousat* (1962 mèt.). — En face, on voit, à dr., le port d'Oo, à g., le Portillon, séparés par le Tuc de Montarqué. — On monte dans la direction du S.-O. (chemin escarpé).

5 h. 30. Petit *lac de la Coume de l'Abesque*. — On contourne un précipice à g., et l'on gravit l'escarpement en face. — A dr., le Spijeoles (*V.* ci-dessous, *H*).

7 h. On voit à ses pieds le *lac glacé d'Oo* (2670 mèt.).

8 h. **Port d'Oo** (3002 mèt.; très belle vue des Posets, au S., etc.), crête large d'un mètre à peine. A l'E., cime du *Seil de la Baque* (3040 mèt.), qu'on peut gravir en 45 m.

Du port d'Oo à la vallée d'Aure: R. 64, *B*; — à la vallée de l'Esera, R. 71, *B*.

H. Pic Spijeoles.

Du lac d'Oo, 4 h. 30 montée. — 7 h. descente jusqu'à Luchon. — Guide nécessaire (Jean Brunet, au v. d'Oo).

3 h. 30. du lac d'Oo à la digue du lac glacé (*V.* ci-dessus, *G*); on laisse au S. le chemin du port d'Oo et l'on monte à l'O. dans un vallon de neige. — Escalade assez raide, mais sans danger, sur le rocher.

4 h. 30. **Pic Spijeoles** (3049 mèt.; belle vue de neiges et de glaciers).

I. Pic Perdighero.

Du lac d'Oo : 6 h., montée; 7 h. à la descente jusqu'à Luchon. — Excellent guide nécessaire : 15 fr. par j. — Très belle course.

1 h. 30 du lac d'Oo au lac Saousat (*V.* ci-dessus, *G*). — On laisse à dr. le chemin du port d'Oo, et l'on monte à g. dans un ravin entre les escarpements du *Tuc de Montarqué* (2963 mèt.), à dr., et ceux du **pic Quaïrat** (3059 mèt.), à g. — On dépasse la *cascade Michot*, formée par le ruisseau du Portillon.

3 h. 30 (du lac d'Oo). *Lac glacé du Portillon* (2650 mèt.), dominé par un beau glacier crevassé. — Le *Portillon d'Oo*, qu'on aperçoit à dr., est une simple échancrure de la crête, ouverte à l'O. du Perdighero. Ce passage, difficile sur les deux versants, est peu pratiqué. — On suit la rive E. du lac, et l'on gravit obliquement les pentes du Perdighero, pour l'attaquer par le N.-E. — 4 h. 30. Arrivé à la base N. du pic, il faut monter à l'E. par un vallon de neige. — 5 h. 15. *Col de Litayrolles* (3020 mèt.; vue grandiose des Monts-Maudits). — On monte au S.-O. à travers un chaos de rochers.

6 h. **Perdighero** (3220 mèt.; vue magnifique), sur la ligne frontière.

A l'hospice de Vénasque, R. 71, *A*.

J. Superbagnères[1].

Montée par les granges de Gouron, 8 k. 5; descente par Castelvieil, 12 k. 5. — A cheval, 2 h. 30; retour, 2 h. — Cheval et guide, 6 fr. chacun.

Le piéton a le choix entre plusieurs chemins et peut même gravir directement la montagne au-dessus des Thermes; mais il risque de s'égarer. Les cavaliers suivent la route de Saint-Aventin. Là, ils traversent le torrent et montent au S.-E., de biais, par les prairies.

45 m. *Granges de Gouron.* — Quand on a traversé le ruisseau, on remonte le versant E. du ravin dominé par la forêt d'*Artigue-Ardoune.* — 1 h. 30. Hors des forêts, pentes rapides de gazon.

2 h. 30. **Superbagnères** (1797 mèt.; petite auberge), un des plus beaux panoramas des environs de Luchon.

On peut redescendre par les pâturages et les forêts du versant E. aux granges de Lesponne et à la vallée du Lis, puis suivre la route de voitures.

K. Le Céciré[2].

Aller par Labach-de-Cazaux, 4 h. 30 de marche; retour par le val du Lis, 3 h. 1/2; par la cascade d'Enfer, 4 h. 1/2. — Cheval et guide, 8 fr. chacun.

A. — 7 k. de Luchon à Cazaux-de-Larboust (p. 192). — Pont sur le torrent.

2 h. 10. *Labach-de-Cazaux* ou *Bordes-de-Labach*, hameau de granges. — On monte toujours au S.-E.

4 h. 10. *Col de la Coume de Bourg.* — Petit ravin où jaillit une fontaine. — 4 h. 30. Cime.

B. — Chemin plus court, mais plus difficile, par Superbagnères, d'où l'on voit l'arête aiguë du Céciré au S.-O. Pour monter directement, suivre cette arête (sentier raide et escarpé; rochers pénibles).

C. — On peut monter en 5 h. par la vallée d'Astau d'Oo et le vallon de Médassoles (*V.* ci-dessus : *Lac d'Oo*).

Du **Céciré** (2400 mèt.), on redescend ordinairement par la vallée du Lis; dans ce cas, il faut, après être descendu au col de la Coume de Bourg, tourner à g. et suivre la rive g. d'un petit ruisseau jusqu'aux granges de *Castillon.* De là, on gagne la vallée du Lis en amont du Trou de Bounéou. — On peut également revenir par la cascade d'Enfer.

L. Cirque des Graouès, lac Vert, pic de Boum.

4 h. jusqu'au lac Vert; retour par le val de Bounéou, 4 h.; 5 h. par le parc des Cascades. — Cheval et guide, 8 fr. chacun. — Sentier pra-

[1] *V.* le panorama pris du sommet, par M. E. Wallon.

[2] *V.*, pour les détails, le panorama publié par M. Gourdon.

ticable aux chevaux, de la cabane du Lis au lac Vert. — Course recommandée.

2 h. 30 de Luchon à la cascade du Cœur (p. 194).

2 h. 55. Cabane d'*Artigues*. — A dr., *cascade de Solage*. — Le sentier suit presque constamment le torrent jusqu'au lac. — En face, *cascade de Trégon*. — 3 h. 45. Première crête, d'où l'on descend dans le **cirque des Graouès** (graviers), emplacement d'un ancien lac aujourd'hui comblé. — On gravit un deuxième escarpement.

4 h. **Lac Vert** ou **de l'Ile** (1960 mèt. ; cascade des eaux du lac Bleu). — On gravit l'escarpement à g.

4 h. 40. *Lac Bleu*, dominé au S. par une arête couverte de glaciers qui s'étend du Tuc de Maupas (à l'O.) au Mal-Barrat (à l'E.). — Par le long couloir à l'E., on peut atteindre (5 h. 10) un autre lac.

6 h. *Port-Viel* (2500 mèt. ; très belle vue), entre le *pic d'Estaouas*, à l'E., et celui de *Mal-Barrat*, à l'O. — La descente en Espagne est très difficile (1 h. 30 jusqu'à l'hospice de Vénasque). — On peut aussi, en allant toujours à l'O., monter au **pic de Boum** (3010 mèt.) par le glacier du même nom.

Du lac Bleu, on peut descendre à Luchon par la cascade du Cœur, ou par le val de Bounéou, ou bien par le chemin des cascades supérieures du Lis (course plus longue mais plus intéressante). Par cette dernière voie, on contourne au N.-O. les escarpements de la *Tusse des Prats-Longs*, on descend dans le *Parc d'Enfer*, vaste cirque pierreux. Au S., fissure profonde de la *Rue d'Enfer* (belles *cascades* du ruisseau du Lis).

2 h. Pont Nadié. — 3 h. du pont Nadié à Luchon (p. 194).

M. Port de la Glère.

22 k. — Sentier praticable aux chevaux. — Au lieu de prendre le nouveau sentier qui part de l'Hospice, on peut aussi monter directement par la pelouse de Jouéou et par le val de la Glère. Ce sentier monte à travers de belles forêts au cirque de la Glère (4 h. de marche ; 6 fr. par guide, 6 fr. par cheval ; 8 fr. par guide et 8 fr. par cheval jusqu'au lac de Gourgoutes).

10 k. de Luchon à l'hospice de France (p. 194). — Laissant à g. le chemin du port de Vénasque, on s'élève en contournant vers le S.-S.-O. le flanc N. des montagnes.

On rejoint l'ancien chemin au *cirque de la Glère* ; on monte (lacets faciles) au

4 h. **Port de la Glère** (2323 mèt.), entre le pic Sacroux, à l'O., et le pic de la Glère, à l'E. — Il faut aller (10 m.) au bord du petit *lac de Gourgoutes* pour découvrir presque en entier le bassin de Vénasque et le groupe des Monts-Maudits.

Le port de la Glère était jadis la voie commerciale entre le Comminges et l'Aragon ; il a été presque abandonné depuis

Du col, un sentier descend à l'E., vers le Goueil de Jouéou en 2 h. (R. 74, *B*).

Après une courte descente sur le versant E., le sentier de Luchon remonte à g. vers (20 m.) le *pas d'Escalette* ou *d'Escoussas* (2400 mèt.) et redescend sur le versant français, au *col de Mounjoyo*, qui fait communiquer l'hospice de France avec celui d'Artigue-Tellin. — Au delà, le sentier, presque horizontal, traverse les pâturages de *Roumigas*, puis, à côté d'une source ferrugineuse, laisse à dr. le chemin de Campsaur (*V.* ci-dessus), et descend en zigzag dans le val de la Frèche.

1 h. 30 de l'Escalette à l'Hospice.

—

De Luchon aux pics des Gours-Blancs, de Litayrolles, Crabioules, Quaïrat, de Boum, de Maupas, de la Mine, de la Pique, *V.* l'*Itinéraire général : Pyrénées*.

Pour les excursions à Gistaïn, à Vénasque, au val d'Aran, etc., *V.* R. 65 et 69-78.

ROUTE 69.

DE BAGNÈRES-DE-LUCHON A SAINT-BERTRAND

A. Par le chemin de fer.

32 k. — Chemin de fer jusqu'à la station de Loures (28 k. pour 3 fr. 45, 2 fr. 55 et 1 fr. 85). — Deux routes de 4 k. de la station de Loures à Saint-Bertrand.

28 k. de Luchon à la station de Loures (R. 67). — Là, deux routes partent de la route nationale. La plus fréquentée par les archéologues s'embranche au pont de Labroquère ; l'autre, plus agréable, mais moins intéressante, s'embranche à 700 mèt. au S., au pied d'une montagne de 300 mèt., traverse (2 k.) *Izaourt*, charmant village au nom celtique, laisse à g. *Sarp*, puis à dr. l'église Saint-Just, passe au faubourg du *Plan* et monte à Saint-Bertrand.

La route qui part du pont de Labroquère, et qu'il faut prendre si l'on veut visiter l'église Saint-Just, longe et domine la rive g. de la Garonne, laisse à g. un pan de mur romain et traverse

31 k. *Valcabrère*, qui faisait autrefois partie de la ville romaine. — Ruines du *Castelbert* (XIe s.). — Nombreux fragments d'architecture antique et du moyen âge, dans le village.

A 400 mèt. au S. du v., **église Saint-Just :** chœur d'architecture carlovingienne ; nef construite en partie avec des débris antiques ; charmante porte latérale du XIIe s. (4 statues de grandeur naturelle, bas-relief, vieilles ferrures) ; colonnes antiques ; tombeau du XIVe s., derrière l'autel ; dalle tumulaire du prêtre Patrocle (IVe s.). Le cimetière a une porte romane du XIIIe s. ; on y voit deux inscriptions tumulaires, dont l'une est romaine.

De Valcabrère, une montée de 1 k. conduit à

32 k. **Saint-Bertrand-de-Com-**

minges*, cité celtique de *Lugdunum*, puis ville gallo-romaine, capitale des *Convenæ*, aujourd'hui ch.-l. de c. de 655 hab., sur un rocher dominant la plaine où s'opère le confluent de l'Ourse et de la Garonne.

A la base des fortifications, forte rampe; on entre ordinairement par la porte du S.-E. ou de *Cabiroles*. Au-dessus de l'arc, plaque romaine.

Dans la rue, à g. et à dr., *maisons* du xve et du xvie s., contre le mur d'enceinte. Celle de dr. (ancien évêché) est de 1549. Plus loin, tourelle à l'angle de la *maison Bridaut* (porte de la Renaissance).

Cathédrale : façade O. et piliers de la tour de 1083; nef et abside de 1304 à 1352. — Façade (inscriptions et sculptures romaines) flanquée d'une tour. — Porte avec 8 colonnes, divisée en deux par une colonne couronnée de quatre têtes de lions; au pourtour, sculptures, monstres fantastiques; dans le tympan, Adoration des Mages.

Intérieur : une seule nef de 60 mèt., sur 16 mèt. (hauteur sous voûte, 25 mèt.). Onze chapelles autour de la nef et du chœur (anciens vitraux mutilés; inscriptions tumulaires des xive et xve s.). — *Buffet d'orgues* (sculptures en bois, représentant des sujets païens), *chaire* dans l'escalier de l'orgue, le tout de la Renaissance. — *Chœur canonial* (1536) très vaste; au-dessus de sa façade sculptée, beau *jubé* (vingt niches avec statuettes dans la frise supérieure); parois extérieures (panneaux séparés par des colonnettes et surmontés d'une tête en relief s'avançant en dehors d'une fenêtre dans le goût du xvie s.); *stalles* du chœur (66), avec statues de patriarches, de martyrs, etc.; *arbre de Jessé*, chef-d'œuvre de sculpture; *maître-autel* (xvie s.), en marbre de Sarrancolin, avec boiserie (histoire de la Vierge et de J.-C., 27 sujets, 115 personnages); *trône épiscopal* avec statue de saint Michel. — *Mausolée de saint Bertrand* (1432), derrière le chœur. — *Tombeau* de Hugues de Castellione (xve s.), avec sa statue couchée. — Dans la sacristie : *chapes* du xive s., données par Clément V; mitre, pantoufles, bâton pastoral et anneau de saint Bertrand. — A la muraille de l'église, sous la tour, est suspendu un *crocodile*, ex-voto d'un chevalier croisé.

Cloître (s'adresser au curé ou au vicaire), en partie ruiné, au S. de la cathédrale; à l'un des piliers, statues des quatre Évangélistes; dans la galerie du N., attenante à l'église, et refaite au xve ou au xvie s., sept tombeaux des xiiie et xive s., curieuses inscriptions.

On remarque dans la ville la porte de l'O., ou *porte Majou*, ornée des armes de Foix (à l'intérieur, pierre tumulaire romaine avec sculptures et inscription). — Dans le faubourg du *Plan*, arcades ruinées de l'époque romaine.

N. B. — On trouve à Saint-Bertrand, au bas de la côte, un guide pour la grotte de Gargas (R. 61, *B*).

De Saint-Bertrand à Labarthe, R. 61, B; — à Montrejeau, R. 67, *A*.

B. Par Sost.

Env. 9 h. — Sentier praticable aux chevaux. — Guide et cheval, 8 fr. chacun par jour.

2 h. 15 (11 k.) de Bagnères-de-Luchon à Mayrègne (R. 65, *B*, en sens inverse).

Montée raide à travers les pâturages. — 3 h. 30. *Col de la Palle*, entre deux pitons de plus de 1800 mèt. — On descend par le ravin de la Palle, des pâturages, les bois de *Pradaous*, de *Bédoura* et de *Bourgellas*. — 4 h. 30. Cabanes au confluent de la Palle et de l'Ardons, qui forment l'Ourse de Sost, dont on suit la rive dr., puis la rive g.; chemin bien tracé.

5 h. 30. **Sost** *, charmant v. (650 mèt.), à l'E. du *pic de Montlas* (1729 mèt.). — *Marbre* renommé.

La route de voitures commence à Sost.

6 h. *Esbareich*.

6 h. 30. **Mauléon-Barousse** *, ancien chef-lieu de la Barousse, auj. ch.-l. de c., 577 h., au confluent des deux Ourses, au pied du *Mont-Sacon* (1528 mèt.). — *Donjon* du XIIIe s., sur la rive g. de l'Ourse. — Sur le flanc O. de la montagne, *grotte* dite *de l'Abbé-d'Agos*.

On longe la rive dr. de l'Ourse.

6 h. 55. *Troubat*. — Au-dessous de Troubat, dans le rocher du *Mail-Blanc*, belle *grotte de Sainte-Araille*, dont l'entrée a plus de 10 mèt. de hauteur sur 3 ou 4 mèt. de largeur (pour la visiter, s'adresser au garde cantonal : 1 fr. 50 ou 2 fr. par personne, suivant le nombre des visiteurs).

Vis-à-vis de Troubat, sur un rocher, restes du *château de Bramevaque* (XIe s.), où la comtesse Marguerite, dernière souveraine du Comminges et meurtrière de son deuxième mari, fut enfermée par son troisième époux, de 1420 à 1443. — Sous le porche de l'*église* du village, pierre tombale du XIVe s.

La route franchit la colline de *Costinère*.

7 h. 20. *Gembrie*, sur la rive dr., en face de *Gaudent* et de *Sacoué*, au pied du Mont-Sacon.

7 h. 45 k. On passe sur la rive dr. de l'Ourse. — *Créchets*. — A g. de la route, bloc erratique dit *Mail de la Mule*, empreinte légendaire du pied de la mule de saint Bertrand. — Défilé.

8 h. 10. Sarp.

8 h. 45. Saint-Bertrand (*V.* ci-dessus, *A*).

C. Par les Bains de Ferrère.

9 h. 30 env. de marche. — Chemin muletier. — Pas de tarif. — Il est beaucoup plus agréable de faire cette course de Saint-Bertrand à

Luchon ; l'ascension est moins pénible et la vue de la haute chaîne produit un effet plus saisissant.

2 h. 45. (13 k.). Caubous (R. 65, *B*, en sens inverse). — On quitte le chemin de Bourg-d'Oueil pour monter droit au N.

3 h. 15. *Cabane de Cirès.*

3 h. 45. *Col de Paloumère* (1750 mèt.; très belle vue), plateau de pâturages et petit *lac de Craous* (à 500 mèt. E., *lac de Paloumère*). — Un autre col, le *pas de la Botte*, situé à l'O. du col de Paloumère, est très fréquenté par les habitants des environs.

On oblique à dr. par les pâturages de *Poujaous*, et, contournant un ravin profond, on descend en zigzag.

4 h. 45. *Prairies de Samaoury.* — *Forêt de Cuvielle.* — On descend par des lacets la *côte de Madame*, pour atteindre la rive de l'Ourse de Ferrère, qui bondit en cascades. On dépasse le confluent de l'Ourse et de la Salabe, et bientôt on débouche dans un bassin de prairies.

5 h. 45. **Chalets de Ferrère** (auberges), sur la rive g. du torrent, à 800 mèt. — *Établissement de bains* (10 cabinets). — A l'extrémité supérieure de la prairie, deux sources appelées *sources de l'Ourse*. L'une, froide, sort de la montagne de *Lanère*, l'autre, thermale, est connue de toute antiquité sous le nom de *source des Bains*. Avant de se réunir à ces deux sources, l'Ourse se perd presque en entier dans un gouffre. — Aux environs, blocs erratiques, entre autres la *Roche Damnée*, au milieu de la forêt.

On longe la rive dr. de l'Ourse, que l'on traverse en deçà de *Ferrère*. — On laisse ensuite à g. *Ourde*, v. au-dessous duquel le torrent se perd dans le *puits de Saoule*, gouffre que domine un rocher percé en arcade.

7 h. 15. Mauléon (*V.* ci-dessus, *B*).

9 h. 30. Saint-Bertrand (*V.* ci-dessus, *A* et *B*).

ROUTE 70.

DE LUCHON A LA VALLÉE DE GISTAÏN

Plus de 16 h. de marche. — On fera bien de coucher au port d'Oo.

8 h. 15 de Luchon au port d'Oo (R. 68, *G*). — Le versant espagnol du port d'Oo est beaucoup plus raide que le versant français. — Neiges, puis terrasses de granit dénudé. — *Lac glacé de Gias de Vénasque.* — 8 h. 50. 2e *lac*, d'où l'on gravit, à dr., un contrefort de la montagne, à travers un chaos de pierres. — A g., vallon de Gias (R. 71, *B*); vue magnifique du Posets. — On oblique encore à dr. et l'on descend de corniche en corniche, en côtoyant des à-pics.

9 h. 45. *Cirque de pâturages de Pahules.* — Laissant à g. le chemin du Posets (R. 72), on monte à l'O. vers un petit col, puis, franchissant un ruisseau

ferrugineux, on contourne à dr. de grandes pentes (éboulis; montée rapide).

11 h. 15. **Col de Gistaïn**, *de Chistau* ou *Jistau* (2524 mèt.), ouvert entre les massifs du Posets et de Clarabide. — On continue à suivre le flanc de la montagne (éboulis). — Laissant à g. un petit cirque pierreux contenant un *lac*, on arrive sur des gazons extrêmement inclinés. Descendre cette pente avec une grande précaution.

12 h. On atteint le fond de la vallée (espagnole) d'Aygues-Tortes, et traversant le ruisseau, on rejoint (12 h. 5) le sentier qui descend du col de la Pez (R. 63, *B*).

16 h. 15. Le Plan-de-Gistaïn (R. 63, *A*).

[On peut se rendre de Luchon au Plan à cheval, par Vénasque et le col de Sahun (R. 68, S, et R. 71).]

ROUTE 71.

DE LUCHON A VÉNASQUE

A. Par le port de Vénasque.

53 k.; 8 h. 50 de marche. — Excellent chemin muletier.

4 h. Port de Vénasque (R. 68, S). — Le chemin muletier passe près de la cantine et descend par des lacets vers le plan des Étangs (R. 73, *A*). — Les piétons peuvent beaucoup abréger en dévalant par le sentier de la *Peña Blanca* (fleurs rares). Au fond de la **vallée de l'Esera**, on rejoint le chemin muletier.

4 h. 30. La vallée se resserre, puis la route descend (rive dr.) dans un bassin de pâturages. — On traverse le torrent.

5 h. **Hospice de Vénasque** (1705 mèt.), maison hospitalière, servant de caserne à la douane espagnole (péage de 25 c. par cheval, aller et retour). L'hospice, entièrement neuf et très propre, renferme 4 chambres à 2 lits, et l'hospitalier peut à la rigueur disposer de 11 lits ; les prix sont modérés et on y vit très convenablement. C'est un excellent centre d'excursions, de même que l'hôtel des Bains de Vénasque (*V.* ci-dessous).

[**Pic Perdighero** (5 h. 15 à la montée; 4 h. à la descente par Ramouñ). — Au delà du débouché du val de Ramouñ (*V.* ci-dessous), on gravit le ressaut verdoyant du vallon et on remonte sur la rive g., de l'E. à l'O., toute la *gorge de Ramouñ*. — Au fond de la vallée, les pentes se redressent vivement. — 1 h. 40. La vallée tourne à l'O.-N.-O. et se change en défilé. — 2 h. Petit *lac*, entouré de neige. — On grimpe, à l'O.-N.-O., sur des gazons hérissés de rochers. — Neiges. — Laissant au N.-E. le pic de Boum et le Maupas, à g. la *Fourche de Ramouñ*, on monte au N.-O., sur la neige.

3 h. 45. *Col de Ramouñ* : vue du *lac glacé de Litayrolles* (2800 mèt. ?), etc. — Une assez longue montée permet d'atteindre (5 h. 15) la cime par l'E. (R. 68, *F*).]

Au delà de l'hospice, petit défilé. — A dr., belle *cascade d'Aguas Passas*. — 5 h. 25.

MONTAGNES DE VENASQUE

Paris, Hachette et Cie Editeurs

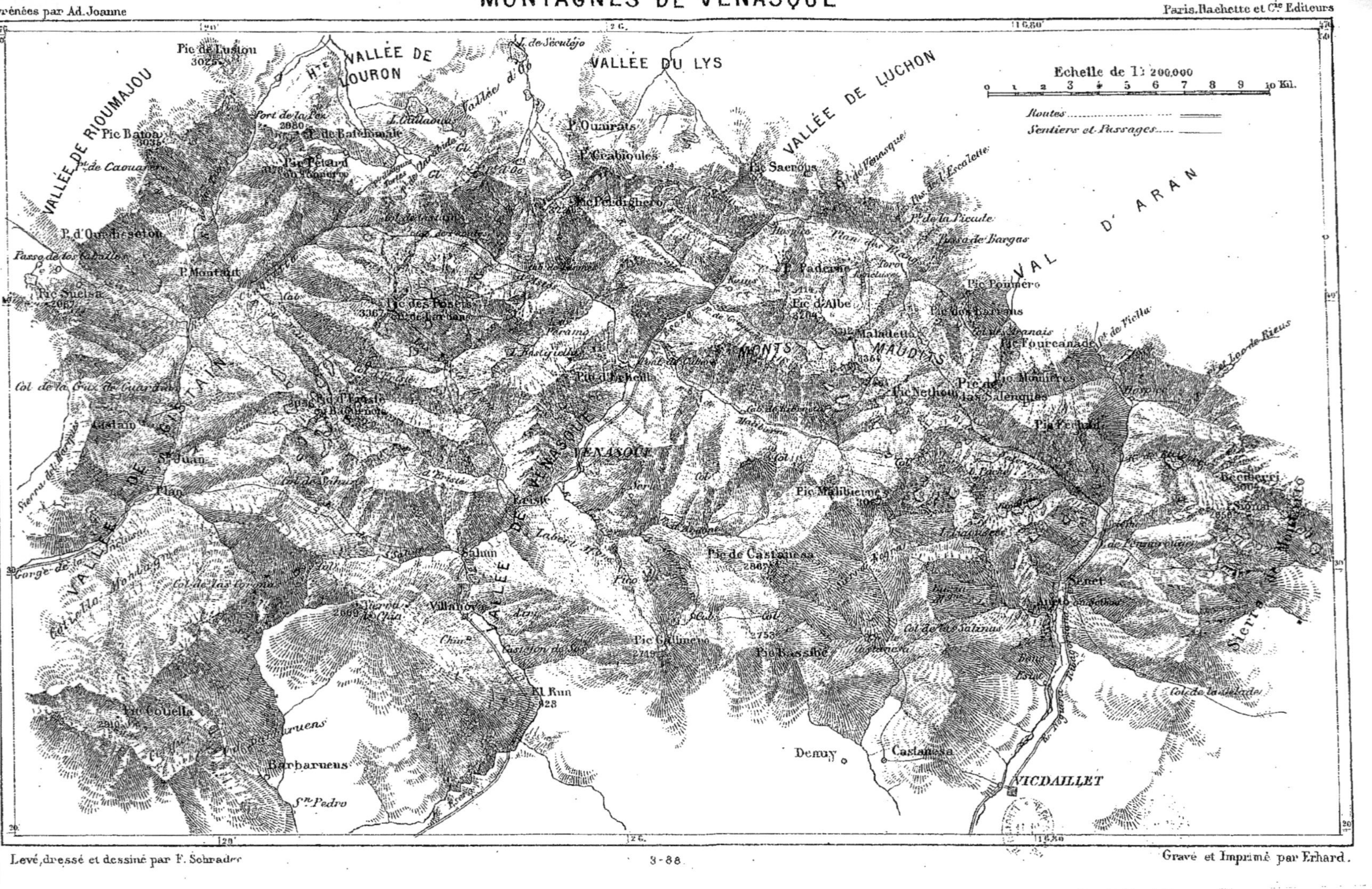

Levé, dressé et dessiné par F. Schrader

3-88

Gravé et Imprimé par Erhard.

Confluent du torrent de Ramouñ avec l'Esera.

6 h. Sur une terrasse de la rive g. de l'Esera, **Bains de Vénasque***; la longue façade de l'établissement borde le précipice. — Six sources sulfurées (22°, 26° et 36°).

Les Bains sont à 20 m. de la route de Vénasque. Si l'on ne se détourne pas pour les visiter, on laisse bientôt à g. l'étroite gorge de Querigueña (R. 73), à dr. le *val de Litayrolles*. Le défilé est très beau. — Petit bassin, puis nouveau défilé, au sortir duquel, près de la *fontaine de San Ferrer*, l'Esera fait une belle chute. — Confluent du torrent de Malibierne (*V.* ci-dessous).

7 h. 15. *Pont du Campamiento*, sur l'Esera. — On descend la rive g. du torrent.

8 h. On laisse à dr. le *pont de Cubère* (1231 mèt.), qui donne accès dans la vallée d'Astos de Vénasque (R. 72, *A*).

8 h. 30. **Vénasque*** (1143 mèt.), V. de 1500 h. env., riche et commerçante. — *Église* romane (crucifix du XIe s. en argent; beaux ornements). — Dans la *calle Mayor*, vieilles maisons pittoresques, sculptures et inscriptions. — Commerce de mulets.

[**Pic d'Eristé** (7 h. 45 à la montée, 5 h. 30 à la descente; André Soubra, chasseur, recommandé). — En quittant Vénasque, on franchit l'Esera, dont on longe la rive dr. — 1 h. *Eristé*. — Laissant à dr. une gorge qui monte du N.-N.-O. vers les Posets, on prend un chemin muletier qui s'élève au N.-O. — 2 h. Forêt; gorge granitique; on remonte la rive dr. du torrent. — 3 h. Pont; on suit la rive g. — 5 h. 15. *Lac de Bagueñola* (2300 mèt. env.); petite île, belle cascade.

On monte au N.-O. — 6 h. 15. Base du pic; à l'O., couloir facile.

7 h. 45. Sommet (R. 63, *A*).

De Vénasque au Plan-de-Gistaïn (4 h. 30; chemin muletier). — 1 h. *Eristé*. — Laissant à g. un pont sur l'Esera et la route de Campo (*V.* ci-dessous), on continue à suivre la rive dr. de la rivière. — 1 h. 15. *Sahun* (1120 mèt.). — A l'entrée du v., on quitte la vallée de l'Esera et on monte à l'O.-N.-O. dans la *gorge de Sahun*, ouverte entre le massif d'Eristé, au N., et la sierra de Chia, au S.

3 h. **Col de Sahun** (belle vue). — Le chemin descend droit à l'O.; au S.-O., le grand cône calciné du Cotiella (*V.* ci-dessous). — A g., *barranco de Lasmierre*. — 3 h. 45. Petite chapelle. — On laisse à dr. le chemin du col de las Coronas, et on descend dans la vallée du rio Cinquetta, que l'on traverse sur un pont avant de monter au (4 h. 30) Plan-de-Gistaïn (R. 63, *A*).

Cotiella (9 h. 30 à la montée; par cette voie, il est nécessaire de coucher dans la montagne; mais la plus grande partie de cette course peut être faite à mulet). — 3 h. 45 de Vénasque à la bifurcation du chemin du Plan (*V.* ci-dessus). — Laissant à dr. la route du Plan, on se dirige à g. (sapins). — 4 h. *Col de las Coronas* (1754 mèt.), entre la sierra de Chia à l'E.-N.-E. et le massif du Cotiella à l'O.; au S., une gorge descend par (2 h.) Barbaruens à l'Esera. — Montée au S.-O. — 6 h. Cabane ou abri de bergers. — 6 h. 20. Dernière source. — On entre dans un désert de pierre, ayant en vue le **cirque d'Armeña**. — Puits ou entonnoirs (dangereux la nuit). — On atteint la base du pic; une cheminée facile à la montée conduit à la crête et bientôt après au (9 h. 30) sommet (V. R. 48).

De Vénasque à Campo. — 6 h. 20; chemin muletier; course très recommandée.

1 h. *Eristé.* — On traverse l'Esera, dont on ne doit plus quitter la rive g. — La route muletière s'éloigne et se rapproche tour à tour de l'Esera. — 1 h. 15. Sur la rive dr. se montre Sahun. — Petit défilé. — 1 h. 45. *Villanova* (rive dr.). — La vallée s'élargit. — 2 h. 30. Large bassin, prairie avec peupliers. — Sur une terrasse de la rive dr., *Chia.* — La route s'écarte de l'Esera.

2 h. 45. **Castejon de Sos*** (915 mèt.). — A l'E. se montrent plusieurs villages étagés sur les pentes rouges du Gallinero (V. ci-dessous). — On se rapproche de l'Esera. — 3 h. 5. A dr., pont conduisant à *El Run* (928 mèt.), v. pittoresque. — On franchit le rio d'Agua Salent, descendu du massif du Turbon. — La vallée se resserre; étroit défilé. — Le chemin monte rapidement à travers bois vers le formidable escarpement de la Peña de Benta Amillo. — **Garganta d'El Run** ou *de Benta Amillo*, un des plus beaux défilés des Pyrénées espagnoles : l'Esera s'y précipite dans une étroite coupure ouverte entre la sierra de Chia et la sierra de Benta Amillo. La roche, d'un rouge vif, porte sur ses corniches un fouillis d'arbustes d'un vert sombre. A g. est la tour de la *Peña de Benta Amillo*; à dr., la paroi verticale de la *sierra de Chia* (600 mèt. env. au-dessus du lit du torrent).

3 h. 55. Arrivé au point culminant du passage, on se maintient d'abord au même niveau, puis on descend rapidement dans un bassin de verdure, au bord de l'Esera. Sur une terrasse à g. est le v. d'*Abi*; sur la rive dr., *San Pedro*, et plus haut *Barruens*, dominé par le magnifique massif du Cotiella.

4 h. 15. *Venta de Abi.* — 4 h. 45. La vallée se resserre de nouveau; bois. — 5 h. 15. **Défilé d'Agua Salent**, dominé par la *sierra de Madri*, rive dr., et la *sierra de Santa Muera* (?), rive g. — 5 h. 45. A la sortie du défilé, confluent, avec l'Esera, du torrent de Viu, qui descend du col de Collibert (R. 48).

6 h. 20. **Campo** * (605 mèt.), dans un bassin sur la rive g. de l'Esera. — De Campo à Ainsa et à Huesca, au Turbon, à Barbastro, V. l'*Itinéraire général : Pyrénées.*

Pic Gallinero (4 h. 45 à la montée; descente en 3 h. à Vénasque, ou en 7 h. 15 au v. d'Aneto). — De Vénasque, un chemin muletier monte en zigzag à (1 h. 30) *Serlé* (1408 mèt.). — On se rapproche du torrent de Labert. — 1 h. 45. La route passe sous le porche de l'*ermitage de San Pedro.* — 1 h. 50. Confluent des torrents del Amprio et d'Ardones : on prend un sentier sur la rive dr. du rio Amprio. — 2 h. 45. *Cabane del Amprio* (1950 mèt.; belle vue). — On s'élève au S. vers (3 h. 45) une brèche qui s'ouvre à la partie supérieure du *val de Labert* (vue superbe des Posets); puis, obliquant à l'E., on monte sur des pentes mamelonnées ou sur des crêtes émiettées.

4 h. 45. Sommet (2719 mèt.; vue magnifique).

On pourrait descendre à Castaneza par le col de Bassibé. Dans ce cas, on contourne à l'E. les pentes qui descendent vers l'Amprio. — 1 h. 20. *Col de Bassibé*, où l'on rejoint le chemin de Vénasque à Senet (R. 75). — 2 h. 45. Granges de Castaneza. — 6 h. (du pic). Castaneza.

Pic de Malibierne (8 h. 15 à la montée, 3 h. à la descente jusqu'à l'hospice de Viella; course très recommandée). — 1 h. 15. Débouché du *val de Malibierne* (V. ci-dessus). —

Chemin muletier, montant en zigzag, à travers bois, le ressaut de la vallée (plantes rares). — 2 h. 15. On entre dans la vallée supérieure, véritable parc que l'on traverse E.-S.-E. (minerai de fer). — 4 h. 30. *Cabane de Ribereta* (2028 mèt.), au débouché de la gorge d'Erihuell (R. 75). — Au delà du taillis, le chemin muletier cesse. — *Lac inférieur de Malibierne* (2466 mèt.), dont on suit la rive dr. — *Lac supérieur de Malibierne*; rive g. — Pentes raides mais faciles. — 6 h. 45. *Col de Malibierne* (2700 mèt.?), entre le massif de Malibierne et le massif des Monts-Maudits. — On pourrait gravir le pic sans aller jusqu'au col, mais on rencontrerait de très grandes difficultés; il vaut mieux franchir le col, et, descendant d'abord à dr., s'élever ensuite au S.-S.-O. sur de faciles corniches (fleurs rares).

8 h. 15. Sommet (R. 75, *D*).

On peut, en revenant d'abord au col de Malibierne, descendre à (2 h. 30) la cabane de Ribereta, et de là rentrer soit à Vénasque, soit à l'hospice de Vénasque; mais il serait préférable, après être revenu au col, de se rendre par les lacs de Rio Bueno à l'hospice de Viella (5 h. 30 env. du pic). — *V.*, pour les détails de cette course, l'*Itinéraire général : Pyrénées*.]

B. Par le port d'Oo.

12 h. env. — Guide nécessaire.

8 h. de Luchon au port d'Oo (R. 68, *G*). — On se dirige vers les lacs de Gias de Vénasque, et, laissant à dr. la route du col de Gistaïn (R. 63, *C*), on descend sur des bancs de granit dénudé.

9 h. 40. Cabane d'Astos de Vénasque; de là au pont de Cubère, *V.* R. 72, *A*.

12 h. 5. Vénasque (*V.* ci-dessus, *A*).

ROUTE 72.

PIC POSETS

3 jours en partant de Luchon. — On peut aller à cheval par le port de Vénasque jusqu'à la cabane d'Astos de Vénasque.

A. Par le lac Batijiellas.

5 h. 30 de la cabane de Turmes au sommet. — 5 h. à la descente à l'hospice de Vénasque. — Guide nécessaire.

7 h. 30 de Luchon au pont de Cubère (R. 71, *A*).

On passe le pont et on remonte, d'abord par la rive g., puis par la rive dr., la *vallée d'Astos de Vénasque*. — Forêt de pins rouges; cascades.

9 h. 15. *Cabane de Turmes* (1680 mèt.), où l'on peut passer la nuit.

On monte au S., à travers des blocs éboulés, puis au S.-O. (gorge aride). — 1 h. 30. *Col Batijiellas*, d'où l'on voit le grand *lac Batijiellas*. — Vaste cirque avec plusieurs lacs. — On dépasse un grand lac à dr. — On suit une pente facile de neige et de glace.

4 h. *Col de Pahules* (2900 mèt.?). — On traverse le glacier supérieur. — 5 h. Muraille de rochers qu'on escalade en 20 m. (prudence nécessaire). — On suit vers le S. une arête étroite.

5 h. 30. Cime du **pic Posets** ou *Punta de Lardana* (3367 mèt.), inférieure de 37 mèt. au Néthou. — Beau panorama.

B. Par Pahules.

De la cabane de Turmes : 5 h. 15 à la montée ; 3 h. 15 à la descente à Turmes, 5 h. 45 à l'hospice de Vénasque.

Au delà du bassin de Turmes, on remonte la rive dr. du torrent d'Astos. — 45 m. On passe sur la rive g. près du confluent du torrent de Gias (R. 71, *B*). — Cabane d'Astos de Vénasque. — On monte sur l'une ou l'autre rive du rio Astos.

1 h. 30. *Cabane de Pahules* (2075 mèt. env.). — Laissant la cabane au N., on s'élève rapidement sur la rive dr. du torrent de Pahules (éboulis). — Avant d'atteindre la glace, on dépasse un *gouffre* où se perdent presque toutes les eaux du grand glacier, puis on franchit la moraine et on remonte en zigzag les pentes très redressées du *glacier de Pahules*.

3 h. 45. On dépasse, en la laissant sur la dr., la pente par laquelle le glacier se déverse d'un cirque supérieur, au-dessus duquel se dresse le pic Posets. Bientôt on rejoint la route *A*.

5 h. 15. Sommet.

C. Par l'ouest.

Il vaut mieux partir de la vallée d'Aure que de Luchon.

On entre en Espagne par l'un des trois ports du Plan, de la Pe ou d'Aygues-Tortes (R. 63, *A*, *B*, *C*), et l'on va coucher dans une des cabanes, à l'O. du Posets.

Le matin, par la gorge de l'O. du pic, dont on voit la cime, on monte à l'E. sur la rive dr. d'un torrent. — Sentier, cabane isolée. — Bifurcation : prendre à g. — Montée raide et pénible à l'arête qui va au sommet ; à dr. glacier, à g. pentes de neige. Arrivé sur l'arête, on se dirige au S.

5 h. Sommet.

D. Du Plan-de-Gistaïn.

De la cabane del Clot (*V.* R. 63, *A*) ; montée, 2 h. 20.

De la cabane, on monte à l'E. — 15 m. On traverse le torrent du glacier O. — Pentes raides, sans danger. — On laisse à dr. le glacier ; corniches, éboulis, neiges. — 2 h. 10. Crête dominant le glacier de Pahules.

2 h. 20. Pic Posets.

E. Descente à Vénasque, par Eristé.

5 h. 15.

Laissant à g. les chemins précédents, on descend au S.-E. ; pentes faciles. — 1 h. 30. On passe à dr. de petits lacs. — 1 h. 45. On suit, S.-S.-E., la rive dr. d'un torrent. — 2 h 45. A g., *cascade* ; on incline à dr. — Deux cabanes (1800 mèt.?) ; route muletière, qu'on suit.

A dr., cascade ; on prend la rive g. ; scierie. — 3 h. 45. On reprend la rive dr. — 4 h. 15. *Eristé.* — On remonte la vallée de l'Esera.

5 h. 15. Vénasque (R. 71, *A*).

ROUTE 73.

LES MONTS-MAUDITS

Le groupe granitique des **Monts-Maudits**, qui s'étend de l'E. à l'O. sur une longueur de 15 kil. env., est au S. de la chaîne principale des Pyrénées. Il est borné au N. et à l'O. par la vallée de l'Esera; mais son extrémité E. projette vers le N. un chaînon latéral qui forme les hautes cimes du Poumero, de l'Entécade, du Couradilles, du Poujastou, et va finir au confluent de la Garonne et de la Pique. Le massif entier des Monts-Maudits paraît une énorme montagne isolée : ses principaux sommets, séparés par des échancrures peu profondes, sont les renflements d'une même arête. Les ports de Vénasque et de la Picade ou les cimes voisines de la chaîne frontière sont les meilleurs observatoires pour l'ensemble des Monts-Maudits.

Le sommet du Néthou fut atteint pour la première fois en 1842 par MM. de Tchihatcheff et de Franqueville, avec les guides Argarot, Pierre Redonnet et Bernard Ursule. La saison la meilleure pour l'ascension est du 20 juillet au 1er septembre.

A. Le Néthou.

1° PAR LA RENCLUSE.

2 jours. — Course facile si l'on est *trois* et si l'on se sert de la corde. — Guide, 15 fr. par jour. — Hache et corde *nécessaires*.

16 k. Port de Vénasque (R. 68) — Au delà de la fontaine de Peña Blanca, on se dirige obliquement vers (1 h. du port) le *plan des Étangs*, petite plaine avec flaques d'eau, dominée par le *Paderne* (2652 mèt.), l'un des promontoires des Monts-Maudits. — A g., sentier du Trou de Toro (*V.* ci-dessous).

2 h. du port. La **Rencluse** (enclos), à 2082 mèt., ancien lac que traverse aujourd'hui l'Esera (abri sous le rocher surplombant). — A côté, *gouffre de Turmon*, où l'Esera, descendue des Monts-Maudits, se perd pour reparaître en deçà de l'hospice de Vénasque.

Le lendemain, on monte au S.-E. ; gazons, rochers et neiges. — 2 h. 30 (de la Rencluse). *Portillon*, petit col ouvert (2908 mèt.) dans l'arête qui sépare le glacier de la Maladetta, à l'O., de celui du Néthou, à l'E.

On gravit du N. au S. le *glacier de Néthou*, en s'attachant à la corde lorsqu'on approche des crevasses. — 3 h. 30. Bord d'un entonnoir; au fond, petit *étang de Corones* (3175 mèt.), glacé. — On taille des pas pour s'élever au *Dôme* ou première cime du Néthou. — *Pont de Mahomet*, arête aiguë qui conduit sur la plus haute cime de la Maladetta et des Pyrénées.

4 h. 30 (de la Rencluse). **Pic de Néthou,** ou mieux d'**Aneto** (3404 mèt.).

De la plate-forme (20 mèt.

sur 4 à 5 mèt.), on ne voit de tous côtés que des abîmes, et, au loin, un vaste et informe chaos de montagnes.

En descendant du pic par le chemin que l'on a suivi en montant, on atteint (1 h.) le bord du glacier, et (2 h. 30) la Rencluse.

On peut, par le col de Querigueña, descendre (6 h. du pic) aux Bains de Vénasque.

2° PAR MALIBIERNE ET LE GLACIER DE CORONES.

Par Malibierne, un seul guide suffit si l'on descend par la même voie ou par le col de Querigueña (Gregonio). — On peut aller à cheval jusqu'à la cabane de Ribereta. — Très belle course, surtout si on la complète en descendant (deux guides et cordes) par la Rencluse.

7 h. 15. Confluent du torrent de Malibierne et de l'Esera.

10 h. 30. Cabane de Ribereta (R. 71, *A*). — On peut coucher en plein air, près d'un feu, sur la rive dr. du torrent.

Le lendemain, on franchit le torrent d'Erihuell, on monte, N.-N.-O., rive dr. — 30 m. *Cabane d'Erihuell* (2253 mèt.); on prend la rive g.; chaos. — On atteint le haut de la muraille près du déversoir du *lac inférieur d'Erihuell.*

1 h. 15. Cascade. — On tourne à l'E.-N.-E.; pentes de neige faciles. — 1er ressaut, d'env. 6 mèt.; cheminée facile; plateau et 1er *lac glacé d'Erihuell* (2720 mèt.). — 2e ressaut. — 1 h. 45. *Lac glacé supérieur* ou *lac Corones* (2765 mèt.; vue magnifique), immense muraille de 7 k. de long., échancrée par le col de Querigueña à l'O., et le col de Corones à l'E.

On contourne la rive O. du lac; chaos. — On monte par une courbe à l'O., puis à l'E.; on aborde le glacier à env. 2950 mèt. d'alt.; pentes raides, non difficiles, pas de crevasses.

3 h. 30. *Col de Corones* (3193 mèt.); on rejoint la route de la Rencluse.

4 h. Pic de Néthou.

3° PAR LE COL DES BARRANCS.

7 h., à cheval, de Luchon à la cabane des Aigoualats. — 4 h. 30 de la cabane au sommet.

16 k. Port de Vénasque (R. 70, *A*). — Descente (1 h.) à la cabane du plan des Étangs (course n° 1). — On monte, S.-E., une sorte d'escalier rocheux.

1 h. 30. **Trou de Toro** (2024 mèt.; vue magnifique), recevant les eaux, qui reparaissent au Goueil de Jouéou, à 6 k. (600 mèt. plus bas), sur l'autre versant de la chaîne (R. 74, *B*). — On remonte le *val des Aigoualats.*

7 h. de Luchon. *Cabane des Aigoualats*, où l'on couche.

On remonte la gorge de *Salenques*. A sa bifurcation, on prend à dr.; la g. mène, S.-S.-E., au lac des Barrancs. — 45 m. Base du glacier de Néthou; obliquer à g., S. et S.-E.

1 h. 30. *Col des Barrancs* (2478 mèt.), à l'O. du *lac des Barrancs*, que l'on ne voit pas.

Laissant à g. le sentier du col de Salenques, on monte au S.-O. par des neiges (chutes de pierres fréquentes). — 3 h. 30. *Épaule du Néthou;* pentes de 55° à 60° : on monte au S.-O. — Pont de Mahomet.

4 h. 30. Cime du Néthou.

B. Pic de la Maladetta.

4 h. 30, de la Rencluse.

2 h. 30 de la Rencluse au Portillon (*V.* ci-dessus, *A*, n° 1).

On monte, S., au *col de Néthou* 3160 mèt.); on tourne à l'O.; petite brèche. — Descente par un ravin qui tombe sur le glacier de Querigueña ; à g., le lac.

4 h. On monte, N., sur le glacier; pentes douces.

4 h. 30. **Pic de la Maladetta** 3312 mèt.); panorama de neiges.

C. Lac Querigueña.

3 h. des Bains de Vénasque; env. 3 h. pour le retour.

On se dirige, au S.-S.-E. des Bains, vers une petite brèche, entourée de forêts. — 1 h. *Gorge de Querigueña;* montée à l'E.-S.-E., sur la rive dr. du torrent. — Ressauts de granit. — A g., petit *lac* (2400 mèt.).

3 h. **Lac Querigueña** (2637 mèt.); ce lac, nommé *Gregonio* par M. Ch. Packe, est l'un des plus grands des Pyrénées.

Du lac, on pourrait, en 45 m., par le *col de Querigueña* (2927 mèt.), atteindre le glacier d'Erihuell et la brèche de Corones (*V.* ci-dessus, *A*, 2°).

D. Tour des Monts-Maudits. Pic de Malibierne.

Plusieurs jours. — Guide nécessaire, avec abondantes provisions.

7 h. de Luchon à la cabane des Aigoualats (*V.* ci-dessus, *A*, 3°).

1 h. 30 (de la cabane). Col des Barrancs. — On descend un peu; puis montée longue et pénible au

3 h. *Col de Salenques* (2825 mèt.); le Néthou à l'O.; pic de Salenques à l'E. — On descend au S.-E., par le versant S.

4 h. **Chaos de Salenques**, plus effrayant encore que celui de Gavarnie. Le torrent et un de ses affluents se perdent sous les pierres et reparaissent à 200 mèt. plus bas.

5 h. *Forêt* de sapins, une des plus belles des Pyrénées. — On suit la rive dr. du torrent, puis on tourne à dr. (5 h. 30) dans la *gorge de Rio Bueno*, que l'on remonte. On fera bien de passer la nuit à la lisière supérieure de la forêt (5 h. 45 des Aigoualats).

Le lendemain, on franchit une arête de rochers. — 15 m. **Lacs de Rio Bueño** (2196 mèt.; truites). — On contourne vers l'O. la rive g. des lacs de Rio Bueno. — On tourne au N.; ravin, trois petits lacs.

1 h. 15. *Col de Rio Bueno* (2533 mèt.); à l'O. le Malibierne. — On passe entre les deux lacs; on laisse à dr. le col de Malibierne et on monte au S.-S.-E. — 2 h. 15. On se trouve à env. 100 mèt. au-dessus du

col de Malibierne (belle vue), on contourne le contre-fort N. du pic. — Grandes pentes de neige, faciles; raillère; arête terminale sans danger.

4 h. **Pic de Malibierne** (3067 mèt.; belle vue).

On descend vers l'origine de la vallée de Malibierne. — 5 h. Lacs de Malibierne. — 6 h. Cabane de Ribereta (R. 71, *A*), où l'on peut passer la nuit.

E. Pic Russell.

4 h. 10, des lacs de Rio Bueno.

Des lacs de Rio Bueno (*V.* ci-dessus), laissant à g. le pic de Malibierne, on monte au (2 h. 10) col de Malibierne (R. 71, *A*). — On prend à dr. ; on suit une crête ; à l'E., lac.

4 h. 10. **Pic Russell** (3198 mèt.), extrémité S. d'une longue arête qui se prolonge à l'E.-S.-E. des Monts-Maudits.

F. Pic des Tempêtes.

8 h. 30, de la cabane des Aigoualats.

7 h. de Luchon à la cabane des Aigoualats (*V.* ci-dessus, *A*, 3°). — 3 h. de la cabane au col de Salenques (*V.* ci-dessus, *D*).

Laissant à l'E. le chemin qui, par le val de Salenques, conduit dans le val de Rio Bueno, on va au S. pour suivre le bord d'un glacier carré entre le Néthou et le pic des Tempêtes; puis, tournant à l'E., on franchit une *brèche* (2270 mèt.) à l'E. du pic Russell, et, inclinant horizontalement vers l'O.-S.-O., on atteint des nappes de granit. — Neiges; petits *lacs glacés.*

5 h. A g., *lac* qu'on domine; à dr., au N., pic Russell. — On passe le *col des Bouquetins* (2776 mèt.?). — On tourne au N.-O. sans monter ni descendre; talus glissants, très inclinés. — On passe un *col* (2600 mèt.?); au N.-N.-O. le Néthou. — 7 h. On descend au N.-O. vers un petit *lac* noir (abri sous un gros bloc). — Le *vallon de Néthou* se bifurque; il faut prendre la branche E.; l'autre branche se termine en parois à pic au-dessus du *lac de Néthou* (belles cascades supérieures). — On monte droit au N.

8 h. 30. **Pic des Tempêtes** (3291 mèt.), séparé du Néthou par une immense brèche en forme de V.

Il faut descendre par la même voie jusqu'au ruisseau des lacs, et rejoindre la vallée de Malibierne près de la cabane de Ribereta (R. 71, *A*).

—

Le pic du Milieu, le pic Occidental, le pic d'Albe, le pic d'Erihuell, la Pique Fourcanade, *V.* l'*Itinéraire général : Pyrénées.*

ROUTE 74.

LE PAYS D'ARAN.

Le **pays d'Aran**, dominé par des sommités en partie couvertes de neige, n'a d'autre ouverture que l'étroit défilé de la Garonne, à son extrémité N.-O., et ne peut communiquer avec l'Espagne ou avec les autres vallées voisines que par des cols élevés. Entièrement sur le versant N. de la chaîne, le val d'Aran devrait appartenir à la France, de même que le val d'Andorre ou la vallée de l'Iraty devraient appartenir à l'Espagne; mais l'Aran, qui faisait d'abord partie du comté de Comminges, fut retenu, en 1192, par Alphonse II, roi d'Aragon, et ne fut rendu ni en 1258 lors du traité de Corbeil, ni en 1660 lors de la paix des Pyrénées. La population, d'env. 12 000 h., répartis en une trentaine de bourgs ou villages, parle un patois se rapprochant beaucoup de celui du Comminges. La vallée d'Aran ne présente aucunement le caractère des Pyrénées espagnoles.

A. de Saint-Béat au Pont-du-Roi et à Tredos.

46 k. 5 (11 k. le Pont-du-Roi, et 35 k. 5 du pont à Tredos). — Route de voit. (35 k.) jusqu'à Viella. — Service d'omnibus de Marignac à Viella (4 fr.), correspondant avec les trains venant de Luchon. — Cheval et guide, 10 fr. par jour chacun.

On remonte la rive g. de la Garonne. — 3 k. *Arlos.* — A g., de l'autre côté du fleuve, *Argut-Dessous* et *Argut-Dessus* (mines de plomb et de manganèse). — Pont sur la Garonne.

6 k. **Fos** (nombreuses scieries). — On suit une belle avenue. — Ham. du *Sérial,* à l'embouchure du ruisseau du même nom (tour carrée). — On traverse le Sérial ou Maudan, puis le Muras, descendu du *Cap de la Pique* (2032 mèt.). — La vallée se resserre.

11 k. **Pont-du-Roi**, sur la Garonne, frontière.

Le pont franchi, on remonte la rive g.

14 k. *Pontau,* premier v. aranais; *pont* hardi qui conduit à Canéjan (*V.* ci-dessous, *H*).

La vallée s'élargit. — On passe sur la rive dr. de la Garonne.

16 k. **Lès** *. — *Source* thermale (35°), sulfurée, employée contre le rhumatisme, les maladies de la peau, etc. — *Établissement* situé à 5 m. au S. du bourg, sur la rive dr. de la Garonne (20 baignoires, douche, buvette; appartements pour les malades). — **Casino** au milieu d'un parc (jolis appartements, café-restaurant; salon de jeux).

A Lès, on traverse la Garonne. — Petite plaine; ham. de *l'Espériade.* — On passe à côté du *gouffre de Clèdes,* creusé par les eaux dans les rochers.

19 k. **Bosost** *. — *Chapelle de la Vierge* (retable curieux). — **Église** romane (porte latérale du N., tympan et chapiteaux sculptés; flèche très élancée); absides décorées de fleurs, de figures et d'arabesques; autels en bois sculpté et doré; retables (celui du milieu est le plus remarquable); à la tribune, roue garnie de clochettes que l'on tourne rapidement à l'élévation.

Sur la rive g. de la Garonne, belle promenade.

Au N.-O., ruines d'un *château* au-dessous, *grotte fortifiée.*

N. B. — On paye à la douane 50 c. par monture.

A Luchon, par le Portillon, R. 68

— au Goueil de Jouéou, *V.* ci-dessous, *B*; — au pic de Montludo, *V.* ci-dessous, *C*.

On remonte la rive g. de la Garonne. — Confluent des deux Garonnes, dominé par la butte et les ruines du château de *Castelleon*. — On traverse la Garonne de Jouéou.

26 k. *Las Bordas*, à 790 mèt., sur une hauteur. — On remonte la vallée de la Garonne orientale, dont on suit la rive g. — Sur les hauteurs qui dominent la rive dr., v. de *Benos*. — Plus loin, confluent du rio Saliente, qui arrose la profonde *vallée de Barrados* et qui descend du pic de los Armeros (*V.* ci-dessous, *H*). — Le v. d'*Arros* se montre sur les terrasses de la rive dr.

31 k. *Aubert*. — On traverse la Garonne en dépassant sur la rive dr. *Bellan*, puis *Villach*, situé au débouché du barranco du même nom. — Chapelle gothique de *Mitg-Aran* (milieu d'Aran), reste d'un couvent. — De l'autre côté de la route, énorme *monolithe*, ancien autel (?).

35 k. **Viella** *, ch.-l. du pays d'Aran, à 962 mèt., sur les deux rives du rio Negro, non loin de la Garonne. — *Église;* chapelles très ornées. — *Pont couvert*, sur le rio Negro. — *Maisons* anciennes avec balcons et *miradores*.

De Viella au Goueil de Jouéou, *V* ci-dessous, *B*; — au val de l'Esera, R. 75; — à Caldas de Bohi, R. 76; — à Castillon, R. 77; — à Couflens, R. 78.

On remonte à l'E. la vallée de la Garonne. — 36 k. 5. *Betren* (*église*, sculptures étranges). — 39 k. *Escuñau*, puis *Casarill*.

40 k. 5. Sur la rive dr., *Garos* (plusieurs sources sulfureuses non utilisées).

41 k. 5. **Bains d'Artias** ou *d'Arties*, très bien tenus; 26 baignoires, 1 douche. Eaux thermales (33°,5 à 40°,5), sulfurées sodiques; analogues dans leurs effets à celles de Luchon, mais moins énergiques et moins riches en sulfure.

42 k. 5. **Artias** * ou *Arties* (1139 mèt.), sur les deux rives du rio Valartias et à son confluent avec la Garonne; excellent centre d'excursions. — *Église* romane; *maisons* anciennes. — *Marbre*.

D'Artias à l'Estañ del Mar, au Montarto d'Aran, *V.* ci-dessous, *D* et *E*; — à Caldas de Bohi, R. 78.

On traverse la Garonne (belle vue au S.) et on en remonte la rive dr. — 44 k. *Gesa*, au débouché du *barranco de Corilla* (ruines d'une jolie *église* romane). — La vallée se resserre; à g. débouche le profond vallon du rio Iñola, qui descend du lac de Montolieu (*V.* ci-dessous, *N*).

45 k. **Salardu** * (1220 mèt.), bâti sur un promontoire qui domine le confluent du rio Iñola ou Juela avec la Garonne; sur le bord opposé de la pro-

fonde coupure du *val d'Iñola* ou de *Bazergues* se montre le v. d'*Uña*. — Salardu est un excellent centre d'excursion, de plus en plus fréquenté par les touristes.

De Salardu au pic Sandrous, au pic de Colomès, etc., *V*. ci-dessous, *F* à *M*.

On continue à remonter la vallée de la Garonne.

46 k. 5. **Tredos** (1320 mèt.), dernier v. de la vallée, situé au-dessus du confluent du rio Aiguamoch.

B. De Bosost au Goueil de Jouéou.

9 h., aller et retour. — Excursion très facile et *très recommandée*.

On suit d'abord la route de Viella (*V*. ci-dessus, *A*).

1 h. 20. *Pont de las Bordas*, où l'on quitte la route de voit. pour pénétrer dans la **vallée d'Artigue-de-Lin**, en suivant la rive dr., puis la rive g. de la Garonne de Jouéou; la vallée, fort encaissée, très boisée, est fort belle.

3 h. 45. *Ermitage* et *hospice* (misérable) *d'Artigue-de-Lin*.

[De l'hospice d'Artigue-de-Lin, un sentier très raide monte à l'O., par la *combe d'Aubert*, au col de Mounjoyo (R. 68), sur le sentier de l'hospice de France au port de la Picade.]

On laisse à dr. l'hospice et on suit d'abord la rive g. du Jouéou; puis le sentier traverse une forêt, montant et descendant sur les pentes de la montagne de *Samugue*. Bientôt on aperçoit les deux séries de *cascades* que forment les Gouëils. C'est un des plus merveilleux sites des Pyrénées.

4 h. 30. On franchit le torrent de la Picade, puis celui des Pouys, et l'on contourne un promontoire qui domine le confluent du Jouéou et du ruisseau des Pouys.

4 h. 45. **Goueil de Jouéou** (1430 mèt.). Après les fortes pluies ou la fonte des neiges, le torrent ne jaillit plus d'orifices épars, mais de deux énormes sources qui tombent dans le torrent en deux cataractes hautes de 30 mèt. et entourant un îlot incliné couvert de sapins. Cette eau est celle qui s'est engloutie, à 6 k. de là, dans le Trou de Toro, au pied du Néthou (R. 73, *A*, 3°). Dans son cours souterrain, sa chute est de 600 mèt. env.

4 h. 15 suffisent pour le retour à Bosost.

C. De Bosost au pic de Montludo.

7 h. env., aller et retour.

Pont sur la Garonne. — A g., *vallon de Margalida*. — On monte à l'E. sur des gazons, en se maintenant très haut au-dessus du rio Margalida. — 1 h. 15. Forêt de sapins. — 1 h. 40. *Plateau de la Savanière*. — 2 h. *Cabanes d'Arrès* (fromagerie). — 2 h. 45. *Hount de la Coumette* (2040 mèt. env.). — Rapides lacets. — 3 h. 15.

Col de Loric (2235 mèt. env.); au N.-N.-E. se montre le pic de Montludo; à dr. (15 m. du col) le *pic de Séoube* (2326 mèt.). — On gravit une crête gazonnée, on descend un peu vers le *lac de Vilamos*, d'où l'on monte au

4 h. 15. **Pic de Montludo** (2511 mèt.; vue très intéressante sur la vallée d'Aran et ses vallons secondaires). — 2 h. 45 pour le retour à Bosost, par la rive g. du rio Margalida.

D. D'Artias à l'Estañ del Mar.

6 h. env., aller et retour. — Guide utile.

Sortant d'Artias au S., on remonte la rive g. du torrent du *Valartias* ou *val d'Artias* (importantes carrières de marbre blanc), par le chemin muletier du port de Rious ou de Rieus. — Sur la rive dr., *source sulfureuse* (26°), en renom dans le pays. — Plus loin, *source ferrugineuse*. — *Pont de la Reséque*. — On se dirige au S. à travers des pelouses et un *chaos* d'énormes rochers, où se trouve une glacière naturelle : le *Trou du Gel*. — 1 h. 45. On laisse à dr. le chemin du *port de Rieus*, dont la gorge s'élève à l'O.-S.-O., et on gravit en lacets un escarpement formant digue.

2 h. 45. *Lac de la Restenque* (1945 mèt.) : au S.-O., jolie cascade du déversoir de l'Estañ del Mar; au S., Tuc Ménège, pointe N. de la sierra de Montarto (R. 75); à l'extrémité S.-E. du lac, abri sous un bloc de granit. — On se dirige au S.-S.-O. en contournant au milieu de chaos de granit les escarpements du lac supérieur.

3 h. 30. **Estañ del Mar** (2224 mèt.), lac d'une superficie d'env. 70 hect., un des plus grands du versant N. des Pyrénées. M. Ch. Packe, qui le fit connaître, le désigna sous le nom de *lac de l'Ile*. Cette grande nappe d'eau, bordée de tous côtés de granit grisâtre, dominée au S. par les escarpements neigeux du Tuc Ménège, forme un spectacle sauvage et grandiose. — Une arête, à l'O., le sépare du *grand lac de Rieus*, récemment découvert, et du *lac de Rieus*, qui s'allonge au milieu du port de Rieus, à 5 h. de marche de l'Estan (30 m. de l'Estañ au lac de la Restenque).

E. D'Artias au pic Montarto d'Aran.

6 h. à la montée, 4 h. à la descente. Guide utile.

2 h. 45. Lac de la Restenque (*V.* ci-dessus, *D*). — On laisse à dr. l'Estañ del Mar et on monte à l'E. sur de larges gradins de granit. — 3 h. 5. On pénètre dans la gorge du port de Caldas. — *Estagnet de Cap-de-Port* (2190 mèt.); on contourne la rive dr. de ce petit lac. — La gorge devient de plus en plus sauvage.

4 h. 15. **Port de Caldas de Bohi** (2454 mèt.; vue très intéressante).

A g. se dressent les hautes murailles du pic, rayées par

deux couloirs de neige. — 4 h. 45. Arrivé à la base du plus haut de ces couloirs, on s'engage sur la neige, où il est souvent nécessaire de tailler des pas. — 5 h. 45. Haut du couloir. — Facile montée à g.

6 h. **Montarto d'Aran** (2827 mèt.; très curieuse vue au S. sur les hautes sierras de Comolos Altes, Comolos Pales, Montarto, etc.). — Ce pic ne fait pas, malgré son nom, partie de la sierra de Montarto (R. 76). — On peut soit descendre à Artias (4 h.), soit, après être revenu au port, se rendre au S. à Caldas de Bohi (R. 75).

F. De Salardu au pic Sandrous.

4 h. 45 à la montée, 3 h. 30 à la descente. — Guide nécessaire. — Course facile très recommandée.

On traverse la Garonne sur un vieux pont. — Un bon chemin muletier, qui s'élève sur le flanc de la montagne, conduit à l'entrée du **val de Colomès**, ou *val de los Baños*, arrosé par le rio Aiguamoch. L'entrée du vallon qui domine le v. de Tredos (*V.* ci-dessus, *A*) est obstruée par une ancienne moraine (plantes rares). — Après avoir franchi une seconde moraine (sapins), on contourne un promontoire qui semble fermer la vallée.

1 h. 40. **Bains de Tredos** (1680 mèt.), rive g. du torrent. — 3 cabinets de bains; 2 sources sulfureuses. — L'établissement n'est guère fréquenté que par les Aranais. — On continue à remonter la belle vallée de Colomès. — 2 h. Vue subite, au S., du cercle des hautes cimes neigeuses du fond de la vallée. — Le sentier monte obliquement à l'E.-S.-E. — Forêts de pins, puis gazons. — 4 h. 10. *Col de Sandrous* (2445 mèt.). — On laisse au N. (25 m. du col) le *Petit Sandrous* (2664 mèt.), et on escalade, au S., une crête disloquée en passant un peu sur le versant E.

4 h. 45. **Pic Sandrous** (2701 mèt.). — Vue magnifique; à l'O. s'ouvre le grand cirque de Colomès, avec ses forêts et ses lacs; à l'E., *cirque* lacustre *de Sabouredo*, etc. — En 3 h. 30, descente à Salardu.

G. Pic Occidental et Grand Pic de Colomès.

6 h. à la montée, 4 h. 30 à la descente. — Très belle course, recommandée. — Guide nécessaire.

1 h. 40 de Salardu aux Bains de Tredos (*V.* ci-dessus, *F*). — On prend derrière les Bains un sentier qui s'élève au S. sur la rive g. de l'Aiguamoch. — 3 h. 1er *lac de Colomès*, dans lequel se jette, au S.-S.-O., le torrent du *port de Colomès*. — 3 h. 10. On franchit ce ruisseau, et, laissant à l'O. le chemin du port, on monte au S. — Éboulis de granit au milieu desquels sont épars les innombrables lacs du **cirque de Colomès**; ce cirque, encombré de neige, dominé par de hautes aiguilles,

est immense. — On dépasse successivement plusieurs *lacs*. — 4 h. 10. Base du *Pouce de Colomès* (2749 mèt.), terme d'un chaînon qui s'avance au N. — On se dirige vers le fond du cirque en se rapprochant des murailles, afin d'éviter les nombreux *lacs* et *laquets* du milieu du cirque. — Neige. — Escalade, sans difficulté, de l'arête E. du pic Occidental. — 5 h. *Pic Occidental de Colomès* (2863 mèt.; belle vue). — Si l'on veut faire l'ascension du Grand pic, qui donne une vue plus complète, il faut se diriger droit à l'E., d'abord sur les neiges du versant S., puis le long de murailles assez difficiles, afin d'atteindre un petit col au S. du pic, d'où une assez dure escalade conduit au

6 h. **Grand pic de Colomès** (2926 mèt.). — Vue magnifique des Monts-Maudits; innombrables lacs au N., à l'O., à l'E. — Vers le S., l'énorme *sierra de los Encantados* est dominée par la belle aiguille de **Peguera** (2985 mèt.).

Pic de Salana, Aiguille de Sabouredo, lac Gerbel, pic Peguera, etc., *V.* l'*Itinéraire général : Pyrénées*.

H. Lacs de Liat et pic de los Armeros.

Très belle course, complète si l'on descend sur le Montgarry. — 6 h. 45 de Pontau, à la montée; 4 h. 45 descente à Montgarry, ou en 3 h. env. à Salardu. — Guide nécessaire.

Parti de Pontau (*V.* ci-dessus, *A*), on traverse la Garonne (580 mèt.) sur un pont de pierre très élevé, et on entre dans le *val de Toran*. Le chemin suit la rive g. du torrent, laissant *Canéjan* sur la hauteur. — 1 h. *Moulin de Canéjan* (740 mèt.); la route passe sur la rive dr. — 1 h. 5. On franchit le rio Bordious, qui descend du pic de Montludo (*V.* ci-dessus, *C*). — 1 h. 20. On passe sur la rive g., puis sur la rive dr., en amont de *San Juan de Toran* (pèlerinage). — 2 h. 20. Nouveau retour sur la rive g. — *Forges* (980 mèt.). — Belles forêts. — 2 h. 35. Rive dr.; au S. s'ouvre un grand ravin. — 3 h. 15. Belle *cascade* (1400 mèt.); la montée devient plus raide; lacets. — On laisse à g. une cascade, puis une branche du torrent de Liat.

4 h. 35. Terrasse (2325 mèt.), à la base du pic de los Armeros. — Franchissant une petite brèche à l'E., on arrive sur le plateau mamelonné des *lacs supérieurs de Liat* (vue sur le Mauberme). Ce bassin contient quantité de petits lacs, la plupart sans déversoir apparent; les eaux du *grand lac de Liat* se perdent également dans un gouffre.

6 h. Cabane de mineurs, près du *lac de Piga Paloumère* (2370 mèt.), où l'on peut coucher. — Les mines de **Cap de Guerri**, encore faiblement exploitées, donnent du minerai de blende rendant 50 0/0 de zinc. — La montée au S. vers le pic est très facile. — Petit *col* entre

les vallées de Liat et de Barrados.

6 h. 45. **Pic de los Armeros** (2552 mèt.; vue de tout le val d'Aran).

[**Descente à Montgarry** (4 h. 45). — Du pic, on peut descendre en 5 h. à Lès ou en 3 h. à Salardu; mais il est plus intéressant de se rendre à Montgarry. — A g., lac de Piga Paloumère, caché par un repli de terrain. — Grand plateau sans eau; on se dirige droit vers le Maubermé (R. 82, *B*), dont on gravit bientôt la base; puis, le laissant à g., on traverse une région mamelonnée en se maintenant à 2500 mèt. env. — 2 h. Port d'Urets (R. 82, *B*), d'où l'on pourrait rentrer en France. — A l'E., *mines* exploitées dont on fait descendre le minerai en Ariège. — On se dirige à l'E.-S.-E. — *Lac de Montolieu*. — 2 h. 45. *Col de Montolieu* (2640 mèt.; belle vue), ouvert dans le chaînon transversal de *Montolieu*. — Descente sur la rive dr. du rio Fourcail, dominée par les deux *pics Parrous* (2726 mèt.). — Torrent du port d'Orle (R. 77). — 4 h. 35. On passe sur la rive g. du rio Fourcail près de son confluent avec la Noguera Pallaresa.

4 h. 45. N.-D. de Montgarry (R. 78).]

ROUTE 75.

DU VAL D'ARAN A LA VALLÉE DE L'ESERA

A. De Bosost à Vénasque, par le port de la Picade.

12 h. de marche. — Très belle course, très recommandée.

4 h. 45 de Bosost au Goueil de Jouéou (R. 74, *B*).

En remontant le *vallon des Pouys*, au S., on atteindrait en 3 h. env. le *col des Aranais*, entre les pics Poumero et Fourcanade; mais, pour se rendre à Vénasque, il faut monter à l'O.; le sentier à peine indiqué traverse une belle forêt, puis franchit un escarpement.

5 h. 35. *Pâturages de Poumero*. — Lacets.

7 h. 35. Port de la Picade (R. 68, *S*).

On descend par le chemin muletier du plan des Étangs au fond de la vallée de l'Esera (*V*. R. 71, *A*).

12 h. Vénasque (R. 71, *A*).

B. De Viella à Vénasque, par l'hospice de Viella et Senet.

2 journées de marche. — Chemin muletier. — Il faut coucher soit à l'hospice de Viella (bien tenu), soit à Senet ou à Aneto.

On monte au S. (sentier facile). — 45 m. On laisse à dr. une gorge qui descend du groupe de la Pique Fourcanade.

1 h. 45. Petit *cirque*; on prend la rive g. du torrent (zigzags). — 2 h. 45. Deuxième ressaut, dominé par un amphithéâtre de rochers et de neiges. — On monte au S.-O.

3 h. 15. **Port de Viella** (2453 mèt.; vue des Monts-Maudits). — On descend sur le versant S. (chemin rocailleux).

5 h. **Hospice de Viella** (1645 mèt.), sur la Ribagorzana naissante. — Beau paysage. — A l'E., *port de Valartias* ou *de*

Rieus (2370 mèt.), menant à (5 h.) Artias (R. 74, *A*).

[De l'hospice de Viella, on peut se rendre à Bagnères-de-Luchon par le col des Moulières (14 h. 30; course admirable, très facile; on peut coucher à l'auberge du port de Vénasque). — On monte à l'O.; à g., forêt. — 2 h. On laisse à dr. des lacs glacés. — Longue montée à l'O.; grandes pentes de neige.

3 h. 30. **Col des Moulières** (2800 mèt.), à l'E. du *pic des Moulières*, qu'il serait facile d'atteindre en moins d'une heure (3008 mèt. : très belle vue). — 3 h. 45. *Col Alfred* (2840 mèt.; neiges).

Descente au N.-N.-O. — 6 h. 30. Trou de Toro. — 14 h. 30. Luchon (R. 68), ou

11 h. Vénasque (R. 71, *A*).]

Au delà de l'hospice, on descend la vallée de la Noguera Ribagorzana. — On laisse à dr. le chemin des lacs de Rio Bueno, puis une scierie.

10 h. 30. *Senet** (1279 mèt.). — On traverse la Noguera.

10 h. 50. *Aneto* ou *Néthou*. — La route traverse la partie inférieure de la vallée de Liauret, le barranco de Buzia et des pâturages, monte au *col de las Salinas*, puis descend vers les (15 h. 20) *granges de Castaneza* (1758 mèt.). — Facile montée à l'O. sur la rive g. du torrent (flore très riche à dr. sur les rochers). — 17 h. 30. Col de Bassibé (R. 71, *A*).

20 h. 30. Vénasque (R. 71, *A*).

ROUTE 76.

D'ARTIAS A RIALP

ET RETOUR A VIELLA PAR ESTERRI.

D'ARTIAS A CALDAS DE BOHI

6 h. 30. — Chemin muletier.

4 h. 15 d'Artias au port de Caldas de Bohi (R. 74, *E*). — Du port, on tourne d'abord à l'O. en montant un peu, puis en descendant raide vers un couloir de granit conduisant à un large plateau. — Neiges et chaos; belle vue sur les *lacs de Caldas*. — 4 h. 45. *Lac de las Moungas* (2390 mèt.); sur la rive E. passe un chemin muletier conduisant du val de Bohi à Salardu par le port de Colomès. — A g., 3 petits *lacs* et plus bas le *lac Noir*. — On descend au S. de terrasse en terrasse; forêts sur les versants.

5 h. 30. *Lac de los Caballeros* (1750 mèt.), long de 800 mèt. env. — On suit la rive E. — 5 h. 40. Digue du lac. — On traverse le déversoir (belle *cascade*) et on suit la rive dr. de la Noguera de Tor. — **Vallée de Bohi**, large et bordée d'escarpements couronnés de sapins.

6 h. 30. *Nuestra Señora de* **Caldas de Bohi** (1510 mèt.), vaste établissement à la fois religieux et balnéaire, sur la rive dr. de la Noguera de Tor (130 chambres, 14 baignoires, 8 douches). — Eaux sulfureuses (31° à 35°), très énergiques :

maladies cutanées, rhumatismes, fractures, plaies d'armes à feu, etc. — Une source ferrugineuse renommée (à 1 h.) est utilisée dans l'établissement.

Caldas est un excellent centre d'excursions pour visiter cette région encore peu connue.

[**Comolos Pales** (5 h. à la montée, 3 h. à la descente ; guide nécessaire). — On remonte d'abord le val de Bohi sur la rive dr. de la Noguera de Tor. — 50 m. Un peu en aval du lac de los Caballeros, on traverse la Noguera et on pénètre à dr. dans la première gorge à l'E. en amont de Caldas. — Montée raide à l'E. dans une forêt vierge ; à g. sont les pentes de Comolos Pales, à dr. celles de Comolos Altes. — 1 h. 30. Vers 2000 mèt. d'alt., les arbres s'éclaircissent et disparaissent à 2200 mèt. (belle vue à l'O.). — 2 h. 40. Arrivé à 2500 mèt. env., on voit un large col à l'origine de la vallée, que l'on continue de remonter. — 3 h. 30. Petite *source*. — 3 h. 50. *Col :* cirque neigeux entouré de pics noirs ; au fond, deux grands *lacs* bleus. Là on tourne à g. et on escalade au N. une paroi de granit. — 4 h. 40. *Pic S. de Comolos Pales* (2980 mèt.). — A 300 mèt. N., se dresse comme un *pal* le point culminant de la sierra. Il faut suivre l'arête déchiquetée qui les unit.

5 h. Sommet (3000 mèt.). — Vue très intéressante sur toutes ces sierras dont les pics dépassent tous 2900 mèt., etc.

Val de San Nicolas (4 h. env., aller et retour). — Pont sur la Noguera ; on prend, rive dr., une route muletière. — 30 m. Confluent de la Noguera et du rio de San Nicolas. — Pont (1310 mèt.) ; rive g. du rio de San Nicolas ; source ferrugineuse. — Au S., route de Bohi. — On tourne à l'E.-N.-E. ; chemin muletier de traînage ; on entre dans le *val de San Nicolas*. — 45 m. Scierie ; le chemin de traînage cesse, corniches de rochers.

1 h. 10. Pont ; rive g. ; chemin muletier. — On monte à l'*ermitage de San Nicolas* (1700 mèt.), pèlerinage, cascade. — On descend.

1 h. *Lac de Llebrera* (1600 mèt.). — Sur la rive g., arête bizarrement dentelée des *Pinars de Tahul ;* sur la rive dr., grands pics neigeux de *Comolos Altes* et de *Saradé*.

A l'E.-N.-E., sur une terrasse en amont, à 1 h., *lac de Lloch ;* de là il faut 2 h. pour atteindre les *lacs de Portarron*, où l'on trouve la route du *port d'Espot*, conduisant à l'O. au val d'Aran, par le *port de la Ratère*, ou à l'E., par *Espot*, dans la vallée de la Noguera Pallaresa.

De Caldas de Bohi à Senet (6 h. ; on peut faire cette course à mulet). — En aval de Caldas, on traverse la Noguera de Tor. — Chemin muletier sur la rive g. — 30 m. On laisse à g. le chemin de San Nicolas, et traversant le torrent, on monte sur la rive dr. — 1 h. 15. *Erilavall.* — Le chemin monte au S.-O. ; bois et éboulis. — 1 h. 30. Source ; au N., *pic d'Erilavall* (2640 mèt.). — 3 h. 15. *Col d'Erilavall* (belle vue). — Le chemin se dirige à mi-côte vers un autre col ouvert au N.-O., où vient aboutir un autre chemin peu fréquenté, allant de Caldas à Senet.

4 h. 45. *Col de Senet* (vue admirable). — Descente monotone.

6 h. Senet (R. 75, B).]

SIERRA DE MONTARTO.

[S]ierra de Montarto court N.-S., de la ligne de faîte des Pyrénées, à l'E. des Monts-Maudits, entre la vallée de la Ribagorzana, à l'O., et la vallée de la Noguera de Tor ou de Bohi, à l'E.

A. Punta de Comolo Forno.

De Caldas : montée, 4 h.; descente, 2 h. 15. — Guides recommandés : Henri et Célestin Passet, de Gavarnie.

On suit quelques m. le chemin du port de Caldas, puis un sentier en zigzag montant à l'O.; forêt; on marche O.-N.-O. — 45 m. Clairière (cascade; belle vue). — Bois, plateaux herbeux, chaos. — Vaste plateau de pâturages entouré d'escarpements rouges; à l'O. *Comolo de los Llebriticos.*

1 h. 20. Cabane et source (1770 mèt.) ; à g., source ferrugineuse. — 2 h. On voit, au N.-O., la Punta de Comolo Forno, plus à l'O. le pic Béciberi. Une arête facile monte droit à la Comolo Forno, de l'E.-S.-E. à l'O.-N.-O. A l'E., en contre-bas, l'*Estañ Biela*; à l'O., deux des cinq *Estañ Shemen.* — 2 h. 40. On voit au S.-S.-O. le pic d'Erilavall; végétation chétive (2500 mèt.); on voit les trois autres Estañ Shemen. — 3 h. 40 (2970 mèt.). Très belle vue.

4 h. **Punta de Comolo Forno** (3028 mèt.). — Admirable panorama. — Au N., piton plus élevé (3032 mèt.), presque inaccessible par ce versant (gravi en 1882 par l'autre versant). — En 2 h. 15, retour par la même voie.

B. Signal du Montarto.

On peut partir soit d'Aneto, soit de Senet. — 5 h. 15, montée; 4 h. 15, descente à Senet ou à Aneto, ou en 3 h. 45 à l'hospice de Viella.

On remonte la Noguera Ribagorzana. — 10 m. de Senet, 15 m. de Néthou. Pont où les deux routes se joignent. — 25 m. Défilé; *tour de Castell.* — La vallée s'élargit. — Sapins énormes. — 35 m. Scierie ; on laisse à g. la route du val d'Aran; on prend à dr. la *vallée de Fenarrouye*, qui monte à l'E. — 2 h. plateau; on oblique à g., N.-E.

3 h. 30 m. *Col* (très belle vue). — On laisse à dr. les *Estañ Fé* ou *lacs de la Fon del Ferro*, dont on contourne le vallon pour gagner l'autre versant et une crête, de l'autre côté de laquelle sont les *Estañ de Frim.* — Gravir la crête avec beaucoup de précaution.

5 h. 15. **Signal du Montarto** (2951 mèt.; beau panorama).

On peut descendre par la pittoresque *vallée de Béciberi* : on se dirige à travers des éboulis neigeux très inclinés vers le lac de Béciberi, qui est en vue. — 1 h. A dr., étang. — On arrive par d'étroites cheminées couronnées de pins, puis à travers des pelouses et des forêts de sapins au (1 h. 30) *lac Béciberi* (belle *cascade* de 100 mèt. env. de hauteur). — Le sentier contourne la rive dr. — Suite de cascades; descente rapide. — 2 h. Les pentes s'adoucissent; sapins. — 3 h. 15. On débouche sur la route de Senet, en face du confluent du rio Bueno. — De là, on peut atteindre soit en amont l'hospice de Viella (3 h. 45), soit en aval (4 h. 15) Senet ou Aneto (R. 74, *B*).

[Le *Tuc Ménège* (2925 mèt.), le *Bécibéri* (3004 mèt.), *V.* l'*Itinéraire général : Pyrénées*.]

DE CALDAS DE BOHI A CAPDELLA

6 h. 45 à pied. — Chemin muletier.

30 m. Entrée du val de San Nicolas (*V.* ci-dessus, *B*). — On continue à suivre la rive g. de la Noguera de Tor.

1 h. *Bohi* (1320 mèt.). — On monte à l'E. dans le large *vallon de Tahul.* — 1 h. 30. *Fontaine de Tahul.* — 1 h. 40. *Tahul* (1555-1590 mèt.), gros v. bâti en amphithéâtre sur des pentes très redressées. — *Conque* bien cultivée *de Tahul.* — 2 h. 30. La vallée tourne de l'E. au S.; lacets; forêt de pins. — 3 h. 15. Cirque de pâturages (1950 mèt.). — 3 h. 45. Croupe gazonnée entre les deux bras du rio de Tahul; lacets. — 4 h. 25. Fontaine (2590 mèt.).

4 h. 45. **Col de Capdella,** nommé *col de Tahul* sur le versant E. (2606 mèt.; vue magnifique). — Descente en lacets (éboulis) dans le val de *Ricuerna* (gazons en terrasses); à dr., *lacs de la Coma Arrous.* — 5 h. 30. A g., gorge lacustre; belle cascade. — 6 h. Chemin sur la rive g.

6 h. 45 m. **Capdella,** à 1454 mèt., dans la vallée du rio Flamisell (pas d'aub.; hospitalité chez le señor Gaspá).

[**Punta de Moncenito** (3 h. 45 montée; 2 h. descente). — On prend au N. — 10 m. Pont sur le Flamisell; on passe à la rive g., chemin muletier remontant un ravin. — 40 m. Au N. défilé de *Monte Sallente,* menant au (16 h.) port de Salau. On traverse de grands pâturages. — 55 m. Croupe gazonnée montant N.-N.-E. vers la Punta; au S., le Portail de Monsech. — 1 h. 45. Fontaine (1972 mèt.). — 2 h. 50. Pied des rochers; on monte au pic, du S. au N.

3 h. 45. Sommet (2885 mèt.), couronné par une pyramide de pierres; admirable panorama.

On peut descendre soit à Capdella en 2 h., soit en 4 h. 45 à Rialp (*V.* ci-dessous). Dans ce dernier cas, on descend au (45 m.) col de Triedo (*V.* ci-dessous).]

DE CAPDELLA A RIALP

PAR LE COL DE TRIEDO.

6 h. — Chemin de mulets. — On peut se rendre aussi de Capdella à Rialp par la Punta de Moncenito (8 h. 30 par ce chemin; un mulet, 15 fr.).

1 h. 45 à 2 h. **Col de Triedo** (2150 mèt. env.; belle vue).

On descend, E.-S.-E., dans le *val de Pamano;* gazons glissants, chemin muletier sur la rive dr. — 3 h. 40. Pont sur le rio de Rialp ou arroyo de San Antonio (1550 mèt.).

4 h. 15. *Llesuy* (1440 mèt.; bonne posada). — On suit la rive g. du torrent; sur la rive dr., en contre-bas, *Bernuy,* puis *Sauri.* — On passe à *Surp.*

6 h. **Rialp** * (770 mèt.), petite ville bien bâtie, au confluent de l'arroyo de Sant' Antonio et de la Noguera Pallaresa.

A Vicdessos, R. 90, *A*.

DE RIALP A ESTERRI DE AREÒ

6 h. 30, à pied. — Chemin muletier.

On passe (pont à péage) sur la rive g. de la Noguera; on gravit en lacets une paroi abrupte, et on se dirige, E.-N.-E., vers la vallée supérieure de la Noguera Pallaresa. Sur la rive dr. s'ouvre une gorge étroite, on suit la rive g. — 1 h. *Hostal de Bulieri* (845 mèt.). — Pont menant à la rive dr. — 1 h. 30. On reprend la rive g. — On traverse le rio de Margaré.

h. *Casa Santa Roma*, maison hospitalière. — 2 h. 20. Pont; on passe sur la rive dr., dans le bassin de

2 h. 30. **Llaborsi** (bonne posada), gros bourg.

On remonte la rive dr. de la Noguera. — 4 h. 30. *Escalo.* — On laisse à l'O. la gorge d'*Escart.* — 5 h. 30. *Pont de Torrasa*, sur le rio Escrita, qui descend du port de la Ratère d'Espot.

6 h. 30. **Esterri de Areò** ou *de Areü* * (1000 mèt. ?).

D'ESTERRI A VIELLA

8 h., à pied. — Chemin muletier.

On quitte la vallée de la Noguera Pallaresa, et, tournant à l'O., on remonte la vallée du rio de la Mara ou de la Bonaïgue. — On monte à l'O. — 20 m. *Valencia de Areò.* — 40 m. Blocs erratiques, moraine. — 55 m. On quitte la moraine, on traverse le torrent; montée douce, rive dr.

1 h. 20. *Cabanes de Lasbordes.* — La vallée se bifurque : la branche g. monte au *lac des Cabanes*, au pied du massif d'Espot; la branche dr., qu'on suit, se courbe au N.; entre les deux, pyramide de *las Tres Pouys* (2849 mèt.). — On monte par une sorte d'escalier.

2 h. 15. *Casa de Bonaïgue*, petite aub. — Pentes plus douces; à g., hospice abandonné de *Nuestra Señora de Avas;* en face, torrent de décharge du *lac de Gerbel*, cascade. — On monte; long couloir, facile.

4 h. 30. **Port de Bonaïgue** (2072 mèt.). — Descente facile, par le *val de Ruda*, à Tredos et (6 h.) à Salardu, d'où en 2 h. à Viella par Artias (*V.* 74, *A*).

ROUTE 77.

DE VIELLA A CASTILLON

13 h. env.; de Salardu, 11 h. — Chemin muletier.

2 h. 20 de Viella à Tredos (R. 74, *A*). — Laissant au S. le val de Colomès (R. 74, *F* et *G*) et le torrent d'Aiguamoch, on remonte à l'E. la rive dr. de la Garonne orientale. — Au confluent du rio Ruda, on tourne au N.-N.-E. et on continue à suivre la vallée du ruisseau, désigné par les Aranais sous le nom de Garonne.

3 h. Les pentes s'adoucissent; belle vue.

3 h. 40. Après avoir dépassé un mamelon, on voit jaillir au pied d'un petit rocher (1872 mèt.) deux sources : les **Yeux** (*ojos*) **de la Garonne.**

3 h. 45. **Col de Béret** (1889 mèt.). On se trouve sur l'un des plus beaux pâturages des Pyrénées (nombreux bétail), le **Pla de Béret**, qui s'étend, sur une largeur d'env. 1 k. et une longueur de 5 à 6 k., vers le N.-E.

Près du col, sur le versant E., naît la Noguera Pallaresa; sur l'autre versant coule la Garonne (*cascades*). — On descend au N.

5 h. 45 m. *Cabanes de Montgarry*, où l'on peut trouver du pain et du vin. — On y laisse à dr. le chemin de Montgarry (R. 78) et on remonte à g. un vallon qui s'élève au N. jusqu'aux crêtes du *pic d'Orle* (2651 mèt.).

7 h. 45. **Port d'Orle** (2363 mèt.). — Descente, versant français; vallée du Lez; douane de Lascous en aval de Bonnac.

10 h. 15. Lascous.

9 k. de Lascous à (5 h. du port d'Orle) Castillon (R. 81, *A*).

ROUTE 78.

DE VIELLA A COUFLÉNS

A. Par le port de Salau.

12 h. 15. — Chemin de mulets très fréquenté.

5 h. 45 de Viella au sentier du port d'Orle (R. 77).

On suit vers l'E. la vallée principale.

6 h. **Hospice N.-D. de Montgarry** (chapelle, auberge et granges), d'une grande utilité à cause de sa position centrale entre les ports de Béret, d'Orle, d'Aule, de Salau, sans compter le difficile passage du *port de Girette* (2620 mèt.).

[*Pic* (2680 mèt.) et *lac de Marimaña* (*V.* l'*Itinéraire général : Pyrénées*).]

On descend, rive dr. de la Noguera, que domine la magnifique *forêt de la Pallaresa.* — Nombreuses cascades.

8 h. *Mongosou*, et cabanes du ham. de *Lasbordes.* — On passe sur la rive g. de la Noguera, on laisse à g. le sentier du port d'Aula (*V.* ci-dessous, *B*). — La vallée tourne au S., en décrivant une demi-circonférence autour du grand massif de *Piedrafitta.*

8 h. 30. A g., chemin du port de Salau, indiqué par une magnifique *cascade* qui tombe de plus de 100 mèt. En temps de neige, elle sert d'*amorce* au sentier du port, assez difficile à découvrir.

On laisse à dr. le chemin de la vallée de la Noguera Pallaresa. — Monter au N.-N.-E. par un vallon très raide.

10 h. **Port de Salau** (2052 mèt.), entre le *pic de Portabère* au N. et celui de *Péguille* au S. — Des 22 cols ou passages qui font communiquer le Couserans avec l'Espagne, celui de Salau, de beaucoup le plus

commode, est aussi le plus fréquenté.

[Du port de Salau, un chemin conduit à Esterri. — 1 h. 15 du port. Sentier de la vallée de la Noguera. — Gorge pittoresque. — 1 h. 45. *Pont de la Peña* (1345 mèt.); on prend la rive dr. — 2 h. 15. *Alos* (1225 mèt.); forges, aub. — 2 h. 45. *Isil*: on côtoie la Noguera. — 3 h. 45. Confluent du rio d'Areò. On passe le pont de *Boren* et on s'éloigne de la rivière. — Au delà d'*Isabarre*, ham. (1030 mèt.), longue côte, belle vue. — Descente rapide.

4 h. 45. Esterri (R. 76).]

11 h. 30. **Salau**, v. presque abandonné en hiver (douane; *église* du XIe s.).

Au N. de Salau commence une route carrossable.

12 h. 15. Couflens (R. 84).

B. Par le port d'Aula.

11 h. 30, à pied.

8 h. de Viella au bassin de Mongosou (*V.* ci-dessus, *A*).

On laisse à dr. le chemin de la vallée de la Noguera, et on monte à g.

9 h. 15. **Port d'Aula** (2237 mèt.; belle vue au S.).

Un peu au-dessous du col, se trouve (2099 mèt.) l'*étang de Prat Mataou* (pré du Massacre).

[Pour gagner Couflens directement, obliquer à g. et descendre aux cabanes d'Aula (R. 85).]

Au delà du Prat Mataou, on passe près du *lac d'Areò*, et on remonte à dr.

10 h. 15. *Col de Pauze* (1820 mèt.). — On descend à l'E. dans le vallon de l'Angoust.

11 h. 15. Bord du Salat.

11 h. 30. Couflens (R. 84).

ROUTE 79.

DE SAINT-GAUDENS A ENCAUSSE ET A CASTILLON

Serv. de corresp. pour (10 k.) Encausse (1 fr. 25) et (14 k.) Aspet (1 fr. 65). — 47 k. jusqu'à Castillon.

Pont sur la Garonne. — 3 k. *Miramont*, rive dr. du fleuve (usines, filatures). — On franchit l'arête qui sépare la vallée de la Garonne de celle du Ger.

6 kil. *Rieucazé* (château moderne). — Pont sur le Job.

A g., *Lespiteau*. — La route d'Encausse remonte la rive dr. du Job.

10 k. **Encausse** *, rive dr. du Job (362 mèt.). — Eaux connues des Romains; actuellement 500 à 600 malades chaque année. *Établissement* thermal, nouvellement reconstruit (18 baignoires, 2 douches, buvette; jardin anglais).

Eau thermale, sulfatée calcique. — Trois *sources*: Grande, Petite et Dargut (28°,75), employées en boisson, bains et douches; laxatives, toniques, diurétiques, ayant une action marquée sur l'estomac, sédatives du système nerveux, utiles dans les fièvres d'accès rebelles.

Sur la colline du *Plech*, ruines du *château de Notre-Dame* (belle vue).

[A 10 m. d'Encausse, près de la route de Saint-Gaudens, petite *grotte d'Argut* (50 c. d'entrée).

Charmantes excursions dans la vallée de l'Arrousset, à l'O. et au S. dans celle du Job, qui descend du Cagire. — En 3 h., on peut rejoindre la route qui contourne le versant N. de cette montagne; on passe par *Cabanac* (à l'O., *pic de Bédat*, 804 mèt.), *Izaut* (*château* ruiné), et l'on rejoint la route d'Aspet à Saint-Béat, soit à Cazaunous, soit à Juzet.]

—

Au delà de Lespiteau, la route de Castillon remonte au S.-E. la vallée du Ger.

10 k. *Soueich*. — 13 k. On passe sur la rive dr. du Ger.

14 k. **Aspet** *, ch.-l. de c., 2550 h. — *Tour*, reste du château. — *Église* (carillon remarquable). — Tabletterie.

On traverse le Ger (449 mèt.); on longe la rive g.

18 k. *Sengouagnet* (belle vue).

[**Pic de Cagire** (7 h. env., aller et retour). — On remonte la vallée du Ger, et franchissant un col très bas, on atteint (50 m.) *Juzet-d'Izaut* * (501 mèt.), au pied du Cagire.

Le Cagire présente 4 versants : ceux du N. et du S. sont couverts de forêts; un ravin appelé la *Colline* est au milieu du versant N. A l'O. et à l'E., deux contreforts : celui de l'E. est nommé *Plaiède*, celui de l'O. le *Couage*. — On monte par le Couage. — Prairies, *forêt de Cagire*; on gagne à l'O. la gorge où coule le Job. — On tourne à l'E.; clairières, *cabane* de berger. — On monte droit à la base des rochers formant une des pointes du massif nommé *Pique-Poque* (1890 mèt.). — Crevasse d'une profondeur inconnue dans le rocher. — On coupe le versant N.; on monte au col entre le Pique-Poque et la cime; crête difficile.

4 h. 15. **Pic de Cagire** (1912 mèt.; vue magnifique). — Descente en 2 h. à Juzet ou en 2 h. 45 à Sengouagnet.]

18 k. 1/2. A dr., route de Saint-Béat. — On descend à g., bord du Ger. — Défilé. — 24 k. Ham. de *Henno Morto* (femme morte). — Pont sur le Ger. — A dr., chemin de Couledoux. — On remonte à l'E.; *combe de Portet*.

29 k. **Col de Portet** (1074 mèt.; petite chapelle). — A l'O., le Cagire; à l'E., la **Ballongue**, vallée large et fertile, dominée par des pentes nues. — Descente en zigzags sur le versant N., puis sur le versant S. — *Chapelle de Poumé*.

31 k. *Portet-d'Aspet*.

34 k. *Saint-Lary*, ch.-l. de la Ballongue, dans une gorge étroite, sur la rive g. de la Bouigane.

[Charmantes excursions dans la haute *vallée de la Bouigane*, qui communique : 1° par le col de Nédé avec Sentein; 2° par un col, entre le *Cap de la Pale d'Aouardo* (2140 mèt.) et le *pic de Paragrano* (2147 mèt.), avec la vallée de Melles; 3° par le *col de Piéjean* avec la vallée de Couledoux.]

Pont sur la Bouigane, on suit la rive g. — 36 k. Pont. — *Augirein*. — La vallée s'élargit. — Pont. — On passe au-dessous de *Galey*.

38 k. *Orgibet*. — A g., *Saint-Jean* (vieux château). — 39 k.

Pont moderne, sculptures anciennes.

40 k. *Illartein.* — Au N., *montagne de Buzan* (742 mèt.). — On franchit la Bouigane.

41 k. *Aucazein.* — 42 k. *Argein.*

45 k. *Audressein* ou *Tramesaïgues*, au confluent de la Bouigane et du Lez. — Pont sur la Bouigane, puis sur le Lez, que l'on remonte.

47 k. Castillon (R. 81, *A*).

ROUTE 80.

DE TOULOUSE A SAINT-GIRONS

LE MASSIF D'ARBAS.

99 k. — Chemin de fer. — 3 trains par jour. — Trajet en 4 h. 20 et 5 h. 40. — 8 fr. 10; 6 fr. 10; 4 fr. 45.

66 k. Boussens (R. 67, *A*).

Au delà du pont du Fourc, on laisse à dr. la ligne de Bayonne et on longe la rive g. du Salat. — 72 k. *Mazères-sur-le-Salat.* — On franchit le Salat; pont suspendu. — La vallée se rétrécit. — A g., *Cassaigne* (carrières de pierre et de plâtre).

76 k. **Salies-sur-Salat** *, ch.-l. de c., 1008 h. — Restes d'un *château* (chapelle en ruine, XIVe s.). — *Halle* du XVe s. — — Pont suspendu sur le Salat. — Deux *sources salées*, l'une chlorurée sodique, non exploitée; l'autre sulfurée calcique, employée en boisson. — Aux environs, intéressantes excursions.

Pont sur l'Arbas.

79 k. *His-Mane-Touille*, trois villages : *Mane* *, dominant au S. le confluent de l'Arbas et du Salat; *Touille* (beau *château* moderne), sur la rive dr. du Salat; *His*, au S. de la station.

[**Massif d'Arbas**, petit groupe montagneux situé entre les vallées de la Ballongue et du Lez au S., du Ger à l'O., du Salat à l'E. et de la Garonne au N. L'arête principale, longue de 12 k., court O.-E., du pic de Paloumère au pic de Lestelas. Les meilleurs centres d'excursions sont Mane, Arbas et Aspet.

De Mane à Arbas (12 k.; route de voit.; on peut, avec un bon guide local, faire en un jour les courses *A* à *D*). — On suit la rive dr. de l'Arbas jusqu'à *Valadous*, ham. On gravit deux côtes (belle vue). — On descend à *Castelbiague* (330 mèt.), au confluent de l'Arbas et du Larïouet ou ruisseau de Saleich. — *Pont de Prade.* On traverse, rive g., *Rebercuillé* et *Barat*.

12 k. *Arbas* (aub.), à 400 mèt.

Pic des Aouérados. — Laissant Arbas au N., on traverse le ruisseau de Planqué; mauvais chemin entre deux talus argileux. — On contourne la base du chaînon de Pène-Blanque — Sentier en lacets, roches glissantes. — On atteint le versant S. et des taillis sur les flancs du *Mail de Bourusse*.

50 m. *Pla de Gole*, petite oasis. — Le sentier se bifurque : à g., il monte droit à Coume Ouère; à dr. (plus facile et plus long), il fait un détour par Couanca. — On escalade une assise calcaire; source de *Candil*. Près de là, à dr., fissure d'où sort un vent froid.

1 h. 20. *Combe de Couanca*, entre Pène-Blanque et le Plan del Tauch.

1 h. 45. *Planère de Pey Jouan* (1050 mèt.?); en 15 m., on pourrait monter au (2 h. d'Arbas) *Mail de Pène-Blanque*.— Au delà de la Planère, on monte à g. — *Gouffre et pont naturel de Gerbaou.* — Vallon de *Coume Ouère*, site charmant, fermé par un mur de rochers à la base desquels, à g., est une sorte de chaussée, le *Pas des Mays*. — Crête entre les combes de Coume Ouère et d'*Hivernère;* nombreuses excavations cachées par la végétation.

2 h.—*Hount des Ustiairés* (fontaine des Charbonniers).

2 h. 15. *Col des Hérelchès* (des frênes), à env. 1400 mèt., entre les bassins du Salat et du Ger.

2 h. 30. *Pic des Aouérados* (1530 mèt.; belle vue).

Pic de Paloumère. — 2 h. 30. Pic des Aouérados (*V.* ci-dessus, *B*); on descend par l'arête O. — *Col des Passachets* (1500 mèt.?), qui met en communication Arbas et Portet. — On contourne le cirque, au-dessous de la crête (2 h. 45).

3 h. *Pic de Paloumère* (1610 mèt.), point culminant du massif d'Arbas. — On peut descendre à Aspet par la gorge du ruisseau de Millas ou (plus facile et plus beau, en 3 h.) par le col des Passachets et le col de Portet (R. 79).

On peut revenir à Arbas soit par le même chemin qu'à la montée, soit par le pic del Tauch. — *V.*, pour les détails et pour la grotte de Pène-Banque, l'*Itinéraire général*.]

81 k. *Castagnède* (halte), réuni par un beau pont de pierre à *Labastide-du-Salat*. — Pont sur le ruisseau du vallon de *Saleich* (*chapelle de Notre-Dame de Ballatès*, pèlerinage). —On passe au pied d'un monticule portant le *château de Noailhan* (XVe s.).

87 k. **Prat**, où le Salat devient navigable. — *Église* (cloche de 1340, pierre tumulaire d'un centurion romain de la 9e légion, servant de perron). — Carrières de plâtre. — A 20 m. du v., *grotte de la Mouline*.

[A 6 k. au S., dans le vallon du Gouarèze, *grotte de Lestelas*, profonde d'env. 200 mèt., et autres grottes remarquables.]

91 k. *Caumont* (halte), au pied d'une montagne déboisée.

A *Gajan*, rive dr. du Salat, *grotte de las Roquos*, longue, dit-on, de plusieurs kilomètres.

Au delà de *Lorp*, la vallée se resserre.

97 k. Halte de *Saint-Lizier*, près du pont (*V.* ci-dessous).

99 k. **Saint-Girons** *, ch.-l. d'arr. de l'Ariège, 5459 h., à 412 mèt., dans une riche vallée, au confluent du Salat, du Lez et du Baup. La vieille ville, autrefois *Bourg-sous-Vic* (rive dr.), se nomme *le Bourg;* le quartier neuf (rive g.) s'appelle *Villefranche*.

Église rebâtie en 1857 (clocher du XIVe s.). — Ruines de l'*église des Dominicains* (XIVe s.). — Ancien *château* (palais de justice et prison). — Promenade du *Champ de Mars*, rive dr. du Salat. — Fabriques et usines nombreuses.

Saint-Lizier* (2 k. au N. de Saint-Girons), sur une colline dominant le Salat, ch.-l. de c. de 1309 h., est une ville antique et déchue, autrefois cité des *Consorani* sous le nom de *Lugdunum Consoranorum*, avec la forteresse d'*Austria*, et plus tard capitale du Couserans. Elle doit son nom actuel à un évêque du VIIIe s. — Le **Couserans** ou *Conserans* est situé entre les bassins de l'Ariège et de la Garonne.

Église Saint-Lizier, jadis cathédrale, des Xe, XIIe et XIVe s.; débris romains; à la sacristie, portraits d'évêques et crosse dite de saint Lizier. — Au S. de l'église, **cloître** roman du XIIe au XIIIe s. (beaux chapiteaux; tombeau avec statue de l'évêque Auger de Châtillon, 1303).

Palais épiscopal (1655-1680); façade avec trois tours semi-circulaires à base romaine. Il sert d'*asile* départemental pour les aliénés. — *Église Notre-Dame* (XIVe s.), ou *Sainte-Marie*, ou *du Siège*, autrefois cathédrale principale de Saint-Lizier (belles boiseries du XVIIIe s.; au N., belle *salle capitulaire*, du XIIe s.).

Remparts romains très remarquables. Enceinte, en partie ruinée, flanquée de 12 tours dont 6 semi-circulaires au S. et 6 carrées au N. Trois de ces tours et les courtines intermédiaires servent de soubassement à l'ancien palais épiscopal et à l'église Sainte-Marie. A l'O., un mur romain descend vers le Salat.

A l'E. de l'enceinte, sur les restes d'une tour romaine carrée, *donjon* du XIIe s.

Tour de l'Horloge (XIIe s.), sous laquelle est percée l'unique porte de la cité.

A la base des remparts, près de la porte du Nargua, bouche d'aqueducs construits avec d'antiques sculptures; diverses maisons présentent des débris analogues. Près du *pont* du Salat (XIIe ou XIIIe s.; inscription romaine), moulin fortifié avec (*tour* de 1120.

Sur les hauteurs, au N.-E., de Saint-Girons, entre Saint-Lizier et Audinac, découverte de débris romains. La *chapelle du Marsan* a remplacé un temple de Mars.

A 2 k. E. de Saint-Lizier, *Montjoie* (*église* du XIVe s. avec un singulier clocher; enceinte fortifiée du XIVe s.). — A l'E. de Montjoie, Audinac.

[**Bains d'Audinac** (5 k.; omnibus à tous les trains). — On suit la route de Foix, qui remonte le Baup, puis (2 k.) on la laisse à dr. — Longue montée, suivie d'une descente.

5 k. **Audinac** * (500 mèt.), dans un charmant vallon; au N.-O., le *Mont-Cannivet* (670 mèt.; 30 m. des Bains).

Deux *sources*, utilisées en bains et en boisson (22°), légèrement purgatives et diurétiques, toniques et agissant (S. Louise) à la manière des ferrugineux; conseillées dans la dyspepsie et dans quelques maladies des voies urinaires.

Hôtel des Bains, disposé pour recevoir commodément env. 70 malades (salle de billard; salon de conversation, etc.). Il communique par une belle *avenue* de platanes avec la *galerie des Bains* (2 cabinets de douches; 12 cabinets de bains, 15 baignoires). Cette partie du vallon d'Audinac est devenue un joli parc. — Saison du 1er juin au 1er septembre.

Les environs d'Audinac offrent d'autres buts d'excursions très agréables, comme les bords du Baup et du Salat, et sur les hauteurs voisines de nombreux châteaux, tels que *Commanie*, *Belloc*, *Lescure*, *Montesquieu* ; les *grottes de Luguerre*, Montjoie (*V.* ci-dessus), etc.]

De Saint-Girons au val d'Aran, R. 81 ; — à Seix, R. 82 ; — à Aulus, R. 83 ; — au port de Salau, R. 84 ; — à Pamiers, R. 87 ; — à Foix, R. 88 ; — à Tarascon, R. 89.

ROUTE 81.

DE SAINT-GIRONS AU VAL D'ARAN

A. De Saint-Girons à Lès.

1° PAR LE COL D'AOUARDO.

12 h. 15 de marche. — Route de voit. (25 k.) jusqu'à Sentein ; au delà, chemin muletier.

On franchit le Lez et on en remonte la rive g. — 1 k. *Ledar* (scierie, papeterie, carrières de pierres). — A dr., *château de Montégut* (donjon du XIIIe s.).

4 k. *Aubert*, rive g. du Lez. — Beaux marbres.

5 k. *Moulis*. — A l'O., ruines du château de *las Tronques* ; à l'E., autres ruines féodales.

6 k. *Pouech* et *Luzenac*, ham.

8 k. *Engomer* (papeterie). — Pont sur le Lez.

13 k. **Castillon***, ch.-l. de c., 966 h. (540 mèt.), dominant la rive dr. du Lez, au débouché des trois vallées de Ballongue, de Biros et de Betmale. — *Chapelle Saint-Pierre*, romane, seul reste du château.

De Castillon à Viella, R. 77 ; — à Saint-Gaudens (la Ballongue), R. 79 ; — à Seix (vallée de Betmale), R. 82.

16 k. *Les Bordes* (578 mèt.), au confluent des vallées de Biros (S.-O.) et de Betmale (S.-E.). — Pont sur le ruisseau de Betmale. — Pont sur le Lez. — Au S., *pic du Midi de Bordes* (1785 mèt.)

18 k. 1/2. En face, au S., *vallée du Rivarot de Bordes*, très curieuse. — Belle *cascade de Moussès*, haute de 100 mèt. ; *cascade de Lescale ; étang Rond* et *étang Long*. — Au S. (6 h. des Bordes), *port de Girette* (2620 mèt.), à 2 h. de Montgarry.

On passe au-dessous d'*Uchentein* (à dr.).

21 k. *Lascous* (douane), au débouché de la vallée d'Orle.

23 k. *Bonnac*.

25 k. (5 h.). **Sentein** (760 mèt.), v. le plus important de la vallée de Biros, à l'extrémité de laquelle il est situé. — *Église* avec enceinte fortifiée. — Restes du château. — On peut facilement remonter de Sentein : au N.-E., vers Saint-Lary par le *col de Nédé* (1322 mèt.) ; au S.-O., vers le pays d'Aran, par le lac d'Araing ; au S., par les ports de la Hourquette et d'Urets.

La **vallée de Biros** est une des plus belles de l'Ariège (culture des céréales jusqu'à une grande hauteur ; prairies ; pâturages communaux ; mines de zinc et de plomb).

On longe la rive g. du Lez. — 5 h. 20. Confluent d'un ruisseau dont on remonte la vallée à l'O. — Jonction de deux vallons, dont l'un remonte au S.-O. vers le col d'Aouéran (*V.* ci-dessous, *B*). — Au N., *chapelle de N.-D. d'Izard*, au delà de laquelle on s'élève à l'O.

8 h. **Col d'Aouardo** (1997 mèt.), entre le *Mail de Plumière* (2124 mèt.), au S., et la *Pala d'Aouardo* (2140 mèt.), au N.-O. Descente en lacets dans la *vallée de Maudan*, dont on longe le versant N.

10 h. 10. *Melles*. — Le chemin descend dans la gorge du Sérial.

10 h. 30. Le Sérial (R. 74, *A*).

12 h. 15. Lès (R. 74, *A*).

2° PAR LE COL D'AOUÉRAN.

15 h. 15 de marche. — Route de voit. jusqu'à Sentein; au delà, chemin muletier.

7 h. de Saint-Girons à la chapelle d'Izard (*V.* ci-dessus).

On prend au S. le *val d'Araing;* à l'O., *pics de Biren* et *de Mède* (2042 mèt.).

8 h. *Lac d'Araing* (1880 mèt.). — Au S., *Mail de Louzès* (2295 mèt.); au S.-O., pic Crabère.

8 h. 30. **Col d'Aouéran** (2000 mèt.), entre le pic Crabère au S. et le *Tuc del Bouc* (2282 mèt.) au N.

[**Pic Crabère**. — Un peu avant le col d'Aouéran, près de mines de plomb argentifère abandonnées, on tourne au S. et l'on se dirige vers la base du pic. — Le chemin monte en lacets. — 2 h. Sommet (2630 mèt.; vue magnifique sur le val d'Aran et la haute chaîne). — Du pic, on peut descendre en 4 h. 30 à Melles par la gorge de Maudan, ou en 2 h. aux lacs de Liat, dans le val d'Aran.]

On descend sur le versant O. dans la vallée de Maudan. — A g., ravin remontant vers le *pas de Cho* (2117 mèt.), d'où l'on peut gagner Canéjan (R. 74).

11 h. 10. Melles.

13 h. 15. Lès (R. 74, *A*).

3° PAR LA HOURQUETTE.

15 h. 30. — Route de voitures jusqu'aux mines de Bentaillou. Au delà, route de chars et chemin de mulets. — On fera bien de coucher à Sentein ou de se faire conduire en voiture aux mines de Bentaillou.

5 h. de Saint-Girons à Sentein (*V.* ci-dessus). — On suit d'abord le chemin de la chapelle d'Izard, puis (5 h. 20) on le laisse à dr. pour suivre la rive g. du Lez.

6 h. 30. *Eylie*, ham. — *Bocard des mines*. — On monte à dr., dans le défilé du Lez. — 7 h. Confluent du ruisseau d'Urets, qu'on traverse. La vallée tourne à l'O.; escarpement du Tuc de Maubermé (*V.* ci-dessous).

7 h. 20. On gravit en lacets un ressaut. — Au S., gorge du *port de Tarteraü* (2508 mèt.). — 9 h. 20. Sommet du ressaut, on contourne la *butte de Saint-Jean* (1835 mèt.). — Lacets.

9 h. 30. *Mines* de plomb carbonaté de **Bentaillou**; là finit la route de voitures. — Pont sur le Lez, qui sort de l'*étang d'Albe* (2212 mèt.), situé à (1 h. de Bentaillou. — On monte droit au S.

11 h. **Hourquette** (2545 mèt.), étroite brèche ouverte entre le

pic de la Serre (2715 mèt.) et le Mauberme.

[**Pic de Maubermé** (1 h. 45 à la montée; 2 h. à la descente aux mines de Cap de Guerri, dans le val d'Aran). — Du port, il faut d'abord descendre (30 m.), puis se diriger à l'E. et attaquer le pic par le versant N.-O.

1 h. 45. Sommet (2880 mèt.; admirable panorama). — Ce pic est confondu à tort dans le val d'Aran avec le pic de Montolieu (R. 74, *H*), situé plus au S.

On peut descendre, soit au lac de Liat (R. 74, *H*) en 2 h., soit au lac d'Araing (*V.* ci-dessus); dans ce cas, on descend d'abord à la Hourquette (1 h. 30), puis au N.-N.-O., en laissant à dr. le chemin de Sentein. — 3 h. *Col de Bentaillou*. — 3 h. 30. Cabanes du lac d'Araing (*V.* ci-dessus, n° 2).]

A Salardu, *V.* ci-dessous, *B.*

Descente dans le val de Toran; on passe à l'étang de Liat, près des mines de Cap de Guerri (R. 74, *H*).

15 h. 30. Lès (R. 74, *A*).

B. De Saint-Girons à Salardu.

1° PAR LA HOURQUETTE.

17 h.

11 h. La Hourquette (*V.* ci-dessus, *A*). — Descente rapide à la rive g. du rio Juela ou rio Iñola. — 11 h. 20. La vallée court jusqu'au-dessous du port d'Urets, qui tourne au S. — Gorge étroite, sentier à peine indiqué; descente longue. — *Bazergues*, v. à 1420 mèt.

17 h. Salardu (R. 74, *A*).

2° PAR LE PORT D'URETS.

15 h. de marche.

6 h. 30 de Saint-Girons à Eylie (*V.* ci-dessus, *A*). — On suit le Lez, jusqu'à (6 h. 50) son principal affluent. On traverse le Lez, on monte au S.; forêts, pâturages; à g., cascades; lacets.

9 h. **Port d'Urets** (2547 mèt.); à l'E., pic de l'Homme; à l'O., Tuc de Maubermé. — Descente au S. — On rejoint bientôt le chemin de la Hourquette (*V.* ci-dessus) par le val d'Iñola.

15 h. Salardu (R. 74, *A*).

ROUTE 82.

DE SAINT-GIRONS A SEIX

A. Par Lacourt.

18 k. — Route de voit., desservie jusqu'à Soueix par les voitures allant à Aulus.

14 k. de Saint-Girons à Soueix (R. 83).

18 k. Seix (R. 84).

B. Par le port de la Core.

8 h. — 16 k. et route de voit. de Saint-Giroux aux Bordes. — Des Bordes à Seix, chemin muletier, route en projet.

16 k. (3 h.) de Saint-Girons aux Bordes (R. 81, *A*).

On quitte la route; on monte à g. sur les croupes cultivées à l'entrée de la vallée de Betmale,

3 h. 25. *Arrieu* (belle vue). — Au S., sur un rocher, ruines du château de *Bramevaque*.

3 h. 40. *Arret*. — 3 h. 55. *Samortens*.

4 h. 5. *Ayet*, ham. principal de la com. et de la vallée de **Betmale**, à 765 mèt.

4 h. 30. Bord du ruisseau: on monte à g.; chemin parsemé de blocs. — Pâturages.

5 h. 30. **Col** ou **port de la Core** (1409 mèt.; belle vue). Au N., *Cap de Bouirech* (1872 mèt.; 1 h. à cheval, du col; vue splendide).

Du col, on descend par des terrasses. — 6 h. 10. On dépasse l'entrée du vallon de *Cazabède*, qui remonte au S.-O. vers le *Tuc de l'Eychelle* (2307 mèt.), et l'on suit la rive dr., puis la rive g. du torrent de la **vallée d'Esbinths**.

6 h. 40. *Esbinths*. — A l'E., château de Mirabal (R. 83). On suit le versant bien au-dessus du torrent, puis on descend. — 7 h. 10. On traverse le torrent, on suit la rive dr. — 7 h. 45. Second pont sur l'Esbinths. — A g., chemin de Sentenac (*V.* ci-dessous, *C*), puis à dr. un petit établissement de bains (R. 84).

8 h. Seix (R. 84).

C. Par Alos.

6 h. 20. — Sentier muletier.

6 k. de Saint-Girons à Luzenac (R. 81, *A*).

On monte au S.-E. par un vallon très peuplé. — 3 h. 20. *Col de Portech* (950 mèt.), et *col de Houèges* (936 mèt.), à côté l'un de l'autre, sur une crête; au S., *Tuc d'Augaret* (1286 mèt.).

3 h. 50. **Alos**, à 694 mèt. (au N., *château* moderne). — Fromages excellents.

Un chemin très fréquenté monte à travers des pâturages. — 4 h. 50. Petit *col*, que domine le *pic de la Quère* (1137 mèt.). — On descend à

6 h. *Sentenac*, à 675 mèt. (*château de Campagna*).

On rejoint le chemin du port de la Core (*V.* ci-dessus, *B*).

6 h. 20. Seix (R. 84).

ROUTE 83.

DE PARIS A AULUS

885 k., par Limoges et Toulouse. — Chemin de fer de Paris à Saint-Girons (850 k.; traj. en 18 h. 30 à 31 h.; 101 fr. 25, 70 fr. 20 et 55 fr. 10). — Route de voit. de Saint-Girons à Aulus (35 k.; serv. de corresp. en 3 h.; 4 fr. 10 et 2 fr. 75; calèches ou landaus à 4 places, 15 à 25 fr.).

751 k. de Paris à Toulouse (*V. La Loire, De la Loire à la Gironde* et *Gascogne et Languedoc*).

99 k. de Toulouse à (850 k.) Saint-Girons (R. 80).

A la sortie de Saint-Girons, on remonte la belle **vallée du Salat**. — Usine considérable, fabrique de papier à cigarettes. — A g., *Olot* (*grotte*). — A dr., *Eycheil* (source réputée miraculeuse; pèlerinage le 25 juin).

Défilé entre des hauteurs de 600 à 900 mèt. — Au confluent du Salat et du Nert, restes du château d'*Encourtiech* (XIVe s.).

6 k. *Lacourt*. — Restes d'un *château* du XVIe s. — *Donjon de Martrou* (XIVe s.). — Gorge de *Ribaouto*.

9 k. Oratoire fameux dans le pays (*el Sant de Ribaouto*). — Confluent des vallées de l'Arac et du Salat. La route se bifurque : un des deux bras traverse le Salat, au pont de Kercabanac, et va par la rive g. de l'Arac à Massat (R. 89); l'autre va à Couflens, par la rive g. du Salat. — Petit tunnel (25 mèt.).

13 k. *Saint-Sernin* (église romane).

14 k. *Soueix*. — A dr., route du port de Salau (R. 84).

15 k. On passe sur la rive dr. du Salat.

16 k. *Vic*. — *Église* en partie romane (plafond curieusement peint).

17 k. **Oust**, ch.-l. de c., 1496 h., sur la rive g. du Garbet. — Pont de pierre; à côté, tour ronde et murailles en ruine. — On remonte la rive dr. du Garbet.

25 k. **Ercé**, com. de 2973 h. — *Église* romane, moins ancienne que celle de Vic.

Pont sur un ruisseau dont le vallon remonte vers le *col d'Éret*, conduisant au lac de Lhers. — On gravit la côte des *Escales*; bientôt on aperçoit la cascade d'Arse. — 31 k. Source dite des *Neuf-Fonts*, formant un ruisseau que l'on traverse et qui, lors des orages, forme une belle *cascade*.

33 k. Aulus.

AULUS

Aulus*, v. de 893 h., est situé à 762 mèt., sur le Garbet. Les maisons sont toutes réunies dans la partie E. du vallon, qui est la plus saine et la mieux exposée au soleil. Au N., le Bertrône. Au S., le Montrouch.

Établissement de bains pouvant fournir 1200 bains par jour. Trois sources : *source des Trois-Césars*, *source Darmagnac* (20°), *source Bacque* (17°,9).

Eau thermale ou froide, sulfatée calcique et arsenicale, employée en boisson, bains et douches et se transportant en très grande quantité; laxative, diurétique, tonique et reconstituante, produisant fréquemment la congestion hémorrhoïdaire, la poussée, la fièvre thermale, activant les fonctions de la peau.

Casino, avec belle salle de spectacle, reconstruit en 1881. Un parc entoure l'établissement. L'orchestre du casino joue le matin, à 8 h., dans l'allée qui conduit aux sources, et à midi dans le parc.

EXCURSIONS

D'Aulus à Ustou.

4 h. env., aller et retour. — Charmante promenade.

Le sentier part de l'établissement, non loin du *vallon de*

Fouillet et gravit la montagne; prairies et bosquets.

1 h. *Col de Latrape* (1122 mèt.), dominé au N. par le *Tuc de la Lane* (1337 mèt.), au S. par le *pic de las Grepios* (1601 mèt.). — On descend par un charmant petit vallon. Bientôt on voit la **vallée d'Ustou**, dominée par le Mont-Vallier (R. 85), et arrosée par l'Aleth. — A dr., *plateau de Fauguerolles*. — 1 h. 30. *Sérac* (691 mèt.). — Pont sur l'Aleth.

2 h. **Ustou** ou *Saint-Lizier-d'Ustou*, ch.-l. d'une com. de 2524 h. (700 mèt.), sur la rive dr. de l'Aleth.

D'Ustou à Couflens, à Tabascan par le port d'Ustou, *V.* l'*Itinéraire général : Pyrénées*.

Le Tuc de Bertrone et le Montbéas.

3 h., aller et retour.

Le *pic* ou *Tuc de Bertrone* (1401 mèt.; ascension sans danger; belle vue), au N. d'Aulus, sert de première assise à la montagne de Montbéas.

Du Bertrone, on monte en 1 h. au **Montbéas** (1903 mèt.), ou *pic Tsuliane*.

Lac de Lhers.

4 h. env., aller et retour.

On suit le chemin de Vicdessos (R. 90). — Au point où la vallée du Garbet remonte au S., on tourne vers le N., on gravit les *pâturages des Pradilles*. — *Col* (1670 mèt.). — **Lac de Lhers** (1390 mèt.), entouré de pâturages; on dit que ses eaux forment la fontaine des Neuf-Fonts (*V.* ci-dessus). — De là on peut facilement gagner Massat (R. 89) ou Vicdessos (R. 90).

Lac de Garbet.

3 h. 30, aller et retour.

On suit la route jusqu'à Castel-Minier (R. 90), puis on entre au S. dans la haute vallée du Garbet (belle cascade).

2 h. **Lac de Garbet** (1670 mèt.), le plus grand lac français des environs d'Aulus. Plus haut, l'*étang Bleu*. — Au S., *pic de Caumale;* au S.-E., *pic de Bassiès* (2677 mèt.); au S.-O., *pic de la Lesse* (2463 mèt.).

Vallée d'Arse et port de Guillou.

4 h. jusqu'au port.

A 25 m. en amont d'Aulus, on franchit le Garbet, on monte à la *vallée d'Arse*, entre le *Pouech* (1738 mèt.), à l'E., et le *Montrouch* (2380 mèt.), à l'O. — Suivant la rive g. du torrent, on gravit à dr. un premier ressaut de la vallée, à g. duquel est le défilé du *Trou de l'Enfer*, puis un second, le *Clot de Buffarine*.

1 h. 30. **Cascade d'Arse** (110 mèt. de haut.), une des plus belles des Pyrénées; trois chutes superposées, celle du milieu large de 60 mèt.

[De la cascade, on peut monter à g. (N.) au (2 h. 15. d'Aulus) *Pouech de la Serre* (1738 mèt.; vue admirable) et en moins de temps à g. (E.) au *pic de Carottos* (1892 mèt.).]

De la cascade, on gravit à g. par un sentier rapide; grands arbres. — 1 h. 45. Revenir à dr. — 2 h. Le petit défilé de *Toué-tos* conduit à un bassin. — On passe sur la rive g. du torrent. — 2 h. 30. Lac de la *Hille de l'Étang* (1705 mèt.). — 3 h. 30. *Hille de Laouzo*, autre lac. — On continue à remonter au S.

4 h. **Port de Guillou.** Ce port a deux passages séparés par un morne: le passage de l'E. (2342 mèt.), très fréquenté, et le *port de Sounou* (2402 mèt.), suivi par les troupeaux après la fonte des neiges; au N.-E., *pic de Puntussan* (2715 mèt.). — Il faut 3 h. du port de Guillou au v. espagnol de *Tabascan*, dans le val de Cardos.

Le Mont-Colac ou pic d'Armes.

5 h. 30 à la montée; 3 h. à la descente. — Guide nécessaire.

3 h. 30 d'Aulus à la Hille de Laouzo (*V.* ci-dessus). — On monte au S.-O.; pentes de pâturages très escarpées. — 4 h. 30. Crête; au N., le lac d'Aubé.

5 h. 30. Cime du **Mont-Colac** (2376 mèt.; vue étendue), appelé aussi *Coullac* ou *pic d'Armes*, chaos d'énormes blocs. — A l'O., *pic de Cesteran* ou *de Cerdescons* (2797 mèt.).

[On peut revenir à Aulus par (1 h. de la crête) le **lac d'Aubé** ou **de Mède.** — Du lac on descend, par la vallée de Fouillet, au *cirque de Casiarens;* on contourne le flanc O. du Montrouch pour gagner les Thermes. Du Mont-Colac, on peut aussi descendre au N.-O. par le val d'Escorce à (3 ou 4 h.) Saint-Lizier-d'Ustou (*V.* ci-dessus). Par cette voie, on peut, à moitié chemin d'Ustou, monter à dr. (E.) au *col d'Escot*, d'où l'on descend dans la vallée de Fouillet.]

—

D'Aulus à Vicdessos et à Tarascon, R. 90.

ROUTE 84.

DE SAINT-GIRONS AU PORT DE SALAU

9 h. env. — Route de voit. jusqu'à 28 k.) Couflens; au delà, excellent chemin muletier très fréquenté. — Chemin de fer projeté.

14 k. de Saint-Girons à Soueix (R. 83). — 14 k. 5. On laisse à g. la route d'Aulus (R. 83).

18 k. **Seix*** 3117 h. (1219 agglomérés), au confluent de plusieurs vallées. — *Église* (groupe en bois sculpté). — Petit *établissement de bains*, à 5 m. à l'O. de la ville (deux sources: la *Chaude* et la *Froide*). — Carrières de marbre.

[Sur la montagne (1272 mèt. au S.-E. de Seix; 2 h. ou 2 h. 30), **château** ruiné **de Mirabal** ou *Mirabat*. Au pied des murs, ouverture qui, dit-on, serait l'entrée d'une galerie allant à (1 k.) la Garde (*V.* ci-dessous).]

Pont sur le Salat.

21 k. *Couflens-de-Bémajou*, à l'entrée de la gorge d'Estours ou de Bémajou (R. 85). — Au N.-E., sur la hauteur à l'E. du défilé, restes du **château de la Garde**, à 822 mèt. (trois tours; donjon).

25 k. *Pont de la Table*, à

560 mèt., sur le torrent d'Alet. — A g., route de Saint-Lizier-d'Ustou (R. 83). — On suit la rive dr. du Salat. — Confluent du Salat et du ruisseau d'Angoust.

28 k. **Couflens** (898 mèt.), au pied de rochers escarpés. — Carrières de marbre.

De Couflens à Viella, R. 78, *A* et *B*.

On continue de remonter au S. la vallée du Salat.

6 h. 45. Salau. — 8 h. 45. Port de Salau (R. 78, *A*).

ROUTE 85.

LE MONT-VALLIER

2 jours : 7 ou 8 h. à la montée, 5 ou 6 h. à la descente. — Sentiers jusqu'aux chalets d'Aula, où l'on peut passer la nuit, avant ou après l'ascension. — Guide nécessaire.

Partant de Seix (R. 84), on suit la route du port de Salau jusqu'à (30 m.) Couflens-de-Bémajou (R. 84). — On entre dans la *vallée d'Estours*. On longe la rive dr. du torrent jusqu'au (40 m.) *pont de Ferrère*, où l'on prend la rive g.

1 h. 30. *Estours*. — En face, *pic de Fonta* (1935 mèt.).

1 h. 40. Pont. — On suit la rive dr. du torrent.

2 h. 20. Après avoir gravi un ressaut escarpé, on voit le cône du Mont-Vallier. — Paysage grandiose. — 2 h. 30. On prend la rive g. — 3 h. Cabanes de *l'Artigue*. — A g., gorge boisée qui remonte au col de Pauze (R. 78, *B*). On gravit l'escarpement du *Puech d'Aula* par les *Échelles d'Aula* (sentier raide).

4 h. *Plateau d'Aula*, pâturages (*cabanes*).

[Du plateau d'Aula au col d'Aula, 1 h. 30 (R. 78, *B*).]

Des cabanes d'Aula, on monte à l'O. — 4 h. 30. *Col* ou *passade de Caouère*. — On contourne un cirque de pâturages; bancs de neige et pierres roulantes; couloir fatigant.

6 h. 30. *Col de Peyreblanque* (belle vue). — On monte, puis on descend à une échancrure par une sorte de fente difficile.

7 h. 15. **Mont-Vallier** (2839 mèt.; vue admirable).

On redescend du Mont-Vallier à Seix par le col de Peyreblanque, ou dans la vallée de Biros (R. 78, *A*) par la gorge du Rivarot de Bordes (bon guide nécessaire).

ROUTE 86.

DE MURET A FOIX

A. Par Lézat.

71 k. — Voitures publiques jusqu'à Lézat.

Pont sur la Garonne.

7 k. Carrefour : au N., la route de Toulouse va à Pins et à Justaret; en face, celle d'Au-

terive (R. 92) se dirige à l'E. par *Lagardelle;* celle de Lézat remonte au S. la vallée de la Lèze.

11 k. *Beaumont* (à g.). — 18 k. *Saint-Sulpice-de-Lézat* * (*église* du XIVe s., belle flèche gothique), rive g. de la Lèze. — Sur les hauteurs, à dr., *château de Lastronques* (XVIIe s.).

24 k. **Lézat** *, 2542 h., à 200 mèt., rive g. de la Lèze. — Restes d'une *abbaye*, belle église des XIIe, XIVe et XVe s., avec flèche gothique.

30 k. A g., *Saint-Ybars,* sur un promontoire de la rive dr. Confluent du Latou et de la Lèze, dont on longe à distance la rive g.

36 k. *Le Fossat,* ch.-l. de c. 907 h., à 240 mèt. (*église* du XIVe s.). — A 3 k. S.-O., *Carla-le-Comte,* patrie de Bayle.

42 k. *Artigat.*

46 k. Pailhès, où l'on croise la route de Saint-Girons à Pamiers (R. 87). — Pont sur la Lèze. — Vallée étroite de la Haute-Lèze. — A dr., muraille de rochers, haute de 550 mèt. environ.

52 k. A g., *Montégut* (ruines d'un château). — *Cazaux.* — *Sarguet,* à 417 mèt. — A g., *Loubens.*

65 k. Verges (R. 92).

71 k. Foix (R. 92).

B. Par Montesquieu-Volvestre.

82 k. — Chemin de fer de Muret à Carbonne (21 k.; 2 fr. 55, 1 fr. 90 et 1 fr. 40). — Route de voit. (61 k.) de Carbonne à Foix; serv. de corresp., par la dilig. du Mas-d'Azil, jusqu'à Sabarat (30 k. pour 2 fr.).

21 k. Carbonne (R. 67, *A*). — Pont sur la Garonne. — On remonte la vallée de la Rize ou Arize.

27 k. **Rieux**, ch.-l. de c., 1817 h., sur une terrasse bordée de trois côtés par l'Arize. — *Église*, ancienne cathédrale (XIVe s.), dont les contre-forts se relient aux restes de remparts (belle tour). — *Palais épiscopal* (façade du XVIe s.). — Ancien pont sur l'Arize.

34 k. **Montesquieu-Volvestre**, ch.-l. de c., 3412 h. — Curieux *clocher* du XIVe s.

[De Montesquieu à Sainte-Croix, route de 11 k. — On monte sur le plateau (459 mèt.) entre les vallées de l'Arize et du Volp. — 8 k. *Lahitère.*

11 k. **Sainte-Croix**, ch.-l. de c., 1580 h., à 245 mèt., rive dr. du Volp. — *Église,* XVe s. — Carrières; *grotte.*]

Pont sur l'Arize; on remonte la rive g.

36 k. *Thouars.* — 40 k. *Labastide-Besplas.* — 43 k. *Daumazan* (curieuse *église*). — Pont sur l'Arize; on suit la rive dr. — 47 k. *Campagne.*

51 k. Sabarat, où on laisse à dr. la route de Pamiers au Mas-d'Azil (R. 87).

On monte sur le plateau qui sépare le bassin de l'Arize de celui de la Lèze.

57 k. Pailhès (R. 87). — 25 k. de Pailhès à Foix (*V.* ci-dessus *A*).

82 k. Foix (R. 92).

ROUTE 87.

DE ST-GIRONS A PAMIERS

58 k. — Route de voitures.

On suit la route de Foix, puis, laissant (2 kil.) à g. celle d'Audinac (R. 80), on remonte (E.) la vallée du Baup.

10 k. *Lescure*. — Ruines d'un *château*. — *Église* (bénitier sur un autel votif à Jupiter). — La route se bifurque; on laisse à dr. la route de Foix (R. 86).

19 k. *Clermont*. — A g., vallon de *Gaussaraing*. — Confluent, du ruisseau qu'on suivait, avec l'Arize. — Pont sur la Lézère, venue du vallon de *Camarade* (N.-O.). Près du v. de ce nom, à 6 k. de la route, *source salée* (excellent sel blanc).

Défilé de l'Arize; à dr. ruines du castel de *Roquebrune*.

Non loin de là, N.-E., la route, qui longe l'Arize, arrive au pied de la **Roche du Mas**, percée d'une **grotte** dans laquelle disparaît la rivière, et dont l'ouverture a 80 mèt. de hauteur sur 50 mèt. de largeur. A l'entrée d'amont, maison de garde où l'on doit s'adresser pour visiter les grottes latérales. La galerie principale varie dans sa largeur (30 mèt. en moyenne); sa longueur est de 410 mèt. La route, large de 10 mèt., suit la rive dr. de l'Arize, dont elle est séparée par un mur de soutènement; sur la rive g., un sentier se développe de roche en roche. Vers le milieu de la caverne, un énorme pilier de 10 mèt. de diamètre soutient la puissante voûte. A dr., une vaste ouverture conduit à une grotte supérieure très profonde, qu'on ne peut visiter qu'à la clarté des flambeaux; cette caverne était habitée, de même que les autres grottes latérales, par les hommes de l'âge de pierre (découverte d'ossements d'animaux disparus).

27 k. **Le Mas-d'Azil***, ch.-l. de c., 2550 h., rive dr. de l'Arize, à 286 mèt., dans un cirque semblable à un cratère et dominé de tous côtés par de hautes collines. — *Église* (bénitier de la Renaissance). — Marchés importants. — Au N. et à l'E. de la ville, deux *dolmens* très bien conservés.

Pont sur l'Arize, qui fait un détour à l'E. — On gravit une côte, puis on descend dans un étroit et sauvage défilé où coule l'Arize.

31 k. *Sabarat*.— On monte sur le plateau qui sépare le bassin de l'Arize de celui de la Lèze.

37 k. *Pailhès** (vieux *château*) v. pittoresque, où aboutissent deux routes : l'une remontant vers Foix, l'autre descendant vers Muret par Lézat (R. 86). — Pont sur la Lèze.

46 k. *Madière*. — Ponts sur l'Estrique et sur l'Ariège.

58 k. Pamiers (R. 92).

ROUTE 88.

DE SAINT-GIRONS A FOIX

40 k. — Route de voitures. — Dilig. t. l. j. (trajet en 4 h.; 4 et 5 fr.).

10 k. Lescure (R. 87).

On longe le Baup.

15 k. *Rimont*. — Poterie renommée.

20 k. *Castelnau-Durban* (*château* ruiné; carrières de marbre et de sulfate de baryte).

La route traverse puis longe le ruisseau. — A dr., *Vic* (vieille tour de *Bugnas*). — Pont sur l'Arize, dont on suit la vallée.

26 k. **La Bastide-de-Sérou** *, ch.-l. de c., 2591 hab. (aux environs, *grotte* spacieuse).

On quitte la vallée de l'Arize, pour remonter un petit vallon, à l'E.

34 k. *Montels*. — A 2 k. S., *chapelle de Sainte-Croix*, admirablement située, près d'*Alzen* (grotte; belle source; cascade; château ruiné), dominée plus au S. par le *pic d'Alzen* (1057 mèt.; mine de fer).

37 k. *Cadarcet*. — Montée de la *côte du Bouch*, vers la ligne de partage des eaux entre les bassins du Salat et de l'Ariège (vue magnifique). — A g., *Baulou* (mines de plomb), et à dr.

42 k. *St-Martin-de-Caralp*.

45 k. *Cos*. — Vallée du Larget ou Arget, dont la partie supérieure se nomme la *Barguillère* (forges et martinets). — Pont-viaduc sur le Larget.

49 k. Foix (R. 92).

ROUTE 89.

DE ST-GIRONS A TARASCON

PAR MASSAT.

57 k. — Voitures à volonté.

12 k. Confluent de l'Arac et du Salat (R. 83).

Pont de Kercabanac, sur le Salat. — On remonte la rive g. de l'Arac.

16 k. Au *Castel*, pont sur le ruisseau qui vient du territoire d'*Aleu*; en face, *Soulan*.

[En s'arrêtant à *Saint-Pierre*, ham. de la c. de Soulan, on peut faire une très belle promenade (1 h. aller et retour) en montant au *Moncaup* (700 mèt.; vue magnifique du Mont-Vallier et de la chaîne frontière au S.).]

La gorge se change en défilé. — On entre dans un bassin.

23 k. *Biert*. — Au S., *vallon de Bagers*; on contourne la base de la montagne de Queire (*V.* ci-dessous). — Deuxième bassin.

25 k. 1/2. *Boussenac*, sur la rive dr. de l'Arac; au pied d'un rocher (ruines du *Castel-d'Amour*), sources ferrugineuses et petit *établissement*.

27 k. **Massat** *, ch.-l. de c., 3912 hab., à 650 mèt., au débouché de tous les vallons supérieurs qui déversent leurs eaux dans l'Arac. — *Clocher* octogonal (XIVe s.), haut de 58 mèt. — Promenade du *Pouch*.

[A 2 k. O., sur le flanc N. de la montagne de *Queire*, deux *grottes* à ossements (découverte d'ossements d'animaux disparus, de débris humains et d'objets préhistoriques).

De Massat, on se rend en 4 h., par le vallon de l'Arac, à l'étang de Lhers, d'où l'on redescend dans la vallée d'Aulus (R. 83).]

La route de Tarascon descend vers l'Arac, qu'elle franchit.

33 k. A 1000 mèt. d'alt., sur le flanc de la montagne, on voit à g. une route de chars qui monte en lacets sur la colline de *Fontfrède*, au *belvédère* de M. Lafond (1389 mèt.; vue admirable).

35 k. *Rioupregoun*, ham. — A dr., *forêt de Candail*.

40 k. **Le Port** (1249 mèt.; vue magnifique), ligne de partage entre le bassin du Salat, à l'O., et celui de l'Ariège, à l'E. — Au N.-E., *Tuc de l'Homme-Mort* (1174 mèt.); au S., *pic d'Estébat* (1169 mèt.; 30 m. du col).

46 k. Pont sur le ruisseau de Saurat, qu'on franchit bientôt une seconde fois.

50 k. **Saurat** (674 mèt.), sur un plateau que domine un rocher à pic (1004 mèt.). — Riches mines de fer.

Pont sur le Saurat : on remonte la rive g.

52 k. **Bédeillac.** — A l'O., château ruiné de *Calamès* (1000 mèt.). — A l'E., dans la montagne de **Soudours** (1067 mèt.), deux **grottes** (s'adresser au fermier), l'une au-dessus de l'autre; celle d'en bas, la **grotte de Bédeillac**, est l'une des plus célèbres des Pyrénées (belles cristallisations; découvertes d'outils et d'armes de l'époque de la pierre polie); dans la grotte supérieure ou *grotte de Bouicheta*, M. Garrigou a découvert un gisement de l'âge de l'ours. — On franchit un petit col, on descend, côte très longue et très raide.

54 k. *Surba*, à la base S. du Soudours, sur la rive g. de la Courbière. — A l'O. se montre *Rabat* (*église* des XIIe et XVe s.). — Dans la *haute vallée de Rabat* se trouvent le *pic des Trois-Seigneurs* et de nombreux *lacs*. — Pont sur la Courbière.

57 k. Tarascon (R. 92).

ROUTE 90.

D'AULUS A TARASCON

A. Par le port de Saleix.

8 h. env. — D'Aulus à Vicdessos, route de voitures en construction. — De Vicdessos à Tarascon, route de voit. (14 k.), dilig. 2 fois par jour (1 fr.), corresp. avec le train de Tarascon.

Le chemin monte à l'E., pénètre à dr. dans la gorge supérieure du Garbet, puis s'élève au N. par un long zigzag au-dessus des pentes herbeuses où sont éparses les cabanes de *Castel-Minier* (fondations d'un ancien château et d'une église). Au sommet du ressaut qui barrait la vallée, on laisse à dr. la mine de plomb argentifère de *la Core*. Au delà du plateau marécageux de *Coumebère*, on gravit les pentes au N. du cirque (en se retournant, belle vue).

2 h. 30. **Port de Saleix** ou *col de Coumebère* (1801 mèt.). — A dr. (25 m.), le *Garrias* ou *pic de Cabanatous* (2058 mèt.; vue magnifique).

On descend; longs zigzags, cirque de pâturages. — En face, terrasse de Goulier (*V.* ci-dessous). — 3 h. *Orrhys de Saleix*, habitations les plus élevées de la vallée, de 1400 à 1500 mèt., sur un plateau gazonné, dans lequel le ruisseau s'est creusé un profond défilé, et d'où l'on aperçoit les villages de Sem, de Saleix, d'Auzat et le bas de la vallée. — Descente plus rapide.

4 h. 10. *Saleix* (1015 mèt.); à dr., une partie de la grande chaîne. — Une dernière descente vient aboutir, entre Auzat et Vicdessos, à la route de voitures (R. 91).

4 h. 30. **Vicdessos***, ch.-l. de c., 808 h., à 695 mèt., rive g. de l'Oriège, à l'embouchure du ruisseau de Suc.

[**Mines de Rancié** (1 h. 40). — On monte, par le *Roc de Berquié* et le *col de Sem*, au (40 m.) v. de *Sem*, à 960 mèt. — Sur la pente de la montagne les rampes aboutissent à sept ouvertures de mines désignées, à partir de la plus élevée, sous les noms de *Laroque*, *Saint-Louis*, *la Grougne*, *l'Auriette*, *la Graillère*, *l'Escudette* et *Bellagre*. La Grougne (1 h. 40) et l'Auriette sont seules exploitées.

On peut revenir des mines en se dirigeant à l'O. par le *pic de Risoul* 1387 mèt.) et par *Goulier* (1084 mèt.), v. situé dans un joli vallon. — Prairies et sapins. — A l'O., *tour de Château-Réalp;* deux autres ruines dominent le ham. d'*Olbier*.

Lacs Bassiès (7 h. env.). — 10 m.: *Auzat*. — On s'élève à dr. (O.) vers le col de Saleix (R. 89, *A*), rive dr. du torrent. — 1 h. Cabane en ruine. — Carrière d'ardoises, rive g. — Les montagnes se dénudent. — Pont à dr. — 1 h. 15. Deux cabanes et bonne source. — Un peu plus loin, à g., coulée de pierres blanches. — Cirque, falaise à pic. — A l'E., le pic de Tabe ou de Saint-Barthélemy (2349 mèt.). — Rude montée au S. — 3 h. de Vicdessos. On franchit une crête, on arrive au plus grand des trois lacs, entre les deux autres. — A l'E.-S.-E., assez loin, *pic d'Andron* (2476 mèt.); au S.-E., *pic de Laspe* (2745 mèt.).

Au N.-O. du grand lac, petit lac avec cabanes où l'on devrait coucher pour faire à son aise l'ascension très facile du *Bassiès* (2800 mèt.).

On monte au N.-O., large croupe (2100 mèt.?; très belle vue). — Descente facile (N.-O.), par le port de Saleix (R. 89, *A*), les cabanes ou *orrhys* de Saleix et Auzat, à Vicdessos.

De Vicdessos à Rialp, par le port de Bouet. — Belle excursion; route muletière; 17 h. à pied; on peut coucher à Areô ou à Alins. — 2 h. Pont-de-Marc (R. 91). — On remonte toute la longue vallée d'Auzat (R. 100, *A*). — 6 h. 40. A g., chemins muletiers des ports d'Arinsall et de Rat, qui conduisent dans le val d'Andorre; à dr., *ravin* et *lac de la Soucaranne*. — On gravit en lacets, à l'O.-S.-O., vers le (8 h.) **port de Bouet** (2700 mèt. env.; bell vue de la sierra de Montech, etc.), ouvert entre le *pic de Médecourbe* (2849 mèt.), au S.-S.-E., et le *pic de la Soucaranne* (2905 mèt.), au N.-N.-O. — Du port, on descend par de longs lacets. — A dr., petit lac (2650 mèt. env.); au S.-E., *grand lac;* gazons; on tourne à l'O. — 8 h. 30. Vue du déversoir des *lacs de Baborta.* — On suit le flanc boisé de la *sierra de Montech.* — 9 h. 40. Fond de la *vallée de Ferrera.* — On traverse le rio Formanica et l'on en suit la rive dr. — 9 h. 55. Caserne de douaniers.

10 h. 15. **Areó** * (1465 mèt.). — 10 h. 25. On passe sur la rive g. — 11 h. Confluent du rio de Tor.

11 h. 10. **Alins*** (1175 mèt.); forges. — La vallée tourne O.-S.-O. — 11 h. 40. Sur la rive dr., *Añeto de Besan;* près d'un moulin, on passe sur la rive dr. — 12 h. 45. *Arahoès* (1060 mèt.); on revient sur la rive g. du rio Formanica. — 13 h. 55. On laisse au N. la *vallée supérieure de Cardos,* qui, par Tabascan et le port de Guillou (R. 83), conduirait à Aulus; on franchit le rio Cardos près de son confluent avec le rio Formanica. — 14 h. 30. Llaborsi, dans la vallée du rio Noguera Pallaresa (R. 76). — 17 h. Rialp (R. 76).]

De Vicdessos au Montcalm, R. 91; — à Andorra, R. 100.

En quittant Vicdessos, on traverse l'Oriège ou rivière de Vicdessos et on en suit la rive dr.

5 h. 10. A g., sur une terrasse, *Orus.* — Près du *château de Cabre,* on franchit un ruisseau (cascade), descendu de Sem; puis on longe la *forêt de Teillet;* sur la rive g., *Illier.*

5 h. 30. *Pont de Laramade* (626 mèt.), sur le torrent de Siguer (R. 100).

6 h. Ham. de *Lespasse.*

6 h. 15. *Capoulet.* — *Château ruiné de Miglos;* mines de fer exploitées dans le *vallon de Miglos* (S.-E.). — *Côte de la Puiade.*

6 h. 40. *Niaux* (grotte de la **Calbière,** deux petits lacs, stalactites). — Aux environs, grottes nombreuses : *grotte de la Vache,* à 800 mèt. en aval du village; objets de l'âge du bronze et, plus bas, de l'âge du renne. — A g., *forges de Saint-Julien* et du *Sault-du-Teil.* — La vallée se resserre.

7 h. 30. Laissant à g. la route d'Ax, on franchit l'Oriège; près de la bifurcation des routes s'élève **Notre-Dame de Sabart** (*église* romane, lieu de pèlerinage; petit séminaire). — La *montagne de Sabart* renferme de nombreuses et remarquables grottes; celle du **Pounchet,** une des plus grandioses des Pyrénées, contient des stalagmites gigantesques (gisement de l'âge de la pierre polie).

On traverse l'Ariège en aval du confluent de l'Oriège.

7 h. 45. Tarascon (R. 92).

B. Par le lac de Lhers.

8 h. — Sentier de mulets. — Passage moins élevé.

1 h. 45 à 2 h. d'Aulus au la de Lhers (R. 83).

On rejoint un sentier qui conduirait à l'O. à Ercé. — On suit ce chemin vers l'E. — *Col d'Ercé,* ou *de Massat* (1628 mèt.) où une croix de fer marqu limites du Couserans et pays de Foix.

Descente facile à (4 h.) *Suc* (870 mèt.), puis à (4 h. 15) *Sentenac.*

4 h. 40. Vicdessos (*V.* ci-dessus, *A*).

8 h. Tarascon (R. 92).

ROUTE 91.

LE MONTCALM ET LA PIQUE D'ESTATS

Très belle et très facile ascension. — On peut monter à cheval jusqu'aux pâturages de Pla Subra. — 7 h. 15 montée ; 4 h. 30 descente. — Guide nécessaire (s'informer, à Auzat, chez Marc Daudine-Dépou); 20 fr.

De Vicdessos, la route de voitures remonte la vallée de l'Oriège. — Pont sur le Suc.

10 m. **Auzat*** (vieux château de *Montréal ;* fromages renommés). — Pont sur le torrent du port de Salcix (R. 89, *A*). — On dépasse la douane. Pont sur l'Oriège. — 35 m. La route devient un chemin pierreux.

45 m. A dr., importante **cascade de Bassiès.** — 1 h. A g., entrée de la *gorge d'Arbeille* (R. 100). — 1 h. 50. La vallée se divise, au *Pont-de-Marc.* Le bras de g. remonte au S., vers le val d'Andorre, par le port d'Arinsall (R. 100) ; celui de dr. (O.) s'élève vers le *val d'Artigue* (1000 mèt. env.), que l'on remonte 15 m.; puis, vis-à-vis du ham. d'*Emperrot*, on monte droit au S.-O. (très rude).

[En suivant vers l'O. le val d'Artigue, on pourrait monter en 2 h. 30 au *port de Montescourbas* (2319 mèt.), *de Tabascan* ou *de l'Artigue,* d'où l'on redescend, en Espagne, dans la vallée de Castillo.]

4 h. *Orrhys* ou granges *de Pigéol* (1704 mèt.).

4 h. 30. Pâturages de *Pla Subra,* où les cavaliers laissent leurs montures. — Montée très rude. — 6 h. 25. Arête (2850 mèt.) d'où l'on voit s'ouvrir à g. la combe du Rioufred. — Plateau en pente douce.

7 h. 15. **Pic de Montcalm** (3080 mèt. ; vue admirable). — Une descente de 10 m. au S.-O. et une ascension de 55 m. suffisent pour atteindre la **Pique d'Estats** (3141 mèt.), pointe la plus élevée de la chaîne ariégeoise, sur la frontière de France et d'Espagne.

On peut descendre du Montcalm par un chemin plus escarpé que celui de la montée. — On suit le plateau qui s'abaisse au N.-E. — 15 m. On tourne à dr. — 45 m. *Étang de Rioufred.* — 2 h. Premières cabanes. — 2 h. 30. Pla de Soulcenne, où l'on rejoint le sentier de Vicdessos au val d'Andorre (R. 100).

ROUTE 92.

DE PARIS A AX

878 k. — Chemin de fer de Paris à Tarascon (849 k.; traj. en 19 h. à 31 h. 10 ; 100 fr. 80, 75 fr. 90 et 54 fr. 80). — Corresp. de Tarascon à Ax (27 k.; 3 fr. 50 et 3 fr.); chemin de fer en construction.

751 k. de Paris à Toulouse (*V. La Loire, De la Loire à la Gironde* et *Gascogne et Languedoc*).

12 k. de Toulouse à Portet-Saint-Simon (R. 67, *A*), où l'on

laisse à dr. la ligne de Montréjeau.

14 k. (de Toulouse). *Pinsaguel* (halte), rive dr. de la Garonne, 2 k. en amont de son confluent avec l'Ariège. — Pont sur la Garonne.

18 k. *Pins-Justaret.* — Pont sur la Lèze.

23 k. *Venerque-le-Vernet.* — A *Venerque*, *église* romane.

27 k. *Miremont.*

33 k. **Auterive** *, ch-l. de c., 2981 hab., rive dr. de l'Ariège.

40 k. **Cintegabelle**, ch.-l. de c., 2584 hab., rive dr. de l'Ariège. — *Église* remaniée (flèche du XVIe s.; porte romane; intérieur ogival; ableaux de Despax; orgue avec boiserie du XVIIIe s.; piscine en bronze du XIIIe s. — Du *calvaire*, très belle vue. — A 5 k. S.-O., au confluent de l'Ariège et du Grand-Lhers, restes de l'*abbaye de Boulbonne* (XVIIIe s.), convertis en château.

49 k. **Saverdun** *, ch.-l. de c., 3642 hab., au pied de coteaux dont l'Ariège longe la base. — Pont sur l'Ariège.

57 k. *Mazères-le-Vernet-d'Ariège.* — *Le Vernet-d'Ariège* ou *de-Canteraine* est à l'E., rive dr. de l'Ariège. — Près du chemin de fer, à l'E., *ferme-école de Royat.* — A 8 k. N.-E., **Mazères**, bastide du XIIIe s., ancienne résidence des seigneurs de Béarn, comtes de Foix (restes du château). — A 4 k. E., *Montaut-de-Crieux* (débris d'un château).

65 k. **Pamiers** *, ch.-l. d'arr., 11 944 h., V. principale du dép. de l'Ariège, rive dr. de l'Ariège, au milieu d'une belle végétation.

Cathédrale, au S. de la ville (clocher gothique reposant sur une tour massive à créneaux et à mâchicoulis; nef reconstruite par Mansart). — *Église Notre-Dame du Camp*, très ancienne (façade cubique, à créneaux et mâchicoulis, entre deux tours pentagonales crénelées). — *Église Sainte-Marie* (*tour* en ruine). — Forges importantes.

A 1 k. S. de Pamiers, restes de l'*abbaye de Saint-Antonin de Frédelas* et source minérale des *Barraques*.

De Pamiers à Saint-Girons, R. 87; — à Quillan, R. 95.

69 k. *Verniolle* (halte). — Sur la rive g. de l'Ariège, *Bénagues* (*château*, XVIe s.).

74 k. *Varilhes*, ch.-l. de c., 1669 hab. — Rive g. de l'Ariège, *église de Vals* (pèlerinage), puis *Crampagna* (*tour*, XIIe s.).

Pont de *Garrigou*, sur l'Ariège. — On remonte la rive g.

78 k. *Saint-Jean-de-Verges* (halte; *église* romane; carrières de lignite).

Défilé du **Pas de la Barre**, où commençait le comté de Foix proprement dit. — Pont sur l'Ariège.

83 k. (834 k. de Paris). Gare de Foix, au pied de la montagne du *Pech*, au faubourg du *Petit-Paris.*

Foix *, 7369 h., ch.-l. du dép. de l'Ariège, à 406 mèt., dans un petit bassin triangulaire formé par le confluent de l'Ariège et de l'Arget, et dominé par les ruines de son château.

Château de Foix, au N.-O. de la ville. Il n'en reste que quelques vestiges d'enceintes et trois tours inégales. La tour ronde (42 mèt.), la plus belle, ne paraît dater que du xve s. (trois belles salles voûtées). — Vue magnifique.

Église (xiie et xive s.), réparée avec goût. — *Abbaye de Saint-Volusien*, transformée en préfecture (salle de la *bibliothèque*, collection de médailles et huit gros volumes ornés de miniatures et d'arabesques exquises).

Château des Gouverneurs, à la base N. du rocher, transformé en palais de justice et renfermant un **musée**, fondé en 1882 (collections paléontologiques et préhistoriques, etc.).

Pont de pierre sur l'Ariège (1832). — Pont-viaduc sur l'Arget. — Belle promenade de *Villotte*, rive g. de l'Ariège. — *Statue de Lakanal* (1882). — Fabrique importante d'acier cémenté.

Au pied du rocher de Foix, source sulfureuse et ferrugineuse, exploitée dans un établissement.

[Sur la montagne qui domine Foix au N. (1 h. à pied, aller et retour), *ermitage de Saint-Sauveur* (724 mèt.; beau panorama).

A 9 k. E. de Foix, dans la vallée de l'Alse, **grotte de l'Herm** (découverte d'os humains, d'outils en os et de débris d'animaux disparus).]

De Foix à Saint-Girons, R. 85; — à Muret par Lézat, R. 86, *A*; — par Montesquieu-Volvestre, R. 86, *B*; — à Quillan, R. 94.

On remonte la rive dr. de l'Ariège. — Pont sur le Sios. — A g., *Montgaillard* (*château* en ruine); à dr., *Prayols*. — 89 k. *Saint-Paul-Saint-Antoine*. — A g., *aciérie de Saint-Antoine*.

94 k. *Mercus*. — En face, rive g., *Amplaing*; à dr., montagne de Soudours (R. 89). — A g., *Bonpas*, à l'embouchure du torrent d'Arnave; vis-à-vis, *Arignac* (carrières de plâtre).

98 k. **Tarascon** *, ch.-l. de c., 1739 h., à 480 mèt., en aval du confluent de l'Oriège et de l'Ariège. — A l'E., monticule isolé du *Castella*, qui porte *Tarascon-le-Vieux* (tour ronde, reste de l'ancien château; *église de la Daurade*, avec porte du xiiie s.). — Forges aux environs. — Foires très fréquentées par les Espagnols.

Près de la rive g. de l'Ariège, source ferrugineuse froide dite *fontaine Rouge* ou *de Sainte-Quilterie*.

De Tarascon à Saint-Girons, R. 80; — à Aulus, R. 90.

La route remonte la rive g. de l'Oriège, et la franchit à *Sabart*. — A dr., route de Vicdessos. — On remonte jusqu'au pont de Perles la rive g. de l'Ariège.

102 k. **Bains d'Ussat** *, situés dans la com. d'Ornolac, bien qu'ils aient pris le nom du v. d'*Ussat-le-Vieux* (rive droite de l'Ariège).

Grand établissement, le plus ancien et le mieux aménagé, à la base d'un rocher, à 300 mèt. d'alt. et presque au niveau de l'Ariège ; il comprend un corps de logis (44 baignoires), précédé d'un péristyle d'ordre dorique, et deux pavillons, l'un réservé aux douches, l'autre aux piscines.

En face est un édifice contenant les bureaux de l'administration et le cabinet de l'inspecteur. — A côté est l'*hôpital civil*.

Un *parc* entoure l'établissement, l'hôtel du Parc et un *casino*.

Établissement de Sainte-Germaine (20 baignoires ; douches; piscine), propriété particulière, à 500 mèt. en aval du pont, sur la route de Tarascon.

Bains Saint-Vincent (15 baignoires et piscine), fondés par l'administration de l'hospice de Pamiers et appartenant à l'administration de l'Établissement thermal.

Les eaux. — *Eau* thermale, bicarbonatée calcique. — *Température :* 39°,5 au griffon, 36°,25 à la baignoire n° 1, 31°,55 à la baignoire n° 44, ce qui permet de donner des bains de température graduée, sans mélange de l'eau minérale. — *Effets physiologiques :* sédative à une température modérée, excitante à sa plus haute température, cette eau réussit dans les névroses et notamment dans l'état névropathique déterminé par la métrite chronique.

Promenades. — Sauf le parc (10 hectares plantés) de l'établissement, où, pendant la saison, un orchestre se fait entendre chaque jour, il n'y a pas à Ussat de promenades proprement dites. Vers le soir, les baigneurs se dirigent de préférence sur la grande route et sur les chemins vicinaux qui conduisent à *Ornolac* (1 k. N.-E.). A l'extrémité supérieure du vallon, près du hameau de *Lujat*, *fontaine minérale* non utilisée.

Charmante promenade de 30 à 40 m., en contournant le promontoire qui sépare les bains d'Ussat de Tarascon.

Au-dessus de l'établissement, le rocher est percé de grottes dont la plus remarquable est la **grotte de Lombrive**, vis-à-vis des Thermes et dominant la rive g. de l'Ariège ; on y monte en 30 m. — *N. B.* S'adresser à l'Établissement Saint-Vincent ; tarif : 50 c. pour la commune et pourboire obligé. — La grotte a deux entrées très basses, 4000 mèt. de profondeur, et communique probablement avec celles de Niaux (R. 90, *A*) ; elle contient des stalactites et un amas de pierres roulées par un ancien courant ; on y trouve des ossements humains, des objets préhistoriques et des restes d'animaux disparus.

On longe la rive g. de l'Ariège. Sur la rive dr., vallons d'Ornolac et de Verdun, entre lesquels s'étend le massif boisé de *Lujat* (ancienne église ; source minérale). — 103 k.

Bouan ; aux environs, dans les rochers et à l'entrée de plusieurs grottes, restes d'antiques fortifications, dites *las Gleizos* (les églises).

107 k. *Sinsat.* —108 k. 1/2. *Aulos.* — Sur l'autre rive, *Verdun* (source thermale). — Pont sur l'Aston.

110 k. *Les Cabanes* *, ch.-l. de c., 509 h.

A Andorra, R 100.

A g., *Albiès ; Vèbre* (vieux manoir ; sources ferrugineuses).

115 k. *Lassur.*

Pic Saint-Barthélemy, *V.* ci-dessous, p. 255.

116 k. 1/2. Sur la rive dr., *Garanou*, d'où l'on peut aller visiter (1 h. 30 env.) les ruines du **château de Lordat**.

118 k. *Luzenac.*

[Route de voit. (15 k. E.) pour la vallée du Lhers par (2 k.) *Unac* (*église* romane), (5 k.) *Causson* (belle *grotte*), et le col de Marmare (R. 95 *A*).]

On gravit un promontoire et on franchit l'Ariège.

121 k. *Perles.* — 124 k. 1/2 *Savignac.* — Au S., vallon et cascade de *Nagear.*

127 k. (878 k. de Paris). Ax.

AX

Situation.

Ax *, ch.-l. de c., 1813 h., est situé à 716 mèt., au confluent des trois vallées supérieures de l'Ariège : de Mérens au S., d'Orgeix au S.-E., d'Ascou à l'E. — Un grand nombre de sources sulfureuses jaillissent de tous les points du bassin.

Établissements thermaux.

Les établissements sont au nombre de quatre :

Établissement du Couloubret, le plus ancien et le mieux installé (32 baignoires). Il est alimenté par plusieurs sources dont la température varie de 17°,5 (*Rougeron*) à 36° (*Gourguette*), 44°,9 (*Bain Fort*), 68° (*Etuve*) et 77°,5 (*Rossignol Supérieur*).

Établissement du Breilh, au fond du jardin de l'hôtel Sicre : 20 baignoires, des douches, une étuve et plusieurs buvettes.

Établissement dit *le Teich-Saint-Roch*, rive g. de la rivière d'Orlu : 52 baignoires, 10 douches, étuves, etc. Une des sources (*Viguerie*) a 75°,5 de chaleur et un débit énorme. Les baigneurs y trouvent des logements, comme au Breilh.

Établissement dit *le Modèle* (1867), rive g. de la rivière d'Ascou, en face de l'esplanade du Couloubret (50 baignoires).

Les établissements du Couloubret et du Teich ont été achetés en 1880 par la Compagnie des Thermes d'Ax, qui s'efforce de réunir dans une même association tous les établissements de la ville.

Hôpital Saint-Louis, fondé en 1262 et restauré en 1841.

Les eaux.

Eaux thermales ou froides sulfurées sodiques.

Cinquante-trois sources, la plupart employées médicalement, variant de 17°,5 à 77°,5.

Emploi : Boisson, bains, douches, bains d'étuve, etc.

Effets physiologiques : La grande variété des sources d'Ax les rend applicables au traitement d'un grand nombre d'affections et permet de les employer chez des malades de constitutions très différentes. Elles sont vantées surtout contre le rhumatisme, les maladies de la peau et les scrofules.

EXCURSIONS

Pointe-Couronne.

Du sommet de *Pointe-Couronne* (au S.-O., 1 h. env.), vue magnifique.

Pic Saquet ou Tute de l'Ours.

3 h. 30, montée ; 2 h. 15, descente. — On peut aller seulement à la Remise de Bonascre (1 h. 15 montée) et revenir à Ax par la 2e Bazerque et la vallée supérieure de l'Ariège.

On sort d'Ax au S.-O. Un sentier monte en lacets à la première terrasse, puis contourne Pointe-Couronne. — 1 h. 15. *Remise de Bonascre.* — On tourne à l'E.-S.-E. ; à dr., maison des gardes forestiers. — On traverse un plateau (belle vue); terrasses faciles à gravir.

3 h. 30. *Pic Saquet* (2250 mèt. ; très belle vue). — Descente en 2 h. 15 par la même voie, ou en 2 h. 30 par la 2e Bazerque.

Pic de Tarbesou.

4 h., montée ; 3 h. 15, descente.

On sort d'Ax à l'E. ; on traverse le torrent d'Ascou ou de la Lauze ; on suit la rive g. ; route de chars.

40 m. *Ascou.*

1 h. 10. *Pont* et *forge d'Ascou* (1571 mèt.), abandonnée. — Chemin muletier, on prend la rive dr. ; à g., N., gorge de *Riou Caou*, allant au col de Pradel (R. 95, *C*). — 1 h. 30. *Granges de Montmija.* — Au S.-S.-E., vallon de *Caburlet*, où l'on entre en passant (2 h.) un pont. — On monte vers la *crête de Baouzeille* pour éviter des ravins, puis on s'élève (pentes de gazons) sur le versant S. du pic.

4 h. **Pic de Tarbesou** (2366 mèt. ; vue admirable). — On peut descendre (N.-E.), en 1 h. 15, sur le versant E. du col de Paillers.

Si l'on veut aller voir le lever du soleil au sommet du pic, on va coucher à (2 h. 30 d'Ax) la *métairie del Péré* (vivres excellents).

Lacs de Comté, de Couart et de Pédourès.

Une journée.

8 k. Mérens (R. 98). — En amont du v., on tourne au S.-O. ; route muletière ; gorge de *Mourgouillou.* — 1 h. 55. *Fontaine des Fièvres.*

2 h. 30. *Lac de Comté* ou *du Comte* (1776 mèt. ; bonnes truites saumonnées).

En remontant la gorge, on atteint les *étangs de Couart* et de *Pédourès*, au S., et le *lac d'Albe*, à l'O. Du lac de Couart au lac de Pédourès, un guide est utile. On peut coucher près du lac de Couart (cabane). — Du lac de Pédourès, on peut descendre à l'Hospitalet par le ravin de *Baldarques*.

Pic Saint-Barthélemy.

12 h. 30. — 7 h. 30 à la montée, 5 h. à la descente; on peut se rendre en voit. jusqu'à Lassur (*V.* ci-dessus). — Guide nécessaire. — Course recommandée.

2 h. d'Ax à Lassur (*V.* ci-dessus). — On remonte la gorge du Gerul, au N.-E. — 3 h. *Lordat*. — En face *Axiat* (*église* romane), d'où l'on peut monter au Saint-Barthélemy par le *ravin du Sauquet*; il vaut mieux suivre le sentier moins fatigant qui longe jusqu'à sa source le Gerul et contourne les contreforts du mont. — 4 h. Dernières maisons (1053 mèt.).

6 h. *Col de la Peyre* (1752 mèt.), d'où l'on peut descendre en 2 h. à Montségur (R. 94). — On laisse ce col à dr.; on se dirige à l'O. — 6 h. 45. Plateau où on laisse à dr. le petit *lac Tort*. — On gagne, à l'O., la *crête de Stentor*. — On contourne au S. le flanc du *pic de Soularac* (2343 mèt.) et l'on descend. — 7 h. Petit *col*, d'où un ravin plonge au S. vers Axiat. — On n'a plus qu'à gravir le sommet.

7 h. 30. **Pic Saint-Barthélemy** ou *de Tabe* (2344 mèt.). — Admirable panorama, du pic du Midi de Bigorre aux lointains vaporeux de la Méditerranée. Sur le versant N. du Saint-Barthélemy, on aperçoit les lacs *Male* et *Noir*, à demi glacés.

On peut descendre : 1° directement à Axiat (difficile) par le ravin du Sauquet (*V.* ci-dessus); — 2° par *Appy* et *Caychax*, à Albiès, non loin des Cabannes (*V.* ci-dessus); — 3° au N., dans la vallée de la Touyre, qui descend vers Montferrier et Lavelanet (R. 94). — On peut encore descendre, par les *gorges du Lasset*, dans la vallée du Lhers, à Fontestorbes et à Bélesta.

—

D'Ax à Quillan, R. 95; — aux Bains de Carcanières, R. 96; — à Montlouis, R. 97; — à Puigcerda et aux Escaldas, R. 98; — pics de Carlitte et de Campcardos, R. 99; — au val d'Andorre, R. 100.

ROUTE 93.

DE PAMIERS A QUILLAN

70 k. — Route de voitures.

Route de Foix jusqu'au (1 k.) Mas-Saint-Antonin. — On tourne à g., on gravit les terrasses qui dominent à l'E. la vallée de l'Ariège. — A g., *les Allemans*, puis *Saint-Amadou*.

Vallée de la Lectouire, qu'on traverse (13 k.) à 1 k. en amont de son embouchure dans le

Grand-Lhers et près de *Rieucros*. — Sur le promontoire qui domine au N. le confluent, *Vals* (*église* curieuse, en partie taillée dans le roc, pèlerinage; à g., enceinte avec belle *tour* carrée flanquée d'une demi-tour ronde). — On suit de loin la rive g. du Lhers.

19 k. *Coutens*.

20 k. *Besset*.

24 k. **Mirepoix***, ch.-l. de c. 3934 h., ville régulière, rebâtie au XIIIe s. près de la rive g. du Grand-Lhers. — **Saint-Maurice**, ancienne cathédrale (XVe et XVIe s.); *clocher* à flèche dentelée. — *Pont* de 7 arches. — *Château de Terride*, au N. de la ville. — Au cimetière, *mausolée* du maréchal Clauzel. — Charmantes promenades. — Fabriques nombreuses.

28 k. *Labastide-de-Bousignac*. — A dr., route de Lavelanet.

On se dirige à l'E.

33 k. *Lagarde*. — **Château**, des XIVe, XVe et XVIIe s. (trois tours carrées et tour ronde), qui était encore, à la fin du XVIIIe s., une habitation somptueuse.

On remonte la jolie vallée du Lhers. — Château de *Sibra*; pont sur la Lectouire.

38 k. *Camon*, rive g. du Lhers. — Restes remarquables d'un *prieuré* du XVIe s.

Pont sur le Lhers.

42 k. *Sonnac*.

46 k. **Chalabre**, ch.-l. de c., 2021 h. (380 mèt.), dans un bassin où se réunissent le Lhers, le Blau et le Chalabreil. — *Église* de 1552. — Ancien *château*, donjon (statue du sire de Bruyères). — *Ermitage du Calvaire*, sur la montagne de ce nom. — Fabriques importantes.

[**Bains de Fontcirgue.** — 13 k. S.-O.; route de voit. — On remonte la rive dr. du Lhers, puis on franchit le Rivcillou.

7 k. **Sainte-Colombe**, com. industrielle, composée d'un grand nombre de hameaux. — *Établissement de bains*, au pied de la montagne régulière du **Plantaurel** ou *Petites Pyrénées* (704 mèt.).

11 k. *Le Peyrat*, où l'on franchit le Lhers pour en remonter la rive g.

12 k. *La Bastide-sur-Lhers*, où l'on prend au S. un chemin vicinal conduisant à Laguillon (R. 94) et laissant à g., sur la rive dr. du Lhers, les

13 k. **Bains de Fontcirgue**, dont les eaux salines froides sont utilisées en bains et en boisson pour le traitement des gastrites, des maladies de la vessie, de la jaunisse, des hémorroïdes, des névroses, etc. — Un vaste hôtel avec beau jardin est annexé à l'établissement.]

Au delà de Chalabre, on remonte la vallée du Blau.

50 k. *Villefort*.

55 k. Puivert, et 15 k. de Puivert à Quillan (R. 94).

70 k. Quillan (R. 102).

ROUTE 94.

DE FOIX A QUILLAN

66 k. — Dil. t. l. j.

8 k. Saint-Paul-de-Jarrat (R. 92). — On traverse le Sios. — 11 k. *Celles*; confluent de la Baure et du Sios. — On re-

monte, N.-E., le vallon de la Baure. — Petit col ; on descend dans le vallon de la Douctouire.

18 k. *Nalzen* (656 mèt.). — On gravit une côte ; vallée de la Touyre.

27 k. **Lavelanet*** (536 mèt.), ch.-l. de c., 3216 h., sur la Touyre ou Lectouire ; grottes dans le rocher à l'O. — Fabriques nombreuses.

[A 7 k. S.-O., *Montferrier* *, b. industriel (restes du château ; *église* du XIIe s., *maison* du XVIIe s.), d'où l'on peut monter en 4 h. au pic Saint-Barthélemy (R. 92).]

On quitte la vallée de la Touyre.

29 k. *Saint-Jean-d'Aygues-vives.* — Vallée du Lhers.

32 k. *Laguillon*, à l'entrée d'un défilé. — On remonte la rive g.

35 k. **Bélesta** ; à l'E., ruines du *castel d'Amont.* — **Forêt de Bélesta,** l'une des plus belles des Pyrénées.

[Dans la vallée du Lhers, excursions intéressantes. — 2 k. de Bélesta, fontaine intermittente de **Fontestorbes.** — 1 h. 30. Ruines du **château de Montségur,** célèbre refuge des chefs des Albigeois ; il fut pris en 1244 et tous les prisonniers furent brûlés. — 3 h. *Étang du Diable,* à la base du pic Saint-Barthélemy (R. 92).]

De Bélesta à Ax, R. 95, B.

On croise le Lhers ; on monte à l'E. et on traverse une partie de la forêt de Bélesta.

47 k. *Puivert* ; à l'E., ruines d'un **château** (XIIe-XIVe s.). — Au S., près du ham. de *Lescale*, *Puig du Thill*, percé d'ouvertures qui donnent issue à un vent régulier, dit *vent de Pas.*

[A 4 k. O. de Puivert, *grotte de l'Homme-Mort*, stalactites et *barrenc* ou puits d'une profondeur inconnue.]

Laissant à g. la route de Mirepoix (R. 93), on se dirige à l'E. — A dr., route de Belcaire (R. 95) ; à g., *Brenac.* — On descend dans la vallée de l'Aude.

66 k. Quillan (R. 102).

ROUTE 95.

D'AX A QUILLAN

A. Par le col de Marmare et Belcaire.

62 k. — Route de voitures.

On monte en lacets au N.-E., puis on entre dans la vallée de la Lauze.

3 k. En deçà d'Ascou, la route de Quillan se détache à g. et monte au N.-O.

4 k. *Sorgeat.* — 5 k. *Ignaux.* — On franchit le ravin d'*Eychenac.* — Petit col dominé à l'E. par la montagne de *Sioula* ou *Chioula* (1507 mèt.).

15 k. **Col de Marmare** (1360 mèt.), point de partage des eaux entre l'Ariège et le Lhers. — Pont sur le Lhers.

17 k. *Prades* (ruines du *château de la Reine-Marguerite*).

18 k. Ponts sur le Lhers, puis sur un ruisseau.

21 k. *Camurac.* — Petit col.

— Plateau dit *plaine de Saull*, long de 10 k.

26 k. **Belcaire** (beau rocher), ch.-l. de c. de 864 h., sur une colline. — Ancien *château fort*.

Après avoir laissé à dr. (32 k.) *Espézel* et la route de Quillan à Montlouis par Rodome (R. 104), on longe le bord d'un plateau qui domine au N. la vallée du Rébenty.

41 k. *Lapeyre* (902 mèt.).

44 k. *Coudons*, dans le vallon de ce nom. — A l'O., *montagne* et *forêt de Callons*.

On rejoint par des zigzags (un sentier de piétons abrège) la grande route de Foix à Quillan (R. 94).

62 k. Quillan (R. 102).

B. Par la gorge de la Frau et Bélesta.

h. 30 (à pied), jusqu'à Bé...ta; route de chars. — 27 k. et route de voitures, de Bélesta à Quillan.

5 h. 15 d'Ax à Prades (*V*. ci-dessus, *A*). — A pied, on peut monter directement d'Ax à Ascou. — A Prades, à dr. (N.-N.-E.), route de Quillan par Camurac; on prend le chemin sur la rive g. du Lhers.

4 h. 15. *Comus*, rive dr. (1148 mèt.). On descend la vallée, O.-N.-O.; on entre dans le **défilé de la Frau** ou *de l'Affrau*; à l'O., forêts du *Basori* (1176 mèt.) et d'*Embeyre*, et *montagne de la Frau* (1969 mèt.); à l'E., bois de *Gespetal* (1630 mèt.); sur 3 k., on est enfermé entre des murailles hautes de 300 mèt. — 4 h. 45. *Fontaine de Lasqueille*. — Le défilé s'élargit; la route suit le Lhers, E.-N.-E., puis N.

6 h. 45. A *Barrineuf*, on rejoint la route de Foix à Quillan.

7 h. 30. Bélesta. — 27 k. de Bélesta à Quillan (R. 94).

C. Par le col de Pradel et la vallée du Rébenty.

11 h. à pied. — Route de voitures. — Excursion *très recommandée*. — On pourrait faire une très belle course de deux ou trois jours (à pied ou à cheval), d'Ax aux bains de Carcanières, en visitant la vallée supérieure de l'Aude, et en rentrant à Ax par la vallée du Rébenty et le col de Pradel. — Les piétons abrégeront en suivant un sentier qui coupe les lacets de la route.

1 h. 10. Forge d'Ascou (R. 92, *C*). — A l'O., ham. des *Goulours*, au N. ravin de Riou Caou; on monte E.-N.-E., chemin muletier. — A g., crête de rochers (1670 mèt.); à dr., prairies et arête (1749 mèt.; belle vue).

2 h. 15. *Grange de Belluguet*. — A g., chemin en lacets; à dr., sentier qui monte directement.

3 h. **Col de Pradel** (1650 mèt.?). — Au N. (30 m.), *pic de Serembarre* (1854 mèt.; très belle vue).

On contourne, au N.-E., un premier petit cirque; **vallée du Rébenty**; on laisse à dr. une source très froide, puis une autre source excellente. — Forêt (1231 mèt.). — Ravin, déversoir de l'*étang du Rébenty* (cascade), situé au N., dans la forêt de *Tibiac*. — On se dirige au N. en suivant la rive dr. du Rébenty.

4 h. *La Fajolle* (1050 mèt.). — Série de bassins et de défilés. — On traverse, rive g., un premier défilé, puis celui des *Adouaès ;* on franchit deux fois le ruisseau. — 4 h. 30. *Mérial* * (1000 mèt.?). Au N., *forêt de Feilhes* (1260 mèt.) et crête de *Gebetz* (1441 mèt.) ; au S., *forêt de Canelle* (1482 mèt.).

5 h. *Niort** (800 mèt.). — 5 h. 5. Défilé sauvage; on suit la rive dr. — Pont; rive g.; sortie du défilé; au N., *Roc Vertral* (1004 mèt.) et *Roc des Caunes* (1139 mèt.) ; au S., muraille de roches et chemin montant par *Mazuby* à Campagna-de-Sault et au *pic d'Ourthiset* (1937 mèt.; belle vue). La vallée s'élargit ; bassin de prairies.

5 h. 45. *Belfort* (scieries). — On tourne au N.-E.; *défilé d'Able;* plus loin, en contre-bas, *moulin d'Able*. A g., route de Quillan ; on suit la rive g. du Rébenty. — **Défilé de Joucou** : trois petits tunnels. — Sur la rive dr., paroi verticale de roches taillées par les eaux en colonnes énormes.

6 h. 45. *Joucou* (600 mèt.). — Le chemin descend rapidement.

7 h. 45. *Marsa*. — On prend la rive dr.

9 h. 15. Confluent du Rébenty et de l'Aude. — A 50 m. au S., Axat (R. 105, *A*) ; à 1 h. 45 au N., Quillan, par Pierre-Lis (R. 105, *A*).

11 h. Quillan (R. 102).

ROUTE 96.

D'AX AUX BAINS DE CARCANIÈRES

7 h. 15. — Chemin muletier.

2 h. 30 d'Ax à la métairie del Péré (R. 92). — Montée facile ; pierres levées et poteaux indiquant la route ; belle vue.

4 h. 30. **Col de Paillers** ou *de Pailhères* (1972 mèt.), qui verse ses eaux à l'O. dans l'Atlantique, à l'E. dans la Méditerranée. Au S., le *Mounégou* (2099 mèt.), contrefort du pic de Tarbesou ; au N., petits monticules schisteux du haut desquels on découvre une vue magnifique sur les Corbières, la plaine du Languedoc, le Roc Blanc, le Tarbesou, etc.

Descente en zigzags sur la rive g. de la Sonne.

5 h. 30. *Mijanès*, centre d'exploration du massif du Laurenti (R. 105). — Inutile de descendre à *Rouze*, que l'on voit au N. On traverse la Sonne ; on gravit le versant S. — Au S., *Artigues;* on franchit le ruisseau. — *Le Pla*, v. où l'on prend la route de Quillan à Montlouis par Rodome. — *Saint-Félix*.

Laissant au S. Quérigut, on prend le chemin muletier de Carcanières ; on traverse le ruisseau de Quérigut.

6 h. 45. *Carcanières* (1200 mèt.). — On descend.

7 h. 15. Bains de Carcanières (R. 105).

ROUTE 97.

D'AX A MONTLOUIS

A. Par la Porteille d'Orlu.

10 h. 15 (7 h. 25 jusqu'à Formiguères : 5 h., montée ; 2 h. 25, descente).

On suit sur 1 k. la route du col de Puymorens (R. 98). — Vallée du Vicdessos. — Pont.

35 m. *Orgeix* (rive dr.).

1 h. *Orlu*. — On longe la rive dr. du torrent. — 1 h. 30. Forge d'*Orlu* (belle cascade). — Au S., vallon de *Gnoles*, remontant vers l'*étang de Naguilles* et le *lac des Peyrisses*.

2 h. On passe sur la rive g. 2 h. 45. On franchit de nouveau le torrent. — A dr., chemin du col de la Grave (*V.* ci-dessous, *B*). — On entre, à l'E., dans la gorge de la Batsouillade. — A g., *étang de la Batsouillade* ; au N.-E., le *Roc Blanc* (2543 mèt.).

5 h. **Porteille** ou *Pourtanech* **d'Orlu** (2277 mèt.), entre le *pic de Camp-Ras* (2554 mèt.), au N., et d'autres cimes, au S., parmi lesquelles le *pic de Terrès* (2549 mèt.). — A g. du sentier, petit lac d'où descend le petit ruisseau de Galba, qu'il faut suivre pour gagner la route de Quérigut à Montlouis.

7 h. *Espousouille*. — On peut gagner (7 h. 25) Formiguères, en traversant le Galba et gravissant une petite arête. — 2 h. 50 de Formiguères à Montlouis (R. 106).

10 h. 15. Montlouis (R. 110).

B. Par la haute vallée de la Tet.

11 h. env. (6 h. à la montée ; 5 h. à la descente). — Guide et provisions nécessaires.

3 h. 15 d'Ax à l'entrée de la gorge de la Batsouillade (*V.* ci-dessus, *A*).

On monte par la vallée du Vicdessos. Arrivé (3 h. 30) à l'endroit où la gorge principale monte au S.-O., on a le choix entre deux chemins pour gagner la haute vallée de la Tet. On peut monter directement au S. dans le ravin de *Mortès* vers un col à l'O. du pic de Camporells et du Puig de Prigue. Descente dans le désert pierreux, semé de petits lacs, où la Tet prend sa source ; mais il est plus intéressant de suivre le Vicdessos jusqu'aux (4 h. 30) *étangs d'En-Beych* et monter de là au S., au

5 h. 30. **Col de la Grave**. — On descend (5 h. 40) au bord du torrent de la Grave, qui se réunit bientôt à la Tet.

6 h. 30. A g., chemin de Formiguères (R. 106). — On entre dans un étroit défilé qui retenait autrefois les eaux de la Tet, et formait un lac remplacé par des marécages. — Au delà se trouve un autre grand marais (ancien lac), le **Pla de la Bouillouse** (100 hect.).

On côtoie la rive g. du marais, puis on descend un ressaut; *étang* marécageux *del Racou*. — La vallée se resserre ; la Tet s'engage dans l'étroit défilé du

Mal Pas, puis forme la *cascade du Forat de la Ximinella*. — *Forêts des Esquits*. — On suit la rive g. de la Tet (cascades). — 9 h. La forêt s'éclaircit et on trouve le *Pla des Abellans*, vaste plateau de pâturages.

9 h. 30. *Las Bordes*, ferme à l'entrée du *Pla de Barres* (1660 mèt.), que l'on traverse. — Bois. — A g., polygone de Montlouis. — *Moulin de la Llagonne*. — On franchit la Tet.

11 h. Montlouis (R. 110).

C. **Par les cols de Paillers et des Hares.**

11 h. — Chemin praticable à cheval. — De Mijanès à Montlouis, on peut aller en voiture légère.

5 h. 30. Mijanès (R. 96).

5 h. 30 de Mijanès à Montlouis (R. 96 et 104).

11 h. Montlouis (R. 110).

ROUTE 98.

D'AX A PUIGCERDA ET AUX ESCALDAS

D'AX A PUIGCERDA

41 k. — Route de voit. (1 serv. par j.).

On remonte la rive dr. de l'Ariège. — 10 m. Pont sur le Vicdessos. — A g., chemin d'Orlu (R. 97, *A*). — A dr., on voit les ham. des *deux Bazerques*.

4 k. Pont sur l'Ariège. — Défilé de la *troisième Bazerque* (au fond, cascade). — 5 k. On franchit trois fois le torrent.

8 k. **Mérens** (1091 mèt. ; trois sources sulfureuses, 34° à 68°).

14 k. *Saillens* (source sulfureuse froide). — Pont sur le torrent de Bésines (R. 99).

17 k. **L'Hospitalet*** (1411 mèt.). — A dr., chemin du port de Saldeu (R. 100). — Mines de fer. — La route de voitures décrit un lacet de 6 k. — Les piétons peuvent monter directement vers le col. — Plateau ; à g., *pic de Sabarthès* (2549 mèt.). — A g., poste de douaniers.

22 k. **Col de Puymorens** (1931 mèt.). — On descend dans la **vallée de Quérol** ou *de Carol*, arrosée par un affluent du rio Sègre.

24 k. *Porté* (1623 mèt.), au confluent des vallons du Vignole (O.) et de Fontvive (E.).

De Porté au lac Lanoux et au Puis de Carlitte, R. 99.

Défilé. — A l'O., ruines de la *tour de Cerdane*. — Pont sur le Sègre.

27 k. *Porta* (aub. ; source ferrugineuse crénatée), à 1509 mèt.

Pic de Campcardos, R. 99.

Gorge où coule le Sègre de Carol. — La vallée s'élargit. — *Tours de Carol*.

32 k. *Courbassil*. — On longe un canal d'irrigation.

A dr., de l'autre côté du Sègre, *Quès*, ham. (source sulfureuse).

37 k. **La Tour ou Latour-de-Carol***, b. à 1240 mèt.

La vallée s'élargit. — Pont sur le canal. — A g., route qui conduit à Enveigt et aux Escaldas (*V.* ci-dessous). — *La Vignole*, ham. — On passe la frontière.

42 k. **Puigcerda***, ancienne capitale de la Cerdagne, 2000 h., à 1242 mèt., sur une colline qui domine la Cerdagne, entre le Sègre de Carol et le Sègre de Llivia. — *Fortifications* à demi ruinées (belle vue). — *Église* (lourds ornements dorés). — Maisons à arcades, parmi lesquelles se trouve l'*Hostal*.

De Puigcerda à Urgel, R. 100; — à Perpignan, R. 110; — aux Escaldas, R. 111; — à Ripoll, R. 112.

D'AX AUX ESCALDAS

9 h., à pied. — Route de voitures.

37 k. d'Ax à la Tour-de-Carol (*V.* ci-dessus). — On franchit un canal d'irrigation. A dr., route de Bourg-Madame et de Puigcerda: on suit, E., une route de voitures (jolies vues).

39 k. *Enveigt* (1265 mèt.; blocs erratiques; belle vue). — On monte E.-N.-E.; on traverse le Brangoly.

41 k. *Ur* (1196 mèt.). — On remonte le ravin de la Raur; défilé. A dr., *Villeneuve-des-Escaldas;* on monte droit au N. A l'E., route d'Angoustrine. On dépasse un hospice.

45 k. Les Escaldas (R. 111, *C*).

[On peut se rendre (à pied), en 4 h., de Porta aux Bains des Escaldas par le ravin de *Coma Pregona*.]

ROUTE 99.

PICS DE CARLITTE ET DE CAMPCARDOS

PIC DE CARLITTE

A. D'Ax, par le lac Lanoux.

1° PAR LA GORGE DE BÉSINES.

2 jours (10 h. à la montée, 8 h. à la descente). — En partant de l'Hospitalet ou de Mérens, on pourrait faire l'ascension du pic et redescendre en un jour; mais il vaut mieux aller passer la nuit dans une cabane de bergers, au bord du Lanoux. — Guide indispensable.

3 h. d'Ax au torrent de Bésines (R. 98). — On laisse à dr. la route du col de Puymorens et on s'élève à g. par des lacets faciles dans la *gorge de Bésines*.

5 h. Petit *lac* triangulaire. — On contourne un large contrefort des pics Pédroux. — Cirque supérieur. — On monte au S.-E.

6 h. 30. *Col de Bésines* (2550 mèt.), au S. du *pic de Bésineilles* (2508 mèt.) et au N.-E. du groupe des **pics Pédroux** (2828 et 2851 mèt.), facilement accessible en 1 h. 15, et de la *Coume d'Or* (2826 mèt.). — On voit tout à coup le Lanoux; on descend à la (7 h. 30) *cabane de Lanoux*, située près du déversoir du lac, et où l'on passe la nuit.

Le **Lanoux** (lac Noir) est le plus grand lac des Pyrénées: long de 3 k. et large de 500 mèt. env., il occupe, à 2151 mèt.

d'alt., le fond d'un cirque; au N., *pics de Lanoux* et *de Madides* (2661 mèt.). Le Lanoux (truites excellentes) est gelé de septembre en juillet. — Aux environs, petits lacs.

On traverse le torrent de Fontvive et l'on monte au S.-E. — 1 h. *Étang des Fourats*, gelé neuf mois de l'année.

2 h. *Col de Carlitte* (2600 mèt.), au S. du pic.

2 h. 30. **Puig de Carlitte** (2921 mèt.; magnifique panorama). — Le massif du Carlitte, de même que ceux du Néouvieille et d'Eristé, est essentiellement lacustre (plus de 40 lacs entourent le Carlitte).

2° PAR LA GORGE DE FONTVIVE.

2 jours d'Ax. — En partant de Porté ou de Porta, dans la vallée de Quérol, on peut faire l'ascension et redescendre en un jour. — Guide nécessaire.

4 h. 45 d'Ax à Porté (R. 98).

A dr., route de Puigcerda, on entre dans la *gorge de Fontvive;* chemin muletier, s'élevant à une grande hauteur au-dessus de la rive dr.; au S., *mont de Puncho* (2586 mèt.); au N., *pic de Fontvive* (2638 mèt.).

5 h. 15. On gravit un promontoire (belle vue). — 5 h. 45. La vallée se resserre et tourne E.-N.-E. (vue du *lac de Fontvive*), puis N. — On descend; cirque (2107 mèt.) entouré de rochers; cascades du torrent de Fontvive; à l'O.-N.-O., le plus haut des pics Pédroux (2831 mèt.). Sur la rive g., *ravin des Fourats*, allant au pic de Carlitte. On suit la rive dr.

7 h. 30. Le Lanoux. — 2 h. 30 du lac au Carlitte (*V.* ci-dessus).

B. **Des Escaldas, par le désert de Carlitte.**

1 jour : ascension, 5 h.; descente aux Escaldas, 3 h. 30; à Montlouis, à la Cabanasse, 6 h.; à Formiguères, 4 h. 15; à Porté par le Lanoux, 4 h. — Des Escaldas, de Formiguères et de Montlouis, on peut aller à mulet jusqu'à la base même du pic.

On monte droit au N.; *fausse moraine des Escaldas.* — 30 m. On traverse, O., la *Coma Armada*, pâturages; on monte de nouveau. — A l'O., *bergerie de Triadous;* à l'E., *chapelle de Saint-Martin.*

1 h. 40. On franchit le *canal* d'arrosage *de Dorres;* on monte, E., à un petit col entre le *Casteilla* (2089 mèt.) au N. et une arête granitique au S.-E. (de là, en 15 m., sommet du Casteilla; belle vue).

1 h. 45. Plateau (2000 mèt.?); au N. et à l'E., *désert de Carlitte* ou *Carlit*, parsemé de lacs. — On monte entre des étangs ou des lacs assez grands, l'*Estallat*, le *lac Noir*, etc. — 3 h. Cabane de berger, chaos, lacs.

3 h. 30. *Source :* deux lacs; pied du pic de Carlitte.

4 h. Escalade pénible.

4 h. 30. Col de Carlitte (*V.* ci-dessus, *A*). — On gravit la dernière crête.

4 h. 50. Puig de Carlitte (*V.* ci-dessus, *A*).

C. **Du Carlitte à Formiguères.**

4 h. 15.

On descend droit à l'E., laissant au S. l'arête qui va au col de Carlitte. Neiges, éboulis, cheminées faciles. — 1 h. On laisse à g., S., les lacs *Soubirans* et *Treben*. On passe entre les *lacs del Castella*, N., et *de las Dous* ou *Dougnes*, S., qui, dans les grandes eaux, se déverse à la fois dans deux bassins, celui de la Tet et celui de l'Èbre; on monte ou descend par une série de plates-formes.

1 h. 45. Escarpement de 249 mèt., sans danger autre que le vertige. — 2 h. *Coma de la Tet*, prairies. — On passe sur la rive g. de la Tet. Au N., *Puig de Prigue* (2810 mèt.); à l'E., *vallon de la Balmette.*

4 h. 15. Formiguères (R. 106).

D. **Du Carlitte à Montlouis.**

6 heures.

2 h. du Carlitte à la Coma de la Tet (*V.* ci-dessus). — On peut aussi, avant l'escarpement, descendre au S. par les *lacs del Vivé*. Pour voir toute la vallée de la Tet, il vaut mieux suivre la route précédente jusqu'au cirque de la Balmette, et là, rejoindre la route d'Ax à Montlouis par le col de la Grave (R. 97, *B*).

6 h. Montlouis.

[Pour descendre à la Cabanasse, la voie la plus directe est celle du lac de Pradeilles.]

PIC DE CAMPCARDOS

2 jours d'Ax. — De Porta : 4 h. 50, montée ; 2 h. 25, descente. — Guide nécessaire.

A. **Par les terrasses de pâturages.**

En sortant de Porta, on prend la route du col de Puymorens; on traverse le Sègre de Carol; val de Campcardos; chemin muletier, rive g. — 15 m. Vallée supérieure; à l'O., pic de Peyre-Fourque; à l'E., le Carlitte et vallon de Coma Pregonu. — 1 h. On traverse les bras du torrent; on gagne un couloir herbeux, seul passage; pentes faciles d'abord, puis de 50°. — 2 h. Croupes gazonnées.

2 h. 15. *Plateau* ou *pâturage* de *Campcardos* (2558 mèt.); au S., le *Padro de la Tosse*. — On traverse de l'E. à l'O. l'immense pâturage. — 4 h. 15. Pentes plus fortes; crête terminale divisée en grands feuillets; attention nécessaire.

4 h. 30. **Pic de Campcardos** ou *Punta de Maranges* (2914 mèt.), en Espagne; l'autre cime (2910 mèt.) en France. — Admirable panorama.

Descente, par la même voie : 50 m., ravin; 1 h. 50, route; 2 h. 25, Porta.

B. **Par Peyre-Fourque.**

8 h. 15. — Course exigeant une grande habitude du rocher. — Guide nécessaire : un chasseur du pays ou Henri Passet, de Gavarnie.

1 h. de Porta en face du couloir herbeux de la rive dr. (*V*

ci-dessus, *A*). — On suit la rive g.

1 h. 50. Un peu en deçà du *lac de Campcardos*, qu'on ne voit pas d'ici, on quitte le chemin de la Porteille-Blanche. On monte; pentes faciles, puis ravins très raides. On contourne une dent de granit; rude escalade.

2 h. 40. *Source du Déjeuner* (on fera bien de s'y arrêter pour déjeuner; plus haut on ne trouve pas d'eau). On domine presque à pic le lac de Campcardos, dominé, au N., par le pic de Font-Nègre. — Cheminées presque verticales, difficiles; crête terminale dangereuse.

3 h. 10. *Peyre-Fourque* (2767 mèt.), arête du N.-E. au S.-O.; au S., précipice effrayant; vue admirable à l'E.

Il faut descendre à l'E., ravins herbeux, inclinés de 45° à 60°, on contourne une arête. — Grand *chaos de Peyre-Fourque*. On va au S.-E., de bloc en bloc, sans monter ni descendre, vers un large col. — 4 h. 25. Gazons, montée facile au col et au pic.

5 h. 45. Pic de Campcardos (*V.* ci-dessus, *A*).

Descente à Porta : par la route *A*, 2 h. 25; — par le col de Campcardos et le chaos, 5 h.

ROUTE 100.

LE VAL D'ANDORRE

Le **val d'Andorre**, placé sur le versant S. des Pyrénées, forme un rectangle dont la base N. est la frontière, depuis le pic de las Bareytes à l'O. jusqu'au pic de Fontargente à l'E.; au S., le cours du Runer le limite; à l'E. et au S.-E., il se termine au faîte des montagnes du val de Quérol et de la Cerdagne espagnole; au S. et à l'O., il confine à l'ancien comté d'Urgel et à la vicomté de Castelbò, en Catalogne. Les pâturages de *la Soulane*, qui recouvrent le versant O. de la haute vallée de l'Ariège, sont les seules parties du versant N. de la chaîne qui appartiennent aux Andorrans. — A vol d'oiseau, le val d'Andorre mesure env. 27 k. du N. au S. et 29 k. de l'O à l'E.

Presque tout le territoire d'Andorre est occupé par des massifs de montagnes. Deux vallées principales, celle de la Valira Orientale et celle de la Valira d'Ordino, qui se confondent près de las Escaldas, forment la vallée de la Valira, Balira ou Embalira, affluent du rio Sègre.

Les vallées ont une population d'env. 6000 h., répartie en six paroisses : Andorra, San Julià de Loria, Encamp, Ordino, Canillo et la Massana. Ce petit État pyrénéen, qui s'intitule : *Vallées et Souveraineté d'Andorre*, doit son indépendance relative à l'indivision de propriété qui existe entre la France, représentant le comte de Foix, et le comte-évêque (espagnol) d'Urgel. C'est en réalité un reste du droit féodal.

L'Andorre paye à la France un tribut de 960 fr. et un autre de 450 fr. à l'évêque d'Urgel.

DE VICDESSOS A ANDORRA

A. Par le port d'Arinsall.

12 h. (8 h. montée; 3 à 4 h. descente). Guide indispensable.

1 h. 50 de Vicdessos au Pont-de-Marc (R. 91).

Laissant le pont à dr., on

longe la rive dr. du torrent. — 2 h. 10. *Rouzaoudis* et *Caraffa*, ham. — Petit bassin appelé *Pla du Nizard*. — Escarpement très raide que l'on gravit en zigzags. — 3 h. 20. Bassin de pâturages. — A g., *pic de Malcaras* (2904 mèt.); à dr., la *pointe d'Argent* (2694 mèt.).

3 h. 40. *Pla de Soulcenne*, au débouché du vallon de Rioufred (R. 91); on gravit des ressauts.

6 h. *Pla de la Cruz* (1800 mèt.). — A l'O., *Soucaranne* ou *pic de la Rouge* (2962 mèt.); au S.-O., *pic de Médecourbe* (2849 mèt.) et port de Bouet (R. 90). — Le sentier tourne à g. et monte en zigzags. — 6 h. 40. A g., sentier du port du Rat (*V.* ci-dessus, *B*); plus au N., *port de Caraoussans*.

8 h. **Port d'Arinsall** ou *port Nègre* (2700 mèt.). — Vue étendue, beaucoup plus belle du *pic de Bareytes*, à l'O. (2800 mèt.; montée facile). — Descente sur l'Andorre, pente moins abrupte que sur la France.

8 h. 30. *Clot de Montmantell*, cirque, éboulis. — 8 h. 50. *Pla del Estagn*. — A l'O., *Coma Pedrosa*.

9 h. 30. *Arinsall*, ham., rive g. du torrent d'Arinsall. A l'O., la *Coma Llemple* et le *port Nègre*, d'où l'on peut gagner en 10 h. Esterri.

9 h. 50. *Erts*, sur la rive g. de l'Arinsall, qu'on traverse bientôt.

10 h. 15. *La Massana*, vis-à-vis de l'embouchure du torrent d'Ordino (*V.* ci-dessous, *B*). — On monte (10 h. 30) sur une hauteur (à dr., clocher ruiné de l'église *San Juan de Sispony*); on descend dans la vallée; on traverse à son embouchure le riu Montané.

10 h. 45. Défilé du *Grau Sant' Antoni*, chapelle. — Pont sur l'Arinsall. — 10 h. 55. Deuxième pont. — On escalade un petit promontoire.

11 h. 15. **Andorra***, la capitale, 600 h., est située à 1057 mèt., sur un monticule, au pied de l'*Anclar*, et domine une plaine. — Les rues sont étroites et tortueuses, les maisons d'un aspect sombre et triste.

Église, XIe s. (riches autels). — **Palais du Gouvernement** (XVIe s.), architecture lourde.

B. Par le port du Rat.

12 h. 45, à pied. — Chemin muletier.

6 h. 40 de Vicdessos à la bifurcation des chemins d'Arinsall et du Rat (*V.* ci-dessus, *A*). — A dr., S., chemin d'Arinsall; on tourne à l'E. vers le port du Rat.

7 h. 30. **Port du Rat**, *de Rat, d'Auzat* ou *d'Ordino* (2601 mèt.; très belle vue). — Descente en lacets d'un grand escarpement. — 7 h. 45. Pâturages; on longe la rive g. du torrent.

9 h. 30. *Lo Serrat*, ham. à 1665 mèt., au confluent des torrents du Rialp et de Tristanya, qui forment le riu d'Ordino ou Valira del Nort. Au N., *Puig del Fangassès*. — On dépasse *Llorts*, *l'Hostal del Vilaro*, *Ca-*

sas de Arans, lo Soler. — 10 h. 30. *La Cortinada*, d'où l'on peut gagner, à l'O., Arinsall. — Pont; rive g.

11 h. 15. **Ordino***, ch.-l. d'une paroisse, à 1270 mèt., au confluent du riu del Ensegü avec la Valira del Nort.

[**Puig de Casamanya** (4 h. montée, 5 h. descente; course belle et facile). — D'Ordino, on monte au N.-E., rive dr. du riu del Ensegü. — On laisse le ruisseau à dr.; chemin muletier. — 1 h. Fontaine de *Sarradillo* (vue étendue). — 1 h. 20. *Col d'Ordino* (1655 mèt.). On pourrait descendre, E.-N.-E., à Canillo, ou monter, N.-E., au *Puig d'Estanyo*. — On monte; forêt. — 2 h. 45. Gazons monotones; crête terminale raide. — 4 h. Cime (2770 mèt.; beau panorama). — Descente à (5 h.) Ordino, par le même chemin.]

On traverse le riu del Ensegü. — 11 h. 30. Pont; rive dr. de la Valira; on laisse à dr. le chemin du port d'Arinsall. — Défilé.

12 h. 15. Pont (1220 mèt.), rive g.; sur la rive dr., sierra de la Nor. — 12 h. 30. *Pont Pla* (1180 mèt.), rive dr.; belle vue. — La vallée tourne à l'O.; on contourne un rocher portant l'*église de San Péré*. — A l'O., Andorra et Puig d'Anclar.

12 h. 45. Andorra.

C. Par le port d'Arbeille.

11 h. 15 (7 h. montée; 4 h. 15 descente). — Sentier difficile, impraticable aux mulets.

1 h. de Vicdessos au débouché du vallon d'Arbeille (R. 91). On remonte la rive dr. de l'Arbeille. — *Bénasc, Ariès.*

2 h. 15. Au pied de la *Pique d'Endron* (2476 mèt.), on franchit l'Arbeille et l'on suit le versant O. de la vallée. — 3 h. Sommet de l'escarpement et *étang d'Izourt* (1642 mèt.). — A l'E., *pic de Peyrot* (2482 mèt.).

On contourne à l'O. l'*étang d'Arbeille*. — Premier col. — A g., vallée de *Gniouère*. — On tourne à dr.

7 h. **Port d'Arbeille** ou *d'Albères* (2604 mèt.).

Descente en Andorre par le *vallon de Tristanya* (plusieurs lacs). — 8 h. Lo Serrat (*V.* ci-dessus, *B*), où se joignent les chemins de plusieurs ports.

11 h. 15. Andorra.

D. Par le port de Siguer.

12 h. 50 (7 h. 15 montée; 5 h. 15 descente). — Sentier facile.

5 k. 1/2. Pont de Laramade (R. 90, *A*). — *Vallon de Siguer.*

8 k. *Siguer.* — On suit le versant E. de la vallée.

2 h. 45. A dr., vallée de Gniouère et chemin du port d'Arbeille (*V.* ci-dessus, *C*).

4 h. 45. *La Jasse d'En-Haut.* — On s'élève à dr. sur le versant E. du *Pey Pelat* (2482 mèt.). — On contourne à l'O. le *lac de Peyregrand.* — A g., grand *étang Blanc.*

5 h. 5. *Cabane du port de Siguer* (2500 mèt.), la plus haute des Pyrénées; on y couche quand on veut gravir le Rialp;

[**Pic de Rialp** (de la cabane : 3 h. de montée, 2 h. 30 de descente). — On se dirige au S.-O. vers un large col, profondément ouvert dans la crête, puis on contourne à dr. un cirque désert, sans monter ni descendre. — 1 h. 50 de la cabane. *Col.* — On gravit le versant E. (facile). — 3 h. Cime (2905 mèt.; vue admirable).]

7 h. 15. **Port de Siguer** (2594 mèt.), à l'E. du Rialp.

Descente en lacets dans le *val de Rialp.*

7 h. 45. On rejoint le sentier du port des Bagnels.

8 h. 45. Par l'ouverture de l'étroite *gorge de Sorteny* (mines de fer), vue du *pic de Serrère* (2911 mèt.).

9 h. 15. Lo Serrat (*V.* ci-dessus, *B* et *C*).

12 h. 30. Andorra (*V.* ci-dessus, *A*).

DES CABANES A ANDORRA

A. **Par le port des Bagnels.**

10 h. 30. — 6 h. 30 à la montée, 4 h. à la descente. — Chemin muletier. — Guide nécessaire.

On sort des Cabanes par la route de Foix, puis, tournant à g., on dépasse le *château de Gudane* (XVIIIe s.) et on descend dans la *vallée de l'Aston,* pour la remonter ensuite sur la rive dr.; à g., forge dominée par les ruines du *Château-Verdun.* — On franchit le torrent.

30 m. *Aston.* — 45 m. La route de voitures devient un chemin pierreux. — On passe près de la *fontaine sulfureuse de Saint-Martin,* non utilisée.

1 h. 30. Ferme de *Siguecilles,* au confluent du ruisseau de Sirbal et du torrent de Fontargente. — 1 h. 35. Pont sur le Sirbal. — On s'engage dans la *gorge de Fontargente.*

1 h. 55. Escalier de roches. — Plate-forme; à g., belles cascades.

2 h. 35. *Pont Calvière,* sur le torrent; on suit le versant E.

3 h. Bassin à la bifurcation des vallées de Tiouges et de Fontargente. — Laissant au S.-E. cette dernière vallée (*V.* ci-dessous, *B*), on pénètre à dr. dans la *vallée de Tiouges* ou *de Querlong,* rive g., puis rive dr. — A dr., *gorge de Mille-Roques.* — On traverse le torrent de la *Combe de Jasse.*

4 h. 30. Étang à 1603 mèt. — Pont sur le Seignac. — On remonte à l'O. la *vallée des Bagnels.*

5 h. 30. *Étang de la Sabine* (2065 mèt.). — Au delà commence la véritable ascension. — On contourne à l'E. le *pic de Thoumas* (2743 mèt.). — A g., *étang de Soulanet.*

6 h. 30. **Port des Bagnels** ou *des Peyréguils* (2585 mèt.). — En descendant, on rejoint (6 h. 45) le sentier du port de Siguer (*V.* ci-dessus).

10 h. 30. Andorra.

B. **Par le port de Fontargente.**

12 h. — 7 h. à la montée, 5 h. à la descente. — Chemin muletier très facile. — Guide nécessaire.

3 h. des Cabanes à la bifurcation des vallées de Tiouges et

de Fontargente (*V.* ci-dessus, *A*). — Laissant à dr. la vallée de Tiouges, on suit au S.-E. la vallée principale. — 4 h. Au pied de la montagne d'*Astaran*, on gravit un ressaut, puis plusieurs autres ressauts de rochers.

4 h. 40. Cirque de pâturages de *Lapparant*. — 5 h. 40. *Pla des Pierres*. — 5 h. 50. On laisse à dr. la *Coume de Varilhes*, qui conduirait aussi en Andorre par le passage peu fréquenté de *Portaneille* (2500 mèt.).

6 h. 40. *Lacs de Fontargente* (truites excellentes).

7 h. **Port de Fontargente** (2252 mèt.), dominé à l'E. par le *pic Noir de Joucla* (2612 mèt.).— On descend à travers des pâturages pierreux arrosés par le ruisseau d'Incles.

7 h. 40. Bassin et cabanes. — On descend plusieurs ressauts de la *vallée d'Incles*, et, près d'une belle cascade, on atteint le ham. de *Saldeu*.

9 h. On rejoint le sentier du port de Saldeu (*V.* ci-dessous).

12 h. Andorra.

DE L'HOSPITALET A ANDORRA

A. Par le port de Saldeu

8 h. 30. — 5 h. 30 à la montée, 5 h. à la descente. — Chemin muletier. — Par un beau temps, on peut se passer de guide.

On remonte la rive g. de l'Ariège, puis on contourne le flanc de la montagne de *Soulane*. — 25 m. On traverse le ruisseau de la Paloumère, frontière de la France, et l'on entre dans les pâturages de l'Andorre. — 1 h. 30. On laisse au S. le chemin du port de Framiquel (*V.* ci-dessous, *B*) et on pénètre à l'O. dans un vallon latéral dont on suit le versant N., puis on traverse le ruisseau pour monter en lacets.

3 h. 30. **Port de Saldeu** (2500 mèt.), appelé souvent aussi *port des Méringois*, parce qu'il est utilisé par les habitants de Mérens (R. 98).

3 h. 40. Première terrasse, pâturages. — On descend une gorge. — Petit hameau, au bord de la Valira Orientale.

4 h. 50. *Saldeu* (1850 mèt.; mauvaise aub.), sur la rive dr. de la Valira Orientale. C'est là que vient aboutir le chemin du port de Framiquel (*V.* ci-dessous, *B*), et plus loin, au delà de *Palanquera*, celui du port de Fontargente (*V.* ci-dessus). — Le chemin suit, à l'O., la Valira, dépasse *Ransol* (mines de fer), puis la tour de *San Joan*.

6 h. 10. **Canillo** (1540 mèt.), second v. de l'Andorre, sur la rive dr. de la Valira Orientale.

Pont sur la Valira. — *Chapelle de Méritxell*, pèlerinage fréquenté.

7 h. 10. Défilé. — A dr., *tour de Rossell* ou *de los Bons*, reste d'une forteresse. — Dans un bassin de prairies, **Encamp** (plomb argentifère). — On continue de suivre la Valira.

7 h. 45. **Las Escaldas** (eaux thermales sulfureuses; drap commun). — La vallée s'élargit. — Pont sur la Valira, en aval du

confluent du torrent de la Massana.

8 h. 30. Andorra.

B. Par le port de Framiquel.

10 h. 45. — 5 h. à la montée, 5 h. 45 à la descente. — Chemin muletier. — Un guide n'est pas indispensable aux touristes habitués aux courses de montagnes.

1 h. 30. Bifurcation des sentiers de Saldeu et de Framiquel (*V.* ci-dessus. *A*). — On traverse le ravin qui monte à l'O. au port de Saldeu; on suit la rive g. de l'Ariège. — 3 h. *Rochers de Porteille* (2600 mèt.), au pied desquels se trouve l'*étang de Font Nègre*, source de l'Ariège.

5 h. **Port de Fraymiquel** ou d'*Embalire* (2375 m.; belle vue).

5 h. 30. Après avoir atteint la Valira Orientale, il n'y a plus qu'à en suivre le cours.

7 h. Saldeu (*V.* ci-dessus, *A*).

10 h. 45. Andorra.

D'ANDORRA A PUIGCERDA

PAR LA SEU D'URGEL.

4 h. 10 d'Andorra à la Seu — 55 k. ou 10 h. 30 de marche de la Seu à Puigcerda (cheval, 12 fr.). — Chemin muletier. — Excursion très intéressante et très recommandée. — Nous engageons les touristes à se rendre d'Ax à Puigcerda par l'Andorre et la Seu; 1er jour, d'Ax à Ordino (bonne posada); 2e jour, ascension du Puig de Casamanya et descente à la Seu; 3e jour, d'Urgel à Puigcerda, ou mieux à Bourg-Madame (serv. de voit. t. l. j. entre Bellver et Puigcerda); 4e jour, de Bourg-Madame à Ax (route de voit.).

N. B. — Une route de voit. (serv. t. l. j. en 3 h.) relie Bellver à Puigcerda par *Balltarga* et *Prats*.

On suit d'abord la rive dr. de la Valira. — 49 m. Pont; on suit la rive g.

1 h. 10. **San Julia de Loria** *, à 930 mèt. (à l'O., *Puig d'Olivesa*). — 1 h. 25. Pont sur l'Auvinya. — 2 h. 10. Pont sur le Runer, limite entre l'Andorre et l'Espagne. — Caserne des douaniers.

2 h. 25. *Anserall* (rive dr.).

4 h. 10. **La Seu d'Urgel** * ou *la Seu*, V. d'env. 4000 h., à 755 mèt., au confluent du rio Segre et de la Valira ou Embalira. — **Cathédrale** ou *la Seu* (XIe s.); *cloître* roman. — Trois forts: la *Citadelle*, le *Castillo*, la *Torre de Solsona*.

De la Seu à Oliana, *V. les Pyrénées*.

En sortant de la Seu, on se dirige à l'E. vers la vallée supérieure du Sègre. — Beau défilé. — 5 h. 25. A g., *Torres*. Sur la rive g. on aperçoit la sierra de Cadi. — 6 h. 55. *Pont de Sègre;* on continue de suivre la rive dr.

7 h. 10. Établissement thermal de **San Vicente** (eau thermale, sulfureuse; nul confort). — *Défilé de Bar.* — 7 h. 55 *Pont-de-Bar* (890 mèt.) et pont de bois dangereux sur le Sègre. — Défilé dit l'*Estret de Mullet.* — Au S., à 710 mèt., *Montella*, dominé par les escarpements de la **sierra de Cadi**.

Pour la sierra de Cadi, *V.* l'*Itinéraire général : Pyrénées*

9 h. 40. **Martinetto** *, au confluent du riu de Llosa. — La vallée s'élargit, forme un défilé, puis s'élargit de nouveau tout à coup.

11 h. 10. **Bellver** *, v. pittoresque à 1016 mèt., rive g. du Sègre; on suit la rive dr.

11 h. 50. Ravin de *Maranges*.

[Un sentier, remontant le val de Maranges, conduit par la *Porteille Blanche* à Encamp dans l'Andorre, ou en France à Porta.]

12 h. 10. *Isobol*. — On suit la rive dr. du torrent. — Défilé. — 13 h. 35. *Volvir*, au débouché de la vallée de l'Arabò, venant de l'*étang de Guils*. Au S. se montre le large *col de Tosas* (1800 mèt. env.), ouvert dans le chaînon qui réunit la sierra de Cadi au Puigmal. — 14 h. 25. *Pont San Martino*, sur le Sègre de Carol.

14 h. 40. Puigcerda (R. 98).

ROUTE 101.

DE TOULOUSE A CETTE [1]

210 k. — Chemin de fer. — Trajet en 5 h. 25 par les trains express; en 7 h. 25 par les trains omnibus. — 27 fr. 10; 20 fr. 35; 14 fr. 90.

Tranchée de 2 k. — A dr., chemin de fer de Montrejeau (R. 67, *A*). — Vallée du Lhers. — Pont sur le Lhers.

[1]. Pour la description détaillée de cette route, *V. Gascogne et Languedoc*, par P. JOANNE.

13 k. *Escalquens*.

19 k. *Montlaur*. — A dr., *Montgiscard*, ch.-l. de c., 869 h.

23 k. *Baziège* (*clocher* du XIVe s.). — 27 k. *Villenouvelle* (*clocher* remarquable du XIVe s.).

33 k. **Villefranche-de-Lauraguais** *, 2574 h., ch.-l. d'arr. — *Église* du XIVe s.; façade fortifiée).

40 k. **Avignonet** (*église* du XIVe s.). — Pont sur le canal du Midi.

45 k. *Ségala*, ham. — A 1 k. 1/2 au N.-O., à 215 mèt. d'alt., *pierres de Naurouse*, **bassin de Naurouse**, et *monument* élevé (1825-1827) à Riquet par ses descendants.

A 1 k. de Ségala, ligne de partage des eaux; on descend dans le bassin de la Méditerranée.

50 k. *Mas-Saintes-Puelles*. — A g., chaîne de la Montagne-Noire.

55 k. **Castelnaudary** *, 10106 h., ch.-l. d'arr. de l'Aude, sur une éminence. — *Saint-Michel* (au N., deux beaux portails du XIVe s.). — Belles fontaines. — Deux *ports* ou bassins dont l'un est long de 1200 mèt.

[Excursion à (7 k.) **Saint-Papoul**, ancienne ville épiscopale (*cathédrale* romane et ogivale, construite pour l'ancienne abbaye; cloître intéressant).]

A g., ligne de Castres.

65 k. *Pexiora* (*église* du XIVe s.).

69 k. *Bram*. — *Château* des Lordat (XVIIe s.).

Ponts sur le canal du Midi et sur le Rébenty.

76 k. **Alzonne,** ch.-l. de c., 1584 h.

83 k. *Pezens*, ou *Voisins* (*clocher* à flèche du XVe s.). — Pont sur l'Arnouse.

91 k. Gare de Carcassonne (buffet).

CARCASSONNE

Situation. — Aspect général.

Carcassonne *, ch.-l. du dép. de l'Aude, V. de 29 330 h., est située sur l'Aude, qui la divise en deux parties : la *Ville Basse*, bâtie sur un plan régulier, entourée d'un boulevard; la *Cité*, sur une éminence escarpée, avec une double enceinte de murailles et de tours.

La Ville Basse.

Église Saint-Michel (XIVe s.), cathédrale, restaurée depuis 1849 (belle rose). — **Église Saint-Vincent** (XIVe-XVIe s.); nef unique de 21 mèt. de largeur (beaux vitraux du chœur; tableaux de Subleyras : la *Communion de saint Jérôme*). — A l'extrémité O. du vieux pont, *chapelle* du XVe s. — *Préfecture*, ancien évêché (beau jardin; *colonne* antique). — Près de la mairie, façade de *maison* du XIVe s.

Musée (ouvert au public les dimanches et jeudis, de 12 h. à 4 h.) : collections de tableaux et d'autres œuvres d'art, d'inscriptions, de tombeaux, d'armures, d'ustensiles, de monnaies, de médailles antiques et modernes, d'objets préhistoriques, etc.

TABLEAUX. — 3, 4. *Le Guerchin*. Isaac bénissant Jacob. Saint Mathias. — 6. *Bellangé*. Un soldat rentrant dans sa famille. — 7. *Bertin* (*Édouard*). Une carrière de la Cervara, dans les environs de Rome. — 11. *Séb. Bourdon*. Prédication de saint Jean-Baptiste. — 15. *Cabanel*. Martyr chrétien. — 19. *Chardin*. Nature morte. — 20. *Coignet*. Lac et cascade d'Oo. — 22, 23. *Courtois* (*le Bourguignon*). Choc de cavalerie. Bataille. — 27. *Daubigny*. Paysage. — 30, 31. *Despax*. Le Rhône; la Saône (figures allégoriques). — 36. *Drouais*. Un jeune guerrier, accompagné de son père, demande à Dieu le succès de ses armes. — 38. *Everdingen*. Marine. — 40-57. Tableaux de *Gamelin* (*Jacques*), né à Carcassonne en 1758. — 60. *Gérard*. Portrait en pied de Charles X. — 61. *Girardet*. Le Défenseur de la couronne. — 62. *Girodet*. Un homme méditant sur la mort. — 63. *Greuze*. Tête d'enfant; copie. — 68. *Guido Reni*. Saint Antoine (étude de tête de vieillard). — 90-107. *Jalabert* (de Carcassonne). Divers tableaux. — 112. *Lazerges*. Le Génie éteint par la Volupté. — 115. *Leloir*. Sainte Cécile. — 117. *Lépicié*. Régulus retournant à Carthage. — 121, 122. *Lucatelli*. Paysages. — 130. *Monnoyer*. Fleurs. — 132. *Natoire*. La Toilette de Diane (tableau inachevé). — 135. *Ouvrié* (*Justin*). Les Eaux-Bonnes. — 136, 137. *Panini*. Ruines d'architecture. — 140. *Poëlenburg*. Femme sortant du bain (sur cuivre). — 145. 146. *Rigaud*. Portraits d'hommes. — 150. *Robert* (*Hubert*). Ruines d'une église. — 160. *Van Spaendonck*. Coupe de cristal, avec fleurs et nid. — 163. *Subleyras*. Portraits de deux dames. — 165. *Téniers le Vieux*. Cabinet d'un alchimiste. — 166. *Salvator Rosa*. Tête de soldat. — 180. *Vernet Claude-Joseph*). Paysage. — 181.

Watelet. Vue d'Italie. — 182. *Wattier.* Une fête champêtre. — 183. *Weeninx.* Nature morte.

GALERIE COURTEJAIRE. — Cette collection, léguée au musée en 1876, renferme principalement des œuvres modernes. — 2. *Bassan.* Les Disciples d'Emmaüs. — 5. *Chazal.* Jeunes filles au bord de la mer. — 9. *Falguière* (cet artiste toulousain est surtout connu par ses travaux de sculpture). Caïn et Abel. — 15. *Hanoteau.* Le Départ des hirondelles. — 16. *Luminais.* Combat de Romains et de Gaulois. — 25. *Sacchi.* David en prière. — 28. *Van Dyck* (?). La Vierge et l'Enfant Jésus.

SCULPTURES. — 186. *Ludovic Durand.* Mercure, en marbre blanc. — 188. *Dieboldt.* La Méditation (jeune fille méditant sur les élégies de Tibulle), charmante statue en marbre blanc.

AQUARELLES, DESSINS, GRAVURES, par *Cl.-Jos. Vernet, Gamelin, Nanteuil, Rivalz, Jules Laurent,* etc.

La *bibliothèque* (25 000 vol.) se trouve dans le même édifice que le musée.

Place aux Herbes (fontaine de marbre avec statue de Neptune, par les Baratta, 1770). — Débris des *remparts* (XIIe et XVIe s.). — *Pont-Vieux* (XIIe ou XIIIe s.), restauré.

Au N. de la ville, *jardin public* avec fontaine le long du *port* formé par le canal du Midi.

La Cité.

Pour s'y rendre, il faut traverser l'Aude (voitures à volonté par la grande route, 10 fr. aller et retour; si l'on est à pied, il vaut mieux monter directement au pied du château).

Fortifications (du Ve au XIVe s.) composées de deux enceintes, avec nombreuses tours.

Porte Narbonnaise (fin du XIIIe s.; belle vue du sommet), entrée principale de la Cité; buste informe (XVIe s.) de *dame Carcas*, personnage légendaire. — *Tour* carrée *de l'Evêque,* à l'O. (XIIIe s.), etc.

Château (s'adresser au gardien; pourboire), grand bâtiment quadrangulaire; donjon du XIIe s.; tours du XIIIe s.; salle du Conseil; oubliettes; tour Peinte, où Roger Trencavel mourut empoisonné.

Saint-Nazaire, ancienne cathédrale des XIIe et XIVe s., habilement restaurée; transsept et chœur admirables, de style ogival; *vitraux* magnifiques, en partie du XIVe s.; belles roses; *chapelle Saint-Pierre et Saint-Paul,* beau tombeau (1521) de l'évêque Pierre de Roquefort; à l'entrée du chœur, tombeau de Simon Vigorce, archevêque de Narbonne (1575); dans le transsept, à dr., bas-relief représentant le siège de Toulouse en 1218; dans la petite sacristie (XIVe s.), très remarquable tombeau de Radulph, découvert en 1838; crypte (XIe s.).

[A 5 k., remarquable *pont-aqueduc du Fresquel,* long de 50 mèt., large de 25 mèt., et servant à la fois au canal du Midi et au canal de Castres.]

—

De Carcassonne à Quillan, R. 102; — à Rennes-les-Bains, R. 103; — Perpignan, R. 108; — à Saint-Pons, à Castres, *V. Gascogne et Languedoc.*

Ponts sur le canal du Midi et l'Aude. — A g., belle vue sur la Montagne-Noire. — Tunnel de 300 mèt.

98 k. *Trèbes*, 2171 h., au confluent de l'Aude et de l'Orbiel. — *Pont-aqueduc* de l'Orbiel.

De Trèbes à Perpignan, R. 108, *A*.

105 k. *Floure*.

108 k. *Capendu*, ch.-l. de c., 1396 h. — Au S., *montagne d'Alaric*. — A g., plaine, autrefois étang, de *Marseillette*.

Pont sur le Rieugras, à *Douzens*. — 116 k. *Moux*.

127 k. **Lésignan**, ch.-l. de c., 6569 h. — *Eglise* du XIVe au XVe s. — Distilleries, tanneries.

[Corresp. pour : (15 k.) Olonzac (*V. Gascogne et Languedoc*).]

Pont sur l'Orbieu.

135 k. *Villedaigne*, rive g. de l'Orbieu.

[Corresp. pour (1 k. N.-O.) *Canet*, au N. duquel (5 k.), beau *pont-aqueduc* du canal du Midi, construit par Riquet, et, plus à l'E., *épanchoir à siphon de Ventenac*.]

140 k. *Marcorignan*.

[Corresp. pour (15 k.) Bize (*V. Gascogne et Languedoc*).]

150 k. **Narbonne** *, 29 702 h., ch.-l. d'arr. du dép. de l'Aude, cité celtique, puis romaine, dans une vaste plaine, à 8 k. de la Méditerranée, sur le canal de la Robine, qui la divise en deux parties, le *Bourg* et la *Cité*.

Près de la gare, débris du *Capitole* romain, découverts en 1882.

Église Saint-Just, ancienne cathédrale : chœur immense des XIIIe et XIVe s., haut de 40 mèt. sous voûte; beaux arcs-boutants fortifiés; disposition originale des chapelles N.; tombeaux d'archevêques (XIVe et XVIe s.); orgue de 1741; belle statue de la Vierge, en albâtre (XVe s.); tapisserie représentant la Création; tableau par Rivalz; copie par C. Van Loo d'un tableau de Sébastien del Piombo; *salle capitulaire* et *sacristie* du XVe s.; *trésor* (ivoires des XIe et XIIe s., autels du XIIe et du XIVe s., calice du XVe s., croix pastorale, missels des XIVe, XVe et XVIe s.); des tours (XVe s.), hautes de 59 mèt., vue magnifique (s'adresser au concierge, près de la porte du N.-E.). — **Cloître** mutilé du XVe s.

Saint-Paul-Serge (1229), spécimen, rare dans le Midi, d'une église ogivale de la première moitié du XIIIe s.; plusieurs parties sont romanes (deux tours (XIe et XVIIe s.); chapelle des fonts, deux sarcophages chrétiens des premiers siècles; belle boiserie de la Renaissance. — *Église des Carmélites* ou *Saint-Sébastien* (façade restaurée; belle voûte ogivale; tableau de *Mignard*; reliquaire du XVIe s.). — Bâtiments dits *Lamourguier* (XIIIe-XIVe s. et XVIIIe s.), ancien couvent; **musée lapidaire** (importantes antiquités provenant de la démolition des remparts).

Ancien **palais des archevêques**, de diverses époques. La

façade a trois tours carrées: celle de g., de 1318; celle de *Saint-Martial*, au centre, de 1375; entre ces deux tours, *hôtel de ville* (style du XIIIe s.), par Viollet-le-Duc. Entre la *tour* de dr. ou *de la Madeleine* (1273), *passage de l'Ancre*, bordé de deux corps de logis, en retour d'équerre (celui de dr. du XIe s.; belle porte de l'époque romane), et conduisant à la cathédrale par le cloître. Entre le palais et le cloître, tour carrée du XIe s.

Musée, dans l'hôtel de ville (ouvert au public le jeudi et le dimanche et aux étrangers t. l. j. de 2 h. à 4 h.), fondé en 1833. — *Musée lapidaire* dans l'ancienne salle des Gardes, qui fait suite en retour d'équerre à la tour Saint-Martial. — Dans le jardin, et dans la vieille église de Lamourguier: près de 2000 pierres de l'époque romaine dont 500 inscriptions provenant des anciens remparts; mosaïques.

Un escalier monumental (1620), dans une tour demi-circulaire, au fond de la cour à g., mène au 2e étage (à g., salle de la bibliothèque; à dr., musée).

ANTIQUITÉS. — Objets trouvés dans les cavernes de Bize; épée gauloise; stèle grecque de la plus belle époque; manuscrit égyptien sur papyrus; stèle romaine avec inscription punique; inscriptions; tombeau romain avec des figures de faunes et de génies bachiques; *Silène* en marbre blanc de la meilleure époque, trouvé dans les fouilles de la gare, exécuté peut-être par un sculpteur grec. — 16 sarcophages ou fragments de sarcophages très intéressants des premiers siècles; 2 bas-reliefs mérovingiens; 15 chapiteaux romans; 2 belles statues tombales des XIIe et XIVe s.; Christ carlovingien en bronze doré; crosse en ivoire d'un abbé de Lagrasse, du XIIe s.; calice du XVe s. — Pied en marbre, sculpté par Michel-Ange; médaillons en terre cuite, représentant les Apôtres, le Christ et une Sibylle, par Lucas; la Lutte entre deux Amours, joli groupe en bronze (XVIIIe s.).

CÉRAMIQUE. — Cette collection est la plus importante de toutes celles qui existent dans les musées du Midi; elle a été augmentée, en 1870, par un legs de Jules Canonge, poète nîmois, legs estimé 20 000 fr.

MÉDAILLIER. — 3000 pièces.

ÉCOLE FRANÇAISE DE PEINTURE. — 5. *Audran* (*Claude*). Les armes d'Enée. — 18. *Bon Boullongne*. Legoux de la Berchère, archevêque de Narbonne. — 22. *Boucher*. Paysage. — 28. *Le Bourguignon*. Halte de soldats. — 42. *Chardin*. Portrait de jeune fille. — 45. *Cordouan*. Embarquement de troupes à Alger pour la Crimée. — 51, 52. *Dauzats*. Vues de la place de Manzanarès, en Espagne, et de la porte de Mars, à Reims. — 54, 55. *David*. David et Goliath. Portrait d'un élève du peintre. — 57. *Dedreux*. Bataille de Baugé (25 mars 1421). — 52. *Despêches*. Sainte Famille, tableau à volets avec les portraits des donateurs. — 61. *Dupain*. Chasseresse, — 69-76. *Gamelin*. Allégorie tirée de la Bible. Choc de cavalerie. Bataille. Cléopâtre, reine de Syrie, présente à son fils une coupe empoisonné que celui-ci la contraint de boire. Bataille. Dames romaines (deux toiles). Portrait du peintre — 77. *Garneray*. Combat de Navarin. — 88. *Glaize* (*Auguste*). Le Génie éteint par la Volupté. — 91. *Guaspre-Poussin*. Paysage. — 94. *Hédouin*. Café à Constantine. — 97. *Hubert Robert*. L'Arrivée des pêcheurs. — 103. *Lagrenée*.

Ulysse dans le palais d'Alcinoüs. — 106. *Lapito*. Vue du Simplon. — 109 *Lavielle*. Un gué. — 119. *Loir*. Portrait de Bayle (?). — 125. *Mignard Pierre*). Saint Charles Borromée administrant la communion aux pestiférés de Milan. — 130. *Monginot*. Un puits. — 132. *Monnoyer*. Fleurs. — 140. *Nattier*. Portrait de femme. — 141. *Oudry*. Chienne allaitant ses petits. — 154, 155. *Rigaud*. Portraits, dont le second est le sien. — 156, 157. *Rivalz*. Diane et ses compagnes surprises au bain par Actéon. Mort de Cléopâtre. — 162. *Subleyras*. La Charité romaine. — 165. *Valentin*. Portrait. — 169, 171. *Vien*. Têtes de vieillards : études. — *Inconnus* : 178. Portrait de Mme de Graffigny; — 180. Portrait d'un seigneur italien; — 181. Portrait d'un capitoul de Toulouse en 1701; — 192. Anne d'Autriche; — 208. Louis de Vervins, archevêque de Narbonne; — 211-216. Portraits de consuls de Narbonne au XVIIe s. — *Vernier*. Concarneau.

ÉCOLES ITALIENNES. — Fresque de la Magliana (*le Martyre de Ste Cécile*) par Raphaël. — 232. *Le Bassan*. Adoration des Bergers. — 234. *Berretini* (*Pierre de Cortone*). Massacre des Innocents. — 236. *Carrache* (?). Saint Augustin. — 237. *Castiglione*. Le Voyage de Jacob. — 238. *Cignani*. Les cinq Sens. — 240. *Dolci* (*Carlo*). Le Christ descendu de la croix. — 243. *Giotto* (?). Sainte Famille. — 244. *Guardi*. Place Saint-Marc, à Venise. — 245. *Le Guerchin*. Judith. — 250. *Luini*. Le Chef de saint Jean-Baptiste. — 251. *Lucatelli*. Paysage avec sujet mythologique (paysans changés en grenouilles). — 253. *Palma le Vieux* (?). Mariage mystique de sainte Catherine. — 254, 255. *Panini*. Ruines. — 256. *Piazzetta*. Cornélie, mère des Gracques. — 258. *Salvator Rosa*. Saint Jérôme au désert. — 260. *Sassoferrato*. La Vierge. — 261. *Sébastien del Piombo*. Portrait. — 264. *Le Titien*. Portrait de Vincenzo Capello, amiral vénitien. — 266. *Le Tintoret*. Un sacrifice. — 266 *bis*. *Topffer* (père de l'écrivain). L'Arrivée de la diligence. — 267. *Vanni* (*Francesco*). Tête d'étude. — 268. *Véronèse* (*Paul*). La Vierge.

ÉCOLE ESPAGNOLE. — 275. *Arellano*. Fleurs. — 276. *Carducho*. Saint Joseph et l'Enfant Jésus. — 277. *Moralès* (?). Ecce Homo. — 278. *Murillo* (?). Apparition de l'Enfant Jésus à saint Antoine de Padoue. — 280. *Ribera*. Saint André. — 282. *Valdès de Leal*. Le Christ portant sa croix. — 284. *Velasquez*. Homme de guerre.

ÉCOLES FLAMANDE, HOLLANDAISE ET ALLEMANDE. — 290. *Brauwer* (*Adrien*). Tabagie. — 293. *Dietrich*. Paysage. — 295. *Heem* (*Jean-David de*). Nature morte. — 296-299. *Jordaëns*. Ivresse de Silène. La Famille de Darius devant Alexandre. Triomphe de Silène. Bacchanale. — 301. *Mirevelt* (?). La Dame à la collerette. — 302. *Moreelse* (*Paul*). Portrait de grande dame, attribué aussi à *Ravestein*. — 304. *Ommeganck*. Paysage avec figures et animaux. — 307. *Snyders* (figures par *Rubens*). Jésus chez Marthe et Marie. — 309-311. *Téniers, le Jeune*. Le Jeu de boules. Le Tir à l'arc. La Conversation. — 314. *Van Dyck*. Honoré de Savoie. — 316. *Van Eyck* (?). Triptyque. — 317. *Van der Kabel*. Marine. — 318. *Van Ostade* (*Isaac*). Paysage d'hiver. — 320. *G. Van den Velde*. Marine. — 321. *Verelst*. Tête de vieillard. — 323. *Vos* (*Paul de*). Amazones chassant le cerf. — 325. L'Assomption : école allemande du XVe s.

AQUARELLES, SÉPIAS, DESSINS — par *Alaux*, *Boilly*, *Fr. Boucher*, *Séb. Bourdon*, *L. David* (croquis pour le Sacre de Napoléon), *Fragonard*, *Gamelin*, *Fr. Lemoine*, *H. Robert*, *Rosalba*, *C. Van Loo*, *H. Vernet*, *Vouet*, *Watteau*, etc.

SCULPTURES ORIGINALES. — 529. Silène, statue antique en marbre blanc trouvée dans les fouilles de la gare. — 531. Andromède, par *Lescorné*. — 533. Leucosis, par *Oltin*. — 537. Lequesne, buste en marbre par *Pradier*. — 538. Louis XIV, par *Puget*. — 539. André Morosini, historien de Venise. — 542. Jules Canonge, buste par *Pradier*. — Dr Delpech, buste par *Falguières*. — Dom Montfaucon, buste par *Oliva*.

Bibliothèque de 15000 vol., ouverte les mardis, jeudis et samedis, de 2 h. à 5 h.

Commerce de vins, distillation; tonnelleries.

[De Narbonne, on peut faire une charmante excursion à Gruissan par les collines de *la Clape* (bon miel); la plus élevée (2 h. de Narbonne) est le *Coffre de Pech-Redon* (214 mèt.: belle vue). — *Gruissan* (5 h. de Narbonne), sur un rocher, au milieu d'un étang salin (corderie importante; pêche; fabrication de la soude).]

De Narbonne à Fontfroide et à Lagrasse, R. 108; — à Perpignan, R. 109; — aux grottes de Bize (*V. Gascogne et Languedoc*).

Le chemin de fer entre dans la plaine de l'Aude.

156 k. **Coursan**, ch.-l. de c., 3786 h., rive dr. de l'Aude. — *Puits artésien*, de 155 mèt., eau thermale, alcaline, gazeuse, ferrugineuse et légèrement arsenicale. — *Église* ogivale fortifiée. — Pont du XVIe s. (?).

[A 17 k. S.-E., bains de mer de *Saint-Pierre* (*redoute de Vendres*; entonnoir de l'*Œil-Doux*, gouffre large de 100 mèt. et très profond).]

Pont sur l'Aude. — Au N., *étang de Capestang*.

165 k. *Nissan*. — *Tunnel* de 500 mèt., sous le *col de Malpas*, dans la montagne d'*Enserune* (nombreux débris d'antiquités), qui sépare le bassin de l'Aude de celui de l'Orb; ce tunnel passe au-dessous de celui du canal du Midi, qu'il croise, et au-dessus de la *galerie de Montady*, canal d'écoulement d'un marais.

Pont sur l'Orb.

175 k. **Béziers** *, ch.-l. d'arr., 41 785 h., à 51 mèt., sur une colline au pied de laquelle passent l'Orb et le canal du Midi.

Saint-Nazaire, ancienne cathédrale, de diverses époques; transsept du XIIe s., chœur et nef des XIIIe et XIVe s., fortifiés; à la façade, rose de 10 mèt. de diamètre; grillage extérieur des fenêtres du chœur; clocher haut de 46 mèt. — **Cloître** du XIVe s. (débris lapidaires).

Saint-Aphrodise, du XVe s. (crypte; *tombeau antique* servant de fonts). — *La Madeleine*, XIIe s., remaniée au XVIIIe s. — *Église Saint-Jacques* (abside du XIIe s.).

Théâtre, façade avec bas-reliefs en terre cuite, par David d'Angers (1844).

Hôtel de ville, du XVIIIe s. — Au 2e étage, **musée**, ouvert t. l. j. de 1 h. 1/2 à 4 h. (tableaux, antiquités, 4000 médailles, histoire naturelle). — Dans le vestibule de l'escalier, buste en marbre de Vanière, par David d'Angers.

Sur le *plateau des Poètes* (jardin anglais), *statue*, en bronze, *de Riquet*, par David d'Angers.

Débris d'*antiquités romai-*

nes, aqueducs, arènes, etc.; *statue* grossière dite *de Pépezuc* (rue Française). — **Vieux Pont**, du XIIIe s. (17 arches), long de 245 mèt. — Beau *pont-aqueduc* du canal du Midi (7 arches de 17 mèt.; cuvette du canal, large de 8 mèt.). — Place de la Citadelle, *fontaine* monumentale.

Grande fabrication des alcools. — Marché régulateur du prix des troix-six, comme celui de Bordeaux.

[A 1 k. S.-O. de Béziers, *écluse de Fonserannes*, construite par Riquet (8 sas étagés). — A 14 k., *bains de mer*, près de l'embouchure de l'Orb. Pour s'y rendre (tramways à vapeur), on passe à *Sauvian* et à *Sérignan* (fabriques d'alcool).]

De Béziers à Rodez, à Pézenas, à Saint-Pons, *V. Gascogne et Languedoc.*

A g., ligne de Rodez.

181 k. *Villeneuve-lès-Béziers*, entre le canal et l'Orb.

Pont sur le Libron.

193 k. **Vias**, 2279 h. — *Église* fortifiée du XIVe s. (magnifique rose). — *Maison* romane. — A 1 k. S.-O., *pont-aqueduc* sur le Libron, un des plus beaux travaux d'art du canal du Midi.

A g., chemin de fer de Lodève. — Pont sur le canal du Midi.

196 k. **Agde** *, ch.-l. de c., siège d'un tribunal de commerce, 8446 h., à 5 k. de la mer, sur le canal du Midi et rive g. de l'Hérault, dans une plaine fertile. — Un pont suspendu relie la ville à la station. — Agde est bâtie en lave, ce qui lui donne un aspect triste. **Saint-André**, ancienne cathédrale (XIIIe s.), fortifiée; débris d'un *cloître* (XIIIe ou XIVe s.).

Port; commerce actif avec l'Espagne et avec l'Italie.

[Au S.-E., entre la ville et la mer, ancien volcan couronné de cinq cônes, dont le plus élevé, le *pic Saint-Loup*, a 115 mèt. d'altit. Cratère rempli de vignes et de maisons de campagne. — Sur le pic Saint-Loup, près de l'*ermitage*, *phare* de premier ordre, à feu tournant, d'une portée de 27 milles. — Vue très étendue. — Au-dessous, *cap d'Agde*, *môle Richelieu* et petite *île de Brescou*, avec *phare* et fortifications.

A 4 k. plus à l'O., embouchure de l'Hérault, *fort du Grau* (feu de port fixe).]

D'Agde à Marseillan, à Lodève, *V. Gascogne et Languedoc.*

Ponts sur le canal, puis sur l'Hérault (7 travées de 17 mèt.). — Tranchée volcanique. A g., *canal* et *étang de Bagnas*, étang de Thau, où finit le canal du Midi.

202 k. *Les Ouglous* (ham.), langue de terre de 1 k. de largeur; à dr., la Méditerranée, à g., l'étang de Thau. — A g., salines de Cette; à dr., mont Saint-Clair.

219 k. **Cette** *, ch.-l. de c. de 37 058 h., le second port français sur la Méditerranée. — Pour la description de Cette et les Bains de Balaruc, *V. Gascogne et Languedoc.*

———

ROUTE 102.

DE CARCASSONNE A QUILLAN

55 k. — Chemin de fer. — Trajet en 2 h. et 2 h. 20. — 6 fr. 75, 5 fr. 05, 3 fr. 70.

A dr., ligne de Toulouse (R. 101). — On remonte la rive g. de l'Aude. — 7 k. *Madame*. — Pont sur l'Aude.

10 k. *Couffoulens-Leuc*, près du confluent de l'Aude et du Lauquet.

[Corresp. pour (5 k. S.) *Saint-Hilaire*, ch.-l. de c., 1000 h. — Ruines d'une **abbaye** (*église* du XIIIe s., tombeau de saint Hilaire, avec grand bas-relief du XIe s.; *cloître* du XIVe s.; ancienne maison *abbatiale*, curieuses peintures).]

Pont sur le Lauquet, à g., ruines de la chapelle *Saint-Laurent* (XIIe s.). — 15 k. *Verzeille*. — 17 k. *Pomas* (*château* du XVIe s.; *église* romane; dans le cimetière, *croix* à statuettes du XIVe s.). — Pont sur l'Aude.

21 k. *Cépie*; rive dr., château de *Saint-André*. — Pont sur le Sou. — Pont sur l'Aude.

27 k. **Limoux** *, 6810 h., ch.-l. d'arr., sur l'Aude, entouré de coteaux qui produisent la célèbre *blanquette*. — *Saint-Martin* (XIIe, XIVe et XVe s.); chapelles rayonnantes; clocher à flèche dentelée. — *Place de la République*, en partie du XVe s. — Ruines de deux *églises*. — *Maison* du XIVe s. — Restes de *remparts*. — 2 vieux *ponts*. — *Asile d'aliénés*. — Nombreuses fabriques.

[Au N. (45 m. aller et retour), chapelle de *Notre-Dame de Marceille* (XIIIe s.), pèlerinage; Vierge noire; chaire du XIVe s.; ex-voto du XVe s.; fontaine miraculeuse.]

Gorge ou *Étroit d'Alet*. — Quatre tunnels. — A g., dans l'Aude, restes d'un *pont* romain.

34 k. **Alet** *, à 180 mèt., riv dr. de l'Aude, au fond d'un vallon (fruits excellents), ancien évêché. — **Cathédrale** en ruine, des IXe, XIIe et XVe s.; deux tours; magnifique abside romane. — *Église paroissiale*, XVe s. — *Maison* du XIIIe s. — *Pont* du XVIe s. — Restes de *fortifications* (XIIIe s.).

Établissement thermal (ouvert toute l'année), au S. d'Alet, dominant la rive dr. de l'Aude (beaux ombrages, jardins, terrasse bordant la rivière), bâti sur les ruines d'un établissement romain dont il reste deux voûtes.

Deux *sources* principales (29° à 30°; 600 000 litres en 24 h.); à 1 k., *source ferrugineuse*.

Eaux thermales, bicarbonatées calciques; limpides, à saveur légèrement salée; stimulant les fonctions digestives, sédatives du système nerveux; employées dans la dyspepsie, dans les convalescences difficiles, chez les malades très excitables et sujets à la migraine.

[Au N.-O., **pic de Roquetaillade** ou *Pech de Brau* (655 mèt.; ascension en 50 m.; vaste panorama). — Aux environs, quelques *menhirs*, *grottes*, carrières de marbre (*V.* l'*Itinéraire général*).]

Deux tunnels.

45 k. **Couiza** *, ch.-l. de c., 886 hab., à 225 mèt., au S. du confluent du Sals et de l'Aude. — **Château** de la Renaissance.

[A l'E., ruines du *château de Coustaussa* (XIIe, XIIIe et XVIIe s.).]

A Rennes-les-Bains, R. 103.

46 k. *Esperaza* *.

49 k. Établissement de bains de **Campagne-sur-Aude** *, construit sur deux sources ferrugineuses, la *source du Pont* (31°) et la *source de la Buvette* (29°,1), employées en boisson, en bains et en douches contre l'anémie et les maladies qui s'y rattachent, dyspepsies, névroses, leucorrhées, etc., ainsi que dans la gravelle et certaines maladies du foie. — L'établissement peut recevoir 180 malades; quand on n'y trouve plus de place, on s'installe au v. de *Campagne-sur-Aude*, situé à 1 k. en amont.

On longe la rive g. de l'Aude.

55 k. **Quillan** *, ch.-l. de c., 2463 h., à 283 mèt., rive dr. de l'Aude. — Ruines d'un *château*. — Usines, forges; grande production de fruits; commerce considérable de bois.

[A 1500 mèt. à l'O., dans le petit vallon où se trouve **Ginoles** * (service d'omnibus de Quillan à Ginoles) jaillissent deux sources d'eaux thermales (23° et 27°), sulfatées calciques, utilisées dans un charmant établissement environné de plantations : on les dit utiles dans la dyspepsie.

La Montagne-Rase et la Pradelle. — 9 h. 15 à pied ; on peut aller, par la voiture de Quillan à Escouloubre, jusqu'à 24 k. de Quillan, mais il vaut mieux faire cette excursion à pied.

3 h. de Quillan à Sainte-Colombe, sur l'Aiguette (R. 105).

On suit le chemin d'Escouloubre. — 3 h. 30. On traverse la Clarianette, puis, rentrant dans la vallée de l'Aiguette, on descend vers ce torrent, qu'on franchit.

4 h. *Counozouls*. — On monte, E. (sentier en lacets), vers un col ouvert dans la crête de *Castel-de-Bénal*. — On laisse à g. ce sentier; on monte. S.-S.-E.; rochers, bois. — 5 h. 30. Pentes gazonnées, faciles.

6 h. **Montagne-Rase**, ou *Tuc Dourmidou* (1845 mèt.; beau panorama). — Pour varier la route de retour, on peut suivre au N.-N.-E. une croupe gazonnée. — 6 h. 40. *Col*. — Chemin forestier allant à l'E.; on descend au chemin de Sainte-Colombe à Montfort; on tourne au N.-N.-E., et on suit la rive g. de la Boulzane.

7 h. 50. *Montfort* (785 mèt.). — Route de la Pradelle, E.-N.-E., rive g. — 8 h. 20. *Gincla* (aub.). — Pont, rive dr.; défilé; pont, rive g.; grand bassin entouré de rocs immenses. — *Défilé de Salvezine*.

8 h. 50. On passe devant Puylaurens (R. 108, *C*); défilé.

9 h. 15. La Pradelle (R. 108, *C*).

Forêt des Fanges. — 5 h. env. à pied, de la Pradelle à Quillan, y compris la visite de la forêt; excursion très recommandée. — On traverse le ruisseau de Magnac; on monte en lacets. — 35 m. Lisière de la forêt; belle vue au S. Il est bon d'avoir un guide connaissant bien la forêt. Une route, allant du col de Saint-Louis au *pavillon des gardes* (rafraîchissements), traverse les plus belles parties.

1 h. 10 du pavillon des gardes. Belvianes (R. 108, *C*).

1 h. 40. Quillan.]

De Quillan à Montlouis, R. 104 ; — aux Bains d'Escouloubre et de Carcanières, R. 105 ; — à Narbonne, R. 108, *B* ; — à Perpignan, R. 108, *C*.

ROUTE 103.

DE CARCASSONNE A RENNES-LES-BAINS

52 k. — Chemin de fer jusqu'à Couiza (45 k. : 5 fr. 25, 3 fr. 95, 2 fr. 90). — Au delà, route de voit. (9 k. pour 1 fr.).

45 k. Couiza (R. 102).

On remonte la vallée du Sals, versant N.

49 k. *Les Clapiers* (268 mèt.).— On laisse à l'E. la route d'Arques et de Mouthoumet (R. 108), on traverse le Réalsès, on suit au S. la vallée du Sals.

51 k. Pont sur le Sals.

52 k. **Rennes-les-Bains** * (319 mèt.), dans une gorge étroite, divisée en deux par le Sals.

Aux environs, cinq *sources* minérales : deux ferrugineuses, l'une thermale, l'autre froide; trois chlorurées, dont une froide. — Nombreux objets de l'époque romaine. — Trois *établissements* (80 baignoires; 12 cabinets de douches : le *Bain Fort*, le *Bain de la Reine* et le *Bain Doux*). — Deux buvettes froides ; le *Cercle* et le *Pont*. — Ces eaux réussissent dans le rhumatisme, la scrofule, l'anémie, les névralgies, etc.

[**Sources du Cercle et de la Madeleine** (1 h., aller et retour). — La route remonte au S., rive dr. du Sals. On atteint bientôt le v. du *Cercle* et sa source ferrugineuse, puis on laisse à l'E. la vallée du Sals ; on suit la rive g. de la Blanque, que l'on franchit pour arriver à (2 k.) la *source de la Madeleine*.

Laval-Dieu et Rennes-le-Château (3 h. 30, aller et retour). — Hameau du Cercle. — Sentier qui monte à l'E.-S.-O. — Plateau. — La *Roche Tremblante*. — *Laval-Dieu*, ham. — On monte, N.-O., à *Rennes-le-Château* (435 mèt.; belle vue au S.). — On peut descendre à Couiza, ou revenir par la même voie, ou par le chemin ci-dessous.

Rocher de Blanchefort (2 h. 30 à 3 h., aller et retour). — On monte O.-N.-O. vers Rennes-le-Château. — 40 m. Métairie de *Fabiès*. — Sentier peu indiqué. — Cime (544 mèt.; belle vue; ruines d'un *château*).

Château d'Arques (3 h., aller et retour). — Route de Couiza. — 35 m. Les Clapiers ; on prend à l'E., rive dr. du Réalsès, la route de Lagrasse. — 45 m. *Serres* ; au N., *Peyrolles* (mégalithes).

1 h. 30. *Arques* (donjon du XIVe s.; menhir).

Pic de Cardon ou de Cardou (1 h. 15 montée ; 50 m. descente). — 20 m. des Bains. *Montferrand*, ham.; à g., sentier montant au pied du pic. — On gravit une pente raide.

1 h. 15. *Pic de Cardon* ou *de Cardou* (796 mèt.; beau panorama).

Montagne des Cornes et lac de

Barrenc (2 h. aller et retour). — On remonte la rive dr. du Sals. — *La Tuilerie.* — Chemin qui monte à la crête (fossiles). — Du point culminant (759 mèt.), on marche au N.; petit bois; métairie (bon lait). Au S., petit *lac de Barrenc.*

On peut passer (N.-O.) un petit col et descendre, O., à Montferrand (*V.* ci-dessus).

Pic de Bugarach. — 3 h. 15 montée; 2 h. 30 descente; le chemin par Bugarach est moins intéressant; ascension recommandée.

On remonte la rive dr. du Sals. — 45 m. *Sougraigne* (fossiles). — Pâturages. — On traverse le ruisseau.

1 h. 45. *Sources salées* du Sals (800 mèt.), au pied du *Roc Balesou* (915 mèt.).

On gravit les pentes du Roc Balesou jusqu'au *col de Capela;* au S., pic de Bugarach. — Petit défilé (3 h.); plateau: escalade facile au N.-E.

3 h. 15. *Tour* ou *Pech de Bugarach,* sur la méridienne de l'observatoire de Paris (1231 mèt.; très beau panorama). — Descente (2 h. 30) aux Bains, ou (3 h.) à Caudiès-de-Saint-Paul par *Bugarach,* ou (3 h.), par la métairie de *Lauzadel* et *Prugnanes,* à Saint-Paul-de-Fenouillet.]

ROUTE 104.

DE QUILLAN A MONTLOUIS

PAR RODOME.

79 k. — Route de voitures légères.

25 k. de Quillan à Espézel (R. 95, *A*). — On quitte la route de Belcaire; on descend au S. dans la vallée du Rébenty, dont on suit la rive g. vers l'E.

28 k. A g., *Belfort* et la route de voitures. — 29 k. On entre dans un vallon, on tourne à dr. et on traverse *Munès.*

33 k. *Rodome* (946 mèt.), sur le plateau du pays de Sault, entre les vallées de l'Aude et du Rébenty. — On passe le *col de la Clause;* à g., *Fontanès.* — Près des ruines d'un château, on tourne à l'O., versant N. du ravin de *Savanière.*

43 k. *Campagna-de-Sault.*

48 k. *Rouze* (973 mèt.); à g. (1 k.) est le château d'Usson (R. 105, *B*). — On remonte le vallon de Quérigut. — 30 k. *Le Pla.*

53 k. Quérigut (R. 105).

57 k. Col des Hares (R. 106).

79 k. Montlouis (R. 110).

ROUTE 105.

DE QUILLAN AUX BAINS DE CARCANIÈRES ET D'ESCOULOUBRE

DE QUILLAN AUX BAINS DE CARCANIÈRES

PAR LA VALLÉE DE L'AUDE.

36 k. — Route de voit. ouverte en 1884 jusqu'en amont des bains. — Service quotidien pendant la saison thermale (5 fr.). — Excursion très recommandée.

On remonte la rive g. de l'Aude. — Forge importante.

4 k. *Belvianes* (321 mèt.). — Établissements industriels.

Défilé de Pierre-Lis, long de 2 k. 1/2, une des gorges les plus pittoresques de France. Sur un point, galerie longue de 40 mèt. env., appelée le *Trou* *du Curé*, en souvenir de l'abbé Armand qui la fit percer. — A g., ruines d'un couvent.

8 k. *Saint-Martin-de-Teissac* ou *Saint-Martin-Lis*, rive dr. de l'Aude; à l'E., le *Cap de Fer* (1044 mèt.).

10 k. Pont sur le Rébenty (R. 95, *C*).

11 k. A g., route de Perpignan par la Pradelle (R. 108, *C*). — On franchit l'Aude.

12 k. **Axat**, ch.-l. de c., 450 h. — Au S.-E., *forêt de Male*. — On suit la rive dr. de l'Aude; **défilé de Saint-Georges**. — La vallée s'élargit un peu. On laisse sur la rive dr. la route de Sainte-Colombe (*V.* ci-dessous, *B*).

16 k. Passant sur la rive g., on tourne à l'O., à la hauteur du confluent de l'Aiguette, ou la Guette, avec l'Aude dont on longe le lit sur des remblais.

21 k. *Gesse* (auberge). On continue d'abord de suivre l'Aude, puis on monte à travers bois vers la *conque de Fontanès*, où la route décrit une grande courbe, en contre-bas de

28 k. *Fontanès*. On descend ensuite vers l'Aude. — Deux petits tunnels. — A g., *métairie de la Fargue*. On traverse le ruisseau de Savanières et on rejoint la rive g. de l'Aude. Au confluent de la Sonne, belles ruines du *château d'Usson*. — *Bains d'Usson* (trois sources sulfureuses froides; petit *établissement*). — Pont sur l'Aude. — Rive dr., à 879 mèt., petit *établissement thermal d'Aguas-Caoudas*. — On revient sur la rive g.

36 k. Bains de Carcanières.

Les **Bains de Carcanières**, à 700 mèt. d'alt., sur la rive g. de l'Aude, et au fond de la gorge étroite du torrent, comprennent les 4 établissements: *Esparre* (12 baignoires, buvette), de *la Barraquette* ou *Roquelaure* (12 baignoires, 16 chambres), de *la Garrigue* ou de *las Caoudos*, et d'*Usson* (*V.* ci-dessus). — 15 sources thermales (25° à 59°), sulfurées sodiques, employées (boisson, bains et douches) contre le rhumatisme, les maladies de la peau, des voies respiratoires, etc.

[**Des Bains de Carcanières aux étangs de Quérigut et du Laurenti.** — 6 h. 30, aller et retour.

45 m. des Bains de Carcanières au village du même nom (R. 96).

1 h. 15. **Quérigut**, ch.-l. de c., 675 h., ancienne capitale de la souveraineté de Donézan; bon centre d'excursions dans le *Laurenti* ou *montagnes de Mijanès*. — On franchit le ruisseau; on remonte la rive g., plateau, éboulis, rochers.

2 h. 45. *Étang de Quérigut* (2000 mèt. ?), dominé par le *plateau* et la *jasse* ou cabane *de la Bentaillole* (belle vue). — On descend, par le *bois de la Gandide* et de grandes forêts (guide du pays nécessaire), à la *jasse des Aiguelles*, puis on remonte par les bois.

4 h. 45. *Étang du Laurenti* ou *d'Artigues* (belle vue); à l'O.-S.-O., le *Roc Blanc* (2545 mèt.); au S., *pic de Camp-Ras* (2554 mèt.). — On peut descendre à Mijanès, à Quérigut ou à Carcanières.

6 h. 30. Bains de Carcanières.

Lacs de Rabassoles. — De Mijanès, on remonte, O.-S.-O., la rive dr., puis la rive g. de la Sonne ou

Bruyante. — *Forêt d'Ares*, pâturages, pente gazonnée. — *Lac de Rabassoles*; au N., pic de Tarbesou, à l'O., Sarrat de las Escales. — En montant au S., puis au N., on atteindrait le *lac Bleu* et le *lac Noir*.

Grotte d'En Bouche.— Des Bains de Carcanières au v. d'Escouloubre, *V.* ci-dessus, *A.* — Sur le versant N. de la montagne d'*Aguzon*, *grotte* ou *caune d'En Bouche* (stalactites et stalagmites), vaste salle, d'où l'on descend par un puits dans d'autres salles. Au fond, le sol d'un couloir est revêtu de cristaux (*mer Blanche*).]

Des Bains de Carcanières à Ax, R. 96; — à Montlouis, R. 106; — à Molitg et à Prades, R. 107.

DE QUILLAN AUX BAINS D'ESCOULOUBRE

PAR SAINTE-COLOMBE.

36 k. — Route de voitures légères. — Belle course complétant celle de Quillan à Carcanières.

16 k. De Quillan au pont de l'Aude, *V.* ci-dessus, *A*.

On laisse à dr. la route de la vallée de l'Aude et on monte sur la rive dr. de la profonde vallée de l'Aiguette.

20 k. *Ste-Colombe* *, sur l'Aiguette. — On prend la rive g.; à g., sentier du *Pas del Treou*, allant à Counozouls (R. 102). — Confluent de la Clarianette; on quitte la vallée de l'Aiguette. — Défilé; à g., forge abandonnée et *scierie de Roquefort*, où vient aboutir le chemin du col de Jau (R. 107, *A*). — On gravit un ressaut en travers de la gorge, à l'O.

25 k. *Roquefort-de-Sault* (1009 mèt.). — On remonte à l'O. par un ravin.

29 k. *Le Bousquet.*

31 k. *Col du Bousquet* ou *de Caravel* (belle vue); au N., le *Castellas* ou *Casteldos* (1430 mèt.); au S., *forêt de Rebiscagné*. — On descend. — A dr., *Escouloubre*. — On gravit à g. un petit *col;* en contre-bas, vue du château d'Usson (*V.* ci-dessus, *A*). — On descend par de grands lacets.

36 k. Bains d'Escouloubre.

Les **Bains d'Escouloubre** * sont situés à 700 mèt., rive dr. de l'Aude, en face des Bains de Carcanières, dans une gorge étroite.

Deux établissements, le *Bain Fort* (6 baignoires, douche) et le *Bain Doux* (10 baignoires, douche, logements pour 150 personnes), exploitent 4 sources thermales (29° à 45°), sulfurées sodiques; utilisées (boisson, bains et douches) contre le rhumatisme, les maladies de la peau, des voies respiratoires, etc.

ROUTE 106.

DES BAINS DE CARCANIÈRES A MONTLOUIS

5 h. à pied. — Guide inutile.

On gravit le talus de la rive g. de l'Aude.

45 m. *Carcanières* (1200 mèt.). — On se dirige au S.; chemin muletier qui rejoint plus loin la route de Montlouis. — 1 h. 30. Pentes pierreuses.

1 h. 50. **Col des Hares** ou *d'Ares* (1600 mèt.; belle vue). — On descend au S.; à g., *Puig-*

valador (1438 mèt.). — On traverse le ruisseau de Fontrabiouse, dont le vallon remonte à l'O. vers *Fontrabiouse* (magnifique source); puis le Galba. — On monte, puis on descend à

2 h. 30. **Formiguères** * (1480 mèt.).—*Église*, IXe-XIe s., récemment reconstruite. — Vieille tour. — Ce bourg, ancienne capitale du Capsir, est un excellent centre d'excursions.

[**Puig de Prigue**. — *A*. Par Valserre et la Balmette (7 h. : 4 h. à la montée, 3 h. à la descente; excursion facile et recommandée; guide nécessaire). — On traverse la Lladure et on en remonte la rive dr., sur la lisière de la grande *forêt des Angles*. — 45 m. Confluent du torrent de Valserre et de la Lladure. — Près de *la Gleizette* (ancienne chapelle), on franchit le Valserre. — Chemin muletier sur la rive g. — Grand bassin herbeux et marécageux. — On longe la base du *Tuc de Som* (2474 mèt.). — 1 h. La *vallée de Valserre* tourne droit à l'O. — Ressaut rocheux, lacets. — 1 h. 20. **Lac de Valserre** (1764 mèt.), très pittoresque; truites renommées. On côtoie la rive S. du lac, et, contournant une croupe boisée, on atteint le *canal de Fongrosse*, qui conduit les eaux d'une énorme source, à l'E., au v. des Angles. — On traverse ce canal et on monte à l'O. de ressaut en ressaut. — 2 h. 10. *Lac de la Balmette* (2118 mèt.), entouré de pins et de belles roches. — Étroit défilé, puis petit cirque de rochers. — Au S., le Roc d'Aude. — 2 h. 20. Au N. d'un long ravin se montre le Puig de Prigue. — On remonte ce vallon, arrosé par le ruisseau de Prigue. — A g., *lac de la Llose* et deux petits étangs.

3 h. 20. *Col de Prigue* (2550 mèt.), entre le Puig de Prigue, à l'O., et le *Petit Puig de Prigue* (2660 mèt.), à l'E. — On gravit à l'O. l'arête du pic sur des gazons glissants et des éboulis de schiste.

4 h. Sommet (2810 mèt.; vue magnifique). — De là, on peut compter plus de 45 lacs.

B. Par les lacs de Camporeils (4 h. 25 à la montée; 3 h. 45 à la descente). — On suit d'abord le chemin d'Ax par la Porteille d'Orlu (R. 97, *A*). — 1 h. 25. On laisse au N.-O. ce chemin, et, tournant au S.-O., on remonte par des pentes très redressées le *ravin de la Montagnette*. — 2 h. 10. *Col de la Montagnette*, à peine dominé à g. par le *pic de la Montagnette* (2454 mèt.). On se trouve alors au niveau de l'immense **plateau de Camporeils**, nu, coupé de fondrières, où s'étagent de nombreux lacs (2244-2400 mèt.), et dominé à l'O. par les pics de Moustier, des Mortes, de Camporeils et de Prigue (inaccessible sur ce versant). — On se dirige droit vers le Petit Puig de Prigue, en traversant le déversoir des *lacs de Camporeils*, au point où le torrent se précipite dans la vallée de la Lladure, en une maigre *cascade*, haute de 300 mèt. — 3 h. 10. On atteint le bord du plateau qui de ce côté déverse ses eaux dans la Tet, et on gravit en écharpe le flanc du Petit Puig de Prigue, pour rejoindre sur les bords du ruisseau de Prigue (3 h. 35) la route précédente.

3 h. 55. Col de Prigue.

4 h. 25. Puig de Prigue.

De Formiguères à la source de l'Aude et au Roc d'Aude. — 4 h. à la montée, 3 h. à la descente.

On suit d'abord (1 k.) la route de Montlouis (*V*. ci-dessous), puis on tourne à dr. dans la belle *forêt de Matte*. — Au delà, on se dirige à l'O. 1 h. *Les Angles*, v. bâti en amphithéâtre (1620 mèt.) sur les flancs du pic d'Aude (belle vue du Capsir). — Le chemin s'engage dans la gorge boisée de l'Aude (que l'on ne voit pas). — 2 h. Plateau découvert (1951 mèt.); cabane. — On gravit un ressaut dominé au S. par le *Roc del Falip* (2147 mèt.); bord de l'Aude; deuxième ressaut.

3 h. **Lac d'Aude**, source de l'Aude. Sur la rive dr., excellente source. — Facile montée au N.

4 h. **Roc d'Aude** (2377 mèt.; belle vue).

Si l'on veut varier la route au retour, on peut suivre presque constamment le faîte du chaînon qui sépare la vallée supérieure de l'Aude du val de Valserre.

3 h. Formiguères.]

La route de Montlouis franchit le ruisseau de Valserre, et s'élève au S., puis descend dans la vallée de l'Aude. — On franchit l'Aude; montée au S. vers (4 h.) la **Quillane** (1720 mèt.) ou *col de Casteillou*; petit *lac*.

4 h. 30. *La Llagonne* (1688 mèt.); en face, citadelle de Montlouis; à g., *pic de la Tausse* (2038 mèt.). — On franchit la Tet.

5 h. Montlouis (R. 110).

ROUTE 107.

DES BAINS DE CARCANIÈRES A PRADES

A. Par Counozouls.

9 h., à pied. — Guide utile.

2 h. 30 des Bains à la scierie de Roquefort (R. 105, *A*). — On laisse à l'E.-N.-E. la route de Quillan (R. 105, *A*) et on tourne à l'E.-S.-E. — Descente dans la vallée de l'Aiguette. — On franchit le torrent, et, laissant à g. le v. de Counozouls (R. 102), on suit, au S., un chemin de chars, sur la rive dr. de l'Aiguette. — 3 h. 45. On quitte la vallée de l'Aiguette et on monte à l'E.-S.-E. dans un vallon latéral.

4 h. 15. **Col de Jau** (1513 mèt.); au N.-N.-E. (1 h. env. du col) se montre la Montagne-Rase (R. 102). — Descente en lacets, que les piétons peuvent couper à travers les *pâturages de Saouca*.

4 h. 45. *Mounasty*. — On contourne deux ravins. — Vallée de la Castellane, rive g. — 5 h. 45. *Tour* carrée *de Mascarda*, sur un rocher (848 mèt.).

6 h. 10. **Mosset**, b. sur un promontoire. — *Château* aux mur crénelés avec quatre tours rondes. — Aux environs, carrières de marbre.

On contourne à une grande hauteur les montagnes qui dominent au N. la Castellane.

7 h. 10. *Molitg* (601 mèt.). — *Dolmens* et *menhirs*. — La route descend.

7 h. 40. **Bains de Molitg** * (450 mèt.), au fond de la gorge étroite de la Castellane.

Trois *établissements* compris aujourd'hui sous le nom d'*établissement Massia*, récemment améliorés et ne laissant rien à désirer. — Saison de mai à octobre.

Eau thermale sulfurée sodique. — 10 *sources*, dont la température varie de 32° à 37°,8; débit de 485 000 litres par jour;

employées en : boisson, bains, douches, boues et conferves en topiques; indiquées dans les maladies de la peau, le rhumatisme, le catarrhe des voies aériennes, les affections de nature scrofuleuse, etc.

Le v. de Molitg, ses mégalithes, et les ruines du *château de Paracols*, au S. des Bains, sont des buts de promenade.

[**De Molitg à Olette par les Gourgs de Nohèdes.** —10 h., à pied; guide très utile. — Plusieurs sentiers pénibles conduisent de Molitg aux étangs de Nohèdes. Le meilleur est celui qui s'élève au S., sur la crête, qu'il longe constamment. — Pour visiter en même temps les vallées de Conat et de Nohèdes, il faut, de l'arête qui borne au S. la vallée de Molitg, descendre par la petite *chapelle de Sainte-Marguerite* (860 mèt.) à (1 h 30) *Conat* (*église* du XIe s., bien conservée), 520 mèt., au confluent des ruisseaux d'Urbanya et de Nohèdes. — Laissant à dr. le vallon qui remonte au N.-O. vers *Urbanya*, on suit le vallon de l'E., qui s'élève vers *Nohèdes*.

3 h. Au delà d'un moulin sur le ruisseau de Nohèdes ou de la Mort, on suit toujours le ruisseau principal.

5 h. **Gourgs ou gouffres de Nohèdes.** Le premier n'est qu'un petit étang. Le deuxième (2110 mèt.) est connu sous le nom d'*Estalat* (Étoilé); le troisième, plus élevé, est l'*étang Bleu*. Par le petit col de l'arête, au S. de ces étangs, on atteint bientôt le *Gourg Noir*, le plus grand et le plus remarquable de tous (2081 mèt.), dans un vaste entonnoir, ouvert seulement à l'E.

Du lac Estalat, on peut monter en 1 h. au *Bernard-Sauvage* et au *pic de Madrès*.

A la descente sur Olette, on suit le cours de la rivière d'Evol, qui sort du Gourg Noir et que l'on franchit plusieurs fois. — Le chemin traverse les *bois des Mouillères* et *de la Pinouse*, puis s engage dans une étroite gorge. — Ruines du *château d'Evol*; à g., ham. d *Evol* (816 mèt.). — La vallée s'élargit; on longe la rive g. du torrent e on descend à Olette.

10 h. Olett (R. 110).]

Au delà des Bains, la route monte sur le flanc N. de la montagne, passe sur trois arches très élevées (7 h. 55), puis (8 h. 10) franchit la Castellane sur une seule arche et suit la rive g. — 8 h. 30. *Catllar*. — 2e pont d'une arche très élevée, sur la Castellane. — Après avoir franchi la Tet, on entre à

9 h. Prades (R. 110).

B. **Par la forêt de Lapazeuil.**

10 h. 15. — Guide nécessaire.

En sortant des Bains de Carcanières, on suit d'abord au S. la rive g. de l'Aude. — 1 h. *Pont du Marchand*. — On passe sur la rive dr. et on monte à l'E. sur le versant boisé du *Carcanet*. — Belle forêt de hêtres, puis landes de genêts (belle vue) — 3 h. 30. *Pla de Madres*, grande terrasse de pâturages mamelonnés. — Au N., *Sarrat des Esclots* (1887 mèt.). — 4 h. 30. *Pla de la Galline* (belle vue sur le Roussillon). — Le sentier descend rapidement à l'E. vers la *combe de Lapazeuil* (hêtraie et sapinière magnifiques).

4 h. 45. Suivant alors cette combe, dominée au S. par la Glèbe et le pic de Bernard-

Sauvage, on va rejoindre (5 h. 15) le chemin du

5 h. 30. Col de Jau (*V.* ci-dessus, A).

10 h. 15. Prades (R. 110).

ROUTE 108.

LES CORBIÈRES

Le chaînon de montagnes des **Corbières,** qui se rattache aux Pyrénées par le pic de Bugarach et l'arête du col de Saint-Louis, se compose en grande partie de groupes isolés, séparés les uns des autres par des vallées profondes, mais affectant en général la direction du S.-O. au N.-E. Il est peu de régions qui soient plus curieuses sous le rapport géologique. La crête principale n'est traversée par aucune route importante. Les Corbières ont longtemps servi de limite entre la France et l'Espagne, et pendant 130 ans, aux XVIe et XVIIe s., elles furent le théâtre de combats acharnés.

A. De Carcassonne à Perpignan.

1° PAR LAGRASSE ET LA NOUVELLE.

5 k. — 82 k. et route de voit. de Carcassonne à la Nouvelle. — 43 k. et chemin de fer de la Nouvelle à Perpignan.

5 k. Trèbes (*V.* R. 101). — La route se dirige au S.-E.

8 k. *Fontiès-d'Aude.* — Montées et descentes. — On traverse la Bretonne, dont on remonte la rive dr.

12 k. *Monze.* — 17 k. *Pradelles-en-Val* (château). — On passe dans la vallée du Cadoual. — On gravit à l'E. la montagne du *Boucher* (403 mèt.), dont on contourne la cime au S.

29 k. Pont sur l'Alzou, en amont de son confluent avec l'Orbieu, dont on longe la rive dr., puis qu'on traverse.

32 k. **Lagrasse**, ch.-l. de c., 1337 hab., dans un vallon entouré de rochers. — *Abbaye* du VIIIe s.; les bâtiments sont en bon état (curieux chapiteaux dans le petit cloître; clocher, haut de 45 mèt.; dans l'église, tableaux attribués à Ribera : les *Sacrements*). — *Rocher de Roland.*

On remonte la rive dr. de l'Orbieu sur 3 k. env., puis on tourne à g.

40 k. *Tournissan.* — A dr., route de *Talairan.* — Pont sur la Nielle.

43 k. *Saint-Laurent-de-la-Cabrerisse.* — Pont sur le Rabet.

49 k. Bifurcation des routes de la Nouvelle et de Narbonne on prend la route de dr.

50 k. *Thézan.* — Défilé.

59 k. Au pied d'un escarpement (*ermitage de Saint-Victor*), la route se bifurque. L'embranchement de dr. mène à (6 k.) *Durban*, ch.-l. de c., 902 h. (*château* ruiné *de Gléon*); celui de g. longe la rivière de Berre.

70 k. *Portel.* — Pont de *Tamaroque* (34 mèt. d'ouverture sur 29 mèt. d'élévation), sur la Berre.

76 k. **Sigean***, ch.-l. de c., 3833 h.; au N. et à l'E., vastes *salines* (50 000 quintaux métriques de sel par an).

82 k. La Nouvelle, et 43 k. de

la Nouvelle à (125 k.) Perpignan (R. 109).

2° PAR ESTAGEL.

105 k. — Route de voitures.

32 k. Lagrasse (*V.* ci-dessus). On suit (3 k.) la route de la Nouvelle (*V.* ci-dessus), on longe (1 k.) la rive dr. de l'Orbieu. En deçà de *Saint-Pierre-des-Champs*, on tourne à g., on monte à (44 k.) un col (367 mèt.).

46 k. *Villerouge-de-Termenès* (vieux *château*, tours et remparts). — A dr., embranchement de Mouthoumet (*V.* ci-dessous, *B*). — *Col d'En Couloum* (600 mèt.).

54 k. *Palairac*. — Vallée du ruisseau de Ségure ou Petit-Verdouble. — Château de *Ségure*.

60 k. *Maisons*.

67 k. **Tuchan***, ch.-l.-de c., 1665 h. — Au N., bassin houiller, sur les pentes de la *montagne de Tauch* (879 mèt.).

[De Tuchan, on peut gagner Rivesaltes par le *col de l'Épervier* et *Vingrau*.]

71 k. *Paziols*, au confluent du Verdouble et de la Coume. — Pont sur le Verdouble. — A l'E., *tour de Tautavel*, sur un piton de 511 mèt., dominant *Tautavel* et la gorge du Verdouble.

83 k. Estagel, et 22 k. d'Estagel à Perpignan (*V.* ci-dessous, *C*).

105 k. Perpignan (R. 109).

B. **De Quillan à Narbonne.**

101 k. — Route de voitures.

12 k. Couiza (R. 102).

20 k. Ham. des Clapiers (R. 103). — On laisse à l'O. la route de Rennes-les-Bains, on tourne à l'E. dans la vallée du Réalsès, que l'on remonte.

21 k. Serres (*V.* R. 103).

26 k. Arques (R. 103). — Montée en lacets. — *Col* (644 mèt.); descente à l'E.

37 k. *Albières* (508 mèt.). — On traverse l'Orbieu en amont de *Lanet* et en aval des *forges d'Auriac*. — Montée.

45 k. *Mouthoumet*, ch.-l. de c. de 350 h., sur un affluent de l'Orbieu. — La route monte et franchit une crête. — 47 k. *Laroque-de-Fa*. — La contrée que l'on parcourt s'appelle le *Termenès*, à cause d'un ancien château fort, aujourd'hui en ruine, à 6 k. au N.-O. de Laroque, sur un coteau qui domine *Termes*. — La route traverse la vallée du Sou, puis gravit une côte, franchit une crête et descend dans le vallon du Libre, que l'on traverse.

54 k. *Félines*, sur le Libre.

56 k. Villerouge, et 14 k. de Villerouge à (70 k.) Lagrasse (*V.* ci-dessus, *A*).

87 k. Bifurcation des routes de Narbonne et de la Nouvelle (*V.* ci-dessus, *A*). — A dr., route de la Nouvelle. — On contourne les pentes de la *Roque-Sestière* (271 mèt.). — Pont sur l'Aussou, en aval de son con-

fluent avec le ruisseau de la Caminade.

99 k. Pont sur le ruisseau de Fontfroide.

[**Abbaye de Fontfroide** (2 k. S.-E.), fondée en 1093. — *Église* du XIIe s. — *Salle capitulaire* avec chapiteaux et **cloître** du XIIIe s. — Dans le *bois de Fontfroide*, les botanistes trouveront en fleur, à la fin de mai, des cistes, très rares en France.]

On dépasse le vallon de Fontfroide. — On se dirige au N., puis au N.-E.; à dr., *tour* ruinée. — On croise le chemin de fer en aval de Montredon.

101 k. Narbonne (R. 101).

C. De Quillan à Perpignan.

1° PAR PIERRE-LIS ET LA PRADELLE.

84 k. — Service de diligences. — Chemin de fer en construction.

11 k. de Quillan à la bifurcation de la route d'Axat et des Bains de Carcanières (R. 105, *A*). — A dr., la vallée de l'Aude. — Traversant le torrent, on remonte le *vallon d'Alies*. — Petit *col* (534 mèt.). — On descend dans le *vallon de Magnac*.

17 k. *La Pradelle*, ham. de la com. de *Puylaurens*, dont le ch.-l. est à 1 k. au S. — Au S.-O., sur un rocher (693 mèt.), *château* ruiné (1255).

De la Pradelle à la Montagne-Rase, à Quillan par la forêt des Fanges, R. 102.

Pont sur la Boulzane.

33 k. Caudiès-de-Saint-Paul, et 51 kil. de Caudiès à (84 k.) Perpignan (V. ci-dessous).

2° PAR LE COL DE SAINT-LOUIS.

74 k. — Route carrossable, que ne suivent pas les voitures publiques, à cause de la longueur des côtes.

On franchit l'Aude à Quillan pour suivre (2 k. env.) la route de Carcassonne (R. 102) jusqu'au pont de *Charla*, puis on s'engage à l'E. dans le vallon de *Saint-Bertrand*.

14 k. *Saint-Louis*. — On gravit l'arête qui réunit les Pyrénées aux Corbières. — **Col de Saint-Louis** (687 mèt.). — Descente en zigzag, très rapide.

23 k. **Caudiès-de-Saint-Paul**, V. ainsi appelée à cause de l'eau thermale d'*Aiguebonne*, qui jaillit près de là au S., et située à 328 mèt., rive dr. de la Boulzane, au pied S. du pic de Bugarach (R. 103). — Au S.-E., à 375 mèt., ermitage de *Notre-Dame-de-la-Vall* (retable en pierre, de la fin du XVe s.).

[Une route mène à (21 k.) *Sournia*, ch.-l. de c., 765 h., d'où l'on peut se rendre (3 ou 4 h.), en traversant la montagne, soit à Molitg, soit à Mosset (R. 107).]

A la Montagne-Rase, R. 102.

On longe la rive dr. de la Boulzane au-dessous de la longue crête du *Roc Rouge* et de la *Couillade de Vente-Farine* (632 mèt.). — Pont sur la Boulzane en amont de son confluent avec l'Agly.

34 k. **Saint-Paul-de-Fenouillet***, ch.-l. de c., 2250 h., audessus de la rive g. de l'Agly. — *Clocher* du XIe s. — Près du

pont de la Fou, sources sulfatées calciques (24° à 27°), *établissement*.

[A 5 k. N., **ermitage de Saint-Antoine-de-Galamus** (pèlerinage; magnifique défilé; plantes rares).]

De Saint-Paul à Estagel, par la vallée de l'Agly (*V.* ci-dessous).

La route quitte l'Agly.

42 k. *Maury*. — Au N.-E., roc (668 mèt.) et *château de Quéribus*. — On revient sur les bords de l'Agly, que l'on traverse deux fois.

52 k. **Estagel** *, 2901 h., sur la rive dr. de l'Agly, près et en amont du vallon de Verdouble. — Restes de l'ancienne enceinte. — Culture de l'olivier. — Vins excellents de *macabeu* et de *malvoisie*. — Deux menhirs dits *Pierres Enchantées*. — Sur la place, *statue* (par Oliva) de François Arago, né à Estagel. — Dans la salle de la mairie, beau *buste* de François Arago, par David d'Angers.

A dr., ruines de l'*ermitage de Saint-Vincent;* là, on arrive au pied de la *Peña* (175 mèt.), portant l'*ermitage Notre-Dame*. — Derrière la chapelle, rochers escarpés dits *lo Salt de la Donzella*.

A g., sur un promontoire, *Cases-de-Pène*.

63 k. *Espira-de-l'Agly*, rive dr. de la rivière, à son débouché dans la plaine. — *Église* romane. — Source minérale. — On laisse à g. la vallée de l'Agly, qui descend vers Rivesaltes, puis à dr. le vallon de *Baixas*, dont les excellents vignobles sont en partie détruits par le phylloxera.

66 k. *Peyrestortes*.

72 k. *Le Vernet*, ham. — On traverse la voie ferrée et l'on rejoint la route de Narbonne.

74 k. Perpignan (R. 109).

3° PAR LE COL DE SAINT-LOUIS ET LA VALLÉE DE L'AGLY.

38 k. — Route de chars de Saint-Paul à Estagel.

34 k. Saint-Paul (*V.* ci-dessus). — A l'E., route de Maury; on suit la vallée de l'Agly, par le défilé de la Fou (*V.* ci-dessus). — On longe la rive dr.

42 k. *Ansignan*, au confluent de l'Agly et de la Désix (*pont-aqueduc* du XIII° s.). — 49 k. *Caramany*.

[Un chemin, S.-O., mène à *Trevillach* par le *col de las Couloumines;* — un autre, S.-S.-O., à *Montalba;* — un autre, S.-E., à *Belesta*.]

56 k. *Rasiguères* (ruines du château de *Casteillos*). — 57 k. *Planèze*. — La vallée s'élargit.

61 k. **La Tour-de-France**, ch.-l. de c., 1553 h. — Mines de fer.

[A 3 k. S.-E., près de *Montner*, *vallon* et *château de Cuchous* (sources ferrugineuses). — Une route de voit. va d'Estagel, par Montner, à Millas (R. 110).]

66 k. Estagel (*V.* ci-dessus).

88 k. Perpignan (R. 109).

[*V.* aussi, pour les Corbières, le R. 102, 103, 104, 105 et 109, ainsi que l'*Itinéraire général : Pyrénées*.]

ROUTE 109.

DE NARBONNE A PERPIGNAN

64 k. — Chemin de fer. — Traj. en 1 h. 5 et 1 h. 50. — 7 fr. 85, 5 fr. 90, 4 fr. 30.

9 k. *Mandirac*, halte.

La voie, parallèle à la Robine, à g., canalisée jusqu'à La Nouvelle, passe entre l'*étang de Bages et Sigean*, long de 18 k., large de 3 à 6 k., à l'O., et l'*étang de Gruissan*, à l'E. Celui-ci communique avec la mer par le *Grau de la Vieille-Nouvelle*. — A dr., *île de l'Aute* (54 mèt.). — On traverse une partie de l'étang, puis on contourne le promontoire de

16 k. *Sainte-Lucie* (halte), dans l'île du même nom. — Vin excellent.

Remblai sur l'étang de Bages. — Pont sur le chenal du port de la Nouvelle.

21 k. **La Nouvelle***, V. récente, 2445 h. — *Port* formé par le chenal qui relie l'étang de Bages à la mer, et long de 2400 mèt.; la largeur du chenal varie entre 60 et 80 mèt. — Chantiers de construction de navires. — *Phare* (portée, 10 milles). — *Fort*. — *Bains de mer* très fréquentés.

De la Nouvelle à Carcassonne, R. 103, *A*.

La voie passe entre la mer et *étang de la Palme*, et traverse le **Grau de la Franqui** (*bains de mer*).

33 k. **Leucate**, à 3 k. S.-E. de sa station, à l'extrémité N. de l'étang du même nom. — Vins très riches en alcool.

Étang de Leucate (8100 hect.). — Le chemin de fer en traverse une partie.

39 k. *Fitou*. — *Château de Pedros*, ancien hôpital militaire. — Vins légers, très capiteux, ressemblant au vin de Bordeaux.

On longe la base des dernières ramifications des Corbières.

46 k. **Salces***, 2375 h., dans une plaine, près des Corbières, doit son nom à deux sources salines jaillissant à 2 k. l'une de l'autre. — A dr., *fort* bâti par Charles-Quint; belle tour ronde. — Excellent vin blanc de *macabeo*. — Au S., groupe du Canigou.

On franchit l'Agly.

55 k. **Rivesaltes***, ch.-l. de c., 6235 h. — Puits artésien. — Vins muscats renommés.

Plaine de la Salanque, entre l'Agly et la Tet. — A g. de Perpignan, tour de Ruscino (*V.* ci-dessous). — Pont de 7 travées, sur la Tet.

64 k. (214 k. de Toulouse, 471 k. de Bordeaux). **Perpignan*** (la gare est à 15 m., à pied, de la ville), 34 183 h., place de guerre de première classe, ch.-l. du départ. des Pyrénées-Orientales, évêché, à 20 mèt. d'alt., sur la rive dr. de la Tet, à 11 k. de son embouchure, et sur le ruisseau de la Basse. Rues en général tortueuses et étroites. La ville a cinq portes Belles avenues conduisant à la

gare. — Il est question d'agrandir l'enceinte fortifiée.

Cathédrale Saint-Jean (XIVe s.); intérieur très richement décoré; nef longue de 70 mèt., large de 18 mèt. 50, haute de 27 mèt. 25 sous clef; retable du maître-autel, en marbre blanc (XVIIe s.); tombeau en marbre noir de l'évêque Louis de Montmor; chapelle du croisillon N., magnifique retable en bois peint (XVe ou XVIe s.); vitraux modernes; boiseries de l'orgue (XVIe s.); bénitier de la Renaissance; fonts baptismaux du XIIe s.; le *Vieux Saint-Jean*, petite église romane, porte à statues; au-dessus de la tour, horloge de la ville (cage de fer du XVIIe s.).

Saint-Mathieu (1659). — *Ste-Marie-la-Real* (1520). — *Saint-Jacques* (nef du XIVe s.; retable du XVe s.; tableaux anciens).

Loge, vieux bâtiment construit en 1396 pour servir de bourse au commerce des draps.

Université (1349), rebâtie. Le musée, la bibliothèque, l'amphithéâtre d'anatomie, les collections d'histoire naturelle, s'y trouvent réunis.

REZ-DE-CHAUSSÉE. — **Musée** (ouvert les dimanches, jeudis et jours de fête, de 1 h. à 5 h. du 1er avril au 1er nov., de midi à 4 h. du 1er nov. au 1er avril), fondé en 1832 par le peintre Capdebos et installé dans 5 salles.

Tableaux. — GRANDE SALLE. — 1. *Hyacinthe Rigaud*, né à Perpignan. Portrait du cardinal de Bouillon. — 4. *Gamelin*, Saint Yves. — 6. *David*. Son portrait. — 16. *Zurbaran*. Saint François d'Assise. — 17, 32. *Rubens*. Chasse au cerf. Chasse au sanglier. — 20. *Teniers, le Jeune*. Un buveur. — 30. *Greuze*. Tête de jeune fille. — 31 *Ribera*. Portrait d'un savant. — 35. *Michel Corneille*. Mort d'Orphée. — 58. *École hollandaise*. Fruits. — 61. *Isabey*. Marine. — 65. *Ingres*. Portrait du duc d'Orléans. — 69, 70, 71. *Rigaud*. Le Christ expirant. Portrait du cardinal de Fleury. Son portrait. — 92. *Jean Breughel*. Retour de la pêche. — 55. *Girodet-Trioson*. Tête de Gorgone. — 74. *Guerra*, né à Perpignan. Saint Elme. — 84. *Lesueur* (attribué à). St Benoit et Totila. — 90. *Le Bourguignon*. Combat de cavalerie. — 40. *Dirck Hals*. Intérieur. — 185. *Vuillier* (artiste roussillonnais). Le vallon de Pierre-Fol (Creuse).

SALLE DE GAUCHE. — A l'entrée de cette salle, on voit les épreuves au *daguerréotype* présentées aux deux Chambres par Daguerre, et offertes par lui à François Arago. — 129. *Vien*. Portrait en pied de Frion, géant perpignanais, célèbre par sa beauté. — 175. *Lazerges*. Une scène des Aïssa-Ouas (Algérie).

SALLE III. — 72. *Couder*. L'Antiquaire. — 76. *Lancret*. Promenade à Longchamp. — 176. *Boulogne*. Un panneau.

SALLE DES DESSINS OU SALLE BEDOS. — *Boucher*. Deux jeunes filles. — *Carlo Maratti*. Ravissement de saint Paul. — *Terreni*. Le Pont de Pise. — *Isabey, père*. Son portrait. — *Calame*. Paysages. — Nombreuses esquisses de peintres modernes, notamment de *Charlet* et de *Bonvin*.

Sculptures. — *David* (d'après). Un buste de François Arago et deux médaillons en bronze dont l'un représente la mère de l'illustre astronome. — *Oliva* (artiste roussillonnais). Statue de Fr. Arago (réduction de la statue élevée à Estagel, œuvre du même artiste). Bustes et médaillons. A remarquer le buste de Mgr Gerbet (marbre). — *Pigalle*. Buste de

Rigaud. — *Faraill* (artiste roussillonnais). La Jeune fille à l'escargot. Statue en marbre. La Misère, groupe. Buste de jeune fille. Tête de jeune Romain. Buste de la mère de l'artiste. Buste de M. L. Companyo. — *Albert Lefeuvre*. Après le travail, groupe. — Beau Christ en ivoire, d'un artiste inconnu. — Bas-reliefs en bronze (exécutés d'après les dessins de *C. de Wailly*) qui ornaient l'obélisque de Port-Vendres.

Petit *musée lapidaire* (pierres tombales des XIIIe et XIVe s.

Ier ÉTAGE. — Dans l'aile dr., *musée d'histoire naturelle* (thermomètre de Galilée, offert par François Arago); dans l'aile g., *muséum régional*.

Bibliothèque de 20 000 vol., ouverte t. l. j. non fériés, de 11 h. à 3 h.

Statue en bronze **d'Arago**, par Mercié, érigée le 21 septembre 1879, sur la place Arago, devant le *palais de justice*.

Castillet, au N.-O. de la ville, petit château (1319; tourelles semblables à des minarets).

Citadelle (s'adresser au concierge, dans la première cour, à dr.), au S. de la ville, pouvant contenir 20000 hommes, et composée de fortifications construites successivement autour du **château des rois de Majorque**, bâti en 1272. — *Chapelle* de styles roman, ogival et même arabe, comme le reste de l'ancien palais royal (portail de la chapelle en marbre blanc et rouge).

Hôtel de Xanxo, rue de la Main-de-Fer. — *Maison* (XVIIe s.) avec arcades et faïences, rue d'En-Nebot.

Promenades hors de la ville : — *Hortes de Saint-Jacques* ; — *Pépinière*, qui s'étend à l'O. de la porte du Castillet, le long de la Tet ; — *Horte de Saint-Estève*, sur la rive g. de la Tet.

Fabriques nombreuses. — Très grand commerce de vins, d'eau-de-vie, de miel, etc.

[**Castell-Rossello et Canet** (10 k.; route de voit. jusqu'à la mer). — On sort de la ville par la porte Notre-Dame, et, longeant la promenade des Platanes, on s'élève un peu. — 3 k. A g., *Mas Anglada*. — 5 k. A dr., route de Canet (*V.* ci-dessous). — On suit à g. un chemin qui conduit (15 m.) à *Castell-Rossello*, ham. sur l'emplacement de l'antique *Ruscino*. A g. de la route est une *tour* isolée, haute de 20 mèt.

On reprend la route de Canet, bordée çà et là de belles métairies. A dr., vaste plateau des *Aspres*, qui s'étend entre la Tet et le Tech.

10 k. **Canet**, près de l'embouchure de la Tet, à l'E. de Perpignan. — A 1 k., *bains de mer* très fréquentés.

Saint-Laurent et le Barcarès (une journée en voiture). — On sort de Perpignan par la route de Vernet (R. 108, *C*); à g., route de Rivesaltes et de Narbonne; on tourne à l'E. — 7 k. *Bonpas*, où commence la **Salanque**. — On franchit l'Agly. — *Claira*.

14 k. **Saint-Laurent-de-la-Salanque** *, V. de 5056 h., bien bâtie et l'une des plus florissantes des Pyrénées-Orientales. — A 4 k. N.-E., port du **Barcarès** * (*bains de mer* très fréquentés). — Un chemin de fer a été souvent en projet de Perpignan au Barcarès. — A quelques minutes au S. est l'embouchure de l'Agly.]

De Perpignan à Carcassonne, R. 108, *A* ; — à Quillan, R. 108, *C*; — à Puigcerda, R. 110 ; — à Vernet, R. 112 ; — à Amélie-les-Bains, R. 115 ; — à Figueras, R. 110.

ROUTE 110.

DE PERPIGNAN A PUIGCERDA

100 k. — Chemin de fer de Perpignan à Prades (41 k.; traj. en 2 h.; 5 fr. 05, 3 fr. 75 et 2 fr. 80). — Chemin de fer en construction de Prades à Olette. — Route de voit. (60 k.) de Prades à Bourg-Madame et Puigcerda; serv. de corresp. jusqu'à Bourg-Madame (59 k.).

A g., ligne d'Espagne (R. 119). — On longe la rive dr. de la Tet.

8 k. *Le Soler* (*château* ruiné du XVIe s.).

13 k. *Saint-Féliu-d'Avail*. — Rive g. de la Tet, *Cornella-de-la-Rivière*. — Au N., eaux ferrugineuses de *Laverne*.

Pont sur le Bolès.

17 k. **Millas***, ch.-l. de c., 2239 h. — Les environs s'appellent le *Rivéral*.

[Au N. de Millas, montagne de **Força Real**. — On peut aller en voiture jusqu'au (1 h.) *Mas de la Garrigue* (source ferrugineuse), d'où l'on monte (30 m.) au sommet (*ermitage*; ruines du *château de Força Real*, du XIIIe s.; très belle vue).

De Millas à Thuir (10 k.; route de voit.). — La route se détache de celle de Perpignan à Puigcerda à 1 k. au-dessous de Millas, parcourt une contrée fertile, arrosée par plusieurs canaux dérivés de la Tet.

10 k. **Thuir**, ch.-l. de c., 2799 h., à 100 mèt. d'alt. moyenne. — *Murailles* avec tours rondes. — Au N., *chapelle de Piétat* (XVe s.). — A 3 k. au N.-E., ferme-école de *Germainville*. — A 4 k., dans la com. de *Terrats*, ruines de *Mirmande*, qui aurait été, dit-on, une ville très florissante.]

De Millas à Estagel, R. 108, C.

En face de *Neffiach*, rive g., au *Mas de la Juliane*, belle source d'eau sulfatée calcique (maladies de l'estomac).

23 k. **Ille***, 3397 h., entre la rive dr. de la Tet et la rive g. du Bolès. — A l'entrée de la ville, *croix* du XIVe s. — *Église* (XVIIe s.) revêtue de marbre rouge. — Vieux *remparts* et tours.

27 k. *Boule-Ternère* (ruines d'un château). — A 8 k. S., ruines de l'*abbaye de Serrabona* (église romane), à 598 mèt. — La ligne franchit le riu Fagès; au S., *ermitage de Domanova*.

33 k. **Vinça**, ch.-l. de c., 1792 h., à 262 mèt. — *Église*, beau tableau (*Saint Sébastien*) et ornements sacerdotaux fort anciens. — *Tours* en ruine.

A 2 k. N.-O., **Bains de Vinça** ou *de Nossa*, appelés autrefois *Fonts del Sofre*, rive g. de la Tet. Les sources, sulfurées sodiques (23°,5), sont utilisées dans un établissement qui loge les baigneurs. Ces eaux sont employées surtout dans les maladies cutanées.

[A 6 k. S.-E., près de *Corbère-les-Cabanes* (vieux *château*), est la belle **grotte de Corbère** ou *del Moutou* (stalactites et stalagmites; guide et flambeaux nécessaires).]

De Vinça au Canigou, R. 114; — à Arles, par Vallmanya, R. 116.

Pont sur la Lentilla ou Nentilla. — On se rapproche de la rive dr. de la Tet.

37 k. *Marquixanes* (restes de l'enceinte fortifiée).

41 k. **Prades** *, 3816 h., ch.-l. d'arr. des Pyrénées-Orientales, à 350 mèt. — *Église* (clocher roman haut de 35 mèt.; retable en bois, XVIe s.). — *Établissement de bains* (chapiteaux provenant de Cuxa). — Sur la place, *fontaine* en marbre rouge. — Au S., le Canigou.

[A 3 k. S., dans la vallée de la Taurinya, **abbaye de Saint-Michel-de-Cuxa**, fondée en 878. — *Église* (974) dont les ruines sont classées parmi les plus belles du Roussillon. Les murailles étaient de marbre, les colonnes du cloître en marbre rose, plusieurs portails et l'entrée de la maison abbatiale en marbre blanc. *Chapelle* de San Pietro Orseolo, restaurée. Débris du *cloître*, 9 arcades, magnifiques chapiteaux en marbre rose. Portail sculpté de la *maison abbatiale* (XIe s.).]

De Prades à Molitg, aux Bains de Carcanières, aux Gourgs de Nohèdes, R. 107 ; — à Vernet, R. 115 ; — au Canigou, R. 114.

Pont sur la Taurinya. — 45 k. *Ria*, sur la Tet, à l'embouchure du torrent de Nohèdes. — Ruines du château. — *Usine métallurgique*.

47 k. **Villefranche-de-Conflent**, V. forte, à 435 mèt., au confluent du Vernet et de la Tet, à l'entrée d'une gorge qu'elle ferme. — *Fortifications* de Vauban, reliées par des souterrains. Petit fort, dit le *Château*, sur la rive g. — Au sommet de la montagne *Saint-Jacques* (792 mèt.), au S., *tour* ruinée. — Grottes de *Corta* ou *Coba-Bastère*, qui s'étendent fort loin dans la montagne, servant de magasins; on y monte par un escalier de 132 marches. Pour les visiter, il faut obtenir l'autorisation du commandant de la place. — *Église* (deux portails romans et tour crénelée). — *Maisons* romanes.

De Villefranche à Vernet, R. 115.

On passe sur la rive g. de la Tet et on longe la base S. de la montagne de *Campagna*. — A g., vallée de Fuilla, qui remonte vers Sahorre (R. 115).

52 k. *Serdinya*, sur la Tet. — *Église* (beau reliquaire gothique en vermeil ; tableau du XIVe s., sur bois).

[**Font de Comps** (2 h. 45 à la montée, 2 h. à la descente). — De la route, on monte O.-N.-O. — 1 h. 15. *Flassa* (954 mèt.). — On se dirige au N. — 2 h. 30. A g., *Roc del Muix*. — 2 h. 45. *Font de Comps*, sur le versant N. (plantes rares).]

53 k. *Joncet*, sur la Tet. — A dr., *Jujols* (960 mèt.); à g., tours de *la Bastida*.

57 k. **Olette** *, ch.-l. de c., 985 h., b. formé d'une longue rue, entre la rive g. de la Tet et la montagne. — A l'extrémité O. d'Olette, les ruisseaux d'Èvols et de Cabrils se réunissent sous un vieux pont et se jettent dans la Tet. Sur le promontoire, *maison* carrée avec tourelles. — Fabrication d'outres en peau de bouc.

[**Gourgs de Nohèdes** (9 h. env., aller et retour). — *V.* R. 107, *A*, en sens inverse.

D'Olette à Formiguères. — 6 h. à pied; chemin muletier. — On monte, O.; promontoire entre les vallées du Cabrils et d'Évol. — La route suit, à côté d'un canal d'irrigation, le versant N. de la vallée du Cabrils, qui coule à dr. à une grande profondeur.

2 h. A g., *Talau*, puis *Ayguatebia*.

3 h. *Railleu*; à l'O., *pic du Pas-de-Loup* (1882 mèt.); au S., *Caudiès-de-Montlouis*. — On gagne l'arête entre les bassins de l'Aude et de la Tet.

5 h. *Col de Creu* (712 mèt.). — On descend en zigzags. — 5 h. 30. Vallée de l'Aude; pont près de *Creu*, à 2 k. N. de Matemale.

6 h. Formiguères (R. 106).

D'Olette à Camprodon. — 1° Par la gorge de Carença. — 10 h. à pied; guide nécessaire; on peut aller en voit. jusqu'à Thuès (7 k.).

1 h. 25. Thuès (*V.* ci-dessous). — On tourne au S., et, franchissant la Tet sur une passerelle, on prend à dr. un sentier qui monte à travers des prairies vers le débouché de la

1 h. 35. **Gorge de Carença**, étroite entaille qui ne laisse place qu'au torrent. Un petit *tunnel* pénètre directement dans la gorge. — Le chemin remonte vers la rive dr., puis (1 h. 45) la rive g., et s'écarte du fond de la vallée par des zigzags. — La vallée s'élargit. — 4 h. Confluent du torrent de Carença avec celui de Bassibès; au S., *pic de Gallinas* (2624 mèt.). — En suivant à dr. le torrent de Carença, on pourrait atteindre (6 h.) les **lacs de Carença**, mais il faudrait plusieurs heures pour visiter les quinze lacs des différents vallons supérieurs.

Le sentier laisse à dr. la vallée de Carença et monte au S.-S.-E. dans la *gorge de Bassibès*. — 5 h. 30. Le sentier disparaît sur les gazons; on monte au S.

6 h. **Crête d'Esquène d'Aze** ou *col de la Jegante* (2635 mèt.). — D'ici en 20 m. à l'E. on atteindrait le **pic de la Dona** (2714 mèt.; belle vue).

Descente très raide sur le versant espagnol. — 6 h. 30. Pâturages de *Mourens*. — 6 h. 45. On atteint le Ter qui bondit en cascades. — 8 h. *Se Casas*. — On passe sur la rive dr. du Ter. — 9 h. 15. *Saint-Martin-de-Villalonga*; à dr., *la Roca*. — 9 h. 40 *Llanas* (église romane). — On suit le Ter, puis on traverse le Rieutort.

10 h. Camprodon (R. 118).

2° Par la gorge de Mantet. — 10 h à pied; guide nécessaire. — On suit la route de Montlouis jusqu'au (20 m.) vallon de *Mantet*, que l'on remonte au S.

45 m. *Nyer* (754 mèt.); *château*; rive dr. du torrent, *sources thermales* sulfureuses. — Plus haut, à *En*, *source thermale* (petit établissement). — On traverse l'*Hort de Nyer*. — A g., chemin conduisant par le *col de la Llose* aux *mines d'Escaro*; on remonte la rive dr. du torrent.

3 h. 30. *Mantet*, au pied, S., du *Puig de Sénon* (2116 mèt.). — A l'E.-N.-E., chemin conduisant, par le *col de Mantet*, Py et Sahorre, à Villefranche ou au Vernet. — Laissant à l'O.-S.-O. le chemin du col de Porteille, on monte, E.-S.-E., puis S., au *Pla Segala*.

6 h. 45. **Col de la Madone** (2484 mèt.). — Descente facile (pâturages de *Camp Magre*) en Espagne. — 8 h. Set Casas.

10 h. Camprodon (R. 118).

D'Olette à la Preste. — 10 h. 15, à pied; chemin muletier; guide utile. — 6 h. 45. Col de la Madone (*V.* ci-dessus). — 3 h. 30 du col aux Bains de la Preste (*V.* R. 113).

D'Olette à Vernet, par Escaro. — 4 h. env., par Sahorre (*V.* R. 115).

Ponts sur les torrents d'Évol et de Cabrils. — On suit la rive g. de la Tet. — A g., Nyer (*V.* ci-dessus). — Étroit défilé. — Au-dessous de la route, rive g., *établissement thermal* des *Graus-de-Canaveilles* (44 chambres, 62 baignoires; 10 sources sulfurées sodiques de 35° à 54°, utilisées contre le rhumatisme, les maladies de la peau, etc.).

L'ancienne route s'élevait à dr. sur la montagne et redescendait dans la vallée de la Tet par des gradins de pierre formant une espèce d'escalier en zigzag, aussi ce passage s'appelait-il alors *Graus* (du latin *gradus*) ou *Tourniquet d'Olette*. La route actuelle passe dans un tunnel (40 mèt.), redescend au bord de la Tet, et gagne la rive dr. par un pont-viaduc, à 751 mèt. d'alt.

61 k. Avant le pont, on voit sur l'autre rive, à l'entrée du vallon de Fayet, **l'établissement des Graus-d'Olette** (1862), à deux galeries superposées (57 chambres; 22 baignoires; cabinets de douches; salles d'inhalation; buvettes; beau jardin). Autrefois, le terrain thermal qui l'environne était connu sous le nom d'*Exalada*, à cause des vapeurs qui s'élèvent des sources.

42 *sources* jaillissent du rocher; on les divise en trois groupes : *Saint-André*, sur la rive dr. de la Tet, entre le pont et les Graus; l'*Exalada*, plus à l'E.; la *Cascade*, dans la gorge de *Fayet* (jolie cascade haute de 30 mèt.). Leur débit en 24 h. est de 17 726 hectol.

Ces eaux, par la variété de leur force et de leur thermalité, réunissent la plupart des propriétés curatives que l'on trouve disséminées dans les sources minérales des Pyrénées. Leur température varie de 27° à 78°, suivant les sources. La *source de la Cascade* (78°) est la plus chaude des sources sulfurées sodiques connues. Leur action est plus ou moins excitante; elles réussissent dans un grand nombre d'affections, notamment dans le rhumatisme, les névralgies, les maladies des voies urinaires, la gravelle; dans certaines dermatoses; dans les affections de l'utérus, des bronches, du larynx, etc.

Laissant à g. l'établissement, on franchit la Tet, dont on remonte la rive dr. (à g., belle *cascade*), puis on repasse sur la rive g.

63 k. *Thuès-de-Llar*, dépendant de *Thuès-entre-Valls*.

67 k. A g., *cascade del Barret*. — La route décrit de nombreux lacets.

68 k. *Fontpédrouse**, au-dessous de la route, à 1000 mèt. — La route se rapproche de la Tet et passe deux fois dans le roc vif; pont-viaduc de 3 arches; à g., vallon d'où descend la rivière de Prats-de-Vallaguer. Au confluent, *Saint-Thomas* (trois sources sulfurées sodiques thermales, à 500 mèt. en amont, rive g. du torrent; petit *établissement*).

A Ripoll, par le col de Neuffons, *V.* ci-dessous.

Viaduc de 3 arches sur un

cours d'eau. — A dr., chemin direct de la Cabanasse (*V.* ci-dessous). — La route gravit en zigzag le flanc de la montagne, passe au-dessous de *Sauto*, décrit une courbe au-dessus de *la Cassagne* (vieille *tour*), dépasse *Fetges*, traverse la Tet et gravit (longue rampe) le rocher de Montlouis.

75 k. **Montlouis***, ch.-l. de c., 992 h., ville forte, à 1600 mèt., sur un étroit plateau se terminant, à l'E. et au N., par un précipice de 60 mèt. au fond duquel coule la Tet. Par sa position et ses fortifications dues à Vauban, c'est une place importante. — *Tombeau* du général Dagobert. — Vaste *esplanade* séparant la citadelle de la ville, dont l'enceinte irrégulière consiste en trois bastions entourés d'un fossé, excepté du côté où le rocher est inaccessible. — *Citadelle*, sur la partie O. du rocher; elle se compose de quatre bastions (au milieu, puits très profond).

Entre Montlouis et la Cabanasse, au S.-E., fontaine ferrugineuse du *Four de la Brique*.

[**Planès** (4 k. S.-E.). — On prend la route de Puigcerda. — *Saint-Pierre dels Forcats* (vue à l'E. de la Méditerranée). — On traverse un profond ravin.

4 k. **Planès**. — *Église*, une des plus étranges de France, bâtie par les Arabes d'après les traditions; selon Viollet-le-Duc, c'est un monument chrétien du XIIe s. Le plan de cette église est un triangle équilatéral dans lequel se trouve inscrit un cercle égal à celui de la coupole. Extérieurement le périmètre est régulier; il offre trois absides alternant avec trois niches angulaires.

De Montlouis à Quillan. — 12 h 30 à pied; très belle course. — *V.* R. 105 et 106 (*Bains de Carcanières* et *Vallée de l'Aude*).

Font-Romeu. — 2 h. 45 montée, 2 h. descente; route de voit. jusqu'à Odeillo, ensuite chemin de chars.

2 h. Odeillo (*V.* R. 111, *A*). — On laisse à g. le chemin d'Angoustrine (R. 111, *B*), et, tournant à dr., puis à g., on monte par de nombreux zigzags. — 2 h. 25 Bois de pins.

2 h. 45. **Ermitage de Font-Romeu**, sur un étroit pâturage entouré d'arbres et arrosé par une source L'ermitage se compose d'une chapelle et de trois corps de bâtiments. Font-Romeu est aussi un séjour d'été. Du 1er juillet à la fin de septembre, des familles des Pyrénées-Orientales et de la Catalogne viennent y séjourner. L'établissement, bien aménagé, dispose de 60 lits (50 pour maîtres et 10 pour domestiques); il y a de petits appartements avec cuisines pour les familles. Les visiteurs peuvent aussi manger à la pension tenue par le *paborde* ou ermite (prix modérés). La Trinité, la Saint-Jean, le 2 juillet et le 8 septembre, les paysans de toute la région y affluent, ils campent à la belle étoile dans les clairières et sous les pins. — *Église* sur trois paliers (*statue* de la Vierge par Oliva). — *Fontaine* célèbre. — Un chemin (400 mèt.) conduit au *calvaire* (vue magnifique).

De Font-Romeu aux Escaldas, *V.* R. 111.

De Montlouis à Ripoll. — *A*. PAR LE COL DE NEUFFONS. — 12 h. 45 (6 h. 30 montée, 6 h. 15 descente); au delà de Saint-Thomas-de-Vallaguer, sentiers de montagnes; guide indispensable; de Ribas à Ripoll, route de voitures.

1 h. 30 de Montlouis à Saint-Thomas (*V.* ci-dessus). — Au-dessus des

Bains, on gravit au S. une côte escarpée. — 2 h. *Prats-de-Vallaguer* (1330 mèt.). — On longe le versant E. de la vallée. — 3 h. 30. Le sentier suit la rive dr., puis la rive g. du torrent. — 5 h. On traverse de nouveau le torrent et on monte rapidement en zigzags.

6 h. 30. **Col de Neuffons** (2600 mèt. env.), de *Nou-Fonts* ou de *Nauons*, dominé à l'O. par le *pic de la Fosse-du-Géant* (2800 mèt.). frontière entre la France et l'Espagne.

On descend sur le versant espagnol.

7 h. 30. **Notre-Dame-de-Nuria** *, pèlerinage célèbre. — On suit la vallée d'un torrent qui va se réunir au Freser. — 9 h. *Quéralps*, au confluent du Freser et d'un autre torrent.

10 h. Ribas, et 2 h. 45 de Ribas à (12 h. 45) Ripoll (R. 112).

B. Par le col de Nuria. — 10 h. 30 (4 h. 20 montée, 6 h. 10 descente); d'Eyna à Ribas, sentiers de montagnes; passage moins pénible que le précédent.

1 h. 30 de Montlouis au ruisseau d'Eyne (*V.* ci-dessous).

1 h. 50. *Eyne*. — Après avoir dépassé une église en ruine, on longe le ruisseau, tantôt sur la rive dr. et tantôt sur la rive g. — La **vallée d'Eyne** est célèbre pour la richesse de sa flore. — 2 h. 50. *Fontaine d'Orri de Dalt*, cascade. — On gagne le *Pla de la Beguda* (nombreuses sources).

4 h. 20. **Col de Nuria** (2500 mèt.), entre le *pic d'Eyne* (2786 mèt.), à l'E., et le *pic de Fenestrelles* (2826 mèt.), à l'O. — 5 h. 10. Chapelle de Nuria (*V.* ci-dessus).

7 h. 40. Ribas.

10 h. 30. Ripoll (R. 112).

C. Par Valsabollera. — 12 h. 30 (6 h. 45 montée, 5 h. 45 descente); chemin muletier; guide nécessaire (serv. d'omnibus entre Bourg-Madame et Osseja).

2 h. 45. Sainte-Léocadie (*V.* ci-dessous).

4 h. *Osseja* (1254 mèt.), rive dr. de la Vanera (lainages; mine de cuivre).

Pont sur la Vanera, dont on remonte la rive g. — 5 h. *Puig*. — On franchit de nouveau la Vanera, dont on suit la rive dr.

5 h. 45. **Valsabollera** ou *Valcebollère* (carrières d'ardoises), au confluent des ravins supérieurs dont les ruisseaux forment la Vanera. Au S., on peut franchir la crête et descendre en Espagne par plusieurs points (en remontant au S.-E. le *ravin de Feyton*, on atteint en 2 h. un col d'où l'on peut descendre soit à Queralps, soit à Planolas). — Le chemin monte au S. à travers les bois de *las Coronas*.

6 h. 45. **Pla de las Salinas** (2254 mèt.), où l'on franchit la frontière.

7 h. 45. Planès, et 4 h. 45 de Planès à Ripoll (R. 112)]

De Montlouis à Ax, R. 97; — à Quillan, R. 104; — aux Escaldas, R. 111.

On laisse au S. *la Cabanasse*, com. située au pied N. de la *Cambras-d'Aze* (2750 mèt.). Montée facile au

78 k. **Col de la Perche**, plateau gazonné, à 1622 mèt. (poteaux indicateurs).

84 k. Pont sur le ruisseau d'*Eyne*, à 1 k. en aval du v. d'Eyne.

86 k. On découvre la plaine de la **Cerdagne**, arrosée par les deux Sègres et parsemée de nombreux villages, jadis un des plus vastes lacs des Pyrénées, aujourd'hui l'un de ses plus fertiles bassins. — Les piétons peuvent descendre directement à g.

88 k. **Saillagouse** (1309 mèt.), ch.-l. de c., 578 h., situé sur le Sègre, au débouché de plusieurs

ravins. — *Église* romane. — Source ferrugineuse.

[**Pic de Fenestrelles.** — 6 h. montée, 4 h. descente; guide nécessaire. — On monte (E.) dans le vallon supérieur du Sègre. — **Vallée de Llo** (flore célèbre). — 45 m. **Llo** (1524 mèt.); sources sulfureuses thermales. — A 5 k., *fontaine intermittente de Cayella.* — On gagne la source *Girves* (thermale), puis on prend à dr. la *montée de Salangoy.* — On laisse à g. un chemin qui conduit au *Roc du Chevrier.*

2 h. 15. *Col de Creu* (belle vue). — On monte à g. — *Jasse de Palandru.* — La pente s'adoucit. — 3 h. 45. *Fontaine du Pla Carbassers.* — On monte à dr. vers la (4 h. 45) *fontaine de Sègre.* — On traverse la vallée et l'on monte à l'E.-N.-E.

6 h. Sommet (2826 mèt.; très belle vue). — On peut descendre à Saillagouse, par la même voie ou par le versant E. de la vallée de la Sègre, ou (1 h.) au col de la Nuria; ou (1 h.) au col de Llo et à la chapelle de Nuria; ou directement (S.) à N.-D. de Nuria, en rejoignant le chemin du col de Llo.

Le Puigmal. — 7 h. montée, 5 h. descente; le point de départ est la chapelle de Nuria; autrement, à moins de coucher dans une cabane de la vallée d'Eyne ou de la vallée du Sègre, la montée (très facile) est un peu longue.

En amont de Llo (*V.* ci-dessus), de la chapelle de *Saint-Féliu* et d'un défilé que domine une pyramide inaccessible, deux chemins se présentent: l'un traverse le Sègre et gravit le versant opposé, l'autre suit le versant E. jusqu'au *cirque de la Culasse.*

3 h. 30. On marche vers la dr., on contourne (O.) le cirque et l'on monte par de nombreux lacets.

5 h. 15. **Col de Llo** (2558 mèt.; au N., pic de Fenestrelles). — On peut descendre (1 h.) à la chapelle de Nuria et de là à Ribas. — On suit des crêtes faciles.

6 h. 15. Sommet du *pic de Sègre* (2795 mèt.); sur le flanc N., sources du Sègre.

7 h. Sommet (2909 mèt.; belle vue, bornée au N. et à l'E.).

De Saillagouse à Bourg-Madame, par Llivia. — 11 k.; route de voitures.

5 k. Llivia (R. 111). — La route se dirige au S.-O. et entre de nouveau en France; à g., *Caldegas.*

10 k. Bord de la Raur.

11 k. Bourg-Madame (*V.* ci-dessous).]

De Saillagouse à Ripoll, R. 112.

On laisse à dr. le chemin de Llivia, après avoir franchi le Sègre, et la route s'élève à g. pour éviter l'enclave espagnole.

90 k. A g., *Err* (source ferrugineuse). — 93 k. *Sainte-Léocadie.* — *La Vernède.*

97 k. *Hix*, capitale de la Cerdagne jusqu'au XIIe s. (charmante *église* romane). — On traverse le Sègre.

98 k. **Bourg-Madame***, autrefois *Guinguettes*, longue rue située à 1140 mèt., sur la péninsule que forme le confluent du Sègre et de la Raur.

Pont sur la Raur. — Douane espagnole. — Longue rampe.

100 k. Puigcerda (R. 98).

ROUTE 111.

DE MONTLOUIS AUX ESCALDAS

A. Par Odeillo.

4 h., à pied. — Route de voitures.

On sort de la ville par la route de Puigcerda (R. 110) ; à 500 mèt., à dr., route de Quillan, et plus loin chemin de Planès. — 35 m. Col de la Perche (R. 110). — On tourne à dr.; à g., route de Puigcerda.

1 h. *Bolquère* (1605 mèt.), sur les deux rives de la rivière de Bolquère. — On laisse à dr. un chemin qui, par la forêt des Angles, conduirait à Formiguères (R. 106).

2 h. *Odeillo* (1596 mèt.). — *Église* (portail du XIe s., avec vantaux à ferrures).

A Font-Romeu, R. 110.

Le chemin s'élève en lacets ; à dr., v. d'*Egat* (1717 mèt.). — 2 h. 40. *Targassonne* (1597 mèt.), au pied du *pic des Mauroux* (2136 mèt.). — **Chaos des Mauroux** (gigantesques blocs de granit). — Au delà, on côtoie l'enclave espagnole de Llivia.

3 h. 45. *Angoustrine* (*église* du XIIe s.). — On franchit le Sègre d'Angoustrine. — Villeneuve-des-Escaldas (R. 98).

4 h. Les Escaldas.

B. Par Llivia.

25 k. (5 h. env.). — Chemin muletier.

10 k. Saillagouse (R. 110). — La route internationale de Saillagouse à Bourg-Madame par Llivia, plus intéressante que la route française, longe le Sègre. A dr., *Callastres* ; à g., *Ro*.

14 k. *Estavar* (*église* romane). — Mine de lignite. — On traverse le ruisseau d'Estaouge et l'on entre dans une enclave espagnole (12 k. carrés).

15 k. **Llivia**, l'ancienne *Julia Libyca*, petite ville. — *Église;* riches ornements. — Ruines d'un *château* d'origine romaine.

A Bourg-Madame, R. 110.

On monte à l'O. vers un escarpement de granit, limite de l'enclave, puis on descend à

22 k. Angoustrine (*V.* ci-dessus, *A*).

25 k. Les Escaldas.

C. Par Bourg-Madame.

30 k. — Route de voitures. — Pendant la saison des bains, omnibus de Bourg-Madame aux Escaldas.

24 k. Bourg-Madame (R. 110).

On longe la rive g. de la Raur, qui sépare ici la France de l'Espagne.

26 k. *Ur*, v. français, dans un étroit bassin où le Brangoly et la rivière d'Angoustrine se réunissent pour former la Raur. — On suit le cours de l'Angoustrine, que l'on franchit. — Villeneuve-des-Escaldas.

30 k. **Bains des Escaldas** * (Eaux-Chaudes), ham. dépendant de la com. de Villeneuve, à 1350 mèt., sur une terrasse d'où l'on découvre, au S., le

bassin de la Cerdagne. — Ces bains sont fréquentés surtout par des Catalans. — La saison dure 4 mois.

L'*établissement* forme 4 corps de logis séparés, avec chambres pour 200 baigneurs, salon de réunion, salle de bal, théâtre, restaurant, etc.; 32 baignoires, douches variées; étuves, salles d'inhalation, de pulvérisation, 6 buvettes, etc.

Eaux thermales ou froides (17°,15 à 42°,5), sulfurées sodiques, ou bicarbonatées sodiques, ou ferrugineuses. — Dix sources dont les principales sont : la *Grande Source*, la *S. Merlat*, la *S. Colomer*, la *Tartère d'En Margail* et la *S. de la Cazette*. — Ces eaux, employées en boisson, bains, douches, etc., sont indiquées, dans le rhumatisme, les névroses, les maladies de la peau, la scrofule, etc.

A côté de l'établissement, les charmantes allées de la *Rambla* conduisent à un plateau ombragé, rendez-vous des baigneurs.

A 1 k. à l'O. des Escaldas, *Dorres*. Entre les deux villages, source thermale (42°) très abondante (petit pavillon de bains). Tout autour, autres sources de 32° à 43°.

[**N.-D. de Belloc** (3 h. aller et retour). — On monte (O.) à Dorres, puis on gravit le promontoire (1688 mèt.; vue admirable) qui porte la chapelle. — Fontaine.

Font-Romeu. — 5 h. 30 aller et retour.

1 h. 45 des Escaldas au v. d'Egat (*V.* ci-dessus, *A*). — On quitte la route et on prend à g. un sentier qui traverse Egat. — On gravit au N.-E. une forte pente, puis on descend par un étroit ravin (2 h. 30), et on monte à travers un reste de forêt.

2 h. 45. Font-Romeu (R. 110).

Des Escaldas à Formiguères, par les étangs de Carlitte. — 7 h. 30 à pied; guide indispensable; très facile et très belle excursion.

15 m. Angoustrine (*V.* ci-dessus, *A*). — On s'élève obliquement; sentier pierreux. — 40 m. Première terrasse. — A l'E., cirque pierreux de Targassonne et tour d'Égat; au S., la Cerdagne. — 1 h. 20. *Fontaine du Loup*, eau exquise. — A dr., *chapelle de Saint-Martin*, pèlerinage.

1 h. 45. Pont sur le ruisseau du Col-Rouge. — On s'élève obliquement; pâturages de Carlitte.

2 h. 15. On franchit une arête; au N.-O., montagnes de Carlitte; au N., Puig de Prigue et le Camporeils. — On oblique à g. pour éviter un chaos; sentier scabreux dans les rochers.

3 h. 15. *Bergerie des Fourats*, au pied E. du Puig de Carlitte.

4 h. **Étang d'Estellat** (2150 mèt.; plus de 1 k. de tour). — Laissant à dr. l'*étang de Commassa* et l'*étang Noir*, puis à g. l'*étang Long*, on gravit un mamelon. — 4 h. 30. *Étang de las Dous* (des deux), qui, à la fonte des neiges, déverse à la fois ses eaux dans un affluent de la Tet et dans l'Angoustrine, tributaire du Sègre; il a 800 mèt. de tour. — Truites renommées dans les étangs de Carlitte. — A 3 k. à l'E., *lac de Pradeils*.

On traverse le ruisseau de l'étang de las Dous; on franchit une digue de rochers pour gagner obliquement la vallée de la Tet, qu'on traverse (5 h.) en amont du marais de la Bouillouse (R. 97, *B*). — Sentier sur le versant N. de la vallée.

5 h. 20. Vallon de *la Balmette*. — Au N.-O., Puig de Prigue (R. 106).

7 h. 50. Formiguères (R. 106).]

Des Escaldas à Ax, R. 98; — au Puig-de Carlitte, R. 99; — au Puig de Prigue, V. ci-dessus, et R. 106.

ROUTE 112.

DE PUIGCERDA A RIPOLL

9 h. 30, à pied. — Route de voitures desservie par des diligences.

En sortant de Puigcerda, on se dirige à l'O.-S.-O. vers la rive g. du Sègre de Carol. — 1 h. *Pont de Soler* (1110 mèt.), sur le Sègre de Saillagouse, en amont du confluent des deux rivières. — La route monte droit au S. — A dr., *Astoll* et *Alp*. — On traverse *Villar*, et, plus haut, tournant à l'E., on monte vers le faîte de la **sierra de Cadi.**

3 h. 30. **Col de Tosas** ou de *Tossas* (env. 1800 mèt.), le passage le plus important de la sierra. — Du col, on peut descendre soit à l'O.-S.-O. dans la vallée du Llobregat, soit à l'E.-S.-E. dans le bassin du Ter.

4 h. 15. *Tosas*. — Descente dans l'étroite vallée boisée du Rigart. — 4 h. 40. *Fornells de la Montana*.

5 h. 30. *Planès*. — On franchit e *pont de Cabreta*. — 5 h. 45. *Planolas*.

6 h. 45. **Ribas*** ou *Rivas* (818 mèt.), 1200 h. env., au confluent du Rigart, du Sagadell et du Freser. — Mines de fer. — La petite ville de Ribas, marché de tous les villages de la montagne, est un excellent centre d'excursions pour visiter la sierra de N.-D. de Nuria, la Coma Morenys, etc.

[On peut, en 2 h. 30, monter au *Puig del Taga* (2100 mèt.), d'où l'on a une vue d'ensemble de toute cette région.]

A Montlouis, R. 110.

On suit le rio Freser et on pénètre dans le beau défilé des **Cuevas de Ribas.**

7 h. 45. **Bains de Ribas** (sources acidules salines, 13°,7 et 20°). — *Établissement* bien tenu, très réputé en Catalogne. — On continue de suivre le défilé.

8 h. 45. *San Cristobal* (forges), dans un petit bassin.

9 h. 30. **Ripoll***, V. de 3000 h. env., au confluent du rio Ter et du Freser. — Célèbre **abbaye** (IXe s.), dévastée le 9 août 1835 par les Carlistes. — La façade de l'*église*, quoique mutilée, est très belle encore; quelques *tombeaux*; *cloître* délabré. — On s'occupe de restaurer ce monument.

De Ripoll à Montlouis, R. 110; — à Amélie-les-Bains R. 118; — à Figueras, R. 121.

ROUTE 113.

DE PARIS A VERNET

1027 k. (par Limoges et Toulouse). — Chemin de fer de Paris à Prades (1015 k.; traj. en 22 h. 30 à 31 h.

15; 122 fr. 50, 92 fr. 50 et 67 fr. 60). — Voiture de corresp. de Prades à Vernet (12 k.; 1 fr.; voit. particulière à 2 chevaux, 8 fr.).

974 k. Perpignan (R. 101 et 109). — 41 k. de Perpignan à (1015 k.) Prades (R. 110).

On laisse à dr. la route de Molitg (R. 107) et à g. celle de Saint-Michel-de-Cuxa (R. 110). — Vue de la cime du Canigou. — La route franchit sur une arche hardie la gorge de Taurinya et longe ensuite la rive dr. de la Tet.

1017 k. Ria (R. 110). — Sur la rive dr. de la Tet, *grotte de Sirach* (stalactites, ossements et objets préhistoriques). — A 1 k. de Ria, *caverne* immense, découverte en 1881. — Défilé; à g., *Trencada d'Ambulla* (815 mèt.; flore célèbre). — Le chemin passe sous deux portes faisant partie des fortifications de

1021 k. Villefranche (R. 110). — On laisse à dr. la ville et on pénètre dans une gorge étroite. — Bientôt la vallée s'élargit et on aperçoit les contreforts du Canigou.

1024 k. **Cornella-de-Conflent**, au confluent des vallons de Saint-Vincent, au S.-E., et de Fillols, E. — *Église* romane (portail en marbre blanc avec chapiteaux sculptés; clocher du XIIe s.: retable en pierre, de 1345). — *Maisons* de la Renaissance. — Sur la place de l'église, *tour* ronde et fontaine. — La route, ombragée de châtaigniers et de noyers, monte à

1027 k. (de Paris). Vernet.

VERNET

Situation. — Établissements thermaux.

Vernet * est situé sur un contrefort du Canigou (620 mèt.). La température y est très douce en hiver, et les Thermes sont ouverts toute l'année.

Place publique ornée d'un vieil orme autour duquel les paysans viennent danser les *ballas*, espèce de ronde d'origine grecque ou arabe. — *Église* (vestiges de la chapelle romane de 898; reliquaire en argent; broderies figurant des caractères arabes).

Les sources de Vernet sont connues depuis plusieurs siècles. En 1879, une compagnie a acheté les différents établissements, fondé des hôtels, un casino et donné à Vernet un grand développement.

Les **Thermes** (rive g. du torrent de Vernet ou de Cadi), construits en 1880-1881, ont une façade de style grec; ils réunissent toutes les améliorations exigées par la science médicale. — Le rez-de-chaussée renferme des salles de sudation, de massage, de humage, d'inhalation, une piscine avec douches et 36 cabinets de bains avec cabinets de toilette. — Un établissement hydrothérapique est annexé aux Thermes.

Les **Thermes Mercader** sont situés sur la rive dr. du ruisseau de Castell et réunis aux Thermes par une allée de platanes; ils se composent de plusieurs maisons isolées pouvant loger 120 baigneurs.

Près du nouvel établissement, grand *parc* (env. 20 hect.) ; *casino ; jardin d'hiver; kiosque* où se font entendre les *juglars*, musiciens catalans qui jouent les charmants airs du pays.

Les eaux.

Eau thermale, sulfurée sodique.

Dix *sources* principales : Vaporarium, Comtesse, Élisa, Petit-Saint-Sauveur, Mère, Anciens-Thermes, Castell, le Torrent, Ursule, la Buvette.

Température : Varie de 57°,8 (S. Mère) à 29° (S. Élisa).

Emploi : Boisson, bains, douches, inhalations; hydrothérapie, séjour d'hiver.

Effets physiologiques : Eaux plus ou moins excitantes suivant les sources, indiquées dans les maladies des voies respiratoires et de la peau, le rhumatisme, les névralgies, etc.

EXCURSIONS

Castell et la fontaine des Esqueyres.

1 h. env., aller et retour.

On remonte la rive dr. du torrent. — 25 m. **Castell**, au confluent du vallon de Cadi et de Jou. — *Église* ornée, comme plusieurs maisons du v., de colonnes à chapiteaux sculptés, provenant des ruines de l'abbaye (tombeau de Guiffred). — Fabrication de corbeilles et de paniers d'osier.

Après avoir traversé le village, on prend un petit sentier qui serpente entre des prairies.

30 m. **Fontaine des Esqueyres**, dans une gorge pittoresque où le torrent de Cadi se brise en écume au milieu d'un fouillis de verdure.

Abbaye du Canigou.

2 h. env., aller et retour.

25 m. Castell (*V.* ci-dessus, *A*). — Au delà du v., on prend à g. un sentier qui s'élève en zigzag au-dessus de la gorge de Cadi. — 45 m. Le sentier laisse cette gorge à dr. et passe dans une tranchée taillée dans le roc. — 55 m. *Font dels Monjols* (très froide). — 1 h. **Abbaye de Saint-Martin-du-Canigou**, sur un petit plateau, au bord d'un précipice. — *Église* du XIe s. (trois nefs de cinq travées; chapiteaux grossièrement sculptés; voûte en ruine; crypte à trois nefs).

Tour de Goa.

2 h., montée ; 1 h. 30, descente.

25 m. Castell (*V.* ci-dessus, *A*). A g., sentier de la fontaine des Esqueyres; on descend à travers des prairies. — 30 m. On franchit le torrent en aval de son confluent avec le torrent de Jou, et on remonte la rive dr. de ce dernier. — 1 h. Grande roche entourée de houx. — A g., deux *cortals* ou abris pour les troupeaux.

AMÉLIE-LES-BAINS _ LE VERNET _ LE CANIGOU.

Paris, Hachette et Cie Éditeurs.

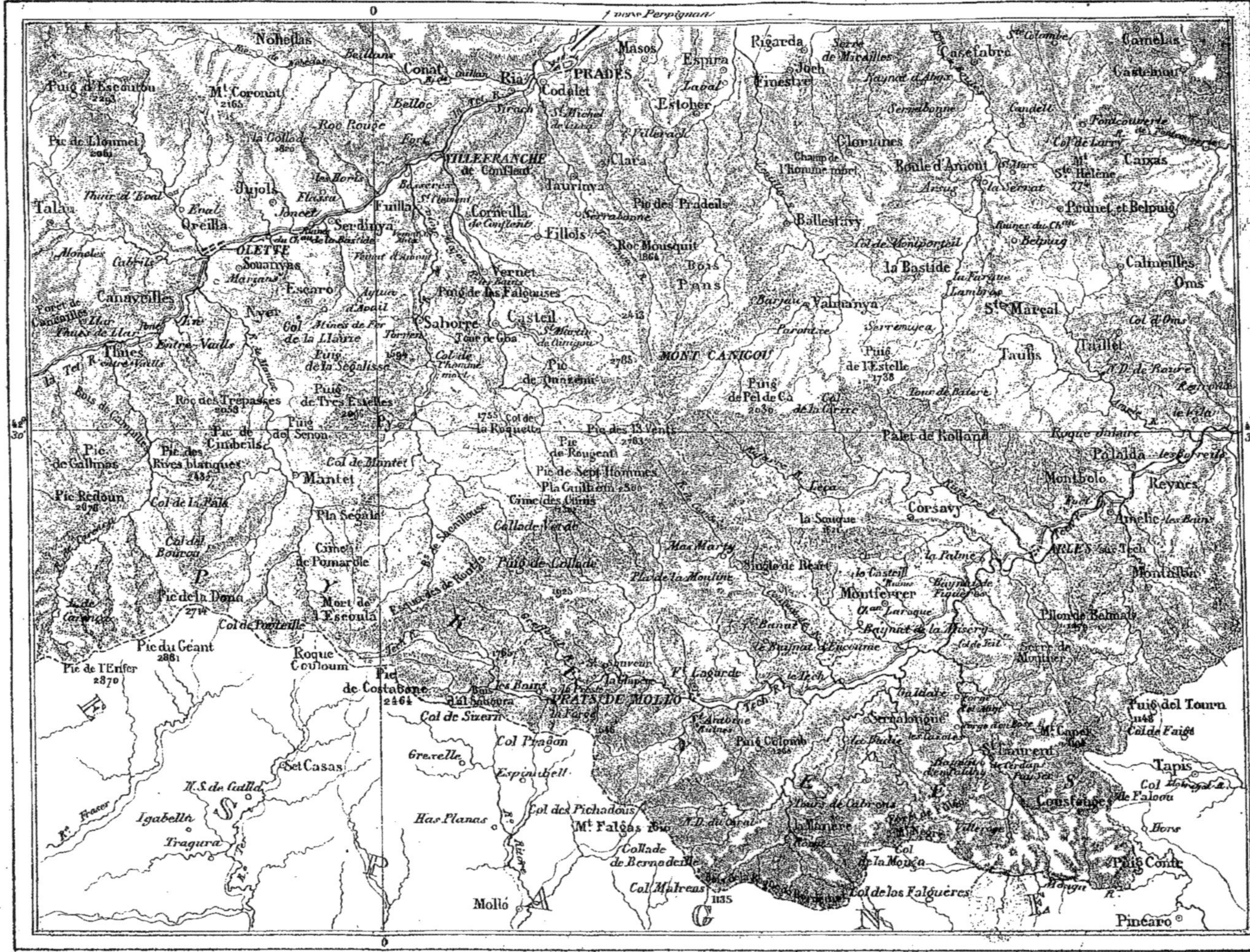

Gravé par Erhard, 12, r. Duguay-Trouin.

1/230.000

Dressée par A. Vuillemin d'après la Carte de l'État-Major

1 h. 30. **Col de Jou** (1128 mèt.), ouvert dans le chaînon qui sépare les vallées de Vernet et de Sahorre.

Le sentier tourne au N. (à dr.) et suit à peu près la crête.

2 h. **Tour de Goa**, donjon cylindrique du XIIIe s. (1268 mèt.; belle vue du massif du Canigou, etc.).

Vallée de Sahorre.

5 h env., aller et retour; course très recommandée.

1 h. 30. Col de Jou (*V.* ci-dessus). — Descente facile, mais rapide, sur la *vallée de Sahorre* ou *de Py*. — 1 h. 45. On atteint, sur la rive dr. du torrent de Campeilles, une route de voitures.

2 h. **Sahorre*** (sur la place, *orme* dont le tronc a 6 mèt. de circonférence), sur les deux rives du Campeilles. — Mines de fer exploitées. — La partie supérieure de la vallée, très sauvage et très pittoresque, est riche en plantes rares.

Afin de varier le retour, on descend d'abord la vallée, puis, montant à l'E. sur le chaînon de la tour de Goa, on franchit le *col de Sahorre* (900 mèt.) et on descend à Vernet.

De Vernet à Olette.

A. PAR VILLEFRANCHE.

16 k. — Route de voitures.

6 k. de Vernet à Villefranche (*V.* ci-dessus). — 10 k. de Villefranche à Olette (R. 110).

B. PAR SAHORRE ET ESCARO.

4 h., à pied. — Route de voit. de Sahorre à Olette.

2 h. Sahorre (*V.* ci-dessus). — On laisse à g. le chemin de Py (*V.* ci-dessous) et on monte vers l'O., en passant à g. de l'église. — *Torren*, ham. — On longe les escarpements N. du *pic de Tres Estellas* (2096 mèt.) et du *pic de la Ségalisse* (1808 mèt.); bois de pins. — Mines de fer exploitées sur les montagnes de g. — Ham. d'*Aytua*. — 3 h. *Escaro*, sur un plateau boisé (mines de fer exploitées). — On laisse à g. un chemin qui conduit à Nyer (R. 110), et l'on descend rapidement vers la Tet, que l'on franchit.

4 h. Olette (R. 110).

Cascade de Cadi.

3 h. 30, montée; 2 h. 15, descente guide très utile.

25 m. Castell (*V.* ci-dessus, *A*). — On suit d'abord le chemin de Saint-Martin-du-Canigou, puis on le laisse à g. et on prend à dr. un petit sentier qui descend dans la *gorge de Cadi*. — On franchit le ruisseau de Saint-Martin et on remonte la rive dr. du Cadi. — Défilé.

1 h. 45. Le chemin cesse. — On traverse 3 fois le torrent sur env. 300 mèt. — 2 h. On passe à gué sur la rive g. (un peu plus loin est un pont naturel formé par deux blocs arcboutés, assez difficile). — Sentiers.

3 h. On s'éloigne du Cadi pour franchir un promontoire et redescendre vers la rivière. — 3 h. 15. On traverse encore une fois le Cadi.

3 h. 30. **Cascade de Cadi** (50 mèt. de chute). — A 80 mèt., en aval, une petite terrasse ombragée forme un excellent observatoire.

Descente par le même chemin, 2 h. 15.

Fillols et Saint-Michel-de-Cuxa.

2 h. 45. — Chemin muletier.

On quitte Vernet par un chemin qui se détache de la place à dr. des Thermes, et l'on se dirige à l'E. vers le chaînon qui sépare les vallées de Vernet et de Fillols.

30 m. *Col* (jolie vue). — 45 m. Ferme de *la Torre*.

50 m. **Fillols**, sur les rives du torrent de Fillols.

1 h. 15. *Mine de fer* (le minerai est conduit sur des rails à la gare de Prades). — 1 h. 30. *Cantine* où l'on peut déjeuner. (En 15 m. on peut se rendre à Taurinya : R. 110.) — Si l'on veut se rendre à Saint-Michel-de-Cuxa, il faut côtoyer à dr. le chemin de fer des mines, puis passer sous un chemin de fer aérien qui, au moyen de câbles métalliques, sert au transport du minerai des mines du Canigou aux hauts fourneaux de Saint-Michel. — 2 h. 30. On laisse à dr. le chemin de fer et on descend à g. au fond de la vallée. — On franchit la Taurinya, et, suivant la rive dr., on atteint

2 h. 45. Saint-Michel-de-Cuxa (R. 110).

De Vernet à la Preste.

11 h. 30. — Guide nécessaire.

1 h. 30. Col de Jou (*V.* ci-dessus). — On descend au torrent de Campeilles, en amont de Sahorre, et on remonte la vallée sur la rive dr. — Le chemin monte bientôt assez haut au-dessus du torrent (à g., *ermitage de Saint-Paul*), puis redescend et passe sur la rive g.

2 h. 15. *Py* (1000 mèt.), village bâti en amphithéâtre sur une masse de marbre blanc statuaire, inexploité. — On contourne les escarpements S.-E. du *Puig de Tres Estellas* (2096 mèt.), monte au *col de Mantet* (1765 mèt.), d'où l'on descend à (3 h. 45) Mantet (R. 110).

On laisse au S.-O. un chemin qui, par le *col de Portell*, conduirait à Fustaña et à Quéralps (Catalogne), et l'on suit le ravin qui monte à l'E.-S.-E., puis au S., sur les pâturages du Pla Segala (*V.* R. 110).

7 h. Col de la Madone (R. 110, p. 297). — A la descente du col, on laisse au S. le chemin de Camprodon (R. 110), et on traverse vers l'E. le plateau de *Camp Magre;* à g., pic *Mort de l'Escoula* (2460 mèt.); à dr., la *Roque Colom*. — Au S.-E. se montre le Costabona.

9 h. 30. Sources du Tech (R. 117).

11 h. 30. Bains de la Preste (R. 117).

De Vernet à Amélie-les-Bains.

1° PAR LE PLA GUILHEM

12 h., à pied. — Guide nécessaire.

1 h. 30. Col de Jou (*V.* ci-dessus). — A dr., chemin de la tour de Goa et à g. celui du Canigou (R. 114), et on se dirige au S.-E. — Forêt de bouleaux. — 4 h. **Pla Guilhem,** vaste plateau de pâturages (flore intéressante), où l'on trouve un sentier qui descend du Canigou vers Prats-de-Mollo.

7 h. Prats-de-Mollo, et 5 h. de Prats à (12 h.) Amélie-les-Bains (R. 115 et 117).

2° PAR VALLMANYA

13 h. 15. — Chemin muletier. — Guide nécessaire. — On peut coucher à Vallmanya ou à Corsavy.

1 h. 45. Taurinya (R. 110, *V.* ci-dessus). — On entre dans un vallon boisé qui s'ouvre à l'E. et l'on atteint un *col* (688 mèt.), d'où l'on descend directement dans la vallée du Lliscou, que l'on voit à ses pieds.

2 h. 30. On passe devant *Clara*, on longe vers le S.-E. le pied des escarpements du pic de Pradeils. — 3 h. Le chemin s'engage dans la gorge profonde et sauvage du Llech. — 3 h. 30. La vallée forme un bassin à l'extrémité duquel on traverse le torrent; puis, laissant au S. la vallée principale, on monte, par une pente raide, et sans chemin tracé, à l'E. vers un *col* ouvert au S. du *pic des Maurous* (1240 mèt.) — Descente rapide. — 4 h. 35. Ham. de *la Coume*. — 5 h. *Ballestavy*. — Vallée étroite et pittoresque de la Nentilla.

6 h. 15. Vallmanya (R. 116).

7 h. de Vallmanya à (13 h. 15) Amélie-les-Bains (R. 115).

—

De Vernet au Canigou, R. 114.

ROUTE 114.

LE CANIGOU

Ascension longue, mais très facile. — De Vernet, on peut aller à cheval jusqu'à 1 h. env. du sommet. — Guide utile; il faut emporter des provisions. — Michel Nou, de Vernet, connaît très bien le groupe du Canigou. — Prix 10 fr., autant par cheval.

A. Par les granges de Cadi.

6 h. 30 env. de montée; 4 h. de descente. — Ce chemin est le plus fréquenté et le plus facile.

25 m. Castell (R. 113). — On remonte la vallée qui s'ouvre au S. — 1 h. 15. On quitte le fond de la vallée, près de la *cascade Anglaise*, et l'on monte par une gorge latérale.

2 h. 35. *Col du Cheval-Mort.* — 2 h. 40. A dr., sentier qui mène au Pla Guilhem et à Prats-de-Mollo (*V.* ci-dessous, *E*).

2 h. 50. *Le Randais*, ferme habitée en été. — On contourne un petit vallon supérieur, d'où un torrent va se réunir à celui de Castell. — 3 h. 20. Pâturages de *Serrat de Marialles*. — Vue, en contre-bas, de la cascade de Cadi (R. 115). — 3 h. 40. Jonction des vallées de *Llapoudèrs* et de *Cadi*. —Pont sur le ruisseau venant du Pla Guilhem. — On gravit à g. une pente boisée. — *Col Vert*. — *Ravin de Cadi*; on traverse le ruisseau.

4 h. *Granges de Cadi*, au pied d'un éboulis qu'on laisse à g. — 4 h. 35. Plateau désert à l'extrémité supérieure duquel (5 h. 15) les cavaliers doivent laisser leur monture. — Montée difficile et fatigante au milieu des roches éboulées. — Cheminée étroite et très redressée, mais facile à escalader.

6 h. 30. **Canigou** ou *Canigò* (2785 mèt.); plate-forme du sommet, 8 mèt. sur 3. — A côté du signal géodésique, cabane où l'on peut passer la nuit, construite pour les touristes par M. de Lacvivier, ancien propriétaire d'un des établissements de Vernet. — Vue magnifique à l'E. et au S.-E., intéressante à l'O. et au N.

B. Par Saint-Martin-du-Canigou.

7 h. montée, 4 h. descente. — Chemin impraticable à cheval.

1 h. Saint-Martin (R. 113).

On continue de monter au N.-E., en franchissant plusieurs arêtes, droit vers (3 h.) le *pic de Quazemi* (2422 mèt.), qui cache la vraie cime (on déjeune ordinairement dans un vallon où jaillit une petite source). — On côtoie l'extrémité supérieure du vallon de Saint-Vincent pour aller gagner le point culminant d'un ravin qui semble descendre du sommet. — Montée sans danger, longue pente de neige; quand elle devient trop raide, on monte à g. sur l'éboulis qui revêt le versant N. du Canigou.

7 h. Sommet (*V*. ci-dessus, *A*).

C. Par la gorge de Saint-Vincent.

5 h. 45 montée, 4 h. descente, à pied. — Cette voie est la plus courte, de Vernet. — Guide nécessaire.

On sort de Vernet par la route de Fillols (R. 113), que l'on quitte pour suivre le chemin du *bois de la Ville*. — 10 m. On longe la rive g. du torrent de Saint-Vincent. — 20 m. On traverse le torrent et on s'élève sur le versant E. de la vallée, pour franchir assez haut les nombreux ravins qui descendent à la vallée de Saint-Vincent. — *Cascades*. — 40 m. *Serrat de las Calbéris*. — 1 h. *Clot de Chichou*. — 1 h. 30. *La Porteille*.

2 h. 15. *Roque Coutinière*.

3 h. 15. *Jasse de Castell*.

4 h. 15. *Fontaine des Abreuvoirs*. — 4 h. 45. Col.

5 h. 45. Sommet.

On peut descendre à Vernet par l'une des trois routes *A*, *B* et *C*, ou encore en 4 h. par l'arête du N. et Fillols; mais cette dernière voie, très fatigante et sans intérêt, est déconseillée.

D. Descente à Vinça, par Vallmanya.

h. 30 jusqu'à Vallmanya; 15 k. 3 h. env.) de Vallmanya à Vinça.

On suit une étroite arête qui se prolonge vers le N.-E. — A dr., *gouffre du Canigou*, fondrière de neige qu'on évite pour gagner le plateau de *Bélach*, à 300 mèt. au-dessous du sommet. — On traverse un bois de pins en gardant toujours la dr. — *Col de la Pardiou*, à l'origine des trois vallées de la Taurinya à g., du Llech au N., et de Vallmanya à dr. Au-dessous de ce col commence le sentier praticable aux mulets. — On dépasse deux cabanes d'été. — Gorge étroite. — Petit vallon appelé *Clot d'Estabeil.* — Terrasse de *Prat Crabère.* — Pente très rapide, on descend par un sentier en zigzag taillé dans le roc. — On atteint le fond du vallon, près de *Paroutxe.* — Joli sentier, rive g. de la Nentilla, menant en 30 m. à (5 h. 30) Vallmanya (R. 116) par *Barjan.*

E. Descente à Prats-de-Mollo par le Pla Guilhem ou Guillem.

6 h. — Guide nécessaire. — Excursion facile, recommandée.

On suit d'abord le sentier descendant sur Vernet par les granges de Cadi, puis, obliquant à l'E.-S.-E. et contournant le *pic des Sept-Hommes*, on atteint à l'origine du vallon de la Llapoudère le (2 h.) *col de Boucacers* (2285 mèt.), — puis le Pla Guillem ; on traverse ce grand plateau où l'on rejoint la route de Vernet (R. 115), et après avoir dépassé la *Font de la Perdiu* (de la Perdrix), on commence à descendre vers le S. — Vue magnifique, plus belle que le panorama du Canigou.

Descente longue et pénible à l'E.-S.-E. — 4 h. 30. On atteint le fond du ravin de la Moline, que l'on traverse près de quelques maisons. — On gravit, par une pente raide (4 h. 45), le versant opposé pour éviter des éboulis, et l'on côtoie à distance la rive g. du torrent. On gravit la croupe à la base de laquelle la Moline va se jeter dans le Tech, puis on descend ; chemin raide et pierreux (beaux points de vue).

5 h. 50. Un peu en aval du ham. de *Saint-Sauveur*, on rejoint la grande route d'Amélie à la Preste (R. 117), qu'il faut descendre (3 k.) pour atteindre

6 h. Prats-de-Mollo (R. 117).

ROUTE 115.

DE PARIS A AMÉLIE-LES-BAINS

1015 k. — 914 k. de Paris à Perpignan par Toulouse; chemin de fer; traj. en 19 h. 55; 107 fr. 40; 80 fr. 85 et 58 fr. 50. — 39 k. et route de voit. de Perpignan à Amélie; dilig. tous les jours, correspondant avec le chemin de fer trajet en 4 h.; 5 fr., 4 fr. et 3 fr. 50

la plupart des voitures passent à Céret, situé à 1 k. de la route directe. — Chemin de fer en construction d'Elne à Amélie et à Arles.

Sorti de Perpignan par la porte de Saint-Martin, on dépasse le haras et la *fontaine d'Amour* (à g.). Plus loin, à g., *aqueduc* construit par un roi de Majorque. — On traverse la rivière de Canterane, sans eau pendant l'été.

7 k. (de Perpignan). *Pollestres*, 500 mèt. à dr. — On remonte sur 3 k. la rive g. du Réart, que l'on franchit près des ruines du château de *Réart* (76 mèt.).

10 k. On croise la route d'Elne au Mas-Deu et à Millas (*V.* R. 110 et 119).

11 k. La route se détourne à g.; à dr., ravin de Réart. — A l'E., sur un monticule (115 mèt.), *Banyuls-dels-Aspres* et ses anciennes *fortifications*. — Sur le versant S. du plateau, entre les vallées de la Tet et du Tech (102 mèt.), la route traverse la Coume (pont très élevé), descend dans la vallée du Tech et la remonte dans la direction du S.-O.

22 k. **Le Boulou***, jadis *Volo*, à 84 mèt., sur la rive g. du Tech, dans un bassin dominé au S. par la chaîne des Albères. — *Église* du XIIe s. (portail en marbre blanc très remarquable).

Bains du Boulou, R. 120.

A g., route d'Espagne. — On remonte la vallée du Tech. — Pont sur le Vivès. — A dr., sur une colline, à 300 mèt. d'alt., *ermitage de* **Saint-Ferréol** (pèlerinage).

30 k. **Pont de Céret**, arche de 45 mèt. d'ouverture, jetée à 29 mèt. de hauteur sur le ravin de la Tet. On ignore l'époque de sa construction ; il a été réparé en 1333 et en 1739. A côté se trouve le pont du chemin de fer. — La route se bifurque.

31 k. **Céret***, 3818 h., ch.-l. d'arr. des Pyrénées-Orientales, à mi-côte, versant N. de la chaîne des Albères. — *Murailles* avec tours. — *Fontaine* en marbre, réparée en 1715. — Fruits renommés.

[Une route de voit., longue de 7 k. 1/2, fait communiquer Céret avec la route du Pertus, par (5 k.) *Maureillas*. — On peut monter de Céret au *pic de Boularic* (5 h. env. aller et retour, une journée si l'on descend au Pertus), par le *Mas de Carol*. Du pic (1035 mèt.), vue admirable.]

En amont du pont de Céret, la route d'Arles, qui longe le Tech, rive dr., pénètre dans la haute vallée du **Vallespir** (*vallis aspera*). — Pont sur le *Reynès*, et com. du même nom (source thermale).

37 k. **Palalda**, au flanc d'un coteau, rive g. du Tech (deux *églises* avec sculptures sur bois; ferrures du XIe s. à la porte de la principale église. Ce v. paraît devenir une station d'hiver. — On laisse à dr. deux ponts sur le Tech.

39 k. (1013 k. de Paris). Amélie-les-Bains.

AMÉLIE-LES-BAINS

Situation. — Aspect général.

Amélie-les-Bains* (245 mèt.), v. connu jadis sous les noms d'*Arles-les-Bains*, *Bains-sur-Tech*, sur la rive dr. du Tech et à l'embouchure du Mondony, est divisé en deux groupes : l'un près du Tech, autour de la forge; l'autre, plus haut, dans la vallée du Mondony, autour des établissements de bains. Ces deux groupes sont réunis par la *rue des Thermes*, en partie taillée dans le roc.

Des jardins en amphithéâtre, sur les escarpements O. de la gorge du Mondony, entourent les Thermes Pujade. La *Petite Provence*, rive g. du Tech, est aussi très fréquentée.

Le **Fort-les-Bains** (374 mèt.), qui domine Amélie à l'O., a été construit sous Louis XIV.

Établissements.

Thermes Pujade. — Dans la partie la plus haute du village, à l'extrémité de la gorge du Mondony et au pied de la *Serrat den Merle*. Deux édifices distincts : l'hôtel et les Thermes proprement dits; les chambres des étages supérieurs sont destinées au logement des baigneurs. La maison des Thermes comprend 32 cabinets de bains, dont 10 à eau courante, des douches de tout genre, 2 cabinets d'étuve à 45 et 48°, des salles de pulvérisation et d'inhalation, une piscine pour les enfants, une piscine gymnastique de 36 mèt. carrés et 10 buvettes.

L'hôtel contient une salle à manger, un salon, une pharmacie et 30 chambres. Les appartements du rez-de-chaussée conduisent, par deux terrasses garnies de balustrades, à un café-rotonde situé au bord du Mondony, qui sort d'une *clus* de rochers à pic de plus de 100 mèt. de hauteur. Au travers de la clus est un barrage très ancien qui détourne les eaux dans le canal d'irrigation : c'est ce qu'on nomme le *mur d'Annibal*, l'eau tombe en cascade de 10 mèt.

Des allées, qui partent du jardin des Thermes, montent sur le flanc de la montagne (*V.* ci-dessous).

Thermes Romains. — Situés sur l'emplacement de thermes antiques. La *salle d'attente* est une partie du *lavacrum*. A côté se trouvait le *sudatorium*. Ces deux salles étaient réunies par une voûte cylindrique à un autre bâtiment qui s'élevait sur l'emplacement occupé par l'ancienne église (XIIe s.).

Cet édifice, un des mieux aménagés et des plus confortables des Pyrénées, possède 46 cabinets de bains, 7 grandes douches variées, une salle d'inhalation, une salle de massage, une grande piscine de 1 mèt. 50 cent. de profondeur, deux petites piscines de famille, des piscines particulières, une salle d'hydrothérapie, etc. Les chambres de l'hôtel, communiquant avec les bains par une galerie vitrée de 100 mèt. de longueur, qui sert de promenoir couvert, sont au nombre de 41; elles sont chauffées à l'eau minérale. Des salons de lecture, de jeu, de compagnie, la salle de billard, sont ouverts à tous les baigneurs d'Amélie. Le vallon de *Manjolet*, à l'O. de l'établissement, vers le Fort-les-Bains, a été transformé en jardin anglais.

Établissement militaire. — Sur la rive dr. du Mondony, en face des Thermes Romains : il est relié à la rive g. par un pont de 3 arches précédé d'un viaduc. Les eaux qui l'alimentent franchissent une distance de 376 mèt., et ne perdent point leurs propriétés pendant le trajet du griffon aux bains. Cet établissement possède une salle d'inhalation, une piscine pour les soldats, à 60 places avec 6 baignoires et douches annexées, 8 grandes douches ascendantes; une piscine pour les officiers, à 30 places, avec 8 baignoires, 4 grandes douches jumelles, une douche à forte pression avec douche écossaise; enfin, des douches mobiles et variées, annexées aux baignoires. La chaleur des étuves est réglée à volonté jusqu'à 54°.

Ce sont les Thermes militaires de France qui peuvent recevoir le plus grand nombre de malades. Trois belles casernes, entourées d'avenues de platanes, occupent une grande partie de la terrasse qui domine la gorge du Mondony et la route de Perpignan.

Les eaux

Eau thermale, sulfurée sodique.

Vingt *sources* principales, dont les plus importantes sont : le Grand-Escaldadou (appartenant partie à l'État et partie aux Thermes Romains); le Petit-Escaldadou, S. Parès, S. Émile, S. Fanny, S. Manjolet (Thermes Romains), S. Arago, S. Amélie, S. Anglada. Le débit total des sources utilisées est évalué à 20 000 hectol. par jour.

Température : De 63° à 31°.

Saison : Toute l'année. Cette station thermale étant une des plus basses et des plus méridionales des Pyrénées, la température y est très douce, ce qui permet aux baigneurs de prolonger leur séjour et de faire usage des eaux pendant l'hiver. La température de janvier, qui est le mois le plus froid, est de 7°,8; dans l'année, le nombre moyen des beaux jours est de 210; celui des jours couverts, de 84; celui des jours pluvieux, de 71.

Emploi : Boisson, pure ou coupée avec du lait; douches de toutes sortes; piscines; salle d'aspiration, etc.

Effets physiologiques : Cette eau stimule les fonctions digestives et réussit dans les maladies des voies aériennes, dans le rhumatisme, dans le catarrhe des organes génito-urinaires, les maladies de la peau, etc.

EXCURSIONS

Le Roc de France.

3 h. 30, montée; 2 h. 30, descente.

En prenant derrière l'hôpital militaire le chemin de mulets qui conduit au col del Faitg, on atteint en 20 m. le sommet de la *Serrat de las Fourques*, ou le sommet voisin de la *Serrat d'En Merle* (belle vue).

De la Serrat de las Fourques, on atteint facilement en 3 h. le **Roc de France** (1432 mèt.; vue immense). On traverse un petit bois; on quitte le chemin du col pour incliner à g. et suivre au S.-S.-E. la crête de la montagne, laissant à dr. la gorge du Mondony et Montalba (*V.* ci-dessous). — Du sommet, on peut descendre à Amélie, par le même chemin ou par la *ferme de San Felix* en 2 h. 15, ou par Montalba et la Serrat d'En Merle en 2 h. 30.

Col del Faitg, Massanet.

Excursion très intéressante.

La route du col del Faitg, au delà de la Serrat de las Fourques, se développe au S. dans la gorge du Mondony.

1 h. 10. *Montalba* (*église :* portraits de l'école espagnole), situé au milieu d'un cercle de montagnes chauves, sur une sorte de promontoire qui domine les ravins les plus sauvages. — On quitte la vallée du Mondony; tournant au S.-O., on pénètre dans le *vallon del Terme* et on remonte cette gorge. — *Mas de Pujol-d'Amont*, métairie isolée. — On contourne le *Mas Coumille*, et par une gorge très accidentée on atteint (3 h.) le *Pla del Manè* (909 mèt.); là on tourne à l'E.-S.-E.

3 h. 30. **Col del Faitg** (950 mèt.), ouvert entre le *Puig del Tourn* (1148 mèt.), au N., et le *Puig Mouché*, au S.

De ce col on descend en Espagne par le vallon d'Anera, dans la vallée de la Muga, qu'on rejoint à (3 h. du col) Oliveda, après avoir passé au pied de la colline qui porte *Massanet-de-Cabrenys.*

Montbolo.

Bon chemin, au N.-O. d'Amélie, conduisant au v. de *Montbolo* (576 mèt.). Vue admirable, plus belle encore du faite de la montagne (20 m.) qui domine Montbolo.

Pilon de Belmatx.

2 h. 30, montée; 2 h., descente

35 m. d'Amélie au pont d'Arles-sur-Tech (R. 116). — On prend, sur la rive dr. du Tech, un chemin muletier qui monte à travers des vergers; arrivé en face d'Arles, on tourne au S., dans un ravin bordé de rochers découpés en aiguilles. — 1 h. 45. *Mas de Seradell.* — Gazons glissants. — 2 h. 30. Sommet (1279 mèt.; très belle vue).

On peut descendre soit à Arles (R. 116), en traversant le Tech sur une passerelle, soit en 2 h. à Amélie par un chemin muletier qui aboutit au Fort-les-Bains, soit enfin (guide indispensable) à Saint-Laurent-de-Cerdans (R. 118) par la montagne.

Caixa de Roland et tour de Batère.

2 h. 15 à la montée à la Caixa, 3 h. 30 jusqu'à la tour de Batère; 1 h. 45 et 2 h. 30 à la descente; belle et facile excursion, recommandée.

50 m. d'Amélie à la place d'Arles (R. 116). — On monte entre de véritables massifs d'agaves, par un ancien chemin tracé sur la crête du chaînon qui sépare les *vallées de Riuferrer* à l'O. et *de Bonabosc* à l'E.

2 h. 10. Grand chaos de granit.

2 h. 15. **Caixa** (cercueil) **de Roland** (828 mèt.), à g. du chemin, petit dolmen parfaitement conservé; un peu plus loin sont le *palet de Roland* et l'*abreuvoir* de son cheval (belle vue). — Si l'on veut monter jusqu'à la tour de Batère, il n'y a qu'à suivre en montant l'arête de la crête.

3 h. 30. **Tour de Batère** (1436 mèt.; magnifique vue sur la mer et les montagnes).

Gouffre de la Fou.

4 h. env. aller et retour; avec un bon guide, on peut descendre jusqu'au fond du gouffre; espadrilles nécessaires; Bertrand Oms, à Arles, recommandé.

50 m. Arles (R. 116). — On suit le rive g. du Tech, et après avoir traversé le Riuferrer (1 h.), on laisse à g. la route de la Preste (R. 117) et l'on gravit en lacets l'escarpement qui sépare de la Fou la vallée du Riuferrer.

La **gorge de la Fou** ou *de la Fò*, qui débouche dans la vallée du Tech près du *Mas de la Palme*, est une étroite fissure, profonde de 160 mèt., et à peine large de 50 mèt. à sa partie supérieure. — On peut descendre dans le gouffre par la paroi des *Escalas*. — Grotte assez grande sur la rive dr.

—

D'Amélie-les-Bains à Vinça, R. 116; — aux Bains de la Preste, R. 117; — en Espagne, R. 118; — à Argelès-sur-Mer, V. ci-dessus et R. 120.

ROUTE 116.

D'AMÉLIE-LES-BAINS A VINÇA

10 h. 15, à pied.

En sortant d'Amélie, on traverse le Mondony, et suivant la rive dr. du Tech, on contourne le Fort-les-Bains. — 35 m. Pont; la route passe sur la rive g.

50 m. **Arles** *, l'*Arulæ* romaine, puis la capitale du Vallespir, aujourd'hui ch.-l. de c. de 2152 h., à 277 mèt., au centre d'un bassin que dominent des montagnes pelées. — *Monastère*, fondé en 728, dans la partie haute de la ville; *église* de 1157 (trois nefs; retable en bois doré du XVIIe s.); *cloître* du style de transition, colonnettes de marbre accouplées, élégants chapiteaux; près du portail, en

dehors de l'église, *sarcophage* des saints Abdon et Sennen, objet d'une légende.

Arles est une des villes où les Catalans français ont le mieux conservé leurs coutumes antiques. Sur les places publiques se danse encore le *contrapas*.

D'Arles au Pilon de Belmatx, etc., *V.* R. 115; — à la Preste, R. 117; — en Espagne, R. 118.

La route suit la rive g. du Tech, traverse (1 h.) le Riuferrer, laisse à g. la route de la Preste (R. 117), monte sur le chainon qui sépare le vallon de Riuferrer de la gorge de la Fou (R. 115) et franchit une crête ondulée.

2 h. 50. **Corsavy** (787 mèt.). — Vieille *tour*. — Truffes excellentes. — Mines de fer. — On continue d'abord au N.-O., puis on descend vers le Riuferrer, que l'on traverse en aval du *Lecca*, dominé par des parois hautes de plus de 200 mèt. Au N. se dresse la tour de Batère (R. 115), qu'on laisse à dr. — Lacets sur les pentes du *Puig de l'Estelle* (1758 mèt.).

5 h. 45. *Col*, dans la crête qui monte à l'O., par la sierra du Roc Nègre, au pic des Treize-Vents, l'une des cimes du massif du Canigou (R. 114). — Mines de fer exploitées. — On traverse un plateau, puis on descend par des pentes raides et monotones la *vallée de Nentilla*.

7 h. 15. **Vallmanya** ou *Velmanya* (850 mèt.). — Forge importante.

De Vallmanya à Vernet, R. 115; — au Canigou, R. 114, *D*.

A moins de 1 k., la vallée de la Nentilla tourne au N.-O. — *Font Robillose* (ferrugineuse).

8 h. Ballestavy. — On peut longer l'une ou l'autre rive de la Nentilla. — Ce chemin, le plus court, laisse à g. une autre *font Robillose*, passe sur le versant de dr. et dépasse *Finestret*.

9 h. 40. *Joch*.

10 h. 15. Vinça (R. 110).

ROUTE 117.

D'AMÉLIE-LES-BAINS AUX BAINS DE LA PRESTE

51 k. — Route de voitures (1884). — Service d'omnibus pendant la saison thermale (1er juin au 1er octobre) : 6 fr. avec colis.

4 k. Arles-sur-Tech (R. 116). — Après avoir laissé à dr. la route de Corsavy (R. 116), on continue de remonter la rive g. du Tech.

10 k. Laissant à g., au pont du *Pas-du-Loup*, la route de Saint-Laurent-de-Cerdans (*V.* R. 118, *B*) et à dr. l'ancienne route de la Preste, on remonte la rive g. du Tech, parallèlement à la route de Saint-Laurent, qui longe sur 2 k. la rive dr. — Défilé très pittoresque (R. 118). — A dr. de la route, sur la hauteur, à 820 mèt., *Montferrer* (*château* ruiné; *église* romane en granit; truffes renommées). — Aux environs, *Cove d'En*

Pey, grotte profonde. — On descend dans la vallée du Tech.

14 k. La route se bifurque.

[Un chemin fréquenté remonte au S.-O. le *vallon de la Manère* ou de *Galdares*. — 40 m. On gravit la côte qui porte *Serralongue*. — A dr., vallon de Coral, qui s'élève au S.-O. vers le promontoire de *Notre-Dame del Coral* (ermitage). — 2 h. 40. *La Manère*. — Au N.-E., crête (153 mèt.) dominée par les trois **tours de Cabrenç**, ou *Cabrenys* (1342 mèt.).

De la Manère, on peut passer en Espagne par le *col de las Falguères* (1189 mèt.), à l'E.-S.-E., ou par celui de *Malrems* (1135 mèt.), à l'O.-S.-O., traversés par des chemins qui rejoignent la route de Besalù à Castelfollit; le *col del Bouix* (1168 mèt.) conduit de la Manère à la vallée de la Muga (R. 118).]

16 k. *Le Tech**, à l'embouchure de la Coumelade ou Cambret. — Dans le voisinage, *Cove de las Encantadas* (grotte des Fées).

18 k. Grand escarpement de *Baus de l'Aze*, qui tombe en précipice sur le Tech.

23 k. **Prats-de-Mollo***, ch.-l. de c., 2630 h. (798 mèt.), en amphithéâtre sur le penchant d'une montagne et dominé par une église qu'un souterrain relie au *fort de la Garde* (856 mèt.), construit par Vauban et dominant la ville. Cette petite place de guerre garde les passages qui mènent de la vallée espagnole du Ter à la vallée du Tech.

[A 3 k. au S.-O., sur une montagne, *tour de Mir* (Regard), à 1540 mèt. (vue très étendue), d'où l'on peut passer en Espagne par le *col de Prégonn* ou *de Préjende* (1636 mèt.).]

De Prats-de-Mollo à Vernet, R. 113; — au Canigou, R. 114; — en Espagne, R. 118.

26 k. Pont sur un torrent qui vient du Pla-Guilhem (R. 113 et 114). — *Saint-Sauveur*, ham.

29 k. *La Preste*, ham. de Prats. — On contourne le versant S. du coteau sur lequel est ce v., puis on pénètre dans le vallon latéral de la Llabane.

31 k. **La Preste-les-Bains*** (1130 mèt.). — **Nouvel établissement** : vaste galerie vitrée entourée de 20 cabinets dont 2 avec appareils d'hydrothérapie; 2 buvettes; salle d inhalation et de pulvérisation; salons de réunion, de lecture, de musique; café, billard, salle de jeux, logements pour 200 baigneurs. — *Ancien établissement*, sur le promontoire entre la gorge du Tech (S.) et celle de la Llabane (O.) : 2 salles de bains (pour les hommes, 8 cabinets; pour les femmes, 4 cabinets); 2 buvettes; chapelle; magasins pour l'expédition des eaux; vacherie. — Les deux établissements sont ouverts toute l'année.

Eaux. — 1 700 000 lit. en 24 h.; 45°; sources alcalines et sulfurées sodiques, employées en bains et en boisson contre les affections catarrhales de l'appareil urinaire, les ulcères de la vessie, les coliques néphrétiques et hystériques, la gravelle phosphatique, la goutte. les affections catarrhales de l'appareil pulmonaire, la phtisie laryngée, l'asthme, sec et humide, les dermatoses et les rhumatismes.

De vastes terrasses ombragées forment autour des bains comme une suite de belvédères. L'une de ces terrasses va presque jusqu'à (15 m.) la belle *grotte d'En Brichot* (stalactites).

[**Le Costabona** (5 h. à la montée par le col de Pal; 2 h. à la descente par Perafeu; belle et facile ascension très recommandée; guide nécessaire). — On descend vers la rive g. du Tech. — 10 m. Pont. On suit la rive dr. jusqu'au confluent de la Soulanette. Là (30 m.), afin d'éviter les escarpements du lit du Tech, on monte au N. — 40 m. *La Barragane.* — Ravin boisé, puis pâturages. On se maintient très haut au-dessus du Tech. — 3 h. *Cabane du Tech.* — On descend vers le torrent, dont on remonte la rive g. — 3 h. 30. Escarpement. — 4 h. 15. *Source supérieure du Tech* (2340 mèt. env.). On monte vers le (4 h. 30) *col de Pale* (2400 mèt. env.), entre la Roque Couloum et le Costabona. — Facile montée à l'E. — 5 h. Sommets (2464 mèt.). — Magnifique panorama, plus intéressant que ceux du Canigou ou du Puigmal; flore très riche.

Pour varier au retour, on descend un peu au S. sur le versant espagnol, puis on revient vers le N.-E. en laissant à dr. le col de Sizern. — Pâturages. — 1 h. *Métairie de Perafeu.* On franchit la Soulanette, dont on suit la rive g. jusqu'au confluent avec le Tech (1 h. 35). — 2 h. Bains de la Preste (*V.* ci-dessus).

ROUTE 118.

D'AMÉLIE-LES-BAINS EN ESPAGNE

Des sources du Tech à celles du Mondony, on compte 22 ports, cols ou passages de France en Espagne; nous nous bornerons à indiquer de l'O. à l'E. quelques-uns des principaux.

A. D'Amélie à Ripoll.

1° PAR LE COL PRAGON.

31 k. et route de voit. jusqu'aux Bains de la Preste. — 8 h. 45 des Bains à Ripoll; chemin muletier jusqu'à Camprodon; route de voit. de Camprodon à San Juan; chemin de fer de San Juan à Ripoll, ou route de voitures.

31 k. d'Amélie aux Bains de la Preste (R. 117). — On traverse le Tech, près de *la Forge*, et, prenant un chemin muletier, on monte droit au S.

1 h. 15 (des Bains). **Col Pragon** (1635 mèt.), ouvert entre le *Puig de l'Artigue*, à l'O., et le *Puig de la Chappe*, à l'E. — Descente facile au S. vers la charmante vallée du Riutort.

1 h. 45. *Espinabell* ou *Espinalvell.* — En aval, on traverse le Riutort, dont on suit la rive dr. — 2 h. 15. *Mollo* (*église* romane, beau portail).

3 h. 15. **Camprodon** (980 mèt.), V. de 2000 h. env., au confluent du Riutort et du Ter. Les Catalans viennent en grand nombre y passer l'été. — Vieux *pont*.

A Olette, R. 110.

On contourne une colline escarpée qui porte l'*ermitage* vénéré *de Sant'Antoni* (montée, 1 h.; très belle vue). — 3 h. 30. On passe sur la rive dr. du Ter. — *Usine* métallurgique *del Veterano*. — A dr., *tour de Caballera*. — 4 h. *La Réal*. — 4 h. 35. *San Pablo de Séguries* ou *Santa Pau*, dans une île du Ter (vieux *pont*).

6 h. 15 **San Juan de las Abadesas,** 2000 h. env., rive g. du Ter. — Ruines de l'ancien *monastère*. — *Église* (porte romane sculptée). — Source minérale.

San Juan est le centre du bassin houiller de *Surroca y Ogassa*, généralement désigné sous le nom de San Juan. — La production, qui n'était que de 3000 tonnes en 1872, s'est beaucoup accrue. — En 1881 a eu lieu l'ouverture du chemin de fer de San Juan à Granollers, par Ripoll et Vich (69 k.).

La route franchit le Ter et en suit la rive dr.

8 h. 45. Ripoll (R. 112).

2° PAR LE COL D'ARRÈS.

35 k. d'Amélie à Prats-de-Mollo; route de voit. — 9 h. 30 de Prats à Ripoll; chemin muletier très fréquenté jusqu'à Camprodon; au delà, route de voitures, etc. (*V.* ci-dessus, 1°).

25 k. Prats-de-Mollo (R. 117). — Le chemin muletier, praticable en toutes saisons, traverse le fort torrent de la Canadeille et monte, au S., en lacets, sur le versant de la rive dr. du torrent, qu'il laisse bientôt à l'O. A un point coté 1224 mèt., le chemin tourne à l'O.-S.-O. vers la *chapelle* ruinée de *Sainte-Marguerite* (1394 mèt.).

2 h. (de Prats-de-Mollo). **Col d'Arrès** ou *d'Arras* (1500 mèt. env.), ouvert entre la *Solana de Sinroles* à l'O. et la *Serre de Montfalgar* à l'E. (le maréchal de Noailles y fit passer du canon en 1689). — On descend sur le versant espagnol, et, suivant le cours du Ritort, on laisse à dr. Mollo (*V.* ci-dessus).

4 h. Camprodon (*V.* ci-dessus).

9 h. 30. Ripoll (*V.* ci-dessus et R. 112).

B. **D'Amélie à Figueras.**

36 k. (11 h. env., à pied). — Route de voit. jusqu'à Coustouges; au delà, chemin muletier. — Guide nécessaire.

2 h. (10 k.). Pont du Pas-du-Loup (R. 117). — Laissant sur la rive g. la route des Bains de la Preste, on traverse le Tech et on remonte la rive dr.; grand lacet que peuvent couper les piétons. — 2 h. 5. *Font de la Fraza*. — Sur la rive g. du Tech, grands escarpements rouges du *défilé de Fra Miquel*.

2 h. 35. On quitte la vallée du Tech pour entrer dans la vallée de la Quera. — La route tourne à l'E. au milieu de châtaigneraies exploitées pour les cercles de tonneaux. — On laisse à g. le *défilé de la Dou* et la *métairie de la Quera*. — A dr., *forge de Balls* et deux autres usines.

3 h. 45 (17 k.). **Saint-Laurent-de-Cerdans***, 2390 h. (660 mèt.), rive dr. de la Quera, dans un bassin entre deux montagnes.

4 h. La vallée se bifurque; on suit le bras de l'E.

4 h. 45 (22 k.). **Coustouges**, ou *Costujàs*, ancienne *Custodia*, sur une hauteur (832 mèt.) qui domine deux vallées, l'une française, l'autre espagnole. —**Église** remarquable du XIIe s., avec crypte aujourd'hui comblée.

[De Coustouges on peut, en se dirigeant au N., passer au *col de la Creu del Canonge;* d'où l'on descend par *Tapis* dans la vallée de l'Arnera, affluent de la Muga. Pour aller à Figueras, ce chemin est beaucoup plus court que celui de San Lorenzo.]

C'est à Coustouges que le Riumayou prend sa source. On le traverse pour pénétrer (5 h. 15) en Espagne.

5 h. 30. *Hors*. — A dr., gorge, confluent du Riumayou et de la Muga. Sans descendre au torrent, on tourne à g. ; on suit à l'E. puis au S.-E. une longue arête de collines entre la *vallée de Muga* et un vallon latéral.

6 h. 30. *Carbonils*. — 7 h. 15. *Chapelle de San Jorge*.

7 h. 30. **San Lorenzo de Muga**, rive g. de la Muga. — A l'E., *crête de la Magdalena* (540 mèt.), belle vue sur le haut Ampourdan ; en amont de San Lorenzo, *gorge d'Albanya* (cascades).

On pourrait, de San Lorenzo, suivre la vallée de la Muga pour rejoindre, à (1 h.) *Oliveda*, le sentier du col del Faitg (R. 115); mais le chemin direct traverse le torrent, contourne la Magdalena et franchit un petit col.

8 h. 30. *Terradas*. — On s'élève à g. sur la crête des hauteurs. — 9 h. 15. *Palau-Surroca*. — 10 h. *Llers*.

11 h. Figueras (R. 121, *A*).

C. **D'Amélie à Sant' Anyol.**

7 h. 45. — Route de voitures jusqu'au pont de Coustouges ; au delà, chemin muletier. — Guide recommandé, à Arles, Bertrand Oms.

3 h. 45 d'Amélie à Saint-Laurent-de-Cerdans (*V*. ci-dessus, *B*). — On prend la rive g. de la Quera ; route de voitures; on laisse à g. le chemin de Coustouges.

5 h. *Pla Castagné* (850 mèt.). — Métairie de *las Deleros*. — On descend vers la vallée de la Muga ; à g., *Mas dous Manès*. — 5 h. 30. Métairie espagnole de *la Muga*. — On traverse le torrent; montée en lacets à la chapelle ruinée de *San Cornelis*. — 5 h. 45. Source.

6 h. *Mas Soubira*, sur un col, à 810 mèt. — Le chemin se maintient presque à la même hauteur.

6 h. 45. *Col de San Julià* (810 mèt.); sur un mamelon, ermitage du même nom ; au N.-O., col de las Falgueras (R. 117), conduisant en France à la Manère. — 7 h. *Mas del Coll* (870 mèt.). — On descend dans le ravin de Sant'Anyol ; deux cheminées faciles, dites *Canals de Sant'Anyol*.

7 h. 45. **Sant' Anyol** *, pèlerinage (*chapelle* avec crypte).

Pour rendre cette course plus intéressante, il faut gagner, par (8 h.) le ravin de Talacha et (8 h. 45) la métairie de *la Quera*, le

9 h. *Col de Talacha* ou *Talatxa* (715 mèt.); sur le versant O., v. de *Talacha.* — De là on revient à (9 h. 15) la métairie de la Quera. — 9 h. 40. On quitte le chemin de Sant'Anyol et on descend dans le ravin. — 10 h. 20. On passe à gué le torrent de Sant'Anyol; sentier étroit dans le rocher et sur des poutres formant pont; passage pittoresque, mais dangereux si l'on est sujet au vertige.

10 h. 45. Extrémité du défilé; on passe de roche en roche sur la rive dr.

11 h. Sant'Anyol (*V.* ci-dessus).

Au retour, on peut passer soit par Coustouges, soit par la Fontaine del Sant.

On franchit les Canals de Sant' Anyol; à g., chemin qui monte au Mas Soubira; on continue de niveau.

1 h. *Fontaine del Sant*; jolie vue. — 1 h. 5. On rejoint le sentier du

2 h. Mas Soubira (*V.* ci-dessus). — A g., métairie espagnole; on se dirige à l'E.; petit pont.

2 h. 15. Auberge française de *la Muga* (bonne). — Montant, par un chaos, au Mas dous Manès, on rejoint le chemin du Pla Castagné.

3 h. 15. Pont de Coustouges.

3 h. 20. Saint-Laurent-de-Cerdans, d'où, en 3 h. 40, à (7 h.) Amélie-les-Bains.

ROUTE 119.

DE PERPIGNAN A FIGUERAS

A. Par le chemin de fer.

DE PERPIGNAN A PORT-BOU

43 k. 5. — Traj. en 1 h. 45. — 5 fr. 55, 4 fr. et 2 fr. 95. — Les voyageurs venant de France prennent la voie espagnole à Port-Bou, tandis que les voyageurs venant d'Espagne prennent la voie française à Cerbère; c'est dans ces deux gares internationales que se fait la visite de la douane. — On fera bien de se munir à Perpignan de monnaies espagnoles.

On laisse à dr. le chemin de fer de Prades (R. 110), puis à g. les bâtiments du haras, et, passant sous les arcades d'un *aqueduc* construit par un roi de Majorque, on se dirige au S.-E. — *Étang de Saint-Nazaire*, long de 5 k. — 5 arches sur le Réart. — A dr., *Villeneuve-la-Raho*; à g., *Cornella-del-Vercol.*

15 k. **Elne***, l'antique *Illiberris*, puis *Helena*, sur une petite colline, à 36 mèt., ancien évêché. — **Cathédrale** du XIe s., réparée au XIVe et au XVe s.; façade avec tours crénelées dont l'une, en briques, ne date que du XVIe s.; dans la sacristie, tombeau très ancien en marbre blanc; porte du XIIIe s. s'ouvrant sur le **cloître** roman, d'une admirable élégance (colonnes, piliers et arcades en marbre blanc; grande variété de formes dans les colonnes, dont le fût et les cha-

piteaux offrent un ensemble de l'ornementation du moyen âge; inscription et bas-reliefs dans le mur qui touche à l'église).

Du côté O. de la grande rue d'Elne, anciennes murailles et tours. — Du boulevard du Midi, vue splendide.

Un chemin de fer est en construction (1885) d'Elne à Amélie-les-Bains par la vallée du Tech.

[**D'Elne au Mas-Deu** (12 k.; route de voit.). — 4 k. *Montescot*. — 7 k. *Bages*. — 10 k. On croise la route de Perpignan à Amélie-les-Bains. — Pont sur le Réart. — 12 k. A g., sur une hauteur de 108 mèt., le **Mas-Deu**, ou *la Maison-Dieu*, ancien établissement des Templiers. — Pont sur la Canterane.

Du Mas-Deu on peut se rendre par *Trouillas* à Thuir et de là à Millas (R. 110).]

15 k. Pont métallique sur le Tech (4 travées; longueur totale, 157 mèt.).

16 k. *Palau-del-Vidre*, entre le Tech et le Tanyari. — *Église* (deux retables en bois doré du XIVe s.; chape de 1554).

A g., ruines de l'ancienne forteresse de *Taxo-d'Amont*.

22 k. **Argelès-sur-Mer** *, ch.-l. de c., 3303 h., au milieu des belles campagnes que dominent les Albères. — *Église* (tableaux sur bois et sur cuir). — Au N., débris du *château de Pujols*.

D'Argelès à Céret, R. 120.

On se rapproche de la mer. — Tunnel de la *Croix-de-la-Force* (557 mèt.), sous un promontoire portant plusieurs forts.

27 k. **Collioure** *, l'ancienne *Cauco Illiberris*, 3707 h.; belle position autour d'une baie semi-circulaire. — *Château*, au centre de la ville. — *Fort Saint-Elme*, au S.-E., qui commande Collioure et Port-Vendres. — *Port* de petits caboteurs. — Pêche des sardines; salaison des poissons de mer. — Jardin botanique d'acclimatation. — Aux environs, vins les plus renommés du Roussillon. — Au S. de la ville, près de la route de Port-Vendres, fontaine ferrugineuse de *Gauderic-Germa*.

[A 500 mèt. S.-O., ermitage de **Notre-Dame de Consolation**, célèbre dans le pays par ses eaux abondantes et par ses frais ombrages.

A 1 h. de cet ermitage, vers le S.-O., ruines de l'**abbaye de Valbonne**, au pied d'une montagne que surmonte la *tour de la Massane*, construite vers la fin du XIIIe s.

Pic de la Massane (40 m. de Collioure aux ruines de Valbonne). — On monte par des bois et des éboulis. — Du sommet (679 mèt.), très belle vue.

Tour de Madaloth ou Madalock. — En allant de Collioure à Banyuls, on peut monter à cette tour appelée aussi *tour du Diable* (30 m. de montée facile). Du pied de la tour (668 mèt.), panorama splendide

Tunnel (840 mèt.) dans la colline portant le fort Saint-Elme.

31 k. **Port-Vendres** *, 3003 h., ancien *Portus Veneris*. — Belle *place* carrée à laquelle on monte par un escalier de 39 marches (fontaines avec trophées dégradés; au centre, *obélisque* de marbre, haut de deux

mèt.; les bas-reliefs sont au musée de Perpignan. — *Établissement de bains de mer* en face de la ville, au bord de la baie.

Rade, profonde d'environ 15 mèt., avec chenal de 19 mèt. de profondeur; elle peut recevoir les navires du plus fort tirant d'eau; c'est un bassin rectangulaire, long de plus de 1 k. et large de 300 mèt. environ. Elle n'est exposée qu'au vent du N.-E.; jetée longue de 300 mèt. A l'extrémité intérieure de la rade est le *port marchand*. — Le *port militaire*, projeté au S.-O. de la ville, et qui doit se joindre à angle droit au port marchand, n'est pas encore exécuté. — L'entrée de la rade a deux feux fixes (10 milles de portée) et un feu de port (5 milles de portée).

Port-Vendres est l'un des ports les plus sûrs de la Méditerranée. Depuis le 1er juillet 1880, des paquebots font le service postal entre Port-Vendres et l'Algérie; en outre, les bateaux à vapeur qui vont de Marseille à Barcelone et à Alicante touchent à Port-Vendres.

De l'autre côté du port, à 800 mèt. au S.-E., colline du **cap Béar** (203 mèt.), avec phare de premier ordre à feu fixe (22 milles de portée). Au S., le *sémaphore*. On y monte en 35 m. (vue splendide).

Petit tunnel, puis longue tranchée. — *Anse des Paulilles* (importante fabrique de dynamite). — Tunnels de *las Portes*, *Péternése* et *las Elmes*. — Vignobles de *Llestrell* et *Castell*, vin exquis.

36 k. **Banyuls-sur-Mer** *, v. bien situé sur le bord d'une petite anse, à l'embouchure d'un ruisseau du col de Banyuls. — Portail roman, reste de l'église *Saint-Jean-d'Amont*. — Nouvelle *église*, de style roman (intérieur richement décoré). — Bons vignobles (vins de *Grenache* et autres). — Pisciculture.

Climat très doux; station hivernale; belle plage; établissement de bains de mer (logements pour les baigneurs). — Un établissement zoologique, dit *laboratoire Arago*, analogue à celui de Roscoff, a été fondé (1881) à Banyuls par M. Lacaze-Duthiers, pour l'étude des animaux marins (ouvert de 7 h. du matin au soir).

Aux environs, à 2 h. dans la montagne (par mulets), curieuses *grottes de Mallens* et *de Puade* (stalactites et cristallisations).

[**De Banyuls à Figueras, par le col de Banyuls**. — 7 h. env. : 2 h. 20 montée, 4 h. 30 descente; sentier de mulets.

On se dirige au S.-O. par la gorge qui descend du col de Banyuls. — 10 m. *Rhétorie*. — *Tours d'En Reig* — A g., *tour d'En Ballle*. — Au loin, tour de Quer-Roig (*V.* ci-dessous).

1 h. Jonction des vallons de Banyuls et des Abeilles. — On continue de remonter la gorge au S.-E. — A g., vallon du Tourn et col (612 mèt.), d'où un sentier descend à San Miguel de Culera (*V.* ci-dessous). — Longs et raides lacets.

2 h. 20. **Col de Banyuls** (362 mèt.), à l'O. du Puig de la Calm (716 mèt.)

— Vue très étendue. — On descend sur le versant espagnol.

4 h. 20. *Espolla*, premier v. catalan. — Chemin de chars très fréquenté.

5 h. *Mollet*, v. entouré d'anciennes murailles. — A g., *Peralada*. — 5 h. 50. On traverse le Llobregat, à pied sec en été, à gué en hiver et au printemps. — 6 h. 10. *Cabanas*, entouré d'anciennes murailles avec tours (*église*, clocher gothique). — Pont sur la Muga.

6 h. 50. Figueras (*V.* ci-dessous).]

5 arches sur le Baillouzy. — A g., *tour d'En Batlle*; à dr., *tour d'En Pagès*. — On traverse le *tunnel de Peyrefitte*, long de 1222 mèt., puis, laissant à g. l'*anse* du même nom, la voie ferrée descend vers l'anse de *Terrembou*. —Tunnel (82 mèt.) dans le *cap Canadell*.

45 k. **Cerbère** * (buffet), station internationale au bord de l'*anse de Cerbère*. A 500 mèt. plus loin, on entre en Espagne par le *tunnel dels Balistres* (1090 mèt.), sous le *col dels Balistres* (260 mèt. d'alt.). A 3 k. de ce col, sur un pic de 500 mèt., *tour de Quer-Roig* (XIIIe s.).

45 k. 5. **Port-Bou**, à l'extrémité de la baie du même nom.

DE PORT-BOU A FIGUERAS

26 k. — Traj. en 1 h. — 15 réaux 50, 10 r.; 6 r. 75.

Tunnel de la Pineda (827 mèt.), percé dans les *Cumbres del Infern* (crêtes de l'enfer). — 2 k. *Culera*, petit port. — Viaduc métallique (184 mèt.).

6 k. **Llansa**, sur un ruisseau venant du Puig de la Calm (*V.* ci-dessus).

Longue rampe, puis *tunnel del Molino*. — Pont métallique sur la Llansa. — *Tunnel de Canella* (1350 mèt.).

14 k. *Villajuiga* (*château de Caramanso*). —19 k. *Peralada*, à dr., sur le Llobregat. — Pont métallique sur la Muga.

26 k. **Figueras** *, en français *Figuières*, V. de 10 000 h. — Église avec coupole. — **Citadelle San Fernando**, à 1 k. N.-O. (arsenaux; belle vue), insalubre et dominée par des hauteurs.

De Figueras à Ripoll, R. 121; — Rosas et à Cadaquès, R. 123.

B. Par les Bains du Boulou et le Pertus.

54 k. — Route de voitures.

22 k. de Perpignan au Boulou (R. 115).

Pont suspendu sur le Tech, 120 mèt. d'ouverture. — A g., route d'Argelès (R. 120).

24 k. **Bains du Boulou**, appelés aussi bains de *Saint-Martin-du-Fenouillat* ou du *Correch-de-Saint-Martin*, à l'issue d'un ravin qui remonte à l'E. vers le *pic Estelle* (317 mèt.). — L'établissement (1859), convenablement aménagé, très fréquenté par les habitants des départements voisins, est ouvert toute l'année. — Eaux bicarbonatées sodiques, ferrugineuses, utilisées surtout en boisson, contre les affections du foie et de l'estomac. — Dans le jardin, deux sources ferrugineuses.

On remonte la vallée du ruisseau de Rome. — A dr., église

de Saint-Martin-du-Fenouillat, puis, route de Céret.

26 k. *Écluse-Basse*, ou *château des Maures*, débris d'une forteresse. — Vieux mur nommé *Écluse del Mitg* (écluse du Milieu).

27 k. Débris de l'*Écluse-Haute* ou *château des Romains*, à 230 mèt., autrefois désignée sous les noms de *Clusæ* et de *Clausuræ Hispaniæ* (portes d'Espagne). — Pont du Pertus, sur le ruisseau de Rome.

31 k. **Le Pertus***, à 290 mèt., ainsi nommé parce qu'il est situé sur la frontière, entre deux talus qui forment un *pertuis* pour pénétrer en France ou en Espagne. A l'O., **fort de Bellegarde**, sur un cône isolé (420 mèt.). — A 5 k. à l'E., *église de Saint-Martin-d'Albéra* (XIe s.).

On descend dans la vallée espagnole du Llobregat.

38 k. *La Junquera* (douane), premier v. espagnol. — A dr., la *Montagne-Noire* (*Mont-Roich* des Catalans). — Pont sur le Llobregat. — Pont de *Molins*, sur la Muga.

54 k. Figueras (*V.* ci-dessus).

ROUTE 120.

D'ARGELÈS-SUR-MER A CÉRET.

28 k. — Route de voitures.

On traverse en ligne droite les fertiles campagnes qui s'étendent au pied des Albères.

5 k. *Saint-André-de-Sorède*. — *Église* romane (cippe de marbre blanc avec inscription latine).

[A 3 k. au S., sur la rive g. du ruisseau de Sorède, v. de *Sorède* (au S., *source Fontagre*). — En montant du v. vers le S.-E., on atteint (1 h.) l'**ermitage del Castell** (rebâti), près duquel sont les ruines du *château d'Ultrera* (anc. *Vulturaria*), d'origine romaine, qui défendait l'important *passage de la Carbassera*.]

Pont sur le torrent de Sorède.

9 k. **Saint-Genys-des-Fontaines.** — Débris d'un *couvent* de Bénédictins (IXe s.). — *Église* (porte avec bas-relief monolithe; peinture du XIIe s.); débris du *cloître*.

[A 3 k. S., à l'issue du ravin de la Roque, *la Roque-d'Albère* (*tour* ronde avec lanterne à jour). — A 1 k. S. du v., *font de l'Aram; dolmen.*]

On remonte la vallée du Tech, au S.-O.

A g., à 2 k., sur une hauteur de 154 mèt., **Montesquiu** (ruines d'un *château; église* romane).

[Parmi les nombreux ermitages des environs, le plus curieux est celui de *Saint-Christophe* (1001 mèt.), sur la crête même des Albères (belle vue); en suivant le plateau de la crête du N.-O. au S.-E., on atteindrait (1 h. 30) le *pic des Trois-Termes* (1129 mèt.). Le point culminant de la partie E. de la chaîne des Albères est le *pic de Neules* (1257 mèt.). Au N. de ces pics s'étendent le *Bois-Noir* et la **forêt de Sorède**. Toute cette région, très pittoresque, est peu connue.]

Après avoir dépassé Montesquiu, on rejoint la route d'Espagne (R. 119, *B*), à plus de 1 k. S. du (19 k.) Boulou (R. 115).

28 k. Céret (R. 115).

ROUTE 121.

DE FIGUERAS A RIPOLL

75 k. — Route de voit. de Figueras à Besalù et à Olot. — Au delà, chemin muletier. — Excursion très recommandée aux archéologues, aux géologues et aux touristes.

N.-B. — Une route de voit. (1 serv. par j.; trajet en 4 h.) relie Olot à la station de San Juan de las Abadesas (R. 118, *A*, 1°), où l'on prend le chemin de fer pour Ripoll; mais le chemin de mulets décrit ci-dessous est plus intéressant.

Au S.-O. de Figueras, la route parcourt un pays montueux. — Au delà de *Vilafant* (ruines d'un *château*), on franchit le Manol, puis le ravin de l'Algama. — On longe la rive g. de la Fluvia. — 12 k. *Espinadesa.* — 15 k. *Espia.* — Petit col. — On rejoint le bord de la Fluvia.

25 k. **Besalù**, V. construite sur un rocher qui domine la rive g. de la Fluvia. — **Église** romane remarquable. — **Pont**, construction pittoresque et singulière (XIIe s.).

Au sommet de la colline, plusieurs constructions en ruines : murs d'une ancienne forteresse; remparts crénelés et percés de meurtrières, église au toit effondré, tour de beffroi. Plusieurs maisons de la ville ont été bâties avec des débris : dans les rues on voit des arcades et des colonnes romanes.

A 2 k. N., célèbre **ermitage de la Madre del Mount** (1217 mèt.), à l'extrémité d'un promontoire. De toutes les hauteurs situées entre Espinadesa et Besalù, on n'a cessé de l'apercevoir sur la dr.

En amont de Besalù, la vallée de la Fluvia devient très pittoresque. — Bois de chênes-liège sur les pentes. — Pont sur le Burro. — 27 k. *Jalagué.* — 30 k. *San Jaime*, où l'on traverse la Llera, qui descend du col de Malrems.

35 k. La route franchit la Fluvia sur une chaussée empierrée, puis elle s'élève par de longs lacets vers **Castelfollit**, situé sur un promontoire de basalte coupé à pic par la Fluvia (ruines d'un *pont;* sur le bord du précipice, restes d'un *château*). — On continue à monter sur une ancienne coulée de lave. — A g., profond *ravin du Turnell.* — On tourne à dr. — 40 k. *Col de San Cosmo.* — La chaîne de montagnes que l'on voit se prolonger du S.-O. au N.-E. est la seule **chaîne volcanique** des Pyrénées (aux environs, anciens cratères; celui qui domine *Santa Pau* a 137 mèt. de profondeur et env. 1500 mèt. de circonférence).

On descend rapidement. — Pont sur la Fluvia.

45 k. **Olot** *, V. manufactu-

rière de 10 000 h., dans un bassin fertile.

On laisse à g. la large vallée de la Haute Fluvia et l'on s'engage à l'O.-N.-O., puis à l'O. dans celle de la Ridaura.

50 k. *Ridaura*, dans un bassin dominé au S. par quelques forêts clairsemées et par le rocher de *San Juan de la Peña*, qui se termine brusquement du côté de la Fluvia par des parois verticales de plusieurs centaines de mètres de hauteur et qui porte l'*ermitage de la Magdalena del Mount.*

On monte au (55 k.) *col de Canas*, d'où l'on descend au S.-O. — 59 k. *Santa Julia de Vallfogona*. — On longe le torrent, puis on monte au *col de San Vicente du Puigmal*, d'où l'on descend vers le rio Ter, que l'on traverse.

75 k. Ripoll (R. 112).

ROUTE 122.

DE FIGUERAS A ROSAS ET A CADAQUÈS

33 k. — Route de voitures.

La route se dirige à l'E.; plaine marécageuse.

9 k. **Castellon de Ampurias**, capitale de l'Ampourdan au XIVe s. — **Église** colossale (porche avec statues en marbre blanc; tombeaux des comtes d'Ampourdan; beau retable du maître-autel).

Pont sur la Muga. — Triste et malsaine région d'étangs. — A g., *étang de Castellon*. — Pont sur la Muga.

18 k. **Rosas**, V. déchue, à l'extrémité N. du golfe de Rosas, dominée par deux forteresses croulantes : à l'O., la *citadelle;* à l'E., le fort de *la Trinidad* ou le *Bouton-de-Rose* (de Rosas). — La ville n'a pas de port, mais une vaste rade, abritée seulement du N.

Au delà de Rosas, on se dirige droit à l'E., le long des contreforts de la *sierra de Rosas* (vignes et olivaies).

[Pour visiter Selva de Mar et *San Pedro de Roda*, on quitte, à 6 k. 5 de Rosas, la route de Cadaquès et on monte (N.) au (1 h. 30 de Rosas) *col Pane*, d'où l'on descend en suivant le ruisseau de Rubia à (2 h. 45) **Selva de Mar**; on traverse le ruisseau. — 3 h. 10. *Puerto de Selva*, port de cabotage, assez important.]

24 k. 5. On laisse au N. le chemin de Selva de Mar et on se dirige à l'O.

33 k. **Cadaquès** *, V. florissante, à l'extrémité N. d'une baie assez profonde, entourée d'escarpements et défendue par la batterie de *Cala-Ros*. — Belles plages de bains.

A l'extrémité de la presqu'île (1 h.), ancien cap Aphrodision, aujourd'hui **cap Creus** (phare de 3e ordre; éclats de 3 m. en 3 m.; portée de 15 milles).

INDEX ALPHABÉTIQUE

CONTENANT LES RENSEIGNEMENTS PRATIQUES

N. B. — Ce signe * à la suite d'un nom d'hôtel indique que cet hôtel est de 1re classe. Les prix que nous donnons pour un certain nombre d'hôtels comprennent les repas et le logement. Pour la pension, nous indiquons la dépense d'une personne seule; mais, dans la plupart des stations de bains, les familles prennent généralement des arrangements avantageux avec les maîtres d'hôtels, qui consentent, surtout pour les enfants et les domestiques, d'importantes réductions suivant la durée du séjour. Du reste nos tarifs n'ont rien d'absolu, et les hôteliers en nous les communiquant, pas plus que nous-même en les insérant, n'entendent les soumettre aux touristes comme une règle invariable. Ce sont des prix minimums; cela veut dire : *à partir de....*

A

Omnibus : — 30 c. par place et 30 c. par colis pour la ville basse; pour la ville d'hiver, 50 c. (colis, 50 c.). — Omnibus de famille à 6 places.

Service d'Arcachon à la Teste : 10 départs par j.; dans Arcachon, 25 c.; d'Arcachon à la Teste, 50 c.

Service d'Arcachon à Moullo : 3 départs par j.

Hôtels : — *Grand-Hôtel** (11 fr. par j.; d'octobre à juin, pens., avec chambre au midi, depuis 9 fr.: 100 chambres; bains chauds; hydrothérapie; bains de mer; jardin), *Legallais** (9 fr. 50 par j.; pens., 9 fr.), de *France**, *Continental** (9 fr. 50 par j.; pens., depuis 9 fr.), *Richelieu**, *Jampy*, de la *Plage*, tous situés boulevard de la Plage; — de la *Forêt* (10 fr. 50 par j.; pens., 8 fr.), dans la ville d'hiver, près du Casino; — de l'*Ancre-d'Or*, place de la Mairie. — Les prix varient de 9 à 15 fr. par jour suivant les saisons.

Maisons meublées et villas. — La plus grande partie des maisons et villas se louent à la saison ou au mois (de 400 à 1000 fr. et au-dessus). Le linge et l'argenterie se louent à part. — *Maisons de famille* avec pensions de 8 à 12 fr. par jour.

Restaurants : — dans tous les hôtels; — *Ané*, avenue Gambetta, 14; — *Camdessus*, place Tartas; — *Dumail*, rue Jehenne, 20; — *Ferras*, boulevard de la Plage, 210.

Cafés : — *Grand-Café*, *Molière*, de la *Place-Thiers*, *Central*, tous boulevard de la Plage.

Agences de locations : — *A Brannens*, boulevard de la Plage, 282; — *Expert*, id., 215; — *Garcias*, id., 191; — *Ducos aîné*, villa Ducos (ville d'hiver); — *Ducos jeune*, boulevard de la Plage, 290; — *Peyrol-Lanauze*, avenue Gambetta, etc.

Établissements de bains de mer chauds et froids : — *Grands-Bains*, boulevard de la Plage, 233; — *Bains d'Eyrac*, boulevard de la Plage, 101.

Casinos : — *Grand-Casino*, bel établissement ouvert toute l'année (concerts, bals, spectacles, salon de lecture et de conversation); — *Casino de la Plage*, boulevard de la Plage, 193 (jeux, concerts, guignol, etc.).

Cercles : — des *Régates et du Ca-*

B

Omnibus : — à la gare, 30 c. par place et 30 c. par colis. — Omnibus complets de 3 à 5 fr. — Entre la ville et l'établissement du Salut, toutes les h. en été; 30 c. l'aller, 20 c. le retour. 30 c. par colis. Station, devant l'Établissement Thermal.

Hôtels : — de *Paris** (depuis 9 fr. par j. en hiver; 12 fr. en été), *Beauséjour**, de *Londres et d'Angleterre* (10 fr. par j.), tous promenade des Coustous ; — *Frascati*, rue Frascati ; — de *France**, boulevards du Collège et du Casino ; — du *Bon-Pasteur*, rue de l'Horloge ; — *Dubeau*, rue de Tarbes ; — de la *Gare*, en face de la gare.

Tables d'hôte : — prix ordinaires : déjeuner, 3 fr. 50 c. ; dîner, 4 fr. 50 c.; — dans les hôtels de premier rang, la nourriture et le logement, 12 fr. par jour; dans les hôtels secondaires, 9 fr. Le service à la carte est à des prix modérés; on porte également en ville à tous prix.

Restaurants : — de l'*Alcazar*, rue du Théâtre ; — *Vignes*, place Lafayette ; — *Cantet*, rue de Tarbes; — dans les hôtels.

Logements. — Il est peu de maisons qui ne contiennent des logements pour les étrangers. Elles sont en général propres et commodes. Le prix s'établit habituellement par jour, à moins qu'on ne loue pour deux ou trois mois. Il est proportionné à l'importance du logement, au quartier où il se trouve, et à l'affluence des étrangers.

Indépendamment des écriteaux adoptés par quelques personnes pour indiquer qu'elles ont des appartements à louer, un signe encore plus apparent et consacré par l'usage est celui des jalousies et des volets fermés. Le prix journalier des appartements peut être calculé de 2 à 3 fr. par chambre au moment même de la plus grande affluence des étrangers; une personne seule peut vivre et se loger pour 8 à 10 fr. par jour.

Cafés : — *Godefroy*; — du *Boulevard*; — *Riche*; — *Brau*; — *Lafaille*; — des *Coustous*; — des *Pyrénées*; — du *Casino*; — *Américain*.

Casino et théâtre : — pour les tarifs, *V.* les affiches.

Médecins : — un inspecteur et un inspecteur adjoint sont attachés à l'établissement. En outre, il y a un grand nombre de médecins libres.

Tarif des bains : — très-compliqué et variant avec les saisons. Du reste, il est affiché dans l'établissement. Suivant les heures, le prix du bain varie de 1 fr. à 2 fr. — Douche jumelle, 1 fr. 50 c. — Douche ordinaire, 1 fr. 50 c. — Douche locale, 60 c. — Bain de pieds, 60 c.; serviette, 10 c.; drap, 20 c.; peignoir, 10 c. — Bain russe complet, avec linge, 5 fr. — Massage complet, 3 fr. — Massage partiel, 1 fr. 50 c. — Bain de vapeur, 1 fr. 50 c. — Douche de vapeur, 1 fr. 50 c. — Friction, 1 fr. 50 c.

Bains dans la grande piscine de natation : — le service de la grande piscine est réglé comme suit : *hommes*, de 6 h. à 9 h. du matin (un père peut faire baigner avec lui, mais sans réduction de prix, sa fille âgée de moins de 10 ans) ; *dames*, de 9 h. 1/2 à midi (une mère peut faire baigner avec elle, mais sans réduction de prix, son fils âgé de moins de 10 ans) ; *bains en commun*, de 1 h. à 7 h. du soir. — Un professeur de natation est à la disposition des baigneurs à des heures déterminées. — *Tarif* : bain ordinaire (linge et costume compris), 1 fr.; leçon de natation, par séance, 1 fr. — Entrée pour les personnes qui ne veulent

de 10,000 étrangers peuvent trouver à se loger en même temps dans les hôtels et les diverses maisons meublées de Bagnères-de-Luchon. Les appartements les plus somptueux et les plus chers se trouvent dans les chalets de l'allée de la Pique, de l'allée des Bains, et dans les maisons de l'allée d'Étigny et des Quinconces; ceux de la rue Neuve, de la rue de Piqué et de l'intérieur de la ville sont préférés par les baigneurs qui recherchent le bon marché.

Restaurants. — On peut vivre à Luchon de toutes les manières, soit à table d'hôte, soit au restaurant, à prix fixe ou à la carte; soit dans une maison meublée, servi par son cuisinier ou par les domestiques de la maison. Les *cafés-restaurants du Parc*, de la *Paix*, *Montbernard* (*Arnative*), situés sur l'allée d'Étigny, méritent une mention.

Cafés : — très-nombreux sur l'allée d'Étigny. Les principaux sont : *Montbernard* (*Arnative*); — du *Parc*; — de *France*; — *Divan*.

Cercles : — *Grand Cercle*, allée d'Étigny, 13; on y est admis sur la présentation de deux membres; les femmes des membres sont admises de droit. Matinées d'enfants le jeudi et le dimanche.

Grand Casino : — entrée principale, allée des Bains (théâtre, salles de jeux, de concerts, de danse, de conversation, d'escrime); pour les prix d'abonnement, consulter les tarifs à l'administration.

Chaises des Quinconces : — dans le jour, 1 chaise, 10 c.; pendant les concerts, 20 c.; abonnement pour un mois, 8 fr.; pour 15 jours, 4 fr.; pour 8 jours, 2 fr.

Manège, gymnase et hydrothérapie : — rue Spont, à dr. du Casino.

Plan en relief des Pyrénées : — au Casino. Visible tous les jours, de 9 h. mat. à 6 h. soir. — Entrée libre; explication absolument gratuite.

Cabinets de lecture et journaux : — *Lafont*, allée d'Étigny; — *Sarthe*, rue Sylvie, près de la poste.

Médecins : — un médecin-inspecteur, deux inspecteurs adjoints et un grand nombre de médecins libres, français et étrangers, résident à Luchon.

Bains. — Dès leur arrivée, les malades doivent aller à l'Établissement se faire inscrire, afin de prendre un numéro d'ordre, car les cabinets inoccupés ou devenus libres ne sont distribués qu'en suivant les numéros d'inscription. Le bureau qui se trouve à dr., dans le vestibule, est celui où l'on demande l'heure du bain, heure qui sera la même pendant toute la durée du traitement; au bureau de g., on prend les cartes d'entrée aux cabinets, conformément aux prescriptions du médecin. Le prix des bains varie selon les heures de la journée et l'époque de la saison. Le minimum est de 60 c., le maximum de 2 fr. 50 c. Le prix des douches est de 50 c. à 2 fr. 25 c. celui d'un verre d'eau, de 10 c. Le pourboire des garçons et des filles de service est laissé à la discrétion des baigneurs.

Buvette des Bains : — du 1er au 30 juin et du 16 au 30 septembre, prix : 1 jour, 25 c.; 1 mois 5 fr.; — du 1er juillet au 15 septembre, 1 jour, 50 c.; 1 mois 10 fr.

N. B. — Le *règlement* pour l'Établissement thermal de Bagnères-de-Luchon et le *cahier des charges* imposé au fermier des eaux thermales et minérales sont affichés dans l'Établissement.

Bains domestiques et émollients. — On appelle bains domestiques à Luchon les bains d'eau ordinaire. Les bains émollients sont des bains composés. — *Tajan, Lacau, Verdalle*, rue de l'Arboust; — *Taverné*, place de la Mission. — Prix: 75 c. et 1 fr.

Poste et télégraphe: — bureaux, rue Sylvie.

Voitures de place. — *Tarif pour le périmètre de la ville:* — à 1 cheval, de jour, la course, 1 fr.; l'h., 3 fr.; de nuit, la course, 2 fr. 50 c.; l'h., 4 fr.; — à 2 chevaux, de jour, la course, 1 fr. 30 c.; l'h., 3 fr. 75 c.; de nuit, la course, 3 fr. 25 c.; l'h., 5 fr. L'heure est divisible par quarts, mais la première heure se paye entière.

Pour les courses de l'*Église de Saint-Mamet*, de la *Cascade de Montauban* et de celle *de Juzet :* — à 1 cheval, l'h. de jour, 3 fr. 75 c., de nuit, 5 fr.; à 2 chevaux, l'h de jour, 4 fr. 75 c.; de nuit, 6 fr.

Voitures à 4 places : — pour la vallée du Lys, 20 fr. à 25 fr.; — à l'Hospice de Vénasque, 25 à 30 fr.; — à Bagnères-de-Bigorre, par le port de Peyresourde, 80 fr.; — au Pont du Roi, 30 fr.; — à Saint-Béat, 20 à 25 fr.; — à la vallée d'Astos, 25 à 30 fr.; — à Saint-Bertrand-de-Comminges, 30 à 35 fr.; — au Portillon, 35 à 40 fr.; — au lac d'Oo, 20 à 25 fr.; — à Bosost, 35 à 40 fr.; — à la cascade des Demoiselles, 20 à 25 fr.; — à la vallée d'Oueil, 20 à 25 fr.; — le tour de la vallée de Luchon, par les villages de Saint-Mamet, Juzet, Salles, 6 à 8 fr.

Loueurs de voitures. — On compte un grand nombre de loueurs à Luchon. Les voitures stationnent habituellement à l'extrémité du cours d'Étigny, près de l'Établissement thermal. Pour les excursions qu'on peut faire en voiture, V. chaque course. — *Marcou*, passage Saccarère, près de la poste : omnibus à tous les trains ; omnibus de famille, breaks, etc., sur commande pour le Pont du Roi ; breaks à 12 places, pour le Portillon, le lac d'Oo, 5 fr. 50 ; le Pont du Roi, 6 à 8 fr.; la vallée du Lis, partant tous les jours, en été, à 11 h. 1/2 du matin, 5 fr. 50 par personne, aller et retour dans la demi-journée. — Voit. pour Bagnères-de-Bigorre, par la montagne, par place, 25 fr. (départ à 6 h. du matin, trajet en 10 heures).

Loueurs de chevaux. — On compte à Luchon près de 300 chevaux de louage; ils sont, en général, fort bons (la journée, 10 à 12 fr.).

Guides. — Les guides à cheval sont au nombre de 80 environ. La plupart sont des loueurs de chevaux et des écuyers cavalcadours plus spécialement employés pour guider dans les courses à cheval. Quant aux guides à pied, un petit nombre seulement sont capables de conduire les touristes sur les sommets et les cols d'un accès difficile. Les guides des sommets sont : *Pierre Barrau, Barthélemy Courrège, Bernard Lafont, Haurillon, Bajun, Redonnet, Raphaël Augusto.* Ce dernier est tout spécialement recommandé aux touristes naturalistes qui veulent faire des courses dans la partie centrale des Pyrénées de la Catalogne, de l'Aragon, et du versant français. — La journée d'un guide à pied se paye de 10 à 20 fr. Les prix sont indiqués en tête de chaque excursion.

N. B. — Tous les droits d'entrée ou de péage, ainsi que les dépenses de nourriture et d'auberge, des guides et des chevaux, sont à la charge des voyageurs.

Porteurs-commissionnaires : — Ils portent une plaque numérotée et sont responsables de la perte des objets qui leur sont confiés.

Tarif : — de quelque partie de la ville que ce soit jusqu'aux bains et *vice versa*. . . . . . » fr. 75 c.

Courses en ville pour bals, soirées, etc. . . . 2 »

S'ils doivent attendre à la volonté de leurs pratiques. . . . . 5 »

Hôtels : — de l'*Europe*; — *Richelieu* (7 fr. par j.); — de *France*.

Maisons et appartements à louer. — Le prix d'une chambre varie de 2 fr. 50 c. à 5 ou 6 fr. par jour, selon son exposition, ses dépendances et le nombre des lits.

La pension, dans les hôtels de premier ordre, se paye 6 à 8 fr. par jour, déjeuner et dîner à table d'hôte.

Une journée (logement et nourriture) revient, terme moyen et tout compris, à 10 fr. environ.

Cafés : — *de l'Union*; — *Richelieu*; — de *Paris*.

Médecins. — Un médecin-inspecteur et un médecin militaire sont attachés aux établissements de Barèges. En outre, plusieurs médecins libres résident dans le village, et les médecins de Luz et de Saint-Sauveur visitent aussi les malades de Barèges.

Tarif des bains : — bains et douches, de 1 fr. à 2 fr. 50 c. suivant les heures. — Piscine, de 5 à 6 h. du matin, 1 fr. 50 c.; pendant le reste de la journée, 60 c. et 1 fr. — Boisson, 5 c. la séance; abonnements pour 30 jours (du 15 juin au 5 septembre), 10 fr.

Poste et télégraphe : — à l'entrée de la Grande-Rue.

Cabinet de lecture. — *Cazaux frères*.

Chevaux, ânes et voitures. — Les courses des environs de Barèges sont si variées et si nombreuses, que plus de 25 loueurs de chevaux suffisent à peine aux besoins des baigneurs. — Les loueurs de voitures sont nombreux. S'adresser, de même que pour les loueurs de chevaux et les guides, à l'établissement et aux différents hôtels.

Omnibus : — pour Luz et Saint-Sauveur, 2 fr.; — pour la station de Pierrefitte-Nestalas, 4 fr. 50 c.

Guides de 1re classe : — *Bastien*, *Teinturier*, *A. Moncassin*, *Jean Faure*, *Viscos-Nidan*, *Henri* et *Pierre Menvielle*, *Michel Pontis*, ayant seuls (1888) le droit de conduire les voyageurs au sommet des montagnes et sur les cols d'un accès difficile. — Plus de 20 guides de 2e classe.

Chaises à porteurs : — établissement, aller et retour, 60 c. (40 c. pour un second voyage si on le fait le même jour).

BAYONNE (Basses-Pyrénées), 14. — Situation, aspect général, 14. — Monuments et établissements publics, 15. — Industrie et commerce, 16. — Promenades, environs, 16.

Omnibus : — 25 c. par voyageur et 25 c. par colis.

Hôtels : — *Saint-Étienne, Grand-Hôtel* (depuis 10 fr. 50 par j.; pens., 8 fr. en hiver), *Saint-Martin*, de la *Bilbaïna*, de la *Guipuzcoana* (7 fr. par j.; pens., 80 fr., chambre non comprise), tous situés rue Thiers, au centre de la ville; — du *Panier-Fleuri*, rue du Port-Neuf; — de la *Paix*.

Restaurants : — *du Panier Fleuri*; — dans les hôtels.

Cafés : — les principaux (*Farnié, Central*, du *Théâtre*, etc.) sont situés : place d'Armes, place de la Liberté, rue Bernède, place Grammont.

Poste et télégraphe : — place du Réduit.

Bains : — place du Réduit, au Pont Mayou; rue de la Visitation; rue Panneeau; rue Lagréou; allées de Paulmy; — bateaux flottants sur l'Adour.

Voitures : — pour *Cambo, Hasparren, Espelette*, le *pays basque*, rue d'Espagne.

Tramway à vapeur pour Biarritz, inauguré au printemps de 1888.

Chemin de fer spécial pour *Anglet* et *Biarritz* : — gare située aux allées de Paulmy, hors des remparts. — Départs, toutes les heures à l'heure et quelquefois plus souvent, selon les saisons. Prix : 1re cl., 75 c.; 2e cl., 45 c. — Trajet en 15 min. — Voitures à impériales et à plates-formes. — Un service particulier d'omnibus (voyageurs et bagages) est établi entre la gare Saint-Esprit (Midi) et la gare du chemin de fer spécial de Biarritz

levue ; — d'*Angleterre**, rue Mazagran ; — *Continental** (depuis 9 fr. par j., en hiver ; bains ; ascenseur, voit. boulevard du Palais ; — *Victoria et de la Grande-Plage** (depuis 10 fr. par j.), boulevard du Palais ; — de *Bayonne*, rue Gambetta : — des *Princes**, rue Gambetta ; — de l'*Europe* (7 fr. par j. en hiver, depuis 10 fr. en été), place de la Liberté ; — de *Paris et de Londres*, (depuis 8 fr. en hiver ; 10 fr. en été), place Sainte-Eugénie ; — de *France*, place de la Mairie ; — *Saint-Martin*, rue Gambetta ; — du *Vieux-Port et des Américains*, au Port-Vieux ; — de la *Marine*, place de la Liberté ; — *International* (depuis 7 fr. 50 par j., en hiver), en face de la gare ; — *Lapandry*, rue Gambetta ; — hôtel meublé *Broquedis* (chambres, 2 fr. en hiver, 8 à 10 fr. en été). — Les prix de ces hôtels varient suivant l'époque de la saison et l'affluence des baigneurs. En général, on paye la chambre de 3 à 8 fr., 3 fr. 50 c. le déjeuner, et de 4 à 5 fr. le dîner (vin compris). — Les hôtels suivants ont des chambres avec vue sur la mer : hôtels *Grand-Hôtel*, d'*Angleterre*, *Continental*, *Victoria et de la Grande-Plage*, des *Princes*, de *Paris et de Londres*, de *Bayonne*.

Maisons à louer. — Chaque baigneur, chaque famille choisira, en consultant ses goûts et sa bourse, l'habitation qui lui conviendra le mieux et qui sera libre, car, pendant la saison, c'est-à-dire du 1er juillet au 15 septembre, il est souvent difficile de trouver un logement.

Pension : — *Villa du Midi* (pension anglaise).

Restaurants : — dans tous les hôtels ; — aux deux casinos ; — *Harran*, *Mazon*, au Port-Vieux ; — *du Helder*, au parc Bourguignon.

Cafés : — *Anglais*, de *Paris*, tous deux place Bellevue, vis-à-vis de la plage ; — du *Helder* ; — de l'*Europe* ; — *Grand-Café* ; — de l'*Océan* ; — de la *Paix* ; — de *France*.

Concerts publics : — place Sainte-Eugénie (entrée aux concerts du soir, de 8 h. 1/2 à 10 h., 50 c.) ; — aux Casinos, tous les soirs.

Parc Bourguignon : — théâtre guignol, jeux, gymnase, etc.

Voitures, chevaux et ânes : — au Manège, rue de France. Les prix de location se règlent de gré à gré.

Poste et télégraphe : — cité Broquedis, à côté des Halles centrales.

Casinos : — concerts, bals, fêtes, salons de jeux, de lecture, etc. — Abonnements de famille à prix très réduits.

Bazar des Pyrénées : — rue Mazagran, 2, en face de la mairie.

Médecins. — Un médecin-inspecteur des bains de mer et un sous-inspecteur résident à Biarritz pendant la saison, ainsi que des médecins français et étrangers.

Pharmaciens : — Pharmacie centrale et anglaise de *Moureu*, place de la Mairie, 5 ; — *Moussempès*, place Sainte-Eugénie ; — *Gonzalès*, place de la Liberté.

Bains. — Ils se prennent sur la Grande Plage, au Port-Vieux et sur la côte des Basques. On paye 50 c. pour le baigneur (si l'on en prend un), 25 c. pour le costume quand on n'a pas le sien, et 35 c. pour une cabine. On trouvera, près des principaux hôtels, plusieurs marchands de costumes. Les établissements de *bains chauds* existent au Port-Vieux, au Casino, à la Grande Plage. On peut y prendre des bains d'eau de mer et d'eau douce.

Agences de locations et libraires : — *Maupin*, rue Mazagran ; — *Benquet*, place de la Mairie ; — *Legrand*, rue Mazagran.

Tramway à vapeur pour Bayonne.

C

lère, 1 ; — *Tarrieu*, à la Mairie ; — *Mme Cassé*, rue St-Louis, 4.

Poste et télégraphe : — à la mairie.

Journaux : — le *Journal hebdomadaire de Cauterets*, la *Petite Gazette quotidienne de Cauterets* (Cazaux, éditeur) ; — la *Gazette hebdomadaire de Cauterets* ; — la *Gazette quotidienne des étrangers*.

Guides. — Les guides de Cauterets sont divisés en deux classes : ceux de première classe, au nombre de 30, peuvent conduire les étrangers sur les sommets lointains et sur les cols périlleux ; les guides de deuxième classe, limités aussi à 30, sont autorisés à faire voir aux touristes les endroits rapprochés et d'un facile accès. Les meilleurs guides de sommets sont : *Clément Latour, Bordenave, Jean-Pierre Latapie, Dominique Pont, Dominique Latapie, Vergès Bourguine, Sarrettes, Pouydehau, Barragat, Berret.*

Les guides ne peuvent exercer leur industrie qu'après s'être munis de la carte de leur classe ; ils sont tenus de porter la plaque et de montrer le tarif aux étrangers, s'ils en sont requis.

Les étrangers feront bien de se faire délivrer à l'hôtel de ville le règlement contenant, avec le tarif des guides, celui des chevaux et des ânes.

Loueurs de voitures : — ils sont très nombreux pendant la saison ; les principaux sont : *Prouzet, Crépaux.* — Pour une voiture le tarif de la journée est ordinairement de 25 à 40 fr.

Les prix varient suivant l'époque de la saison.

Tarif des courses pour : Pierrefitte, avec bagages. . 10 à 15 fr.
Saint-Savin ou château de Beaucens. . . . . 20 à 30
Le tour de la vallée d'Argelès, par St-Savin, retour par Beaucens. . . . . 35 à 40
Barèges, 4 chevaux. . 60 à 70
Bagnères-de-Bigorre, par la plaine. . . . . 70 à 90
Id., par Barèges et le Tourmalet . . . . 120 à 150
Bagnères-de-Luchon, par Bigorre et le col d'Aspin. . 300
Gavarnie, calèche. . 50 à 60
Id., landau, cocher en tenue (4 chevaux). . . . 60 à 80

Loueurs de chevaux et d'ânes. — On compte à Cauterets plus de 100 chevaux de louage (prix moyen de la journée, 10 à 15 fr.). — On trouve aussi à Cauterets des loueurs d'ânes.

Le prix des courses (pour les chevaux et les ânes) est tarifé (*V* en tête de chaque excursion).

Omnibus : — de Cauterets à la gare de Pierrefitte ; nombreux départs en été ; prix : 2 fr. 50 c. — De Cauterets à la Raillère ; départs de 10 m. en 10 min., le matin, de la place Saint-Martin ; prix : aller, 75 c. ; retour, 25 c.

Grand Casino : — salons de lecture ; tous les jours, à 2 h., concerts au kiosque de l'Esplanade ; à 8 h., spectacle ; bals d'enfants. — Abonnements. — Pour plus de renseignements, *V.* les affiches.

Casino-Club du Boulevard : — boulevard Latapie-Flurin. — Salons de lecture, de jeux, billards, salons pour dames, grand foyer, promenoirs, café-restaurant.

Grand-Théâtre : — opéra, opéra-comique, opérette, comédie, vaudeville.

Tarif *des eaux appartenant à la vallée de Saint-Savin* (du 20 juin au 7 septembre). — Carte d'abonnement à toutes les *buvettes*, valable pour 25 jours, renouvelable sur une note du médecin, 15 fr. — *Bains* : Les Œufs, à 5 et 6 h. du matin, 1 fr. 50 ; autres heures de la journée, 2 fr.; — Néothermes, à 5 h. et 6 h. du matin, 1 fr. 50; autres heures, 2 fr.; — Thermes, à 5 h. et 6 h. du matin, 1 fr. 50; autres heures, 2 fr.; — La Raillère, à 5 h. et 6 h. du matin, 1 fr. 50; à 7, 8, 9 et 10 h. du matin, 2 fr.; autres heures 1 fr. 50; — Pauze-Vieux et Le Bois, à 5 h. et 6 h. du matin, 1 fr. 50, à 7, 8, 9 et 10 h. du matin, 2 fr.; autres heures, 1 fr. 50. — *Douches :* Jusqu'à 7 h. du matin, 2 fr.; après 7 h. du matin, 2 fr.; — à Pauze-Vieux et au Bois, jusqu'à 7 h. du matin et pendant l'après-midi, 1 fr. 50; de 7 h. à 11 h. du matin, 2 fr. — Bains de pieds (Thermes, Néothermes), 70 c. — Inhalation et pulvérisation, 1 fr. 50. — Bains de piscine, 1 fr. 50. — Douches ascendantes, 75 c. — Bain ou douche de luxe (Néothermes), 5 fr.

Dans ces prix se trouvent compris tous les frais de préparation de bains, de chauffage du linge, ainsi que les soins des garçons et des filles de bains.

Tarif des eaux n'appartenant pas à la vallée. — Petit-Saint-Sauveur : bain, avant 8 h. et après 10 h. du matin, 1 fr. 50; de 8 h. à 10 h., 2 fr.; douche, 1 fr.

Laiterie, crémerie, cure de petit-lait (15 c. le verre), chalet situé à l'entrée de la ville, sur la route de Pierrefitte. — Salon de réception pour la consommation des divers produits; magasin de vente au détail, situé sur la place du Marché, ouvert de 6 h. à 11 h. du matin, et de 3 h. à 6 h. du soir.

CÉRET (Pyrénées-Orientales), 312 — Hôt. : de *France*; du *Commerce*.

CETTE (Hérault), 278. — Excursions, 300.

Omnibus : — correspondant avec tous les trains. — 30 c. par voyageur et 30 c. par colis.

Hôtels : — *Grand-Hôtel*; — *Barillon* (9 fr. par j.), quai de Bosc; — du *Grand-Galion* (9 fr. par j.; voit.), même quai; — des *Bains* (7 fr. 50 par j.; pens. depuis 75 fr.; bains et hydrothérapie); rue Nationale; — de la *Souche*.

Cafés : — du *Grand-Hôtel*; — *Grand-Café*; — *Café-Glacier* (concerts), quai de Bosc.

Bains de mer. — Les bains de

mer de Cette sont fréquentés chaque année par 3000 ou 4000 baigneurs. Le mois de juillet est le mois le plus favorable; la dernière quinzaine de juin n'offre pas toujours une température suffisamment élevée, et l'approche de l'équinoxe expose, dans le mois d'août, aux coups de vent du large. L'établissement, qui ne brille ni par son élégance ni par son *confort*, se trouve situé près de l'ancien embarcadère du chemin de fer de Montpellier.

Établissement hydrothérapique et bains chauds : — à l'*hôtel des Bains*, rue Nationale.

Poste et télégraphe : — près du Grand-Hôtel.

Bourse de commerce. — La tenue de la Bourse a lieu les mercredis, à 2 h. du soir, dans une des salles du tribunal de commerce.

Bateaux à vapeur. — Des services réguliers de bateaux à vapeur mettent le port de Cette en communication directe avec *Balaruc-les-Bains*, *Port-Vendres;* les villes de l'*étang de Thau*, *Marseille*, *Gênes*, *Livourne*, *Civittà-Vecchia*, *Alger*, *Oran*, *Philippeville*, *Bone*, *Tunis*, *Barcelone*, *Valence*, *Alicante*, *Carthagène*, *Alméria*, *Malaga*.

Voitures publiques : — pour *Balaruc-les-Bains*.

D

Omnibus : — de la gare en ville, 25 c. par pers. et 25 c. par colis.

Hôtels : — à l'Établissement Thermal : prix de la pension, en été, traitement hydro-minéral compris, 8 fr. 50 c.; en hiver, 9 fr. 50 c. Pour les externes, le traitement hydro-minéral se paye de 1 à 3 fr. la séance (40 à 75 fr. par quinzaine), suivant le nombre des séances; — à l'Établissement des Baignots; — à l'Établissement des Thermes Romains. — Hôt. : de l'*Établissement des Thermes;* — de la *Paix* (9 fr. par j.; pens. depuis 8 f.); — *Figaro;* — du *Commerce* (6 fr. par j.; pens., 120 fr.); — de l'*Europe* (8 fr. par j.; pens; 7 fr.; on parle anglais et espagnol); — du *Nord* (6 fr. par j.; pens. depuis 100 fr.).

Cafés : — *Grand-Café;* — de l'*Europe;* — de la *Renaissance*.

Loueur de voitures : — *Artiguevielle*.

Voitures publiques : — pour les bains de *Vieux-Gamarde*.

E

Hôtels : — des *Princes** ; — de *France** ; — *Richelieu* ; — de la *Paix* ; — *Bernis* ; — d'*Angleterre et d'Espagne* ; — des *Touristes et de l'Univers* ; — de la *Poste* ; — de *Paris* (depuis 8 fr. 50 par j.) ; — *Cazaux* aîné (chambres de 2 à 10 fr. par j. ; appartements complets avec cuisines pour familles, de 8 à 20 fr. par j. ; cuisinières au service des étrangers). — Les prix de ces hôtels sont à peu près les mêmes. Du 1er juillet au 15 août, on paye une chambre au 1er ou au 2e étage, bien exposée, 8 à 10 fr. par jour ou davantage. Dans les étages supérieurs, on paye 3 fr. à 5 fr. Au commencement et à la fin de la saison, prix beaucoup moins élevés. La nourriture coûte 7, 8 et 10 fr. par jour à la table d'hôte.

Maisons meublées. — Presque toutes les maisons des Eaux-Bonnes se louent meublées aux étrangers pendant la saison des eaux. Les prix des appartements et des chambres varient sans cesse. Il est souvent difficile de choisir, par conséquent de marchander. Les principales maisons meublées sont les maisons *Tourné*, *Bonnecaze*, *Courrèges*, *Lagouarre*, *Pommé*, *Berdou*, *Sécula*, *Laporte*, *Capdevielle*, *Cazaux* aîné, de l'*Europe*, *Dehéreter*, etc. Des cuisines particulières sont annexées à quelques-unes de ces maisons.

Café : — *David*, en face du jardin.

Médecins. — Un médecin-inspecteur et un inspecteur-adjoint sont attachés à l'établissement des Eaux-Bonnes. Plusieurs autres médecins exercent pendant la saison.

Poste et télégraphe : — derrière l'hôtel de la Poste ; ouvert jusqu'à 9 h. du soir.

Cabinets de lecture : — à l'hôtel de France et à l'hôtel des Princes.

Cercles : — au Casino ; — à l'hôtel des Princes.

Etablissement hydrothérapique : — sur le Gave.

Musée minéralogique et botanique de M. Gaston Sacaze (à la mairie) : entrée libre.

Musique (au kiosque du jardin anglais) : — tous les jours, de 3 h. à 5 h., et trois fois par semaine, de 8 h. à 10 h. du soir.

Chaises : — 10 c. par séance.

Guides. — Les guides des Eaux-Bonnes ne sont soumis à aucun règlement, à aucun examen. Pas de règlement, pas de tarif par conséquent. Il faut débattre le prix pour chaque course et ne pas craindre de marchander, on obtient souvent des rabais considérables et bien mérités. En général, pour les courses ordinaires, un guide à pied se paye 9 et 10 fr. par jour, 6 fr. pour une promenade d'une demi-journée. Moyennant 12 fr., tant pour le cheval que pour le guide, on n'a pas à s'occuper de leur nourriture.

Les principaux guides, qui sont en même temps loueurs de chevaux, sont : *Lanusse*, *Maucor*, *Caillau*. Les guides de sommets, recommandés par la Société Ramond, sont : *Orteig*, *Lanusse* et *Camy*, des Eaux-Chaudes.

Chevaux : — les chevaux ne sont pas plus tarifés que les guides. On en trouve de fort bons pour 7 et 9 fr. par jour, 10 à 12 fr quand la course est longue.

Voitures : — une voiture à deux chevaux se loue 12 à 15 fr. pour la demi-journée, et 20 à 25 fr. pour la journée. On devra faire ses conditions à l'avance. On trouve des voitures à la plupart des hôtels et chez plusieurs guides et loueurs de profession.

Porteurs : — prix variant selon la longueur des courses. Il est bon de les débattre et de les fixer avant le départ.

Tarifs des bains et de la bu-

France; — de *Londres* (depuis 5 fr. par j.). — Dans les hôtels, la chambre et la nourriture coûtent 6 fr. par jour.

Cafés : — *Américain;* — dans les hôtels.

Maisons particulières. — Dans la plupart des maisons, il y a des chambres à la disposition des étrangers (1 fr. par j. en moyenne).

Voituriers : — *Baron;* — *Manadé;* — *Fitte.*

Bains : — prix, avec le linge, aux deux établissements, 75 c. — Prix de la boisson, à la buvette, 20 c. — Prix de la bouteille cachetée, 40 c.

H

I

J

L

M

N

O

P

prix varie de 400 à 10,000 fr. L'*hôtel Splendid et de Bellevue*, place Royale, ne loue que des appartements meublés. On peut louer aussi des maisons de campagne garnies dans les environs.

La location des appartements garnis se fait ordinairement pour la saison, qui commence en septembre et finit en mai ou juin; elle comprend donc 7 à 8 mois. Les personnes qui louent pour une période moins longue obtiennent souvent un rabais sur le prix du loyer. Si la location est faite à l'année ou au mois, on stipule des conditions particulières. Le directeur des bureaux du syndicat se charge volontiers de rédiger le bail et de faire l'inventaire moyennant une petite rétribution. — *N. B.* Le syndicat a publié le plan de la ville et des environs à l'usage des étrangers (prix, 2 fr.).

Restaurants : — *Gassion*, à l'hôtel Gassion, boulevard du Midi; — *Bernis*, rue de la Préfecture; — du *Théâtre*, en face de la place Royale; — des *Pyrénées*, place Bosquet; — *Humarau*, rue Notre-Dame, etc.

Cafés. — La plupart des restaurants (*V.* ci-dessus) sont aussi des cafés. En outre, les principaux cafés sont les suivants : — *Grand-Café*, place Royale; — de la *Dorade*, du *Commerce*, du *Sport*, tous trois rue Préfecture; — du *Théâtre*, place Henri IV; — du *Champ-de-Mars*, rue de Bordeaux; — *Parisien*, rue Notre-Dame.

Bains publics : — *Grand Établissement hydrothérapique*, rue d'Orléans, 15; — *Bains Romains*, rue Taylor, 10; — *Noguez*, rue des Bains; — *Poeyharré*, rue des Ponts; — *Henri IV*, à la Basse-Plante; — *Guilhem*, à la fontaine Trespoey; — *Darnaud*, rue Calas.

Voitures de place : — stationnant place de la Halle, place Royale, place Grammont et derrière le Palais de Justice. Le tarif est affiché dans l'intérieur des voitures. Les cochers sont tenus d'en remettre un exemplaire aux voyageurs qui en font la demande.

Voitures à 1 cheval et à 2 places : la course, 75 c. le jour, 1 fr. la nuit, au delà de 8 kil., 2 fr. et 2 fr. 50 c.; l'heure, 1 fr. 50 c. le jour, 2 fr. la nuit; 15 fr. la journée.

Voitures à 2 chevaux et à 4 places: la course, 1 fr. le jour, 1 fr. 25 c. la nuit, au delà de 8 kil., 2 fr. 50 c. et 3 fr.; l'heure, 2 fr. et 2 fr. 50 c.

Voitures de remise : — *Abadie*, rue du Château; — *Bazillac*, rue Serviez; — *Camou*, rue Porte-Neuve; — *Cassinet*, rue d'Étigny; — *Crabé*, place Grammont; — *Hourcade*, rue du Lycée; — *Ranguedat*, rue du Lycée; — *Arcabouset*, rue Duplâa; — *Laborde*, rue Gachet; — *Croharé*, rue Gassies; — *Gardères*, place Royale; — *Ribelles*, rue des Orphelines, etc.

Loueurs de chevaux. — Le nombre de ces industriels est considérable, surtout pendant la saison. S'adresser aux hôtels ou mieux encore à l'Union syndicale. Les chevaux de selle se louent au mois (300 fr.) ou à la journée (10 fr.) ; la demi-journée, 6 fr.

Poste et télégraphe : — rue des Arts, près de la Halle (ouvert de 7 h. du matin à 9 h. du soir).

Cabinets de lecture : — *Cazaux*, rue Préfecture, 1; — *Lafon*, rue Henri IV; — *Ribaut*, rue St-Louis; — *Ariza*, rue de la Préfecture; — *Bergerot*, rue Serviez.

Cercles: — des *Etrangers*, à l'hôtel Gassion; — des *Pyrénées*; — *National*, *Anglais*, de l'*Union*, tous trois place Royale.

Théâtre : — rue Saint-Louis, représentations 4 fois par semaine.

Cirque : — place des Écoles

Casino : — près de l'hôtel Gassion.

Banquiers : — *Mérillon;* — *Buron et Rivarez ;* — *Hoo-Paris et Duvau ; Viguerie et Ollé-Laprune;* — *de Musgrave-Clay*, vice-consul des États-Unis, etc.

Équipage de chasse à courre au renard (mardi, jeudi et samedi) : — entretenu par souscription et dirigé par M. Alcook (allées Morlaas).

Tir aux pigeons, jeux de polo et de crocket ; — à la plaine de Bilhères, extrémité O. du parc.

Cultes : — *temple presbytérien*, rue Montpensier ; — *temple de Saint-André*, rue Calas ; — *temple de la Trinité*, rue des Temples : — *synagogue*, rue Gassies ; — *église gréco-russe*, rue Calas.

PERPIGNAN (Pyrénées-Orientales), 292.

Omnibus : — de la gare aux hôtels ; 30 c. par place et par colis.

Hôtels : — *Grand-Hôtel ;* — de *France* (depuis 7 fr. 50 par j.) ; — du *Petit-Paris*, *Central ;* — des *Ambassadeurs ;* — des *Voyageurs* (7 fr. par j.) ; — de *Perpignan ;* — du *Louvre*.

Restaurants : — du *Grand-Hôtel ;* — de l'*hôtel de France ;* — de la *Loge ;* — des *Quatre-Nations*.

Cafés : — de *France ;* — de *Paris ;* — de la *Loge*.

Alcazar Roussillonnais : — entrée, 1 fr.

Grand-Théâtre.

Poste et télégraphe : — rue de la Préfecture.

Voitures publiques : — pour *Amélie-les-Bains, le Boulou, Céret* (4 départs par jour en été).

Q

R

S

T

U

V

FIN DE L'INDEX ALPHABÉTIQUE.

16752. — Imprimerie A. Lahure, rue de Fleurus, 9, à Paris.

BILLARDS

Blanchet et Cie, Guéret, succr, 53, *rue de Lancry*, Paris. Fabrique de billards et billard-table.

BRETELLES

Ve Oury, Bretelle américaine, 134, *rue de Rivoli*, Paris (Voir p. 52.)

BRONZES D'ART

Alphonse Thomas, 56, *rue de Turenne*. Bronzes d'art et d'ameublement, genre ancien et moderne, styles Louis XIII, XIV, XV et XVI.

Boyer fils frères, 64, *rue de Saintonge*, Paris. © 1878 — D. H. 1884, 1887. Bronzes d'art. — Garnitures de style.

Charpentier, Gravelin (P.), succr HC, © 1878. 8, *rue Charlot*, Paris. Bronzes d'art et d'ameublement

Grinand (A.) ©. 51, *rue de Turenne*, Paris. Fabrique de bronzes. — Garnitures de cheminées.

Vian (H.) ® 1878. © 1886. 75, *rue de Turenne*, Paris. — Bronzes d'éclairage. — Ferronnerie d'art. — Lustres. — Lanternes, etc.

CAFÉS

Sylvain. Café-restaurant, 12, *rue Halévy*. Paris. (Voir page 56.)

CHAUSSURES

Chaussures de luxe.

Prevost (Lucien), 3, *rue Taitbout*, Paris. (Voir page 52.)

CHOCOLAT

Chocolat Menier. (Voir p. 103.)

COMPAGNIES MARITIMES

Cie des Messageries maritimes. (Voir page 37.)

Fraissinet et Cie. (Voir p. 38.)

Royal Mail. (Voir page 36.)

DENTIFRICES

Eau et Poudre dentifrices de Botot. (Voir page 104.)

Eau et poudre dentifrices du docteur Pierre. (Voir p. 44.)

DENTISTES

A. Préterre, 29, *boulevard des Italiens*, Paris. (Voir page 42.)

EAUX MINÉRALES

Meneau (A.), 20, *rue de la Michodière*, Paris. Entrepôt général de toutes les eaux minérales naturelles. Expéditions pour tous pays.

Pougues (Établissement thermal de), administration, 6, *rue de la Chaussée-d'Antin*. (Voir page 82.)

ÉLECTRICITÉ

Établissement dynamothérapique du docteur H. Huguet (de Vars), 27, *rue de Londres*, Paris. (Voir page 49.)

Le Brun (H.), 32, *rue Pastourelle*, Paris. Soulag. instant. des migraines, douleurs névralg., rhumat. et toutes affections nerveuses au moyen de la BIJOUTERIE ÉLECT. : bagues, bracelets, tours de tête, colliers, plaques. Cornets acoust. contre surdité.

Surdité, bruits, bourdonnements dans les oreilles, affaiblissement de l'ouïe, GUÉRISON ASSURÉE par les cornets acoustiques perfectionnés invisibles, avec électricité légère et continue. Prix. 20 fr. la paire. Env. fo c. mand. à **Pinguet**, ingr électricien Bté, 32, *passage du Saumon*, Paris. Maison à Vichy.

EMBALLAGES

Chenue, 5, *rue de la Terrasse*, près la place Malesherbes, Paris. Emballages et transports objets d'art et mobiliers.

Pottier. Emballage spécial de tableaux, objets d'art et mobiliers. Magasins pour recevoir les marchandises. English spoken.
14 et 9, *rue Gaillon*, Paris.

ENCENS

Encens du Sacré-Cœur. (Voir page 54.)

ENCRES

Papillon (L.) et Cie. (Voir page 54.)

GRAVEUR

Allain 12, *quai du Louvre*, Paris. (Voir page 56.)

GYMNASES

Gymnase médical (franco-suédois), GUIMARD, 112, *Bd Malesherbes*, Paris. Méthode rationnelle pour tous les âges. (Fabrique et vente d'appareils). Traitements orthopédiques. Douches chaudes et froides. Massage. SALLE D'ARMES.

Grand Gymnase des Batignolles, dirigé par M. et Mme MANGIN; 3, *rue Clairaut*, à 10 minutes du parc Monceau. Hydrothérapie, salle d'armes, cours généraux 12 fr. par mois.

Grand gymnase médical de l'Europe. Cours pour hommes, dames et enfants. Salle médicale. Traitement des déviations, etc. Hydrothérapie complète. Douches de barège. Salle d'armes. Cours et leçons de danse et de maintien. Progrès assurés et prix modérés. Dr **Mce Nicolas,** 88, *rue de Rome*, Paris.

Lelièvre. (Voir *Sauvetage*.)

HABILLEMENTS

Maison de la Belle Jardinière, 2, *rue du Pont-Neuf*, Paris. (Voir page 41.)

HORLOGERIE

Horlogerie Française. Grumbach et Cie, 21, *rue d'Enghien*, Paris. (Voir page 47.)

HOTELS

Anglo-American private Family-house, 30, *rue Bassano* (Champs-Elysées), Paris.
MM. STARCK, Pres.

Appartements meublés, 390, *r. St-Honoré*, et 7, *r. Duphot*, Paris. Grands et petits appartements fraîchement décorés (près les Champs-Elysées et la Madeleine). Large and small handsomely furnished apartments to let.

Hôtel Balzac, 4, *rue Balzac* (Champs-Elysées), Paris. Recommandé par son confort. M. VERNIER, propr.

Hôtel Villa Beaujon, 8, *rue Balzac*, Paris. Grands et petits appartements. Maison de 1er ordre, fréquentée par les grandes familles de France et de l'étranger. Maison recommandée par son confort et sa bonne table. Salons de conversation, de lecture; fumoir; GRAND JARDIN; table d'hôte; service dans les chambres
FIRST CLASS FAMILY HOTEL.

Beaux Appartements meublés, avec ascenceur, 41, 43, *boulevard des Capucines*, et 24, *rue des Capucines*, Paris. Spécialement recommandés par leur confort. *Family house*. A. DELAPIERRE-DEMARLE, propriétaire.

Hôtel Bellevue, 16, *r. Pasquier* (gare St-Lazare). Table d'hôte et service à volonté. Prix modérés. *English spoken*. GIRALDON, propriétaire.

Hôtel Burgundy, 8, *r. Duphot* Madeleine), Paris. Chambres de 2 à 10 fr. par jour; pension de 55 à 70 fr. par semaine. Writing, Drawing, Dining and Smoking Rooms. BÉCARD, pre.

Grand Hôtel du Cadran, *rue St-Sauveur*, 62, près la Bourse et Grande Poste. Table d'hôte, service à la carte. Prix mod. RENTIÈRE, prop.

Chambres et appartements meublés, 97, *r. Richelieu* (passage des Princes), 5 *bis, boulevard des Italiens*, et 2, *rue d'Amboise*. Chambres de 2 à 8 fr. par jour et de 45 à 200 fr. par mois. Petits appartements. Prix modérés. CUSSET, propriétaire.

Hôtel Continental. (Voir page 58.)

Cosmopolitan Hôtel, 4, *rue de Valois* (Palais-Royal), Paris. Table d'hôte, arrangement pour famille. Prix modérés Même maison, **Hôtel de la Gare Saint-Lazare**, 4, *rue de la Pépinière*. English spoken. Man spritcn deutch. DESHARNOUX, propriétaire.

Hôtel Dominici, 7 *et* 9, *rue Castiglione* (près les Tuileries), Paris. (Voir page 60.)

Hôtel des États-Unis, 16, *rue d'Antin*, près l'Opéra. Chambres meublées de 2 à 8 f. par jour; de 45 à 200 f. par mois. Petits appartements; prix modérés. Apartments and rooms, moderate price. CUSSET, p^re.

Hôtel Fénelon (Catholique,) 11, *rue Férou* (près Saint-Sulpice), Paris. Maison spécialement recommandée par sa tranquillité. Télégraphe ouvert à toute heure du jour et de la nuit; téléphone. La Maison a édité un Guide détaillé pour la visite complète de Paris et ses environs, spécial à sa clientèle.

Grand Hôtel d'Harcourt, 3, *boulevard St Michel*, Paris. Chambres confortables. GUILLEMONT, p^re.

Hôtel du Jardin des Tuileries, 206, *rue de Rivoli*, en face le Jardin des Tuileries Appartements et chambres. Grand confort. Elegantly furnished apartments and single rooms. Full south. Lift. ZIEGLER, prop.

Hôtel Mirabeau, 8, *rue de la Paix*, Paris. (Voir page 57.)

Grand Hôtel de Nice, 36, *rue Notre-Dame-des-Victoires*, (**Place de la Bourse**). Grands et petits appartements confortables. Prix modérés. — M. C. MAHIEU, propr^re.

Grand Hôtel et Restaurant de Paris, 38, *rue du Faub.-Montmartre*. Fondé en 1850, a acquis sa réputation par son excellent service, sa cuisine et sa cave recherchée. 100 chambres et appartements de **2** à **5** fr. par jour; restaurant, table d'hôte: déjeuner, **3** fr., diner, **3** fr. **50** vin inclus; par jour, **8** à **10** fr. This estab'ishment, founded in 1850, has acquired its réputation for its excellent attendance, cooking and cellar recommanded as by its *moderate prices*. 100 rooms and sitting rooms from **2** à **5** fr. by day. Restaurant-lunch, **3** fr.: dinner, **3** fr. **50**.

Grand Hôtel du Périgord, 2, *rue de Grammont*, Paris. Grands et petits appartements confortables. Table d'hôte. Service à volonté. CHARUET, propriétaire.

Hôtel Racine, 23, *rue Racine* (Luxembourg), Paris. Appartements et chambres confortables. Maison de bonne tenue. Pension de famille. Mme Ve VALLÉE.

Grand Hôtel de Russie, 1, *rue Drouot*, Paris. (Voir page 57.)

Grand Hôtel Saint-James, 211, *rue St-Honoré*, Paris. BOLAND, propriétaire. (Voir page 60.)

Hôtel St-Sulpice, 7, *r. Casimir-Delavigne*, Paris. (Quartier des Écoles). Chambres, pension. Prix modérés.

Hôtel Violet, passage Violet, 36, *faub. Poissonnière*, Paris, près des grands boulevards, à 5 min. des gares de l'Est et du Nord. 170 chambres très confortables, salon de lecture, fumoir, bains dans l'Hôtel. Arrangement à volonté. Prix modérés. Vve J. CLÈME, propriétaire.

Hôtel Vouillemont, 15, *rue Boissy-d'Anglas*, Paris, entre les Champs-Élysées et les Tuileries. Grands et petits appartements pour familles, recommandés par leur confort.

HYDROTHÉRAPIE

Établissement hydrothérapique d'*Auteuil* et de la *rue Miromesnil*, 63: Dr BENI-BARDE ✻.

Institut d'hydrothérapie et de kinésithérapie médicales. Traitement par l'eau et par le mouvement physiologique. 49, *Chaussée d'Antin*, Paris.

INSTITUTIONS

Aubry, Agrégé de l'Université, officier de l'Instruction publique, professeur au Lycée Condorcet; prend des élèves pensionnaires et demi-pensionnaires. Vie de famille. 10, *rue Lavoisier* (près le boulevard Malesherbes et la Madeleine).

Daix-Borgne, 104, *avenue de Neuilly*, NEUILLY-sur-SEINE, près le Bois de Boulogne. Etudes complètes, préparation aux baccalauréats. *First Class institution for young men.*

École préparatoire Duvignau de Lanneau, AIMÉ BON, directeur, 157, *rue de Rennes*, Paris. (Voir page 62.)

École Sully, GODEFROID, D[r], 56, *rue Aboukir*, Paris. Préparation aux baccalauréats, enseignement secondaire spécial. Succès constants aux examens; élèves étrangers; volontariat. Jardin. Externat et internat. Boarding school for boys.

Éducation de famille. Cours complets de jeunes gens. **A. Georges Jeanne**, directeur, 47 bis, *Boulevard Beauséjour*, Paris-Passy. — Situation des plus hygiéniques, près le bois de Boulogne. — Préparation aux examens.

Frilley, 44, *rue Dulong*, Paris. Études commerciales complètes. Répétitions du Collège Chaptal. Cours spéciaux pour les étrangers.

Institut médical du docteur Le Noir. Baccalauréats et examens de médecine. (Voir page 61.)

Institut Rudy, 7, *rue Royale*, Paris. 27e année. Cours et leçons. Langues, lettres, sciences, musique, peinture. 150 professeurs.

Institution internationale, dirigée par S. COTTA. 51, *avenue Malakoff* (Trocadéro), Paris. Préparation aux Écoles du gouvernement. La plus belle maison d'éducation. Spécialité: les langues modernes. *First Class Boarding School.*

Institution Petit, ancien professeur de l'Université, 22, *avenue Péreire*, **Asnières** (sur la ligne du chemin de fer). — Études complètes classiques et commerciales. Vie et nourriture en commun avec le directeur et sa famille. — Répétitions du LYCÉE CONDORCET. — *Grand jardin* de 4,000 mètres. — 4 trains par heure de la gare Saint-Lazare.

Institution Roger-Momenheim, 2, *rue Lhomond* (Panthéon), Paris. (Voir page 61.)

Institution Springer, 34 *et* 36, *rue de la Tour-d'Auvergne*, Paris. Etudes commerciales et industrielles. Etudes spéciales de langues vivantes. Répétitions du *Lycée Condorcet* et du *Collège Rollin*.

Préparation aux baccalauréats et aux Ecoles spéciales.

SERVICE DE VOITURES.

Boarding school for boys. Classical and commercial education. References in Paris and in London.

Macron, 14, *rue des Arts*, **Levallois**, Seine. Recommandée, situation hygiénique, à proximité du Bois de Boulogne. Préparation aux examens.

Marc-Dastés, 53, *rue des Dames*, Paris. Etudes commerciales et classiques. Cours pour les étrangers. Répétitions du Lycée Condorcet.

Nioussel, licencié ès-sciences. Répétitions du lycée Janson. Baccalauréats. Enseignement spécial, langues vivantes. Vie de famille pour les étrangers. 3, *chaussée de la Muette*, Paris.

Orsier. 19, *rue Soufflot*, Paris. Examens de droit. (Voir page 62.)

MM. Philip-Briquet, 68, *rue Jouffroy*, près le parc Monceau. Cours pour jeunes garçons, avec le concours des professeurs de l'Université. — Pension et demi-pension.

Sainte-Barbe, *place du Panthéon*, Paris. (Voir page 62.)

INSTITUTIONS de DEMOISELLES

Académie de la Place Malesherbes
112, *boulevard Malesherbes*, Paris.
COURS DE DESSIN ET DE PEINTURE pour dames et demoiselles. Professeur: M. **Henri Gervex**. Administration : Me **Valentino**.

Aubry (Mme), 10, *rue Lavoisier*, près le boulevard Malesherbes, Paris. Etudes supérieures. — Préparation à tous les examens. — Arts d'agrément. — Classe spéciale pour les étrangères. — *Boarding school for young ladies.*

Bertier (Mlle), D. S., 12, *rue du Helder*, Paris. Cours complet d'enseignement. Arts d'agrément. Examens.

Cahuzac (Mmes), 33, *Grande-Rue*, **Bourg-la-Reine** (Seine), à 20 minutes de Paris. Chemin de fer de Sceaux. Spécialement recommandée par sa situation hygiénique. Jardin, grand parc. Education complète. Préparation aux examens. Arts d'agrément. Concours de MM. les professeurs du Lycée Lakanal.

Chateau (Mlles), 177, *faubourg Poissonnière*, Paris. Etudes complètes. Préparation aux examens. Arts d'agrément. *Jardin* 2,700 m. On admet au cours (2 fois par semaine) demoiselles accompagnées par leur institutrice. *Boarding school for young ladies.*

Cours complets d'Education
POUR LES JEUNES PERSONNES
36 *et* 38, *rue de Chateaudun*, Paris.
Dirigés par Mesdames FEUGÈRES, avec la collaboration des professeurs de l'Université.

PRÉPARATION AUX EXAMENS DE TOUS LES DEGRÉS.
LANGUES ÉTRANGÈRES. — ARTS D'AGRÉMENT.
Beau jardin pour les récréations.

Situation des plus hygiéniques et confortables. — L'institution reçoit des élèves externes et demi-pensionnaires, et un nombre restreint de pensionnaires étrangères.

Cours de Jeunes Filles
et de jeunes garçons.
52, *rue de Clichy*, Paris.

Deschamps (Mlle), 9, *rue du Regard* (fg St-Germain), Paris. Cours d'éducation; préparation aux examens. langues étrangères; arts d'agrément.

Dhéré-Dericquehem (Mme), 10, *rue Demours* (près l'Arc-de-Triomphe). Paris. — Institution de premier ordre pour jeunes demoiselles, sous la direction de Mme DHÉRÉ-DERICQUEHEM.

Drappier (Mmes), 86, *rue de la Tour* (**Passy**-Paris). Education complète, arts d'agrément.

Emery (Mlle), **Souchet** (Me Ve), succr, Villa Beaucour, 248, *faubourg Saint-Honoré*, Paris. Pension pour dames et demoiselles étrangères. Cours de français tous les jours. Arts d'agrément. Jardin.

Evelart-Deleury (Mme), *Faubourg-Saint-Honoré*, 54, Paris.
Cours d'éducation complète pour enfants et jeunes filles :

MÉTHODE FRŒBEL.

Instruction générale: — Préparation aux examens; — Langues vivantes; Arts d'agrément; — Cours supérieurs de Lettres, Sciences, Histoire, Géographie, Philosophie — Latin, Grec, par des professeurs de l'Université.
Salles d'étude pour les devoirs.
Cours par correspondance.

Fontaine (Mlle), 24, *r. de Chartres*, (Neuilly-s.-S.), près le Bois de Boulogne.

Julien (Mme). Récompenses pour l'application des meilleures méthodes d'enseignement 1872. — Mention honorable 1874.
Les demi-pensionnaires sont prises et reconduites à domicile par les voitures de l'Institution. 2, *boulevard Inkermann* (Parc de Neuilly).

Lacorne (Mlles), 5, *cité Pérard* (avenue de Neuilly-s.-S.), Paris. A 5 m. du Bois de Boulogne. Education supérieure; préparation aux examens de l'Hôtel de Ville, arts d'agrément. — *Select Ladies school first class professors for every branch; hig references.*

Lezeret de la Maurinie (Mme) 24, *rue Saint-Dominique*, Paris. Education complète. Préparation à tous les examens. Arts d'agrément. Langues vivantes. Vie de famille.

Moittié (Mlle), 57, *rue du Point-du-Jour*, **Paris-Auteuil.** (Voir détails dans les annonces placées en tête des Guides : *Paris, Environs de Paris.*

Regaud (Mme), 5, *r. de Turgie*, à **Malakoff** (Seine). Situation des plus hygiéniques. Education complète. Préparation aux examens. Arts d'agrément. *Boarding school for young ladies.*

Schœffer-Sebirot. Mention honorable, médaille d'argent. 87, *route d'Orléans*, **Grand-Montrouge** (Seine). Spécialement recommandée par sa situation hygiénique et confortable. Grand jardin de 10,000 metres. A cinq minutes du chemin de fer de ceinture et du tramway de l'Est à Montrouge. Education complète. — Préparation à tous les examens. — Arts d'agrément. — Langues vivantes.

ÉCOLE SÉVIGNÉ

INTERNAT DE JEUNES FILLES

26, *rue Troyon*, **Sèvres** (Seine-et-Oise). Situation exceptionnelle. — BEAU PARC. — Moyens de transport : tramways du Louvre ; bateaux Hirondelles. — Education complète. — Préparation aux examens. — Arts d'agrément. Directrice : **Mme Raimbault.**

MAISON D'ÉDUCATION DU TROCADÉRO

26, *rue de Lubeck*, Paris-**Passy.** Education complète. — Préparation à tous les examens. — Arts d'agrément. — Langues vivantes. — Cours externes par des professeurs de l'Université.

Turquand et Dubos (Mlles), 19, *avenue d'Orléans*, Paris. Pensionnat de 1er ordre, situation hygiénique, entouré de jardins. — Education complète. Préparation aux examens; Arts d'agrément ; Langues vivantes; etc.

JARDIN D'ACCLIMATATION

Au Bois de Boulogne (Voir page 11.)

JOURNAUX

Le Figaro. (Voir page 13.)

La France. (Voir page 18.)

Le Gaulois. (Voir page 17.)

Gil Blas. (Voir page 16.)

L'Illustration italienne. (Voir page 19.)

L'Indicateur Chaix (Voir page 20.)

L'Indicateur Noriac (Voir page 22.)

LOCATION
(de linge et argenterie)

Leroy (L.), 16, *rue Christophe-Colomb*, Paris. Location de linges, service de table, argenterie, bronze, cristaux et porcelaine, luminaire. Location de service complet. On traite à forfait pour l'ensemble des commandes. Expédition en province. Téléphone.

MACHINES A VAPEUR

Maison J. Hermann-Lachapelle; J. Boulet et Cie Srs, 31-33, *rue Boinod*, Paris. (Voir page 51.)

MAISONS DE SANTÉ

Maison de santé Ambroise Paré (fondée en 1867), 16, *rue Chalgrin*, Paris. Spéciale aux opérations chirurgicales. Traitement : On traite de gré à gré. Situation exceptionnelle près le Bois de Boulogne.

Maison de santé d'Auteuil, 20, *rue d'Erlanger*, Docteur DAUPLEY, directeur. Opérations chirurgicales, convalescence, séjour de repos, installation de premier ordre, parc, jardin d'hiver; à proximité du Bois de Boulogne; à 3 minutes de la gare d'Auteuil et de la station des omnibus. — On traite de gré à gré.

Maison de santé du Dr Cabaret, 19, *rue d'Armaillé*, Paris. GUÉRISON SANS OPÉRATION des maladies cancéreuses, tumeurs, glandes, etc.

Maison de santé, 10, *rue Picpus*, Paris. Consacrée aux traitements des affections mentales et nerveuses des deux sexes. M. COUDER, directeur. Médecins : MM. PAUL GARNIER et DUMAS. Salle d'hydrothérapie ; vastes jardins, etc.

Maison de santé des Drs Dagonet et Duhamel pour le traitement des aliénées, à **Saint-Mandé** (Seine).

Maison de santé du Dr Defaut, 34, *avenue du Roule*, NEUILLY-SUR-SEINE. Les parents des malades peuvent y séjourner.

Établissement dynamothérapique du Dr H. Huguet (de Vars), 27, *rue de Londres*, Paris. Maladies des voies respiratoires, du sang et de la peau. Traitement spécial par les inhalations et les pulvérisations. (Voir page 19.)

Maison de santé du Dr Motet ✻ pour le traitement des aliénés des deux sexes. 161, *rue de Charonne*, Paris.

Maison de santé du Dr Courson à Meyzieu (Isère) près Lyon. Organisation spéciale pour le traitement des maladies nerveuses, paralysies diverses et affections chroniques.

MANÈGES

École d'Équitation J. Pellier, 24, *avenue du Bois de Boulogne*, Paris. Pension de chevaux. Vente et locations. — *Special lessons for ladies.*

École d'Équitation, 9, *rue de Nemours* (près le Château-d'Eau). MIMART, directeur. 12 leçons, 24 fr. Cours spéciaux pour officiers de réserve et d'armée territoriale; pour le volontariat. Haute École. Location chevaux et voitures. Dressage. Vente et achat.

Manège Duphot, 12, *rue Duphot*, Paris. DUCHON ✻ et Cie. École d'équitation (fondée en 1826). Belles écuries de pension. Succursales : PARIS, 51, *rue Lhomond*; TRÉPORT, *route d'Eu*; ENGHIEN (S-et-O.).

Manège de l'Étoile, 87, *avenue de la Grande-Armée*, et 136, *avenue Malakoff*, Paris. Cet Établissement, situé à proximité du Bois de Boulogne, évite aux cavaliers les voies pavées si dangereuses et si désagréables du centre de Paris, et se recommande aux familles et à toutes les personnes désireuses du confortable et de la bonne tenue. (GAUTIER, Directeur.)

Succursale à Dieppe pendant la saison.

Manège du Ranelagh, 79, *rue du Ranelagh*, Passy, le plus près du Bois. Location de chevaux. Pension. Stalles, boxes, dressage. Prix modérés.

MANICURES

M. et Mme Delalane, pédicures et manicures, 49, *rue de la Chaussée-d'Antin*, Paris.

ORFÈVRERIE

Orfèvrerie Christofle. 56, *rue de Bondy*, Paris. (Voir page 47.)

Ravinet (L.), 83, *r. du Temple*, Paris. Services de table, Coutellerie, Argenture, Dorure, Réargenture. Téléphone.

ORGUES & PIANOS

Orgues et Pianos d'Alexandre père et fils, 106, *rue Richelieu*, Paris. (Voir page 53.)

OUTILLAGE D'AMATEURS

Tiersot, 16, *rue des Gravilliers*, Paris. (Voir page 46.)

PANORAMAS

Bataille de Rezonville. (Voir page 12.)

PARFUMERIE

Eau et poudre dentifrices de Botot. (Voir page 104.)

L. Legrand, 207, *r. St-Honoré*, Paris. Parfumerie ORIZA. (Voir p. 48.)

Pierre (Docteur), 8, *place de l'Opéra*, Paris. Dentifrices. (Voir page 44.)

L.-T. Piver, 10, *boulevard de Strasbourg*, Paris. Parfumerie à base de lait d'iris; parfumerie extra-fine au Corylopsis du Japon. (Voir page 43.)

PENSIONS DE FAMILLE

Jeandel, propriétaire, 26, *rue des Batignolles*, Paris. — Pension de famille. — Grand salon et jardin. English spoken. — Se habla español.

Parc Monceau. Pension de famille. — Chambres et appartements meublés. — Installation nouvelle: 68, *avenue de Villiers*.

PHOTOGRAPHIES (Artistes)

Liébert (A.), 6, *rue de Londres*, Paris. Photographie faite la nuit par la lumière électrique.

PLUMES MÉTALLIQUES

Gillott. Plumes d'acier. En vente chez ANGOT, 131, *boulevard Sébastopol*, Paris. (Voir page 51.)

Mallat, 30, *boul. de Strasbourg*, Paris. Plumes d'acier. (Voir p. 53.)

PORCELAINES

Grand dépôt. E. Bourgeois, 21, *rue Drouot*, Paris. (Voir p. 101.)

PRODUITS PHARMACEUTIQUES

Chassaing, 6, *avenue Victoria*, Paris. Vin de Chassaing; Phosphatine Falières. (Voir page 102.)

Eniova (Voir page 55.)

Pharmacie normale, 17 *et* 19, *rue Drouot*, Paris. Pharmacies de famille et de voyage. (Voir page 42.)

Rigollot (P.), 24, *avenue Victoria*, Paris. Papier Rigollot pour Sinapismes. (Voir page 44.)

Vin Duflot. (Voir page 56.)

RESTAURANTS

Restaurant du Dîner de Paris, 11, *passage Jouffroy*, Paris. (Voir page 56.)

Sylvain, Café-Restaurant, 12, *rue Halévy*, Paris. (Voir page 56.)

SAGES-FEMMES

Mme Lachapelle, 27, *rue du Mont-Thabor*, Paris. Maladies des femmes. (Voir page 48.)

SAUVETAGE (Appareils de)

Lelièvre, 98, *rue Montmartre*, Paris. CEINTURES DE SAUVETAGE, bouées, cordages, ficelles, appareils de gymnastique.

SOURDS-MUETS

Dubois (Melle Elmire) O. ✠, 15, *rue Mayet*, Paris, Professeur de sourdes et muettes. Enseignement par l'articulation aux sourds et muets et aux enfants affectés des vices de la parole; enseignement de la lecture sur les lèvres aux personnes sourdes.

Institution pour l'éducation en famille des Sourds et Muets par la parole. M. A. HOUDIN, 34e année, 82, *rue de Longchamp*, Paris.

TIRS

Gastinne-Renette ✻ ✠ NC. Fabrique d'Armes et Tirs au Pistolet. 39, *avenue d'Antin* (Champs-Elysées), Paris.

VEILLEUSES

Veilleuses françaises. Maison **Jeunet.** Fabrique à la Gare. Dépôt : 21, *rue Saint-Merri*, Paris. (Voir page 46.)

VÉLOCIPÈDES

Albert Jéanne, 40 *bis, rue Spontini*, Paris. (Voir page 100.)

Maquaire, 5, *boulevard de Strasbourg*. (Voir page 50.)

VERRERIE

Lengelé (A) et Cie, 31, *rue Notre-Dame-de-Nazareth*, Paris. Verrerie de fantaisie, cylindres en verre pour pendules, objets d'art, etc. Usine à Saint-Denis (Seine).

VINS

Huret, 8, *rue Jacob*, Paris. Le SAN LUCAR Huret. (Voir p. 45.)

VOITURES (Location de)

Brandin, 8, *rue de la Terrasse*, Paris. Voitures de grande remise à la journée et au mois.

Philipon et Cie, 16, *place du Marché*, NEUILLY (Porte-Maillot). Chevaux et voitures de luxe. Prix très modérés. Vente et achat.

Subiger, 12, *rue Bayard*, Champs-Élysées.

Chevaux et Voitures de luxe.

Moderate price.

SÜDBAHN-GESELLSCHAFT (SUITE).

Lienz, Villach, Klagenfurt, Gratz, Adelberg et ses **grottes merveilleuses,** les **lacs de la Carinthie,** sont autant de points dont il n'est pas permis de méconnaître le charme.

La Compagnie des chemins de fer du Sud a fait construire en divers endroits des hôtels de premier ordre qui offrent aux voyageurs qui sont attirés par le spectacle de la belle nature, au milieu des splendeurs des grandes Alpes, tout le confort moderne des grandes villes.

A **Toblach,** point culminant de la ligne de **Pusterthal,** se trouve un excellent hôtel. — Excursions dans la vallée d'**Ampezzo,** célèbre par ses **Alpes dolomitiques.** — Cette contrée surpasse en beauté les points les plus fréquentés de la **Suisse.** L'affluence des voyageurs y est telle maintenant qu'on s'est vu obligé d'agrandir l'**Hôtel de Toblach,** qui ne suffisait plus au nombre des touristes.

L'hôtel élevé par la Compagnie du Sud au **Semmering** (100 kilom. de Vienne) a été ouvert le 15 juillet 1882. Il se trouve à 1000 mètres d'altitude au-dessus du niveau de l'Adriatique. — **Situation magnifique.** — Le panorama que l'on a de l'hôtel est ravissant. — **Environs splendides.** — La brise qu'on y respire est délicieuse, vivifiante et toute chargée des senteurs aromatiques des mélèzes et conifères qui couvrent les versants des montagnes.

L'hôtel renferme 60 chambres élégamment meublées, salon de conversation pour dames, salon de lecture et de jeu, bains chauds et froids. La **poste** et le **télégraphe** se trouvent à l'hôtel même.

Pour les voyageurs de goûts modestes, il a été construit deux chalets spéciaux, dits chalets des Touristes, qui contiennent 89 chambres meublées plus simplement,

Un grand nombre de trains desservent la station de Semmering, tant du côté du Nord que du côté du Sud. — Il existe un service d'omnibus et de voitures entre la station et l'hôtel.

La **Compagnie du Sud** a aussi créé un établissement climatérique au bord de la mer, à **Abbazia,** près **Fiume,** au pied du **Monte Maggiore** (1,500 mètres d'altitude), 14 heures de chemin de fer de Vienne : train express avec wagons-lits.

Abbazia, avec son magnifique bois de lauriers et sa flore méridionale, est un des plus délicieux et plus charmants séjours au bord de la mer. Bain de soleil en hiver, on y trouve en été l'agrément des bains de mer. Les hôtels Quarnero et de l'Archiduchesse Stéphanie, qui renferment ensemble 180 chambres, ainsi que les deux annexes et la villa y attenantes (60 chambres), sont situés au milieu d'une luxuriante végétation de lauriers, de châtaigniers et de chênes, et offrent aux visiteurs tout le confort désirable.

Pension excellente. — Bains chauds (eau de mer et eau douce). — Salles et salons divers, toutes les commodités des hôtels de premier ordre. — Promenades délicieuses dans le parc et le long de la mer.

Service d'omnibus et de voitures entre l'hôtel et la station de chemin de fer *Mattuglie-Abbazia.*

La Compagnie de la **Südbahn** a organisé, de concert avec les autres compagnies de chemins de fer autrichiennes et étrangères, un grand nombre de voyages circulaires à prix réduits, qui permettent aux voyageurs de toute provenance de visiter, dans d'excellentes conditions de bon marché, l'Autriche, le Tyrol, la Bavière, l'Italie, la Suisse et les bords du Rhin.

Les voyageurs trouveront la nomenclature détaillée de ces voyages avec les prix, la durée du trajet et toutes les particularités qui s'y rattachent, dans les indicateurs officiels d'Autriche, d'Allemagne, de France, de Suisse et d'Italie.

CHEMINS DE FER DE L'OUEST

BAINS DE MER

BILLETS D'ALLER ET RETOUR A PRIX RÉDUITS

Valables du VENDREDI au LUNDI inclusivement

DÉLIVRÉS DE MAI A OCTOBRE

DE PARIS AUX GARES SUIVANTES	1re classe Fr.	C.	2e classe Fr.	C.
Dieppe. — Criel, Puys, Pourville	30	»	22	»
Le Tréport	33	20	23	60
Cany. — Veulettes, les Petites-Dalles				
Saint-Valéry-en-Caux. — Veules				
Le Havre. — Sainte-Adresse, Bruneval				
Les Ifs. — Etretat, Vaucottes-sur-Mer, Bruneval				
Fécamp. — Yport, Etretat, Vaucottes, Bruneval, les Petites-Dalles	33	»	24	»
Trouville-Deauville. — Villerville				
Villers-sur-Mer. — Houlgate				
Honfleur				
Caen				
Cabourg. — Le Home-Varaville				
Dives	37	»	27	»
Beuzeval. — Houlgate				
Luc, Lion-sur-Mer, Langrune				
Saint-Aubin, Bernières (Ces prix comprennent le parcours total.)	38	»	28	»
Courseulles — Ver-sur-Mer				
Bayeux. — Arromanches, Port-en-Bessin, Asnelles	40	»	30	»
Isigny. — Grand-Camp, Sainte-Marie-du-Mont	44	»	33	»
Montebourg et Valognes. — Port-Bail, Carteret, St-Vaast-la-Hougue	50	»	38	»
Cherbourg	55	»	42	»
Coutances. — Agon, Coutainville, Régneville	57	»	44	»
Granville. — Saint-Pair, Donville	50	»	38	»
St-Malo-St-Servan. — Dinard, St-Lunaire, St-Briac, Paramé	66	»	50	»
Lamballe. — Erquy, le Val-André				
Saint-Brieuc. — Portrieux, Saint-Quay	68	»	51	»
Lannion. — Perros, Guirec	79	»	59	»
Morlaix. — Saint-Jean-du-Doigt, Saint-Pol-de-Léon	81	»	61	»
Roscoff. — Ile de Batz	85	»	64	»
Saint-Nazaire (Ces billets sont valables à l'aller comme au retour, soit par la ligne de l'Ouest, soit par la ligne d'Orléans, au gré du voyageur.)	66	»	50	»
Pornichet	68	50	51	»
Le Pouliguen	69	50	52	»
Batz	70	»	52	50
Le Croisic	70	»	53	»
Guérande	70	»	52	50
Eaux Thermales: Forges-les-Eaux (S.-Inf.), ligne de Dieppe par Gournay	21	45	16	05
Eaux Thermales: Bagnoles-de-l'Orne, par Briouze	45	»	34	»

DÉPART par tous les trains du **Vendredi**, du **Samedi** et du **Dimanche**.
RETOUR par tous les trains du **Dimanche** et du **Lundi**.
Toutefois ces billets sont valables le Jeudi par les trains partant de Paris dès 6 h. 30 soir.
Par exception, les billets pour **Saint-Malo, Lamballe, Saint-Brieuc, Lannion, Morlaix, Roscoff** et **Saint-Nazaire** sont valables au retour jusqu'au Mardi inclusivement.

Les billets de *Paris* au *Havre* sont admis au retour par *Honfleur*, *Trouville-Deauville* et *Caen*; ceux de *Paris* à *Honfleur*, *Trouville-Deauville* et *Caen*, sont admis au retour par le *Havre*.

NOTA. — Les prix ci-dessus ne s'appliquent qu'au parcours en chemin de fer.

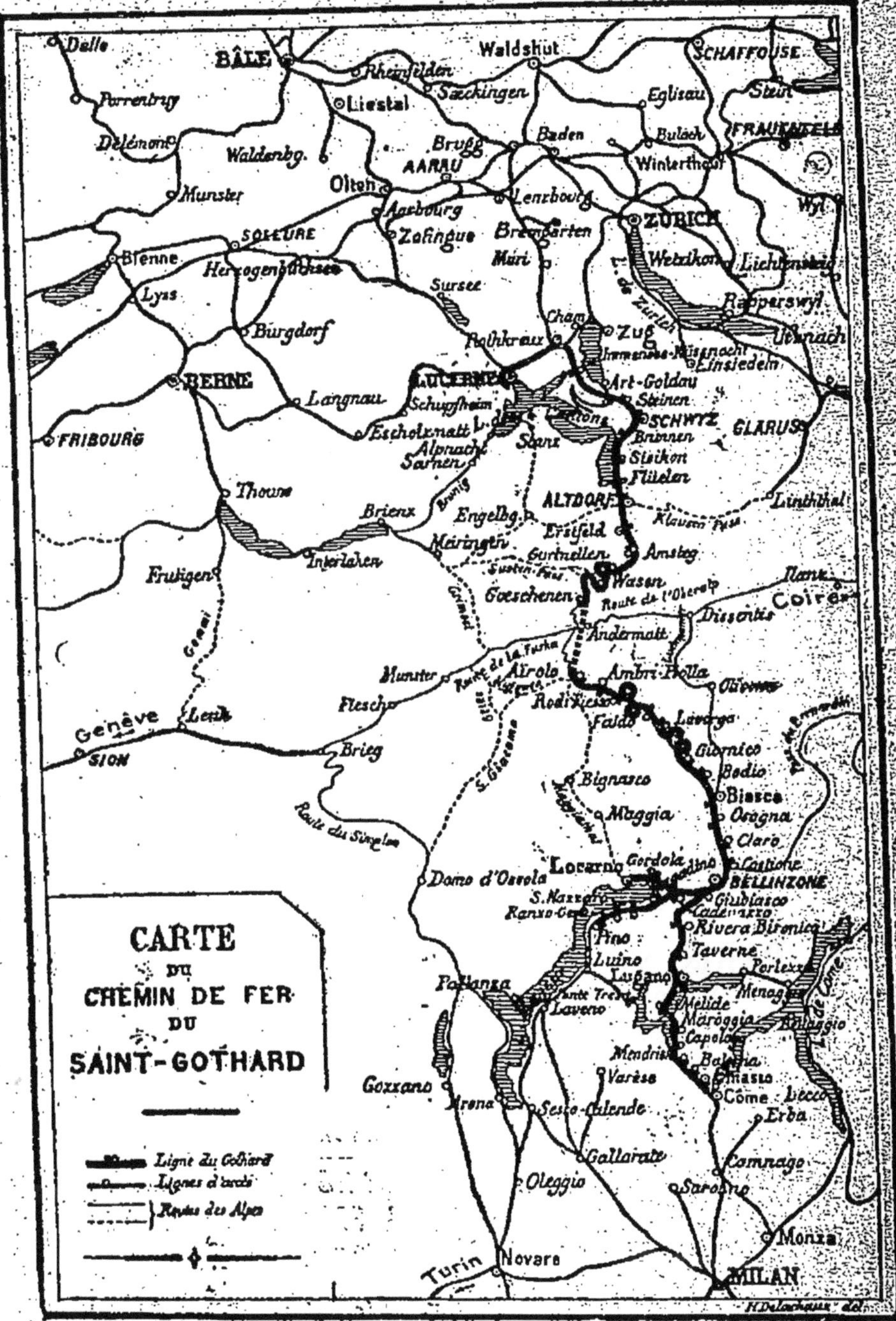
CARTE
DU
CHEMIN DE FER
DU
SAINT-GOTHARD
Ligne du Gothard
Lignes d'accès
Routes des Alpes
BÂLE
Waldshut
SCHAFFOUSE
Liestal
Säckingen
Eglisau
Baden
Bulach
Winterthour
AARAU
Olten
Lenzbourg
ZURICH
Zofingue
Bremgarten
SOLEURE
Bienne
Lyss
Burgdorf
BERNE
Langnau
LUCERNE
Schwyz
FRIBOURG
Escholzmatt
Alpnach
Sarnen
Thoune
Brienz
Engelbg.
ALTDORF
Erstfeld
Meiringen
Interlaken
Gurtnellen
Amsteg
Frutigen
Wasen
Goeschenen
Andermatt
Disentis
Coire
Airolo
Munster
Flesch
Leuk
Genève
SION
Brieg
Faido
Lavorgo
Giornico
Bodio
Biasca
Bignasco
Maggia
Osogna
Claro
Route du Simplon
Domo d'Ossola
Locarno
Gordola
Castione
BELLINZONE
Giubiasco
Rivera Bironico
Pino
Taverne
Luino
Lugano
Pallanza
Laveno
Melide
Maroggia
Capolago
Mendrisio
Balerna
Chiasso
Côme
Lecco
Varèse
Erba
Gozzano
Arona
Sesto Calende
Gallarate
Camnago
Oleggio
Saronno
Monza
Turin
Novare
MILAN
H.Delachaux del.

CHEMIN DE FER DU MIDI

VOYAGE A PRIX RÉDUITS AUX PYRÉNÉES

Billets délivrés toute l'année et valables pendant 20 jours (1) non compris le jour du départ, avec facilité d'arrêt à toutes les stations du parcours.

PRIX DES BILLETS ET DÉSIGNATION DES PARCOURS :

75 fr. 1re classe. — **56 fr.** 2e classe pour l'un des trois parcours suivants :

Premier parcours. — Bordeaux-St-Jean — Agen — Montauban — Toulouse-Matabiau — Montréjeau — Bagnères-de-Luchon — Tarbes — Bagnères-de-Bigorre — Mont-de-Marsan — Arcachon — Bordeaux St-Jean.

Deuxième parcours. — Bordeaux-St-Jean — Agen — Montauban — Toulouse-Matabiau — Montréjeau — Bagnères-de-Luchon — Tarbes — Bagnères-de-Bigorre — Pierrefitte-Nestalas — Pau — Bayonne — Dax — Arcachon — Bordeaux-St-Jean.

Troisième parcours. — Bordeaux-St-Jean — Arcachon — Mont-de-Marsan — Tarbes — Bagnères-de-Bigorre — Montréjeau — Bagnères-de-Luchon — Pierrefitte-Nestalas — Pau — Bayonne — Dax — Bordeaux-St-Jean.

100 fr. 1re classe. — **75 fr.** 2e classe pour l'un des quatre parcours suivants :

Quatrième parcours. — Bordeaux-St-Jean — Agen — Montauban — Toulouse-Matabiau — Castelnaudary — Carcassonne — Narbonne — Béziers — Cette — Toulouse-Matabiau — Montréjeau — Bagnères-de-Luchon — Tarbes — Bagnères-de-Bigorre — Mont-de-Marsan — Arcachon — Bordeaux-St-Jean.

Cinquième parcours. — Bordeaux-St-Jean — Agen — Montauban — Toulouse-Matabiau — Castelnaudary — Carcassonne — Narbonne — Béziers — Cette — Toulouse-Matabiau — Montréjeau — Bagnères-de-Luchon — Tarbes — Bagnères-de-Bigorre — Pierrefitte-Nestalas — Pau — Bayonne — Dax — Arcachon — Bordeaux-St-Jean

Sixième parcours. — Bordeaux-St-Jean — Agen — Montauban — Toulouse-Matabiau — Castelnaudary — Carcassonne — Narbonne — Perpignan — Toulouse-Matabiau — Montréjeau — Bagnères-de-Luchon — Tarbes — Bagnères-de-Bigorre — Mont-de-Marsan — Arcachon — Bordeaux-St-Jean.

Septième parcours. — Bordeaux-St-Jean — Agen — Montauban — Toulouse-Matabiau — Castelnaudary — Carcassonne — Narbonne — Perpignan — Toulouse-Matabiau — Montréjeau — Bagnères-de-Luchon — Tarbes — Bagnères-de-Bigorre — Pierrefitte-Nestalas — Pau — Bayonne — Dax — Arcachon — Bordeaux-St-Jean.

En demandant son billet, le voyageur doit indiquer explicitement le parcours qu'il désire suivre. — Le voyageur porteur d'un billet du 1er, 2e, 4e, 5e, 6e ou 7e parcours, qui passe par Mont-de-Marsan, perd tout droit de parcours entre Tarbes, Pau, Bayonne, Dax et Morcenx ; celui qui passe par Pau, Bayonne et Dax perd tout droit de parcours entre Tarbes, Mont-de-Marsan et Morcenx. — Pour les 2e, 3e, 5e et 7e parcours, le trajet Pau-Bayonne-Dax peut être remplacé par le trajet Pau-Mimbaste-Dax.

Les billets sont délivrés dans les stations indiquées ci-dessus ; ils peuvent être pris à l'avance et sont valables à partir du jour où ils ont été timbrés par la station de départ.

Le billet est personnel. Le voyageur est tenu d'y apposer sa signature au moment de la délivrance, et de la reproduire toutes les fois qu'il en est requis.

Au-dessous de trois ans, les enfants sont transportés gratuitement, et doivent être placés sur les genoux des personnes qui les accompagnent ; de 3 à 7 ans, ils payent demi-place ; au-dessus de 7 ans, ils payent place entière.

OBSERVATIONS IMPORTANTES

Le voyage peut s'effectuer sur chacun des parcours désignés ci-dessus, de l'une quelconque des stations explicitement mentionnées sur ce parcours.

Le voyageur peut choisir l'une ou l'autre des directions qui peuvent être suivies à partir de la station de départ ; mais, dans tous les cas, il doit parcourir son itinéraire dans l'ordre où les stations du trajet sont désignées dans les parcours mentionnés ci-dessus ou dans l'ordre inverse, suivant la direction choisie au départ.

Le voyageur peut s'arrêter à toutes les stations du réseau situées sur celui des parcours circulaires qu'il a choisi, à la seule condition de faire estampiller son billet dans chaque station d'arrêt.

Les voyageurs supportent les frais des excursions en dehors des itinéraires ci-dessus.

BAGAGES. — Le voyageur qui acquitte le prix de son billet a droit au transport gratuit, sur le chemin de fer, de 30 kilog. de bagages. Cette franchise ne s'applique pas aux enfants transportés gratuitement et elle est réduite à 20 kilog., pour les enfants transportés à moitié prix ; les excédents de bagages sont taxés d'après le Tarif général de la Compagnie.

Pour chaque partie du parcours, les bagages sont enregistrés à chaque point de départ ; ils peuvent être expédiés à l'avance, sous condition de payement du droit accessoire de dépôt, d'après le Tarif général de la Compagnie.

(1) Ce délai est porté à 25 jours pour tout voyageur qui prend un des billets spéciaux d'aller et retour que la Compagnie délivre aux gares d'embranchement, pour des parcours supplémentaires non compris dans les itinéraires des voyages circulaires.

Type **A—2**

CHEMINS DE FER DE L'ÉTAT

BILLETS de BAINS de MER et BILLETS D'EXCURSIONS au LITTORAL de L'OCÉAN

1° Billets de bains de mer valables 33 jours, non compris le jour de la délivrance.

PRIX aller et retour.	1re classe	2e classe	3e classe
ROYAN	72 »	54 70	40 20
LES SABLES-D'OLONNE	63 55	48 05	35 10
LA ROCHELLE	63 20	47 70	34 90
FOURAS	64 80	49 »	35 90
CHATELAILLON	64 60	48 80	35 70
St-GILLES-CROIX-DE-VIE	65 50	49 50	36 10
LA TREMBLADE (Ronce-les-Bains)	75 05	56 70	41 35

Les billets de bains de mer sont délivrés, au choix des voyageurs, soit par la gare de Paris-Montparnasse, soit par la gare de Paris-Austerlitz. Quelle que soit la voie suivie à l'aller, les coupons de retour sont valables, soit par Chartres, soit par Tours.

Les billets de bains de mer délivrés aux prix ci-dessus ne sont valables que pour les destinations qu'ils indiquent. Ils ne donnent pas le droit de s'arrêter aux gares intermédiaires. — La durée de validité peut être prolongée 3 fois de 10 jours moyennant le paiement chaque fois d'un supplément égal à 10 0/0 du prix indiqué ci-dessus.

2° Billets de bains de mer. — Billets d'aller et retour valables pendant un mois. — Ces billets sont délivrés, du 1er au 31 octobre, pour les destinations de St-Père-en-Retz (St-Bréval océan), Pornic, La Bernerie, St-Gilles-Croix-de-Vie, Les Sables-d'Olonne, La Rochelle, Châtelaillon, Fouras, La Tremblade (Ronce-les-Bains) et Royan, pour toutes les gares et stations du réseau, Paris-Montparnasse excepté. Ils comportent une réduction de 40 0/0 sur le double des prix des billets simples et sont valables pendant un mois, non compris le jour de la délivrance. Les billets de bains de mer donnent, tant à l'aller qu'au retour, le droit de s'arrêter à toutes les gares intermédiaires. La durée de validité peut être prolongée 3 fois de 10 jours moyennant le paiement, chaque fois, d'un supplément égal à 10 0/0 du prix du billet.

3° Billets d'excursion au littoral de l'Océan. — Billets d'aller et retour valables pendant quinze jours. — Ces billets sont délivrés pendant la période du 1er mai au 31 octobre pour les destinations de Paimbœuf, Pornic, St-Gilles-Croix-de-Vie, Les Sables-d'Olonne, La Rochelle, Rochefort, La Tremblade, Royan et Blaye par toutes les gares et stations du réseau, Paris-Montparnasse excepté, sous condition d'un parcours minimum de 100 kilomètres entre le point de départ et le point de destination (200 kilom., aller et retour compris). Ils comportent une réduction supplémentaire de 15 0/0 sur les prix des billets ordinaires d'aller et retour, et sont valables pendant 15 jours (non compris le jour de la délivrance). Les billets d'excursion au littoral de l'Océan donnent tant à l'aller qu'au retour le droit de s'arrêter à toutes les gares intermédiaires. — La durée de validité peut être prolongée de 7 jours moyennant le paiement d'un supplément égal à 10 0/0, et de 15 jours moyennant un supplément égal à 20 0/0 du prix du billet.

CHEMINS DE FER DE L'ÉTAT ET DE PARIS A ORLÉANS

Excursions sur les bords de la Loire et dans la Vendée, la Charente-Inférieure, le Poitou l'Angoumois, le Bordelais, la Dordogne, le Limousin, la Creuse, l'Allier et le Berry.

Durée 30 jours : 1re classe, 155 fr. — 2e classe, 120 fr.

CHEMINS DE FER DE L'ÉTAT, DE PARIS A ORLÉANS, DU MIDI

DE PARIS-LYON-MÉDITERRANÉE, DE LA SUISSE OCCIDENTALE ET DU JURA — BERNE — LUCERNE

Voyage circulaire aux Pyrénées, sur le Bord de la Méditerranée et en Suisse.

Durée du voyage : 45 jours consécutifs. — 1re classe, 316 fr. — 2e classe, 236 fr

CHEMINS DE FER DE L'ÉTAT, D'ORLÉANS, DU MIDI

ET DE PARIS-LYON-MÉDITERRANÉE

Billets d'aller et retour de toutes classes à destination de **LOURDES** et au départ de toutes les stations des réseaux sus-mentionnés, situés à plus de 150 kilomètres de Lourdes.

La durée de validité de ces billets et la réduction à laquelle ils ont droit sont variables, suivant le nombre des kilomètres parcourus. Ils sont valables pour 4 jours avec une réduction de 15 0/0 sur les prix d'un billet simple pour un parcours de 151 à 200 kilomètres ; pour 5 jours, avec réduction de 30 0/0 pour un parcours de 201 à 300 kilomètres ; pour 6 jours, avec une réduction de 35 0/0 pour un parcours de 301 à 400 kilom. ; pour 7 jours avec réduction de 40 0/0 pour un parcours dépassant 400 kil.

CHEMINS DE FER PARIS-LYON-MÉDITERRANÉE

VOYAGES CIRCULAIRES A ITINÉRAIRES FIXES

Il est délivré pendant toute l'année, à la gare de Paris-Lyon, ainsi que dans les principales gares situées sur les itinéraires, des **billets de voyages circulaires à itinéraires fixes**, extrêmement variés, permettant de visiter, en 1re ou en 2e classe, à des **prix très réduits**, les contrées les plus intéressantes de la France (notamment l'*Auvergne*, le *Dauphiné*, la *Savoie*, la *Provence*, les *Pyrénées*, etc.), ainsi que l'*Algérie*, la *Tunisie*, l'*Espagne*, le *Portugal*, la *Suisse* et l'*Italie*.

VOYAGES CIRCULAIRES A ITINÉRAIRES FACULTATIFS

Pendant la saison des vacances, il est émis dans toutes les gares P.-L.-M. des billets de **voyages circulaires à itinéraires établis par les voyageurs eux-mêmes**, pour effectuer sur le réseau P.-L.-M., en 1re, 2e et 3e classe, à des prix très réduits, des parcours d'au moins 300 kilomètres.

De semblables billets sont délivrés pour effectuer, sur les réseaux P.-L.-M. et Est réunis, des parcours d'au moins 500 kilomètres.

Pour les dates d'émission et les conditions de délivrance de ces billets, se reporter aux affiches et aux prospectus publiés par les Compagnies.

CARTES D'ABONNEMENT

La Compagnie P.-L.-M. délivre les 1er et 15 de chaque mois des *cartes d'abonnement* de 1re, 2e et 3e *classe à prix très réduits*, de *trois mois*, *six mois* et *un an*, pour des parcours limités et même pour tout son réseau. Les élèves des Lycées et Institutions, ainsi que les apprentis et élèves suivant les cours de dessins municipaux, âgés de moins de 21 ans, ne payent que la moitié de ces prix réduits. Les abonnés ont le droit de prendre et de quitter le train à toutes les stations comprises dans les parcours indiqués sur leurs cartes. — Il est également délivré des cartes d'abonnement, valables sur une partie ou sur la totalité des deux réseaux P.-L.-M. et Est réunis.

BILLETS D'ALLER ET RETOUR

Sur le réseau P.-L.-M., il est délivré toute l'année des *billets d'aller et retour* en 1re, 2e et 3e *classe*, comportant une *réduction de* 25 0|0 sur le double du prix des billets simples, savoir : 1° de ou pour *Paris* dans un rayon de 600 *kilomètres*; 2° de ou pour les gares de *Lyon* et de *Marseille*, dans un rayon de 250 *kilomètres* ; 3° de ou pour les gares des *chefs-lieux de département* et *villes assimilées*, dans un rayon de 150 *kilomètres*; 4° de ou pour les gares des *chefs-lieux d'arrondissement et villes assimilées*, dans un rayon de 75 *kilomètres*.

La durée de validité de ces billets d'aller et retour est fixée comme suit : jusqu'à 200 *kilomètres*, 2 *jours ;* — De 201 jusqu'à 300 *kilomètres*, 3 *jours* ; — de 301 jusqu'à 400 *kilomètres*, 4 *jours* ; — et au-dessus de 400 *kilomètres*, 5 *jours*.

Appendice 1888-1889

II

PARIS

INSTITUTIONS

HOTELS — CAFÉS — RESTAURANTS

INDUSTRIES DIVERSES

Type A—2*

A LA REINE DES FLEURS

MAISON FONDÉE EN 1774

L. T. PIVER

PARFUMEUR-CHIMISTE

PARIS, 10, boulevard de Strasbourg, 10, PARIS

LAIT D'IRIS

POUR LA FRAICHEUR, L'ÉCLAT ET LA BEAUTÉ DU TEINT

PARFUMERIE A BASE DE LAIT D'IRIS

Savon .... *au Lait d'iris.*
Parfum pudique... *au Lait d'iris.*
Eau de Cologne... *au Lait d'iris.*
Vinaigre styptique *au Lait d'iris.*
Poudre de riz..... *au Lait d'iris.*
Cold Cream....... *au Lait d'iris.*
Poudre dentifrice.. *au Lait d'iris.*
Eau dentifrice.... *au Lait d'iris.*
Vble Moelle de Bœuf. *au Lait d'iris.*
Huile légère...... *au Lait d'iris.*
Eau lustrale....... *au Lait d'iris.*
Sachet........... *au Lait d'iris.*

Véritable SAVON au SUC de LAITUE

LE MEILLEUR DES SAVONS DE TOILETTE

PARFUMERIE EXTRA-FINE

AU

CORYLOPSIS DU JAPON

PARFUM NOUVEAU IMPORTÉ PAR L. T. PIVER A PARIS

Savon........... *au Corylopsis du Japon.*
Extrait........... *au Corylopsis du Japon.*
Eau de toilette.... *au Corylopsis du Japon.*
Vinaigre......... *au Corylopsis du Japon.*
Poudre de riz..... *au Corylopsis du Japon.*
Crème (pour le teint) *au Corylopsis du Japon.*
Lotion végétale.... *au Corylopsis du Japon.*
Brillantine........ *au Corylopsis du Japon.*
Huile........... *au Corylopsis du Japon.*
Pommade......... *au Corylopsis du Japon.*
Cosmetique ...... *au Corylopsis du Japon.*
Sachet.......... *au Corylopsis du Japon.*

Parfum Mascotte. — Parfum Héliotrope blanc

Dépôt chez les principaux Parfumeurs et Coiffeurs de France et de l'Étranger.

CÉLÈBRES BICYCLES & TRICYCLES

"SECURITAS"

20 Nouveaux Modèles

Coursiers d'Acier

TYPES

MANŒUVRES

SPÉCIALITÉ

DE

Machines Vélocipédiques

pour

L'ARMÉE

et les

SERVICES ADMINISTRATIFS

Modèles d'AMATEURS

AGENCES RÉUNIES

AMÉDÉE MAQUAIRE, Directeur

5, Boulᵈ de Strasbourg, 5, PARIS

Escompte au comptant ou larges facilités

HOTELS, RESTAURANTS ET CAFÉS

HOTEL MIRABEAU

8, rue de la Paix, 8,

PARIS

Restaurant et Hôtel de famille recommandés

ENTRÉE SOUS LA FAÇADE DE LA RUE DE LA PAIX

Vue de la Cour d'honneur

GRAND HOTEL DE RUSSIE

2, BOULEVARD DES ITALIENS, PARIS.

Entrée : **1, rue Drouot.**

Table d'hôte. — Le propriétaire parle anglais, allemand, russe, espagnol, portugais, italien. — **ASCENSEUR.**

Hôtels (Suite)

HOTEL DOMINICI

7 et 9, Rue Castiglione, 7 et 9

(Près les Tuileries)

ARRANGEMENTS AVEC FAMILLES

A DES CONDITIONS EXCEPTIONNELLES

Service dans les appartements ou à table d'hôte.

ASCENSEUR — LIFT

St-JAMES HOTEL

211, RUE SAINT-HONORÉ, 211

Immediate access to Rue de Rivoli, Tuileries Gardens

A. BOLAND, proprietor

Good english house in the centre of Paris. A pretty garden ensures perfect quietness

Large and small apartments.—Good single Rooms from 3 fr. per day.—Table d'hôte and Restaurant at moderate prices.—Arrangements made for a stay.—**Electric Light.**—**Drawing Rooms, Smocking Rooms, etc.—Baths in the Hotel.**

GRAND HOTEL St-JAMES

211, rue St-Honoré.—A. Boland, propriétaire

Maison de 1er ordre, au centre de Paris, avec joli jardin

SITUATION EXCEPTIONNELLEMENT TRANQUILLE.

Grands et petits appartements. — Chambres confortables depuis 3 fr. par jour.—Restaurant à la carte.—Table d'hôte. — Prix modérés. — Salons de lecture, Fumoir, etc. — Bains dans l'hôtel.

ASCENSEUR — LIFT

ETABLISSEMENTS
D'INSTRUCTION PUBLIQUE

III. — FRANCE, classée par ordre alphabétique des localités.

AIX-LES-BAINS

GRAND HOTEL DE L'EUROPE

OUVERT TOUTE L'ANNÉE

BERNASCON

Maison de premier ordre, admirablement située, **près de l'Établissement Thermal et des Casinos.** — 120 Chambres et 20 Salons, Chalets pour familles. — Vue splendide du Lac et des Montagnes. — **Beau Jardin et Parc d'agrément.** — Vaste Salle à manger. — Excellente Cuisine. — En un mot, cet hôtel ne laisse rien à désirer pour la satisfaction des familles. — Equipages, écuries et remises. — **Omnibus à tous les trains.**

Cette maison fut choisie en 1883 pour le séjour de **S. A. R. la princesse Béatrix**, qui y revint faire une saison, en 1885, avec **S. M. la reine d'Angleterre.**

GRAND HOTEL D'AIX

EX-HOTEL IMPÉRIAL (OUVERT TOUTE L'ANNÉE)

E. GUIBERT, propriétaire.

Établissement de premier ordre, admirablement situé *près du Jardin pubic, du Casino, et à proximité de l'Etablissement Thermal*. 120 Chambres et 30 Salons : salons de musique, de lecture, de conversation et fumoir. — *Omnibus à la Gare.* — *Voitures de remise.*

HOTEL-PENSION DAMESIN

ET CONTINENTAL

Cet hôtel est dans une *excellente situation*, à proximité de l'*Etablissement Thermal* et de la Gare, en face du Jardin public. — Vue splendide. — Grand Jardin, Salon, Billard et Fumoir. — *Omnibus de l'hôtel à tous les trains.* — Ouvert toute l'année. — Pension depuis 8 francs par jour. — **A. DAMESIN**, propriétaire.

HOTEL DE LA POSTE

HELME-GUILLAND, propriétaire.

Cet hôtel, d'ancienne réputation, est recommandé pour son **confortable** et sa situation près de l'**Etablissement Thermal et des Casinos.**

ÉPERNAY (MARNE).

Champagne E. MERCIER et Cie

20 premières médailles. — CHAMPAGNE E. MERCIER & Cie. — 4 Diplômes d'honneur.

Vue intérieure des immenses Caves de la Maison E. MERCIER, à Épernay, visibles pour MM. les Voyageurs porteurs des **GUIDES JOANNE**.

Vins de Champagne E. MERCIER et Cie

Type A—3²

HAVRE (LE)

GRAND HOTEL ET BAINS FRASCATI

OUVERT TOUTE L'ANNÉE

SEUL HOTEL DU HAVRE SITUÉ AU BORD DE LA MER.

200 chambres et Salons. — Magnifique galerie sur la mer. — Concerts par l'orchestre Frascati et la musique militaire pendant la saison. — Soirées dansantes et bals d'enfants. — Grand jardin avec gymnase. — Arrangements pour familles.

TABLE D'HOTE ET RESTAURANT.

OMNIBUS ET VOITURES A L'HOTEL

Bains chauds à l'eau douce et à l'eau de mer.—Hydrothérapie Bains à la lame.

GRAND HOTEL DE NORMANDIE

De premier ordre. — **106 et 108, rue de Paris, DESCLOS**, propriétaire. — Au centre de la ville, dans le plus beau quartier. — Réputation universelle. — Se recommande par sa bonne tenue, ses prix consciencieux et modérés. — 90 chambres de 2 à 8 fr. — Salons de musique et de conversation. — Table d'hôte et restaurant de premier ordre à la carte. — Omnibus de l'hôtel à la gare, à droite de la sortie.— *English spoken. Man sprich deutsch.* — Voitures et remises.

HOTEL D'ANGLETERRE

GRELLÉ, propriétaire. — Rue de Paris, **124-126.** — Établissement très confortable, situé dans le quartier le plus beau et le plus central. — Appartements pour familles; salons de musique et de conversation. — Table d'hôte et restaurant à la carte; déjeuner, 2 fr. 75. Dîners, 3 fr. 75, vin compris. — Chambres depuis 2 fr. — *On parle anglais, allemand et espagnol.*

HYÈRES-LES-PALMIERS

(VAR)

STATION D'HIVER

La Place des Palmiers à Hyères.

Hyères est la plus ancienne station hivernale de la Méditerranée. Si le caprice ou la mode lui ont créé des rivales heu reuses, cette ville n'en reste pas moins la première entre toutes pour les malades.

Située à quatre kilomètres du bord de la mer, et orientée au S.-S.-E., elle s'inonde des tièdes rayons du soleil pendant l'hiver, tandis que la verte chaîne des collines des Maures la protège contre le N.-O.

L'air d'Hyères est très pur et enrichi des aromes balsamiques des montagnes qui l'abritent. Son faible éloignement de la mer lui en laisse la vue, et spécialement celle de la rade vaste et animée, dite d'Hyères, et des riantes îles du même nom, qui la closent de toutes parts. Cet éloignement procure à Hyères un air plus doux, moins variable et moins excitant que celui des autres stations du littoral.

Le chemin de fer de Toulon à Hyères, qui va être continué sur le littoral, et qui correspond avec tous les trains express et directs de la grande ligne de Marseille en Italie, a une station en cette ville, qui se trouve ainsi à deux heures de Marseille.

Hyères, qui vient de contracter un emprunt de quinze cent mille francs pour créer des embellissements en faveur de ses hôtes d'hiver, possède des hôtels de premier ordre, souvent habités par des souverains, de nombreuses villas, un grand nombre de maisons garnies et de vastes boulevards éclairés à la lumière électrique.

Hyères possède également une salle de spectacle desservie par la troupe du grand Théâtre de Toulon et une musique municipale qui donne de nombreux concerts; plusieurs jardins publics, dont un est la succursale du Jardin d'acclimatation du bois de Boulogne et a une superficie de 6 hectares, sont ouverts aux étrangers.

Un splendide **CASINO** sera inauguré prochainement dans le magnifique **jardin Farnoux.**

Ses environs offrent les promenades les plus variées, et la plus belle végétation indigène et exotique. Ses orangers et ses dattiers n'ont pas de rivaux sur le littoral.

Type **A** — 3**

PÉRIGUEUX

GRAND HOTEL DE FRANCE

House of first order, newly decorated, very confortable; the best and most central situation. — Private rooms and apartments for families. — **Truffled pies and preserved truffles.** — *Expédition to foreing countries.*

Maison de premier ordre, très confortable. — Situation centrale. — *Pâtés du Périgord, Commerce de truffes. — Volailles truffées et truffes conservées.* — Expéditions à l'étranger. — **Omnibus à la gare.** **F. GROJA, C. BUIS, successeur.**

POITIERS

GRAND HOTEL DU PALAIS

LE PLUS PRÈS DE LA FACULTÉ ET DU PALAIS DE JUSTICE
RECOMMANDÉ AUX FAMILLES
PATÉS DE FOIE GRAS ET GIBIER TRUFFÉS
Omnibus de l'hôtel à tous les trains.
A. GUERLIN, propriétaire.

POUGUES

S^T-LÉGER

Établissement thermal — Établissement thermal

Saison : 15 mai-15 octobre — Ligne P.-L.-M. 4 h. de Paris

HYDROTHÉRAPIE COMPLÈTE — MALADIES GUÉRIES — BALNÉOTHÉRAPIE SCIENTIFIQUE

Diabète, Dyspepsies, Gravelles, Convalescences

SPLENDID-HOTEL

Propriété de la Compagnie, situé dans le parc de l'établissement. 120 chambres et salons. Chambres à 2 lits. Luxe. — Confort.

Soins tout particuliers. Service irréprochable. Salle à manger. 140 couverts. Billard. Salle d'escr. Fumoir.

CASINO. — Concerts dans le parc deux fois par jour. — SPECTACLES
ENVIRONS magnifiques. — Excursion. — Parc de 50,000 mètres.

POUR TOUS RENSEIGNEMENTS, DEMANDES D'EAU, BROCHURES, ETC.
S'adresser à l'Administr. de la Cie DE POUGUES, Chaussée-d'Antin, 22, Paris.

IV. — PAYS ÉTRANGERS

GRANDE-BRETAGNE — BELGIQUE — SUISSE — ITALIE

Espagne

SUISSE (Suite)

ZURICH

Altitude : 459 mètres. — Population : 90,000 âmes.

Zurich est le grand centre des chemins de fer :

PARIS-VIENNE (Autriche), *via* Arlberg-Insbruck,

BERLIN-MILAN, *via* Stuttgart, Schaffhouse, St-Gothard.

Le meilleur point de départ pour excursions dans toutes les parties de la Suisse :

RENDEZ-VOUS INTERNATIONAL DES TOURISTES.

Le Bureau officiel des Étrangers, installé dans le palais de la Bourse, donne gratuitement tous les renseignements qu'on peut désirer soit sur la ville de Zurich et ses ressources, soit sur les voyages en Suisse en général, industrie, commerce, etc., etc.

ITALIE

TURIN

GRAND HOTEL D'EUROPE

Place du Château, vis-à-vis le Palais-Royal

Maison de 1er ordre d'ancienne réputation. — Prix modérés. — Arrangements et pension pour séjours. — Appartements et chambres. — Ascenseur. — Bains. — Omnibus à tous les trains. — **BORGO** et **GAGLIARDI**, propriétaires.

ESPAGNE

MADRID

GRAND HOTEL DE LA PAIX

Tenu par J. CAPDEVIELLE & Cie, PUERTA DEL SOL, Nos 11 et 13

Etablissement de 1er ordre, au centre de Madrid. — Cuisine française. — Cave garnie des meilleurs vins d'Espagne et de l'Etranger. — Cabinet de lecture, salon de réunion, salles de bains, voitures de luxe et interprètes. — Grands et petits appartements meublés avec luxe. — **Prix modérés.**

GRAND HOTEL DE L'ORIENT

Puerta del Sol, y calle Arenal, 4, à Madrid.

Ce magnifique Etablissement, situé au centre de la ville, est comme installation, à la hauteur des meilleurs hôtels. — Magnifiques appartements et chambres luxueuses pour familles. — Salons de lecture; Billard; Bains; Ascenseurs; Voitures aux gares. — Prix modérés, depuis 7 fr. 50 par jour.

V. — SUPPLÉMENT

Curaçao d'Amsterdam. — Plus de maux de dents. — Sucre des Diabétiques (Saccharine Biard). — Vélocipèdes Albert Jéanne. — Grand dépôt de porcelaines de la rue Drouot. — Pharmacie Gaffard. — Phosphatine Falières. — Vin de Chassaing. — Chocolat Menier. — Eau de Botot.

ALBERT JÉANNE

40 BIS, RUE SPONTINI, PARIS

VÉLOCIPÈDES, PIÈCES DÉTACHÉES, ACCESSOIRES

L'EXCURSIONNISTE

Tricycle de route, pèse 23 kilos, porte 100 kilos,

DÉVELOPPE 4 MÈTRES 50 PAR TOUR DE PÉDALE

18 kilomètres à l'heure

SANS FATIGUE

Billes à tous les frottements, Jantes creuses, rayons renforcés, Garde-crotte aux trois roues, Porte-bagage, Ressort arabe, Selle à tension, Sac, Clef, Burette :

500 fr.

EXTRA : Pédales à billes, **23** fr., Lanterne à ressort, **21** fr.; Corne d'appel, **14** fr.; Emballage, **8** fr.; Valise en veau vernis, **44** fr.

L'Excursionniste Tandem, 850 fr.

L'Élan, bicyclette à billes, 450 fr.

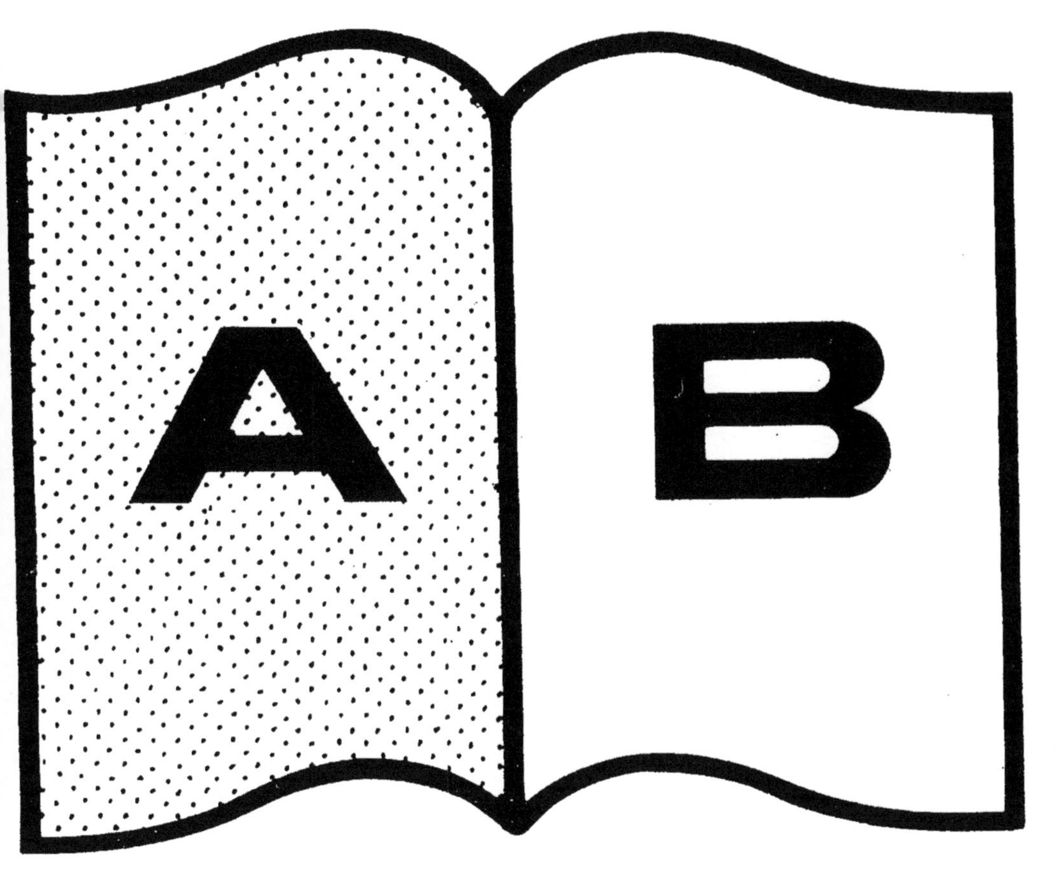

Contraste insuffisant

NF Z 43-120-14

www.ingramcontent.com/pod-product-compliance
Ingram Content Group UK Ltd.
Pitfield, Milton Keynes, MK11 3LW, UK
UKHW020306200726
13857UKWH00001B/91